CRITIQUE DU *DE MUNDO*

Sur la couverture, la statue de Copernic à Thorun

L'HISTOIRE DES SCIENCES
TEXTES ET ÉTUDES

THOMAS HOBBES

CRITIQUE DU *DE MUNDO* DE THOMAS WHITE

INTRODUCTION, TEXTE CRITIQUE ET NOTES

PAR

Jean JACQUOT et **Harold Whitmore JONES**

Ouvrage publié en co-édition avec le Centre National de la Recherche Scientifique

PARIS
LIBRAIRIE PHILOSOPHIQUE J. VRIN
6, PLACE DE LA SORBONNE, V^e^

1973

AVANT-PROPOS

Les auteurs de cette édition tiennent à exprimer leur vive gratitude envers les personnes et les institutions qui ont rendu possible l'accomplissement de leur tâche :

le Centre National de la Recherche Scientifique ;

l'Université de Bradford ;

les possesseurs ou conservateurs des documents qui sont ici reproduits : M. Marcel Thomas, conservateur du Département des Manuscrits de la Bibliothèque Nationale, Paris (MS Latin 6566A) ; the Trustees of the British Museum (Harleian MS 6083, exemplaire 8704.e.5 du *De mundo* de Thomas White) ; the National Library of Wales (MS 5297) ; the University of Toronto Library ; His Grace the Duke of Devonshire (Chatsworth Collections, Papers of Thomas Hobbes, MS A. 10).

Leur profonde reconnaissance, pour leur aide et leur soutien, va également à Freda Jacquot et à la regrettée Eveline Jones.

Une traduction anglaise de la Critique du *De Mundo* par H. W. Jones est en préparation.

INTRODUCTION

CHAPITRE PREMIER

UNE CONTROVERSE SUR LE SYSTÈME DU MONDE

1. *La genèse du* De corpore *et le milieu scientifique parisien*

L'édifice philosophique que Thomas Hobbes voulait construire devait avoir pour fondation son ouvrage sur la nature du monde physique. C'est sur cette base que devait reposer son traité sur la nature de l'homme, qui devait à son tour servir de fondement à son ouvrage sur le citoyen. Ce plan était déjà bien arrêté lorsque parut à Paris, en 1642, la première édition du *De cive* qu'il avait intitulé « section troisième » de ses « éléments de philosophie », et que devaient précéder, dans l'ordre logique, un *De corpore* et un *De homine*. Mais comme il le note dans l'un de ses écrits autobiographiques, la partie de son œuvre consacrée à la physique, bien que conçue la première, ne vit le jour qu'en 1655, l'urgence des questions soulevées par la Guerre Civile l'ayant incité à donner d'abord une forme définitive à sa philosophie politique [1].

En fait, au cours de ces années qui furent dramatiques pour l'Angleterre, il ne se consacra pas d'une manière continue aux problèmes du citoyen et du pouvoir de l'État. Prévoyant une épreuve de force entre la Monarchie et les Communes il compose et laisse circuler en manuscrit, en 1640, les *Elements of Law*. Mais dès la convocation du Long Parlement il juge prudent de s'exiler. Et s'il rédige le *De cive* au cours de la première année de son séjour à Paris (la dédicace au comte de Devonshire est du 1er novembre 1641) il passe les quatre années qui suivent à réfléchir sur la forme à donner à sa philosophie de la nature. C'est ce qu'affirment des vers qu'il faut encore citer :

Inde annis quatuor libri *De Corpore* formam,
Qua sit scribendus, nocte dieque puto. [2]

1. *Vitae auctarium, OL* I, p. XXXVII-XXXVIII.
Se reporter à notre Bibliographie, à la fin de l'Introduction.
2. *Vita carmine expressa, OL* I, p. XCI.

Et ce que confirment maintes preuves qu'on peut recueillir dans la correspondance et les publications de Mersenne comme dans les papiers de Sir Charles Cavendish. Pendant ces studieuses années la Guerre Civile fait rage en Angleterre et les Têtes rondes finissent par briser la résistance des Royalistes. Et il n'est pas douteux que le milieu scientifique parisien, qu'agitent seulement des querelles philosophiques, ait été pour Hobbes un refuge en ces temps troublés. Il savait d'ailleurs qu'il ne pouvait directement influencer le cours des événements. C'est pourquoi, après avoir donné à sa théorie politique une première formulation, il s'est adonné exclusivement pendant quelques années à la philosophie de la nature. Mais la défaite militaire du souverain ne fut pas suivie d'un règlement, elle ouvrit au contraire une nouvelle ère d'instabilité, et fit apparaître des antagonismes d'une complexité insoupçonnée. Cette situation nouvelle paraît avoir suscité chez Hobbes un regain d'intérêt pour la réflexion politique, et l'espoir que ses écrits pourraient contribuer à établir sur une base certaine le régime qui saurait mettre fin aux convulsions de l'Angleterre.

Les exemplaires du *De cive* avaient été diffusés en nombre limité et sans nom d'auteur, parmi les doctes. Mais en 1646 il révise cet ouvrage qui paraît avec son nom chez Elzevier, à Amsterdam, au début de l'année suivante. Et le succès du livre, tant en Angleterre que sur le Continent, est suffisant pour justifier une seconde édition dans l'année. Hobbes franchit donc un pas important en assumant publiquement, pour la première fois, la responsabilité de sa doctrine. Mais il ne s'en tient pas là, car, après une grave maladie qui interrompt son activité durant la seconde moitié de 1647, il paraît s'être consacré principalement à la composition du *Leviathan*, choisissant significativement la langue vulgaire pour cette version définitive de sa philosophie politique. Le livre, publié à Londres en 1651, est réédité deux fois durant cette même année, au terme de laquelle Hobbes regagne l'Angleterre. Et c'est seulement après avoir passé une autre année à Londres au milieu de ses amis qu'il se retire à Chatsworth, dans la famille du comte de Devonshire, pour donner une forme définitive à son *De corpore* [3], qui paraît en 1655 ; *De homine* suivra trois ans plus tard [4].

On peut donc distinguer deux phases dans la période de son exil. Une première où, familier du cercle de Mersenne, il s'intéresse principalement à la physique, et une seconde où, sans pourtant négliger celle-ci, il place au premier rang les préoccupations politiques. Pour excuser ses retards dans l'achèvement du *De corpore*, que pendant des années ses amis lui réclament avec impatience, il invoque la difficulté exceptionnelle de cette section de sa philosophie, et son exigence vis-à-vis de lui-même, dans sa recherche d'une formulation précise. Mais ce qui est certain, c'est qu'il laissa passer son heure, et que ce livre aurait reçu meilleur accueil en Angleterre s'il avait paru beaucoup plus tôt, dans un milieu où son auteur était mieux connu et apprécié comme philosophe de la nature.

3. *Vitae auctarium*, *OL* I, pp. XXXVII-XXXVIII.

4. Mais *Humane nature*, qui correspond à la première partie des *Elements of Law*, avait paru dès 1650.

On sait que *Leviathan* eut un retentissement considérable ; s'il fut l'objet de nombreuses réfutations il acquit à son tour une célébrité durable et demeura l'un des ouvrages fondamentaux de la théorie politique. Quant au *De corpore,* il souleva un intérêt suffisant pour justifier au bout d'un an une traduction anglaise. Mais son principal effet dans les milieux scientifiques fut d'attirer des critiques acerbes de John Wallis et Seth Ward, limitées d'ailleurs à certaines démonstrations mathématiques de Hobbes. On eut alors le spectacle affligeant d'un philosophe vieillissant, qui s'acharnait à défendre ses positions contre des hommes évidemment mieux équipés que lui dans ce domaine. Hobbes, qui devait quelques années plus tard s'engager dans une polémique malheureuse contre Robert Boyle, se vit refuser l'honneur de devenir membre de la Société Royale.

L'auteur du *De corpore* méritait mieux, et son livre reste important, non seulement par la place qu'il occupe dans son système, mais l'effort de méthode qu'il représente, la rigueur de l'instrument logique qu'il propose (même si l'usage qu'en fait Hobbes n'est pas toujours exempt de défaillances). Cependant pour en mesurer la véritable portée il faut le replacer dans l'histoire de la pensée scientifique des années 1635-1650. Sous l'impulsion de l'œuvre de Galilée, dont Mersenne se fait en France l'interprète, les tenants de la nouvelle philosophie s'efforcent de rendre compte des phénomènes en termes de mouvement et d'étendue, de ramener les impressions sensibles à des données quantitatives. Ils s'attachent à fournir des preuves physiques du mouvement de la Terre, ils spéculent sur la structure de la matière, ils construisent des modèles de l'univers. L'optique est un champ d'étude privilégié, où depuis longtemps déjà la géométrie est appliquée. De ses progrès dépend le perfectionnement des instruments qui permettent de mieux observer les corps célestes. Mais elle est également à la base d'une physiologie de la perception que les progrès de l'anatomie permettent de mieux connaître. L'œil met en rapport l'univers physique et l'univers intérieur de l'homme. La question est posée de savoir si l'homme tout entier appartient au monde matériel, si l'explication mécaniste peut s'étendre à l'ensemble de l'activité psychique.

Sur les rapports de la matière et de l'esprit les positions varient : certains les opposent radicalement dans un dualisme intransigeant, d'autres admettent entre eux, grâce à la « matière subtile », des gradations insensibles. Nul ne propose encore de théorie de l'homme-machine, mais il est déjà question d'animaux-machine. Les dogmes religieux ne sont pas directement mis en cause ; et il n'est guère possible, ni à vrai dire très utile, de connaître la part, dans la soumission de chacun, de la foi, de la prudence, du respect des institutions. Hobbes, pour sa part, définira très consciemment sa position par rapport à l'autorité religieuse, réservant à la philosophie tout ce qui relève de la démonstration logique ou de l'expérience vérifiable, et considérant le reste comme une affaire de foi et de révélation. D'ailleurs bien que le procès de Galilée reste dans les mémoires, et qu'il ait particulièrement impressionné Descartes, la liberté de discussion demeure considérable, à condition qu'elle se restreigne au cercle des hommes de savoir. Et c'est dans cet esprit que Mersenne encouragera l'examen des idées nouvelles.

Sans doute ces problèmes s'étaient-ils posés avant les quinze années dont nous parlons. Mais il existe un climat particulier à la période envisagée, dû au souci commun de faire fructifier l'héritage galiléen, de reconstruire autre chose à la place de l'édifice scolastique menaçant ruine. Enfin c'est dans cette période de 1635-1650 que s'inscrivent, pour l'essentiel, les œuvres de Descartes, de Mersenne, de Gassendi, en même temps que les recherches de Hobbes touchant la nature du monde physique. C'est par rapport à ces trois hommes que la chronique de ces années nous permet de définir la position du philosophe anglais : rapport d'antagonisme avec Descartes pour la métaphysique, et d'émulation avec lui pour la géométrie et l'optique, rapport d'affinité et d'amitié avec Gassendi comme avec Mersenne, ce dernier jouant à la fois le rôle d'instigateur des débats et de conciliateur.

2. *Un manuscrit inédit de Hobbes : la critique du* De mundo *de Thomas White*

Les controverses de Hobbes avec Descartes sont notoires, mais il faut en mentionner une autre qui l'opposa à une personnalité moins illustre, et qui fit moins de bruit. Elle nous est connue par le document inédit dont nous avons entrepris l'édition, et qui ajoute, croyons-nous, considérablement à ceux qui permettaient jusqu'ici de se faire une idée de la genèse du *De corpore* [5].

Il s'agit d'un volumineux manuscrit latin conservé à la Bibliothèque Nationale (Fonds Latin 6566 A) sur lequel Cornelis de Waard, éditeur de la correspondance de Mersenne, attira jadis notre attention. Il avait remarqué l'inscription du nom de « Hobs » au dos de la reliure, et la présence de corrections de la main de Mersenne. Un premier examen nous permit de constater que le manuscrit n'était pas un autographe de Hobbes et que deux *amanuenses* s'en étaient partagés inégalement la copie. Une comparaison des annotations avec des autographes de Mersenne confirma ce qu'avait discerné l'œil exercé de De Waard. L'ouvrage ne comportait pas de page de titre, ni d'autres références à l'auteur que celle de la reliure. Mais le système et la pensée de Hobbes étaient aisément reconnaissables et nous n'eûmes pas de peine, dès les premiers folios, à trouver des parallèles avec le *De corpore.* Le contenu de l'ouvrage, son caractère polémique, sa distribution en trois parties et quarante chapitres dont chacun correspondait à un problème ou « nodum », nous fit supposer qu'il pouvait s'agir d'une discussion des *De mundo dialogi tres* de Thomas White, publié à Paris en 1642. L'hypothèse devint certitude dès que nous eûmes la possibilité de consulter l'exemplaire conservé au British Museum [6].

5. Ces documents sont trois fragments manuscrits comportant des parallèles avec divers chapitres de l'ouvrage imprimé. Nous en reproduisons le texte en Appendice. Et nous examinons plus loin leurs rapports avec le *De corpore* et le manuscrit que nous éditons.

6. L'un des auteurs de cette édition a signalé ces identifications et en a indiqué la portée : Jean Jacquot, « Notes on an unpublished work of Thomas Hobbes », *Notes and records of the Royal Society of London,* vol. 9, May 1952. Cet article a attiré sur ce manuscrit l'attention de Harold W. Jones qui devait apporter à cette édition une collaboration très précieuse (J. J.).

L'activité philosophique du prêtre catholique anglais Thomas White est étroitement associée à celle de Sir Kenelm Digby, admirateur de Descartes et familier de la cellule de Mersenne. Nous présenterons plus loin le *De mundo* et nous décrirons plus en détail le manuscrit qui en est le commentaire critique, nous bornant à préciser pour l'instant que le livre est inspiré, jusque dans sa forme dialoguée, par une réflexion sur les *Deux systèmes du monde* de Galilée [7] et que White, tout en défendant la conception traditionnelle d'un monde créé et gouverné par la Providence, accepte l'hypothèse copernicienne et discute longuement les preuves, et les conséquences physiques, du mouvement de la Terre.

Mais il faut d'abord retracer brièvement, à l'aide d'une information assez lacunaire, les itinéraires suivis par les deux philosophes jusqu'au moment où White publia son livre et Hobbes composa sa réplique, itinéraires qui convergent l'un et l'autre vers la Place Royale et le couvent des Minimes.

3. *L'activité philosophique de Hobbes jusqu'à 1642*

a) *Association avec les frères Cavendish - Découverte d'Euclide et de Galilée.*

La fréquentation de Bacon peut avoir contribué à éveiller l'intérêt de Hobbes pour les sciences de la nature. Mais l'événement décisif fut pour lui la découverte d'Euclide, à l'occasion de son second voyage sur le Continent [8]. Ce qui le séduit dans les *Éléments*, c'est la méthode. Et de retour en Angleterre avant la fin de 1630, il ébauche une théorie de la vision, qu'il explique par la propagation d'un mouvement ayant son origine dans un corps que nous appelons lumineux jusqu'au cerveau, la sensation de lumière n'étant qu'un « phantasme » produit par ce mouvement. Cette théorie il l'expose à William Cavendish, comte (puis marquis, et duc) de Newcastle, et à son frère Charles [9], qui étaient les cousins du deuxième comte de Devonshire, dont Hobbes avait été le précepteur avant de devenir celui de son fils. Accompagnant ce dernier dans un voyage en France et en Italie (1634-1636), le philosophe eut l'occasion de faire un long séjour à Paris, durant lequel il approfondit l'étude du mouvement et de ses effets dans la nature inanimée comme chez les êtres vivants, communiquant ses réflexions au Père Mersenne qu'il visitait fréquemment [10]. Plus tard, à Pise,

7. *Dialogo sopra i due massimi sistemi del mondo*, Fiorenza 1632 (reproduction anastaltique, « Culture et civilisation », Bruxelles 1966).

8. *Vita, OL* I, p. XIV. Cette découverte serait donc moins tardive que ne le dit Aubrey, qui la situe aux alentours de la quarantième année (*Brief Lives*, éd. Clark, vol. I, p. 332).

9. Lettre à Mersenne du 30 mars 1641, *CM*, t. X, p. 569. Dédicace à William CAVENDISH, alors comte de Newcastle, de « A minute or first draught of the optiques » 1646 (British Museum Harl. MS 3360), reproduite dans *EW* VII, p. 467. Sur les rapports des deux frères avec Hobbes, Mersenne et Descartes voir J. JACQUOT « Un amateur de sciences ami de Hobbes et de Descartes. Sir Charles Cavendish », *Thalès*, t. 6 (années 1949-1950), 1951, pp. 80-88, et « Sir Charles Cavendish and his learned friends », *Annals of Science*, vol. 8, March and June 1952. Voir également Helen HARVEY, « Hobbes and Descartes in the light of some unpublished letters of the correspondence between Sir Charles Cavendish and Dr J. Pell », *Osiris*, t. 10, 1952.

10. Il lui expose notamment son explication du retour de l'arc (lettre à Mersenne du 30 mars 1641). Voir *Vita OL* I, p. XIV et *Vitae auctarium, OL* I, p. XXVIII.

au cours du même voyage, il eut des entretiens avec Galilée [11]. Peu avant son départ pour le Continent il avait cherché à se procurer à Londres un exemplaire du *Dialogue sur les deux systèmes du monde* [12]. On peut supposer que l'un de ses premiers soins, à Paris, fut de chercher à acquérir l'ouvrage, ou du moins d'en prendre connaissance grâce à Mersenne. Peu de temps après son retour Robert Payne, familier de la demeure des frères Cavendish à Welbeck Abbey, traduisit de l'italien le début de *Della scienza meccanica* de Galilée [13]. Or ce traité, composé vers 1597, ne fut publié en italien qu'en 1649. Mais des copies en étaient parvenues à Paris, et Mersenne en donna une traduction en 1634 [14]. C'est sans doute par lui, à moins que ce ne soit par Galilée lui-même, que Hobbes put avoir accès à l'original.

b) *Hobbes et Walter Warner.*

Tandis que Hobbes séjournait sur le Continent, Sir Charles Cavendish et Robert Payne poursuivaient leurs travaux, et entretenaient une correspondance avec le mathématicien Walter Warner. Celui-ci leur soumet deux traités, l'un sur le lieu de l'image réfléchie dans les miroirs concaves [15], l'autre sur la construction d'un télescope. Sir Charles Cavendish récompense Warner de sa peine, tout en s'associant aux critiques de Payne. Hobbes, mis au courant de ces travaux, se trouve d'accord avec eux pour regretter que Warner, dont l'expérience de l'optique est si grande, ne se montre pas plus exigeant en matière de démonstrations [16]. Ceci ne l'empêche pas d'estimer ce mathématicien dont il communiquera plus tard à Mersenne un traité sur la réfraction que ce dernier publiera dans ses *Cogitata physico-mathematica* [17] avec un traité d'optique de Hobbes lui-même.

Cette figure de Warner est intéressante, car elle témoigne d'une continuité dans la recherche, d'une transmission du savoir d'une génération à une autre dans les milieux scientifiques anglais. Il avait été en effet pendant de longues années, avec Thomas Harriot, le familier de l'explorateur élisabéthain Sir Walter Raleigh et du comte de Northumberland, tous deux

11. *Ibid.*, p. XXVIII.

12. Lettre du 26 jan. 1633/34 à William Cavendish, comte de Newcastle, *Hist. Man. Comm. MSS of the Duke of Portland*, p. 124. Bien que Hobbes parle de « Dialogues », il ne peut s'agir que du *Dialogo sopra i due massimi sistemi*, qui d'ailleurs se compose de quatre parties. C'est aussi sous ce titre de *Dialogues* que s'y réfèrent, vers cette date, les correspondants de Mersenne.

13. « Of the Proffitt wch is drawn from the Art Mechanique and its instruments ». British Museum, Harl. MS 6796, ff. 307-330, daté du 11 nov. 1636. Payne spécifie : « Raptim ex Italico in Anglicum sermonem transfusum. »

14. *Les Mechaniques de Galilée*. Voir *CM*, t. IV, p. 76.

15. Ce traité « De loco imaginis » se trouve au British Museum parmi les papiers de Warner, Harl. MS 6756.

16. Lettre à William Cavendish, Paris. 25 août 1635. *Portland MSS, ut supra*, p. 125.

17. « Problema ad Tabulas refractionum ex observatis construendas », *Universae geometriae synopsis*, Livre VI de l'Optique. Après la mort dê Warner en 1640 Charles Cavendish se préoccupera du sort des manuscrits de ce savant, que John Pell avait recueillis. Mersenne, l'année de sa mort, demandera des renseignements à Hobbes sur le traité de Warner sur les alliages et les monnaies. Lettre de Hobbes à Mersenne du 19 juin 1648, publiée par TÖNNIES, *Archiv für Geschichte der Philosophie*, t. 19, 1905-6, pp. 174-5. Ce traité se trouve dans le Harl. MS 6754.

amateurs et protecteurs des sciences. Warner publie l'ouvrage posthume de Harriot sur l'algèbre, *Artis analyticae praxis* (1631), et s'efforce de continuer l'œuvre de celui-ci, dans les mathématiques et dans l'optique appliquée au perfectionnement des instruments. De leur côté les membres du petit cercle de Welbeck Abbey renouent avec cette tradition scientifique élisabéthaine tout en élargissant leur horizon en s'informant de ce qui se passe sur le Continent. C'est ainsi que Sir Charles, et Hobbes, sont amenés à s'intéresser aux traités de *Dioptrique* de Mydorge, et de Descartes lui-même.

Bien que Hobbes juge Warner, on l'a vu, avec une certaine condescendance, le vieux savant paraît avoir exercé sur sa philosophie une influence non négligeable. « Je voudrais bien », écrit-il au comte de Newcastle, « qu'il donne de bonnes raisons des facultés et passions de l'âme, et qui soient exprimées en anglais clair, du moins s'il le peut ; car il est le premier — à ma connaissance — qui parle avec bon sens sur cette question. S'il ne le fait pas j'espère bien être le premier »[18]. Or nous trouvons dans les papiers de Warner une description des appétits et des aversions, des sensations agréables et douloureuses, des représentations mentales qui leur correspondent, et du processus de délibération qui précède la décision de rechercher ce qui est avantageux et d'éviter ce qui est nuisible[19]. On ne peut que suggérer ici l'effet stimulant qu'ont pu avoir ces idées de Warner sur la pensée de Hobbes, qui dès 1640 donne forme à sa théorie des facultés et des passions. L'influence possible des notions de Warner sur l'élaboration de sa « philosophia prima de corpore » mérite aussi un examen[20].

c) *Hobbes et Kenelm Digby.*

Malgré leurs tournures d'esprit fort différentes Sir Kenelm Digby et Hobbes étaient unis par des liens d'amitié autant que par leur intérêt pour les sciences de la nature. Quelques lettres du chevalier à Hobbes en témoignent ; la première est datée du 1er octobre 1636 et bien qu'elle ne porte aucune indication de lieu son contenu montre qu'elle fut écrite à Paris, au moment où Hobbes s'apprêtait, avec le jeune comte de Devonshire, à regagner l'Angleterre[21]. Mais le séjour de Digby à Paris remontait au mois de septembre de l'année précédente[22] et le ton de la lettre est familier. Les deux hommes avaient pu se connaître en Angleterre et étaient, rappelons-

18. Lettre citée plus haut du 25 août 1635. — C'est à tort que dans l'article cité plus haut des *Annals of Science*, p. 21, il a été dit que ce passage s'appliquait à Payne (J. J.).

19. Cette description fait partie d'un manuscrit, sur la circulation du sang et les diverses fonctions de l'organisme vivant, dont subsistent d'importants fragments : British Museum, Birch MSS 4394-4395. Ces recueils contiennent également de nombreuses pages sur les fondements d'une philosophie de la nature (temps et espace illimités, matière impérissable et composée d'atomes).

20. L'un des auteurs de cette édition a présenté un premier examen de ces manuscrits de Warner au « Thomas Harriot Symposium », University of Delaware, 5-7 avril 1971 : J. Jacquot « Harriot, Hill, Warner and the new philosophy ». Les Actes du Symposium seront publiés par la Clarendon Press, Oxford. Cette étude sur Warner sera poursuivie.

21. Lettre publiée par F. Tönnies dans *Archives de philosophie*, t. 12 (1936), p. 272.

22. Cf. R. T. Petersson, *Sir Kenelm Digby*, London 1956, p. 337, n. 1.

le, des intimes de Mersenne. Dans d'autres lettres à Hobbes [23] Digby se révèle curieux de faits psychiques étranges (affaire des possédés de Loudun, prémonitions, transmission de pensée) qui lui fournissent déjà matière à réflexion pour le traité sur l'âme qu'il projette, mais aussi avide de connaître la « Logique » à laquelle Hobbes travaille. Il n'est pas en accord avec Hobbes sur la définition des concepts, qu'il voudrait tirer des notions communes à tous les hommes, savants ou ignorants, alors que celui-ci veut la tirer d'une réflexion profonde sur la nature des choses (17 janvier 1637). Ceci ne l'empêche pas d'attribuer plus de prix aux travaux du philosophe, dont les raisonnements sont solides, qu'aux chimères de tant d'autres (11 septembre). Quelle est au juste cette Logique dont Digby souhaite lire ce que Hobbes aurait déjà rédigé ? Sans aucun doute une ébauche de ce qui deviendra un jour le *De corpore*. Les six premiers chapitres de cet ouvrage ont pour titre « Pars prima sive Logica ». Et le manuscrit autographe qu'on peut considérer comme l'un des états primitifs, et partiels, du livre, a pour premier titre : « Logica, ex. T.H. » [24]. En fait ce document comprend aussi des chapitres qui correspondent à la deuxième et à la troisième partie du *De corpore* et, dans les lettres de Digby, il ne faut pas prendre le terme de « logique » dans un sens trop strict. Le manuscrit en question ne date pas nécessairement de 1637, mais ces lettres paraissent indiquer qu'à cette date Hobbes travaillait déjà à son grand ouvrage.

d) *Hobbes et Descartes : critique de la* Dioptrique *et des* Méditations.

La même année Digby rendit aussi à Hobbes le service de lui procurer un exemplaire du *Discours de la méthode*, avec les essais sur la *Dioptrique*, les *Météores* et la *Géométrie* qui l'accompagnent (1er octobre 1637). A cette date l'ouvrage, déjà imprimé, n'avait pas encore été mis en vente à Paris, et l'exemplaire dut être transmis à Digby par Mersenne [25]. Dans la lettre qui accompagne l'envoi, Digby cherche à faire partager à Hobbes son admiration pour cette production du cerveau puissant de Descartes, tout en souhaitant que celui-ci soit aussi précis dans la partie métaphysique de son œuvre que dans celle qui relève de l'expérience.

Il n'est pas douteux que les Essais, et en particulier la *Dioptrique*, furent pour Hobbes un objet d'émulation et de frustration, car il eut le sentiment d'avoir été devancé dans la publication de ses recherches. Un traité d'optique latin de Hobbes, distinct de celui que publia Mersenne en 1644, nous a été conservé. Il contient des références à la *Dioptrique* et Tönnies suppose qu'il fut composé entre 1638 et 1640 [26]. Or Hobbes adressa à Mersenne, le 5 novembre 1640, une lettre volumineuse aujourd'hui perdue [27]. Et peu de temps après Mersenne fit parvenir à Descartes les objec-

23. Paris, 17 jan. 1637, Londres, 11 sept. et 1er oct. 1637, également publiées par TÖNNIES, *ut supra*, pp. 273-75.

24. MS Chatsworth A.10, décrit plus loin pp. 78 *sqq*.

25. *CM*, t. VI, p. 311.

26. Harl. MS 6796, ff. 193-266. Extraits reproduits dans l'App. B. de l'édition, par F. TÖNNIES, des *Elements of Law*.

27. Cf. *CM*, t. X, p. 210.

tions (également perdues) de Hobbes à sa *Dioptrique.* Les deux documents étaient distincts, mais pouvaient avoir un contenu commun qui se rapportait à celui du traité latin [28].

Les réponses de Descartes, et les répliques de Hobbes, transmises par l'intermédiaire de Mersenne, sont bien connues [29]. On sait que la controverse prit assez vite un tour pénible. Descartes déclare d'abord ne vouloir pas désobliger « un homme qui témoigne faire quelque estat de moy », mais bientôt il soupçonne « l'Anglois » de « chercher d'acquérir de la réputation à (ses) dépens, et par de mauvaises pratiques ». Il est conscient de ce que leurs philosophies paraissent avoir de commun : Hobbes ne veut considérer, comme lui, que les figures et les mouvements, et ce sont là les vrais principes, mais Hobbes ne les applique pas bien [30]. Ce dernier, tout en poussant plus avant la discussion, insiste comme nous l'avons déjà vu sur l'antérorité de ses recherches par rapport aux Essais. Ce qui se trouve au centre du débat c'est la structure de la matière, qu'il s'agisse de la pénétration du rayon lumineux dans la réfraction ou du rebondissement de la balle. C'est déjà ce problème qu'il avait abordé en 1634 devant Mersenne, à propos du retour de l'arc. Il explique la dureté par l'agitation d'un *spiritus* interne (ou matière fluide et subtile). Descartes attribue au contraire la mollesse à la présence dans un corps de matière subtile. Sept ans plus tard, lors d'une réconciliation ménagée par les frères Cavendish, Hobbes reprendra la discussion sur la cause de la dureté, qu'il attribue à un mouvement très rapide des atomes tandis que Descartes l'explique par le contact étroit de particules au repos [31].

Dans cette polémique de 1641, Hobbes évoque le traité de son ami Warner sur la réfraction (celui que Mersenne devait publier) et la concordance de leurs démonstrations [32]. Il est possible sur ce point d'apporter une précision qui tend à confirmer l'ancienneté de ses travaux sur l'optique. Dans une lettre du 17 octobre 1634, Warner demande à Payne de transmettre à Hobbes sa solution d'un problème touchant la réfraction. Il mentionne également une « analogie » (ou proportion) qui contribue à la théorie de la réfraction, et qui est indispensable à la confection de tables de réfraction pour le verre et le cristal. Il ressort de la lettre que Warner et Hobbes échangent librement les résultats de leurs investigations. Mais elle ne spécifie pas le nom de l'auteur de cette « analogie » [33]. Cependant

28. Le traité conservé à Londres compte 73 ff. ou 146 pages très serrées. La lettre du 5 nov. avait « 56 pages in-folio ». Les objections comportaient 11 feuilles, soit 44 pages selon les éditeurs de *CM* (t. X, p. 211) qui supposent que le texte transmis à Descartes est une copie de la lettre du 5 novembre. Cete lettre, vu le nombre de ses pages, ne contenait certainement pas le texte relativement court des Objections de Hobbes aux *Méditations.*

29. Descartes à Mersenne (pour Hobbes) 21 jan., 18 févr., 4 mars et 21 avril 1641 ; Hobbes à Mersenne (pour Descartes) 7 févr. et 30 mars. *CM,* t. X.

30. *CM,* t. X, pp. 422 et 524.

31. Selon Charles Cavendish, lettre à Pell du 2 août 1648, Birch MS 4278, f. 273.

32. *CM,* t. X, pp. 429, 498 et suiv.

33. « That analogy which you have, though it be but a particular passion of the subject it concerns, yet it is very conducible to the theory and investigation of the cause of refraction (...) and for the practise it is of that consequence, as without it the table of refractions for glasse and cristall, which is of greatest use, can never be constructed », Birch MS 4279, f. 290, Halliwell, p. 65.

dans les papiers de Warner on trouve un autographe de Hobbes portant cette suscription de la main de Warner : « Mr Hobbes analogy ». Et l'on retrouve cette « analogie » dans le traité d'optique manuscrit de Hobbes, et dans le traité, publié par Mersenne [34], qui en donne la formulation suivante :

> Si deux rayons également inclinés se dirigent vers un plan partageant deux milieux différents, l'un passant du milieu rare au milieu dense, l'autre du même milieu dense au milieu rare, le sinus de l'angle de réfraction dans le milieu rare, le sinus de l'angle d'inclinaison, et le sinus de l'angle de réfraction dans le milieu dense seront dans une proportion continue.

Il paraît bien s'agir de l' « analogie » mentionnée dans la lettre de 1634, et de toute façon nous avons la preuve que, si la loi des sinus se trouve démontrée dans le traité de Warner et dans celui de Hobbes, tout le mérite n'en revient pas au premier et que l'accusation portée plus tard contre Hobbes d'avoir puisé son optique dans les papiers de Warner est dépourvue de fondement [35].

On aura remarqué que Mersenne ne révéla pas à Descartes le nom de son contradicteur, mais seulement sa nationalité. Lorsqu'il lui fit parvenir les 3es objections aux *Méditations*, il lui laissa tout ignorer de son auteur, et Descartes ne s'aperçut pas, du moins sur le moment, qu'il s'agissait encore du critique de la *Dioptrique*. Cette discrétion de la part de Mersenne s'explique aisément car si Descartes avait fait le rapprochement il aurait très probablement refusé de répondre [36]. Les deux envois se suivent à des dates très rapprochées. Dans la lettre du 15 janvier 1641 où il transmet à Descartes les premières feuilles des critiques formulées contre la *Dioptrique*, Constantin Huygens le met au courant du nouveau projet du Minime :

> Le Père Mersenne m'escrit qu'on vous faict, ou fera, quelques objections sur vos *Méditations* métaphysiques, avant que les imprimer. Je vous prie que, cela arrivant, vous veuillez promptement satisfaire aux doubtes des honestes gens, afin que ne demeurions longtemps frustrés de ce thresor (...) [37].

Descartes accuse réception des 3es objections dès le 28 janvier [38]. Mais Christophe Villiers discute déjà ces objections, qu'il sait provenir d'un philosophe anglais, dans une lettre du 1er février à Mersenne, ce qui prouve que ce dernier les lui a transmises, ou du moins qu'il lui en a fait connaître les arguments [39].

34. Cf. Birch MS 4395, f. 131 ; Harl. MS 6796, f. 212 b ; *Univ. geom. synopsis*, livre VII de l'Optique, prop. XIII (dans *OL*, V, p. 242).

35. Cf. *Six lessons to the Professors of the Mathematics*, *EW*, VII, p. 342.

36. Ces 3es objections sont publiées sans indication d'origine dans l'édition latine de 1641. La traduction de Clerselier (1647) précise : « par un celebre philosophe anglois ». Descartes a pu voir cette traduction dès 1644. Cf. *OD*, t. IX-1, p. VI.

37. *CM*, t. X, pp. 406-7.

38. *Ibid.*, p. 435.

39. *Ibid.*, pp. 453 et suiv.

Nous ne reviendrons sur le fond du débat qui oppose Hobbes à Descartes que pour rappeler le stade où Hobbes est parvenu dans l'élaboration de son système. Au *cogito* cartésien il objecte que toute pensée suppose un substrat matériel. Se référant aux arguments qu'il a récemment développés dans ses *Elements of Law* encore inédits, il assigne pour point de départ à toute activité de l'esprit les impressions sensibles, c'est-à-dire les mouvements matériels produits dans le cerveau par les objets extérieurs, et leurs vestiges ou souvenirs. En associant empiriquement les images qu'il conserve des choses l'homme peut acquérir de l'expérience et satisfaire ses appétits. L'emploi des noms pour désigner ces choses lui permet de former des propositions en les reliant par le mot *est*, et d'enchaîner les propositions entre elles pour en faire des raisonnements. Mais comme Hobbes ne se lassera pas de le répéter, les noms sont des signes arbitrairement choisis et à l'universalité de certains d'entre eux ne correspond jamais une universalité dans les choses (Pierre ou Jean existent mais non pas l'homme en général).

Cette position empiriste et nominaliste explique le désaccord de Hobbes quant à l'existence d'une substance pensante qui ne soit point corporelle, ou de formes ou essences immuables et éternelles comme celle du triangle dont Descartes fournit l'exemple. Pour lui notre connaissance du triangle et de ses propriétés vient de l'expérience sensible et d'une réflexion sur celle-ci. Il niera de même que l'idée de Dieu soit innée et qu'il soit possible de le concevoir. Nous ne connaissons de lui que ce que l'aveugle-né peut parvenir à connaître du feu. Tout ce que nous pouvons dire de son existence est inféré de notre expérience du monde extérieur et des raisonnements que nous fondons sur celle-ci, et qui par exemple peuvent nous conduire à admettre la nécessité d'une création. Mais Descartes lui répond « j'ai prouvé que Dieu existe avant que d'examiner s'il y avait un monde créé par lui et de cela seul que Dieu, c'est-à-dire un Être souverainement puissant, existe, il suit que, s'il y a un monde, il doit avoir été créé par lui »[40]. Leurs positions sont donc inconciliables. Par contre les objections présentées par Gassendi à la demande de Mersenne vont dans le même sens que celles de Hobbes, bien qu'il aborde le problème sous un angle différent. Ses critiques tendent à atténuer l'opposition rigoureuse qui s'affirme dans les *Méditations* entre l'esprit et le corps, et à faire de l'âme une matière subtile étroitement mêlée à celle du corps et dont les fonctions mentales ne sont pas dissociées des fonctions végétatives ou sensitives.

Rappelons que Gassendi est récemment revenu à Paris où il séjournera jusqu'en 1648, et que dans la partie de ses autobiographies consacrée à cette période Hobbes parlera avec une égale ferveur de son amitié pour Mersenne et pour Gassendi. Celui-ci vient de vérifier ce que Galilée avait soutenu dans les *Deux systèmes du monde,* à savoir qu'un poids lâché du haut du mât d'un navire tombe toujours au pied de celui-ci, que le navire soit immobile ou lancé à toute vitesse. Et il commente cette expérience dans les lettres *De motu impresso a motore translato* (1642) où il soutient

40. *Objectiones tertiae,* réponse de Descartes. V. *OD,* t. IX-1, p. 141.

le mouvement de la Terre. Hobbes s'est trouvé en sympathie d'idées avec le théoricien de l'atomisme, le défenseur de la mécanique galiléenne, l'observateur des cieux acquis à l'hypothèse copernicienne.

e) *Publication du* De cive - *Le rôle de Mersenne.*

Avant de se consacrer exclusivement à la philosophie de la nature, Hobbes allait d'abord reprendre la substance de la seconde partie des *Elements of Law* pour composer le *De cive*. On ne sait si Mersenne l'exhorta à entreprendre cette tâche, mais il est certain qu'il fit circuler l'ouvrage, tiré à un nombre limité d'exemplaires, afin de recueillir les jugements des personnes de savoir et de discrétion. *De cive* paraît en 1642 à Paris, sans nom d'auteur ni d'éditeur. La dédicace à William, comte de Devonshire, est datée du 1er novembre 1641 et signée des initiales T.H. Or un correspondant londonien de Mersenne, Joachim Hübner, se réjouit déjà, dans une lettre du 29 août de la même année, de la nouvelle, dont le Minime lui a fait part, que l'*opus politicum* de Hobbes va paraître [41]. Hübner connaît déjà la philosophie morale et civique de Hobbes, et l'approuve. Mais Mersenne va soumettre l'ouvrage à des personnes dont il attend des réactions défavorables. Il en a envoyé un exemplaire à Constantin Huygens et il en suggère la lecture à André Rivet, professeur en théologie à La Haye : « Vous pouvez voir un estrange livre par le moyen de Mr Huygens quand il l'aura lu, de *Libertate, Imperio et Religione,* qui est une morale ou politique d'un Anglois » [42]. Il revient à la charge quelques mois plus tard : « Mr Huygens vous pourra faire voir à son retour le livre de *Cive, imperio et religione.* Si cela est, j'en requiers vostre jugement, qui sans doute ne sera pas favorable en beaucoup d'articles » [43]. A défaut du jugement de Rivet nous connaissons celui de Deshommeaux, qui avait eu communication d'un exemplaire par l'hébraïste Le Jay, éditeur de la Bible polyglotte :

> C'est une rapsodie d'hérésies. Les fondements sont pernicieux et absurdes, que la société est fondée sur la crainte l'un de l'autre, et pour éviter la mort violente. Son hérésie (est) descouverte au dernier chapitre, *de Religione.* Il veut que le souverain sacerdoce soit joint à la principauté et par conséquent autant de princes, autant de chefs de religion (...) Cela ne mérite correction que du feu [44].

Descartes lut le livre, que Huygens lui avait sans doute fait connaître. Il reconnut dans son auteur celui des 3es objections aux *Meditations,* et tout en concédant l'habileté de celui-ci il réprouva ses principes moraux, et jugea ses opinions dangereuses pour le catholicisme :

> Tout ce que je puis dire du livre *de Cive,* est que je juge que son autheur est le mesme que celuy qui a fait les troisièmes *Objec-*

41. *CM,* t. X, p. 728.
42. Lettre du 9 mai 1642, t. XI, p. 151. Mersenne désigne le livre par le titre de chacune de ses trois parties.
43. Lettre du 12 octobre 1642. *CM,* t. XI, p. 296.
44. Rennes, le 10 sept. 1642. *CM,* t. XI, pp. 264-5.

tions contre mes *Meditations*, et que je le trouve beaucoup plus habile en Morale qu'en Metaphysique ny en Physique ; nonobstant que je ne puisse aucunement approuver ses principes ny ses maximes, qui sont tres-mauvaises et tres dangereuses, en ce qu'il suppose tous les hommes mechants, ou qu'il leur donne sujet de l'estre. Tout son but est d'écrire en faveur de la Monarchie, ce qu'on pourrait faire plus avantageusement et plus solidement qu'il n'a fait, en prenant des maximes plus vertueuses et plus solides. Et il a écrit aussi fort au desadvantage de l'Eglise et de la Religion Romaine, en sorte que, s'il n'est particulièrement appuyé de quelque faveur fort puissante, je ne voy pas comment il peut exempter son livre d'estre censuré [45].

Le médecin Thomas Martel, qui compte parmi les amis parisiens de Hobbes, nous renseigne, dans une lettre à Sorbière à propos du *De cive*, sur les précautions dont s'entourait Mersenne lorsqu'il faisait circuler un ouvrage qu'on pouvait aussi aisément taxer d'immoralité et d'hérésie. Ce livre anonyme, dit Martel, a été diffusé non parmi le vulgaire, mais les hommes cultivés et judicieux (*non in vulgus quidem, sed inter* χαριεντες) parce qu'il contenait de nombreux paradoxes touchant l'État et la Religion. Et Mersenne le lui a communiqué à condition qu'il fasse connaître à Sorbière son opinion sur ce livre quelle qu'elle soit [46]. Dans sa réponse Sorbière se souvient que Mersenne lui avait jadis montré le manuscrit du *De cive* en présence de Du Prat et de Digby *(adstante una Prataeo et Di...)*. Le deuxième nom est difficile à déchiffrer mais la supposition de Tönnies *(Digbaeo)* est plausible puisque Sir Kenelm Digby a passé plusieurs mois sur le Continent, et a séjourné à Paris, durant la période qui a précédé l'impression du livre, dont Hobbes lui a dédicacé un exemplaire [47]. Nous devrons bientôt parler de la vie aventureuse de Digby pendant ces années, mais ce qu'il importe de noter, pour l'instant, c'est le but et la méthode du Père Mersenne. Qu'il s'agisse de la *Dioptrique*, ou des *Méditations*, ou du *De cive*, il veut que les démonstrations, que les idées soient examinées par les hommes de science et de jugement, et que les objections soient rassemblées pour que l'auteur puisse en tenir compte, ou s'en justifier. Son objet, en instaurant ces débats, est de faire progresser la connais-

45. Réponse à un Père Jésuite qui l'avait consulté sur l'ouvrage, date incertaine. Citée dans *CM*, t. XI, pp. 151-2, en éclaircissement à la lettre de Mersenne à Rivet du 9 mai 1642. — Faut-il rapprocher cette lettre d'un passage d'une lettre que Hobbes adresse à Sorbière au moment où celui-ci prépare une 2ᵉ éd. du *De cive* à Amsterdam, et où il exprime la crainte que Descartes n'agisse pour en empêcher la publication ? (lettre du 16 mai 1646, F. Tönnies, *Archiv*. III, p. 68).

46. Lettre du 13 jan. 1643. *Archiv*. III, pp. 65-6.

47. Lettre du 1ᵉʳ févr. 1643, *Archiv*. III, p. 66. — Nous sommes imparfaitement renseignés sur les allées et venues de Digby : il quitta l'Angleterre après le 22 juin 1641. Evelyn le rencontra à Gorcum le 18 sept. alors qu'il faisait route vers Cologne. Mais on sait que c'est à la suite d'un duel à Paris qu'il dut regagner l'Angleterre (avant le 24 novembre). Cf. R. T. Petersson, *Sir K. Digby*, pp. 156 et suiv. — L'exemplaire du *De cive* (R. III. 15) conservé à la Bibl. de l'Université de Paris porte la dédicace suivante « Domino Kenhelmo Digby, genere, virtutibus, scientia et factis clarissimo in signum obsequii ab Authore. Tho. Hobbes ». Cf. E. Chatelain, « Quelques épaves de la Bibliothèque de K. Digby », *Revue des Bibliothèques*, t. I, nº 2, mai 1891.

sance, de voir aussi dans quelle mesure des idées qui risquent de passer pour subversives, comme celles du *De cive*, peuvent être acceptées dans les milieux cultivés, au moins comme hypothèses ou paradoxes que l'on consent à discuter. S'il prend soin de dissimuler l'identité de Hobbes c'est, dans le cas des objections aux *Méditations*, pour éviter que leur auteur ne refuse de répondre. Mais dans le cas du *De cive*, le souci d'anonymat a dû venir de Hobbes lui-même, autant que de Mersenne.

Lorsque quelques années plus tard Hobbes laissera publier sous son nom une 2e édition, et que Sorbière commettra l'indiscrétion d'y joindre des lettres élogieuses de Mersenne et de Gassendi qui étaient destinées à convaincre l'éditeur, mais non à paraître dans le livre, Hobbes sera d'accord avec ses deux amis pour faire de vifs reproches à Sorbière. L'édition de 1647, accompagnée de ces lettres, ne pouvait qu'être compromettante pour Mersenne, qui avait quelques années plus tôt fait circuler en privé des exemplaires d'un tirage confidentiel, en se gardant bien de prendre à son compte les idées de l'auteur. Cette nouvelle édition, à laquelle on l'associait malgré lui, fut épuisée et réimprimée dans l'année. Elle risquait d'avoir un retentissement politique assez considérable puisqu'elle était diffusée aussi bien dans l'Angleterre de Cromwell qu'à Paris où s'était réfugiée la Cour anglaise exilée. L'attitude de Mersenne en ces deux occasions fait clairement paraître l'étendue, et les limites, des risques qu'il était disposé à courir en faisant circuler les livres et les idées parmi les doctes.

Après avoir terminé le *De cive*, au plus tard en novembre 1641, Hobbes se trouvait dispos pour approfondir l'étude de la philosophie de la nature. Le premier, et le plus important, document que nous possédions pour connaître ses progrès est le manuscrit latin 6566 A de la Bibliothèque Nationale où il soumet à une critique serrée le *De mundo*. Ici encore Mersenne eut son rôle à jouer. Il apparaîtra mieux quand nous aurons suivi la trace de Thomas White jusqu'à la publication de son livre et précisé dans la mesure du possible la nature de ses rapports avec Digby.

4. *Thomas White*

a) *Esquisse d'une carrière philosophique.*

Thomas White (1593-1676) appartient à une famille de gentilshommes terriens du comté d'Essex [48]. Catholique récusant il passe une grande partie de sa vie hors d'Angleterre et séjourne comme étudiant puis comme enseignant dans divers collèges anglais du Continent. A Saint-Omer, croit-on,

48. L'étude du manuscrit de Hobbes a rendu nécessaires de nouvelles recherches sur White dont la carrière ne concerne pas exclusivement l'histoire de la philosophie, et dont quelques livres seulement présentent un intérêt pour l'étude de Hobbes : le *De mundo* bien entendu, et ceux qui peuvent jeter quelque clarté sur cet ouvrage. L'un des auteurs de cette édition, Harold W. Jones, doit publier dans *Notes and Queries*, en 1973, de nouvelles informations sur la vie de White, ce qui nous permettra de nous limiter ici aux données biographiques et bibliographiques essentielles.

puis à Séville, à Lisbonne, à Madrid, enfin à Louvain. En 1617 il est ordonné prêtre et devient professeur au Collège anglais de Douai. Les matières qu'il enseigne sont la physique, la logique, la rhétorique, la philosophie. En 1624 on le trouve à Paris où il étudie le droit canon, et les deux années suivantes à Rome où il est agent des prêtres britanniques. En 1630 il retourne à Lisbonne pour y devenir Président du Collège anglais, poste qu'il abandonne en 1634 pour celui de Vice-principal du Collège de Douai. A partir de cette date, ses biographes perdent sa trace jusqu'au moment où il réapparaît, onze ans plus tard, à Rome.

Dans l'intervalle son activité n'était jusqu'à présent connue que par ses publications, mais la correspondance de Mersenne, et les *Observations* de Sir Kenelm Digby sur *Religio Medici* de Sir Thomas Browne vont nous permettre de combler partiellement cette lacune.

Mentionnons d'abord le fait essentiel pour notre étude. Les *Observations* de Digby, publiées à Londres en 1643, et datées du 23 décembre 1642, alors qu'il était en résidence forcée à Winchester House, nous fournissent la preuve que White habitait à Paris au moment où fut publié *De mundo*. Il existe maintenant un système cohérent du monde qui manquait jusqu'à présent, déclare Digby, et c'est notre savant compatriote, Thomas White, qui nous l'apporte « dans son excellent livre, *De mundo,* récemment imprimé à Paris, où il réside maintenant, et où il est admiré du monde des lettres comme le prodige de notre époque »[49]. White résidait donc à Paris au moment où fut publié son livre. Mersenne, comme nous le verrons, s'intéressait à lui autant qu'à Hobbes et les deux hommes ont dû fréquenter les mêmes milieux, au même moment.

Considérons maintenant les publications de White. Si l'on met à part une introduction à un ouvrage théologique de Christopher Davenport, (*Deus, natura et gratia,* Lyon, 1634) il n'a rien publié avant *The dialogues of William Richworth, or the judgmend* [*sic*] *of commonsense in the choise* [*sic*] *of religion,* publié à Paris en 1640[50]. White n'a d'ailleurs fait que réviser et compléter l'œuvre de l'auteur après sa mort. Sa première œuvre originale est donc *De Mundo dialogi tres,* également imprimée à Paris, en 1642[51]. Deux ans plus tard Digby publiait, toujours à Paris, ses deux traités sur l'immortalité de l'âme : *Two Treatises, in the one of which, the Nature of Bodies; in the other, the Nature of Mans Soule, is looked into : in way of discovery of the Immortality of Reasonable Souls,* Paris, 1644. Le troisième livre de White indique clairement qu'à ses yeux la philosophie de Digby, et la sienne, étaient interdépendantes : *Institutionum peripateticarum ad mentem summi viri clarissimique philosophi Kenelmi Equitis Digbaei, pars theorica. Item appendix theologica De origine Mundi,*

49. « This [i.e. a coherent system of the world] hath now (even now) our learned country-man done, the knowing Master White (whose name, I believe your Lordship hath met withall) in his excellent booke, *De Mundo,* newly printed at Paris, where he now resideth, and is admired by the world of lettered men there, as the Prodigie of these latter times », *Observations upon Religio Medici,* London, Daniel Frere, 1643, pp. 25-6. White est également cité aux pages 42, 49, 95, 99.

50. Un avis au lecteur le prie d'excuser les fautes d'impression dues au manque de familiarité du typographe avec la langue anglaise.

51. Titre complet reproduit plus loin, p. 47.

Londres, 1646 (une version anglaise, *Peripateticall institutions,* devait paraître en 1656). Le double traité de Digby fut également publié en latin, sous le titre *Demonstratio immortalitatis animae,* Paris 1651, précédé d'une *Praefatio metaphysica (exponens) in quo consistant raritas et densitas,* et suivi de l'*Appendix theologica de origine Mundi,* l'un et l'autre de White.

Vient ensuite, dans l'ordre d'une sèche énumération chronologique, *The Grounds of obedience and government,* dédié à Digby. Ce livre n'est connu que par la 2e édition, Londres 1655, la 1re ayant été condamnée au feu à Londres même, en août 1649. Puis vient la *Quaestio theologica, quomodo, secundum principia [philosophiae] Peripatetices Digbae[a]nae (...), humani arbitrii libertas sit explicanda* (1652). Avec *Euclides physicus* (1657) et *Euclides metaphysicus* (1658) il s'attache à présenter une matière traditionnelle dans un ordre où les propositions s'enchaînent rigoureusement. A la liste des ouvrages composés jusqu'à la Restauration de la monarchie anglaise il faut encore ajouter trois opuscules sur les problèmes de la spirale et de la quadrature du cercle, *Controversy logicke* (1659), et les *Institutiones ethicae* (1660).

White n'a commencé à publier qu'à un âge déjà avancé. Il avait près de cinquante ans lorsque fut imprimé son premier ouvrage important, *De Mundo.* Et c'est au cours des années qui suivent, entre 1642 et 1660, que parurent la plupart de ses livres purement philosophiques, ou associant la théologie à des problèmes métaphysiques, moraux ou politiques. *An exclusion of scepticks* (1665) fait exception et cet écrit a joui d'une certaine notoriété parce qu'il se rattache à une polémique avec Glanvill. Mais une bonne moitié de sa production présente un caractère essentiellement religieux et elle est en majeure partie postérieure à la Restauration.

b) *Points de contact avec Hobbes.*

Seule la partie philosophique de son œuvre nous concerne ici et une simple énumération des titres nous permet de faire deux constatations. D'abord White et Hobbes, bien que leurs positions aient été fort éloignées, ont eu plusieurs préoccupations communes. Ils ont eu l'un et l'autre l'ambition d'élaborer un système du monde. Ils ont voulu mettre au point une méthode de démonstration qui pour l'exactitude ne le céderait en rien à la géométrie. Ils ont attaché l'un et l'autre de l'importance à leurs propres efforts pour résoudre des problèmes touchant cette science. Ils ont abordé la question du libre arbitre, déjà soulevée dans *De mundo,* l'un dans sa controverse avec l'évêque John Bramhall, l'autre dans sa *Quaestio theologica.* Enfin ils ont cherché une base théorique qui permettrait de restaurer l'équilibre politique et religieux de l'Angleterre. Il s'est même trouvé un critique pour reprocher à l'auteur des *Grounds of obedience and government* d'avoir dérobé des idées à l'auteur du *De cive* et du *Leviathan*[52].

Anthony Wood rapporte, dans sa vie de Glanvill, que Hobbes avait beaucoup d'estime pour White et que, lorsque ce dernier habitait dans West-

52. *A letter written by G.L.* (George Leyburn) *to Mr. And. Knightley and Mr. Tho. Medcalfe, in denunciation of The grounds of obedience and government* (1657).

minster, il lui rendait souvent visite, mais qu'ils se séparaient rarement sans s'être échauffés, car ils disputaient des questions philosophiques comme de jeunes sophistes, bien qu'ils fussent octogénaires. Hobbes était obstiné et ne souffrait pas la contradiction, mais les doctes qui assistaient parfois à leurs querelles estimaient que c'était White qui emportait la palme [53]. L'information de Wood n'est pas très précise, c'est ainsi qu'il fait de White l'aîné de Hobbes, alors qu'il avait cinq ans de moins que lui. Mais il paraît y avoir un fond de vérité dans les témoignages que Wood a recueillis. Hobbes, trente ans après avoir argumenté en quarante chapitres avec l'auteur du *De mundo,* mettait toujours autant d'ardeur à le contredire, ce qui prouve qu'ils avaient toujours en commun beaucoup de sujets de désaccord. Mais ce qu'il importe d'observer, c'est que les deux hommes se connaissaient bien et s'estimaient, et que malgré la vivacité des termes que Hobbes emploie dans le manuscrit que nous éditons, il n'y a pas dans cette controverse le fond d'amertume qui transparaît, malgré le ton plus mesuré, dans celles qui l'opposèrent à Descartes.

c) *Association avec Digby.*

Une deuxième constatation s'impose, après un simple examen des données bibliographiques. White déclare que ses *Institutiones peripateticae,* de même que sa *Quaestio theologica,* ont été conçues selon la philosophie de Digby. Il compose une longue préface métaphysique au double traité de Digby sur l'immortalité de l'âme, et lui dédie plusieurs ouvrages, dont *The grounds of obedience and government.* On a l'impression que les deux hommes se sont proposés de réaliser un même programme philosophique et se sont partagés la tâche, Digby écrivant sur l'âme et White sur le monde. Pourquoi cette philosophie est-elle présentée par White comme celle de Digby ? Est-ce parce que celui-ci a été le premier à la concevoir, ou que la démonstration de l'immortalité de l'âme en constitue la pièce maîtresse ? Est-ce par un certain sentiment de déférence à l'égard du chevalier, qui occupe un rang plus élevé dans la société, et paraît faire figure de protecteur ? Notons à ce propos que White est un homme d'église et d'école, alors que Digby, certes épris de science et de philosophie, et dévoué à la même cause religieuse que White, consacre beaucoup de temps aux relations mondaines, aux armes, à l'amour, et se trouve engagé dans l'action politique d'une manière plus voyante et plus dangereuse que White [54]. De son côté Digby, dans son ouvrage sur l'immortalité de l'âme, se déclare l'obligé de White, sans qu'on puisse savoir dans quelle mesure le goût du geste généreux le pousse à exagérer la grandeur de sa dette, lorsqu'il l'appelle :

> notre savant compatriote, le meilleur et le plus honoré de mes amis, et celui de tous les hommes vivants pour qui j'ai le plus d'obligation, car je lui dois le peu que je sais ; et ce que j'ai, et que je vais

53. *Athenae oxonienses* (1691-92), s.v. « Glanvill, Joseph » (éd. 1721, § 525 ; t. II, p. 665).

54. Du moins jusqu'au moment où le nom de White, ou plutôt l'un de ses pseudonymes, Blacklo, fut associé à une cabale sur laquelle nous reviendrons.

exposer dans tout ce discours, ce ne sont que quelques étincelles que j'ai allumées à son grand feu[55].

Ces éloges chaleureux viennent s'ajouter à ceux que nous avons trouvés dans les *Observations* sur *Religio Medici.* Et nous avons pu constater que Digby, alors captif à Londres, connaissait le contenu du livre de son ami (dont un exemplaire lui était peut-être parvenu). Plus significatives encore sont les références à l'ouvrage sur l'immortalité de l'âme dans *De mundo,* car le double traité de Digby ne fut publié que deux ans après celui de White. Dans le premier Dialogue, Ereunius, qu'on peut considérer comme le porte-parole de l'auteur, répond à l'un de ses interlocuteurs — qui met en doute la possibilité de savoir si les corps célestes sont sujets à la génération et à la corruption comme ceux de la Terre — que s'il avait lu, comme lui, un certain traité de l'immortalité de l'âme, il ne douterait pas que l'esprit humain puisse s'élever à la connaissance du ciel. Il donne aussitôt un assez long résumé du traité. Et la suite du dialogue nous apprend que l'auteur, dont le nom, « Kenelmus eques Digbaeus », est précisé en marge, est le protecteur et l'ami d'Ereunius, et que ce favori de Mars et des Muses (les choses étant ce qu'elles sont aujourd'hui) est fort occupé d'autre chose que du livre, mais qu'on peut tout de même espérer que celui-ci verra le jour[56]. White, lorsqu'il composait *De mundo,* avait donc lu le traité en manuscrit, et savait, semble-t-il, que l'action dans laquelle Digby était engagé depuis le début de la Guerre Civile en retardait, sinon la mise en forme définitive, du moins la publication.

Une question vient immédiatement à l'esprit : depuis combien de temps se connaissaient-ils ? Abstraction faite des livres où leurs deux noms sont associés, leur biographes ne signalent leur activité commune qu'à partir de 1645. La reine Henriette-Marie, fille de Marie de Médicis et épouse de Charles Ier, s'était réfugiée en France avec sa cour. Digby, qui s'employait depuis plusieurs années pour la cause de la reine et des catholiques anglais, devint son chancelier et fut chargé d'une mission à Rome en vue d'obtenir l'appui moral et matériel du Saint-Siège à la cause de la monarchie anglaise. White l'accompagnait et ils parvinrent à Rome en mai 1645. Mais la négociation traîna en longueur et finit par perdre son sens après la défaite royaliste. Et l'on ne sait si White le suivit dans une nouvelle mission auprès du Vatican (juillet 1647 à janvier 1648) mais l'un et l'autre furent impliqués dans la « cabale de Blacklo », mouvement qui tendait à assurer l'indépendance des catholiques anglais vis-à-vis du Vatican comme de l'Église anglicane[57]. Le 25 mai 1651 John Evelyn rendit visite, à Paris, à Thomas White, « prêtre savant et philosophe savant, auteur du livre *De mundo* ». Il mentionne également dans son journal des conversations avec Digby (également à Paris) en septembre 1650 et en novembre

55. *Two treatises,* p. 180. White est également mentionné avec éloges, pp. 86 et 110 (« the farre searching author of the Dialogues de mundo »). P. 30, une note marginale « De mundo » accompagne un passage où sont énumérées certaines des matières qui composent l'ouvrage de White.

56. *De mundo,* pp. 56-58.

57. PETERSSON, *op. cit.,* pp. 223-6.

1651[58]. White et Digby ont dû vivre ensemble à Paris durant une partie de cette période car le Chevalier (si l'on excepte une courte visite en 1650) ne se rendit pas en Angleterre entre sa première tentative en vue d'obtenir la tolérance pour les récusants anglais (durant l'été 1649) et son retour en janvier 1654 à la suite duquel il allait devenir l'ami du Lord Protecteur. On ne sait quand White rentra définitivement en Angleterre, mais les rapports de Digby avec Cromwell lui permirent certainement de le faire sans risque. Ces renseignements n'éclairent que très indirectement notre étude, mais ils montrent du moins que d'ardents partisans de la monarchie finirent par chercher un compromis avec le régime de Cromwell, et que la position de Hobbes, qui songe déjà en 1647 à retourner dans sa patrie, n'a rien d'exceptionnel. Les frères Cavendish, qui avaient combattu dans l'armée du Roi, y songeaient aussi, et dès 1648 s'installent à Anvers pour attendre l'occasion d'un retour honorable. Vers la fin de 1651 ils composent avec le régime pour une somme de 5 000 livres qui assure la conservation des deux résidences familiales, Chatsworth et Welbeck Abbey. Et c'est cette solution qui paraît avoir décidé du retour de Hobbes en Angleterre.

d) *Les rapports de White et de Digby d'après la correspondance de Mersenne.*

Ces informations sur l'activité commune de White et de Digby à partir de 1645 nous autorisent à supposer que le zèle pour la cause des récusants, autant que la curiosité philosophique, fut à l'origine de leur amitié. Et bien qu'une liaison plus ancienne ne soit pas exclue, on peut considérer septembre 1636 comme le début d'une période où les conditions d'une rencontre et d'une amitié se trouvaient réunies. C'est en effet la date de la deuxième conversion du Chevalier au catholicisme, et le début d'un séjour de plusieurs années en France (interrompu de temps à autres par des visites en Angleterre dont les dates nous sont imparfaitement connues). Quant à White, on s'en souvient, il vient de rentrer en France après plusieurs années passées à Lisbonne, ayant été nommé vice-principal du Collège anglais de Douai.

Comme la correspondance de Mersenne est jusqu'à présent la seule source de renseignements certains sur leurs rapports avant la publication du *De mundo,* mieux vaut s'y référer sans s'attarder à des conjectures sur le lieu et la date d'une première rencontre. Nous avons déjà cité une lettre écrite à Hobbes à la veille de son retour en Angleterre, où Digby exprime le regret d'être privé au moins pour quelque temps de son « aimable et savante conversation » (Paris, 1er oct. 1636). On peut supposer qu'à cette date Digby fréquentait déjà la cellule de Mersenne. Son retour au catholicisme fut marqué par la publication de *A conference with a Lady about choice of religion*[59]. Après un voyage à Loudun, où il a observé des cas fameux de possession diabolique, et à Tours où il a fait un exposé sur « la localité des anges », il adresse une lettre qui constitue un petit traité sur ce sujet au R.P. Hilaire, lecteur en théologie aux Carmes, dans cette

58. *The Diary of John Evelyn*, ed. E.S. de Beer, Oxford U.P. 1959, pp. 294, 302, 310.
59. Paris 1638, mais datée intérieurement du 13 janvier 1636. Cf. *CM*, t. VI, p. 101, n. 3.

ville[60]. On se souvient que plus tard, la même année, au cours d'un séjour à Londres, il s'enquiert auprès de Hobbes de l'avancement de sa « logique » et lui envoie un exemplaire du « Discours » de Descartes (11 sept. et 1er oct.). Le nom de Digby apparaît, l'année suivante, dans la correspondance de Descartes à Mersenne : « J'ai beaucoup d'obligation à M. d'Igby de ce qu'il parle si avantageusement de moi » (29 juin 1638)[61]. D'autres lettres se réfèrent à un écrit contre Descartes que Digby lui aurait transmis avec un commentaire défavorable[62]. Trois lettres de J. Aretius à Mersenne sont datées de Londres : la première (14 févr. 1639) charge le Minime de vœux pour le Chevalier, les deux autres (25 mars et 25 avril), répondent à des lettres de Mersenne que Digby a remises à Aretius[63]. La troisième porte la mention « anno turbatissimo 1639 ». C'est en effet le début des troubles d'Angleterre et la deuxième lettre nous aide à préciser la date du voyage de Digby, qui s'est rendu à Londres à la requête de la reine Henriette-Marie, pour qu'il l'aide à obtenir des subsides des catholiques anglais. Digby rencontre la reine le 4 avril et le 17 lance un appel aux catholiques.

Le 24 février 1640 Digby est toujours à Londres. Il écrit la première lettre à Mersenne qui ait été conservée, et elle est importante pour notre étude car l'auteur y mentionne la présence de White à ses côtés. Il raconte d'abord comment, immobilisé après une chute dangereuse, il a mis à profit cet accident : « j'ay bien médité et disposé en mon esprit tout le *Traitté de l'Immortalité de l'ame* ; et il ne me manque qu'un mois de loisir pour l'escrire, car alors je ne me puis servir de la main ». Il indique ensuite comment il entend procéder dans sa démonstration. D'abord il montrera « comment toutes les opérations se font entre les corps, et jusques où elles peuvent arriver, pour ainsi s'acquiescer à accorder que quelques operations que font quelques bestes, qui semblent provenir de raisonnement, ont origine de principes corporels et materiels ; et aussi par là, determiner les derniers limites ausquels les agents materiels peuvent atteindre ». Ensuite « il me faudra examiner toutes les operations de l'ame dans le corps, pour monstrer qu'il y en a quelques-unes qui ne peuvent provenir d'un principe materiel. Et de là je viendray à trouver la substance et les facultez de l'ame ». Quand il aura prouvé l'immortalité de l'âme la démonstration de l'existence de Dieu ne sera pas très difficile. Il ne doute point que son traité sera critiqué par des hommes « imbus de faux principes, pris par autorité sans les examiner », mais il compte sur l'approbation d'un Mersenne, d'un Galilée et d'un Descartes. Puis il en vient à parler de « Blaclo », c'est-à-dire de White : « Je presse Monsr Blaclo pour achever ses demonstrations de la Dioptrique. Il estime beaucoup le livre de Galilée imprimé à Leyden, qui tesmoigne que l'auteur a un admirable

60. Paris, 8 jan. 1637. BM. Add. 41.846, ff. 1-9. La réponse du Père Hilaire, 8 févr. figure dans le même recueil, ff. 11-13. La question, « de loco spirituum », est soulevée dans *De mundo*, p. 35, et dans le MS de Hobbes, c. 4, § 3, f. 27.

61. *CM*, t. VII, p. 312.

62. L'auteur, apparemment, était un cousin de Du Maurier. Voir lettres de Descartes à Mersenne des 27 juillet, 23 août et 11 oct. 1638. *CM*, t. VII, p. 419, t. VIII, pp. 63-4, 113.

63. *CM*, t. VIII, pp. 317-8, 355, 402.

esprit ; mais cela n'empesche pas qu'il ne voye aussi qu'il y a plusieurs erreurs et faussetez, qui proviennent pour la pluspart de ce qu'il n'est pas si bien fondé dans les Metaphysiques, comme il est exacte et judicieux observateur des phenomenes physiques. »[64] Mais les erreurs d'un Galilée ou d'un Descartes, poursuit-il, sont plus à estimer et plus ingénieuses que tous les volumes des philosophes vulgaires. Le ton rappelle celui de la lettre à Hobbes (1er oct. 1637) où Digby souhaite de la part de Descartes une plus grande rigueur dans la partie métaphysique de son œuvre. Ces lettres sont, bien entendu, antérieures aux *Méditations.* Et White fait les mêmes réserves en ce qui concerne Galilée. Il semble donc que Digby et White aient voulu donner un support métaphysique plus solide à la physique de Descartes et à celle de Galilée. L'un a déjà conçu le traité de l'immortalité de l'âme, et l'autre médite peut-être déjà le *De mundo.*

Dans une nouvelle lettre à Mersenne (15 mars)[65], Digby reparle de son *Discours de l'immortalité de l'âme* qu'il se promet d'achever « au premier 15 jours que j'auray de loisir ». Il tient à préciser qu'on ne peut comprendre sa philosophie « sans l'avoir tout en corps, dès le premier principe jusques à la dernière conclusion » et sans la lire dans l'ordre comme les *Elements* d'Euclide. Dans ses *Observations* sur *Religio Medici* il louera l'application de cette méthode, par White, aux démonstrations de la physique. Et nous savons que White a voulu, lui aussi, l'étendre à toute la philosophie, faisant suivre son *Euclides physicus* d'un *Euclides métaphysicus.* Toujours dans la même lettre Digby, répondant à des questions de Mersenne dans des lettres qui sont perdues, le renseigne sur sa démonstration de l'existence de Dieu : « mon principal fondement est ce que vous touchez, qu'il est impossible que les choses materielles ayent esté *ab aeterno,* que vous dites ne sembler point nécessaire. Car si elles ont esté *ab aeterno,* il y a eu mouvement *ab aeterno* ; ce que je demontreray impossible. Et s'il n'a pas esté, il est necessaire qu'il y ayt eu quelque existence *ab aeterno,* qui luy ayt donné son commencement. Et cela estant conclu, par l'éternité et la nature d'existence simple, j'infereray toutes autres perfections. » C'est probablement pour répondre à des observations dont Mersenne lui a fait part dans une lettre également perdue que Digby revient sur la question dans une nouvelle lettre, sans date, mais qui à juger par son contenu fait suite à la précédente.

Il s'attache à démontrer que toutes choses *(entia)* dépendent pour leur existence d'un être indépendant *(ens a se),* simple, parfait et éternel :

> Or ce qui par sa nature est l'estre pur & subsistant, contient en soy les perfections de toutes choses existentes ou possibles. Car en toutes choses qui sont, l'estre est la totale perfection de telle chose ; d'autant qu'une chose (un Ens) n'est rien autre que ce quy a l'estre. Et une chose est plus ou moins parfaite, selon que plus ou moins elle participe de l'estre. Et ainsi on peut bien dire que toutes les différentes substances du monde ne sont autre qu'un *series,* ou rang

64. *CM,* t. IX, pp. 120-2. Le livre de Galilée : Les *Discorsi intorno a due nuove scienze* de 1638.

65. *CM,* t. IX, pp. 203-7.

ou ordre de differents *quod ests* ou choses en puissance a l'Estre, qui recoivent l'Estre plus ou moins. Mais une capacité ou susceptibilité ne dénote point de perfection. Ains toute la perfection consiste en ce quy remplit telle capacité (...) Mais l'estre subsistant, contient en soy toutes les perfections de tous autres estres receus, d'autant que eux ne sont que Emanations de luy, et que luy est l'Estre pur formellement par sa nature, qui consistant en un indivisible (qui n'admet de plus ou de moins) doit nécessairement comprendre ou tout ou rien de ce quy est de l'Estre. De dire qu'il ne contient rien d'eux, c'est de nier ce qu'il est de sa nature, nommément, l'Estre ; car eux ont ce qu'il est. Il suit donc qu'il a toute la perfection qu'ont ou peuvent avoir toutes les choses (...)

Il s'en suit, déclare Digby, que les atomes de Démocrite, s'ils sont matériels, ne peuvent être éternels, et s'ils sont spirituels, ne peuvent servir à composer les choses matérielles.

Et la mesme responce servira pour ceux que vous dites que vous connaissez avoir cette opinion chymerique (et contenante contradiction) que quelque chose materielle (comme le soleil ou la terre, ou quoy que ce soit) puisse estre ab aeterno, et neantmoins indépendante [66].

Les thèses que Digby expose dans ces lettres, White les reprend à son compte dans *De mundo,* et Hobbes les met en question dans notre manuscrit, contestant la validité des arguments « metaphysiques » par lesquels son adversaire cherche à prouver que l'*ens a se* est unique et seul éternel et la cause de tous les autres *entia,* que le monde n'a pu exister de toute éternité et qu'il doit son mouvement à un principe extérieur à lui [67]. Il vaut donc la peine de noter que Mersenne, qui suivra avec intérêt la controverse entre Hobbes et White, et qui l'a peut-être encouragée, engageait dès 1640 la discussion avec Digby sur ces problèmes, citant pour le stimuler des opinions adverses, et le poussant à définir ses positions [68].

66. BM. Add. MS 41.846, ff. 90-91. Cette lettre nous paraît dater de 1640. Elle sera publiée dans *CM.*

67. Voir les c. 27 à 30 et les problèmes 2 à 5 du 3e Dialogue.

68. Deux ans plus tard, Mersenne soumettra à l'examen d'un groupe de théologiens et de savants un « tractatus gallicus » dont l'auteur, « vir nobilis », affirmait avoir prouvé, par des démonstrations plus claires et plus solides encore que celles d'Euclide, l'existence de Dieu et l'immortalité de l'âme. Les experts, parmi lesquels Gassendi, s'étaient mis d'accord sur le principe « quicquid est a se, necessario esse ab aeterno ». Mais un philosophe « ingens tam animo quam corpore » rejeta cette proposition, se référant à Occam, et arguant que le Soleil ou tout autre corps pouvait exister de lui-même, et que du fait qu'une chose existait d'elle-même, il ne s'en suivait pas qu'elle fût éternelle. (Lettre de Mersenne à Sorbière, 13 sept. 1642 in TÖNNIES, *Archiv III,* p. 63, et *CM,* t. XI, pp. 267-8. Cf. lettre de Mersenne à Rivet, mi-août 1642, également au t. XI, pp. 235-6). L'auteur de ce traité se propose le même objectif que Digby, il invoque le même principe, et il n'est pas impossible que Digby lui-même l'ait écrit. (Il était alors en Angleterre, en train de lever des troupes pour l'armée royale, et devait peu après être arrêté. Mais peut-être, auparavant, avait-il fait parvenir ce texte à Mersenne). Quant au « philosophus ingens », il est tentant d'y reconnaître Hobbes qui, à juger par sa controverse avec White, soumettait à une critique sévère tout raisonnement tendant à démontrer des principes qui relèvent de la foi. Mais pour l'identifier au contradicteur en question, il faudrait mieux connaître les arguments qui soutenaient les objections que Mersenne rapporte brièvement.

La lettre de Digby du 15 mars 1640 comporte une allusion à White :

> Je seray bien aise de sçavoir plus de particularitez de vostre homme qui a si bien mesuré les cieux, comme aussi de sa longitude ; son hypothese du mouvement spiral s'accorde avec l'opinion de Monsr Blaclo [69].

e) *Intérêt de Mersenne pour les travaux de White et de Hobbes.*

Il est évident que Digby avait su stimuler la curiosité du Père Mersenne à l'égard des travaux de White, et ceci avant la lettre du 24 février 1640 car celui-ci, qui n'entendait pas se fier à un seul témoignage, écrivait à Théodore Haak, à Londres, le 12 février :

> Il y a un certain, nommé Thomas Vity ou Blaclo Anglois, qu'on dit estre le plus sçavant du monde en sciences aussi bien qu'en la theologie, et particulierement dans la Dioptrique. Si vous en sçavez la verité, vous me la confirmerez [70].

Il écrit aussi dans ce sens à John Pell, précisant que la louange vient de Digby, et demandant si le dit White pourrait fournir une nouvelle démonstration des proportions dans la réfraction [71]. Il avait à cœur de savoir s'il existait d'autres démonstrations de la loi de la réfraction que celle de Descartes. Il avait déjà posé la question à Pell qui avait répondu que Walter Warner serait capable de fournir, sinon une démonstration nouvelle, du moins des données intéressantes. Celui-ci avait en effet établi des tables de réfraction fondées à la fois sur ses observations et sur des déductions à partir d'une « analogie », identique à celle de Descartes, mais qui lui avait été transmise par Thomas Harriot [72]. On sait déjà que Hobbes s'était attaché lui-même à ce problème et qu'il avait communiqué à Warner son « analogie ». Or il devait avant la fin de l'année 1640 quitter l'Angleterre, emportant dans ses bagages le traité de Warner, que Mersenne devait plus tard publier avec le sien. Deux autres lettres à Haak vont nous apporter la preuve que Mersenne était alors sur la piste de Hobbes aussi bien que sur celle de White. Il écrit le 10 mars 1640 à son correspondant anglais :

69. *CM*, t. XI, p. 207 et notes. On ne sait qui est « vostre homme ». Selon les éditeurs de *CM*, ce « mouvement spiral » pourrait être celui qui affecterait un corps qui tombe, si l'on tient compte du mouvement diurne de la Terre. Cf. GALILÉE, *Dialogo* (1632), pp. 158-61, et *CM*, III, pp. 174-5, 339-40, 566. D'autre part White a publié une *Exercitatio geometrica : de geometria indivisibilium & proportione spiralis ad circulum*, Londres 1658, qui critique un ouvrage déjà ancien de Paul GULDIN, *De centro gravitatis trium specierum quantitatis continuae, liber primus de centro gravitatis* (Vienne, 1635), mais sans nommer celui-ci.

70. *CM*, t. IX, p. 111.

71. « Porro philosophus ille insignis, Dni Digby Equitis vestri amicus, vocatur Vohite, vel Vitus, vel Blaclo, quem adeo datum in Dioptricis, imo et in omni Mathematicâ, mihi praedictus Eques asseruit, nullus ut mortalium cum eo conferri possit. Itaque videbis num ille, vel alter quispiam, novâ ratione refractionis proportionem demonstret. » *Ibid.*, p. 168.

72. Lettre du 24 janv. 1640, répondant à une lettre de Mersenne du 10 déc. 1639. *CM*, t. IX, pp. 61-3.

> Vous avez un certain Mr Hobbes parmy vous, que j'ay veu icy conducteur d'un Seigneur. Si vous le connaissiez, il a des choses bien particulières en Philosophie, aussi bien que Mr Vitus, autrement Blaclo, excellent Mathématique, Philosophe, et Téologien, qui est prestre. Mais l'on ne peut rien tirer de luy pour ses spéculations.

Le 20 mars il revient à la charge :

> Si vous pouviez avoir appris de la Dioptrique de Mr White, je la verrois volontiers ; mais on tient qu'il est si retenu et particulier qu'il ne communique rien.

Et dans une lettre qu'on peut approximativement dater de la mi-septembre il lance un nouvel appel :

> Je voudrais bien que ce Mr Hobbes, dont vous parlez donnast quelque echantillon de sa philosophie, car asseuré il est excellent, et aussi que le Sr White ou Blaclow donnast ses pensées sur la lumière et la réfraction, mais il n'y a pas grande espérance d'en rien avoir, vous ferez la guerre à l'œil, comme l'on dit[73].

Nous ignorons si les lettres de Haak à Mersenne ont été conservées, mais de ce que nous connaissons de cette correspondance il ressort que le Minime savait qu'on pouvait difficilement obtenir de White qu'il mette en forme ses spéculations, ce qui cadre avec la phrase de Digby : « Je presse Mons.r Blacklo pour achever ses démonstrations de la Dioptrique ». D'autre part c'est de White, et non de Hobbes, que Mersenne attend alors des démonstrations sur l'Optique. Il se souvient des entretiens qu'il avait eus avec Hobbes, dans sa cellule, quelques années plus tôt. Mais Haak a dû lui donner des nouvelles plus récentes, et par lui, ou par quelque autre savant anglais, il a pu joindre Hobbes et obtenir de lui les objections à la *Dioptrique* et aux *Meditations*. A moins que Hobbes, prévoyant son départ pour Paris, n'ait écrit le premier.

Ce qui ressort aussi de cette correspondance c'est que Hobbes et White se trouvaient tous deux en Angleterre, qu'ils fréquentaient les mêmes milieux, qu'ils avaient des amis communs et que, vraisemblablement, ils se connaissaient. Mais depuis combien de temps White était-il en Angleterre ? La réponse de Pell aux questions de Mersenne va nous en donner une idée. Une lettre envoyée le 29 mars 1640 nous apprend que grâce à Digby, il a assez bien connu White, mais qu'il ne l'a pas vu depuis longtemps, et qu'il pense que celui-ci a quitté l'Angleterre[74]. Mais l'une des minutes qui ont été conservées est sur ce point plus explicite : il a fait la connaissance de White voici presque deux ans par l'intermédiaire de

73. Lettres à Haak récemment retrouvées, publiées en supplément à *CM*, t. XI, pp. 404, 409-10, 417.

74. « Operam dabo ut proposita à te problemata, celebriorum hujus loci Mathematicorum oculos et curam subeant, maximè Guil. Oughtredi (...) item D. Viti, cujus mentionem facis, mihi operâ D.K. Digbeii satis noti, sed jam diu mihi non visi, ut putem Angliâ excessisse. » BN f.fr. n.a. 6206, pp. 310-311. *CM*, t. IX, pp. 231-2.

Digby, mais il ne l'a pas vu depuis quelques mois, et il suppose qu'il n'est plus en Angleterre[75]. Si l'on prend à la lettre l'expression « jam ante duos fere annos » Digby et White se trouvaient ensemble à Londres au printemps 1638, mais sans doute faut-il lui donner un sens plus approximatif. Nous l'avons vu, Digby était revenu en Angleterre en mars 1639, et il devait y rester jusqu'en juin 1641. Dans sa lettre du 24 février 1640 celui-ci écrit qu'il presse White de terminer sa Dioptrique, et cite les opinions de son ami sur Galilée. Cela veut-il dire que White est toujours à ses côtés, ou bien que Digby rapporte des propos qu'ils ont tenus récemment, ou bien encore qu'il sont en correspondance ? On ne peut situer le retour de White en France qu'approximativement entre la fin de 1639 et 1642 où il met au net et publie *De mundo*. Nous ne savons pas jusqu'à quand il a conservé sa charge de Vice-principal à Douai. Nul n'ignore que les collèges anglais du Continent étaient des foyers d'activité politique pour les catholiques anglais. Les deux principaux motifs d'association entre le chevalier et le prêtre étaient la curiosité philosophique, et le souci de la cause catholique. Cette dernière devait les préoccuper tout particulièrement dans la période de crise que traversait l'Angleterre. Il se peut qu'à cette époque White ait déjà assisté Digby dans son activité politico-religieuse comme il le fera plus tard lors de la mission à Rome. Il se peut aussi qu'il ait eu d'autres tâches du même ordre, qui l'astreignaient à d'autres allées et venues. Par contre sa charge de Douai paraît plus difficilement compatible avec une résidence permanente à Paris.

5. *Le* De mundo *et ses critiques*

a) *Circonstances de la publication.*

La vie de Digby, pour cette période, est mieux connue que celle de White. Nous l'avons vu, dès 1639, s'engager dans l'action en appelant les catholiques anglais à soutenir financièrement la cause royale. Cependant, un an plus tard, il juge l'Angleterre assez sûre pour inviter Descartes, par l'intermédiaire de Mersenne, à y séjourner. Descartes, bien qu'assez attiré par ce pays, décline l'offre d'un seigneur bien intentionné mais qui ne l'a jamais vu[76]. Le chevalier cessera d'ailleurs bientôt d'être en sécurité. Il est convoqué à trois reprises en 1641, la troisième le 22 juin, pour répondre de l'appui qu'il a donné à la cause royale. Les poursuites furent abandonnées, mais peu après Digby quittait l'Angleterre, chargé par ses souverains d'accompagner Marie de Médicis jusqu'à Cologne. Débarqué le 13 septembre à Flessingue, Digby paraît avoir saisi l'occasion de ce voyage

75. « At Vito illi, quem mihi commendas, etiam proponam, si forte obviam sit mihi ; novi enim, ab eodem D. Ken. Digby jam ante duos fere annos mihi notus factus ; at illum per aliquot menses mihi nusque visum, aliquo ex Anglia abijsse suspicor ». BM. Birch 4279 f. 136r. *CM*, t. IX, p. 234.

76. Lettres de Descartes à Mersenne du 1er avril et du 11 juin 1640, lettres de Jean Chapelain à Guez de Balzac du 13 et du 19 mai. *CM*, t. IX, pp. 266-7, 319, 320, 406.

à travers les Pays-Bas pour voir Descartes [77]. Parvenu à Cologne le 22 octobre il passe en France, mais tue en duel un gentilhomme français qui avait tenu des propos injurieux à l'égard de Charles Ier. Il quitte la France avec un sauf-conduit après avoir obtenu le pardon de Louis XIII et de retour à Londres fait paraître un écrit pour maintenir son honneur dans cette affaire. La Chambre des Communes ordonne une enquête sur cette publication le 24 novembre. Son séjour en France fut donc court. Mais il semble avoir eu l'occasion de rendre visite à Mersenne, et de voir en manuscrit le *De cive* [78]. En Angleterre il sera arrêté une première fois, le 14 août 1642, étant suspect d'organiser la cavalerie royale et de recruter des troupes. Il sera relaché au bout d'une semaine, puis capturé et emprisonné à Winchester House de novembre 1642 à juillet 1643. Il sera finalement libéré, grâce à une intervention d'Anne d'Autriche et, après s'être engagé à ne plus conspirer contre le Parlement, il recevra l'autorisation de se rendre en France. C'est le début d'un long séjour sur le Continent. Ses conditions de détention n'étaient pas pénibles et il disposa à Winchester House de loisirs qui lui permirent notamment de rédiger, comme nous l'avons vu, des *Observations* sur *Religio Medici*. On peut supposer qu'il fit avancer aussi la rédaction de ses *Two Treatises*. L'ouvrage fut vraisemblablement terminé, ou mis au net, à Paris. Le manuscrit conservé à la Bibliothèque Sainte-Geneviève porte une dédicace datée du 31 août 1644, année de sa publication à Paris. L'activité de Digby au service de la monarchie, et sa détention, nous font comprendre pourquoi cette publication fut retardée alors que, dans le *De mundo* publié deux ans plus tôt, White pouvait déjà indiquer les grandes lignes de l'ouvrage.

Essayons de voir maintenant comment ont progressé les travaux de White lui-même, depuis le moment où il a fait son apparition dans la correspondance de Mersenne. Dans une lettre à celui-ci du 19 janvier 1642, Descartes commente une objection de White qu'apparemment le Père lui a transmise :

> Pour ce que Mr Vitus m'objecte touchant la rarefaction de l'eau, quand elle se change en vapeur, disant : *Sed ei primo declarandum est unde talis ille motus competat, et quae necessitas tantam violentiam ijs exprimens; deinde in vacuo vel in pleno fit haec volutatio etc.*, je respons que cette force ou violence de mouvement est communiquée aux parties de l'eau par la matière subtile, et qu'elle remplist aussy tout l'espace qu'elles n'occupent pas, et ainsy que leur mouvement se fait *in pleno*. Mais je ne trouve pas estrange que cela lui semble difficile ; car je n'ay pas encore assez expliqué la nature de cette matiere subtile. Je tascheray de le faire cy-après en son lieu, et j'ay ouy faire telle estime de Mr Vitus par Mr Digby, que je me promets de l'avoir de mon costé [79].

77. Voir les éclaircissements à la lettre de Descartes à Mersenne du 19 jan. 1642, *CM*, t. XI, pp. 14-15.

78. Voir plus haut, p. 21.

79. *CM*, t. XI, pp. 11-12.

Contrairement à ce qu'ont suggéré jadis Adam et Tannery dans leur édition de la Correspondance de Descartes, la phrase citée ne figure pas dans *De mundo* [80]. On ne la rencontre pas non plus dans la *Praefatio metaphysica (exponens) in quo consistant raritas et densitas,* d'ailleurs publiée beaucoup plus tard. Elle semble donc faire partie d'une objection destinée à Descartes et concernant vraisemblablement le Discours second des *Météores* [81]. On remarquera que le passage confirme que Digby a rencontré Descartes lors de son récent voyage à travers les Pays-Bas (« j'ay ouy faire telle estime de Mr Vitus par Mr Digby ») et qu'il tient à se ménager l'appui de ces deux philosophes anglais.

D'une toute autre importance pour l'étude de White est le manuscrit XLVII des papiers de Constantin Huygens à la Bibliothèquc royale de La Haye. Ce manuscrit latin comporte 53 fol. et porte, de la main de Huygens, la suscription « R. [eceptum] Mart. 1642 » ; il est intitulé, en français, *Discours du flux et du reflux de la mer.* Mais malgré le titre il s'agit d'une version quasi intégrale du Second dialogue du *De mundo,* intitulé dans l'ouvrage imprimé « De forma mundi seu motu magnorum corporum », qui aborde non seulement le problème des marées mais un ensemble de questions soulevées par la théorie galiléenne du mouvement de la Terre. C. de Waard s'était aperçu qu'il s'agissait d'un extrait du *De mundo* [82]. Nous nous sommes assurés que le manuscrit n'était pas holographe [83] et nous avons collationné les deux textes. Les principales différences peuvent être résumées dans une note [84]. Elles révèlent que le manuscrit correspond à un

80. Il est fait allusion, p. 248, au mouvement qui résulte d'une condensation ou compression à laquelle l'air et l'eau sont soumis. Mais rien dans l'idée ni dans la forme ne correspond exactement à la citation.

81. Selon les éditeurs de *CM* ; cf. p. 167 de l'édition originale des Essais (*OD,* t. VI, pp. 241-2).

82. Éclaircissement à la lettre de Descartes à Huygens du 22 jan. 1642. *CM,* t. XI, p. 22.

83. En comparant son écriture à celle d'une lettre de White conservée dans les archives de l'Archevêque de Westminster (6 déc. 1632, Séries A, vol. 26, p. 447).

84. La ponctuation du manuscrit est réduite au minimum. L'écriture est assez serrée. Il n'y a pas de retour à la ligne pour marquer le passage d'un interlocuteur à l'autre. Il n'y a pas de notes marginales, ni indication des « nodi » ni autres subdivisions. Les quatre principales différences sont les suivantes :

a) l'introduction (pp. 127-29) est supprimée et le manuscrit commence *in medias res (Quid nomine motus significetur)* ;

b) la rédaction de 29 lignes du livre (pp. 193-4, vers le début du « Nodus VI. Cur tellus axem parallelum axi Aequatoris teneat ? ») est différente dans le manuscrit ;

c) aux pp. 196-200 (Nodus VII. *Unde fit praeventio Aequinoctiorum*) correspondent seulement 11 lignes du MS ;

d) la rédaction des pages 242-47 (traitant des points suivants : « Lunam ab effluviis terrae moveri — Gravitatem facere ut luna tardius moveatur — Æstus et lunae motus non congruere — Cur luna non fertur sub Eclipticâ ») est différente dans le MS (ff. 45v-46v).

Les autres variantes sont moins importantes. Il s'agit surtout de passages, ou de groupes de mots qui manquent dans le MS. (7 passages de 5 à 20 lignes, 9 groupes de 7 à 22 mots en moins contre 3 groupes de 5 à 13 mots en plus, 12 ll. du MS pour 4 ll. du livre au f. 16' correspondant à la p. 172). Il y a aussi des variantes de vocabulaire. Il arrive que des termes très spécialisés fassent l'objet d'erreurs de transcription, ou soient laissés en blanc. Mais parfois les leçons du manuscrit sont valables. La présence de croix en tête de certaines pages donne à penser qu'il est l'œuvre d'un religieux, peut-être l'un des copistes qu'employait Mersenne. On trouve aussi des croix à certaines pages du MS 6566 A, par exemple f. 280v.

état presque définitif de cette partie de l'ouvrage, bien qu'il comporte des lacunes et, pour certains passages, une rédaction abrégée ou différente. Ce manuscrit ne nous est directement utile, pour l'établissement du texte du manuscrit de Hobbes, qu'en ce qui concerne les citations du *De mundo* que Hobbes donne d'ailleurs le plus souvent en renvoyant aux pages du livre imprimé. Il est possible que notre philosophe ait vu celui-ci en manuscrit, mais la comparaison des textes ne nous permet pas de l'établir. D'autre part l'existence de deux variantes importantes (aux pp. 193-4 et 242-47) a son utilité pour l'étude de la pensée de White et l'interprétation de la controverse avec Hobbes.

Enfin il est intéressant de savoir que le destinataire du manuscrit de ce 2e Dialogue était probablement Descartes. C'est du moins ce que supposent les éditeurs de la Correspondance de Mersenne, car celui-ci chargeait volontiers Huygens de transmettre à Descartes les manuscrits qu'il lui adressait [85]. La matière du 2e Dialogue ne pouvait manquer d'intéresser Descartes, et notamment la question des marées (liée à celle du mouvement de la Terre) qui préoccupait à cette même date Gassendi, Frenicle, Hobbes et d'autres encore. Et Mersenne avait déjà fait parvenir à Huygens, pour Descartes, un manuscrit sur le flux et le reflux de la mer, distinct de celui de White [86].

b) *Jugements de Descartes et de Theodore Deschamps.*

C'est aussi Huygens que Mersenne chargea de faire parvenir à Descartes l'exemplaire imprimé du *De mundo*. C'est bien en effet de cet ouvrage qu'il est question dans la lettre de Huygens à Descartes du 7 octobre, puisque la réponse de ce dernier précise le titre et l'auteur. Voici ce que Huygens écrit de La Haye :

> Aujourd'huy Monsieur Spanhemius, personnage de grand sçavoir, qui va resider Professeur en Theologie à Leiden, s'est venu decharger d'un pacquet de deux exemplaires, dont l'un vous appartient par ordre du Pere Mersenne, qui les avoit recommandez à nostre ambassadeur à Paris. Je me haste de vous mettre ce fideicommis en main, parce que je croy qu'il y a longtemps que vous l'attendez et peutestre le souhaittez de veoir, le subject estant tel qu'il est, et l'auteur assez hardi pour vous avoir osé contredire. Par occasion nous verrons ce que vous y aurez trouvé de digne de vostre consideration [87].

Et voici ce que répond Descartes quelques jours plus tard :

> I'employay la iournée d'hier à lire les Dialogues *de Mundo*, que vous m'auez fait la faueur de m'enuoyer, mais ie n'ay remarqué

85. Voir la lettre du 22 jan. 1642 de Descartes à Huygens et les éclaircissements, *CM*, t. XI, pp. 21-22.

86. « Je vous ay desja écrit que j'ay veu quatre des discours que vous avez fait écrire pour M. Huygens ; j'aurai soin de lui demander encore celuy du flux et du reflux, et celuy de la réflexion ». Lettre de Descartes à Mersenne du 11 nov. 1640, *CM*, t. X, p. 227 et éclaircissements. Descartes parle de ce traité du flux et du reflux comme si Huygens l'avait déjà reçu, alors qu'il a reçu celui de White en mars 1642.

87. *CM*, t. XI, pp. 288-9. Frédéric Spanheim était arrivé à Leyde quelques jours plus tôt.

aucun lieu où l'Autheur ait voulu me contredire. Car pour celuy où il dit qu'on ne sçauroit faire des Lunettes d'approche plus parfaites que celles que l'on a désia, il y parle si aduantageusement de moi que ie serois de mauuaise humeur, si ie le prenois en mauuaise part. Il est vray qu'en plusieurs autres endroits il a des opinions fort différentes des miennes ; mais il ne témoigne pas là qu'il pense à moy, non plus qu'en ceux où il en a de conformes à celles que i'ai (...) [88].

Le passage où White affirme qu'il est impossible de construire des télescopes plus parfaits que ceux qui existent déjà se trouve aux pp. 96-97 *(Dialogus primus. Nodus XI. Tubum opticum in summo esse)*. Cette opinion sera réfutée par Hobbes dans son chapitre X (ff. 81 et suiv.). L'objection de White s'accompagne en effet d'une louange si exaltée de Descartes et de ses Essais [89] que celui-ci, surtout s'il souhaite avoir White « de son costé », ne saurait en prendre ombrage. Mais le début de sa lettre « I'employay la journée d'hier à lire les Dialogues *de Mundo* », semble indiquer qu'il les lit tous pour la première fois, et que, contrairement à ce que nous pensions, il n'a pas eu connaissance du manuscrit du second dialogue. On peut supposer toutefois que la phrase est elliptique et qu'il n'a pas besoin de rappeler à Huygens que dans le cas du second il s'agit d'une relecture. Ce dialogue prend un sens nouveau si on le replace dans l'ensemble et Descartes peut avoir attendu le livre entier pour porter un jugement. Qu'il l'attendait depuis longtemps est attesté par la lettre de Huygens. Et « longtemps » peut s'appliquer aux mois qui se sont écoulés depuis la réception du manuscrit du second dialogue, ou depuis que Digby, ou bien Mersenne, lui ont parlé de l'ouvrage. Sa lettre à Huygens est à rapprocher de celle qu'il écrivit quelques jours plus tard à Mersenne :

> J'ay receu aussy, depuis 3 ou 4 jours, par Mr de Zuylichem, les *Dialogues de Mundo*, que j'ay parcourus. Je juge que l'autheur a beaucoup d'esprit, & il a diuerses choses, principalement en ce qui regarde la Metaphysique, dont je suis d'accord auec luy ; mais il en a aussy beaucoup d'autres, où nous differons *toto coelo*, comme generalement en tout ce qui regarde le flux de la mer et les mouuemens des planetes. Au reste, j'ay rougi en lisant un endroit, où il a fait metre mon nom à la marge ; car il y parle de moy beaucoup plus auantageusement que je ne merite. Je vous prie, si vous le voyez, de luy faire compliment pour cela de ma part, et que je le remercie treshumblement de l'exemplaire que j'ay receu, au moins si c'est luy qui me l'enuoye, car vous ne me l'auez point mandé.

88. *OD*, III, pp. 578-9. Sans date dans le recueil de Clerselier, datée du 13 oct. par les éditeurs de *OD*, Descartes ayant écrit à Mersenne, au sujet du *De mundo*, à cette même date.

89. « Neque librum ipsum neglexi, & diuinum viri ingenium quàm maximè sum demiratus ; tam grauiter multa & abditissima quidem promit, tam dilucidè obscurissima quaeque explanat, experimentis confirmat, & subtilissimis rationibus acutissimè pleraque concludit : & est, vno verbo, Philosophiae spes altera. Sed non omnia ab vno aliquo sperari possunt, sine naturae calumniâ & ipsius à quo pendet iniuriâ. » Le nom de Descartes est indiqué en marge.

Je suis extremement marry de la nouuelle que vous m'aprenez de Monsieur d'Igby, qu'il est aresté par le Parlement d'Angleterre ; car les affaires de ce royaume-là vont fort mal[90].

Le jugement sur le fond est à peu près le même dans les deux lettres et n'appelle guère de commentaires. Descartes serait plutôt d'accord avec White sur la métaphysique, mais il ne l'est pas du tout sur la matière du Second dialogue, non point tant parce que White a voulu « imiter Galilée », c'est-à-dire en devenir l'émule, mais parce que ses démonstrations sont « trop subtiles », ce qui est une manière polie de dire qu'elles sont incertaines. Cependant de tels livres ont le mérite de « préparer les esprits à recevoir d'autres opinions que celles de l'École » (lettre à Huygens).

La lettre à Mersenne fournit une confirmation du séjour de White à Paris : « Je vous prie », écrit-il, « si vous le voyez, de lui faire compliment pour cela » (c'est-à-dire pour les paroles élogieuses à son égard que contenait son livre[91]). Descartes est bien renseigné aussi grâce à Mersenne, quoique avec un certain retard, sur le sort de Digby. L'arrestation à laquelle il fait allusion est celle du 14 août. Le chevalier fut relâché au bout d'une semaine, et la nouvelle de sa libération est parvenue à Descartes lorsqu'il écrit à Mersenne le 20 octobre[92].

Emprisonné à nouveau et pour une période plus longue (de novembre 1642 à juillet 1643) le chevalier devait écrire et publier, comme on l'a vu, ses *Observations* sur *Religio Medici*. Or dans cet ouvrage (section 35) Sir Thomas Browne affirme qu'il n'existe qu'un seul monde. Et Digby, commentant ce passage, écrit : « quand notre auteur aura lu les Dialogues du monde de Mr. White, il ne sera plus de l'opinion que l'unité du monde est une conclusion de la foi. Car dans cet ouvrage elle est démontrée par la raison »[93]. White s'est en effet attaché à cette démonstration dans son premier Dialogue, et Digby y renverra le lecteur du premier de ses deux *Traités*[94].

On peut supposer que Mersenne a fait parvenir *De mundo* à Descartes — et aux autres personnes dont il souhaitait le plus obtenir le jugement —

90. Lettre du 13 octobre 1642. *CM*, t. XI, p. 299. A plusieurs reprises ce Mr de Zuylichem est mentionné dans la correspondance de Descartes comme intermédiaire entre Huygens et lui.

91. Le P. Hilarion de Coste, dans sa *Vie* de Mersenne (1649), citée dans *CM*, t. I, p. XXXIV) mentionne parmi les familiers de la cellule du Minime : « Monsieur Thomas de l'ancienne et et de la généreuse race des Trinobants en Angleterre, qui a écrit plusieurs livres, entre autres trois *Dialogues du Monde*, sçavoir de sa matiere, de sa forme et de ses causes ». Il est significatif que le P. Hilarion l'ait connu comme auteur du *De mundo*, dont il paraphrase la page de titre (White s'y dit issu d'une famille « in oriente Trinobantium » ; l'ancienne tribu des Trinobants occupait une région correspondant au comté d'Essex, dont il était originaire).

92. « On m'a dit aussy que Mr Digby estoit remis en liberté, dont je suis fort ayse ». *CM*, t. XI, p. 306.

93. « When our author shall have read Master White's Dialogues of the world, he will no longer be of the opinion that the unity of the world is a conclusion of faith. For it is there demonstrated by reason », éd. cit., pp. 42-3.

94. Nodus 2 : *Quod mundus sit magnitudine infinitus*, N. 3 : *An plures possint esse mundi*, N. 16 : *Mundo non esse opus coetera continente.* Tous ces points seront longuement discutés par Hobbes. Cf. DIGBY, *Treatise of bodies*, p. 145 ; « the Universe being finite (which Mr White has demonstrated in the second knot of his first Dialogue), there cannot be an infinite number of bodies in it ».

aussitôt l'impression achevée. Theodore Deschamps le remercie le 8 octobre de l'envoi d'un exemplaire, et promet de donner son avis [95]. Ce médecin de Bergerac, qui étudia jadis à Leyde, fut, de 1640 à 1645, l'un des correspondants les plus réguliers du Minime. Il répond volontiers aux questions que celui-ci lui pose sur l'acoustique, l'optique, la structure de la matière ; ses lettres sont pleines de spéculations sur la théorie atomiste. Le 31 octobre il a fait une première lecture, hâtive, de l'ouvrage, à cause du plaisir qu'il y prenait. Mais par suite des vendanges « dont les affaires sont empeschantes », il n'a pas eu le loisir de noter ses remarques [96]. Et c'est seulement le 1er mars 1643 qu'il soumet sa critique du *De mundo* au Père Mersenne. Nous la citerons en entier car — à l'exception de celle de Hobbes — c'est la plus détaillée qu'un contemporain ait formulée. Sur l'explication du mouvement de la Terre et des planètes en particulier, la discussion de Deschamps, très développée, mérite d'être mise en parallèle avec celle de Hobbes.

Mais comme c'est le 2e Dialogue qui retient le plus longuement son attention, il convient d'en donner d'abord un aperçu. White s'y attache à donner une explication d'ensemble des vents, des marées, de la rotation de la Terre et, par analogie, de la rotation des autres planètes. Un vent régulier, dit-il, souffle d'Est en Ouest, dans la zone torride. Il est produit par les rayons du soleil qui font s'élever des vapeurs. Celles-ci, lorsque le soleil poursuivant sa course cesse de les échauffer, se condensent et retombent, exerçant une pression sur la couche d'air située au-dessous. Le vent ainsi produit transmet son mouvement aux eaux de la surface, celles-ci aux eaux profondes qui à leur tour forment un contre-courant, impriment un mouvement contraire aux fonds marins et communiquent ainsi à la Terre entière son mouvement d'Ouest en Est. Vers la fin du Dialogue White étend sa démonstration aux planètes, dont il explique la rotation par l'action du soleil sur les vapeurs.

Voici maintenant ce qu'écrit Deschamps :

> Or quoyque je ne m'estime pas capable de juger de ce livre, pour vous dire mon sentiment, puisque vous le desirés, il me semble tres-beau, et ses raisons fort ingenieuses et subtiles, qui d'abord pourroyent arracher le consentement des lecteurs, si l'on ne le suspendoit jusqu'à ce qu'on les aye plus exactement examinées. Il me semble donc que ce qu'il dit contre l'infini et la pluralité des mondes n'est pas assés evidemment prouvé, non plus que ce qu'il dit contre l'aeternité du mouvement, qui peut avoir esté avant la Terre, voire avant le systeme solaire. Et les difficultés que nos entendements y trouvent viennent de leur imbecilité, qui estants finis, ne peuvent comprendre rien d'infini.
>
> Son second Dialogue est le plus beau, mais ses raisons peuvent estre debatues. Car premierement il veut que le vent oriental soit

95. « Je viens de recevoir vostre lettre avec le livre de Thomas Anglois » : *CM*, t. XI, p. 290. C'est sous ce nom qu'est désigné l'auteur dans la page de titre. — Sur Deschamps voir la notice dans *CM*, t. IX, p. 537.

96. *CM*, t. XI, p. 315.

perpetuel soubs l'equinoctial, contre la relation de ceux qui ont fait imprimer leurs voyages aux Indes ou autour de nostre globe, qui disent y avoir de grands calmes entre les tropiques, entremeslés de frequentes travades. Et François Pirard asseure qu'il y a entre lesdits tropiques, par toutes les mers où il a passé, deux vents que les Indiens appellent *moussons,* qui soufflent alternativement l'un depuis mars jusqu'en septembre d'Occident en Orient, et l'autre despuis septembre jusqu'en mars d'Orient en Occident. Que si le vent estoit tousjours oriental entre les tropiques, on ne pourroit naviguer d'icy jusqu'aux Molucques, et moins encore faire le tour de la Terre par mer d'Occident en Orient. Davantage, il n'assigne point de raison suffisante pourquoi la vapeur eslevée par le Soleil, doive tomber plustost du costé d'Orient que d'un autre. Car de dire que cela se fait parce que la Terre se tourne sur son centre vers l'Orient, et fait que le Soleil se trouve plus occidental, puisqu'il veut que la cheute de la vapeur face le vent, le vent le flus de la mer, qui n'est ravie que proche de sa superficie, et que le contrecoup du reste d'icelle qui retournant vers l'Orient, vienne à mouvoir la Terre, il me semble qu'en cela il y ayt cercle et petition de principe. Et si sa position pour la racine du mouvement semble convenir à Madagascar, il ne convient pas partout ailleurs ; car on luy pourroit marquer d'autres lieux, où, selon ses raisons mesmes, le contraire arriveroit. Et puisqu'il veut que les autres planettes soyent meus de mesme façon que la Terre, et que cela despende de la cheute des vapeurs que le Soleil esleve en chaqu'un d'iceux, comment arriveroit-il que leurs terres et mers fussent tellement disposées que touts soyent meus d'Occident en Orient selon la succession des signes ? Il n'i a point d'apparence d'une telle conformité en choses si fortuites ; et mesmes en nostre globe le Soleil se trouvant culminant sur l'Affrique, et sur l'Amerique, ce mouvement se trouveroit interrompu ou fort inegal. Davantage puisque la Terre ne tient à rien, l'eau qui est en la surface de la mer tenant à celle de dessoubs, il semble qu'il seroit plus aysé au vent oriental de mouvoir tout le globe vers Occident, que de raffler le dessus de la mer, ayant plus de prise contre les hautes terres qu'il rencontreroit, que contre la planure de ladite mer, mesmes ledit vent estant aydé à cela par le flus de la mer, lequel estant direct, debvroit encor estre plus fort que celuy du restant de l'eau par reflexion vers l'Orient. Et puis les vents ne soufflent pas seulement entre les tropiques, mais touts climats, et vers chaque endroit de l'horizon avec impetuosité, que, si la mer en pouvoit estre si fort esmeuë pour faire le flus, tout le globe estant plus aisé à mouvoir, s'il n'estoit point aymantin, il varieroit aisement son axe. Enfin il n'i a point d'apparence que des mouvements si reglés et si constans comme ceux des planettes, despendent d'une cause si inconstante comme est le vent. Je confesse bien que le Soleil est la cause universelle du mouvement des planettes, mais son mouvement autour de son centre qui se fait d'Occident en Orient par les dessus, et au rebours par le dessoubs, en l'espace de 28 jours, en est plustöst la cause que sa seule chaleur.

> Le troisiesme Dialogue parle de la durée et fin du Monde avec de pareilles raisons, qui ont plus de gentillesse et de subtilité que de solidité, et ne demonstre point que perissant, sa matiere ne puisse servir à en former quelque autre [97].

Dans le Ier et le IIIe Dialogues Deschamps estime donc que White n'avance pas des arguments suffisants pour nier l'infini, la pluralité des mondes, l'éternité du mouvement, et pour prouver la fin du monde [98]. Il pense en effet, avec les atomistes, que matière et mouvement pourraient préexister à la formation de ce monde, et, s'il venait à périr, servir à en former un autre. Dans une lettre assez récente à Mersenne il invoquait déjà l'opinion des philosophes anciens selon lesquels « l'assemblage des atomes et du vuide desquelz a esté fait le monde, n'a point eu de commencement ». Il est vrai, poursuivait-il, que nous, chrétiens, croyons à la création, mais c'est affaire de foi et ne se peut démontrer. Mais ne pourrait-on pas dire, sans impiété, que façonner ce bel édifice du monde à l'aide de cette chose informe et imperceptible aux sens, c'est comme le faire de rien [99] ?

Sa critique du 2e Dialogue se fonde sur des faits d'expérience, comme le témoignage des navigateurs sur le régime des vents, et sur des objections logiques à l'hypothèse précaire de White. Et surtout il discerne dans le raisonnement de celui-ci un cercle vicieux et une pétition de principe. Car il faut supposer que le mouvement de la Terre existe déjà pour que les effets de la chaleur des rayons solaires se fassent sentir successivement d'Est en Ouest dans toutes les parties de la zone torride et produisent le mouvement qui est finalement transmis à la terre. A moins que le mouvement du Soleil autour de la Terre soit réel ; dans ce cas la Terre est immobile, contrairement à ce qu'on voulait prouver.

c) *Critique du* De mundo *dans le* De corpore.

Il est significatif que la seule critique contemporaine du *De mundo* qui possède quelque étendue en dehors de celle de Hobbes, mette en évidence un paralogisme que ce dernier n'a pas seulement souligné dans notre manuscrit, mais qu'il a donné comme exemple d'un vice de démonstration dans le chapitre sur la Méthode du *De corpore.*

> Je trouve un exemple de *cause fausse* dans un certain traité où il s'agissait de démontrer le mouvement de la Terre. L'auteur commence par ceci que, la Terre et le Soleil n'étant pas toujours dans

97. *CM*, t. XII. Sorbière eut aussi connaissance du *De mundo*, et prit position contre sa théorie des marées : « ... Ferax est saeculum istud magnorum virorum ; sed duos jactabit merito caeteris praefulgentes (...) Galilaeum et Gassendum, quibus debetur scientia aestus marini (quicquid obstrepat Thomas Anglus), et causae cur magnes trahat ferrum, cur decidant quae gravia vocamus. » Extrait d'une lettre de S. Sorbière, de la Haye, à Pierre Gassend, à Paris, 6 Mai 1643, à paraître dans *CM*, t. XII qui nous a été communiqué par B. Rochot. Thomas Anglus est White, sans aucun doute possible, puisque c'est sous ce nom qu'il se désigne dans la page de titre du *De mundo*. Dans son MS, Hobbes réfute des arguments de White contre l'explication des marées que donne Galilée.

98. Dial. I, N. 2, p. 9, et 3, p. 24 ; Dial. III, N. 3, p. 285, et 18, p. 435.

99. Lettre du 14 août 1642. *CM*, t. XI, pp. 229-30.

la même situation entre eux, il est nécessaire que l'un des deux soit mû localement ; ce qui est vrai. Ensuite il déclare que les vapeurs que le Soleil fait s'élever, sont nécessairement mues à cause de ce mouvement d'où il infère que naissent les vents, ce qui peut encore être accordé ; et que par ces vents sont mues les eaux de la mer, et que le fond de la mer, frappé par leur mouvement, se meut alentour. Concédons encore ceci ; mais il en conclut que nécessairement la Terre se meut. Ceci pourtant est un paralogisme ; car si ce vent était la cause initiale de la rotation de la Terre, et le mouvement du Soleil, ou celui de la Terre, avait été la cause de ce vent, le mouvement du Soleil ou de la Terre était antérieur à celui du vent. Si la Terre était mue avant que naisse le vent, celui-ci ne pourrait être cause de cette révolution de la Terre ; si la Terre était immobile, et que le Soleil était mû, il est manifeste que, ce vent existant, la Terre ne pourrait être mue. La cause de ce mouvement n'était donc pas celle qui avait été proposée [100].

Hobbes donne encore, dans *De corpore*, deux exemples de raisonnements vicieux qui sont précisément de ceux dont Deschamps se déclarait insatisfait. Le premier se rapporte à l'espace, et à certains philosophes qui l'identifient avec l'extension des corps. De cette fausse définition, l'un infère que les corps peuvent être infiniment étendus et que le monde est infini :

et un autre, de la même définition, conclut témérairement qu'il est impossible à Dieu lui-même de créer plus d'un monde. En effet, dit-il, si un autre monde devait être créé, comme il n'existe rien en dehors de celui-ci et par conséquent (selon sa définition) aucun espace, cet autre monde devrait être placé dans rien, mais, dit-il, rien ne peut être placé dans rien. Mais pourquoi on ne peut mettre quelque chose là où il n'y a rien, il ne le montre pas, alors que, là où il y a déjà quelque chose, on ne peut mettre quelque chose, tant il est vrai que ce qui est vide est plus apte à recevoir de nouveaux corps que ce qui est plein [101].

C'est encore White qui est visé dans un troisième passage :

C'est pourquoi l'argumentation de celui qui veut prouver que le monde est fini n'est pas bonne, lorsqu'il raisonne ainsi : *si le monde était infini on pourrait en prendre une partie qui serait éloignée de nous d'un nombre infini de pas, mais aucune partie de ce genre ne peut être prise, donc le monde n'est pas infini* ; car cette conséquence de la proposition majeure est fausse. En effet quoi que nous prenions, ou que nous concevions, dans un espace infini, sera toujours éloigné de nous d'une distance finie, car, du seul fait que nous en concevions le lieu, nous mettons un terme à l'espace qui commence là où nous sommes. Et ce que nous séparons mentalement de

100. *DC*, c. 6, § 18 ; *OL* I, pp. 78-9.
101. *DC*, c. 7, § 2, *Ibid.*, p. 83. Cf. *DM*, pp. 28 sqq. et MS, f. 17.

part et d'autre dans ce qui est infini, nous le délimitons, autrement dit nous en faisons quelque chose de fini [102].

C'est avec une joie évidente que Hobbes choisit chez son vieil adversaire des exemples de paralogismes. Mais ces trois passages sont les seuls du *De corpore,* ou de tout autre ouvrage à l'exception de notre manuscrit, où il se réfère aussi directement au *De mundo,* bien que sans le nommer, et c'est pourquoi nous avons tenu à les citer. Ailleurs il a incorporé des définitions qu'il avait formulées, ou des démonstrations qu'il avait élaborées en polémique avec son auteur, mais sans revenir sur sa réfutation.

d) *Date du manuscrit de la critique du* De mundo.

Dans cette lettre du 1er mars 1643, Deschamps remercie le Père Mersenne de l'envoi du livre *De libertate, imperio et religione,* c'est-à-dire du *De cive.* Quelques mois plus tard, le 7 juillet, il fait part à Mersenne de la satisfaction que lui a donné l'ouvrage :

> Or j'ay leu le livre *de Cive, imperio et religione* avec grand contentement. Et quoyque je ne me sente pas capable de juger de ce rare ouvrage, puisque vous le desirés, je vous en diray mon advis. Je trouve donc que ses principes sont fort evidents, ses raisons fort pertinentes et que avec la briefveté, par le bon ordre que tient son auteur, il paroit une grande clarté, et evidence en touts ses discours, tellement que j'estime ce livre grandement utile pour le bien de l'estat [103].

Mais ces deux lettres renferment encore une information très importante. A la fin de sa critique du *De mundo* Deschamps ajoute en effet, le 1er mars :

> Vous m'obligerés infiniment de me faire voir ce qui sera escrit contre ce livre.

Le 7 juillet il exprime l'espoir de voir à Paris cette critique du livre de White :

> Ce qui a empesché que je n'aye pas encore veu le livre d'Apollonius Pergaeus, c'est que jamais je ne l'ay peu recouvrer, quoyque je l'aye cherché diligemment. Et je vous remercie grandement de l'offre que vous me faites de me le faire voir, avec celuy de Mons.r Mydorge, comme aussi ce qu'on escrit contre les Dialogues *de Mondo,* si je vay à Paris, ce qui me tarde fort, et je n'attends sinon que Mr Tarneau me mande quand il en sera besoing [104].

Avant de commenter ces passages il convient de les rapprocher de deux autres, qui se trouvent dans des lettres de Descartes à Mersenne.

102. *DC,* c. 7, § 12, *Ibid.,* p. 88. Cf. *DM,* pp. 10 sqq., MS, f. 10.
103. *CM,* t. XII.
104. *Ibid.* Mr Tarneau était l'avocat de Deschamps à Paris, où celui-ci devait se rendre à cause d'un procès.

Le 23 février il déclare simplement : « Je ne suis pas curieux de voir les escrits de l'Anglois » [105]. Mais le 26 avril, Mersenne lui en a fait parvenir un extrait qui nous permet d'identifier ces « escrits » à notre manuscrit. Descartes dit en effet :

> Je n'ay rien trouvé de ce que vous me mandés du flus et reflux, tiré des escris de l'Anglois, qui soit à mon usage, sinon qu'il dit que *Habente Luna latitudinem Borealem, citius implentur tempora quàm habente Australem* ; ce que j'avois jugé estre vray il y a longtemps ; mais je n'avois point sceu qu'on en eust fait aucune experience [106].

Or la citation latine se retrouve au chapitre 16 qui examine le « nodus » 3 du 2e Dialogue de White : « Mare à littoribus ad littora moveri ». Dans le § 1 où figure le passage Hobbes affirme qu'on ne peut expliquer les causes générales des marées avant d'avoir réuni un ensemble suffisant d' « expériences », c'est-à-dire d'observations systématiques avec mesure précise des amplitudes et des durées. Or ceci n'a été fait que pour les côtes de quelques pays d'Europe. De ces observations on peut conclure seulement à une coïncidence rigoureuse entre les heures des marées et celles de la Lune, avec deux exceptions seulement :

> ... tempora aestuum exactissime congruant cum temporibus lunae, nisi quod in noviluniis & pleniluniis aestus lunam antevertat, et quod *habente luna latitudinem borealem, citius aliquanto incipiunt impleri tempora quam cum latitudinem habeat australem* [107].

Hobbes rapporte alors des observations faites à Londres et quelques autres ports. Le passage cité par Descartes est souligné par nous. Bien qu'il omette « aliquanto » et « incipiunt » on ne peut douter qu'il se réfère au texte de Hobbes.

En dehors de ces lettres de Deschamps et de Descartes nous n'avons pu trouver aucun écho contemporain de notre manuscrit. Mais elles nous fournissent quelques renseignements utiles, notamment sur la date de composition. Hobbes n'a pas exercé ses facultés critiques sur un ouvrage déjà ancien. L'impression du *De mundo* a dû être achevée en septembre 1642 puisque des exemplaires parviennent déjà à La Haye et à Bergerac le 7 et le 8 octobre. Le 23 février 1643 Mersenne a déjà proposé à Descartes les écrits de l'Anglais, c'est-à-dire une partie au moins du manuscrit. Et le 26 avril Descartes a déjà reçu un extrait dont on ne connaît pas l'étendue mais dont on peut déduire que ce qui est devenu le chapitre 16 était déjà composé [108]. Deschamps, répondant le 1er mars à une lettre du 12 janvier, parle de « ce qui sera escrit contre ce livre ». Le 7 juillet, répondant à une lettre du 16 mars qui lui est tardivement parvenue, il dit « ce qu'on escrit contre les Dialogues *De mundo* ». Sans doute ne faut-il pas trop conclure

105. *OD* III, p. 633.
106. *Ibid.*, pp. 657-8.
107. MS, f. 142.
108. Le chapitre 17 se rapportait aussi à la question des marées. Et l'on a vu par l'exemple du manuscrit du 2e Dialogue de White que les termes de flux et reflux recouvraient en fait toute une série de questions annexes.

de cette distinction entre le futur et le présent. « Ce qui sera écrit » peut vouloir dire « ce qu'on projette d'écrire » ou « ce qu'on a commencé à écrire ». On ne peut savoir dans quel ordre les chapitres ont été composés, ni si Hobbes a eu accès au manuscrit de White, ou aux épreuves d'imprimerie. Mais comme nous l'avons déjà signalé, il renvoie assez systématiquement aux pages du livre imprimé. Tout ce qu'on peut dire en fin de compte c'est qu'en mars 1643, quelques mois après la publication du *De mundo*, l'ouvrage critique de Hobbes était en bonne voie, et qu'il se rattache étroitement à l'actualité scientifique et philosophique.

Deschamps nous laisse entrevoir la raison qui fait que ce manuscrit a laissé si peu de traces. Mersenne lui offre la possibilité de voir à Paris un livre qu'il a beaucoup de peine à se procurer, les *Conica* d'Apollonius, dont la dernière édition était de 1566 [109]. S'il ne lui en procure pas un exemplaire c'est parce que le livre est rare et qu'il ne peut se séparer du sien. Pour des raisons semblables il ne peut prendre le risque de faire voyager un manuscrit aussi volumineux que celui de Hobbes, dont il a fait copier un extrait pour Descartes, mais dont il serait trop onéreux de faire copier plusieurs exemplaires. Mais on peut supposer que des amis de Hobbes et de Mersenne résidant à Paris — Gassendi, Jean-Pierre Martel, Abraham Du Prat — ont vu le manuscrit. On aimerait savoir si White l'a lu.

Une autre raison du peu d'échos qu'a suscités ce manuscrit, qui expliquerait aussi que Hobbes ne l'ait pas publié, c'est qu'il constituait pour lui une étape dans l'élaboration de sa propre philosophie. Il y a peut-être une troisième raison. Mersenne avait fait circuler le *De cive* avec précaution, en prévenant le lecteur qu'il renfermait des « paradoxes ». Or Hobbes attaque, sinon les dogmes devant lesquels il déclare s'incliner, mais les raisonnements par lesquels White prétend en démontrer la vérité. Peut-être ce fait a-t-il incité Mersenne à redoubler de prudence. Ce n'est peut-être pas par hasard qu'il mentionne le manuscrit à Deschamps plutôt qu'à d'autres, le supposant plus ouvert à ce genre de critique. Nous reviendrons sur cette question après avoir décrit le contenu du manuscrit.

109. *CM*, t. XII. Nous ne savons si l'ouvrage de Mydorge (1639) que Deschamps souhaite aussi voir chez Mersenne, était déjà devenu rare. — Sur Mydorge, voir *CM*, t. VIII, p. 477, n. 1.

CHAPITRE II

LA CRITIQUE DU *DE MUNDO* PAR THOMAS HOBBES

1. *Le* De Mundo *de Thomas White*

Ce livre est un in-quarto dont voici la page de titre :

> DE MVNDO / DIALOGI TRES / QVIBVS / MATERIA, HOC EST, QVANTITAS, NVMERVS, FIGVRA, / Partes, partium qualitas & genera : / FORMA, HOC EST, / MAGNORVM CORPORVM MOTVS, / & motuum intentata hactenus Philosophis Origo : / CAVSSÆ, HOC EST, / MOVENS, EFFICIENS, GVBERNANS, / Caussa Finalis, durationis quoque principium / & terminus : / ET TANDEM DEFINITIO, / Rationibus purè à natura depromptis aperiuntur, / concluduntur. / *Authore* THOMA *Anglo, E generosâ Albiorum in Oriente Trinobantum prosapiâ oriundo.* / Ornement : / PARISIIS, / Apud DIONYSIVM MOREAV, Viâ Iacobæa, / sub Salamandra. / Filet : / MDCLII / CVM PRIVILEGIO REGI[S].

L'exemplaire du British Museum, sur grand papier (cote 8704.e.5) a été soigneusement étudié par un lecteur du XVIIe siècle. Il corrige des erreurs d'impression et, à l'occasion, de grammaire. Il laisse échapper, p. 369, la version approximative de l'*Iliade*, IV, 350. Mais il amende la ponctuation, ajoute beaucoup de signes diacritiques et quelques parenthèses, rétablit les vers cités comme de la prose. Il semble que la liste partielle d'autres ouvrages de White, qui figure sur l'une des pages blanches précédant la page de titre, soit également de sa main. Celle-ci n'a pu être rédigée avant 1663 puisque l'ouvrage le plus récent de cette liste incomplète est le *Sciri sive sceptices et scepticorum à jure disputationis exclusio*, publié cette année-là. Le fait que tous les titres sont écrits d'une encre de la même force et de la même couleur suggère que la table (divisée en deux sections : œuvres anglaises et œuvres latines) fut écrite en une seule fois, et non titre par titre ajoutés sur une période assez longue. Malheureusement ce lecteur ne nous révèle pas son nom.

Le titre du livre donne une idée exacte et assez complète des sujets traités dans chacun des trois colloques, où figurent les trois mêmes interlocuteurs. Le premier est Andabata, le gladiateur dont le casque n'est pas percé d'ouvertures pour les yeux, et qui est donc un lutteur aveugle. Son attitude n'est cependant pas la même que celle de Simplicio dans les *Due sistemi* de Galilée, car son aristotélisme est moins rigide. Il est obstiné et difficile à convaincre mais, bien que sceptique à l'égard de la science nouvelle, il finit par en admettre les positions pourvu qu'elles soient conciliables avec la religion et la raison. Comme il le dit lui-même, il joue le rôle dans la discussion d'un Thomas incrédule, qui demande des preuves sensibles de ce qu'on lui demande de reconnaître [1]. Il est impossible de dire si White a pris dans son entourage le modèle de ce personnage. Le second interlocuteur, Ereunius (le chercheur, l'investigateur), est White lui-même. On ne peut en douter après avoir lu le passage déjà cité (p. 58 du livre) où Sir Kenelm Digby est nommé, et où Ereunius exprime ses obligations à l'égard de celui-ci. Quant au troisième, Asphalius (l'homme sûr, sur qui l'on peut compter), c'est aussi un personnage réel. C'est à lui qu'est dédié l'ouvrage, comme à un collègue. Un Avis au lecteur nous apprend qu'il se nommait James Clayton, que la nouvelle de sa mort est récemment parvenue à l'auteur, mais que celui-ci, fidèle à sa mémoire, a tenu à reproduire l'épître dédicatoire qui lui était destinée [2]. S'il était prêtre, il s'agissait peut-être de James Clayton de Londres qui, sous le pseudonyme de John Cutler, était entré en Angleterre en 1602. Ou peut-être du Père Clayton, prêtre dans le Lancashire en 1631 [3]. Le fait que l'Avis au lecteur cite à son propos des vers d'Ovide à la louange des astronomes indique, sinon qu'il se livrait à l'observation des corps célestes, du moins qu'il s'intéressait à leur étude, ce qui n'a rien de surprenant puisque White l'a choisi comme dédicataire d'un ouvrage comme *De mundo*.

Il importe de noter que White fait parler ses trois personnages comme des Anglais. Ils font allusion à « nos rameurs de la Tamise » (pp. 153, 181) ainsi qu'au Mur d'Hadrien et aux tubes acoustiques qui, dit-on, permettaient d'y converser d'une tour à l'autre (p. 164). L'astronome Thomas Gascoigne et ses observations sur la Lune sont également mentionnés (p. 250), ainsi qu'un phénomène d'optique qui s'était produit près de Lincoln's Inn à Londres (p. 258). White fait dire aussi à Asphalius que pour un Anglais le sucre est toujours le bienvenu — sans doute parce qu'il en met dans son vin des Canaries. Cependant puisque c'est Ereunius qui

1. « Ego me in Thomarum familiam ab hâc horâ co-opto, addico, consecro. Nisi experimenta mihi sensibus obnoxia attuleris, nihil fucatae tuae orationi credo », p. 207.

Il se peut que White ait trouvé l'idée de ce nom dans la *Clavis philosophiae* (1633) de Robert Fludd. Gassendi en remarque l'emploi chez Fludd dans son *Epistolica exercitatio in qua principia philosophiae Roberti Fluddii reteguntur* (1630), p. 11.

2. *Ad lectorem* (a. iiv-a. iii) : « In nomen Iacobi Claytoni nascebatur, quem, sub Asphalii nomenclaturâ interlocutorem finxeram. Sed quae nunciabant litterae mortuum, iam invenerunt : Non decuit tamen quoniam candidissima illa anima à nostris tumultibus erat secreta, Officia amicitiae mutari. Propterеà quam feceram de privato meo consilio ad illum Epistolam in fronte operis habes. »

Puis vient une citation de vers d'Ovide, extraits des *Fastes*. La suite de cette citation, toujours discrète, est placée dans la bouche d'Asphalius, p. 235 : « Memini satis me in strato esse (iudice me) beatissimo in orbe terrarum situ : tum semper, tum nunc maximè, dum his per eum supereffluo deliciis. Tui verô miserendum est, qui tanta quiete non gaudes. »

3. *Douai College Diaries* I (1878), pp. 45, 50, 495-506 ; Catholic Record Society *Miscellany* I (1905), p. 115 ; III (1906), p. 108. Cette dernière référence mentionne un troisième Clayton *s.v.* 1629, qui est peut-être celui qui nous occupe.

exprime le point de vue de White, c'est à ce que dit Ereunius que Hobbes devrait limiter son commentaire, et c'est ce qu'il fait presque toujours. Les opinions des autres interlocuteurs, qui sont à peu près les équivalents du Sagredo et du Simplicio de Galilée, ne présentent qu'un intérêt secondaire.

Dans son Avis au lecteur, White déclare que son livre est écrit dans un style négligé *(stylus incomptus est)*. On s'en étonne, lorsqu'on connaît la difficulté de la prose latine de White. Cette difficulté serait-elle due à une composition hâtive plutôt qu'à une excessive recherche d'expression ? Ou bien quand White dit que son style est sans art, ou qu'Ereunius se dit « homo brevis et obscurus » (p. 235), ne devons-nous pas y voir un exemple de modestie affectée ?

Le dialogue philosophique, et son cousin germain le traité par demandes et réponses dont les *Entretiens sur les sciences* (1683 ?) de Bernard Lamy nous offrent un exemple [4], possède une longue histoire qui s'étand de Platon jusqu'à Berkeley, Schelling, Hume et d'autres encore. White avait déjà employé cette forme dans ses *Rushworth dialogues*. Et s'il n'a pas connu un ouvrage déjà ancien, la *Summa de philosophia natural* dont la matière ressemble assez à celle du *De mundo* [5], il cite l'*Epitome astronomiae copernicanae, usitata forma quaestionum et responsionum* de Kepler (1618). Mais considérant la matière du traité, et sa forme, nous n'avons pas besoin de chercher plus loin son modèle que dans les *Deux systèmes du monde*. Non seulement White les cite à plusieurs reprises, mais dès le début il prend soin de dire l'étendue de sa dette envers Galilée [6].

Nombre de questions abordées par White avaient déjà été examinées par Galilée. Il est vrai que sur des points importants comme la cause des vents et des marées il se trouve en contradiction avec lui. Mais il le loue abondamment [7] et outre les *Deux systèmes du monde* il cite le *Nuncius sidereus* (pp. 95-6), les *Dialogi de motu* et *Il saggiatore* [8].

Le livre de White représente un effort cohérent pour faire face à tous les problèmes qui résultent de la mise en question de la physique aristotélicienne et de la cosmologie ptoléméenne. Non seulement il explique sa propre représentation du monde, en confrontant le système traditionnel avec la théorie du mouvement de la Terre et les premiers résultats de l'exploration du ciel à l'aide du télescope, mais il s'efforce de concilier les données de la nouvelle cosmologie et les fondements de la religion chrétienne. Il ne se borne pas à discuter du sens à donner aux passages de l'Écriture où il est fait mention du mouvement du Soleil. Il remonte à la cause première du monde et s'attache à justifier, par des arguments tirés

4. Réédités à Paris en 1966.

5. Alonso DE FUENTES, *Summa de philosophia natural en la qual assi mismo se tracta de astrulugia y astronomia*, Séville, 1547. Il existe une version italienne (1557).

6. « Longâ Dialogorum Galilaei de systemate conscriptorum meditatione conceptum erat hoc opus » (a. iiiv).

7. Notamment aux pp. 86-7 : « Andabatae, quoniam nihil sine experimentis vult, commendo primum Galilaei de systemate dialogum plenum ingeniosissimis, & iisdem confirmatissimis, de luminis quantitate experimentis ; quae referre neque angustia temporis patitur, neque, si liberet, eâ facilitate & evidentiâ & suavitate quâ illîc leguntur exhibere possem ».

8. « magni Galilaei (...) scriptum contra libram philosophicam », p. 136.

de la raison et de la nature, sa création, sa fin, et le rôle de la Providence dans son gouvernement. Ce souci apparaît très clairement dans le 3e Dialogue, mais il est déjà manifeste dès le 1er. Tantôt la spéculation philosophique de White s'exerce sur des problèmes qui sont sans implication directe pour le dogme, tantôt elle se trouve associée à une préoccupation apologétique.

Le 1er Dialogue est consacré à la « matière » du monde c'est-à-dire à sa configuration et à la nature de ses parties. Le monde de White est limité dans le temps et dans l'espace. Le rejet du géocentrisme pouvait conduire à un nouveau modèle du cosmos, dont le Soleil serait le centre, mais limité lui aussi par une enveloppe sphérique : c'est le modèle que propose Kepler. Ou bien on pouvait concevoir un monde illimité où le soleil ne serait qu'une étoile fixe parmi toutes les autres. Cette conception s'était manifestée de bonne heure en Angleterre, non seulement parce que Bruno y avait exposé sa vision d'un univers infini, mais parce que des coperniciens anglais comme Thomas Digges avaient rejeté la notion de la sphère des fixes et supposé que les étoiles étaient situées à des distances variables du soleil [9].

White nie l'existence des sphères concentriques solides des adeptes de Ptolémée. Il ne se représente pas les étoiles fixées sur la voûte céleste et réfléchissant la lumière du Soleil, mais, comme celui-ci, brillant de leur propre feu, et situées à des distances immenses (N. 10, c. 9) [10]. Cependant il nie l'infinité du monde (N. 2, c. 2). De même, se fondant sur la définition de l'espace et du lieu par Aristote, et sur l'impossibilité du vide, il nie la pluralité des mondes (N. 3, c. 3). Le monde ainsi délimité a une forme sphérique, et au-delà de sa surface extérieure il n'y a pas d'espace. (N. 16, c. 13).

La nouvelle astronomie, et surtout l'observation des astres à l'aide des lunettes, remettait en question l'opposition aristotélicienne entre la région sublunaire et la région céleste. Elles ne diffèrent, selon White, ni par la nature des mouvements qui s'y produisent, ni par la matière dont elles sont composées. Les cieux ne sont pas immortels comme l'ont cru les païens pour qui les astres étaient des dieux (N. 7, c. 6). Ils sont sujets à la génération et à la corruption ainsi qu'en témoigne l'apparition et la disparition d'étoiles, comme celle qu'on a pu observer dans Cassiopée, ou les taches du Soleil, qui sont des signes permettant de le comparer à un brasier dont la matière se consume. La Lune a ses montagnes et ses vallées (N. 8, c. 7). Les comètes, dont les trajectoires se situent au delà de l'orbite lunaire, sont des exhalaisons produites par l'action du Soleil sur d'autres planètes que la nôtre (N. 10, c. 9). Une substance fluide, air ou éther, remplit l'espace entre les corps célestes (N. 5, c. 5). L'air est un effluve de la Terre qui s'étend jusqu'à l'orbite lunaire. Chaque étoile, cha-

9. Voir F. R. Johnson, *Astronomical Thought in Renaissance England* (Baltimore 1937), p. 166, et Alexandre Koyré, *From the closed world to the infinite universe*, Harper, New York, 1958, pp. 35-39.

10. Dans ce qui suit nous indiquons entre parenthèses le n° du problème, ou « nodus » et celui du chapitre correspondant du MS de Hobbes. Ainsi N. 1, c. 1, signifie « Nodus 1, chapitre 1 ». Les « nodi » sont numérotés par Dialogue. La numérotation des chapitres est continue.

que planète possède son effluve ou atmosphère (N. 12, c. 11). Mais l'analogie entre la Terre et le ciel ne s'arrête pas là. La variété des genres et des espèces résultant de la combinaison des éléments n'est pas infinie et il doit exister sur d'autres globes des plantes et des animaux semblables aux nôtres (N. 8, c. 7). L'hypothèse d'autres races humaines est également formulée dans la définition du monde qui termine le 3ᵉ Dialogue, et qui est déduite de la démonstration que le monde a été créé pour l'homme.

Les critiques de Deschamps, que rejoignent celles de Hobbes dans le *De Corpore*, nous ont déjà donné une idée du 2ᵉ Dialogue, où White explique les causes du mouvement de la Terre, et les effets qui en résultent. Il y pose d'entrée de jeu le principe de la relativité des mouvements de la Terre et du Soleil, ce qui lui permet de tourner l'objection tirée des Écritures et de ménager, mais au prix d'une ambiguïté, le point de vue philosophique et la soumission à l'Église (N. 1, c. 14). Galilée voyait dans le vent qui souffle avec constance d'Est en Ouest, dans la zone torride, une preuve du mouvement de la Terre dans la direction opposée. White l'attribue à l'action du Soleil sur les nuées qui s'élèvent, puis s'abaissent, sur son passage (N. 2, c. 15). Galilée expliquait les marées, la régularité du flux et du reflux, et l'inégalité de leurs hauteurs, par l'effet combiné du mouvement diurne et du mouvement annuel de la Terre. White en trouve la cause dans le vent qui chasse les eaux vers l'Ouest et les fait s'élever le long des côtes jusqu'à ce qu'elles refluent dans le sens opposé. Il explique la régularité du phénomène et la grandeur des marées d'equinoxe par le mouvement du Soleil autour de la Terre (N. 3 et 4, c. 16 et 17).

Il explique aussi le mouvement de la Terre, comme on l'a vu, par l'action du vent régulier d'Est en Ouest sur les eaux de surface, dont le mouvement se communique aux eaux profondes et, par la formation d'un contre-courant, imprime aux fonds marins un mouvement d'Ouest en Est. La Terre, n'offrant aucune résistance à celui-ci, acquiert ainsi sa rotation. Quant à son circuit annuel, il résulte de la force exercée par un courant marin du Pacifique à l'Atlantique par le détroit de Magellan (N. 5, c. 18). White s'efforce ainsi de rendre compte, par des raisons du même ordre, du parallélisme de l'axe de la Terre et de celui de l'équateur, et de la précession des équinoxes (N. 6 et 7, c. 19). Il s'attache également à démontrer que la Terre entraîne dans sa rotation l'air qui l'entoure, et qui est doué de pesanteur (N. 8, c. 20). L'atmosphère terrestre s'étend jusqu'à la Lune, qui est elle-même entraînée dans son mouvement de rotation. La Lune possède également une pesanteur, qui explique qu'elle accomplisse son périple en un mois, bien qu'il soit dû au mouvement diurne de la Terre (N. 12, c. 24).

Les démonstrations de White l'amènent à prendre sur la nature du mouvement des positions qui l'opposent à Galilée. C'est ainsi que, définissant le lieu d'un corps par rapport à sa surface extérieure, il distingue le mouvement propre à ce corps, qui résulte de sa position relative au milieu dans lequel il se déplace, et le mouvement *per accidens* qui est celui des parties sans contact avec l'extérieur (ce sera le cas d'un homme transporté dans un navire, à moins qu'il ne se déplace à l'intérieur de celui-ci). De même il met en question le principe galiléen selon lequel un corps conserve le mouvement qui lui a été communiqué, aussi longtemps que l'action d'un autre corps ne vient pas le modifier ou l'annuler (N. 9, c. 21).

Dans le 3ᵉ Dialogue, il affirme que tout mouvement a besoin d'une cause efficiente pour se maintenir. Et il attribue au mouvement de l'univers un principe extérieur à celui-ci (N. 2, c. 27). La capacité de mouvoir sans être mû, il l'accorde non seulement à Dieu, mais à l'âme humaine. L'existence de substances incorporelles, l'opposition de l'âme et du corps, et l'immortalité de l'âme, ont déjà été formulées dès le 1ᵉʳ Dialogue, dans un passage où White se réfère à Digby (N. 8, c. 7).

De même qu'il est limité dans l'espace, le monde est limité dans le temps, et pour les mêmes raisons. Il n'a pu exister *ab aeterno* car il ne peut y avoir de nombre infini et un nombre infini d'heures ne peut nous séparer d'un moment du temps, de même qu'un nombre infini de pas ne peut nous séparer d'un point de l'espace (N. 3, c. 28). Par contre il est nécessaire que quelque chose ait existé de tout éternité, et pour qui l'existence soit une forme de l'essence. Cet *ens a se* est unique et la cause de tout ce qui peut accéder à l'existence. Ce ne peut être un corps, c'est une intelligence capable d'embrasser d'un seul regard le monde et toute la série des événements qui peuvent s'y produire. Aux incrédules qui demandent pourquoi Dieu a choisi de créer le monde il y a six mille ans plutôt qu'à un autre moment il répond que le temps n'existait pas avant la Création (N. 4 et 5, c. 29 et 30). Il a créé le meilleur des mondes possibles, c'est-à-dire qu'il a fait un choix raisonnable parmi tous les modèles de mondes créables qui sont inclus dans sa pensée. Il a créé le monde par bonté et pour la satisfaction d'accomplir une œuvre digne de lui. (N. 7 et 8, c. 31 et 32). Il ne pouvait pas ne pas créer le meilleur, mais ceci n'exclut pas la liberté de son choix (N. 8, c. 33).

White en vient à examiner le problème de la nécessité et de la liberté. Il ne répugne pas à appeler destin la série des causes, placées sous le contrôle divin, qui conduit à un but préétabli. L'effet paraît contingent, mais si nous en connaissions toutes les causes, il paraîtrait nécessaire. Les prédictions astrologiques sont sans valeur parce qu'elles ne tiennent compte que de quelques indices, alors que sont en jeu des causes nombreuses. Toute action dérive de Dieu par une chaîne de causes secondes, mais il n'est pas la cause du mal (N. 10, 11 et 12, c. 35 et 36). La Terre a été créée pour l'homme. Il est doué du libre arbitre. Seul parmi les créatures il possède un esprit qui lui permet d'embrasser les choses et d'en saisir l'enchaînement. Son âme se meut d'elle-même, mais sa liberté est conditionnelle. Il y a une liaison entre l'exercice du libre arbitre et l'enchaînement des causes secondes, qui motivent son choix entre les possibles. L'âme limite d'elle-même ses actions de manière à aboutir à un résultat unique (N. 13, c. 37). Les choses humaines paraissent régies par le hasard mais la Terre ne pourrait être mieux adaptée aux besoins de l'homme. Son corps et son âme ne pourraient être mieux ajustés l'un à l'autre, de même que ses facultés entre elles, de manière à ce qu'il connaisse le plus grand bonheur possible. Les hommes vertueux sont plus heureux que les méchants, même ici-bas. La prudence leur apprend à modérer leurs passions, leurs plaisirs sont plus vrais et plus durables, ils sont aimés et considérés (N. 16, c. 38). Si le bonheur échappe à la majorité des humains c'est qu'ils n'ont pas su adopter la conduite, ni se soumettre à la discipline convenables, ni croire aux enseignements touchant la vie future (N. 17, c. 39). Le monde ne saurait durer indéfiniment car le nombre des âmes serait alors infini. Et le mouvement qui maintient l'univers cesserait d'avoir un but si l'homme venait à disparaître. D'ailleurs on peut observer dans le monde des signes montrant qu'il est périssable. Le Soleil lui-même, dont notre globe dépend pour son mouvement et la vie de ses habitants, épuise sa force en se consumant (N. 18 et 19, c. 40).

2. *La démarche critique de Hobbes*

Les pages qui précèdent donneront, on l'espère, une idée suffisante du dessein de l'ouvrage pour permettre au lecteur de s'orienter dans le manuscrit de Hobbes. L'ordre des 40 chapitres de ce dernier suit celui des Dialogues et de leurs principaux problèmes. Chacun reproduit, dans son titre, l'énoncé du ou des problèmes qui s'y trouvent discutés. Il est divisé (comme les chapitres du *De corpore* et d'autres ouvrages de Hobbes) en articles numérotés dont le contenu est précisé par des sous-titres, qui sont reproduits en sommaire en tête de chapitre. Pour faciliter la consultation nous reproduisons également ces sous-titres dans la table des matières. Ils permettent de distinguer aisément ce qui est exposé ou discussion des arguments de White, et ce qui, en dehors de la critique, est un apport de Hobbes, qu'il s'agisse de mises au point sur l'état des connaissances, de définitions, de démonstrations, de formulations d'hypothèses. Hobbes renvoie aux pages du *De mundo* le lecteur qui l'a sous la main. Mais il le cite aussi ou en résume les arguments. Et bien que le manuscrit ne soit pas exempt de tout parti pris polémique, on peut suivre le fil de la discussion sans se reporter à un livre devenu fort rare. Nos notes apporteront les éclaircissements indispensables. Mais c'est seulement dans un futur Commentaire que pourra trouver place l'étude détaillée des positions respectives des auteurs sur chaque problème, de même que l'examen de la situation des deux ouvrages dans la conjoncture scientifique de 1642, de l'état d'avancement de la philosophie de Hobbes à cette date, et du rapport de ce manuscrit avec d'autres inédits et avec les publications ultérieures.

Comment Hobbes aborde-t-il la discussion ? On peut prendre comme exemple le 2ᵉ chapitre, qui correspond au problème 2 du 1ᵉʳ Dialogue : le monde est-il infini ? Il commence par définir un certain nombre de termes qu'il va utiliser, et dont son adversaire ne fait pas un usage suffisamment précis : diviser, composer, l'unité, la somme, le nombre, la partie, la fin, le commencement, ce qui est fini, ce qui est infini. Puis il montre qu'on ne peut connaître la solution du problème par raison naturelle. Alors seulement il aborde, pour les réfuter, les arguments de White contre l'infinité, ce qui lui donne encore l'occasion de définir ce qui est universel, et singulier, puis le point, la ligne, la surface et le volume. De même, au 3ᵉ chapitre, le problème de la pluralité des mondes l'amène, tout en réfutant les arguments de White, à faire une distinction entre l'espace réel et la représentation imaginaire de l'espace, à cerner les notions de lieu, de vide, de rareté et de densité, et d'examiner, en se référant à diverses expériences, la possibilité du vide.

On ne saurait donc présumer du contenu d'un chapitre à la lecture du seul énoncé du problème proposé par White. Il y a deux lectures possibles du manuscrit, l'une par rapport au *De mundo* dont il est l'analyse critique, l'autre par rapport au système philosophique de Hobbes dont on voit progressivement se dégager les éléments.

Tantôt Hobbes prend position sur la méthode, sur le raisonnement qui conduit White à la solution, mais non sur le fond du problème. Il ne propose pas alors de solution, même à titre d'hypothèse, soit qu'il n'en ait pas encore trouvé qui le satisfasse, soit que la complexité des phénomènes, l'insuffisance des informations lui paraissent rendre la solution impossible dans l'état actuel des connaissances, soit enfin que les limitations des sens, ou de la raison humaines, constituent un obstacle permanent à toute solution. Ainsi nous ne pouvons savoir si le monde est infini en étendue, mais nous pouvons montrer les vices d'un raisonnement tendant à prouver qu'il ne l'est pas. De même nous pouvons mettre en évidence les paralogismes et les contradictions de ceux qui comme White prétendent démontrer l'existence de Dieu ou la Création du monde, mais nous devons y croire, car dans tout ce qui touche au dogme, la raison doit s'incliner devant la foi.

Le manuscrit est, pour une part, un exercice destiné à mettre à l'épreuve l'instrument logique que Hobbes s'est forgé, en soumettant à un examen rigoureux les raisonnements d'un adversaire. L'un des avantages d'un tel exercice est de préciser les limites qu'il convient d'assigner à l'activité de la raison. Celle-ci ne doit s'attaquer qu'à des problèmes qu'elle est en mesure de résoudre. Mais outre les limites qu'elle s'impose d'elle-même en fonction des données, il y en a d'autres qui lui sont imposées extérieurement par l'autorité religieuse. Dans certains cas il peut y avoir coïncidence entre les limites qu'elle se fixe et celles qui lui sont fixées. Mais il peut y avoir désaccord entre raison naturelle et révélation, et dans ces cas la première doit s'incliner.

Cependant le manuscrit ne se borne pas à une contribution par voie négative à la méthode (critique d'exemples défectueux ou assignation des limites), son apport positif est considérable : définition des principes, démonstrations, description et explication des phénomènes. On y trouve, parfois très élaborés, des éléments constitutifs de sa philosophie *de corpore, de homine* et *de cive*. Les parallèles du manuscrit avec les œuvres publiées et les autres inédits sont signalés dans nos notes [11]. Les questions relatives aux mouvements de la Terre et des corps célestes sont traités dans ce manuscrit avec une ampleur plus grande que dans le reste de son

11. C'est avec le *De corpore* que les parallèles sont les plus nombreux. Mais il faut citer aussi, outre *The Elements of Law*, les traités d'optique manuscrits et celui qu'a publié Mersenne ; le résumé que celui-ci donne dans la Préface de sa *Ballistica*, de la théorie de Hobbes touchant les facultés de l'âme (1644) ; *De cive* (1642) ; *Humane Nature* (1650) ; *Leviathan* (1651) ; *Of Liberty and Necessity* (1654) ; *Questions concerning Liberty, Necessity and Chance* (1656) ; *De Homine* (1658) ; *Problemata physica* (1662) ; *Decameron physiologicum* (1678).

œuvre. Les traits caractéristiques de son système y sont déjà bien accusés. Hobbes s'y attache à rendre compte par le mouvement, et la permanence de la matière à travers ses transformations, de la totalité des phénomènes physiques et psychiques. Il y attribue aux mouvements du Soleil (rotation, systole et diastole) la génération des mouvements de la Terre et des planètes et la diffusion de la lumière. Sa théorie de la vision lui permet d'établir une continuité entre les séries de causes et d'effets qui régissent le monde physique et celles qui gouvernent la vie organique et la vie mentale.

On pourrait commodément regrouper une bonne partie des éléments de la philosophie de Hobbes qui figurent déjà dans notre manuscrit dans l'ordre du *De corpore* de 1655, avec ses quatre parties : logique ; philosophie première (lieu et temps, matière et accident, cause et effet, puissance et acte) ; proportions des mouvements et des grandeurs ; physique.

Avant de disposer ces éléments dans leur ordre on voudrait faire quelques remarques, et d'abord en ce qui concerne le recours à l'expérimentation et à l'observation. Les références à de véritables expériences sont rares, et ne sont jamais accompagnées de mesures. La plus caractéristique est celle du « thermoscope » où le col d'un flacon préalablement chauffé est plongé dans un bac rempli d'eau et où l'on constate que le niveau de l'eau s'élève dans le col lorsque l'air du flacon refroidit. Elle est utilisée ici dans une discussion sur l'existence du vide (c. 3, § 9, *De corpore,* c. 30, § 12). Les autres sont plutôt des réflexions sur des faits d'expérience : la poudre à canon et le fusil à air comprimé (dilatation et compression), le seau rempli d'eau mais percé d'un trou au fond qu'on fait tourner au bout d'une corde, la toupie (force centrifuge). Hobbes examine aussi, pour en rejeter la validité, des expériences que White rapporte sans même en avoir été témoin (roue munie de godets à laquelle on ajoute des contrepoids pour produire le mouvement perpétuel, c. 18, § 5) ou d'observations qu'il a mal interprétées (grossissement des silhouettes dans le brouillard, c. 25, § 1).

Si dans le domaine de l'expérience conçue et réalisée son apport se réduit à peu de choses, il fait preuve d'une assez grande capacité lorsqu'il s'agit de faire le point des observations recueillies sur un problème. Hobbes déclare avoir observé la comète de 1618, ce qui nous apprend qu'à cette date il prêtait déjà attention aux phénomènes célestes. Mais le mérite du chapitre des comètes (c. 8) réside surtout dans un effort pour dénombrer, classer et comparer les observations consignées par d'autres. Ce travail n'aboutit pas à une explication d'ensemble. De même il ne parvient pas, du moins dans notre manuscrit, à donner une explication générale des marées. Mais il voit l'avantage que comporterait la généralisation des observations sur les durées et les amplitudes qui ont été faites sur les côtes de quelques pays d'Europe. Cette collecte d'informations permettrait de connaître les variations locales du phénomène, et contribuerait à l'explication de ses causes qui devrait résulter d'une confrontation de ces données avec celles qu'on possède sur les mouvements de la Terre et de la Lune. La discussion du 2e Dialogue témoigne d'une connaissance étendue de l'ensemble des mouvements célestes et de leur interprétation par les Ptoléméens et les Coperniciens. Touchant la météorologie, il estime pratiquement irréalisable la prévision du temps, parce qu'il aurait fallu accumuler des observations depuis des siècles, mais du moins il la juge théoriquement possible (c. 36, § 8). Ajoutons qu'il croit à la perfectibilité des instruments. A l'opposé de White il pense qu'on peut encore améliorer le télescope. Il réfute les objections théoriques à l'emploi des verres hyperboliques préconisés par Descartes et estime que l'obstacle technique, la difficulté de la taille, doit pouvoir être levé avec le temps.

On voit qu'il est ouvert à une démarche qui remonte des effets aux causes. Et il faudrait tenir compte aussi, à ce propos, des observations sur le comportement humain dont il fait état dans sa discussion du 3e Dialogue. Mais c'est dans la déduction, à partir de principes bien établis, qu'il se sent le plus à l'aise. L'appareil logique dont il se sert est encore celui de l'École, le syllogisme y tient une place de choix, et la discussion des problèmes de White prend volontiers le ton d'une dispute scolastique.

On voudrait faire remarquer aussi que le manuscrit contient de nombreuses références, explicites ou non, à Aristote (elles sont précisées dans nos notes). Et qu'il soit d'accord ou non avec le philosophe, il le cite toujours avec déférence. En effet, malgré tout ce que le système de Copernic, les observations astronomiques et la mécanique de Galilée remettaient en cause, ou plutôt à cause de cette remise en question, il était nécessaire de se reporter à la physique d'Aristote, base de la tradition, de remonter à la source et d'interroger le texte, de préférence aux commentaires de l'École.

3. *La logique*

La philosophie doit être traitée selon la logique. C'est sur ce principe qu'il prend position dès le premier chapitre. Une déclaration contraire de White, qui figure au début du 1er Dialogue, paraît assez surprenante de la part de celui qui devait composer un *Euclides physicus* et qui partageait avec Digby l'ambition de démontrer par l'enchaînement rigoureux des propositions l'existence de Dieu et la Création du monde. En fait la position de White est ambiguë et Hobbes lui adresse des reproches de deux ordres. Il lui fait grief d'introduire une certaine obscurité « métaphysique » dans des concepts qui devraient demeurer clairs, et d'attribuer au même terme un sens qu'il n'a pas chez Aristote. Les livres du philosophe grec appelés « métaphysiques » à cause de leur place dans l'ordre de son œuvre ne se distinguent pas par leur méthode des livres de sa « physique » et suivent aussi la raison naturelle. Or White affirme au contraire que la méthode de la physique et des mathématiques ne convient pas pour traiter de la métaphysique (MS, c. 23, § 1). Il est de ceux, dit Hobbes, qui distinguent « être » et « exister », qui opposent l'essence éternelle des choses à leur existence, alors que l'expression, « l'homme est un animal », n'est rien de plus qu'une proposition vérifiable de tout temps (c. 28, §§ 4 et 5). Pour les mêmes raisons Hobbes s'attache à montrer les obstacles logiques qui surgissent si l'on affirme la présence dans l'Intellect divin de modèles de tous les mondes possibles, d'idées éternelles de tout ce qui peut exister

(30, §§ 21, 31 et suiv.). Les universaux, pour Hobbes, ne sont pas autre chose que des noms. Sa position est celle d'un nominalisme intransigeant, et sa préoccupation est de soustraire ce qu'il appelle la *philosophia prima* aux entreprises des « métaphysiciens » du genre de White.

Son second grief, déjà signalé, est qu'ils veulent étendre l'application de la logique à des problèmes qu'elle ne peut résoudre. La vérité d'une proposition, comme « l'homme est un animal », déclare-t-il en abordant la discussion du 3e Dialogue, réside en ceci que le sens du prédicat doit être inclus dans le sujet. Toute démonstration concerne la vérité, et non l'existence. Il est contraire à la philosophie de vouloir prouver que Dieu existe ou que le monde n'existe que depuis six mille ans. La raison naturelle ne peut rien affirmer, concernant le vrai et le faux, que par supposition, c'est-à-dire après avoir préalablement défini les termes employés. Un philosophe peut donc librement rechercher la nature et la cause du mouvement, mais il arrivera un moment où il se heurtera à un article du dogme. Il peut dire alors qu'il ne comprend pas quel sens il faut donner, pour que telle proposition soit vraie, à des termes dont il a fait jusqu'à présent un usage intelligible. Il peut donc déclarer incompréhensibles des propositions de ce genre : « une chose qui n'est pas mue elle-même peut en mouvoir une autre », ou « une chose peut exister sans être circonscrite en un lieu » (c. 26, §§ 2 et 7). Dès lors comment peut-il décider par la simple raison si elles sont vraies ou fausses ? Il ne lui reste donc qu'à s'incliner devant l'autorité religieuse et à accepter ces propositions sans chercher à les démontrer.

Hobbes reproche sévèrement à White, au nom de la religion, de vouloir prouver ce qui relève exclusivement de la foi. La tactique qu'il adopte dans la controverse lui laisse le champ libre pour les investigations sur la nature et les causes des phénomènes, et lui permet de rompre le combat quand celui-ci s'engage sur un terrain où la raison et la foi peuvent entrer en conflit. Elle lui permet aussi de réfuter les arguments de son adversaire qui tendent à justifier par la raison ce qui doit être accepté comme révélation, et notamment des articles du dogme qui sont en contradiction avec les principes de la philosophie de la nature, au sens où l'entend Hobbes. La philosophie, qui doit être traitée selon la logique, n'est pas comme le voudrait White un chemin qui conduit à la théologie. C'est la théologie qui montre le chemin (c. 39, § 8). La soumission du philosophe s'accompagne-t-elle d'une restriction mentale ? C'est une autre affaire.

Que Hobbes ait besoin de la religion, garantie du respect des lois et de l'obéissance des citoyens, on le sait déjà puisqu'il vient de publier le *De cive*. Son attitude à l'égard de la théologie consiste-t-elle uniquement à lui refuser tout fondement rationnel, en même temps qu'il lui reconnaît l'autorité pour ce qui touche à la révélation ? Sa position, dont il faudrait chercher les antécédents dans la philosophie scolastique aussi bien que dans la théologie protestante, consiste à nier toute commune mesure entre l'intelligence et la volonté de l'homme, et celles de Dieu. C'est seulement parce qu'on veut lui rendre hommage qu'on lui prête des sentiments comme la compassion pour l'homme ou le souci de créer une œuvre digne de lui. Mais il n'agit pas conformément au bien, ce qu'il fait est bon parce qu'il l'a voulu. Il n'a pas à se soumettre à la nécessité, ni à des lois, celles-ci dépendent de sa décision. Sa liberté n'est limitée par aucun choix, dans l'acte créateur Il n'a pas à préférer tel modèle pré-existant à tel autre, à se conformer à tel but qui deviendrait ainsi la cause de sa volonté. Nous n'avons d'ailleurs aucun moyen de prouver, parce que l'homme tire parti de la Terre pour maintenir sa subsistance, que le monde a été créé pour lui. Ces arguments sont exposés dans la discussion de tout le 3e Dialogue et nous aurons l'occasion de revenir sur sa position religieuse.

La Logique qui, dans le *De corpore*, est détachée en tête de l'ouvrage, est replacée ici dans la description d'une série d'opérations mentales qui commence avec la perception. L'acquisition du raisonnement par l'homme y est expliquée en fonction du principe selon lequel rien ne se trouve dans l'intellect qui n'ait été préalablement perçu par les sens (c. 30, § 3). Ces opérations sont décrites dans leur ensemble, de même que les réactions affectives et le processus de volition, dans le chapitre 30 où il est question de savoir en quel sens on peut parler de l'intelligence et de la volonté divines.

Le mouvement transmis par le rayonnement de l'objet lumineux se propage par l'œil, et le nerf optique, jusqu'au cerveau. Ce qui est mouvement des parties de ces organes est perçu comme phantasme ou image lumineuse — et il en va de même pour les autres sens. Le mouvement reçu se conserve, et les images subsistent lorsque l'objet qui les a suscitées n'est plus là, sous une forme atténuée à l'état de veille, à cause de la multiplicité des impressions reçues, mais avec une vigueur retrouvée dans le sommeil et les rêves. Par rapport aux événements passés elles constituent les souvenirs, dans l'ordre de leur succession la conscience d'un déroulement dans le temps. Elles peuvent se combiner entre elles. Ainsi se forment les fictions de la fantaisie.

Mais le *discursus imaginationis* peut être conduit d'une manière ordonnée, selon deux démarches distinctes. Dans la première la chaîne des images va de la cause à l'effet, des moyens à la fin, des matériaux de la maison à la forme qu'il faut lui donner. Dans la seconde elle va de l'effet à la cause, de la fin aux moyens, de la forme aux matériaux. Entre ces associations chez l'homme qui bâtit, ou l'oiseau qui fait son nid, il y a une différence de degré, non de nature. De même l'animal peut tirer parti de son expérience pour établir un rapport entre antécédent et conséquent, reconnaître dans l'un le signe de l'autre, et par suite prévoir l'avenir et agir avec prudence. Mais lorsqu'il s'agit de comparer un fait passé à un fait présent pour en distinguer les différences, l'homme a l'avantage de se servir non seulement d'indices naturels, mais de ces repères artificiels que sont les noms, qui sont autant d'aides-mémoire. Hobbes passe ensuite à la formation des propositions, à la composition des syllogismes, à la distinction du vrai et du faux, à la détection du paralogisme, pour aboutir à la définition du raisonnement correct, qui commence par l'explication exacte des noms, et progresse au moyen du syllogisme en une chaîne continue de propositions vraies.

Lorsque Hobbes déclare, comme on l'a vu plus haut, que la raison naturelle ne peut porter aucun jugement d'existence et ne peut rien affirmer touchant le vrai et le faux, que par supposition, lorsqu'il dit par exemple que la raison peut démontrer les propriétés du triangle mais non prouver qu'il en existe (c. 26, § 2), comment faut-il l'entendre ? Ne concède-t-il pas plus qu'il ne faudrait pour les besoins de l'argumentation (car il s'agit pour lui de préserver la liberté d'investigation du philosophe, et son droit de déclarer « incompréhensibles » des vérités d'ordre surnaturel) ? Ce que l'on comprend, dit-il, ce sont des mots, lorsqu'ils sont convenablement définis, des propositions lorsque leur sujet convient à leur prédicat, un discours lorsque les propositions sont correctement articulées. Mais pour Hobbes le langage n'est pas un système clos, ce qu'il nous dit de son acquisition montre qu'il y a correspondance entre le signe verbal et la perception sensible, entre l'ordre du discours et l'enchaînement des causes. La démarche logique est orientée non seulement vers la connaissance mais vers l'efficacité, c'est-à-dire la prévision et l'action. Toute proposition vraie est en même temps nécessaire, bien que toute proposition concernant l'avenir, même déduite de l'expérience, reste une supposition jusqu'au moment où elle est vérifiée (c. 35, § 10).

4. *Les premiers principes*

Les éléments qui composent la 2e partie du *De corpore*, ou *philosophia prima*, sont déjà présents, pour une bonne part, dans notre manuscrit. Ils sont mis en œuvre au fur et à mesure des besoins, dans la discussion des problèmes de White, et plus particulièrement de ceux-ci : si le monde est infini (c. 2) ; s'il y a plusieurs mondes (c. 3) ; si les corps terrestres et célestes sont de même nature (c. 5 et 7) ; si le mouvement de l'univers dépend d'un principe extérieur à lui (c. 27) ; qu'est-ce que la nécessité et le destin (c. 35).

Les premiers principes peuvent être dégagés par un travail d'abstraction sur les données de l'expérience sensible. C'est ainsi que nous nous représentons l'espace en éliminant toutes les impressions que nous avons reçues des objets à l'exception de leur existence à l'extérieur de notre esprit. Sur cet espace imaginaire nous pouvons effectuer diverses opérations mentales : diviser, composer, distinguer le tout et les parties, l'unité et le nombre, le commencement et la fin. Et comme on peut toujours ajouter une unité au nombre qui mesure l'étendue, l'infinité est concevable, bien que parler d'un « nombre infini » n'ait pas de sens. Mais nous ne pouvons savoir si, dans la réalité, l'univers est infiniment étendu.

Par une même démarche nous nous représentons le temps comme une image de la succession et du mouvement, et nous pouvons imaginer que celui-ci se prolonge indéfiniment. L'infinité du temps et celle du mouvement sont donc également concevables.

Un corps est une chose qui subsiste par elle-même, indépendamment de notre pensée, et qui coïncide avec une partie de l'espace. Il possède une étendue et occupe un lieu. Hobbes identifie *ens* et *corpus*. Les substances incorporelles, ou *entia* non circonscrites en un lieu n'appartiennent pas au domaine de la philosophie. Par contre l'air, l'éther, les esprits vitaux ou animaux, qui occupent un lieu, doivent être considérés comme des corps (c. 27, § 1). Un lieu est plein ou vide, selon qu'il est occupé ou non par un corps. Deux corps sont contigus lorsqu'il n'y a entre eux aucun espace. Mais cette contiguité n'est pas nécessaire et l'existence du vide est concevable. Et les phénomènes de compression et de dilatation peuvent être expliqués, plutôt que par le changement d'étendue d'un corps, par la présence d'espaces vides plus ou moins grands entre ses particules [12].

Les corps changent de place quand ils sont mûs, et le mouvement peut être défini comme le fait d'abandonner continuellement un lieu pour en occuper un autre. Un corps ne se meut pas de lui-même. S'il est au repos, il restera toujours au repos, à moins qu'il ne soit mû par un autre corps en mouvement qui tend à occuper sa place. S'il est en mouvement il conservera toujours le même mouvement, à moins qu'un autre corps n'y fasse obstacle en lui opposant une résistance ou un mouvement en sens contraire.

Tout changement est produit par un mouvement qui peut affecter le corps dans son ensemble, ou dans la disposition de ses parties. Les accidents qui modifient un corps sont sujets à la génération et à la destruction, mais non la matière dont il se compose. Et ceci s'applique aussi à la naissance, la croissance et la mort des êtres vivants. La création et la destruction de la matière ne sont pas compréhensibles et en affirmer la possibilité ne relève pas de la philosophie.

Un corps est dit agir sur un autre lorsqu'il lui fait subir un changement, c'est-à-dire lorsqu'il fait paraître ou disparaître en ce dernier tel accident. La cause intégrale est la somme des causes requises pour la production de cet effet. L'ensemble des causes propres à l'agent est la cause efficiente, celles qui sont propres au patient constituant la cause matérielle. Toute action étant mouvement ce qui est en repos ne peut produire aucun effet. Mais si nul mouvement ne peut être produit sans cause efficiente, le mouvement peut se conserver quand la cause a cessé d'agir.

Puissance et cause sont une même chose, avec cette seule différence que l'une est considérée avant que l'effet ne soit produit, l'autre après. La cause efficiente correspond à la puissance de l'agent, la cause matérielle à celle du patient. Et à l'instant même où toutes les causes sont réunies l'effet doit nécessairement se produire.

Les éléments de la *philosophia prima* qui reçoivent le traitement le plus complet dans le manuscrit sont celles qui correspondent aux chapitres 7 à 10 du *De corpore*. Les notions aristotéliciennes d'essence et d'accident, de génération et de corruption, de cause et d'effet, de puissance et d'acte, y sont réinterprétées en fonction des principes du mouve-

12. C. 3, §§ 7 à 12. Hobbes soutient contre White la possibilité du vide et laisse la question ouverte. Il affirme encore cette possibilité au c. 8, § 9 du *DC*, bien qu'au c. 26 il prenne la position contraire.

ment dégagés par Galilée. L'idée de la permanence de la matière, substrat de tous les changements, est conservée. Par contre l'idée d'un moteur immobile, d'une cause extérieure qui entretient le mouvement dans l'univers est mise en question.

Et lorsque White, voulant prouver par raison naturelle l'existence de Dieu et la Création, affirme que l'univers est mû par un principe extérieur à lui, que le monde n'existe pas de toute éternité, que l'*ens a se*, seul, est éternel, et qu'il est la cause de toutes choses, Hobbes lui objecte que, du moins selon la philosophie : ce qui ne se meut pas ne peut être la cause du mouvement ; celui-ci n'a pas besoin d'être entretenu pour subsister ; la génération et la corruption n'affectent que les accidents, la matière, elle, subsiste et son éternité, de même que celle du mouvement, est concevable ; d'ailleurs lorsque les causes sont réunies l'effet doit nécessairement se produire, le passage de la puissance à l'acte est instantané et par conséquent il n'est pas concevable que la matière et le mouvement aient été postérieurs à la cause qui les aurait produits (c. 27 à 30 du manuscrit).

Le fait que certains aspects de la *philosophia prima* soient moins développés dans le manuscrit ne signifie pas nécessairement que Hobbes n'en avait pas encore abordé l'étude. On n'y trouve guère d'équivalent des chapitres du *De corpore* sur la quantité et les proportions, par contre on y trouve en assez grand nombre des observations sur les propriétés des figures. Ces derniers chapitres de la *philosophia prima* (c. 11 à 14) montrent comment on peut rendre compte de la diversité des corps et de leurs accidents par le nombre et la mesure, et ramener à la quantité ce qui est qualitativement perçu. Ces chapitres servent d'introduction à la 3e partie du *De corpore*, de beaucoup la plus développée, où Hobbes, s'efforce de fournir une théorie générale des proportions des mouvements et des grandeurs.

Dans notre manuscrit la nature du mouvement rectiligne et circulaire, du mouvement simple et composé, est examinée à l'occasion des critiques formulées par White contre la cosmologie aristotélicienne qui oppose les corps célestes, simples et inaltérables, à ceux de la région sublunaire, qui résultent du mélange des éléments et sont sujets à la génération et à la corruption (c. 6). La question du mouvement uniformément accéléré ou retardé est touchée, dans le même chapitre, à propos de la chute des graves et du lancement des projectiles.

La notion de *conatus*, qui préoccupait Hobbes depuis longtemps, est également abordée. Il la définit comme une tendance au mouvement, ou plus exactement comme le commencement d'un mouvement, bien qu'il soit inférieur à toute mesure. Il est présent dans la pression qu'un objet exerce sur la surface où il est posé, du fait de sa pesanteur, ou dans le bois de l'arc tendu qui, la corde détachée, retrouverait sa forme rectiligne. Il fait intervenir cette notion pour expliquer la cohésion interne des corps durs, et divers phénomènes qui en résultent [13].

13. C. 13, §§ 1 et 2. Cf. *DC*, c. 15, § 2.

5. *Le système du monde*

La discussion d'une question controversée des *Éléments* d'Euclide, celle de l'angle de contact, fournit à Hobbes l'occasion de proclamer la supériorité de la géométrie sur toutes les autres branches du savoir (c. 23, § 1). La définition rigoureuse des figures et des quantités exclut l'ambiguïté des termes et l'emploi métaphorique du langage, qui entravent les progrès de la philosophie naturelle et morale. L'enchaînement de ses propositions est exemplaire et l'ambition de Hobbes est d'étendre ses principes et ses méthodes aux autres sciences. Il s'est exercé à les appliquer dans ses travaux sur l'optique. Dans notre manuscrit c'est, en dehors du chapitre sur les progrès du télescope (c. 10), dans la partie centrale consacrée à la discussion des mouvements célestes, qu'il recourt de la manière la plus suivie à la démonstration géométrique. On n'y trouve pas l'équivalent de la théorie générale des mouvements et grandeurs proposée dans la 3e partie, la plus géométrisée du *De corpore*. Par contre la discussion des mouvements de la Terre et des autres globes de l'univers y est beaucoup plus développée que dans le chapitre 26 du *De corpore*.

Dans les chapitres que Hobbes consacre à la discussion du 2e Dialogue on peut distinguer trois éléments : un exposé des faits observés et de leur explication par les Coperniciens ; une réfutation des interprétations qu'en donne White, ce qui lui fournit l'occasion de justifier, sur des points importants, la position de Galilée touchant les causes des phénomènes, et les principes mêmes du mouvement ; enfin la présentation de ses propres hypothèses.

On a déjà vu que, dans la théorie que White propose du mouvement de la Terre, Hobbes décèle un paralogisme exemplaire, qu'il jugera digne de figurer au musée des erreurs, au 5e chapitre du *De corpore*. Le vent régulier qui souffle d'Est en Ouest dans la zone torride n'est point dû, comme le pense White, à l'action du Soleil, il est perçu comme un effet de la résistance de l'air au mouvement de la Terre, et Galilée a donc raison de le citer comme preuve de sa rotation de l'Ouest à l'Est.

Hobbes n'a pas, dans notre manuscrit, d'explication d'ensemble à donner des marées. Il faudrait pour remonter des effets aux causes, rassembler beaucoup plus d'observations qu'on n'en possède sur un phénomène qui se produit avec la même périodicité sur les diverses côtes du globe mais à des heures différentes. Il faudrait non seulement étudier le rapport entre l'heure des marées et la position de la Lune à l'azimuth — et cela Galilée lui-même n'a pas cherché à l'expliquer — mais comparer les marées entre elles. Il critique l'interprétation de White, qui attribue celles-ci au flux et au reflux des eaux d'un rivage à l'autre, suscités par le vent d'Est en Ouest qui serait également la cause de la rotation de la Terre. Il retient cependant, parmi les causes possibles de l'alternance du flux et du reflux, la configuration des continents, et notamment du littoral américain qui constitue un barrage au mouvement des eaux. Il réfute également les objections de White à l'explication proposée dans la 4e partie des

Deux systèmes du monde. Galilée y compare le flux et le reflux de la mer au mouvement de l'eau transportée dans une embarcation, dont le niveau s'élève et s'abaisse alternativement à la proue et à la poupe, chaque fois que les rameurs ralentissent, ou augmentent leur cadence. Et il rend compte des trois faits principaux, la périodicité régulière, l'amplitude plus grande des marées de nouvelle et de pleine lune, et l'amplitude exceptionnelle des marées d'équinoxe, par la vitesse plus ou moins grande avec laquelle se meut la Terre, par suite de son double mouvement, sur elle-même et autour du Soleil. Mais Hobbes estime que la comparaison avec l'eau qu'on transporte n'est pas convaincante, car la force qui entraîne la Terre agit également sur les eaux qui en font partie [14].

Après avoir réfuté la théorie hasardeuse par laquelle White rend compte du mouvement de la Terre, Hobbes expose à son tour la sienne. Il prend également pour point de départ l'influence du Soleil, mais lui attribue un mode d'action bien différent. Galilée, dit-il, avait conclu de l'observation des taches du Soleil que celui-ci était animé d'un mouvement de rotation autour de l'axe de l'écliptique. Il pense que l'astre possède un second mouvement, de dilatation et de contraction, auquel il s'est déjà référé pour expliquer la diffusion de la lumière (c. 9, §§ 1-3) qui est comparable à la propagation des ondes concentriques à la surface d'un liquide où l'on a laissé tomber une pierre. Il suppose aussi la présence, dans tout l'espace, d'une substance fluide (air ou éther) à laquelle le double mouvement du Soleil — rotation, systole et diastole — imprime un mouvement giratoire qui s'étend de proche en proche en conservant la vitesse initiale de la rotation du Soleil. La Terre et les autres planètes sont entraînées par ce mouvement et la durée de leur circuit est proportionnelle à leur distance du Soleil. C'est aussi pour cette raison que l'axe de la Terre reste (approximativement) parallèle à l'axe de l'équateur tandis qu'elle décrit son orbite annuelle (c. 19, § 3).

Mais la rotation de la Terre a une autre cause. White soutient qu'elle ne résiste pas au mouvement de rotation qui lui est imprimé par la pression des eaux profondes sur les fonds marins (et dont la cause initiale est la chaleur solaire). Hobbes répond que la cohésion d'un corps solide est due à la résistance, c'est-à-dire au mouvement contraire qu'opposent ses parties à tout mouvement extérieur qui tend à en détruire l'unité, à en modifier la forme, à le faire sortir du repos ou à changer le mouvement qu'il possède. Ainsi s'explique, par exemple, le rebondissement d'une toupie contre un mur, le mouvement des parties demeurées libres renouvelant celui de la partie affectée par la collision et écartant l'objet de l'obstacle qui entrave sa rotation. Hobbes rapproche cette action de celle d'un être vivant qui tourne successivement chacune de ses parties vers une source de chaleur. Bien que le mouvement de la Terre ne soit pas volontaire, ne peut-on pas supposer que ses parties (du moins ses parties extérieures ou proches de sa surface) tendent à se rapprocher de la

14. C. 16 et 17. Cf. *DC*, c. 26, § 10.

chaleur solaire, puis à s'en éloigner lorsqu'elle devient excessive, produisant ainsi l'alternance des jours et des nuits [15] ?

On reconnaît ici le type d'explication par analogie, et l'assimilation du monde à un organisme vivant dont le Soleil serait le cœur et la source vitale, auxquels ont eu recours non seulement Bruno et Kepler, mais parfois Galilée lui-même [16]. C'est par une comparaison animiste du même ordre que White justifie l'hypothèse d'un feu central qui réchauffe et féconde la Terre. Hobbes en nie l'existence et attribue la fertilité de notre globe à la seule chaleur solaire. Il reproche à White d'employer l'argument d'utilité, le feu central étant utile, selon ce dernier, au maintien de la vie sur la Terre (c. 11, § 6). Mais est-il lui-même exempt du reproche lorsqu'il prête à la Terre, par analogie, le comportement d'un être vivant ?

White affirme que la Terre entraîne avec elle, dans son mouvement, l'atmosphère qui l'environne. Cette atmosphère a pour origine les vapeurs qui se dégagent de la Terre et remplissent un espace qui s'étend jusqu'à la région lunaire. L'air possède une certaine pesanteur, et une certaine adhésivité due à l'humidité, qui font qu'il exerce une pression sur la Terre, et les couches supérieures de l'air sur ses couches inférieures. C'est pourquoi il tourne avec notre planète, de même qu'une meule suit le mouvement qu'on imprime à son axe. L'atmosphère entraîne avec elle les nuages, les comètes, et même la Lune.

Hobbes marque ici, facilement, un certain nombre de points. Et d'abord cet air qui se déplace d'Ouest en Est par suite du mouvement de la Terre, n'est-il pas le même que celui du vent qui, selon White, souffle d'Est en Ouest sous l'action du soleil ? Ensuite comment expliquer que la Terre puisse impartir aux couches supérieures de l'atmosphère une vitesse supérieure à la sienne ? White a tort de dire que si la Terre s'arrêtait l'air cesserait aussi de tourner, ce qui est contraire au principe de la conservation du mouvement. La comparaison de la meule ne vaut rien, à cause de la cohésion de ses parties. Le mouvement de l'axe fait subir une torsion à la meule, dont les parties tendent à se séparer, et le mouvement des parties éloignées du centre produit cette rotation par laquelle la meule se libère de cette torsion. Mais il n'en est pas de même pour l'air qui est fluide et n'offre aucune résistance à la séparation. Hobbes pense donc avec Galilée que seules sont entraînées les parties de l'air qui sont retenues par suite des irrégularités du relief terrestre [17].

Le problème de la pesanteur de l'air le laisse perplexe. Il en discute encore dans les termes d'Aristote pour qui chaque élément avait son lieu naturel. Les éléments ont-ils un poids dans leur lieu propre ? Le fait qu'une

15. C. 18, § 15. Ceci ne l'empêche pas d'affirmer ailleurs (c. 22, § 5) que l'agent de la rotation est extérieur à la Terre. Et pourtant, dans ce même article, il parle d'un corps subtil analogue aux esprits animaux, qui, répandu à l'intérieur de la Terre, est responsable de son mouvement.

16. *Lettre à la Grande duchesse Christine* (1615).

17. Mais si Hobbes invoque l'absence de cohésion entre les parties d'un fluide comme l'air, ne devrait-il pas en tenir compte aussi pour l'eau des mers ? Or il déclare qu'elles sont entraînées par la force qui meut la Terre, dont elles font partie, et que par conséquent Galilée attribue à tort leur flux et leur reflux aux irrégularités du mouvement de la Terre. Cf. c. 17, § 5.

vessie gonflée d'air pèse plus qu'une vessie vide est-il dû à la pesanteur de l'air ? Pourquoi l'eau ne semble-t-elle exercer aucune pression sur un nageur alors que la terre presse sur un corps enseveli ?

Le rapport entre volume, masse et densité ne paraît pas bien saisi. Et le rapport entre gravité et gravitation est également pour nos deux auteurs une source de perplexité. Selon White la Lune est entraînée avec les couches supérieures de l'atmosphère par la rotation de la Terre. Mais sa gravité ralentit son mouvement et explique qu'elle décrive son orbite en un mois. Elle ne tombe pas sur la Terre mais se soutient comme un oiseau dans l'air ou un poisson dans l'eau, portée par les effluves de la Terre et les siennes propres. Pour Hobbes l'influence de la Terre n'est pas exclue, mais elle est secondaire. La Lune est entraînée elle aussi par l'action du Soleil et c'est pourquoi elle accompagne la Terre dans son périple annuel. L'irrégularité de son orbite autour de la Terre s'explique du fait qu'elle tend à se maintenir à la distance où la chaleur du Soleil lui est le plus bénéfique : elle se trouve à la même distance du Soleil que la Terre aux quadratures, elle en est plus proche à la nouvelle Lune, plus éloignée à la pleine Lune. De même elle tourne toujours la même face vers la Terre pour que toutes ses parties puissent successivement recevoir les rayons du Soleil.

Observant la complexité des mouvements célestes (excentricité des orbites, inégalité des vitesses, précession des équinoxes, nombre plus élevé de jours entre les équinoxes de printemps et d'automne qu'entre les équinoxes d'automne et de printemps) Hobbes cherche à en donner une explication générale. Il suppose que la Terre se déplace selon la trajectoire qui lui permet le mieux de conserver le mouvement qui la caractérise. S'il n'y avait d'autres corps célestes que le Soleil, sans doute resterait-elle toujours à la même distance de celui-ci. Mais elle est soumise à l'influence d'autres étoiles. Et comme celles-ci sont plus nombreuses dans l'hémisphère nord, il se peut que leur action contribue à expliquer l'excentricité de l'orbite terrestre. Quant à la lune on a vu qu'elle ajustait son orbite de manière à se trouver à la distance la plus convenable de la Terre et du Soleil. Chaque corps céleste aurait donc son mouvement propre, mais qui se trouve modifié par les influences d'autres corps, ce qui aboutit, par réciprocité des influences, à un ajustement général de tous les mouvements. Dans le cas de la Terre l'influence du Soleil est déterminante, et Hobbes la donne comme cause externe du mouvement annuel ; mais il suppose aussi l'existence d'un mouvement interne de la Terre qui produit sa rotation et l'alternance des saisons. A l'échelle de l'univers il admet le jeu d'influences réciproques qui s'exercent à travers l'espace interstellaire, et dont il ne peut définir la nature mais qui sont certainement des mouvements ; car toute action est mouvement (c. 36, §§ 2 et suiv.).

Il faut réserver pour un commentaire l'interprétation des chapitres consacrés au 2e Dialogue de White, et leur comparaison avec les articles correspondants, beaucoup plus concis, du chapitre 26 du *De corpore*. On remarquera seulement que, dans ce dernier, où il conserve certaines hypothèses du manuscrit sous une forme plus ou moins modifiée, il progresse avec prudence et cherche seulement à convaincre le lecteur que ses suppositions et démonstrations sont conformes aux phénomènes et en donnent une explication sinon vraie, du moins plausible. Notre texte encore une fois révèle une bonne connaissance des phénomènes. Hobbes a mieux assimilé que White les principes galiléens (voir notamment sa critique de la distinction entre mouvement *per se* et *per accidens*, c. 21). Et il fait une large place aux démonstrations géométriques. Mais il s'abandonne parfois à des hypothèses qui ne sont guère moins aventureuses que celles de White, sans trop se soucier de les étayer par des raisonnements ou de les concilier entre elles.

Le recours aux images est une démarche indispensable, à un certain moment, pour qui tente de saisir les rapports entre des phénomènes nombreux et distants. Celui que Hobbes cherche à discerner entre le mouvement des corps célestes et le comportement des êtres vivants paraît relever d'un vitalisme qui surprend de la part d'un philosophe qui passe pour un partisan aussi résolu du mécanisme. Mais c'est parce qu'il s'efforce d'établir un système d'explication par le mouvement qui soit applicable à la vie organique et psychique aussi bien qu'à la physique qu'il multiplie les rapprochements entre ces domaines. De même qu'il assimile la rotation de la Terre aux réflexes d'un animal devant un foyer, il parlera de conservation du mouvement à propos de la mémoire des impressions sensibles, de *conatus* lorsqu'il définira l'appétit, d'oscillation lorsqu'il décrira le processus de délibération.

6. *L'homme - Le citoyen*

Dans l'important chapitre 30, Hobbes décrit le développement de l'activité mentale sur la base des impressions sensibles, le fonctionnement de l'imagination, l'utilisation du langage et du raisonnement. Nous avons déjà examiné cette partie du chapitre [18]. Il reste à voir ce qui concerne l'appétit et l'aversion, la délibération et la volonté [19].

L'action exercée sur l'organe des sens est transmise au cerveau et le mouvement produit est conservé sous forme d'image *(phantasma)*, mais celle-ci peut à son tour devenir la source d'une action musculaire. Les objets, ou les images mentales qui s'y rapportent, sont agréables ou désagréables, selon qu'ils sont associés au plaisir ou à la douleur, et exercent une action stimulante, ou inhibitrice, sur les esprits vitaux. On appelle appétit une tendance au mouvement *(conatus)* de ces esprits vers l'objet perçu ou représenté, aversion l'amorce d'un mouvement dans la direction opposée. Les passions sont des perturbations causées par le conflit de semblables tendances. La délibération est l'alternance de désir et de répulsion résultant de la considération des effets bons et mauvais qu'entraînerait la décision.

18. Qui correspond, rappelons-le, au c. 25 du *De corpore*, et contient divers éléments de la Logique du même ouvrage.

19. C. 30, §§ 23 et suiv. Cf. c. 37, §§ 4 et suiv. et *DC*, c. 25, §§ 12-13.

La délibération peut s'appuyer sur le langage et le raisonnement mais ce n'est pas indispensable, et les bêtes elles-mêmes en sont capables. Elle aboutit à la décision d'agir ou de ne pas agir. Est libre celui dont le mouvement *(motus animalis)* ne subit aucune entrave, sauf celle qu'il s'impose de sa propre volonté. La liberté du choix dure le temps de la délibération ; une fois l'action accomplie, ou l'occasion manquée, elle fait place à la nécessité. Mais le libre choix a lui-même des causes aussi nécessaires que celles qui font finalement pencher d'un côté plutôt que de l'autre le fléau d'une balance. Car bien que les motivations soient intérieures, elles ne sont pas soustraites à la causalité. Le processus tout entier dépend des organes du corps et de leurs mouvements ou *conatus*. C'est pourquoi, selon Hobbes, White a tort de dire que l'âme a la capacité de se mouvoir d'elle-même, et d'identifier ce pouvoir avec le libre arbitre. Ou de dire, comme il le fait ailleurs, qu'elle est mue. En effet il considère l'âme comme une substance incorporelle, or une telle substance ne peut être sujette au mouvement. De plus, selon la philosophie de la nature, rien ne peut se mouvoir de soi-même. Et l'on ne voit pas non plus comment une chose sans étendue ni quantité peut être associée à un corps qui les possède, ou comment le cerveau peut devenir l'organe de l'âme. Enfin cette intervention de l'âme viendrait rompre la chaîne des causes, ce qui arriverait en effet si, toutes les causes étant réunies, la production de l'effet devait dépendre d'un pouvoir de décision indépendant de celles-ci. En fait White veut prouver que l'homme est libre, qu'il est lui-même l'artisan de son bonheur ou de son malheur en cette vie et dans une vie future, enfin que Dieu ne saurait être la cause du mal. Mais il entend démontrer aussi que les choses ne sont pas livrées au hasard, ni au bon plaisir de l'homme, mais s'accomplissent conformément aux desseins de la divine Providence. En ce sens il ne peut nier que la série des causes secondes soit soumise à la nécessité. Le choix lui-même, pense-t-il, doit être réintégré dans la série des causes, puisque les circonstances et les motivations qui entraînent la décision sont elles-mêmes déterminées [20].

Hobbes lui reproche de vouloir concilier deux conceptions différentes. Mais bien qu'il soutienne pour sa part que les actions humaines sont soumises à une stricte nécessité, sa philosophie morale et politique ne peut se dispenser des notions de bonne et mauvaise conduite, et de responsabilité. Il trouve au chapitre 38 l'occasion d'exposer ses vues sur les devoirs du citoyen, et la poursuite du bonheur. Selon White le monde a été créé pour l'homme, et il est le meilleur des mondes possibles. Ce que l'homme attribue au hasard est conforme à un dessein providentiel. L'homme lui-même a été doué des facultés qui lui permettent d'assurer le mieux son propre bonheur, et dans l'ensemble les bons connaissent une vie plus heureuse que les méchants. Hobbes répond à tout ceci que, par une égale nécessité des causes, Dieu peut accorder la richesse et les honneurs aux bons comme aux méchants. Les hommes sont entre ses mains comme l'argile aux mains du potier. Et il suffit que les promesses des Écritures concernant la récompense des justes soient tenues dans une vie future. D'ailleurs chacun croit

20. C. 33, §§ 2-4 ; 37, §§ 8-10 ; 38, §§ 10-12.

qu'il est bon, et beaucoup se plaignent par envie. C'est pour les mêmes raisons, comme le montrent les troubles d'Angleterre, que les envieux veulent changer le gouvernement d'un pays, et prétendent qu'il se trouve dans la populace plus de vertu et de talent que chez ceux qui détiennent les biens et les charges. Chaque citoyen doit s'en remettre à l'État et considérer comme le bien ce qui est prescrit par la loi civile. Quant à la loi naturelle, qui nous enseigne les vertus, elle est incluse dans celle-ci. Et l'obéissance à l'Église implique aussi l'obéissance aux lois civiles [21].

C'est dans ces limites que peut légitimement se satisfaire la recherche personnelle du bonheur. La satisfaction du désir suppose l'attente d'un bien à venir, et la mise en œuvre des moyens appropriés pour le satisfaire, car un désir frustré est une source de tourment. Mais la possession d'un bien engendre la crainte de le perdre, et en même temps sa jouissance tend à lasser. Le bonheur ne peut se maintenir que si le désir se renouvelle et avec lui l'effort pour obtenir de nouveaux biens ; il faut donc disposer des moyens de conserver et d'acquérir. Pour ce philosophe du mouvement le bonheur résulte d'une progression ininterrompue du désir d'un possible vers un autre possible. Et la paix de l'esprit ne réside pas dans le repos ou la privation des désirs, mais dans un mouvement sans heurts d'un bien acquis vers un bien à acquérir.

La prudence est la vertu qui gouverne une telle conduite, quand celui qui la suit respecte les lois. White pense qu'elle consiste en un juste milieu entre des passions extrêmes. Mais, objecte Hobbes, des passions vives comme l'ambition ou la crainte du blâme peuvent jouer un rôle utile. White pense aussi que les hommes vertueux sont plus heureux. Mais, ajoute Hobbes, ils entreprennent des choses difficiles qui ont besoin du soutien des passions fortes ; faire ce que la loi commande, secourir les affligés, acquérir le savoir. Pour qu'ils les réalisent il faut qu'ils soient puissants et riches, ou qu'ils le deviennent. Enfin il se peut que des hommes qui ont obtenu du pouvoir par des moyens répréhensibles trouvent plaisir à faire le bien, par souci de leur gloire, ou pour se justifier à leurs propres yeux et à ceux des autres.

Cette analyse des passions, fondée sur le mécanisme des appétits et des répulsions, met en évidence la prépondérance de l'amour de soi comme mobile des actions humaines. L'homme est ainsi fait et une morale de sagesse contemplative et de renoncement peut convenir au philosophe, mais non au commun des mortels. La poursuite des biens de ce monde et des satisfactions qui en découlent doit donc pouvoir s'exercer sans autre entrave que l'obéissance aux lois et la crainte des sanctions. Ces idées de Hobbes sur le comportement de l'homme en société sont familières aux lecteurs de *Leviathan.* Mais il leur avait donné une première formulation dans les *Elements of Law* et le *De cive,* peu avant de les exposer dans notre manuscrit. La psychologie qui leur sert de base est exempte d'illusions à l'égard de la bonté humaine. Elle n'exclut pas cependant les actes de générosité et de civisme, encore qu'elle découvre des mobiles intéressés jusque dans l'amour du prochain et le souci du bien public.

21. C. 38, §§ 2-4 et 16, c. 39, § 2.

7. *Religion et philosophie*

La poursuite du bonheur terrestre est incertaine et, dans le meilleur des cas, nous réserve des joies fortement mêlées de peines. Seule la félicité céleste est sans mélange. Deux chemins y conduisent, celui de la révélation, qui a été faite aux Apôtres et transmise à l'Église, celui de l'obéissance aux enseignements de l'Église (c. 39). Mais l'on a vu (c. 38) que l'Etat et ses lois définissaient le bon et le mauvais citoyen, et que la loi naturelle était incluse dans la loi civile. L'Église promet le bonheur éternel à ceux qui obéissent à ses commandements, et qui, se soumettant aux lois de l'État, vivent vertueusement. Hobbes dit simplement « l'Église », mais, la lettre de Deshommeaux que nous avons citée [22] en témoigne, les lecteurs du *De cive* ne pouvaient ignorer que, pour lui, la religion d'un État est celle de son souverain, et que par conséquent « autant de princes, autant de chefs de religion ». Il affirme d'ailleurs (c. 26, § 6 de notre manuscrit) que les articles de la foi sont des lois, et que le souverain doit en interdire la discussion par les citoyens. L'exemple de l'Angleterre, où les sectes se sont multipliées, et où l'opposition à la monarchie s'est doublée d'une opposition à l'Église officielle, a rendu Hobbes très conscient du danger des controverses sur les fondements de la religion. Mais pour lui le mal est bien antérieur à la prolifération des sectes protestantes. Les pères et les docteurs de l'Église, affirmera-t-il dans la dédicace du *De corpore*, ont voulu s'appuyer non seulement sur les Écritures, mais sur Platon et Aristote, et ce faisant ils ont introduit dans l'Église les disputes philosophiques. Or la philosophie est affaire d'opinion et concerne les particuliers, alors que la religion est affaire d'État. Les articles du dogme doivent donc être soustraits à la controverse. On leur doit foi et obéissance (ou, si l'on est incrédule, du moins l'obéissance). La seule différence est que les controverses philosophiques qui mettent en cause les dogmes ont lieu entre doctes, alors que les polémiques religieuses peuvent s'étendre à toutes les couches de la population. Hobbes ne songe pas à réduire le philosophe au silence, mais veut limiter son domaine aux questions qui ne mettent pas en danger la paix publique et qui, d'autre part, sont susceptibles d'être traitées par la logique, avec définition préalable des termes.

Or White veut non seulement concilier le nouveau système du monde avec la religion, mais démontrer l'existence de Dieu, la création *ex nihilo*, et la destruction future d'un monde spécialement conçu pour que l'homme puisse y trouver le bonheur et en même temps assurer son salut. C'est pourquoi nous avons rencontré à chaque tournant, dans la réfutation de Hobbes, non seulement des critiques d'ordre logique, mais des objections de principe. Dieu est inconnaissable. On parle de sa raison, de sa bonté, mais toute analogie avec les facultés ou les vertus humaines est fallacieuse. Il est liberté et puissance absolue. Il n'est pas soumis à une loi éternelle de la justice ou de la nécessité. Il fonde la justice et la nécessité. De

22. Voir plus haut, p. 20.

même il n'a pas eu à choisir entre les modèles préexistants des mondes possibles pour créer le meilleur. Si nous affirmons qu'il a créé le monde pour l'homme nous affirmons ce que nous n'avons pas le moyen de démontrer, car le fait que la chaleur solaire entretient la vie ne prouve pas que le Soleil existe pour maintenir la vie sur la Terre. Et la présence d'animaux et de végétaux utiles à l'homme ne prouve pas qu'ils ont été créés pour lui, car l'argument pourrait être employé pour d'autres espèces animales (c. 37, §§ 1-2). D'autre part affirmer que Dieu avait un but en créant le monde est restreindre sa liberté en subordonnant sa volonté à une cause finale (c. 32, § 2).

On a pu voir dans ce qui précède, et on s'en convaincra mieux en lisant le texte de Hobbes, que dans son procès des démarches logiques de White il se fonde à la foi sur un nominalisme intransigeant, et sur une conception de la causalité qui se réfère encore à l'analyse aristotélicienne, tout en cherchant à la rénover conformément aux principes de la mécanique galiléenne. Sa critique vise aussi bien les hypothèses de son adversaire sur le système du monde que les positions « métaphysiques » de ce dernier. Dans une philosophie qui utilise ces instruments logiques il n'y a plus de place pour les essences, les idées éternelles, les substances incorporelles. Ces dernières, ne possédant ni quantité ni étendue, ne peuvent être la cause du mouvement ni dans l'univers, ni dans l'organisme humain. Comme d'autre part cette philosophie s'incline devant une théologie entièrement fondée sur la révélation il se produit une rupture de continuité, entre raison et foi il ne peut plus y avoir de communication. Or le *credo quia impossibile* peut aussi bien servir d'appui à une théologie mystique qu'à des calculs sur l'utilité de la religion au maintien de l'ordre social. On voit que notre manuscrit est déjà gros des orages dont la seconde édition du *De cive* sera le signe annonciateur, et qui éclateront avec la publication du *Leviathan.* La position de White n'est pas sans analogie avec celle qu'adopteront les platoniciens de Cambridge puisque, dans le contexte d'une nouvelle philosophie de la nature, il se propose de conduire aux vérités de la foi par les chemins de la raison et, dans la mesure où la créature imparfaite peut comprendre la perfection divine, expliquer les voies de la Providence d'une manière satisfaisante pour l'intelligence humaine.

Mersenne a sans doute estimé que ce manuscrit, comme le *De cive,* renfermait des « paradoxes » que certains jugeraient inacceptables. On ne sait s'il l'a fait connaître dans son intégralité à quelques personnes de son entourage. Mais il s'y est intéressé au point d'en reproduire, comme nous allons le voir, des passages importants dans un de ses ouvrages. D'ailleurs, à juger par les précautions dont il s'est entouré pour la discussion du *tractatus gallicus* dont l'auteur voulait démontrer les fondements du dogme à la manière d'Euclide [23], on peut se demander laquelle des deux démarches philosophiques lui paraissait la plus dangereuse, de celle qui, en matière de religion, accordait trop à la raison, ou de celle qui concédait trop à la foi.

23. Voir plus haut, p. 30, n. 68.

CHAPITRE III

DE LA CRITIQUE DU *DE MUNDO* AU *DE CORPORE*

1. *Activité de Hobbes après la critique du* De mundo

Comment a progressé, après la rédaction de notre manuscrit, la préparation du *De corpore* ? Et comment ont été réemployés les matériaux élaborés dans le texte que nous éditons ? A ces deux questions nous ne répondrons que partiellement, ne pouvant embrasser ici dans toute son ampleur le problème qu'elles impliquent, celui du développement de la philosophie de la nature dans la pensée de Hobbes. Nous signalerons les informations trop rares que l'on peut recueillir dans la correspondance et les livres, puis nous examinerons quatre documents qui traitent de sujets également abordés dans notre manuscrit. Le premier est un poème de Hobbes récemment découvert, les trois autres concernent des rédactions anciennes du *De corpore*. Quant aux parallèles entre ce manuscrit et les autres écrits de Hobbes, le lecteur sait déjà qu'ils sont signalés dans les notes de notre édition.

Mersenne publie en 1644 ses *Cogitata physico-mathematica* et dans la section intitulée *Universae geometriae synopsis* il reproduit le traité d'optique latin de Hobbes. Mais l'ouvrage contient aussi les *Phaenomena ballistica*. A la proposition 24 de ce traité, il mentionne plusieurs idées de Hobbes sur la nature de la lumière, tirées de sa philosophie « de Motu, Loco et Tempore », ainsi que son explication de la réflexion. Dans la Préface du même traité, il résume ou paraphrase tout ce qui, dans le c. 30 de notre manuscrit, se rapporte au développement des facultés de l'homme, depuis les impressions sensibles jusqu'à l'utilisation du langage et du raisonnement, et depuis la perception du plaisir et de la douleur jusqu'à la délibération[1]. Il présente cet extrait de la philosophie de Hobbes dans l'espoir que les lecteurs exhortent celui-ci à publier l'ensemble. Et il n'est pas sans intérêt de constater que Mersenne, dans un paragraphe introductif, se montre lui aussi tout à fait disposé à étendre la théorie du mouvement de la physique à l'étude de l'homme.

Nous savons par des lettres de Sir Charles Cavendish à Pell qu'à la fin de 1644, et au cours de l'année suivante, Hobbes travaillait toujours à sa

1. Préface reproduite dans *OL* V, pp. 308-318. Cf. c. 30, §§ 3 à 25, ff. 338-350 de notre manuscrit.

philosophie, mais progressait lentement [2]. Dès son arrivée à Paris Hobbes lui communique, en tout ou en partie, ce qu'il a rédigé et mis au net. Il envoie en effet à Joachim Jungius, le 11 mai, un résumé des articles qui concernent les principes du mouvement [3]. A la même date, dans une lettre à Pell, il cite la démonstration d'un théorème qui figure au chapitre XII du *De corpore* et au chapitre correspondant des notes de Cavendish qui constituent l'un des documents que nous étudions plus loin. Ces notes, conservées au British Museum [4], concernent les 17 premiers chapitres d'une rédaction ancienne du *De corpore*. Nous reviendrons sur ces notes et les problèmes de leur datation, mais on peut estimer qu'elles appartiennent aux années 1645-1646.

En novembre 1645 Hobbes compose, à la demande de William Cavendish, alors marquis de Newcastle, un nouveau traité d'optique, cette fois en anglais, et il souhaite le publier dès que possible. Il en a déjà rédigé la moitié et William Petty se charge d'en faire une belle copie, sans doute pour un exemplaire d'hommage [5]. Ce manuscrit a été conservé [6], il est dédicacé au marquis de Newcastle et est daté de Paris, 1646. Sa présentation est particulièrement soignée et il comporte de nombreuses figures géométriques et un dessin montrant l'anatomie de l'œil et le rattachement du nerf optique au cerveau. John Aubrey rapporte que durant son séjour à Paris Hobbes suivit un cours de chimie et étudia aussi l'anatomie dans Vésale. Ceci se passait, dit-il, avant 1648 car Sir William Petty (qui était alors Dr Petty, médecin) étudiait et disséquait avec lui [7]. Il raconte ailleurs que Petty aida Hobbes à dessiner les schémas de son livre sur l'optique, car il avait alors une main très habile et Hobbes estimait beaucoup son talent [8]. Aubrey se contredit quant aux dates car, dans ce second passage, il affirme que les deux hommes se connurent à Paris en 1648 ou 1649. Mais dans une lettre du 8 novembre 1645, qui confirme celle de Charles Cavendish, Petty remercie Pell de l'avoir recommandé à Hobbes, qui l'a mis en rapport avec Lord William, Sir Charles et Mersenne [9]. Hobbes dut terminer son traité dans les premiers mois de 1646 car le 1er juin, dans une lettre à Sorbière, il se déclare si satisfait de la solidité de cet ouvrage, qu'il souhaite le publier dès que possible, mais en latin [10]. Dans l'Épître du *De corpore* adressée au comte de Devonshire, il précise que, de sa philosophie, seule reste à publier la 2e section *De homine*, dont la partie qui traite de

2. Hambourg 17-27 déc. 1644, Birch 4278, f. 163 (HALLIWELL, *A Collection of letters illustrative of the progress of science*) ; Paris, 1-11 mai 1645 (VAUGHAN, *The Protectorate of Cromwell*, II, p. 363).

3. Publiée par C. von BROCKDORFF, *Des Sir C. Cavendish Bericht für J. Jungius*, Kiel 1934.

4. Harl. 6083. Cf. J. JACQUOT, « Un document inédit : les notes de Charles Cavendish sur la première version du *De corpore* de Hobbes », *Thalès*, 1952, pp. 33-86 (publication partielle). Au lieu de « la première version » il aurait fallu dire « l'une des versions anciennes » (J.J.).

5. Lettre de Charles Cavendish à Pell, Paris, 1-11 nov. 1645.

6. *A Minute or first draught of the optiques in two parts. The first of illumination. The second of vision.* BM, Harl MS 3360, 193 ff. Seules la dédicace et la conclusion ont été publiées : *EW* VII, pp. 467-71.

7. *Brief Lives*, ed. CLARK, t. I, p. 336.

8. *Ibid.*, p. 368.

9. Birch 4279, f. 172, Vaughan, pp. 367-9, Halliwell, p. 90.

10. TÖNNIES, *Archiv III*, p. 69.

l'*Optique*, rédigée en huit chapitres, est prête, ainsi que les planches des figures qui accompagneront chacun des chapitres, et qui sont gravées depuis six ans [11]. C'est seulement la 2e partie du manuscrit de 1646 qui est utilisée dans *De homine* (1658). La rédaction est différente mais la matière de ses huit chapitres correspond à celle des chapitres 2 à 9 de l'ouvrage imprimé [12]. Les travaux de Hobbes sur l'Optique, qui assurent la liaison entre sa philosophie *De corpore* et *De homine*, restent incomplètement publiés. Le manuscrit dédié à William Cavendish, le plus complet et le seul qui soit rédigé en anglais, pourrait faire utilement l'objet d'une édition critique [13].

C'est durant la même période que Hobbes eut une discussion avec l'évêque John Bramhall sur la liberté et la nécessité, en présence du marquis de Newcastle. L'évêque mit ensuite son opinion par écrit sous forme de traité, et Lord William exhorta Hobbes à rédiger une réponse. Ce débat, qui prolonge la controverse avec White (notamment aux c. 35 et 37 de notre manuscrit), serait demeuré inédit si le texte de Hobbes n'avait été publié à Londres en 1654, à l'insu de son auteur, ce qui entraîna la publication du traité de Bramhall avec une réplique, puis d'une volumineuse contre-réplique de Hobbes [14]. Nous voudrions seulement préciser un point de détail, la date de composition de la première réponse de Hobbes, *Of Liberty and Necessity*. Elle prend la forme d'une épître au marquis de Newcastle et, dans l'édition de 1654, porte la date « Rouen Aug. 20 1652 ». Dans l'exemplaire de la Bodléienne, 1652 a été barré et remplacé par 1646. L'écriture est contemporaine mais nous n'avons aucun indice d'un séjour de Hobbes à Rouen en 1646. Par contre, dans une lettre du 27 juillet 1645 (a.s.), Sir Charles écrit à Pell que Hobbes est parti pour Rouen. C'est donc en août 1645 qu'il aurait composé cet ouvrage.

En 1646 il a d'autres préoccupations : l'achèvement du traité d'Optique dédié à Newcastle, puis la publication à Amsterdam, chez Elzevier, d'une 2e édition du *De cive*. En mai le texte révisé est déjà entre les mains de Sorbière qui sert d'intermédiaire entre lui et la maison d'édition. Et il espère se rendre à Montauban afin de disposer de plus de loisirs pour travailler au *De corpore*. S'il tarde à l'achever c'est un peu par paresse, mais surtout parce que dans ses démonstrations il se montre exigeant vis-à-vis de lui-même [15]. Mais l'espoir d'un séjour paisible à Montauban s'évanouit.

11. « Restat jam sectio secunda *De homine*, cujus partem eam, qua tractatur Optica, octo capitibus scriptam figurarumque singulis capitibus adjungendarum tabulas ante sex annos sculptas paratasque habeo ». Le texte latin paraît indiquer que ce sont les planches gravées qui sont prêtes depuis six ans. Les huit chapitres, qui correspondent à la 2e partie du MS 3360, étaient prêts depuis plus longtemps, au moins dans leur version anglaise. C'est par erreur que la traduction anglaise du *De corpore*, qui n'est pas de Hobbes, bien qu'elle ait été révisée par lui, parle de *six* chapitres. Des lettres citées plus loin montrent qu'en 1649-1650 Hobbes avait fait graver également les planches du *De corpore*.

12. *OL* II, pp. 7-87.

13. Le *Tractatus opticus* Harl. 6796 a été partiellement publié par Tönnies, en Appendice à son édition des *Elements of Law*. Une édition complète, par Franco Alessio, a paru depuis dans la *Rivista critica di storia della filisofia*, XVIII, n° 2, 1963, pp. 147-288.

14. Sur les origines de cette controverse voir le début de cette deuxième réplique, *The Questions concerning Liberty, Necessity and Chance* (1656) *EW* V, p. 2.

15. Lettres à Sorbière du 16 mai et du 1er juin, Tönnies, *Archiv* III, pp. 67-9.

Il a été choisi pour enseigner les mathématiques au Prince de Galles, le futur Charles II, et en octobre il occupe déjà cette fonction [16]. *De cive* parut au début de 1647, et fut réimprimé la même année, également marquée par une maladie très grave. On reste sans nouvelle du *De corpore* jusqu'en août 1648 : à cette date, il a repris le travail sur cet ouvrage ; en juin 1649, il espère le terminer durant l'été, et il fait graver sur cuivre les figures nécessaires aux démonstrations [17]. Mais Hobbes, comme on l'a vu, va être absorbé par la composition du *Leviathan,* la publication de *Humane Nature,* et c'est seulement en 1653 qu'il travaillera à nouveau d'une façon suivie à la première partie de sa philosophie.

2. *Un poème de Hobbes sur le mouvement de la Terre*

Le premier des documents que nous reproduisons en Appendice est un poème latin : *De Motibus Solis, Ætheris & Telluris. Praecipue autem numeri dierum in hemisphaerio Boreo, quàm in Australi majoris, causa conjecturalis* [18]. Il est dédié à William Cavendish, 3e comte de Devonshire, protecteur de Hobbes qui fut son précepteur. C'est également à lui que sont dédiés *De cive, De corpore* et *De homine.* Le contenu du poème est voisin de celui des chapitres 18 et 19 du manuscrit de Paris, plus particulièrement 18, §§ 14, 15 et 19, § 7.

Le ton général est didactique mais selon Hobbes (voir c. 1 de notre manuscrit) le discours poétique admet, à la différence du discours purement logique, l'emploi de la métaphore comme ornement et le recours à la mythologie, ce qui rend parfois les démonstrations plus difficiles à suivre. D'autre part les passages célébrant la splendeur du Soleil, qui ordonne les mouvements des corps célestes et féconde la Terre, ne manquent pas de dignité ni de ferveur.

Le poème rend compte des phénomènes selon l'hypothèse des Coperniciens. Il suppose également que le Soleil, qui meut les planètes, doit lui-même être mû. Mais par quoi ? Selon la loi éternelle de la déesse Nature : « ce qui est sans mouvement ne peut susciter le mouvement dans un corps qui lui est extérieur ». (C'est, on s'en souvient, le principe que Hobbes oppose à White (c. 27) quand ce dernier affirme : « motum universi a principio externo esse ».) Cependant les Perses, non sans raison, honoraient le Soleil comme un dieu. Mais nous, chrétiens, lui accordons une louange plus modérée, de même qu'à la Terre nourricière, croyant qu'ils sont les serviteurs du Dieu qui les a créés. Parfois il est affirmé, dans le poème, que les mouvements du Soleil ont été engendrés en même temps que lui (conge-

16. Lettres de Hobbes à Sorbière, 4 oct. *Ibid.*, p. 194, de C. Cavendish à Pell, 12 oct. (Vaughan, p. 371) et 7 déc. (Vaughan, pp. 374-5).

17. Lettre de Cavendish à Pell, 2 août 1648, Birch 4278, f. 278. Lettre à Sorbière du 14 juin, TÖNNIES, *Archiv* III, pp. 207-8. Une lettre de Pell, qui vient de voir Sorbière, à C. Cavendish (16-26 mai 1650, Birch 4280, f. 136), confirme que les figures sont, pour la plupart, déjà gravées.

18. Manuscrit inédit repéré et identifié par Harold W. Jones. Voir l'introduction au texte dans l'Appendice.

nitos : v. 13 et v. 79), mais ailleurs il est dit du monde qu'il se meut de lui-même (automatus) et que la Terre est l'un des rouages [19].

Hobbes attribue au Soleil, dans ce poème, un mouvement de rotation sur son axe (que révèle l'observation des taches solaires au télescope). Celui-ci communique à l'éther répandu dans l'espace un mouvement circulaire qui s'étend de proche en proche et entraîne aussi la Terre et les autres planètes. Il mentionne également, bien qu'il ne le distingue pas clairement du précédent comme il le fait ailleurs, un mouvement de pression qui pousse l'éther, par ondes concentriques, dans toutes les directions de l'espace. Il s'y réfère dans le manuscrit de Paris (c. 9, § 3) mais il l'explique d'une façon plus complète au début du *Tractatus opticus* publié par Mersenne. Il l'attribue à une dilatation du Soleil suivie d'une contraction. Et c'est par lui qu'il rend compte de la diffusion de ce que nous percevons comme lumière. Ce que nous appelons un rayon est une ligne droite qui s'étend du Soleil jusqu'à notre œil et le long de laquelle se propage à travers l'éther ce mouvement de dilatation. La transmission se fait instantanément (sans qu'aucune particule de matière solaire soit émise) de même que le mouvement de la garde est transmis à la pointe d'une épée [20].

Mais Hobbes estime dans ce poème que la rotation du Soleil sur son axe n'est pas une cause suffisante des deux mouvements de la Terre (diurne et annuel). Il lui attribue aussi un mouvement orbital (motus, quo circumlatus sit totus in orbem, v. 119) comparable à celui qu'imprime à son instrument un vanneur de blé (cribro circumlato). Comme il le précisera dans son *Decameron physiologicum* [21] ce mouvement est intense mais si restreint dans son amplitude qu'il n'est pas observable. En fait c'est la notion de *conatus* (endeavour) qu'il introduit ici encore.

La discussion des causes des mouvements de la Terre sert à introduire le problème (exposé au c. 19, § 7 du manuscrit parisien) du nombre des jours qui est plus élevé, entre les équinoxes, du printemps à l'automne que de l'automne au printemps. Durant la première période la Terre est plus éloignée du Soleil, dans la seconde elle est plus proche. Or la majeure partie des continents se trouve dans son hémisphère nord qu'elle tourne vers le Soleil pendant l'été, tandis que les océans recouvrent la plus grande partie de sa surface dans l'hémisphère Sud qu'elle tourne vers le Soleil pendant l'hiver. Hobbes suppose dans ce poème que ce sont les rayons solaires qui frappant les parties solides de sa surface la poussent et la font s'éloigner durant l'été, tandis que durant l'hiver, les mêmes rayons rencontrent sur-

19. Nulle part ailleurs, à notre connaissance, Hobbes ne pose la question : qu'est-ce qui meut le Soleil ? Elle a pourtant son importance dans un système où tout ce qui se meut est mû, et où la notion d'un moteur immobile et incorporel est rejetée. Ici même la réponse est ambiguë. Dans *De corpore* c. 26, § 7, Hobbes suppose le mouvement du Soleil pour expliquer celui des planètes, et estime ne pouvoir trouver d'autre cause naturelle. Car, si leurs mouvements ont été créés en même temps que leurs corps (concreati), leur cause est surnaturelle ; s'ils sont éternels de même que leurs corps (coaeterni), ils sont sans cause (aeterni enim generatio nulla est). Il semble bien que Hobbes devrait se trouver devant la même alternative s'il voulait chercher la cause naturelle des mouvements du Soleil. Le poème, nous venons de le voir, juxtapose « congeniti », « automati » et « lex aeterna Naturae » sans conclure.

20. Cette comparaison est dans le poème, v. 107-8.

21. C. 4, *EW* VII, p. 99.

tout des surfaces liquides où ils sont réfractés et, pénétrant dans les profondeurs de l'océan, perdent une partie de leur force. Pour achever d'expliquer le phénomène, il doit encore supposer que la Terre et les autres planètes tendent vers le Soleil (de même que les objets de notre globe tendent vers le centre de celui-ci) et s'en rapprochent dans la mesure où une autre force ne s'y oppose pas.

Sans entrer dans tous les détails de la démonstration, ni comparer systématiquement tous les passages où Hobbes cherche à expliquer les causes des mouvements de la Terre, nous relèverons quelques indices permettant de dater approximativement ce poème.

Dans le manuscrit de Paris le mouvement annuel de la Terre est dû à la rotation du Soleil, et à sa dilatation suivie d'une contraction. Le mouvement diurne est dû à la Terre elle-même, qui expose tour à tour les différentes parties de sa surface à la chaleur solaire.

Dans le poème les deux mouvements de la Terre sont causés par le Soleil. Outre la rotation et la dilatation (suivie de contraction) celui-ci est doté d'un mouvement orbital. Enfin dans le *De corpore* Hobbes attribue au Soleil, outre la rotation, un mouvement circulaire simple par lequel il faut comprendre un mouvement orbital. Le *Decameron,* nous l'avons vu, précise que ce mouvement est intense mais d'amplitude extrêmement restreinte.

Dans le manuscrit parisien, le mouvement de la Lune est expliqué par l'action du Soleil, et de la Lune elle-même qui ajuste sa trajectoire de manière à bénéficier dans les meilleures conditions de la chaleur solaire. Dans le poème la cause de son mouvement est attribuée à la Terre (v. 60), et il en va de même pour le *De corpore* (c. 26, § 6).

Dans le manuscrit parisien Hobbes ne propose pas de solution au problème de l'excentricité de l'orbite terrestre, mais parle d'un ajustement des mouvements entre les corps célestes, et d'une influence possible des étoiles, plus nombreuses dans l'hémisphère nord. Dans le poème l'excentricité est expliquée par la répartition inégale, dans les deux hémisphères, des océans et des continents et par la différence d'impact des rayons solaires sur une surface solide et une surface fluide. Dans le *De corpore* la première cause est retenue, mais non la seconde. Hobbes n'invoque plus le jeu de deux forces antagonistes dont l'une est une pression émanant du Soleil qui repousse la Terre tandis que l'autre l'attire vers celui-ci. Il s'efforce de tout ramener à un même principe d'explication : le mouvement circulaire simple d'un corps sphérique dans un milieu fluide, qui imprime un mouvement circulaire simple à une autre sphère qui baigne dans le même milieu. Si la deuxième sphère est de la même consistance dans toutes ses parties, son orbite sera parfaitement circulaire, et concentrique à celui de la première sphère : mais il n'en va pas de même si la deuxième est en partie solide, en partie fluide, comme c'est le cas de la Terre, d'où l'excentricité de son mouvement annuel.

Dans le poème il fait allusion, sans spécifier, à d'autres explications de cette excentricité. Il peut s'agir de celle de White, qu'il réfute dans le manuscrit de Paris (c. 19, § 17), mais aussi de celle de Kepler. Dans *De corpore* Hobbes se déclare d'accord avec ce dernier pour attribuer cette excentricité à une différence de nature entre les parties de la Terre, mais en désaccord lorsque celui-ci fait intervenir l'attraction, la répulsion et la vertu magnétique, car il rejette l'action à distance et les causes immatérielles.

On peut conclure en constatant que, dans ce poème, Hobbes abandonne des positions qu'il avait soutenues dans le manuscrit parisien pour se rapprocher de celles qu'il défendra dans *De corpore.* La rotation de la Terre n'est plus attribuée à une action propre de ses parties mais, comme son mouvement annuel, à l'action du Soleil. Le mouvement mensuel de la Lune est attribué à l'action de la Terre. Enfin l'excentricité de l'orbite terrestre est expliquée par la répartition des continents et des mers sur notre globe.

Cependant l'action des rayons sur les surfaces solides ou liquides s'exerçant en sens contraire d'une force d'attraction également attribuée au Soleil ne sera pas retenue dans le *De corpore,* où Hobbes s'efforce de donner une explication d'ensemble des mouvements du système solaire, fondée sur une démonstration géométrique.

Il est donc raisonnable de supposer que le poème a été composé après le manuscrit parisien, et avant le *De corpore.* Peut-être, le problème de l'excentricité ayant été posé dans l'examen critique du *De mundo* sans qu'une solution soit trouvée, le poème représente-t-il un nouvel effort pour le résoudre. Dans ce cas il est possible que les deux textes ont été écrits à des dates assez rapprochées.

3. *Trois documents sur des états anciens du* De corpore

Les trois documents dont il reste à parler sont des manuscrits qui, par leur contenu comme par l'intitulé et l'ordre de leurs chapitres, se rapportent au *De corpore.* Ils sont beaucoup moins étendus que le manuscrit de Paris, et, à la différence de celui-ci, ils ont un caractère fragmentaire. Un seul d'entre eux peut être approximativement daté, et il est difficile de les classer dans l'ordre chronologique, ou d'en tirer des conclusions quant à la genèse du *De corpore.* Ils n'en fournissent pas moins une série de parallèles ou de variantes que ne peut négliger quiconque étudie le texte du manuscrit de Paris ou celui du *De corpore.* Arrigo Pacchi en a publié une étude comparée qui recoupe sur plusieurs points notre propre examen [22]. Il a également signalé un quatrième document dont il reproduit le sommaire. Il s'agit de la mise au net d'un chapitre du *De corpore* qui porte le numéro 19, mais qui ne figure pas dans l'ouvrage imprimé [23]. Ce chapitre est consacré à diverses courbes, paraboles, hyperboles, ellipses, etc.

22. *Convenzione e ipotesi nella formazione della filosofia naturale di Thomas Hobbes,* Firenze 1965, chapitre I.

23. MS A. 4 des papiers de Hobbes, collection du duc de Devonshire à Chatsworth. Cf. A. Pacchi, *op. cit.*, pp. 25-6.

a) *Le manuscrit A.10 de Chatsworth.*

Ce manuscrit fait partie de la collection du duc de Devonshire et est conservé à Chatsworth, parmi les papiers de Hobbes, sous la cote A.10. Nous le désignons par le sigle *Cw*. Il se compose de 29 feuillets (de 15.5 sur 9.8 cm) rédigées en latin recto et verso et suivies de 5 feuilles blanches. De ce manuscrit autographe Cay von Brockdorff a publié les ff. 1 à 8v, qui comportent six chapitres (tous numérotés à l'exception du 3ᵉ) qui sont intitulés « Logica ex T.H. » et correspondent aux 6 chapitres de la 1ʳᵉ partie du *De corpore* [24]. La feuille 9r est blanche, la feuille 9v, intitulée « Philosophia prima », donne une liste de chapitres numérotés de 7 à 18, avec leurs titres. Le texte qui suit commence f. 10 ; il est intitulé « Philosophia prima ex T.H. ». La division en chapitres n'est indiquée qu'à partir du 11ᵉ. De même que dans la première partie, aucun chapitre ne possède de titre, mais il est facile de les identifier en se référant à la table de la f. 9v, et au texte du *De corpore*. Ces titres sont rétablis dans notre Appendice. Les chapitres 7 à 13 correspondent, par leur numéro d'ordre, leur titre et leur contenu, à ceux du *De corpore*. Le 14ᵉ, « De recto et curvo », et le 15ᵉ, « De angulo, parallelismo et asymptosia », correspondent en gros au 14ᵉ du *De corpore*, mais si la matière est analogue le traitement est différent et l'on relève peu de parallèles précis entre les deux textes. Le chapitre 16, annoncé dans la table, « De figura et similitudine figurarum », est omis dans le texte. Par son sujet il devait se rapporter aussi au chapitre 14 de l'ouvrage imprimé. Le 17ᵉ « De potentia mobilium in describendis spatiis » est sans parallèle précis avec le *De corpore* mais paraît amorcer une étude largement traitée dans la 3ᵉ partie de cet ouvrage : « De rationibus motuum et magnitudinum ». Enfin rien dans le texte ne paraît se rattacher au dernier des chapitres énumérés f. 9v, le 18ᵉ : « De figuris rectilineis ».

Au total le manuscrit correspond, par l'ordre de ses chapitres et la distribution de ceux-ci entre la « Logica » et la « Philosophia prima », aux deux premières parties du *De corpore*. Avec le chapitre 17 on aborde la matière de la 3ᵉ partie. Mais il semble bien qu'au moment où il rédigea le manuscrit, Hobbes rattachait encore l'étude des rapports entre les mouvements et les grandeurs à la « philosophia prima » et ne prévoyait pas de lui consacrer la 3ᵉ partie de l'ouvrage.

Le même parallélisme avec le *De corpore* s'observe si l'on considère l'organisation intérieure des 12 premiers chapitres. Il n'y a pas de numérotation par articles (sauf pour les 3 premiers du ch. 15) mais en général on peut aisément les ajouter, ce qu'à fait Von Brockdorff pour les premiers chapitres sauf le 6ᵉ. On constate alors qu'ils se succèdent dans l'ordre du *De corpore* : il y a des lacunes, certains articles du livre ne figurant pas dans le manuscrit, mais il n'y a pas interversion. Le nombre des articles manquants varie considérablement : par exemple les articles 1, 5, 6, 7, 8, 10 manquent au ch. 1, l'article 1 seulement au 7ᵉ. Ce parallélisme est encore

24. *Die Urform des « Computatio sive Logica » des Hobbes*, Kiel 1934. A. Pacchi suppose que le manuscrit se composait jadis de deux fascicules séparés, et que von Brockdorff n'a eu accès qu'au premier.

discernable aux ch. 14 et 15, bien qu'il soit moins rigoureux. Le 13e est trop lacunaire pour que l'ordre soit significatif, enfin au 17e le parallélisme ne s'observe pratiquement plus.

Autre constatation importante, pour les 12 premiers chapitres le texte est le plus souvent identique, aux variantes près, à celui du *De corpore.* Mais parfois c'est l'article entier du livre dont on trouve l'équivalent, parfois on retrouve les mêmes termes mais sous une forme condensée, ou fragmentaire, pouvant se réduire même à une simple définition. Pour prendre l'exemple du ch. 7, les articles 2, 3, 4 et 6 donnent les définitions de l'*espace,* du *temps,* de la *partie* de l'*unité,* le 7e le début seulement de celle du *nombre* (Numerus et unum, et unum, etc.). Les 5e, 8e et 9e donnent les phrases essentielles, définitions comprises, le 10e et le 13e le texte complet, figures et démonstrations comprises, le 11e le texte complet sauf la dernière phrase, le 12e la majeure partie du premier paragraphe.

Ajoutons que l'écriture est hâtive, d'une lecture difficile, que les abréviations sont nombreuses. Cependant des mots essentiels, des phrases importantes, témoignent d'une plus grande application et ressortent plus clairement. De toute évidence, malgré la mention « ex T.H. », ce brouillon n'était pas destiné à faire connaître à un protecteur, ou à des amis, l'avancement de ses travaux.

Ce qui frappe le plus c'est l'inégalité dans le développement des articles. Nous ne saurions en conclure que les uns étaient simplement ébauchés, que les autres avaient déjà atteint leur état définitif. Les articles les plus brefs sont ceux qui ne contiennent qu'une définition, ou une proposition. Et il est peu probable que Hobbes soit parvenu à leur donner d'emblée une formulation définitive. Nous comprendrons mieux la nature du manuscrit si nous nous référons au témoignage d'Aubrey qui raconte, à propos du *Leviathan,* que Hobbes avait coutume de concentrer longuement sa réflexion sur une seule chose à la fois, et de noter ses pensées dans un carnet au cours de ses promenades, mais qu'il gardait présent à l'esprit le plan de l'ouvrage[25]. Ce qui est vrai du *Leviathan* doit l'être à plus forte raison du *De corpore* dont la composition s'étale sur de longues années. Le morcellement des chapitres en articles dont chacun se rapporte à un concept ou un principe suggère que l'ouvrage ne résulte pas d'une rédaction continue, mais d'une juxtaposition, dans un certain ordre, de pages écrites à divers moments. Le manuscrit représenterait donc, plutôt qu'une rédaction ancienne du *De corpore,* une mise en ordre de notes éparses, selon un plan qui sera retenu dans l'ouvrage définitif, pour la Logique et les Premiers principes. Et l'utilité de ce travail aurait été de permettre à l'auteur de se rendre compte de la cohérence de l'ensemble, une fois les différents articles mis en place. Quant à ceux qui se réduisent à un énoncé succinct, nous pouvons supposer deux choses : ou bien les articles auxquels ils se rapportent sont déjà rédigés et Hobbes n'éprouve pas le besoin de les recopier, ou bien ils n'ont pas encore été rédigés mais l'auteur y a suffisamment réfléchi pour en donner la substance dans une formule qu'il conservera dans l'ouvrage imprimé. Dans un cas comme

25. *Brief Lives,* éd. Clark, t. I, p. 351.

dans l'autre ils figurent dans le manuscrit comme de brefs rappels d'une matière déjà connue et des indications du lieu d'insertion des articles lors de la rédaction définitive.

b) *Le manuscrit de la National Library of Wales.*

Nous retrouvons dans les deux autres manuscrits cette même inégalité dans le développement des articles. Mais comme il s'agit cette fois de notes prises sur les originaux de Hobbes, nous ne pouvons savoir si l'auteur livre sa pensée sous une forme abrégée, ou si ceux qui transcrivent son texte omettent certains passages et en condensent d'autres. Le premier de ces documents, MS 5297 de la National Library of Wales, Aberystwyth, a été publié et discuté par Mario Rossi[26]. Nous le désignons par le sigle *NLW*. Il se compose de 4 grandes feuilles remplies au recto et au verso et le texte est interrompu au milieu d'une phrase, au verso de la dernière. La suite a donc été perdue. Il s'agit d'une transcription anglaise, assez littérale, d'un texte latin. Attribuée à Edward Herbert, Earl of Cherbury, elle est peut-être de sa main. Mais on s'explique mal pourquoi l'auteur du *De veritate* s'est donné la peine de faire une traduction anglaise où souvent d'ailleurs des termes philosophiques, et parfois des phrases entières, sont conservés en latin.

Le manuscrit porte un double titre : 1° *De principiis cognitionis*, 2ᵉ *De principiis actionis*, qui paraît indiquer les deux parties de l'ouvrage, dont la première seule est traitée dans les feuilles conservées. On y trouve d'abord une entrée en matière distinguant deux types de connaissance, celle qui résulte de l'expérience sensible, et celle qui est le produit du raisonnement. Cet exorde débute par la comparaison de l'esprit humain à un miroir qui reflète le monde, et par l'éloge de la mémoire qui nous permet de conserver les images de tout ce qui existe et de nous les représenter dans l'ordre que nous souhaitons. On se trouve en présence d'amples périodes, d'un style orné de métaphores dont Hobbes n'était pas incapable, mais rien dans la forme ni dans la pensée ne porte spécifiquement sa marque. Cependant, comme on avance dans cette introduction, le vocabulaire se précise, et l'on remarque des idées caractéristiques de notre auteur, comme l'affirmation que rien n'existe au monde que des corps individuels, des causes et des effets individuels mais soumis à des lois. Enfin lorsqu'on arrive au deuxième point, il n'y a plus de doute possible. L'auteur, voulant montrer comment s'acquièrent les premiers principes de la philosophie de la nature, suppose que le monde soit annihilé et qu'un seul homme survive à cette destruction : celui-ci conserverait l'image ou l'idée des objets que ses sens ont perçus, de leur grandeur, leur mouvement, leur couleur, leur ordre, leurs parties. Et bien qu'il s'agît de résidus d'impression sensibles, il se les représenterait comme extérieures à lui, il leur donnerait des noms et raisonnerait sur elles. On reconnaît ici l'article 1 du chapitre 7, qui sert d'introduction à toute la 2ᵉ partie du *De corpore*. Les deux textes sont très voisins, dans la substance comme dans la forme. Ce parallélisme se maintient, à

26. *Alle fonti del deismo e del materialismo moderno*, Florence 1943, pp. 104-119. Voir aussi R.I. Aaron, « A possible early draft of Hobbes's *De corpore* », *Mind*, oct. 1945, pp. 342-56.

partir de ce passage, jusqu'à la fin du manuscrit, et nous n'aurons pas de peine à le rapprocher de plusieurs chapitres de la « Philosophia prima ».

Mais une première constatation s'impose, ce préambule est d'un seul tenant, bien que sa dernière partie seulement nous permette d'en identifier l'auteur. A titre d'exemple nous pouvons citer une même image, qui figure dans le premier développement, et qui est reprise vers la fin mais chargée cette fois d'un sens nouveau. L'imagination, dit d'abord l'auteur, semble voler en un instant d'une Inde à l'autre, et du Ciel à la Terre. Et plus loin : lorsque nous calculons les dimensions du Ciel nous n'avons pas besoin de nous déplacer car nous pouvons effectuer ces opérations dans notre cabinet de travail [27]. Le texte paraît donc homogène dans les idées comme dans le style. Il n'y a donc pas lieu de supposer que le transcripteur y a ajouté de son cru les premières phrases. Leur caractère introductif suffit à expliquer que l'auteur évite d'employer de prime abord des notions ou des termes qui rebuteraient le non initié. Il flatte le lecteur par des figures comme celle que nous venons de citer, ou par des allusions mythologiques (les Muses filles de Mémoire). Hobbes ne procède pas autrement au ch. 1 du *De corpore*, lorsqu'il compare la philosophie à la vigne et au blé, que les hommes négligeaient jadis de cultiver. On peut donc considérer cet exorde tout entier comme une première version de ce qui allait devenir l'article 1 du ch. 7, bien que dans le livre il n'en ait pas retenu les premières phrases.

Autre constatation, rien ne permet de déceler d'abord que le texte est traduit du latin. Est-ce parce que les tournures de ces amples périodes nous paraissent plus anglaises ? Cependant vers la fin on observe déjà le besoin d'économiser l'effort, soit en remplaçant des fins de phrase par des « etc. », soit en conservant des locutions latines dont les pages qui suivent vont être émaillées. On peut sans doute objecter que le transcripteur ne fait que recopier un texte anglais qu'il a sous les yeux. Mais si l'on s'explique mal les raisons pour lesquelles Lord Herbert s'est donné la peine de traduire, il est encore plus difficile de dire pourquoi Hobbes aurait rédigé son manuscrit dans un anglais truffé de latin. De toute façon ce texte hybride ne pouvait être d'un grand secours aux lecteurs ignorant le latin, ni à nos deux philosophes qui écrivaient couramment en cette langue. Toutefois l'important n'est pas de résoudre ce problème mais de connaître le contenu de ce manuscrit et son rapport avec le *De corpore*.

Il se compose de 12 courts chapitres qui correspondent aux ch. VII, VIII, XI et XII du *De corpore* [28]. La répartition est inégale : ch. 1 à 3 pour le VIIe, ch. 4 à 10 pour le VIIIe, ch. 11 pour le XIe, ch. 12 pour le XIIe. De ce dernier chapitre nous ne possédons que le 1er article et le début du 2e, les autres feuilles ayant été perdues. Il paraît très difficile d'établir si la rédac-

27. « Fancy (...) seems to fly from one India to the other, from Heaven to Earth (...) and all this in a moment ». Et plus loin : « for if we compute the magnitude and motions of Heaven and Earth we neither ascend etc. » Le transcripteur abrège, mais on lit dans le *De corpore* : « we do not ascend into heaven that we may divide it into parts, or measure the motions thereof, but we do it sitting still in our closets or in the dark ».

28. Pour simplifier l'exposé nous indiquerons dans ce qui suit les chapitres du *De corpore* par des chiffres romains, ceux du manuscrit par des chiffres arabes.

tion de ce manuscrit *(NLW)* représente un stade plus avancé de la composition de l'ouvrage que celui de Chatsworth *(Cw)*. Une statistique assez grossière nous permet d'établir que dans *NLW* il y a 6 articles en plus que dans *Cw* et 2 articles en moins, que 19 articles sont plus développés et 9 le sont moins, et que les autres articles ou bien manquent dans les deux, ou reçoivent un égal développement. Mais ces indications qui paraissent faire pencher la balance du côté de *NLW* sont toutes relatives. Nous avons déjà vu pour *Cw* qu'une rédaction abrégée pouvait avoir la valeur d'un rappel, d'un memento, et ne signifiait pas nécessairement un état moins avancé. Pour *NLW* il est plus difficile encore de porter un jugement puisque l'omission, ou l'abréviation, peut venir soit de Hobbes, soit du transcripteur.

Par contre il est significatif que la rédaction, qu'elle soit complète ou fragmentaire, reste toujours très proche du *De corpore*, et le plus souvent aussi proche que la version anglaise de 1656 peut l'être de l'original latin de 1655. Il est significatif également que les articles présentant un parallèle complet avec le texte définitif soient relativement nombreux.

Mais avant de formuler ne fut-ce qu'une hypothèse il faut essayer de répondre à une question. Pourquoi sautons-nous du chapitre VIII au chapitre XI ? La réponse se trouve peut-être dans le titre du manuscrit, qui annonce que l'on traitera d'abord des principes de la connaissance, et ensuite des principes de l'action. On peut donc supposer que les chapitres correspondant à VIII (De causa et effectu) et IX (De potentia et actu) ont été omis pour être placés plus loin. L'explication est assez plausible car le ch. 10 (qui correspond à la fin de VIII) et le ch. 11 (qui correspond au début de XI) s'enchaînent assez bien, grâce à un sous-titre : « des accidents grâce auxquels nous distinguons un corps d'un autre » qui sert d'articulation entre l'étude qui vient d'être faite du corps et de ses accidents, et celle qui va suivre de l'identité et de la diversité. Mais ceci doit rester une supposition puisque *NLW* est incomplet et que nous ignorons de quels chapitres du *De corpore* on trouvait encore l'équivalent dans ce manuscrit.

Ce qui est sûr, c'est que *NLW* est composé selon un plan assez différent de celui du *De corpore* et de *Cw*. Non seulement il paraît y avoir une interversion de certains chapitres, mais le texte est morcelé en chapitres plus courts et plus nombreux. Cette organisation différente nous permet d'émettre l'hypothèse d'une rédaction plus ancienne. Mais avec cette réserve que dans les chapitres conservés, bien qu'il n'y ait pas de numérotation par articles, les matières se succèdent, comme pour *Cw*, dans l'ordre des articles du *De corpore*.

Il reste à noter l'absence, dans ce manuscrit, d'un équivalent des 6 premiers chapitres du livre, autrement dit de la Logique à laquelle, nous le savons par la correspondance de Digby, Hobbes travaillait déjà en 1637. Il est possible que les pages qui lui étaient consacrées aient été elles aussi perdues. Et il y a peut-être au f. 2r, dans un passage qui traite de l'accident, une référence à cette Première partie. On y lit en effet : « voir à la division des noms : concrets et abstraits » ce qui renvoie peut-être à un équivalent du ch. III, article 3. Mais cet indice est assez mince. Ce qui est probable c'est que Hobbes n'a pas pu rédiger une version en certains endroits aussi élaborée des Premiers principes sans avoir déjà bien progressé dans la préparation de la Logique.

c) *Le manuscrit de Charles Cavendish.*

Les notes sur une version ancienne du *De corpore*, conservées au British Museum parmi les papiers de Charles Cavendish, ont été étudiés jadis par l'un des auteurs de cette édition, qui en a donné une description, et une publication partielle [29]. Elles sont groupées pour la plupart aux ff. 194-211 d'un recueil composite, Harleian MS 6083, que nous désignerons par le sigle *Harl.* La partie essentielle, plus amplement décrite au début de notre Appendice III, se compose de notes sur 17 chapitres, prises dans l'ordre de ces chapitres et de leurs articles, d'une version ancienne du *De corpore.* Ces notes écrites sur des feuilles pliées en deux formant quatre pages, correspondent aux folios 194r à 195v, et 198r et 211v du recueil. Entre elles se trouve une autre feuille également pliée en deux qui constitue les folios 196r à 197v. Il nous a toujours paru évident que ces 4 pages, qui contiennent des notes discontinues sur des sujets traités dans divers chapitres du *De corpore,* étaient distinctes de l'ensemble. Mais l'une de ces pages (197v) portait la date du 29 avril 1645. Et comme cette date était voisine de celles des lettres à Pell et à Jungius (1-11 mai 1645) qui se réfèrent à des passages précis d'une rédaction ancienne du *De corpore,* nous avions cru jadis pouvoir dater l'ensemble de l'année 1645. Mais A. Pacchi a signalé depuis [30], ce qui nous avait échappé, que les folios 71r à 74v, composés aussi de deux feuilles pliées, soit 8 pages, comportaient également des notes discontinues se rapportant aux premiers chapitres du *De corpore.* Le f. 74r portant la date du 6 août 1646, il en a conclu que les notes sur les 17 premiers chapitres d'une ancienne version du *De corpore* étaient postérieures. Il classe l'ensemble en trois groupes : A (ff. 196-197) 29 avril 1645 ; B (ff. 71-74) 6 août 1646 ; C (ff. 194-195 et 198 à 211) non daté. Il suppose C postérieur aux précédents car il se rapporte à 17 chapitres, et les notes de A et B ne se rapportent à aucun chapitre au delà du 13e. Cependant il estime que C a vraisemblablement été rédigé par Cavendish en 1646, et représente l'état d'avancement du *De corpore* avant que Hobbes interrompe ses travaux, au moment où il se proposait de donner une forme définitive au *De corpore,* dont il avait rassemblé les matériaux, pour enseigner les mathématiques au Prince de Galles [31]. Enfin il estime que la partie C de *Harl.* qui comporte 17 chapitres, est un peu antérieure à *Cw,* qui en compte 18. Mais nous ne pouvons le suivre sur ce point. Car si, comme nous l'avons vu, dans *Cw,* la table de la « Philosophia prima » (f. 9v) annonce les chapitres 7 à 18, le chapitre 16 est omis dans le texte, et figure seulement dans *Harl.* Il n'y a pas non plus de chapitre 18 dans *Cw,* qui se termine par un chapitre équivalent au 17e de *Harl.* mais qui est plus développé dans ce dernier manuscrit. Nous exposons plus loin, avec plus de détail, les raisons qui nous font supposer que *Cw* est antérieur à *Harl.*

29. Voir plus haut, p. 72, n. 4.
30. *Op. cit.*, pp. 20-22.
31. Cf. *Vita carmine expressa, OL* I, p. XCII, citée par Pacchi, et les lettres citées plus haut, p. 16.

Il convient encore de remarquer que le groupe A se rapporte, d'une manière très fragmentaire, à des chapitres qui dans C portent les numéros 4, 7, 8 et 13. La date de 1645 suit immédiatement des notes au chapitre 13, art. 3, qu'on retrouve plus détaillées dans C. Par contre le groupe B, daté de 1646 se rapporte aux chapitres 2 à 4, c'est-à-dire à la Logique, dont il note d'abondants extraits qu'on retrouve presque textuellement dans C. L'analyse de Hobbes lui sert aussi de point de départ, comme le remarque Pacchi, pour des essais de notation de divers types de syllogismes à l'aide de symboles. La description du processus mental dont s'accompagne le syllogisme (cf. *DC*, c. IV, § 8) intéresse Cavendish au point qu'il la relève à trois reprises : dans A partiellement, dans B d'une manière plus complète, dans C en reproduisant intégralement cet article tel qu'il figure dans *Cw* et *DC*. Mais chaque fois c'est la même rédaction qui sert de modèle.

On peut admettre avec Pacchi que les notes d'Avril 1645 témoignent d'un premier contact, rapide, avec un manuscrit de Hobbes comportant au moins 13 chapitres. Mais comment se fait-il que Cavendish ait dû attendre 15 mois pour y avoir à nouveau accès ? Et pourquoi attend-il plus longtemps encore pour transcrire les 13 premiers chapitres ? On pourrait supposer par contre que Cavendish n'a eu d'abord connaissance que d'extraits mis au net, et que les notes d'août 1646 ont été prises alors que Hobbes avait commencé à mettre au net l'ensemble de la Logique et de la Philosophia prima. Cette mise au net terminée, Charles Cavendish aurait pris les notes continues sur les 17 chapitres. Après avoir composé l'essai *Of Liberty and Necessity* (août 1645) puis le traité d'Optique dédié en 1646 à William Cavendish, et révisé le *De cive* en vue d'une 2e édition, Hobbes a disposé de quelque temps durant l'été 1646 pour se remettre au *De corpore*, avant d'enseigner les mathématiques au Prince de Galles. Si l'on n'assigne pas cette date au manuscrit sur lequel Cavendish prend les notes C il faut le reporter à 1648-1649, période où Hobbes retourne au *De corpore*.

A. Pacchi croit pouvoir proposer, pour la rédaction de l'ouvrage, la chronologie suivante :

1645, les 6 chapitres de la Logique et 7 chapitres de la Philosophia prima :
1646, 4 chapitres nouveaux de la Philosophia prima *(Harl.)* puis un 5e *(Cw.)* ;
1648-49, rédaction, que Hobbes croit alors définitive et comportant au moins 19 chapitres (cf. MS A. 4 de Chatsworth) ;
à partir de 1651, reprise du travail ; au cours de cette dernière phase le chapitre 6 a été profondément remanié, de même que les nouveaux chapitres de 1646.

Mais cette chronologie reste en partie conjecturale, et risque de donner, du moins pour les premiers stades, l'impression d'une composition progressant régulièrement chapitre par chapitre. On peut considérer 1645-1646 comme période la plus probable pour la rédaction du manuscrit sur lequel se fonde Cavendish. Mais nous avons vu que *Cw.* ne paraissait pas constituer une étape ultérieure à *Harl.* et ne pouvait être invoqué pour combler la lacune entre les chapitres 17 et 19 d'une première version. D'autre part puisque l'on sait que Hobbes travaillait déjà à l'ouvrage en 1637 (du moins pour la Logique) il est fort probable qu'il n'en était pas en 1645-1646 à sa première tentative de mise en ordre, et que pour rédiger il se référait à un état antérieur et que sur cette base, utilisant des notes récentes, il introduisait des articles ou des développements nouveaux, en remaniait d'autres, révisait au besoin l'ordre des chapitres et articles.

Ce manuscrit que Cavendish avait sous les yeux, et que nous appellerons *X*, n'est certainement pas *Cw*, bien que celui-ci offre avec *Harl.* un parallélisme assez frappant, et représente un état presque égal d'avancement. On peut s'en rendre compte en comparant les passages qui sont communs à *Cw* et à *Harl.*, dans le fond et la forme, mais qui comportent néanmoins des variantes textuelles assez sensibles. D'autre part si *Harl.*, comme *Cw*, représente un état des deux premières parties du *De corpore* et une ébauche de la 3e, son contenu ne coïncide pas toujours avec celui de *Cw*. Ce qui manque dans l'un peut être présent dans l'autre et inversement, et des passages peuvent correspondre sans recevoir le même développement. Enfin ce qui rend difficile l'interprétation de *Harl.* c'est précisément l'intérêt que Cavendish porte à l'ouvrage, et sa familiarité avec la pensée de Hobbes comme avec les matières dont il traite. Cavendish prend des notes pour son propre usage, il s'intéresse surtout à ce qui est nouveau dans la philosophie de son ami. Le contenu de certains articles ou paragraphes est noté très succinctement, pour mémoire, d'autres sont reproduits *in extenso*, ce dont on peut s'assurer dans les cas où ils coïncident avec ceux du *De corpore*. Entre les deux, tous les degrés intermédiaires sont possibles. Il faut tenir compte aussi de l'intérêt particulier de Cavendish pour les mathématiques et la géométrie, ce qui explique l'abondance des notes à partir du moment où les rapports entre les quantités entrent en jeu. Déjà, nous l'avons vu, dans l'étude de la logique formelle, les différentes combinaisons du syllogisme, susceptibles d'être exprimées par des permutations de signes, retiennent beaucoup son attention.

Avant de comparer les deux manuscrits il faut d'abord élucider un point qui avait rendu plus difficile l'interprétation de *Harl.* Les notes correspondant à un article (ou parfois à un groupe de quelques articles) du *De corpore*, sont séparées par des traits horizontaux. Et les numéros des chapitres se situent toujours juste au-dessus d'un de ces traits, c'est-à-dire au bas des lignes de notes qui sont comprises entre deux traits. Ainsi l'indication du ch. 1 se trouve placée au bas des trois premières lignes qui donnent une définition de la philosophie (quasi identique à celle du *De corpore*, ch. I). Le chapitre 2 est signalé à la fin des notes correspondant au ch. II du livre et ainsi de suite. Nous avions supposé jadis que ces indications de chapitre annonçaient ce qui suivait, et conclu à un décalage dans la numérotation des chapitres par rapport à l'ouvrage imprimé, le chapitre initial de celui-ci étant réduit à une seule définition dans *Harl.*, le contenu du ch. II ayant son équivalent dans le ch. 1 du manuscrit et ainsi de suite, du moins aussi longtemps que se maintenait un parallélisme suffisant entre les deux textes, c'est-à-dire jusqu'au ch. XIII du *De corpore*.

Mais un nouvel examen nous a conduits à admettre que les indications des chapitres se rapportent à ce qui précède et non à ce qui suit, et signalent la fin des notes prises dans tel ou tel chapitre. Si l'on admet cette interprétation, on explique qu'à la fin du dernier chapitre on trouve la double mention : « Finis totius » et « cap. 17 ». Et l'on supprime tout décalage par rapport aux 12 premiers chapitres du *De corpore,* et par rapport à l'ensemble de *Cw.* Nous alignerons donc désormais la numérotation des chapitres de *Harl.* sur celle des deux autres textes. Même si cette solution repose sur une probabilité et non une certitude, elle aura du moins pour avantage de faciliter la comparaison de *Harl.* avec *Cw.* à laquelle nous allons procéder en commençant par les six chapitres de la Logique. Lorsque l'on se réfère aux articles il s'agit (sauf indication contraire) de ceux du *De corpore.* La subdivision en articles n'est pas signalée dans *Cw,* dans *Harl.* leur numérotation n'apparaît qu'à la fin du ch. 7 et elle se maintient ensuite jusqu'à la fin du manuscrit [32].

Nous avons déjà remarqué que *Harl.* se limitait, pour le ch. 1, à une définition de la philosophie concordant avec celle de *Cw,* qui comprend en outre un assez long développement sur la nature du raisonnement (ratiocinatio, computatio) et une énumération sommaire des diverses parties de la philosophie. Pour le ch. 2, seul *Cw* possède des développements sur l'usage des noms en tant que signes. *Harl.* commence à la définition des noms, qu'il possède en commun avec *Cw,* de même que la distinction entre diverses catégories de noms. Mais *Cw* ne va pas au delà de l'article 9 tandis que dans *Harl.* ce travail de définition se poursuit jusqu'à l'article 14. Au ch. 3 *Harl.* comporte en plus de *Cw* des notes sur les articles 12 à 20 où se poursuit la description des différentes catégories de propositions. Du ch. 4 *Cw* ne contient guère que la définition du syllogisme et le texte complet de l'article 8 (Quid sit in animo syllogismo respondens). Cette définition et cet article sont également reproduits dans *Harl.* où l'on trouve en outre des notes assez abondantes sur l'ensemble du chapitre. Au ch. 5, sur l'erreur et les vices du raisonnement, la répartition des notes est à peu près la même dans les deux manuscrits et elles se rapportent à la quasi-totalité des articles. Le ch. 6, « De la méthode », n'est qu'ébauché dans l'un et l'autre manuscrit, qui ont approximativement le même contenu, exprimé dans *Harl.* sous une forme plus abrégée : toute connaissance a son point de départ dans l'expérience sensible, mais on distingue deux méthodes pour l'acquérir, l'une part de la génération (ou cause) pour aboutir à la propriété (ou effet), l'autre remonte de la propriété à sa génération ; la démonstration consiste à partir d'une définition correctement formulée pour arriver par une série de syllogismes à une conclusion convenablement déduite.

Si nous abordons maintenant la « Philosophia prima » nous constaterons que *Harl.* contient des notes qui se rapportent à tous les articles du *De corpore.* La numérotation de ces articles, conforme à celle du livre, rend plus évidente cette correspondance. Mais cette correspondance existe aussi, pour les mêmes chapitres, entre *Harl.* et *Cw,* bien que la numérotation des articles y soit absente. Ceci signifie donc que, vers 1645, cette partie du *De corpore* possédait déjà son organisation définitive.

32. Les subdivisions de la p. 1 (f. 198 r) de la pagination de Cavendish sont numérotées de 1 à 12, mais cette numérotation ne tient pas compte de la division en chapitres puisque nous avons, dans cette page, des notes prises dans les ch. 1 et 2 et le début du 3, de plus elle n'est pas maintenue par la suite.

Pour la Logique qui la précède on peut conclure aussi de l'examen des deux manuscrits que les subdivisions des chapitres 2 à 5 étaient pratiquement les mêmes que dans la rédaction définitive. Par contre le ch. 1 comportait encore des lacunes et le 6e n'était qu'une ébauche.

Nous savons qu'on ne peut rien conclure de certaines des abréviations ou des lacunes. Mais à l'exception du 6e il est rare dans les 12 premiers chapitres de trouver autre chose que le texte du *De corpore*. Un texte souvent fragmentaire ou résumé mais où l'on reconnaît les mots et les phrases du livre. Le processus de condensation est facilement reconnaissable : il s'opère par omissions de phrases, par élimination de liaisons, de transitions, de précisions destinées à éviter l'ambiguïté, et qui ne sont pas nécessaires à l'auteur, ni à Cavendish quand il s'agit pour lui d'une matière déjà connue.

Pour ce qui est de l'antériorité d'un manuscrit par rapport à l'autre, on ne peut rien conclure de décisif d'un bilan de ce qu'ils possèdent en plus ou en moins. Par contre l'examen des variantes par rapport au texte du *De corpore* fait pencher la balance du côté de *Harl.* En plusieurs endroits on remarque dans *Cw* des membres de phrases qui diffèrent de ceux du livre, que *Harl.* suit plus exactement : par exemple : « Unde patet » pour « Manifestum hinc est » (IV.8) ou « quo *supra* diximus », au lieu de « quo *capite octavo* dicitur » (XII.3). Les renvois plus précis, la numérotation plus complète des chapitres et articles, dans *Harl.*, de même que la reproduction *verbatim* d'indications marginales du *De corpore,* qu'on ne rencontre jamais en *Cw,* tendent à confirmer que ce dernier représente un état quelque peu antérieur.

D'autres indices viennent renforcer cette impression lorsqu'on considère les derniers chapitres. Ceux-ci, dans *Harl.*, suivent l'ordre de *Cw* tel qu'il est spécifié dans la table déjà citée du f. 9r de ce manuscrit. Le 13e « De proportione » (XIIIe du *De corpore*) est un peu plus développé dans *Harl.* Le 14e et le 15e (XIVe du livre) sont sensiblement au même stade. Mais le 16e (qui se rattache aussi au XIVe) est représenté dans *Harl.* mais manque dans *Cw,* bien qu'annoncé dans la table. Enfin le 17e, qui amorce la 3e partie du *De corpore,* est plus développé dans *Harl.* [33].

Quant à *NLW,* ce manuscrit n'est pas assez complet pour qu'on en tire des conclusions définitives. Mais la division en chapitres, différente de celle des deux manuscrits latins, nous fait supposer qu'il leur est antérieur. L'autographe de Chatsworth se situerait donc chronologiquement entre *NLW* et les notes de Cavendish, et serait peut-être un brouillon du manuscrit *X* sur lequel Cavendish a pris ses notes. On peut considérer en tout cas que le contenu de ces trois textes nous donne une idée de l'état d'avancement du *De corpore* vers 1645-1646. Les derniers chapitres des deux manuscrits latins marquent une nouvelle étape où, après avoir réinterprété les

33. Le papier de *Cw* est d'origine anglaise, et ses filigranes sont très proches de certains de ceux que Edward Heawood, *Watermarks* (Hilversum, Paper Publications Society, 1950), donne en exemple pour les années 1630-1650. Compte tenu de ce fait, et des séjours de Hobbes sur le Continent, on pourrait dater le manuscrit de 1632-3, de 1638-9, et même de 1651 ou après. Mais vu la similitude de *Cw* et de *Harl,* la date de 1639 paraît bien avancée, celle de 1651 bien tardive. Et il est possible que Hobbes ait emporté en France du papier anglais.

données de la Logique de l'École, et les premiers principes de la Philosophie de la nature selon Aristote, Hobbes s'efforce de jeter les bases théoriques d'une Physique quantitative et d'un Système du monde.

La Critique du *De mundo* comporte peu de développements correspondant à ces derniers chapitres. Il ne faut pas s'en étonner puisque la matière du livre de White fournissait à Hobbes peu d'occasions d'en discuter (au ch. 23 il introduit cependant un long débat sur l' « angle de contingence »). Mais le manuscrit de Paris fait une large place au raisonnement géométrique dans les chapitres qui touchent à l'optique (sur laquelle Hobbes travaillait depuis longtemps) et à l'astronomie. Et nous nous souvenons que dans sa Critique de White figurent d'amples développements sur la sensation, le mouvement et toute l'activité mentale de l'homme, qu'il utilisera plus tard et notamment dans le ch. XXV du *De corpore.* Nous avons vu également qu'il a réemployé dans le ch. XXVI, en les modifiant, les éléments d'un Système du monde que contient le manuscrit de Paris. On trouve enfin dans ce manuscrit des définitions et des démonstrations qui correspondent à la Logique et aux Premiers principes tels qu'ils se présentent sur l'état ancien du *De corpore* que nous venons d'examiner.

Toutes ces raisons justifient leur reproduction en Appendice pour faciliter la comparaison avec le MS 6656A. Nous publions donc le manuscrit anglais après Rossi, mais en modernisant l'orthographe (Appendice II). Nous donnons le manuscrit de Chatsworth dans son intégralité. Quant aux notes de Cavendish elles nous ont paru suffisamment proches de l'autographe de Hobbes pour que nous reproduisions seulement les passages sans équivalent dans ce dernier, et les variantes les plus significatives (Appendice III).

CHAPITRE IV

LE TEXTE DU MANUSCRIT DE PARIS

(Fonds latin 6566A)

Le manuscrit

Ce manuscrit est un petit in-folio dont la reliure en chagrin couvert de velours, d'un genre qui n'est pas rare à la fin du XVIIe siècle et au début du XVIIIe, est ornée sur les plats de panneaux dorés. Le volume est aujourd'hui défraîchi et piqué des vers, mais il dut en son temps être fort attrayant. Le dos porte le nom de « HOBS ». Au revers des plats on peut lire les inscriptions : « Codex Telleriano-Reimensis, 98 » et « Reg. 5127 ». Il a donc fait partie de la Bibliothèque de Charles-Maurice Le Tellier (1642-1710) archevêque de Reims, et la seconde inscription a dû être ajoutée en 1700, lorsqu'il fit don de ses collections à la Bibliothèque du Roy [1]. Comment le manuscrit fut-il transmis à la Bibliothèque de Le Tellier, nous l'ignorons. Si c'est Mersenne qui l'a conservé, il a pu être légué avec ses autres livres à la Bibliothèque du couvent de la Place Royale, mais seuls quelques ouvrages de sa collection survivent aujourd'hui [2].

Les premières feuilles du manuscrit se sont détachées mais le reste n'a pas bougé. Nous n'y trouvons ni plis ni défauts du papier. Les bords ont été soigneusement rognés, il est donc impossible de savoir comment les feuilles ont été assemblées. Parmi les premières, certaines sont jointes à d'autres mais on ne peut dire ce qui en est du reste. De plus, les deux copistes qui ont rédigé l'ouvrage ont utilisé des papiers divers et nous avons relevé treize filigranes différentes. Nous en donnons la liste plus loin, ainsi que la répartition des feuilles du manuscrit. Ces feuilles, au nombre total de 474, mesurent 35,5 cm sur 22,5 cm. La rédaction se termine au f. 459.

Le manuscrit est sans page de titre, et nulle part le nom de White, ou le titre de son livre n'est mentionné. On y distingue, avons-nous dit, l'écri-

1. Dans le catalogue de la *Bibliotheca Telleriana* (1693) figurent seulement les ouvrages imprimés. Les *Opera philosophica* de Hobbes (Amstelodami 1668) y sont mentionnées, ainsi que *Thomae Hobbes Angli philosophi vita* (Carolopoli 1682). Une étude des autres manuscrits de la collection qui ont été conservés pourrait jeter une certaine lumière sur 6566A.

2. Ses instruments furent vendus et « tout s'est évanoui du cadre où s'est déroulé la vie de Mersenne ». *CM*, t. I, pp. LIII-LIV.

ture de deux copistes que nous appellerons A et B. Il a été révisé par Mersenne, et porte des corrections de sa main, qui sont examinées plus loin. Les ff. 5-9v, 12-13v, 50rv, 53rv, 242-245v, 278v, 281rv, 372rv, 458-459 peuvent être attribués avec certitude à B ; le reste est de la main de A. Les ff. 1 à 4v sont blancs, et le texte commence f. 5. La plupart des feuilles blanches se trouvent à la fin des chapitres ou à la fin de l'ouvrage, mais certaines révèlent une erreur de la part du relieur[3]. La réclame de f. 20v indique que cette feuille devait être suivie de ce qui est devenu le f. 30r, mais le texte relié doit être lu dans cet ordre : 17v, 23rv, 24rv, 18r. Ceci se répète plus loin, le f. 331v devrait être suivi du f. 332, mais l'ordre du texte est celui-ci : 330v, 333rv, puis 334rv, 331rv, 336 et suiv. Malheureusement rien dans ces feuilles déplacées ne révèle la cause de cette confusion.

La numérotation des feuilles, d'une encre d'une couleur et d'une force différentes de celles du reste du manuscrit, n'est pas de la main de l'un ou l'autre copiste : elle fut probablement ajoutée après la rédaction, et après, ou avant la reliure. Personne ne s'est donc aperçu que les feuilles n'avaient pas été correctement assemblées. Peut-être un lecteur les avait-il déplacées. On a peine à croire que Hobbes n'aurait pas mis en ordre les feuilles de son propre manuscrit avant de les confier au copiste. La note marginale de Mersenne, f. 20, a été barrée et recopiée d'une autre main, qui n'apparaît nulle part ailleurs, ce qui suggère que le manuscrit a été étudié au moins par une autre personne que Mersenne.

Les copistes

Le scribe A est consciencieux, mais il a deux styles d'écriture, l'un qui est normal et l'autre qu'il emploie quand il est pressé (f. 30v, par exemple) le mot « unctis » ressemble à « unitis »). A partir du f. 170 il utilise les contractions plus fréquemment. Ses h et ses s, ses n et ses u, tendent à se ressembler, de même que ses c et ses n (ff. 146, 188v, 223 et 226v)[4]. Après le f. 170, il coupe les mots en fin de ligne, ce qu'il ne faisait pratiquement pas auparavant. Lorsqu'il ne se presse pas, son écriture a ses particularités : « ita ut » par exemple ressemble à « itari ». Chez les deux scribes, « -erit » ressemble à « -unt », et inversement. Le scribe B, dont la contribution est plus restreinte, est compétent lui aussi, bien qu'il ne distingue pas clairement ses n de ses r (f. 372 par exemple à deux reprises, « periclitabantur » ressemble à « pensitabantur »).

Quant au rôle de A vis-à-vis de B, il est probable que le premier fut chargé de transcrire en entier l'autographe de Hobbes. La copie demeura un certain temps sans être reliée, ce que suggèrent des traces de poussière au haut de certaines pages, et sans doute le 2ᵉ scribe fut-il chargé de recopier les feuilles les plus endommagées. La supposition est plausible, mais se heurte à une difficulté sérieuse, qui résulte des réclames. Ceux des ff. 45v, 73v et 447v ne posent pas de problèmes : A reprend son travail au

3. On les trouvera plus loin, aux notes 2, 3 et 5 du Tableau de la répartition des feuilles du manuscrit.

4. Les contractions sont plus courantes chez B que chez A ; B emploie l's courte au milieu des mots.

folio suivant après l'avoir interrompu. D'autres sont moins explicables. Ainsi au f. 49v qui est de A, il y a une réclame (de la main de l'un ou de l'autre copiste) et au ff. 50 sqq. c'est B qui prend la plume. Au f. 245v, écrit par B, il y en a une qui est également de sa main, mais les feuilles qui suivent sont de A. De même, aux ff. 277v, 371v et 457, toutes de la main de A, celui-ci insère des réclames mais c'est B qui continue. On peut donner plusieurs explications, dont aucune n'est certaine. Il est possible par exemple que, avant que les feuilles aient été numérotées, quelqu'un ait emprunté les feuilles 50 et suivantes (bien qu'elles ne soient pas au début d'un chapitre), et que le copiste A ait fait une remarque, de sorte que ces feuilles puissent être remises à leur place. Ceci peut s'appliquer aussi aux ff. 227 et 371v (qui, elles non plus, ne commencent pas un chapitre). F. 245v ne pose pas de problème, quand B l'a recopiée il a dû insérer une réclame pour montrer qu'il n'avait rien omis et que f. 246 suivait ce qu'il avait écrit. En somme, c'est dans les réclames de A aux ff. 277v et 371v que la difficulté réside. Il se peut qu'il ait reçu de B les feuilles retranscrites, et qu'il ait ainsi ajouté des réclames pour spécifier que, bien que d'une autre écriture que la sienne, elles devaient suivre là où il l'indiquait. Il est peu probable que A et B aient travaillé en collaboration dès le début. Il se peut d'autre part que Hobbes n'ait pu remettre au copiste, en temps voulu, des feuilles auxquelles il travaillait encore, ou qu'il ait repris à celui-ci certaines feuilles de sa transcription pour les remanier. Mais ici encore une objection se dresse. Les pages de l'amanuensis B correspondent exactement à celles qu'il remplace. Il ne laisse pas d'espace vide et ne déborde pas sur la feuille suivante. Peut-être, malgré tout, la première explication est-elle la plus plausible. Et la présence dans le manuscrit d'une vingtaine de feuilles passées, mais jugées encore suffisamment lisibles pour être incluses telles quelles, tend à la confirmer.

La présence de croix tracées à la plume en haut d'un grand nombre de pages (d'autres ont pu disparaître quand les feuilles ont été rognées) paraît indiquer que le travail a été effectué par des religieux, et probablement par des moines du couvent de Mersenne. Ces croix figurent aussi dans le manuscrit du 2ᵉ dialogue de White décrit plus haut, dont l'écriture est d'ailleurs différente. Nous avons examiné les manuscrits scientifiques que Charles Cavendish avait reçus de Paris, par les soins de Mersenne, mais aucun n'est de l'écriture de nos copistes [5]. Quant au manuscrit du poème de Hobbes que nous éditons en Appendice, il est d'une écriture semblable, mais non identique, à celle du Scribe A. Le travail des deux copistes dénote une bonne connaissance du latin, mais les sujets traités ne leur sont pas suffisamment familiers pour qu'ils puissent rétablir certains mots d'après le contexte, lorsque, supposons-nous, l'écriture de Hobbes est trop difficile à déchiffrer. Ils ont donc laissé des blancs, dont certains ont été remplis par Mersenne, comme aux ff. 49 et 97v. Cependant d'autres lacunes se trouvaient déjà dans le manuscrit de Hobbes : il s'agissait de références qu'il avait l'intention d'ajouter mais qu'en fait il n'ajouta pas. L'omission par le copiste, f. 111, de ce qui devait correspondre à deux lignes du manuscrit de Hobbes, suggère que celui-ci employait des feuilles d'une même largeur que celles des copistes. Mais il se peut aussi qu'il ait utilisé, selon son

5. Harl. MSS 6083 et 6796.

habitude, de petites feuilles couvertes d'une écriture serrée, dans lesquelles le copiste risquait aisément d'omettre une phrase [6]. Nous n'avons pas de preuve que les copistes avaient sous les yeux l'autographe de Hobbes, mais en raison des circonstances de la composition de l'ouvrage, du peu de temps qui s'est écoulé entre la publication du *De mundo* et le moment où il est question du manuscrit de Hobbes dans la correspondance de Mersenne, il est peu probable que le texte que nous possédons soit la copie d'une copie. Le fait que Mersenne propose à Deschamps de le consulter à Paris tend à prouver qu'il n'existait qu'un seul exemplaire mis au net, en dehors du fragment communiqué à Descartes.

Les annotations de Mersenne

Si la correction au f. 148 a été écrite par celui qui a copié cette feuille, un seul chapitre du manuscrit, le 16ᵉ (ff. 140-153) est exempt d'annotations par Mersenne [7]. Celles-ci peuvent être classées en cinq catégories.

1) Changements d'ordre purement grammatical qui ne modifient en rien le sens. Mersenne ne corrige pas tout ce qui, grammaticalement, devrait l'être. Il arrive même que sa pratique soit en contradiction avec les principes qu'on pourrait inférer des changements qu'il fait d'ordinaire au latin de Hobbes. En un endroit au moins la nécessité d'une correction lui échappe [8].

2) Correction de fautes évidentes des copistes (ou de fautes de l'autographe de Hobbes non corrigées par les copistes). Dans le cas d'erreurs minimes, comme « variari » pour « variare » (f. 122), ou « alligatum » pour « calligatum » il n'est d'ailleurs pas toujours possible de savoir si les corrections sont de Mersenne ou du copiste s'apercevant que ce qu'il vient d'écrire ne peut être correct.

3) Insertions brèves (habituellement d'un seul mot) de caractère explicatif. Nous n'en tenons compte pour l'établissement du texte que si elles améliorent vraiment le sens, et dans ce cas nous les signalons toujours comme telles.

4) Remaniement de phrases ou membres de phrases lorsque l'original est obscur ou mal formulé, bien que grammaticalement correct. Nous conservons le texte de Hobbes, mais signalons en note son amélioration par Mersenne.

5) Lacunes remplies par Mersenne. D'ordinaire ce sont des mots que les copistes n'ont pu déchiffrer — ce qui suggère que Hobbes n'a pas lui-même

6. Un exemple caractéristique est celui de f. 423 : « Conquerentium quod bonis malè, malis benè esset, pars gubernationem nullam esse, sed casum dixerunt », où le copiste omet d'abord le membre de phrase « quod ... esset », écrit à la suite de « Conquerentium » « pars gubernationem nullam », puis barre ces trois mots et rétablit la phrase.

7. Ceci ne veut pas dire qu'il ne l'a pas examiné, au contraire, puisque ce chapitre a été communiqué à Descartes. C'est peut-être parce qu'il avait revu la transcription de ce chapitre destiné à Descartes qu'il n'a pas jugé utile de revoir celle que nous possédons.

8. F. 118 il laisse passer ceci : « Quod autem nullus motus ... (superficiem mundi) premat, ex eo probatum putat quod... ventus ab effluviis terrae & astrorum orti circulariter ferantur ». Il est clair que « ventus » et « orti ... ferantur » ne peuvent être tous deux corrects. Nous lisons « motûs » pour « ventus », bien que l'alternative «ventus ... ortus circulariter feratur » soit possible (le scribe lisant « orti » pour « ortˢ » de Hobbes, et « ferātur » pour « feratur »).

revu leur travail — ou des lacunes que celui-ci a laissées, avec l'intention de les combler plus tard, mais que Mersenne dut combler lui-même. Ceci s'applique notamment aux renvois. Comme on l'a déjà vu, f. 111, une ou deux lignes de l'original ont été omises, et Mersenne les a rétablies. On ne sait si ces corrections ont été faites avec l'accord de Hobbes (ou même en sa présence, ce qui est peu probable) mais elles dénotent que les intentions de l'auteur lui étaient familières, de même que sa philosophie.

Certaines modifications de Mersenne n'entrent pas aisément dans cette classification un peu rigide. D'autres, comme nous l'avons signalé au 2), peuvent être de lui, ou des copistes : c'est le cas des traits qui soulignent certains passages du c. 34. F. 192, et probablement ailleurs, on a l'impression que Mersenne révise le texte sans avoir l'autographe de Hobbes sous les yeux. Il n'est pas certain qu'il se réfère toujours au livre de White, bien que ce soit le cas aux ff. 221v, 229v et 367v. D'après les erreurs commises en recopiant les citations du *De mundo* par Hobbes, et dont certaines ont été corrigées par Mersenne, il semble que les copistes n'ont pas eu son livre sous la main, ou n'ont pas pris la peine de s'y référer. Enfin, malgré la fréquence de ses annotations, on ne peut savoir si Mersenne n'a pas sauté des pages, ou s'il les a lues toutes avec une attention aussi soutenue. Nous avons eu au début l'impression, en lisant ces corrections, d'un esprit tatillon et un peu pédant, mais par la suite nous en sommes venus à admirer l'excellence de certaines d'entre elles.

Répartition des feuilles du manuscrit

Compte tenu de ce que nous appelons les variantes, nous trouvons dans le manuscrit 13 sortes de filigranes. Comparées à celles que reproduit Edward Heawood, *Watermarks* (Hilversum : Paper Publications Society, 1950) une seule correspond exactement à celles de Heawood.

Tableau des filigranes *

N°	Motif	Variante de ce motif	Folio où elle est la plus apparente (recto ou verso)
i	corne		242-245
ii	couronne - croix - rectangle	a	386
iii	»	b	397
iv	raisins	a	44
v	»	b	—
vi	»	c	443
vii	»	d	306
viii	»	e	296
ix	»	f	320
x	»	g	—
xi	»	h	—
xii	fleur de lys sur un rectangle	a	291
xiii	»	b	295 ou 400

* On trouvera la répartition des filigranes dans la colonne 4 du tableau qui suit. Les filigranes n°s 10 et 11 ne sont pas plus apparentes dans un folio que dans l'autre.

Tableau de la répartition des feuilles

Nº du chapitre	Nº de la feuille où commence le chapitre	Feuilles blanches	Nº des filigranes (d'après le tableau précédent) *	Copiste
		1-4v	1-29 : (i) [1]	
I	5			5-9v : B
II	7v			10-11v : A
				12-13v : B
III	14			14-49v : A [2]
IV	18v	21rv ; 22rv ;		
		25rv ; 26rv [3]		
V	28	29rv	30-51 : (iv)	
VI	33	44v		
VII	45		52 : (v)	50-50v : B
			53 : (i)	51-52v : A
			54-62 : (v)	53-53v : B
			63-64 : (iv)	54-240v : A
		64v		
IX	65		65-169 : (v)	
X	81			
XI	97			
XII	107v			
XIII	117			
XIV	127	133v		
XV	134			
		140r		
XVI	140v			
XVII	153			
		169v		
XVIII	170		170-189 : (vi)	
XIX	190		190-241 : (v)	
XX	202			
XXI	214	233rv		
XXII	234	241rv		
XXIII	242		242-5 : (i)	242-245v : B
XXIV	262		246-277 : (v)	246-277v : A
			278-281 :	278rv : B
				279-280v : A
				281rv : B
XXV	282		282-6 : (v)	282rv-371v : A
XXVI	286		287 : (xii)	
			288 : (vii)	
			289 : (v)	

* Les séries signalées peuvent comporter des feuilles blanches.

1. Le chapitre I contient 4 articles, le titre du dernier n'est pas donné en tête du chapitre.

2. L'ordre du texte, pour les feuilles qui suivent, est celui-ci : 17v, 23rv, 24rv, 18r.

3. L'ordre du texte, pour les feuilles qui suivent, est celui-ci : 18v, 19rv, 27rv, 28rv, 20rv, 30 et suiv. Le f. 20v indique que le f. 30 devait suivre.

Nº du chapitre	Nº de la feuille où commence le chapitre	Feuilles blanches	Nº des filigranes (d'après le tableau précédent) *	Copiste
XXVII	290		290 : (viii)	
			291 : (xii)	
			292 : (viii)[4]	
			293 : (xiii)	
			294 : (vii)	
			295 : (xiii)	
			296 : (viii)	
			297-9 : (xii)	
			300-1 : (viii)	
			302-3 : (xiii)	
			304-5 : (viii)	
			306 : (vii)	
			307 : (xiii)	
			308 : (viii)	
			309 : (xii)	
			310 : (vi)	
			311 : (xiii)	
XXVIII	312		312 : (viii)	
			313 : (xiii)	
XXIX	322		314-334 : (ix)	
XXX	331[5]	332rv	335-6 : (i)	
		335rv	337-9 : (ix)	
			340-374 : (viii)	
XXXI	358			
XXXII	365			
XXXIII	370			372rv : B
		375rv	375 : (i)	373-457 : A
XXXIV	376		376 : (x)	
			377 : (xi)	
			378 : (x)	
			379 : (xi)	
			380-1 : (x)	
			382-3 : (xi)	
XXXV	384		384 : (ii)	
			385 : (xi)	
			386 : (ii)	
			387-8 : (xi)	
			389 : (ii)	
			390 : (xi)	
			391-3 : (ii)	
			394-6 : (xi)	
			397 : (iii)	
		397rv		
XXXVI	398		398-9 : (vii)	
			400-3 : (xiii)	
			404-5 : (viii)	

4. Le motif viii se retrouve toutes les quatre feuilles jusqu'à f. 312.

5. L'ordre du texte, pour les feuilles qui suivent, est celui-ci : 330v, 333rv, 334rv, 331rv, 336 et suiv. La réclame au f. 331v indique que le f. 336 devait suivre.

N° du chapitre	N° de la feuille où commence le chapitre	Feuilles blanches	N° des filigranes (d'après le tableau précédent) *	Copiste
XXXVII	406		406-421 : (ix)	
XXXVIII	422		422-457 : (vi)	
		443v		
XXXIX	444			
XL	453	459v-474v	458-474 : (i)	458-9 : B

Principes de transcription

Nous substituons *v* à *u* là où il est nécessaire *(sive* pour *siue),* car, sur ce point, le MS n'est pas toujours cohérent. Nous abandonnons la convention *ij,* et écrivons *ii* ou *ji.* Nous conservons les signes diacritiques, bien qu'ils soient utilisés d'une manière irrégulière dans le MS. (le mot *aër* par exemple y est toujours donné comme *aer*). Les ligatures, également capricieuses dans le texte, sont transcrites par *ae* ou *oe.* Les mots abrégés (fréquents surtout aux cc. 1 et 18) sont donnés en entier. La ponctuation du MS est conservée dans la mesure du possible ; nous signalons en note les modifications qu'y apporte Mersenne, lorsqu'elles sont reconnaissables (sauf quelques traits légers aux ff. 42, 110v, 122), et nous mettons des majuscules au début de toutes les phrases. Nous rétablissons la ponctuation très souvent omise à la fin des lignes, par exemple aux ff. 59, 62v, 71, 110v.

Dans certains cas, cependant, il a paru nécessaire, pour plus de clarté, de modifier la ponctuation ou d'introduire des guillemets ou des parenthèses.

Nous gardons l'orthographe originale : *aparentibus* (f. 38), *autor* (38v, 42v, etc.), *pasuum* (85), *quatuor* (81), etc. Nous ne signalons pas d'ordinaire les endroits où les copistes corrigent leur propre travail, annulent des mots qu'ils ont écrits, ou restaurent une variante antérieure. Quant aux mots qu'on peut indifféremment joindre ou disjoindre, comme *suiipsius, sese,* nous les reproduisons comme dans le texte.

Les citations du *De mundo,* d'ordinaire soulignées dans le MS, sont reproduites en italiques. Nous ne donnons les références aux pages que si Hobbes les omet. Sauf indication contraire, la ponctuation des citations est celle de Hobbes, les mots du *De mundo* omis par Hobbes sont indiqués en note. Lorsqu'il le paraphrase, nous le signalons, sauf en quelques endroits où le texte s'écarte un peu de celui de White sans que cela affecte le sens.

Nous avons corrigé quelques inconséquences (comme aux ff. 54v et 90v) et quelques autres erreurs, par exemple dans la numérotation des articles.

Les renseignements donnés plus haut sur le partage du travail entre les deux copistes, les feuilles blanches, les feuilles mal reliées, ne sont pas répétés dans les notes.

Les notes textuelles sont signalées par des lettres, les notes explicatives par des chiffres. Ces dernières renvoient notamment à des passages correspondants dans d'autres parties du MS, ou dans d'autres œuvres de Hobbes imprimées ou manuscrites.

Sigles employés dans les notes au texte

M Modification du texte existant, par Mersenne.

*M** Insertion, par Mersenne.

? Variante, attribution, ou interprétation douteuse (sauf f. 361v).

edd Modification par les éditeurs.

BM Corrections faites à la plume, au XVIIe s. (?) par un lecteur de l'exemplaire du *De mundo* du British Museum.

Voir également les sigles et abréviations utilisés dans la Bibliographie qui suit.

BIBLIOGRAPHIE

Œuvres de Thomas Hobbes.

Imprimés.

Sauf indication contraire nous nous référons, pour les œuvres imprimées, à l'édition de Sir William Molesworth (Londres, 1839-45, réimpression en fac-similé ; Scientia Verlag, Aalen, 1966). Nous reproduisons ci-dessous une liste non exhaustive des œuvres contenues dans ce recueil, nous limitant à celles que nous citons dans notre introduction et nos notes. Nous les donnons, en rappelant la date de leur première édition, avec l'indication de la place qu'elles occupent dans Molesworth, et les abréviations qui les désignent dans nos notes. Dans la mesure du possible nous avons indiqué dans celles-ci le numéro du chapitre et de l'article en question, pour faciliter la consultation d'autres éditions.

OL *Opera latina.*

Vol. I. **Vita** *Thomae Hobbes Vita, authore seipso* (pp. XIII-XXI).
Vitae auctarium *Vitae Hobbianae auctarium, authore R. Blackbourne* (pp. XXII-LXXX).
Vita carmine expressa *Thomae Hobbes Vita carmine expressa, authore seipso* (pp. LXXXI-XCIX).
DC *Elementorum philosophiae sectio prima de corpore* (1655).

Vol. II. **De hom.** *Elementorum philosophiae sectio secunda de homine* (1657).
De cive. *Elementorum philosophiae sectio tertia de cive* (1642).

Vol. IV. **Exam. math.** *Examinatio et emendatio mathematicae hodiernae* (1660), pp. 1-232.
Probl. phys. *Problemata physica* (1662), pp. 297-384.
De princ. et rat. *De principiis et ratiocinatione geometrarum* (1666), pp. 385-484.

Vol. V. **Rosetum** *Rosetum geometricum, cum censura brevi doctrinae Wallisianae de motu* (1671), pp. 1-88.
Lux math. *Lux mathematica excussa collisionibus Johannis Wallisii... et Thomae Hobbesii...* (1672), pp. 89-150.

Princ. et probl. *Principia et problemata aliquot geometrica ante desperata, nunc breviter explicata et demonstrata* (1674), pp. 151-214.

Tr. opt. 1644. *Tractatus opticus* publié par Mersenne dans ses *Cogitata physico-mathematica,* livre VII de l'Optique, pp. 217-247 de Molesworth.

Obj. Med. *Objectiones ad Cartesii Meditationes de prima philosophia* (1641), pp. 249-274.

Lettres de Hobbes, en latin, pp. 277-367 (incomplet).

Préface de la *Ballistica,* dans les *Cogitata physico-mathematica* de Mersenne, extraits pp. 308-318.

Hist. Eccl. *Historia ecclesiastica carmine elegiaco concinnata* (1688), pp. 341-408.

EW *English works.*

Vol. I. *Elements of Philosophy. The first section concerning body* (1656, traduction du *De corpore*).

Vol. II. **Gov. and soc.** *Philosophical rudiments concerning government and society* (1651). Version anglaise du *De cive* ; nous citons les deux versions.

Vol. III. **Lev.** *Leviathan* (1651).

Vol. IV. *Tripos, in three discourses* (1684), contient trois œuvres antérieurement publiées :

Hum. nat. *Humane nature or the fundamental elements of policy* (1650), pp. 1-76.

De corp. pol. *De corpore politico or the elements of law moral and politic* (1650), pp. 77-228.

Lib. and Nec. *Of liberty and necessity* (1654), pp. 229-278.

Gondibert *The answer of Mr Hobbes to Sir William Davenant's preface before Gondibert* (1650), pp. 441-460.

Vol. V. **Lib. Nec. and Ch.** *The questions concerning liberty, necessity and chance* (1656).

Vol. VII. **Seven probl.** *Seven philosophical problems* (1682), pp. 1-68. Version anglaise des *Problemata physica* (1662).

Dec. phys. *Decameron physiologicum or ten dialogues of natural philosophy* (1678), pp. 69-180.

Six less. *Six lessons to the professors of the mathematics* (1656, publié à la suite de la version anglaise du *De corpore*), pp. 181-356.

Lettres de Hobbes, en anglais (incomplet), pp. 451-472.

El. of Law *The Elements of Law natural and politic.* Les exemplaires manuscrits datent de 1640. A fait l'objet d'une publication en deux volumes distincts : *Hum. nat.* et *De corp. pol.* (1650, cf. *EW*, vol. IV). Édition critique d'après les MSS par F. Tönnies (1889, réimpr. 1929, 2e éd. avec Introd. par M. M. Goldsmith, Cass, London, 1969).

Manuscrits

Bibliothèque nationale, Paris.

Fonds latin 6566A. Sans titre. Critique du *De mundo* de Thomas WHITE. Fait l'objet de la présente édition. Une traduction anglaise par H. W. Jones est en préparation.

British Museum.

Short tract. *Short tract on first principles.* Harleian MS 6796, ff. 297-308. Publié par F. TÖNNIES en appendice à son édition des *El. of Law.*

Tractatus opticus. Harl. MS 6796 ff. 193-266. Extraits reproduits par TÖNNIES en appendice aux *El. of Law.* Édition intégrale par Franco ALESSIO, *Rivista critica di storia della filosofia,* XVIII, nº 2, 1963, pp. 147-228.

A minute or first draught of the optiques in two parts. The first of illumination. The second of vision (1646). Harl. MS 3360. Seules la dédicace à William Cavendish et les conclusions sont reproduites dans *EW,* vol. VII.

Harl. Harleian MS 6083, ff. 194-211. Notes de Charles Cavendish sur une rédaction ancienne du *De corpore.* Les notes sur les derniers chapitres ont été publiées par J. Jacquot, à la suite d'une description de ce MS, dans *Thalès,* t. 8 (année 1952). Ce MS est discuté, ainsi que *Cw* et *NLW* cités plus bas, par Arrigo Pacchi au Ch. I de *Convenzione e ipotesi nella formazione della filosofia naturale di Thomas Hobbes,* Firenze, 1965. Il est soumis à un nouvel examen au Ch. III de notre Introduction. Les variantes importantes par rapport à *Cw* sont reproduites dans notre *Appendice III.*

Chatsworth.

Cw MS A. 10 des Papiers de Thomas Hobbes conservés dans la collection du duc de Devonshire à Chatsworth. Cet autographe contient 16 chapitres d'une rédaction ancienne du *De corpore.* Les chapitres 1 à 6 ont été publiés par Cay von Brockdorff sous le titre « Die Urform der 'Computatio sive Logica' des Hobbes », Veröffentlichungen des Hobbes Gesellschaft, Kiel 1934. Nous le reproduisons plus loin, *Appendice III,* dans son intégralité.

Aberystwyth.

NLW MS 5297 de la National Library of Wales. Il provient des papiers de Lord Herbert of Cherbury et est peut-être de sa main. Il contient des notes en anglais sur une rédaction ancienne du *De corpore,* et il a été publié par Mario Rossi dans *Alle fonti del deismo e del materialismo moderno,* Firenze, 1943, pp. 104-119. Nous le reproduisons en entier dans notre *Appendice II.*

Toronto.

De motibus Solis, Aetheris et Telluris, University of Toronto Library. Poème manuscrit publié plus loin, *Appendice I.*

Correspondance de Hobbes (ou à son sujet)

Outre *OL* V et *EW* VII on s'est référé aux ouvrages et articles suivants, qui reproduisent ou résument des lettres écrites par Hobbes, adressées à lui, ou le concernant.

R. VAUGHAN, *The Protectorate of Cromwell*, London, 1838, vol. 2, Appendix.

J. O. HALLIWELL, *A collection of letters illustrative of the progress of science in England from the reign of Elizabeth to that of Charles II*, London, 1841.

Historical Manuscripts Commission. MSS of the Duke of Portland, Welbeck Abbey, 1893, pp. 124-130.

F. TÖNNIES, « Siebzehn Briefe des T. Hobbes an S. Sorbière, nebst Briefen Sorbière's Mersenne's u.Aa. », *Archiv für Geschichte der Philosophie* t. 3 (1889-90), pp. 58-71, 192-232.

F. TÖNNIES, « Hobbes-Analekten I » et « II », *Archiv f.G.d.P.*, t. 17 (1903-4), pp. 291-317 ; t. 19 (1905-6), pp. 153-75.

F. TÖNNIES, « Contribution à l'histoire de la pensée de Hobbes » *Archives de la Philosophie* XII, 2, 1936.

J. JACQUOT, « Sir Charles Cavendish and his learned friends », *Annals of Science*, vol. 8. March and June, 1952, pp. 13-27, 175-91.

Helen HARVEY, « Hobbes and Descartes in the light of some unpublished letters of the correspondence between Sir Charles Cavendish and Dr Pell », *Osiris*, t. 10, 1952, pp. 67-89.

A ces publications il convient d'ajouter :

C.M. *Correspondance du P. Marin Mersenne* (1945-, Éditions du CNRS), source de renseignements, précieux pour notre étude, concernant Hobbes, Digby et White. Seuls les 10 premiers volumes étaient publiés lors de la rédaction de notre Introduction. Nous avons pu, grâce à l'obligeance de MM. René Taton et Bernard Rochot, consulter les manuscrits prêts pour l'impression des volumes XI et XII, ainsi que les dossiers concernant les dernières années de la vie de Mersenne.

OD *Œuvres de Descartes*. On renvoie, pour les Œuvres, à la nouvelle présentation de l'éd. ADAM et TANNERY (1964-, CNRS, Vrin).

DM Thomas WHITE : *De mundo dialogi tres* Paris, 1642. Page de titre reproduite dans notre Introduction, p. 47.

Due Sistemi GALILEO, *Dialogo sopra i due massimi sistemi del mondo, tolemaico, e copernicano* Fiorenza, 1632. Nous avons préféré nous référer, dans nos notes, à l'édition originale, dont il existe une reproduction anastaltique (« Culture et civilisation », Bruxelles, 1966), plutôt qu'à la traduction latine, Strasbourg, 1635, bien que Hobbes la cite expressément aux ff. 134v, 153v, 169, du manuscrit. Cette traduction était commode pour une controverse en latin, et plus aisément accessible que l'original mis à l'Index. Il est possible que Hobbes ait eu accès au texte italien et au texte latin.

THOMAE ALBI
TRES DIALOGI DE MUNDO
A THOMA HOBBIO MALMESBURIENSI
EXAMINATI*

* Titre *edd.*

Caput primum

Ad nodum 1um ubi negatur ab authore Philosophiam esse tractandam logice

1. Quid sint Philosophia, Metaphysica[a], Physica, Ethica, Politica, Mathematica. 2. Quid Logica, Historica, Rhetorica, Poetica. 3. Philosophiam esse tractandam logicè. [4. *Deëst summa.*]

1. Ut judicari possit an Philosophia logicè tractanda sit necne, oportet scire quid sit Philosophia, quid Logica, et quid aliae artes sint quibus subiecta quaecumque oratione explicamus. Philosophia autem Scientia est Theorematum generalium, sive universalium omnium in materia quacumque quorum veritas ratione naturali demonstrari potest. Pars huius prima et caeterarum fundamentum est scientia in qua demonstrantur Theoremata de attributis entis in genere, quae vocatur Philosophia prima[1]. In hac ergo tractatur de ente, essentia, materia, forma, quantitate, finito, infinito, qualitate, causa, effectu, motu, spatio, tempore, loco, vacuo, uno, numero, caeterisque omnibus notionibus, de quibus disputat Aristoteles partim in octo libris physicae *Acroaseos*[b], partim in aliis libris quos postea quidam inscripserunt τῶν μετὰ τὰ φύσικά, unde hodie Philosophia prima obtinuit vocari Metaphysica. Altera pars versatur circa entia nominatim, et seorsim alia ab aliis, in qua demonstrantur rationes | effectuum naturalium per singula corpora naturalia, vocaturque eam ob rem physica, sive Philosophia naturalis, cuius specimen habemus in libris Aristotelis *De Coelo*, *De Generatione* [*et*] *Corruptione*, *De Meteoris*, *De Anima*, et aliis[c]. Alia pars versatur circa affectus, mores, et fines, sive consilia hominum, et vocatur Ethica, sive philosophia moralis. Alia circa societatem hominum, in qua de legibus civilibus, de Justitia caeterisque virtutibus disputatur quae Politica nominatur, sive philosophia

(a) Metaphysica *edd* Metaphisyca *MS* (b) *Acroaseos, edd* acroaseos, *MS* (c) Les titres ne sont pas soulignés dans le MS

1. *OL* I.56 (*DC* c. 5 § 12) ; V.249 *(Obj. Med.)* ; *EW* III.671 (*Lev.* c. 46) ; VII.222, 226 *(Six Lessons)*. Cf. *MS* f. 78v.

Civilis. Alia pars philosophiae considerat spatii ad spatium, temporis ad tempus, figurae ad figuram, numeri ad numerum relationes[2]; atque haec pars constituit Geometriam et Arithmeticam, quae solent ambo comprehendi uno nomine Mathematicae, cuius appellationis causa est quod scriptores Geometriae agnoscerentur docuisse, id est manifestum fecisse discipulis et lectoribus suis doctrinam quam tradiderunt esse veram, omnemque eis dubitationem ademisse, qui ideo non modo audiisse sed certò didicisse aliquid dicerentur, ideoque ἀπό τοῦ μανθάνειν, id est discere, vocabant, Geometriam et Arithmeticam scientias mathematicas. Cæterarum verò scientiarum professores [videntur] dixisse quidem alios aliis verisimiliora, sed nemine[m] quidquam ità docuisse ut non esset locus dubitandi. Ex quo apparet quod scientiae omnes nisi scriptores plus affirmassent quam poterant probare fuissent omnes mathematicae. Debentque Geometria et Arithmetica temeritati et ignorantiae Physicorum et moralium scriptorum quod solae nunc sint Mathematicae[3]. Sunt et aliae partes Philosophiae, ut Astronomia, Mechanica, Optica, Musica, et aliae | adhuc intactae quae considerantes quantitatem et numerum, non abstractè, sed in motu astrorum, vel in motu gravium, vel in actione lucidorum, et eorum quae efficiunt sonum, in numerum venire debent Mathematicarum ; atque haec dicta sint de Philosophia.

2. Quod attinet ad artes quibus scriptores ad declarandum ea quae volunt uti solent, tot ea possunt esse quot sunt dicentium fines. Dicentium autem fines honesti quatuor sunt. Vel enim volumus docere, id est demonstrare veritatem dicti alicuius universalis, quod fit 1° explicando nominum definitiones, ut excludatur aequivocum, id quod dicitur definire ; deinde ex deffinitionibus texendo consequentias necessarias, ut faciunt mathematici, vel volumus aliquid narrare, vel animum auditoris commovere ad aliquid agendum, vel denique volumus facta nobilitare, et celebrando tradere memoriae posterorum. Ars quâ 1um perficitur, Logica est ; ars secundi, Historica ; tertii, Rhetorica ; quarti, Poetica. Logica, dictio simplex est, sine tropis, sine figura ; omnis enim metaphora sua natura aequivoca est, et ambigua, ideoque adversa eorum instituto qui procedunt à definitionibus, quae adhibitae sunt de industria ut aequivocum et ambiguum excludatur. Historica dictio metaphoram quidem admittit, sed talem, quae neque favorem neque odium concitet ; finis enim eius est, non commovere animum, sed informare ; neque sententiosa esse debet, sententia enim nihil aliud est nisi Theorema ethicum, sive dictum circa mores universale ; finis autem Historiae[d] est narrare | facta, quae sunt semper singularia. Dictio Rhetoricae propria et sententiosa est, et metaphorica, utraque enim inservit animo commovendo. Postremo,

(d) Historiae *edd* Historicae *MS*

2. *Cf.* f. 259.
3. *Cf. OL* II.93 (*De hom.* c. 10 § 5).

dictio Poetica, quoties Poeta loquitur ex persona propria etsi metaphoram admittit, eam scilicet quae ornat, non tamen admittit sententiam, nam ea pars Poematis quae est ex persona Poetae narratio est facti singularis, at omnis sententia universalis ; sed quando loquitur in persona non sua, dictio personae conveniens esse debet. Praeterea cum finis Poetae sit transmittere facta illustria memoriae posterorum, metrica esse debet, quæ gratiâ, mensurâ, et cantilatione retineri possit[4].

3. Jam cum Philosophia, id est scientia omnis[5], ita tractanda sit ut eorum quae concluduntur veritas necessariâ illatione cognoscatur, necesse est ut tractetur logicè. Finis enim Philosophiae studentium non est commovere, sed certò scire, neque ergò spectat ad Rhetoricam ; et scire necessitatem consequentiarum veritatemque propositionum universalium ; non ergò spectat ad Historicam : multò minus ad Poeticam, nam et haec facta singularia narrat, et praetereà veritatem ex professo negligit.

4. Dicit autem author noster paginâ [decimâ] septimâ *non omnes scientias relegandas esse in insulas mathematicas, sed ex iis angustiis evocandas*, additque disertis verbis in margine *Philosophiam non esse tractandam logicè*[e] quare vero ? *An tu metaphysicam*, inquit, *vel naturalem vel moralem ullam scientiam extare censes quando prolixis ultrò citroque orationibus non Philosophicum | sed Rhetoricum committitur certamen?* Causam ergo propter quam Philosophia non est logicè tractanda eam esse dicit, quod veritas et scientia certa acquiri non potest ex certamine Rhetorico ; tamquam diceret, non est logicè tractanda Philosophia quia Rhetorica nihil certi docet[6]. Et haec quidem iusta causa est quare non sit tractanda Rhetoricè ; negando autem eam logicè tractari, et eo modo quo tractantur scientiae mathematicae, negat eam debere doceri, et dogmata eius perspicuè et valide probari, negatque sperandum esse lectori, ut lectis his ipsis dialogis quicquam inde discat esse verum, quod initio dixisse mali ominis erat. Poterat quidem dixisse Metaphysicam, Physicam, Ethicam, aliasque multas Philosophiae partes nondum logicè esse tractatas, quod autem ità tractari non deberent, id minime dicendum erat. Ratio autem quare scriptores saepenumero parum exequuntur ea quae promittunt, haec est, quod gloriam captantes, post habitâ veritate, de victoria et existimatione apud audientes certant, qui quidem finis sophistarum artem produxit quandam, quam veteres *Eristicam*, sive artem contentionis appellavere, sed minime honestam ; hanc forte putavit author esse logicam.

(e) *non omnes... evocandas* paraphrase *DM* 7, 17.

4. *EW* IV.445 *(Gondibert)*. *Cf.* f. 313v.
5. *Cf. EW* III.664 (*Lev.* c. 46).
6. *Cf.* 451v.

Caput 2um

Ad nodum 2um. Quod mundus non sit magnitudine infinitus

1. Quid sint dividere, componere, unum, totum, numerus, pars, finis, principium. 2. Quid sint finitum, infinitum. 3. Sciri non posse ratione naturali an mundus sit finitus, necne. 4. Examen argumenti authoris quo conatur probare mundum esse finitum. 5. Argumenta tria ab eodem proposita quibus probatur infinitum esse possibile. 6. Quid sit universale, quid singulare. 7. Examen solutionis secundi argumenti desumpti à potentia Divinâ. 8. Examen solutionis tertii argumenti ubi definitur quid sint punctum, linea, superficies, et solidum secundum mathematicos.

1. Si de mundo vere praedicetur finitum, mundus est finitus, sin de mundo praedicetur infinitum, mundus est infinitus. Scire autem utrum hoc an illud verè attribuatur mundo, non datur nisi ex cognitâ vocum significatione. Nam si voce mundi significetur etiam finitum, id est si ex eo quod vocatur aliquid nomine mundi sequatur necessario idem vocari quoque finitum, tum scimus finitum esse mundum ; quemadmodum scimus animal ideo praedicari de homine, quia qui dicit homo intelligit animal aliquod. Sin voce mundi significetur quoque infinitum, tum scimus infinitum esse mundum. Sin neutrum significetur, nescimus an mundus sit finitus necne ; nam nisi ex definitionibus terminorum cognosci non potest. Quaerendum ergo est quid sit quod vocamus finitum, quid infinitum, et quid mundus. At quaerendum 1o est quid sit dividere et componere, quid unum, quid totum, quid numerus, quid pars, quid finis. Dividere | autem aliquid dicimur quando ipso prius considerato, consideramus aliquid minus in ipso contentum[7]. Exempli gratia quando considero hominem ut animal rationale, non divido hominem, sed postquam eundem hominem considero ut constantem ex capite, humeris, brachiis, etc. tum eum divisisse dicor, quatenus igitur considero hominem priori modo, id est indivisè dicitur unus, unde unum definiunt omnes per indivisum[8] ; posteriore modo, unumquodque eorum quae in homine considerata sunt ipso minus, dicitur pars, ut caput, humerus, etc. cum qua parte si id conferatur quod dividebatur statim accipit nomen totius, unde pars est, minus sumptum, sive consideratum in maiore[9], totum autem est omnes partes simul : eademque res quae vocabatur una ante

7. *NLW*, f. 2v. Arist. *De gen. et corrupt.* I.ii (315.b.25).
8. *LW* V.94 *(Lux math.)*. *Cf.* ff. 169, 255v.
9. *OL* I.85-87 (*DC* c. 7 §§ 4-9) ; V.207 *(Princ. et probl.)*.

divisionem, post eam totum dicitur[10]. Sunt qui divisionem non intelligunt nisi per separationem et *continui* solutionem, ut naturae divisionis necessarius sit culter, gladius vel aliquod eiusmodi instrumentum (inter quos videtur esse author noster, qui aërem aquâ, aquam terrâ, divisibiliorem dicit esse alicubi) quasi columnae marmoreae (nisi diffringatur)[11] semissis non esset eius pars, aut posset eius esse pars sine divisione. Vel quasi quantum quo semper minus dari posset non esset divisibile in semper divisibilia, ideo quia non potest continuè propter exilitatem discindi, et pars a parte divelli[12]. Sunt quoque, qui etsi ad divisionem necessarium non putent ut id quod dividendum est rumpatur, putant tamen esse necessarium ut partes eius animo concipiantur, id est [ut] partem eius salse imaginemur, quod si verum esset, impossibile esset ut quantum divideretur in semper divisibilia, cùm perpetuâ divisione perveniretur tandem ad quantum ità exiguum, ut nulla eius imago esse possit[13], imaginari enim quantitatem minorem | non possumus quam quae possit videri, nisi enim rei visibilis imago esse non potest. Praeterea tempus, cuius partes divelli non possunt à se invicem neque concipi sub imagine, dividi tamen potest[14]. Non ergo divisione opus est ut dividendum rumpatur, neque etiam ut signetur aut animo concipiatur, sufficit ut tum rectâ ratiocinatione cognitum sit quod in omni quanto sit contentum quantum minus, ut dimidium, 3ª, 4ª, etc. eas consideremus per nomina et appellationes suas, id est ut eas ad calculum referamus. Quod autem quantum omne quantumlibet exiguum, ità ut sensum omnem et imaginationem fugiat, contineat in se aliud quantum se ipso minus, idque in omni proportione, ex eo manifestum est, quod si dato illo quanto exiguo, adiiciantur huic inde duo alia quanta in proportione datâ, totumque quod propter magnitudinem [divisionem] non refugit in eandem rationem dividatur, sequitur necessario illam quantitatem exiguam unà dividi in proportionem eandem[15]. Eodem modo ad compositionem non est necessarium rem rei admovere manu, neque etiam imaginatione sed consideratione tantum[16], seu nomina rerum in rationes aut calculum admittendo. Componere[17] enim nihil aliud est, quam unum et unum, et ita deinceps singula considerata, considerare rursus simul omnia[18]. Tam ex compositione quam ex divisione oritur numerus. Ex hac quidem numeri integri, ut ex uno et uno simul fit binarius ; ex uno, uno, et uno, ternarius, et

10. *NLW*, f. 1v ; *Harl.*, f. 200.
11. *Cf.* f. 18.
12. *Cf.* f. 245.
13. *OL* I.56-57 (*DC* c. 5 § 13).
14. *Cf.* ff. 312 sqq.
15. *Cf. De gen. et corrupt.* I.II (316.a) et f. 32.
16. *Cf.* f. 16.
17. *NLW*, f. 1v.
18. *OL* V.94-95 *(Lux math.)*.

caetera. Ex illâ autem numeri qui vocantur fracti, nam si unum dividatur in duo aequalia fit pars dimidia 1|2, et similiter si dividatur ut pars sit ad totum in ratione alia quacumque fit numerus | fractus exprimens rationem divisionis, ut si resectum sit ad totum ut 2, ad 3, fit numerus fractus 2|3, sive duae tertiae. Numerum autem numero addi, et minorem à maiore detrahi posse arbitratu nostro omnes sciunt ; partium autem alia quidem inter duas partes sita est, attingiturque ultrà citraque à parte alia eiusdem totius, huiusmodi pars vocatur media, alia vero non est sita inter duas partes, sed attingitur ab una tantum parte eiusdem totius et vocatur extrema[19]. Extremae autem cum duae sint, illa undè incipimus numerare vocatur principium, altera finis : incipimus autem ab hac vel illâ libitu nostro. Exempli causa sit totum AE, partes AB, BC, CD, DE, quoniam BC, attingitur hinc quidem à parte AB,

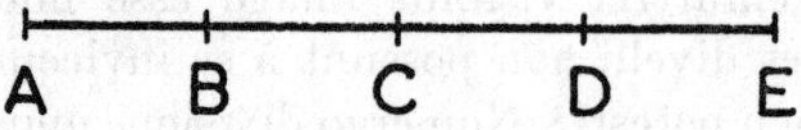

illinc a parte CD, dicitur media, et ob eandem causam pars CD, est media, sed AB, quae à sola BC attingitur pars est extrema, et DE, ob eandem rationem extrema est : quod si incipimus numerare partes ab AB, ea pars 1ª erit, sive principium et DE, finis erit ; sin incipimus a DE, erit DE, principium, et AB, pars ultima sive finis.

[2.] Finitum ergo est, in quo sumi pars potest ultrà quam non potest sumi pars alia eiusdem totius. Infinitum autem in quo sumi pars nulla potest quin alia sumi possit ulterior. His intellectis manifestum est nullam partem cuiuscumque totius posse esse infinitum, nam ultrà partem propositam quamcumque apponi altera pars potest, alioqui enim non fiet totum. Neque numerum quemcumque posse esse infinitum, numero enim cuicumque potest addi unitas ut | fiat maior. Quod autem vulgo dicitur numerus est infinitus, non significat numerum aliquem esse infinitum sed additione unitatis vel unitatum ad numerum, semper fieri numerum, ità ut non res infinita, sed vox numerus indefinita esse intelligatur. Eodem modo quando quaeritur an corpus sit infinitum, quaeritur hoc tantum, an quousque componendo id est consideratione nostra corpora corporibus addendo procedi potest, eousque etiam ipsum corpus reipsa extendatur, existatque. Et quia per mundum intelligitur corpus undequaque extensum, idem est quaerere an corpus et an mundus sit infinitus.

19. *NLW*, f. 2 ; *Harl.*, f. 200.

3. Jam numerum hoc sensu[20] infinitum esse, scire possumus ex ipsa vocis deffinitione, cum enim numerus sit unitates, sive unum uni quoties volumus additum, addere autem unitates in nostra potentia sit, cum sit opus nostri intellectûs, existet ille numerus quem sic facimus. Sed corporis nullius existentia dependet ab intellectu, [aut] consideratione nostrâ ; ideoque etsi nos corpora per intellectum nostrum corporibus adiecta perpetuo supputemus, non inde sequitur ea corpora existere in rerum natura ; neque cognosci potest ex deffinitione mundi[21], nempe quod sit aggregatum corporum omnium quae existunt, an ipsi corpus aliud addi vel possit, vel non possit : cognitio ergò illa derivanda est à cognitione Divinae voluntatis, utrum scilicet Deus mundum finitum an infinitum creare voluit ; fidei ergo non scientiae dogma est mundum esse finitum, neque rationibus physicis aut metaphysicis determinabile.

4. Quoniam autem author cuius vestigia his nostris meditationibus sequimur existimat se demonstrasse mundum | esse finitum, idque non minus firmâ ut ipse dicit ratiocinatione quam sunt demonstrationes Euclideae, et Archimedeae et argumenta ab ipso impossibilitate infinitatis mundi adducta labefactasse, rationes eius breviter examinandae sunt. Quod mundus sit finitus unicum adducit argumentum[f], quod etiam in unicum syllogismum sic contrahi potest.

Si mundus sit infinitus, tum aliqua eius pars à nobis distat numero infinito passuum, vel aliarum mensurarum,

Sed nulla pars mundi potest distare à nobis infinito numero passuum,

Ergo mundus non est infinitus[22].

Minorem propositionem quae dubia nemini esse potuit prolixe confirmavit ; de maiore, quae falsa est, tacuit, quaenam enim illatio est, mundus est infinitus, ergo pars eius est infinita? An quia numerus infinitus dicitur propterea quod cuicumque numero alius addi potest, sequitur inde aliquem numerum esse infinitum? Vel si quamcumque partem mundi, vel quemcumque numerum passuum in mundo consideraveris, quia alius adhuc passus ulterior est, ideo erit ille numerus passuum, quem consideras, infinitus? potest mundus esse maior quocunque numero passuum, nec tamen ut inde inferri possit aliquem numerum passuum esse infinitum ; videtur putasse naturam infiniti non in eo consistere quod finem non habeat, sed in eo quod finem quidem habeat, sed à nobis infinitè remotum, nam quod pars eius sit infinita, non sequitur ex eo quod mundus finem non habet, sed ex eo quod finem habet infinito intervallo à nobis distantem[23]. |

(f) *DM* 10-11, paraphrase

20. Celui défini à l'art. 2.
21. *OL* I.335, 347-348 (*DC* c. 26 §§ 1, 5). *Cf.* ff. 297v, 298, 453, 458v.
22. *OL* I.88 (*DC* c. 7 § 12).
23. *Cf.* ff. 329v sqq.

5. Argumentorum quibus probatur possibile esse ut mundus sit infinitus primum tale est[g]. Id quo posito nullum sequitur inconveniens possibile est, at posito mundum esse infinitum nullum sequitur ergo, etc.

Secundum est, quod Deus potuit est possibile, Deus potuit creare mundum infinitum, ergo mundum esse infinitum est possibile.

Tertium quod intelligibile est impossibile non est, sed intelligibile est mundum esse infinitum, ergo mundum esse infinitum non est impossibile. Minor sic probatur. Deus vel etiam creatura potest intelligere omnes species magnitudinis, nimirum magnitudinem unius passus, duorum passuum, etc. quae quidem magnitudines sunt numero infinitae, ergo etiam unam ex omnibus conflatam, quae est magnitudo infinita.

6. His responsurus pag. 19 monstrasse se ait assertionem hanc *Infinitum esse possibile*[h], repugnare notissimo rationis principio, quo *singulare sub universali subsumitur*, sed neque hoc demonstraverat, neque demonstrare potuit, altera enim alteri non repugnat, quod ut plenius intelligatur declarandum est quid sit universale.

Manifestum autem est rem unamquamque unam esse, et singularem. Nam sicut Petrus et Joannes ita unusquisque homo est singularis, et quia nullus homo sit qui non sit unus ex numero singularium, sequitur nullum esse hominem universalem. Eadem ratione probatur nullum lapidem, nullam arborem, et tandem nullam rem esse universalem. Quid ergo est universale, si res | universalis non sit[24], considerare oportet omnem vocem eatenus ambiguam esse ut significet et rem aliquam, et seipsam. Verbi causâ, numerus in eo sermone ubi dicimus, binarius vel ternarius est numerus, nomen est rei ; ubi dicimus numerus significat binarium, vel est nomen binarii, ibi numerus significat ipsam vocem *numerus*, et est nomen nominis. Sic quando dicimus Petrus est animal, animal est nomen rei, nempe ipsius Petri ; quando verò dicimus animal est genus, animal est nomen vocis tantum ; jam res nulla, sicut ostendi ante[25], universalis esse potest, nomen potest[26] ; res enim animal semper est unum aliquod ex numero animalium quae existunt, nec plura quam unum (nullum enim animal est unumquodque animal sed unum aliquod) ideoque semper singulare. At vox animal una quidem vox est, nomen autem non alicuius unius tantum animalis, sed uniuscuiusque. His intellectis apparet statim *universale esse vocem*, *quae est nomen rerum plurium*, *singulare autem*, *vocem quae est nomen rei unicae*. Nomen autem

(g) Hobbes paraphrase les trois arguments du *DM*, 17-18 (h) Également les deux arguments, p. 19

24. *Harl.*, f. 198 ; *cf.* 345v-346 ci-dessous.

25. F. 10v. Peut-être, puisqu'il dit, non *supra* mais *ante*, Hobbes fait-il allusion à une de ses œuvres antérieures.

26. *OL* I.53 (*DC* c. 5 § 5).

cùm unum existens ad plura significanda annecti possit, ob eam causam universale appellatum est ; res proprie dicitur una, non universalis, neque singularis, quae sunt appellationes nominum tantùm[27]. Ut homo res una est, Socrates res una est, sed *homo* nomen universale est. Socrates nomen singulare. Universale definiri rectè solet quod sit id quod *dicitur*, sive *praedicatur* de pluribus ; singulare quod de uno tantum, *Praedicari* autem, et *dici* non est rerum, sed appellationum. Quoniam autem nominum universalium alia aliis plura significant, et nomen quod plura significat plura continet, quandòque non modò singularia, sed etiam universale significans, pauciora, | solent Logici vocare nomen illud sive singulare, sive universale, quod in nomine magis universali continetur, *partem* nominis eius a quo continetur ; et id quod continet, *totum* ; sed ita ut huiusmodi totum non censeatur idem quod *totum* integrale. Non enim est Socrates pars animalis, ut manus vel membrum est pars hominis. Neque sicut ubi universale praedicatur de singulari vera est propositio, ut Socrates est homo, sic ubi totum de parte praedicatur propositio est vera manus hominis est homo ; vel pars Infiniti est infinita.

Principium ergo rationis notissimum, singulare subsumi sub universali, illud est quod logici appellant dictum de omni, nimirum nomen quod praedicatur de universali, praedicari etiam de singulari, ut si verum sit *homo est animal*, verum quoque sit *Socrates est animal*. Huic principio repugnare ait assertionem hanc, *Infinitum est possibile* propterea quòd si toti attribuatur infinitum, attribuetur quoque parti, deceptus aequivocatione Partis et Totius, non enim est infinitum nomen magis universale quàm pars, neque est argumentatio ab integro ad partem sumptio singularis sub universali, sed minoris sub maiore, propterea quod bona est argumentatio, omnis homo est animal, ergo hic homo est animal ; ut si quis argumentaretur hoc modo, mille passus sunt miliare, ergo unus passus est miliare, vel passus omnem numerum excedentes sunt infiniti, ergo passus qui numerum non excedunt sunt infiniti, quae ratiocinatio quam absurda sit quis non videt?

Ad primum argumentum pro possibilitate Infiniti | ex eo deductum quod nihil inde sequatur absurdi, nihil respondet, neque video quid responderi possit cum sit argumentatione firmissimum.

7. Ad 2[um] respondet pag. 20 negando antecedens, nempe, *Deum efficere posse ut qui modus sit quanti in ipsius potentia, idem sit ipsius in sese existendi modus*, quod ait non esse verum. Negat scilicet effici posse, id est fieri ut existat (hoc enim est effici) omne id quod Deus potest efficere quidquid ab eo effici potest, quod est manifestè absurdum[28], idem enim est dicere Deum posse efficere aliquid, et aliquid posse fieri a Deo, et

27. *OL* I.52 (*DC* c. 5 § 3).
28. *Cf.* f. 381.

idem est posse fieri, et posse actu existere. Etenim non modo frustra est potentia quae in actum reduci non potest, sed ne potentia quidem dicenda est. Dicendo igitur Deum efficere non posse ut qui modus sit quanti in ipsius potentia, idem etiam existat in rerum natura, dicit aliquid esse possibile, quod tamen fieri est impossibile. Praeterea infinitum appellat hic modum quanti, cum omnis modus quanti sit finitus, nam modus in rebus idem est quod certi denique fines, infiniti autem fines nulli sunt.

8. Ad 3um respondit pag. 21 concedens quidem *quod factu impossibile est, idem intellectu impossibile esse, quod autem infinitum sit in aliquo intellectu explicatè*[i], id negat, sed quid est illud explicatè? An aliud est quam concipere distinctè ab aliis, et distinctè quid aliud est praeter determinatè, hoc est finitè, negat ergo hoc tantum infinitum concipi finitè. Sed quomodo potest infinitum concipi non explicatè? | *Sunt*, inquit[j], *obiectorum species in substantiarum abstractarum intellectu infinitae, non sigillatim expressae, sed mira unitate plures, immo numero infinitae simul.* Confusio haec unitatis cum numero, et cum infinitate, non modo mira est, sed absurda et impossibilis, nam plures esse species, et easdem unam speciem contradictio est. Et si quidem non esset unde is scire potest quomodo rerum species sese habeant in intellectu substantiarum abstractarum? Et cum scire hoc non possit, quare id hoc loco, ubi Philosophum agit non Theologum, affirmandum putavit? At ita esse posse ostendit pag. 22[k] exemplo corporum et superficierum mathematicarum, *si enim superficiei infinitas lineas comprehendere, corpori superficies sine numero excedere concedatur; et eo quidem modo, ut nulla superficies, nulla linea actu inexistat*[l]*: quanto magis spiritualibus corporea, sine diserta expressione in sese continere, et ea valere permittendum est?* Quo exemplo hoc unum clarum factum video, nimirum ipsum aeque intelligere quid sint linea, superficies, et corpus, et quid sint substantiae abstractae, nec magis vidisse quomodo lineam superficie, superficies in corpore esse dicatur, quam quomodo substantia incorporea contineat corporeas, ut eas valeat[m]; norunt omnes qui Geometriam attigerunt omnem partem corporis esse corpus, omnem partem superficiei esse superficiem, et similiter omnem partem lineae esse lineam. Ex quo manifestum est lineam non esse in superficie, neque superficiem in corpore, eo modo quo minor magnitudo est in magnitudine maiore, vel infinita. Sed cum in omni corpore mensurando | triplici via eundum erat, 1a longitudo, 2a latitudo, 3a crassities appellabatur, prima via erat quam designat motu suo corpus aliquod cuius quantitas non consideratur, ideoque u[s]i sunt Geometrae ad tale corpus designandum, notâ parvulâ, quam

(i) Paraphrase (j) *DM* 21 (k) Paraphrase de *DM* (l) *NLW*, f. 5 (m) *Harl.*, ch. 7 (sur la ligne, la surface et le volume). White : *An exclusion of sceptics* (1665), pp. 20-22. *Cf.* ff. 19v, 27, 34v *ff*, 310v et 329v

Graeci σ[τ]ιγμήν et κέντρον, latini punctum vocant, non quod punctum ità exiguum esse possit ut nullam habeat quantitatem, sed quod quantitatem apparere ibi minimam voluerunt ubi nulla omnino erat consideranda[29]. Longitudinem talis puncti motu designatam lineam appellavere. Secunda via mensurandi ea erat quam designat motu suo corpus in quo consideratur sola longitudo sine latitudine, ideoque u[s]i sunt Geometrae ad tale corpus pingendum exili lineâ quam Graeci γραμμήν dicunt, quae quidem sine latitudine non est, sed consideratur. Viam autem talis corporis motu designatam vocabant superficiem. Tertia via ea erat quae designatur motu corporis in quo consideratur superficies sed sine crassitie quo motu designatur solidum sive corpus, quod appellant mathematicum ; sunt itaque linea et superficies non res aliqua contenta in corpore mensurato, ut partes, sed ut considerationes diversae mensurantium, ideoque dicuntur mathematica, id est doctrinales, propterea quod eae voces doctrinae tantum causâ à Geometris adhibitae sunt, qui definitionibus lineae et | superficiei cavere voluerunt ne figurarum (quas demonstrationibus suis necessarias in materia exarare oportebat) exiles superficies in lineis materialibus existentes, ponerentur in calculo superficierum, aut pelliculae corporum quorum superficies mensurabant, inter solidorum ipsorum partes numerarentur. His intellectis facile est agnoscere lineam in superficie, et superficiem in corpore non comprehendi, sed viarum longitudinem sine latitudine considerari, ut fieri solet ab omnibus, et utrumque sine crassitie, quemadmodum faciunt qui vendunt agrum, nullâ factâ profunditatis mensione. Si iam eodem modo corpora sunt in spiritualibus ut lineae in superficiebus[30], vel superficies in solidis, debemus nos considerare spiritualia, parva tanquam non spiritualia sicut superficiem parvam consideramus nomine lineae, tanquam non superficiem. In huiusmodi absurda incidere necesse est iis qui suo intellectu Divinum intellectum tentant explicare, putantes dogmata supernaturalia rationibus Philosophicis posse demonstrari, manent ergò argumenta pro infiniti possibilitate inconcussa, neque facile solvi possunt quin simul corruitura sint argumenta quae adduci possunt pro possibilitate aeterni, aeternum enim ita se habet ad tempus, ut infinitum magnitudine ad quantitatem. |

29. *Cf.* Sextus-Empir. *Contre les physiciens,* I.376, 430, et ff. 34v, 248, 254. *OL* V.115-6 *(Lux math.)* ; Harl., f. 201v.
30. Arist. *Phys.* IV.3 (210.a.14).

Caput 3

Ad nodum tertium. An plures possint esse mundi. An detur vacuum, et in quo consistat densitas et raritas

1. Quid sit *spatium imaginarium.* 2. Quid *spatium reale.* 3. Quid *locus;* quid *vacuum* ; quid *distantia;* quid *contigua;* quid *hic* et *illic;* quid *quantitas.* 4. Examen argumenti primi pro mundi unitate. 5. Examen argumenti secundi. 6. Examen argumenti tertii. 7. Contigua non sunt unum. 8. Examen argumenti contra *possibilitatem vacui.* 9. De natura *rari* et *densi,* et de thermoscopio. 10. De expansione pulveris pyrii accensi, quare videtur maior quam non accensus. 11. Quare in sclopetis ventosis aër velociter erumpit. 12. Examen sententiae authoris de natura *rari* et *densi.*

1. Quoniam author argumentum sumit pro unitate mundi ex notionibus spatii et loci, definiemus in primis quid iis vocibus aliisque ad hanc rem pertinentibus propriè intelligendum sit. Manifestum autem est, unumquodque obiectum visibile actione suâ in organa visoria efficere imaginem quandam, sive phantasma sui ipsius, ut putatur, exempli causâ, sol agendo in oculum facit videre circulum splendidum, quem solis esse putamus, quique, si directè in solem intueamur, in coelo apparet ; sin per reflexionem ab aqua | subter aquam[31], scilicet imago semper videtur in ea recta linea, cuius unus terminus est in oculo, ita ut nunquam penè eo loco appareat ubi ipsum est obiectum. Nam in reflexâ visione et refracta obiectum et imago sunt in diversis rectis, etiam in visione directa, sol et astra et omnia obiecta longinqua, quanquam sunt in eadem recta linea in qua oculus, multò tamen sunt ab oculo remotiora, quàm ipsorum imagines, id est remotiora sunt quam apparent. Jam huiusmodi imagines constant colore et figurâ ; figura autem spatium finitum est. Cum igitur imago ipsa non est ibi ubi obiectum, neque etiam figura, ex qua constat, ibi est ubi obiectum ; spatium ergo apparens solis, sive cuiuscumque alterius obiecti, non inhaeret in ipso obiecto, sed est mere imaginarium. Quomodo enim circulus solis apparens tantillus, et tam propè, poterit esse quantitas inhaerens et adaequata obiecti tam remoti et tanti, quantum est corpus solare[32]. Praeterea obiecta visa transeunt, absportantque secum dimensiones suas, manent tamen in animo ipsorum imagines, hoc est figurae, sive spatia quibus apparuerunt, aliter enim

31. *OL* I.50,66 (*DC* c. 5 § 1, c. 6 § 8) ; *EW* IV.5 (*Hum. nat.* c. 2 § 5) ; VII.28 (*Seven probl.* c. 4) ; 80-81 (*Dec. phys.* c. 1).
32. *Cf.* f. 285.

absentium imagines non retinerentur, neque existeret omnino ulla rerum aut memoria aut somnium. Sicut autem meminisse datur figurae hominis dudum mortui, ita etiam si totus mundus, excepto uno homine, annihilaretur, nihil impedit quin ille homo haberet mundi semel visi imaginem, hoc est cogitaret spatium undequaque à se eòusque extensum quòusque voluerit. *Spatium* igitur *imaginarium* nihil aliud est quam *imago*, sive *phantasma corporis*. Corporis dico *simpliciter*, nam *imago corporis albi* non est spatium tantum, sed *spatium albescens*, vel | dicemus *spatium esse imaginem corporis, quatenùs corporis: spatium album*, imaginem *corporis albi, quatenus albi; spatium finitum, imaginem corporis finiti, quatenus finiti* et *spatium quadratum, imaginem corporis quadrati*. Manifestum hinc est existentiam spatii dependere non ab existentia corporis sed ab existentia imaginativae facultatis, si enim in dato spatio sit aër[33], transeunte aëre non transit spatium, sed idem manet, et potest repleri vel aquâ, vel alio corpore, vel nullo ; eodem modo deficiente mundo, modo non unâ deficiat, existet tamen immotum spatium.

2. Quoniam autem imaginatio nascitur ex actione alicuius agentis, quod supponimus existere, vel extitisse extra animum imaginantis, quod quidem à nobis suppositum solemus vocare corpus, sive materiam, sequitur extitura esse corpora, etiam si nulla omnino esset imaginatio. Neque possibile est ut corpus aliquod esse existimemus, quin simul putemus ipsum praeditum esse dimensionibus, sive spatiis suis. Hoc spatium igitur quod appellari potest reale inhaerens corpori, ut accidens in subiecto suo, existeret sanè, etsi nihil esset quod ipsum imaginari possit. Definio igitur *spatium reale* esse ipsam corporeitatem, sive ipsam corporis simpliciter, quatenus corporis, essentiam[34] : ita ut corpus sit ad spatium imaginarium, ut res ad rei cognitionem, omnis enim nostra cognitio rerum existentium, est imaginatio ea, quae à rerum actione efficitur in sensoria nostra, ideòque spatium imaginarium quod est imaginetio corporis, idem est quod nostra corporis existentis cognitio. Sed dato nullam existere imaginationem, existere tamen corpus aliquod finitum quod vocabimus illud, in quo alia corpora non sunt, sed tamen esse possunt : verbi gratiâ, si mundus sit finitus, nullo existente imaginante, | dicemusne spatium esse extra mundum necne? Profecto spatium reale nullum est extra mundum, ex suppositione mundi finiti, sed neque spatium imaginarium ullum est propter exclusionem imaginantis. Dicendum ergo est non esse omninò spatium, esse tamen privationem corporis, id quod sufficit ut plura corpora esse possent ; *privatio* autem *corporis* intelligitur ex ipsorum corporum imaginatione, ideoque eadem est cum spatio, quod appellamus imaginarium : quod quidem reipsa

33. *Cf.* ff. 291, 313.
34. White : *Euclides physicus* (1657), pp. 12, 18, 20-25 (sur l'espace réel).

privatio est, et quatenus extra nos est merum est figmentum, et non ens, at ipsa figmenta intra nos aliquid sunt, nimirum animi motus, qui vocantur imaginationes.

3. Quoties autem corporis alicuius spatium reale coincidet cum parte aliqua spatii imaginarii, illam partem, quâ cum coincidit, vocamus corporis illius, *locum*[n]. Quod si cum spatio aliquo imaginario, corporis nullius spatium reale coincidat, tum vocamus spatium illud imaginarium *vacuum*. *Distantia* autem inter duo corpora, vel etiam inter duo spatia vacua, est spatium quod inter ea interiacet brevissimum. Ita ut si à corpore continuato pars aliqua media auferatur, non ideò tollitur partium extremarum inter se distantia. Ex his facile est definire quaenam corpora sint appellantur *contigua*, ea nempe, inter quae spatium imaginarium nullum est, sive inter quae corpus nullum esse potest ; non enim sufficit ad *contiguitatem*, ut nullum corpus actu interpositum sit, sed ut interponi nullum possit[o]. Rustici totum illud spatium inter coelum, et capita sua vacuum esse credunt[35] ; at si quis inde inferret philosophus, quod coelum capitibus tangerent, planè dicerent philosophiam esse insaniam ; at iidem rustici credunt | se tangere ea omnia, inter quae et ipsos corpus nullum omninò esse potest. *Hic* et *illic* non significant locum nec dicuntur sine directione aliqua velut digiti vel baculi, vel nominatione alicuius vicini cogniti, ut is, ad quem loquimur, suis ipsiis oculis locum rei quaesitae inquirat. Locus enim locato adaequatus est ; cùm autem dicitur *hic* vel *illic*, vel respondetur ad quaestionem *ubi*, vel spatium aliquod laxum significatur ut in agro, in domo, in arca, quae loco rei quaesitae laxiora sunt ; vel oculus quaerentis indigitatione ad rem aspiciendam vel prensandam dirigitur[p]. Quantitas autem corporis idem est quod geometrae appellant rationem[q]. Interroganti enim quantus est ager, respondetur per mensuram, puta quod sit mille passuum, id est quod habet rationem ad passum, eandem quam mille ad unum. Definiri autem sic potest, quantitas est dimensionis determinatio, per comparationem cum alia dimensione cognitâ.

4. His intellectis examinemus quâ ratione mundi unitas demonstratur ab authore. Videtur enim non minus difficile ex intellectu vocis huius *mundi*, si intelligatur esse finitus, inferre quod non possint esse plures mundi, quam ex intellectu vocis huius solis, vel animalis, quod non possint esse plures soles vel plura animalia. Principium autem demonstrandi sumit identicam propositionem[r], nimirum hanc, *quod nihil est*, *nihil*

(n) *NLW*, f. 2v ; *Harl.*, f. 200v ; *OL* I.62-63, 93-94 (*DC* c. 6 § 6, c. 8 § 5) (o) *Harl.*, f. 200 (p) *Harl.*, f. 201 (q) *NLW*, f. 4v ; *cf.* ff. 248v, 348, 433 ci-dessous ; *OL* I.123 (*DC* c. 12 § 1) White : *Peripateticall institutions* (1656), p. 32 *sqq.* (sur la quantité ; *cf.* f. 18, note) (r) *DM* 25

35. *EW* VII.17-24 (*Seven probl.* c. 3).

prorsus est. Nihil enim tantundem est, ac nihil prorsus. Propositio autem identica principium demonstrationis esse non potest, nihil enim inde concludi potest, praeterquam quod assumitur in praemissis. Exempli causâ, sit identica propositio quaecunque, A est A, et ut fiat syllogismus, assumatur alia quaecunque, cuius unus terminus sit A, ut A, est B ; ex his praemissis | A est A et A est B, infertur solum quod A est B, nempe id quod sine probatione assumptum erat[36]. Assumit deinde[s] quod *non ens non habet effectum*, *neque notitiam*, *neque partes*. Quod quidem de effectu et notitia verum est ; sed quod non habeat partes, falsum est. Nam partes habebit quidquid potest dividi, dividi autem posse spatium imaginarium, ostensum est capite praecedenti. Et unicuique manifestum est intuenti, quod sicut nasus est pars faciei suae, ita imago nasi pone speculum apparens pars est imaginis apparentis faciei, nec tamen est facies, aut nasus apparens, *ens*, sed apparentia[37], phantasma, et figmentum, ortum ex motu organorum visionis. Assumpto autem hoc falso fundamento, spatium imaginarium non habere partes demonstrationem hoc modo conficiet, pag. 28, 29.

Si duo sint mundi ; vel erunt contigui, vel aliquo intervallo à se invicem distracti.

Sint ergo primum distracti, ergo alter erit *hic*, alter *illic*. Sed τὸ *hic*, et τὸ *illic*, significant versus hanc, vel illam partem, sunt ergo partes in illo spatio, quod imaginamur esse extra mundum. Sunt ergo partes in *non ente*, contra id quod assumptum est.

Quae ratiocinatio, quia id quod assumptum est falsum est, nihil valet. Praeterea quando modo ad dextram, modo ad sinistram, modo ad superna, modo ad inferiora, dicendo *hic* vel *illic*, interrogantem convertimus, non ideo in spatio imaginario partes esse dicimus, aut ipsum dividimus, sed spatium reale dividimus, in quo convertitur interrogans, est ergo praeter falsitatem assumpti fundamenti, aequivocatio in voce *partes*.

5. Rursus argumentatur hoc modo[t].

Rudes barbarique homines interrogati ubi aliquod situm sit, respondent secundum unam *loci* intentionem haustam | à sensibus, et a natura, nempe ut sit *am*[*biens*][u] *quippiam*, *et*, *ut Aristoteles vocat*, *vas quoddam immobile*[38].

(s) *DM* 25, paraphrase (t) Paraphrase du *DM* (u) am[biens] La feuille est déchirée

36. White : *An exclusion of sceptics*, pp. 6, 7, 9-10 (sur les « propositions identiques »).
37. *Cf.* f. 292.
38. *Phys.* IV.III, IV (210.b.32 et 212.a.5). *Cf.* *EW* VII.221-2 *(Six less.)* et f. 215v.

Jam si extra mundum, ubi nihil est[39], poneretur alius mundus, positus esset ille mundus in nihilo, ideoque neuter mundus haberet locum, neque ergo loco disparari possent[40].

Quanquam non sit magni momenti ad philosophiam quid sentiant rudes barbarique, non tamen concedam ei tales homines putare locum esse ambiens quippiam immobile, tanquam vas. Est enim error ille magis eruditus, quam ut cadere possit in hominem rudem ; philosophis solis datur docte insanire.

Sed si verum esset, id quod positum est in nihilo, locum non habere sequeretur neque unum mundum in loco esse ; et si quidem quod in loco non est, id non existat, neque unus mundus existet. Quod si unus mundus existere possit, quanquam in *loco* non sit, etiam plures mundi existere poterunt, quanquam in *loco* non sint. Unde sequetur plures mundos esse posse, etiamsi loco disparari non possint. *Loci* definitio Aristotelica, nempe quod sit superficies corporis ambientis, vera non est ; nam si vera esset, sequeretur vinum dolio inclusum transferri hinc ad Indos posse, ita tamen ut non moveretur, non enim movetur quod est in eodem semper loco[41] ; vinum autem quod in eadem est superficie ambientis dolii, secundum hanc deffinitionem in eodem semper est loco, non ergo movetur. Praeterea locus locato aequalis est, locatum autem quod est solidum, nimirum corpus habens tres dimensiones, quomodo aequale esse potest superficiei. Quod autem *locus* (si sit corporis ambientis superficies) sit vas quoddam immobile, contra doctrinam est ipsius *Aristotelis*, et omnium philosophorum ; qui omne corpus mobile esse statuunt. |

[6. Post]remo[v] ratiocinatione utitur hac[w].

Inter quae nullum ens interponitur, ea non distant inter se,
Sed inter duos mundos ens nullum interponitur,
Ergo duo mundi non possunt inter se distare.

In qua maior falsa est, distant enim ea inter se inter quae ens aliquod interponi possit (sicut supra ostensum est)[42] etiam si actu interpositum non sit. Positis enim tribus corporibus, A, B, C, contiguis, distantia inter extrema A, et C, non dependet ab existentia medii B, sed ab existentiis diversis ipsorum A, et C, est enim eorum distantia, relatio unius ad alterum, non ad tertium quippiam, neque ergo ad medium. Affirmat autem is, A et C distare, propterea quod B medium est ens. Quasi si

(v) [6. Post] La feuille est déchirée (w) *DM* 29, paraphrase

39. *Cf.* f. 298.
40. *Cf.* ff. 100v, 126, 313v, 376.
41. *Phys.* IV.iii (210.a.32).
42. Sur la contiguïté voir *NLW*, ff. 1v, 2v ; *OL* I.96-97 (*DC* c. 8 § 9) ; f. 255 ci-dessous.

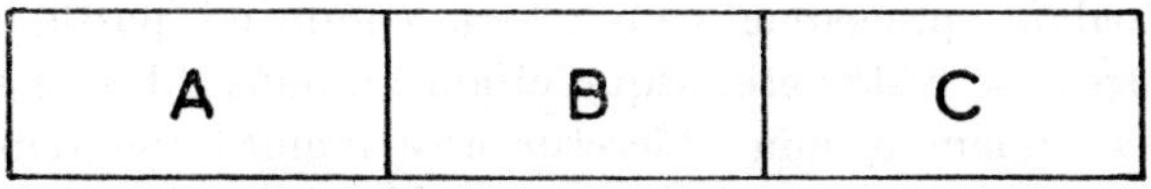

Deus annihilaret B, oporteret statim A et C se mutuò contingere, idque sine motu et tempore, quo unum et alterum accedere possit. Nam si motu opus est ut ad contactum perveniant, rectè eo tempore quo moventur, etiam nullo existente medio inter se distabunt.

7. Arbitratus se satis demonstrasse non posse esse plures mundos à se invicem dissitos, supponit deinceps pag. 29 eos esse contiguos. Sed hoc ipsum *esse contiguos*, eo sensu accipit, ac si idem esset, *esse contiguos*, et *esse unum*, ideoque statim mutat vocem *contiguos*, in vocem *coniunctos*, quae magis videtur sapere unitatem. Ego vero non video quare duo mundi non sint semper duo, aeque ac duo ova sunt, etiam si sint contigua ; sed vocentur non *contigui*, sed *coniuncti*, ea coniunctio non impedit quin sint vel duo | mundi, vel mundus ex duobus compositus, at unus ex pluribus compositus esse non posset, nisi etiam possent esse plures.

Si quidem ergo mundus sit finitus, fieri tamen non potest rationibus philosophicis, an plures sint, an unus ; est ergo fidei dogma, in quo non philosophorum argutiis, sed Ecclesiae authoritati acquiescendum est.

8. Huic disputationi adhaeret quaestio de possibilitate vacui[43] quam pag. 30 paucissimis absolvit hoc modo[x].

> Si detur vacuum, datur locus sine corpore, hoc est corpus concavum, sine aliquo, quod cavitatem implet. Latera ergo huius concavi, propterea quod nullum est, *ens* medium, coniuncta erunt, coniunctis autem lateribus vacuum excluditur[44] ; dato ergo vacuo, vacuum excluditur.

Sed quia falsum est coniungi latera, inter quae nullum actu ens interponitur, cum tamen interponi potest, tota haec argumentatio collabitur.

9. De raro et denso aliter vulgus, aliter loquuntur philosphi. Rarum enim vulgus vocat cuius partes altera alteri non adhaerent ; quo sensu dixit *Virgilius*, *Apparent rari nantes in gurgite vasto*[45] ; et quo sensu diceremus acervum pulveris densiorem esse nubeculâ ex iisdem pulvisculis

(x) Pp. 30-31, paraphrasées

43. Arist. *Phys.* IV.vi (213.a.12 *ff*).
44. *Cf.* f. 453v.
45. *Aen.* I.118.

difflatis constitutâ, vel nubem aliam aliâ minus raram, etsi utraque ex eiusdem aquae guttulis constituta sit. Philosophi autem cum observassent corpora quaedam, praecipue vero aërem comprimi posse in minorem locum, et rursus se restituere, atque etiam ampliùs dilatare se in locum maiorem, ita tamen ut non videretur esse maior | uno tempore quam alio[46] ; haererent autem in huius rei reddenda ratione, dixerunt alii quidem (vacuum negantes) id accidere, quod corpus idem sub quantitate eadem, quandoque *rarius*, quandoque *densius* esset. Exempli causâ, granum pulveris pyrii nondum accensum parum loci occupat, idem accensum locum videtur implere centies maiorem ; similiter aër compressus minorem locum possidet eodem aëre dilatato. Hi igitur rarius vocant, id quod quantitate eadem maiore loco, densius quod minore continetur. Sed quomodo fieri possit cum locus locato aequalis sit ut idem locus modò plus, modò minus materiae contineat non est intelligibile. Alii verò admisso vacuo, ita aestimant unitatem corporum ex interpositione spatiorum vacuorum, sicut vulgus ex interpositione aëris invisibilis aestimat raritatem corporum visibilium, at neque sic rationem possunt reddere eorum omnium phaenomenorum propter quae corpora modò contrahi, modò dilatari iudicamus. Nam compressionis et dilatationis aëris in thermoscopio, ne admisso quidem vacuo ratio expediri satis potest. Thermoscopium autem appellatur vas vitreum capite amplo, collo longo, sed angusto, quale est AB ; cuius pars aliqua infra B immergitur in aquam contentam in vase CB[y]. In vase autem vitreo si [aër] calefiat[z] antequam extremitas eius in aquam immergatur, ita ut aër in ipso conclusus calidus sit, ascendet aqua paulatim, prout gradatim aër refrigescit, puta ergo eam ascendisse usque ad DE, videamusque quo modo admisso vacuo huius rei ratio reddi possit. Concedimus aëris calefacti partes per agitationem à calore disgregatas fuisse admissaque[a]

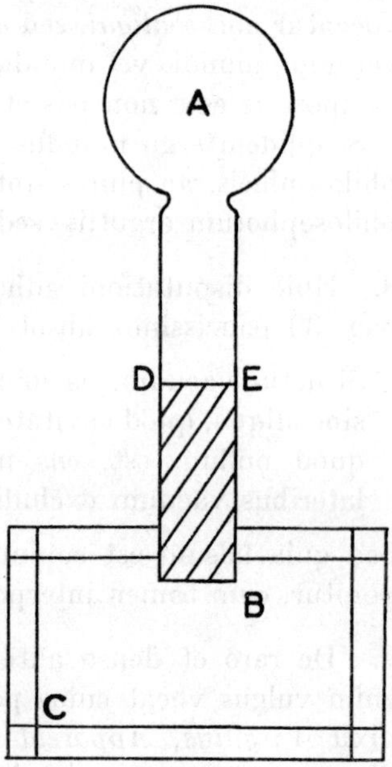

(y) (Figure) *Cf. OL* I.423 (*DC* c. 30 § 12) (z) calefiat *M* ? labefiat *MS*
(a) admissaque ? *M* ? admissas eas ? *MS*

46. *EW* III.678-9 (*Lev.* c. 46).

de ea partium | segregatione multa spatia vacua, ita ut aër et vacua intermissa totam occupent concavitatem AB. Concedimus etiam accedente frigore omnes illas aëris partes ante segregatas rursus congregari intra spatium ADE, ideòque omnia spatia vacua coniuncta esse in unum spatium DEB ; at quare aqua ad implendum illud vacuum ascendat nullam video necessitatem. Cum enim natura vacuum admiserat quantum scilicet est spatium DEB dispersum in particulas, quare etiam non admittet tantumdem vacui uniti in spatio DEB, illis omnibus spatiis aequali? Sin admittit, nulla ratio est quare aqua contra naturam gravium omninò ascenderet. Unum huic difficultati remedium esse video, si iidem aliam hanc assumant hypothesim, nimirum quantitatem vacui quod in toto mundo est, esse certam et determinatam, adeò ut maior esse non possit, nisi mundi fines promoveantur, neque minor nisi contrahantur. Tunc enim continget calefacto aëre in AB, et admisso vacuo maiore quam ante erat, necesse esse in reliquo mundo minus esse vacui quam erat, ex quo sequetur corpora alia posita extra vas vitreum durante calore vasis ultra solitum comprimi, ideòque eodem frigescente se restituere, et cogere aquam implere vacuum illud quod est in DEB. Durum quidem hoc, sed videre non possum quare natura magnae vacui quantitati adeo repugnaret, nisi quod caeteris corporibus inde accedat compressio maior, quam cum ipsorum motibus et naturis possit convenire.

De ratione rari et densi ipse nihil statuo, malo enim | ignorare quam errare[47]. Si quis autem eam lucide demonstrarit, is profectò ipsa physices penetralia, puto, patefaciet.

10. De dilatatione pulveris pyrii accensi, expedient se facilè qui admittunt spatiola illa vacua, dicent enim particulas uniuscuiusque grani innumerabiles accensione difflari, neque esse id unum aliquod continuum quod apparet inflammatum sed multas scintillulas vacuis spati[i]s disiunctas[48]. Causam tamen quare apparent omnes simul tanquam unum continuum, eam esse quae facit ut ignita corpora velociter vibrata, etsi rotunda fuerint, videantur tamen longa, vel in formam circuli si circulariter, celeriterque moveantur. Nam et unaquaeque particula ex grano pulveris pyrii accensa incredibili velocitate movetur, apparentque ob eam causam longiores quam sunt, ita ut apparitione eorum spatium occupetur non modò quod ipsa occupant, sed etiam quod habebat vicinum vacuum. Unde necesse oriri visionem tanquam unius continui, etsi revera ipsa res non sit continua[49].

47. *Cf.* f. 440.
48. *EW* VII.29-30 (*Seven probl.* c. 4) ; 119 (*Dec phys.* c. 6) ; *OL* II, 14-15 (*De hom.* c. 2 § 5).
49. *OL* IV (*Probl. phys.*, passim). Cf. f. 103.

11. Eadem vacui suppositione expediri potest difficultas de compressione aëris in *sclopetis* nuper inventis, qui dicuntur *ventosi*, et in sclopetis puerorum samburinis[50], aër enim ad aërem intrusione adiungitur, donec vacuola spatia impleantur, unde particulae aëris inclusi privantur motu suo naturali, conanturque se restituere (sicut vesicae inflatae, si comprimantur, resiliunt)[51] ex quo sequitur ipsas datâ portâ statim, et celeriter exilire, atque haec sunt quae dicenda habui de raro et denso. Consideremus iam quid de eorum natura dicat author noster pag. 31.

12. *Rara*, inquit, *et densa talia sunt ipsa quantitatis ad subiectum proportione.* Nescio quid sibi vult per voces istas *quantitatis ad subiectum proportione.* Constat omnibus proportionem non | esse nisi inter ea quae sunt eiusdem generis[52], nulla ergo est proportio inter quantitatem, quae est *accidens* et subiectum[53], quod est *substantia* ; potest esse proportio inter quantitatem et quantitatem, et inter duo quanta, sed inter quantitatem, et quantum esse non potest. Quod si impropriè dicat quis proportionem inter quantitatem et quantum, ubi dicere oportebat inter quantum et quantum, non tamen ulla erit sic proportio praeter proportionem aequalitatis[54] ; quantitas enim neque maior neque minor esse potest quam subiectum in quo inest. Sed audiamus dicti rationem. *Cum*, inquit[b], *nihil sit clarius, quam aërem aquâ, aquam terrâ magis esse divisibilem, hoc nusquam negabile est, proportionem divisibilitatis, seu quantitatis aëris ad aërem, maiorem esse proportione divisibilitatis aquae ad aquam, et eodem modo de aqua ad terram.* Quod dicat aërem magis esse divisibilem quam aqua, manifeste vocat mollitiem divisibilitatem, faciliùs enim cultro secantur, et faciliùs solutionem continui patiuntur mollia quam dura. Quod autem dicat *divisibilitatis*, seu *quantitatis*, ostendit se putare divisibilitatem huiusmodi (id est mollitiem) esse idem cum quantitate : quo ergo duriora corpora sunt, eo minora sunt, minorem enim habent divisibilitatem, id est quantitatem. Etiam aqua, quae in urceo est, cum aequè divisibilis sit atque aqua, quae est in oceano, etiam quantitate oceano aequalis erit. Quid est si hoc non est insanire? Sed sunto haec utcunque, quomodo vera est consequentia illa, si aër sit magis divisibilis, quam aqua, tum divisibilitas aëris maiorem proportionem

(b) *DM* 31, avec *clarius sit* pour *sit clarius* ; *quantitatis suae* pour *quantitatis aëris* ; et *quam divisibilitatis suae* pour *proportione divisibilitatis aquae*

50. *OL* I. 346-347, 421-423 (*DC* c. 26 § 4, c. 30 § 11) ; *EW* VII.19 (*Seven probl.* c. 3).
51. *Cf.* f. 204.
52. *OL* I. 127 sqq. (*DC* 12 §§ 8-9 ; *EW* VII.230-248, 277 (*Six less.)*.
53. ff. 109, 214, 292v, 316.
54. White : *Euclides physicus* (1657), p. 22.

habet ad suum subiectum, nempe aquam? Cum enim sicut divisibilitas aëris maior est divisibilitate aquae, ita aër magis est divisibilis quam aqua, comparatio fit maioris ad maius, et minoris ad minus, ideoque proportio eadem | utrinque esse potest. Sed de his satis, nam quid sit dividere, et quid sit quantitas abundè à nobis in superioribus[55] explicatum est.

Caput 4. ad nodum 4

De Loci Immobilitate
De Loco spirituum

1. Quid sit Intellectus, et quomodo res dicuntur esse in Intellectu.
2. Superficiem immobilem non esse nisi in Intellectu, id est imaginariam.
3. Substantias incorporeas supra intellectum esse, easque esse fide teneri, non sciri rationibus philosophicis.

1. Author ut probaret non posse esse plures mundos, assumpsit definitionem *Loci* Aristotelicam, nimirum *Locum* esse superficiem corporis ambientis, sed immobilem. Cum videret autem omne corpus esse mobile, omnemque superficiem realem esse superficiem alicuius corporis, necessarium ei erat aut concedere locum esse spatium imaginarium, quod negaverat, aut monstrare quomodo fieri posset ut superficies realis corporis mobilis non sit ipsa etiam mobilis. Hoc igitur ut monstraret, argumento usus est deducto à natura Intellectus. Dicendum itaque est aliquid de Intellectu. Sciendum est ergo unuscuiusque rei visae imaginem quandam relinqui ortam ab actione obiecti, etiamsi ipsum obiectum non amplius videatur[56]. Hanc imaginem ideam vocant sive | speciem rei visae. Similiter ex actione obiectorum in sensus caeteros remanet aliquid, quo actio repraesentatur, ut in auditu sonus, qui phantasma est motus, quo obiectum agit in organa auditus ; in olfactu odor, qui phantasma, sive repraesentatio est motus obiecti, quo agit in organa olfaciendi. Huiusmodi autem imagines has plerique philosophantium putantes esse res ipsas, appellant res prout sunt in animo ; pro imagine rei dicentes rem in imaginatione. Iam cùm imagines rerum excitentur ad auditum vocum, sive appellationum sive nominum, quae rebus ex constituto hominum

55. *Cf.* f. 17.
56. *Cf.* ff. 301 *ff*.

imponuntur, dicimur res illas intelligere, sed impropriè ; nam intelligere propriè est eam rei habere imaginem, cuius excitandae causa nomen inditum erat, idemque quod posse definire ; intellectio ergo non ipsarum rerum, sed orationis et vocum est, quibus sententiam nostram circa res significamus ; ideoque universalium esse dicitur : res autem universales non sunt, sed nomina, ut supra capite 2° declaratum est. Intelligere autem nomen (ut iam vocem definiam) est eorum quorum in re considerandorum causa nomen impositum est, propter nomen meminisse sic intelligitur ; vox *homo* quando ex ea voce venit in mentem non modò figura humana[c], sed etiam facultas eius ratiocinatrix : atque hinc est quòd bruta animantia intellectu careant, cùm enim nulla rebus nomina imposuerint, intellectum, qui est nominum, habere non possunt, et quòd careant ratione, ratio enim sine syllogismo non est, neque syllogismus sine propositione neque propositio sine nominibus[57]. Quando igitur rem aliquam in intellectu esse dicimus, idem est ac si dicamus eius rei esse imaginem in animo, sed excitatam ab eius nomine ; & per consequens idem esse rem in intellectu, & rem imaginariam ; idemque spatium in intellectu, | et spatium imaginarium. His praemissis, videbimus authorem loci immobilitatem ex eo probare, quòd locus sit spatium imaginarium, quod ante negaverat. Sed eius argumentatio percurrenda est.

2. *Voces* (inquit pag. 32) *mentem referunt* (quod notamus obiter perabsurdum esse, quaenam enim esse potest inter vocem, et mentem similitudo? et quomodo, si voces referunt mentem, non sunt omnium gentium voces similes, cum habeant mentes similes?) *mens autem nihil ferè unum, & absolutum in se depictum habet, sed comparando plura, notitias quasi compositas continet.* Et *aberrant*, inquit, *qui eadem quae intellectu inveniunt, in rebus posteà requirunt.* Et *hinc est quòd audientes locum esse superficiem immobilem, statim in rebus investigant superficiem aliquam suâ naturâ immobilem, nec eam reperientes locum male definitum esse clamitent.* Quibus verbis hoc dicere vult : imaginem superficiei, putà currentis aquae, non esse unam, et absolutè illam illius aquae, sed compositam ex superficiebus aquarum perpetuo cursu succedentium, atque etiam ex superficiebus omnium corporum, quae possent in aquae locum succedere. Id quod fieri nullo modo potest, cùm uniuscuiusque corporis superficies cum ipso corpore auferatur ; debebat autem dicere superficiem imaginariam ortam ex visione currentis aquae imaginem fuisse aquae, non ut aquae, sed ut corporis ; ideòque repraesentare non illam aquam, sed quamlibet, sive aquam, sive aërem, sive corpus quodlibet

(c) Les mots *sic intelligitur* ont été ajoutés entre *meminisse* et le point-virgule qui suit ce dernier. Lire ... *propter nomen meminisse; sic intelligitur vox homo*... ?

57. *EW* IV.25, 50 (*Hum. nat.* c. 5 § 14, c. 9 § 18).

eiusdem magnitudinis & figurae ; atque ita fiet immobilem esse superficiem, non eam quae illi aquae ut accidens inhaerebat, sed eam quae erat in mente, nempe imaginariam, id quod ipse statim confitetur dicendo, *aberrare eos qui in rebus requirunt* | *quae inveniunt in intellectu.* Quod idem est ac si dixisset superficiem immobilem non esse in rebus, sed in intellectu, id est non realem, sed imaginariam. Rectè ergo clamitant locum malè definitum esse, *superficiem immobilem*, si superficies intelligatur realis. Deinde pag. 33, *fluentem superficiem immobilem esse posse*, dicit, *si ab intellectu communis aliqua ipsius ratio ad immobile aliquid alligetur.* Sed quid aliud est superficiem mobilem ad aliquid immobile ab intellectu alligari, quàm imaginari superficiem immotam? nam moto corpore, superficies eius realis nullis vinculis, praeterquàm imaginationis, retineri potest ; nec est alligari ab intellectu aliud quàm intelligi. Et sic rursus devenitur ad hoc : ut locus sit spatium imaginarium. Contra id quod ad probationem unitatis mundi superiore nodo assumpserat.

3. Moverat quaestionem, pag. 32[58], quomodo substantiae incorporeae sint in loco, & si quidem in loco non sint, quomodo verum sit id quod omnes aniculae puerique dicunt, nempe quod nusquam est, id non esse. Perdifficilis sanè quaestio est, impossibile enim est substantiam concipere nisi sub ratione extensi, sive quanti. Quod autem concipitur ut extensum, omnibus corporeum & materiale appellatur. Omnes tamen gentes huiusmodi substantias agnoverunt ; atque Ethnici quidem cùm viderint non modo somniantes, sed quandòque etiam vigilantes spectra quaedam oculis obversari, nescientes eas esse phantasmata orta ex passione aliqua animi vehementi ; putare poterant ea esse res externas, suis praeditas dimensionibus ; | sed propterea quòd easdem viderent facilè evanescere, corpora ea esse non putare ; spiritus ergo eos esse dixerunt, volentes nomen iis dare corporum tenuissimorum ; nam corpora aestimant rerum naturalium ignari, non dimensionibus, sed opacitate, scilicet vacuum putantes quicquid oculis pervium est. Hinc gentibus opinio oriri potuit innumerabilium tam bonorum, quàm malorum daemonum, aliarumque substantiarum incorporearum ; utrum autem substantiae aliquae sint incorporeae necne, cùm sciri ratione naturali non possit, id pro vero tenendum est quod à Deo supernaturaliter est revelatum. Huiusmodi ergo substantias agnoverunt Christiani, moti scilicet authoritate scripturae sacrae, non propter rationes philosophorum ; et dogma fidei est, non scientiae ; cumque inexplicabile sit quomodo huiusmodi substantiae esse possint, nec tamen in loco, ii qui id disputandum proponunt, Christianam fidem non confirmant, sed labefactant, innatum enim plerisque est pro falso habere, quod quis conatur, nec tamen potest probare verum esse[59].

58. En fait, à la p. 33 et en *oratio obliqua.* Hobbes abrège.
59. *Cf.* f. 288v.

Caput 5. Ad nodum 5um

An sit substantia liquida super Lunam. An substantia mortalis reperiatur in coelis. Quo sensu quantitas sit idem quod indivisibilitas

1. Quid sint motus, mutatio, actio, et passio. 2. Quid sint categoriae & quid relata. 3. Quid sint ortus, interitus, generatio, corruptio, mors[d]. 4. Examen argumenti pro liquido. 5. Examen argumenti contra motum sphaerarum solidarum. 6. Examen argumenti quo probat quantitatem esse liquiditatem.

1. Dicendum est hoc loco quid sit motus, quid sit mutatio, quid actio, quid passio, quid relata sive, ut vocat Aristoteles, τὰ πρὸς τί ; quid sit ortus, quid interitus, quid generari, quid destrui, aliaque huic similia[60]. Ex quibus malè intellectis author noster ratiocinatus est, putans tamen demonstrasse se materiam aliquam liquidam necessario existere supra lunam, orbesque, si essent solidi, quemadmodum putaverunt astronomi mediae antiquitatis, non posse unum intra alium moveri, et denique substantiam aliquam esse in coelo mortalem. Sciendum igitur est *motum esse* dici quicquid nobis videtur non esse in eadem distantia, et in eodem situ respectu alicuius puncti quod imaginamur fixum, hoc est quod non videtur esse in eodem loco[61]. Moveri autem (sive motus) est locum alium continuò relinquere alium acquirere, neque si id quod movetur, interea dum movetur, alias induat qualitates, velut si homo dum ambulat, rubeat, pertinet id ad motum, quem hic definii ; potest enim quis in eodem loco stans, & rubere & pallere | sed ad mutationem ; *Mutatio* autem est partium latio[62], sive motus, propter quem aliter apparet totum quàm apparebat ante[63]. Cùm enim rerum mutationem à mutatione apparentiarum, sive phantasmatum, quae suscitantur in nobis à rebus ipsis in sensus nostros agentibus oriri supponimus ; siquidem res aliqua aliter nobis videtur esse quàm fuerat, statim mutatam eam esse dicimus, sive in eodem loco, sive in diversis apparentem. Quoniam verò impossibile est imaginari quòd res, cuius omnes partes ita se habeant sicut ante,

(d) *Harl.*, ch. 10

60. *Categ.* VII (6.a.35 *sqq.*). *Cf.* f. 128 *sq.* ci-dessous.

61. *OL* I.72, 97 (*DC* c. 6 § 13, c. 8 § 10) ; *EW* VII.83-84 (*Dec. phys.* c. 2). *Cf. Euclides physicus*, p. 16 (sur la solidité des orbes célestes).

62. Arist. *Phys.* V.iv (227.b.30).

63. Sextus-Empir. *Contre les physiciens*, I.374.

aliter tamen agat in nos eosdem existentes quàm ante egerant, omnem mutationem motui attribuemus, non quidem totius corporis, sed partium eius internarum, quas non videmus ; siquidem motum illum partium videremus, non vocaretur mutatio totius, sed singularum partium motus ; faceremusque tot corpora quot partes diverse motas videremus. *Mutatio* itaque est motus, non totius, sed partium ; et motus ille, *mutatio* est non partium sed totius. Neque vero motus partium dicitur mutatio, nisi inde oriatur diversa rei species, sive apparentia in sentiente. Ideò enim sphaera, quae circumversa super axem proprium, ita ut tota quidem immota sit, pars vero unaquaeque moveatur, immutata censetur, quia sub eadem specie et apparentia apparet ; sed si ex motu partium aliter appareat sentienti, ut homo immotus, motu tamen sanguinis nunc rubet, nunc pallet, tum demum mutatus esse dicitur. Est ergo *mutatio* motus partium ille, per quem aliâ specie apparet res sentienti quàm prius. *Agere* dicitur id quod aliud movet, vel mutat ; *pati* verò quod ab alio movetur, vel mutatur[e].

2. Aristoteles in libro quem inscripsit[64], *Categoriae* i.e. *appellationes*, distinxit rerum nomina, sive appellationes, in decem genera ; quaedam enim nomina rebus imponuntur propter species, sive imagines ipsarum in animo ; quae nomina respondent quaestioni, *Quid est*, scilicet, quid est illud, cuius habemus imaginem. | Ex his conflatur *Categoria* ουσιῶν, sive essentiarum[65]. Alia respondent ad quaestionem de parte imaginis, partes autem imaginis in mente, sunt extensio sive quantitas, figura, color et quaelibet alia qualitas sensibilis,[f] ut quaestio, *id quod videmus, vel eius ideam habemus quantum est*, et respondetur per mensuram, ut *cubitale*, vel *bicubitale* ; unde conficitur *Categoria quantitatis* ex nominibus mensurarum ; vel quaestio, *id cuius imaginem habemus, quale est*, ut calidum, an frigidum, album an nigrum ; quadratum an rotundum ; ex quibus nominibus fit *Categoria qualitatis*[66]. Quartò interrogari potest quid, quantum, & quale aliquid sit respectu alterius, ut an quis filius sit, vel aequalis, vel similis, quae sunt nomina imposita rebus[67]. Propter nostram earum cum aliis rebus comparationem, et ex his constat *Categoria* relatorum, sive τῶν πρὸς τί. In quinta Categoria posuit nomina signifi-

(e) *Harl.*, ch. 8. *Cf.* f. 385v (f) partes... sensibilis *ajouté en marge, par Mers.? par le copiste B?*

64. Liv. IV (1.b.25). L'ordre n'est pas celui d'Aristote ; peut-être est-il traditionnel : *cf. La logique de Port-Royal* (1662 ; edn. 1683, pt. I, ch. 3). *OL* I.22 *sqq.* (*DC* c. 2 § 15).
65. White définit *ousia* dans *An apology for Rushworth's Dialogues* (edn 1654, p. 88).
66. *Meta.* IV.IV (1006a) ; White : *Euclides physicus*, pp. 69-100 (sur le rapport entre les qualités et le mouvement local).
67. *Cf.* ff. 129v *sqq.*.

cantia motum, quatenus in movente, id est actionem. In sextà, nomina significantia motum, quatenus in moto vel mutato, id est passionem. In 7ª nomina dirigentia ad locum, ut in urbe, in domo. In 8ª nomina dirigentia ad tempus, ut prima, vel secunda Olympiade. In 9ª, nomina positionum ut stans, sedens ; et in decimâ, nomina habituum ut armatus, vestitus, paratus & similia. Huiusmodi distinctio an recta & utilis philosophia extiterit non disputo ; considerabimus tantum hoc loco naturam relatorum. Cum igitur *relata*, et secundum *Aristotelem*, & secundum rei veritatem, sint nomina imposita, non propter aliquid in re ipsa nisi quatenus confertur cum re alià, sequitur nomen tale rei non amplius convenire si vel ipsa mutetur, vel alia illa res ad quam conferebatur ; exempli causâ si duae res propter albedinem utriusque nominentur *similes*, perdunt illud nomen, si utravis earum mutetur ex albo in nigrum. *Nomina* verò *absoluta* rei cui imponuntur, convenient semper, nisi ipsa mutetur. Ut si quid vocetur album, erit semper album, nisi ipsum mutetur, utcunque mutentur alia ; et si quid vocetur bicubitale, erit semper bicubitale ; utcunque mutentur alia, si ipsum nihil patiatur. Neque ergo quod ex *simili* evadit | dissimile, ideò necessario mutatur, aut patitur aliquid, album enim idem manet nec patitur, etsi propter mutationem alterius albi in nigrum desinat esse simile.

3. Ortus & interitus accipiuntur aliquando pro creatione ex nihilo, et destructione, sive reductione in nihilum, id quod a sola omnipotentia divina & fieri & intelligi potest ; imaginatione enim nostrâ nullo modo assequi possumus quomodo aut aliquid ex nihilo, aut nihilum ex aliquo oriri possit. Quandoque autem & plerumque pro generatione, et corruptione accipitur, id est pro mutatione, non tamen qualicunque, sed eâ propter quam nomen rei imponimus, vel adimimus, quod respondet ad quaestionem *quid est*? Sic homo dicitur generari, non quòd materia ex qua fit, suscipiat novum colorem, vel qualitates carnis aut ossium ; aut aliam parvam mutationem, sed quando subierit mutationem tantam, ut cùm ipsam intueamur, habeamus ab aspectu eius eam imaginem propter quam solemus rem aliquam appellare hominem. Eodem modo non quaelibet mutatio, ut ex *albo* fieri nigrum, aut ex sano aegrotum, sed non ampliùs habere sensum, & figuram hominis, est hominis *interitus*, corruptio. Generatio ergo corporis est mutatio eius, propter quam ipsi conveniet nomen novum ex iis quae pertinent ad *Categoriam* essentiae ; homo qui, ex cubitali fit bicubitalis, nomen quidem novum habet ex iis quae sunt in *Categoria* secunda, quae est mensurarum, hominis tamen nomen manet ; sed si mutetur in arborem, generari arbor dicetur, & homo interire. Interitus enim corporis, est mutatio eius illa, propter quam nomen ei non ampliùs convenit quod habebat ante ex iis quae pertinent ad Categoriam ουσίας essentiae. Materia tamen eius, in qua consistit natura corporis, non interit : sicut vini cotyla infusa oceano, quanquam desinat esse vinum, non tamen desinit esse corpus. |

Interitus autem vegetabilium et sensibilium solus est qui appellatur *mors*, et *mortale* dicitur quod vegetabile vel sensibile existens mori potest.

4. Accedamus iam ad argumenta authoris. Primò autem corpora aliqua liquida esse demonstratum dicit pag. 37[g], ex eo quod non datur vacuum. *Clarum*, inquit, *est corpora minima moveri, & in unum corpus convenire non posse absque liquidi alicuius medii vehiculo. Manifestum enim est, quoties conveniunt, vacuum, aut liquidum mixtum habere, cùm eorum figurae non semper locum repleant.* Vacuum autem non datur ; ergo est inter ipsa aliquod liquidum. Quae argumentatio innititur hypothesi quam antè[68] falsam esse ostendimus : *non posse esse vacuum.*

5. Esse autem liquida aliqua corpora supra Lunam veteres censuerunt, et moderni censent ; medii negavere nescientes aliter rationem reddere coelestium phaenomenωn[69]. Postquam autem Copernicus astronomiam restituisset, orbes illi solidi concentrici, excentrici atque epicycli haberi coeperunt incredibiles, atque argumenta etiam conquiri physica, quibus ne possibiles quidem eos esse ostendi posset. Praecipuum verò hoc erat quòd soliditas illa sive durities, quam supposuerunt sphaerarum coelestium, impedirent ipsarum motum, argumentum sumentes ab eo quòd si cylindrus cylindrum, exterior interiorem arctè complectatur, interior videbatur non posse converti. Sed considerare oportet causam eius rei esse posse quòd se invicem arctâ illâ complicatione premant. Deinde etsi non premant, non potest esse contactus ita perfectus ex cylindris manu dolatis, | quin superficies earum non sint scabrae, & denticulis implicatis motum impediant ; cuius rei signum est quòd ope axungiae, quae inaequalitates repleat, cylindrus cylindro insertus convertitur facilius, cùm tamen contactus maior est unctis quàm non unctis. Sed author noster contra orbium coelestium duritiem novo quodam genere argumenti utitur a natura nominum *Relatorum*[70]. *Sunto*, inquit, *duo corpora A & B, nonne vides quae de iis dicamus* (id est eorum nomina) *alia non nisi singulis mutatis variari, alia vero immutato illo de quo loquimur, variari posse*[?] id est alia manere, nisi ipsae res mutentur, quarum sunt nomina, alia verò non manere, etiamsi res quarum sunt nomina non mutentur. *Ut quod A sit A, quaecunque mutatio fiat in B, si A maneat immotum, semper verum erit*, vel quod *Plato* est *Plato*, quicquid accidat Socrati. *Quod autem A simile vel aequale sit ipsi B, C mutato B*

(g) Avec *(quod in omni generatione usu venire necesse est)* après *minima* et *Unde atomi Epicurei etiam ex hac parte deficiunt. Cùm enim divisibiles sint* après *vehiculo*

68. Aux ff. 23 sqq.

69. Galilée : *Due sistemi* p. 113

70. *OL* I.20 (*DC* c. 2 § 13). Arist. *Categ.* VII, 6a, 6b ; *Meta.* V.xv.1 (1020.b.).

mutari potest[h], vel quòd *Plato* sit discipulus Socratis, mutari potest, ipso Platone immutato solâ mutatione *Socratis*. Quae omnia clarè & breviter sic dici poterant ; nomina absoluta, nisi res mutentur, semper manere, nomina relativa non semper. An non mirabitur quis si huiusmodi principium pertinere audiat ad quaestionem de liquiditate sphaerarum coelestium. Assumit autem aliud, quod idem est, si non est mutatum manet idem ; et demonstrationem sic texit. *Esto A*, *locus & locatum B. Si neque A neque B in se se aliquam mutationem subeat*, *fit semper A esse A*, *et B*, *B*, *et A respectu B semper idem esse & operari. Si itaque* | *erant aliquando A et B : et A non locabat B*, *dum omnia eadem manent*, *impossibile est ut A locet B. et si semel locus fuerit*, *impossibile est*, *iisdem stantibus*, *non esse eiusdem locum*[i]. Et paulo infrà subiungit quod erat demonstrationis reliquum. *Cùm igitur*, *nullo in se mutato*, *non possit contingere ut respectus unius ad alterum varietur. Si duae contiguae sphaerae adeo solidae sint* (id est durae) *ut ex neutra quicquam deteri*[j] *possit per motum*, *nihil est intrinsecum quod in iis per motum localem mutari potest*[71]. *Si ergo coelum ponatur localiter mutari*, *ponitur extrinsecè id est secundum locum facta ea mutatio*[k].

Quaestio erat an duarum sphaerarum contiguarum ita durarum, ut per motum nihil illis deteri possit, possit[l] illa quae interior est converti super axem proprium. Ille autem non hoc concludit sed aliud, nimirum si coelum moveatur localiter, moveri ipsum extrinsecè, id est secundum locum. At putat forte iis verbis contineri idem quod verbis quibus quaestio est proposita. Quod etsi mirum sit, concedatur. Videamus autem vim praemissarum ex quibus infertur. 1ª est, si *neutra sphaera*, inquit, *mutetur*, *intrinsecè manebit idem respectus unius ad alteram*[m]. 2ª *si idem maneat respectus*, *sphaera exterior*, *quae erat locus interioris*, *semper erit locus eius.* 3ª *si sphaera altera ab altera motu suo nihil deterat*, *fiet in neutrâ mutatio intrinseca.* 4ª. *Sphaerae si solidae sunt*, *nihil altera ab altera deterit ; ergo si duae sphaerae exterior & interior solidae sint*, *exterior interioris semper erit locus*[n]. | Subauditur autem sphaeram interiorem, nisi mutet locum, non posse converti super axem proprium. Si voce mutationis non comprehendat motum localem[o] falsa est prima, quia duo corpora quaelibet (puta duos planetas) motibus suis divertis respectum variant, cùm sint quandoque magis, quandoque minus distantes à se invicem.

(h) Après *ipsi B*, *C* il y a dans le MS une lacune d'un centimètre, qui ne se trouve pas dans le *DM* et que Mers. ne remplit pas. Y avait-il un mot dans le brouillon de Hobbes que le copiste n'a pu lire ? (i) *DM* 38-39, avec *erat* pour *erant* ; *donec* pour *dum* ; et *impossible erit* pour *impossibile est* (j) deteri *M** (k) *DM* 39-40, avec *aliud* pour *alterum* ; *mutari possit* pour *mutari potest* ; et *mutatio facta* pour *facta ea mutatio* (l) *possit M** (m) alteram *edd* alterum *MS* (n) *DM* 40 (o) motum localem *M* locum motalem *(sic) MS*

71. *Cf.* ff. 31v, 66, 116, 126, 161v.

Sed si motum localem comprehendit, falsa est tertia, possunt[p] enim duo corpora immutata transferri secundum locum id est moveri localiter, quanquam alterum ab altero nihil deterat, nec alterum in alterum omninò operetur ; conclusio autem, *sphaeram exteriorem interioris semper esse locum*, non est ea quae inferenda erat, nempe sphaeram interiorem super axem suum non posse converti. Neque eam continet, non enim ad conversionem sphaericam opus est ut sphaera exeat à suo loco ; sed tantùm ut partes eius moveantur denuò in loca sua rediturae.

Ex[q] eo autem quòd substantia aliqua existens supra Lunam liquida sit, probat esse aliquid in coelis mortale, pag. 41. Ratiocinationis forma huiusmodi est. Praemissarum 1ª. est[r] *quod dividi potest, potest interire.* Cui adiuncta 3ª *quod potest interire, mortale est*, producit hanc, *quod dividi potest mortale est*, quae cum hac 4ª, *quod liquidum est dividi potest*[s], facit, *quicquid liquidum est* esse mortale, at ostensum antè erat, *esse in coelo substantiam liquidam*, conficitur ergo esse aliquid in coelis mortale. Vox individui duplici sensu accipi solet : 1º pro singulari sive una re sola ut sol, Luna, | haec stella ; 2º, pro indivisibili, ut atomus propter exiguitatem vel ut infinitè dura, ut ille putat (si quae essent) propter duritiem[72]. Utrovis horum sensuum accipiatur praemissa 1ª, vel secunda falsa, vel absurda est, nam[t] si per individuum intelligatur singulare ex mutatione phasium Lunae et Veneris, potest inferri quòd illa duo astra obnoxia sint interitui. Si verò individuum idem sit quod indivisibilitas, secunda absurda est, nempe[u] *quod dividitur individuum mutat*, non enim dividi potest quod sic individuum est. Non est ergo verum, *quod dividi potest posse interire*, imò interire corpus nullo modo potest, sed mutari potest, eousque ut alio nomine appellandum sit, sed neque recta locutio est illa altera : *quod interire potest mortale est*, mors enim nullius substantiae interitus est, sed determinata quaedam mutatio corporum sensientium in non-sentientia. Neque est interitus, id est annihilatio id quod appellamus mortem. In 1ª. falsum quoddam insinuat, nimirum non est divisibile quod non est liquidum. Concludit tamen esse in coelis mortale aliquod, poterat autem conclusisse eodem argumento nullum esse in coelis corpus non mortale. Corpus enim omne divisibile est, neque minus sol & astra quàm circumfusum liquidum.

6. Praecedentium ratiocinationum omnium debilitas ex eo orta est, quòd non intellexerit author quid sit dividi, cùm enim idem ponat esse dividi,

(p) possunt *M* potest *MS* (q) Ce paragraphe est précédé, par erreur, du chiffre 5 (r) *DM* 41, paraphrase (s) Hobbes omet la deuxième phrase de White : « quod dividatur (de homogeneis loquor) individuum mutare » (t) nam *M* non *MS* (u) nempe *M**

72. Selon White (*Euclides physicus*, pp. 27-28) les atomes n'existent point, parce que (inter alia) Epicure les a pris comme postulat.

& partem à parte | dirimi, fit ut liquida & mollia minus sint divisibilia duris & consistentibus[73], et ut maximè dura minimè sint divisibilia, utque tempus cuius continuitas abrumpi non potest sit indivisibile, aliaque multa absurda. Deinde cùm Dividi idem statuat esse quod interire, sequitur nullum corpus non esse obnoxium suâ naturâ destructioni, id est annihilationi, cuius contrarium manifestum est, nempe nullum corpus posse interire, etsi enim potest corpus aliquod desinere esse hominem, vel arborem, non tamen potest desinere esse corpus, id est *interire*. Tertiò, cùm statuat idem esse divisibile (id est ut ille vult liquidum, aut molle) quod quantum, corpora dura non habebunt quantitatem, quae omnia & alia innumera absurda inde consequentia ostendunt Philosophiae studium, nisi paucissimis, nocere magis quàm prodesse ad scientiam veritatis.

Quantitatem autem idem esse cum divisibilitate, id est separabilitate, sic probat. Quaestioni, inquit, *quantum est*, respondent omnes per mensuras, ut passûs, ulnas, libras, & similia ; mensura autem uniuscuiusque rei est pars eius, partes autem non sunt nisi quae separabiles sint ; nam si signabiles tantum sint, imaginariae sunt, hoc est nullae. Quantitas ergo est separabilitas, cùm autem ostensum sit[v] capite tertiò divisionem mentalem veram esse & imaginaria verè dividi, argumentatio haec tota corruit. Praetereà cùm libras, hoc est pondera, ponat inter mensuras quanti, an pondus | etiam, cùm sit quantitas, consistit quoque in separabilitate partium ; et quò magis aliquid fluidum est, eo magis ponderat? ponderabit itaque minus argentum vivum, quod fluidum est, quàm chalybs quae est durissima. Sed philosopho nostro *divisibilitas* est omnia, nimirum liquiditas, quantitas, densitas, raritas, patibilitas (nam quae mentaliter dividuntur, à mente pati dicit quia dividi est verbum passivae vocis) et corruptibilitas,

(v) sit *M* est *MS*

73. *Cf.* ff. 8 et 18.

Caput 6um

Ad nodum 7. De demonstratione Aristotelis pro immortalitate coeli. De simplicitate & compositione, an sursum missa ante quiescant, quàm incipiant descendere. Et an id quod exiguâ vi mittitur sursum quiescere faciat id quod magna vi ipsi occurrit descendendo

1. Quid sint simplex, multiplex & mixtum. 2. Omnes lineas esse simplices. 3. Quid sit linea recta & quid curva. 4. Quid sit motus simplex & compositus, et quomodo rectus motus & circularis sint simplices. 5. Corporum simplicitatem & mixtionem non sequi ex eorum motibus simplici & mixto. 6. De natura & naturali, & principio motus. | 7. Definitio contrariorum. 8. Ex contrarietate motuum non sequi mixtionem corporum motorum. 9. Corpora sursum missa non quiescere, ante quàm incipiant recidere. 10. Detectio paralogismi authoris. 11. Corpus ascendens motu minore non sistit corpus cui occurrit descendenti motu maiore, & quid sit motus maior & minor.

1. Nodum sextum quo continentur rationes propter quas Aristoteles et alii putarunt sphaeras coelestes esse duras[74], narratio coniecturalis, quae & satis probabilis est, & parum utilis ad scientiam veritatis, visum est praeterire, & transilire ad septimum, in quo multa sunt ad motum pertinentia examinatione non indigna. Cùm enim Aristoteli visum est distingui corpora in simplicia & mixta, & mixta quidem mutari, simplicia non mutari putarit, voluit coelestibus & elementis adscribere simplicitatem, sublunaribus caeteris mixtionem[75]. Mixtionem autem ex motuum infert contrarietate, quae in motu recto esse posse inquit, in motu circulari esse non posse. Corpora simplicia ea esse ait quorum motus est simplex, & motum simplicem qui per lineas simplices fit ; linea autem simplex quid sit non definit, sed quae sit recta nempe & circularis ; neque definit | quid sit motus mixtus aut compositus ; videndum ergo est quid sit simplex, quid compositum, quid mixtum, quid linea simplex ; quid composita, quid motus simplex ; quid compositus, et quo sensu corpus dicatur simplex, vel compositum, vel mixtum.

Simplex autem *unum* est, quatenus comparatum cum alio cuius ipsum est pars. *Compositum* autem definitum est supra capite 2°, nempe *unum*,

74. *De coelo* II.7 (289.a.12-16) et II.9 (291.a.18-22).

75. *Phys.* III.v (204.b.10) ; *Due sistemi*, p. 61. White : *Peripateticall institutions*, 1656, pp. 55-68.

quatenus factum per additionem mentalem unius ad alterum. *Simplex* igitur quatenus opponitur *composito*, idem est cum uno comparato cum alio quod ipsum continet. *Simplex* autem, quatenus opponitur *multiplici*; est *unum* quatenus comparatur cum alio, cuius ipsum est pars aliquota ; ita ut *multiplex* idem sit quod compositum ex partibus aliquotis. Ut clypeus Ajacis septemplix dicebatur[76], quod pellem superpositam pelli haberet septies, qui si habuisset unicam pellem fuisset clypeus simplex. *Mixtum* autem est compositum ex partibus heterogeneis (id est dissimilibus, secundum qualitates sensibiles) situ confuso, ut quando pulveres diversi coloris, vel liquores diversi permiscentur.

2. Quomodo verò linea distingui possit in simplicem, & compositam, nisi quatenus altera alteri in longitudinem | addi vel demi possit, inconceptibile est. Una enim alteri secundum latitudinem (propterea quod latitudine careant) addi non potest. Sunt ergo aequè simplices lineae omnes tam curvae, quam rectae, tam hyperbolicae, ellipticae, et para-

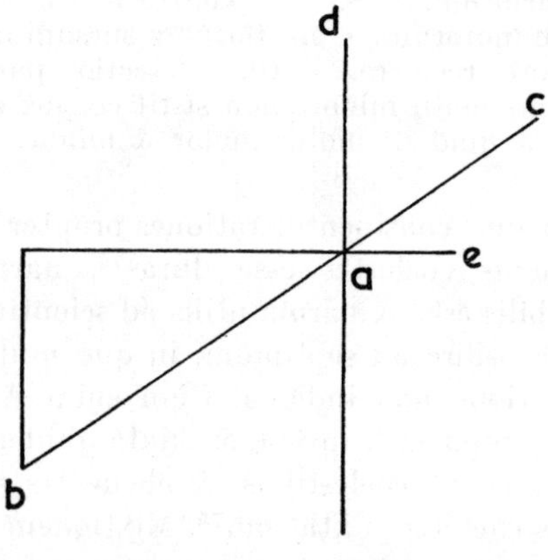

bolicae, quam circulares. Aristoteles ergo non rectè fecit distinguens lineas in simplices & compositas[77], neque author noster Aristotelem reprehendens rectè affirmat lineam circularem esse compositam, deceptus enim est quòd lineam eam compositam esse putet, per quam movetur mobile aliquod ex impulsu duorum, vel plurium simul moventium. Ideoque pag. 48. *Cogitare* iubet *primum punctum quod duarum longitudinum participatione fluit, fluxum habere compositiorem quàm si unam sequeretur.* Id quod falsum est nam recta AB si describatur à mobili in A pulso ab unico vento spirante per CA, minus composita est eâdem rectâ AB,

76. *Iliade* VII.215-9.
77. *Phys.* VIII.viii (261.b.27 *sq.*).

quando describitur à mobili in A pulso à duobus ventis lateralibus EA, DA, spirantibus simul[w].

At diameter rectanguli (inquiet) ideò simplex erit, quia potest describi à mobili quod ab unico movente pellitur, et quia contingens ipsi sit describi à moventibus | lateraliter. Circularis autem & omnis linea curva, ut mobile à quo describitur pellatur à motoribus pluribus, essentialiter requirit, et propterea suâ naturâ est composita. Sed hoc non est linearum, sed motuum compositio. Sed quod addit : lineam curvam includere latitudinem aequè atque longitudinem, impropriè dictum est, circulus enim vel tria latera trianguli, vel quatuor quadranguli includere quidem superficiem, quae sit[x] ex longo per longum moto, rectè & accuratè dicitur ; sed non includere longitudinem & latitudinem. Neque si *linea curva exeat*, ut dicit, *extra umbram suorum punctorum*, ideò necessarium est ut includat longitudinem & latitudinem. Includit quidem linea circumflexa vel fracta superficiem, intra se, sed non in se (id est non in naturâ suâ), cum sit ea longitudo sola, sed id quod non in ipsa lineae natura, sed intra eius septa tantùm est, nihil pertinet ad lineae simplicitatem, vel compositionem. Nulla ergo linea, sive recta sive curva, sive in umbra, sive in sole, composita est, ideoque tam in Aristotele quàm in nostro eius reprehensore ea distinctio linearum falsa est.

3. Sed quoniam lineam curvam eam esse dicit quae exit extra umbram suorum terminorum, videtur innuere[y] ac quiescere se definitioni *rectae lineae*, quà definitur esse ea | cuius mediae partes extremis obstant. Ea definitio inde hausta est, quòd visio fiat semper per lineam rectam, et ex eo contingat, si quid opacum inter obiectum & oculum secundum rectam lineam interpositum sit, illud factâ umbrâ visioni obstet. Sed falsa est, proptereà quòd si nulla omninò existeret visio, non tamen inde nullam sequeretur esse lineam rectam[78]. Neque melior est definitio Euclidis, Rectam esse eam lineam, cuius unumquodque punctum ex aequo interiacet inter suos terminos. Nam *interiacere ex aequo inter dua puncta*, intelligi quid sit non potest, nisi dicendo quòd interiacere ex aequo, sit interiacere in linea recta. Sed ut natura rectae lineae bene explicetur, oportet eam sic definire, Linea recta est quae inter duo puncta unica est eiusdem longitudinis, et curvam definire ut sit ea, quae pluribus viis inter eadem puncta, et eadem longitudine duci potest.

4. Motus autem si distinguendus sit in simplicem & compositum, non est sumenda ea distinctio ab unitate & pluralitate moventium ; sic enim nullus motus erit simplex, nam & circularis & rectus fieri potest à pluribus moventibus, qui ad eum producendum concurrunt, ut motus

(w) (Figure) *Cf. OL* I.64-65, 124-125, 153-155 (*DC* c. 6 § 6, c. 12 § 3, c. 14 § 1) ; *EW* VII. 213 *(Six less.)* (x) sit *Lire* fit ? (y) innuere *M* minuere ? *MS*

78. *OL* I.180-181 (*DC* c. 15 § 4).

rectus per diametrum componitur à | motibus laterum ; et circularis ex motu uno per semidiametrum qui est rectus, alio qui est ad semidiametrum perpetuo perpendicularis.

A differentia autem velocitatis sumi potest distinctio in simplicem & compositum[79], non tamen eo modo quem dicit, nempe ut simplex motus sit cuius velocitas sit ubique aequalis, compositus qui inaequalis.

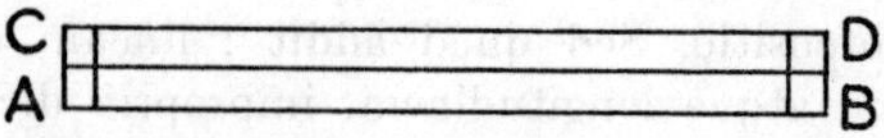

Vocatur quidem ille motus prior aequabilis & uniformis, alter non aequabilis, non autem simplex & compositus, motus enim gravium fit per continuam accelerationem, nec tamen ideò negatur esse simplex. Motum simplicem ex differentiâ velocitatum hoc modo definiendum esse censeo, *motus simplex* est quo unaquaeque pars mobilis aequè celeriter movetur ac unaquaeque partium caeterarum ; Compositus verò is, quo una pars mobilis velociùs fertur quàm alia. Atque hoc modo omnis motus rectus simplex erit, sit enim mobile AC cuius una pars sit A, alia C, quod moveatur motu recto ad DB, eodem ergo tempore quo totum AC perveniet

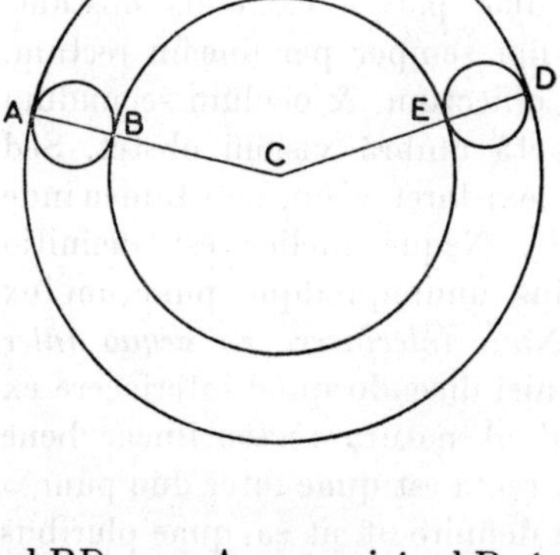

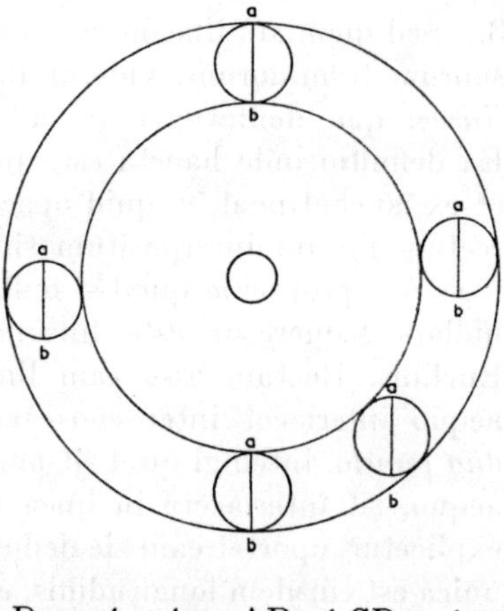

ad BD, pars A perveniet ad B et pars C ad D, sunt autem AB, et CD rectae aequales, ergo & velocitates erunt utrinque aequales. Atque eodem modo si AC esset divisum in partes quotcunque, velocitates eae omnes essent inter se | aequales. Motus autem circularis, vel simplex erit, vel compositus pro diversitate motus quo circulus describitur, sit enim mobile AB quod super centrum C describat motu suo circulum AD ita ut pars B feratur ad E et pars A ad D, id quod fiet necessariò si motus ille dependeat à motu semidiametri CBA, et fiunt ope circini, manifestum

79. *Cf. Meteorol.* II.vi (363.a.21).

est partem B moveri tardiùs quàm partem A, ideòque motus mobilis AB in parte B tardior est quàm in A : neque ideò motus totius AB potest dici simplex. Quod si mobile A ita circumferretur ut axis eius AB semper sibi parallelus servaretur, eo modo quo fit quando circulus manu sola prensante et circumducente axim AB (sine circino) describitur, vel eo modo quo terram per ecclipticam moveri supponit *Copernicus*, unumquodque punctum mobilis AB describeret tunc circulum aequalem ei quem describeret quodlibet punctorum caeterorum, et motus circularis sic factus simplex esset, nec scio an ullus alius motus praeter rectum & circularem simplex esse possit, ita, inquam, ut singulae mobilis partes velocitatibus ferantur, semper inter se aequalibus[80]. |

5. Corpus *simplex*, si opponatur *composito*, idem est quod *pars* respectu totius, si opponatur multiplici, idem est quod pars aliquota respectu totius, sive unum respectu plurium simul sumptorum. Si opponatur *mixto*, idem quod *homogeneum* respectu *heterogenei*, neque intelligi potest quomodo corpus dici possit *simplex*, *compositum*, multiplex, aut mixtum propter diversitatem motuum, cùm omne corpus sive compositum, sive multiplex, sive mistum, possit tamen ferri per rectam lineam, & per circulum, id est motu simplici ; et omne corpus simplex ferri possit per quamlibet lineam curvam, id est motu composito.

6. Sed natura, inquit, est principium motus, oportet itaque in iis quae feruntur motu simplici, simplicem esse naturam. At principium motus quid aliud est quàm motus à loco ad alium locum propinquum? nullum enim principium motus est, ubi ipse motus nondum incepit, idem ergo significat *natura simplex*, et *motus simplex*, atque petitio fit principii ; et quia omne corpus etiam simplicissimum, puta materiam primam si existeret, vel subtilissimum aetherem, vel corpus cuiuscunque stellae potest ferri motu | *non simplici*[81], *natura* omnium corporum erit *non simplex*, atque ita omne corpus erit *simplex & non-simplex*. *Natura* etiam non rectè definitur *principium motus* ; fertur lapis sursum manu proiectus ille motus esse non posset nisi eius esset aliquod principium, non tamen est lapidis[z bis] ea natura ut incipiat moveri sursum. Quod si emendatur definitio, dicaturque naturam esse principium motus naturalis, vitiosa fiet, non enim intelligitur quid sit motus naturalis, priusquam sciamus quid sit natura. Dicemus igitur naturam esse unuscuiusque corporis potentiam ad operandum sive agendum, ipsi essentialis[z], hoc est in

(z) essentialis *Lire* essentialia ? (z *bis*) lapidis *lire* lapis ?

80. Sur le mouvement circulaire cf. *OL* I.258 *sqq.* et ff. 221, 224v, 232. Selon l'*Euclides physicus* de White (pp. 145-6) celui-ci consiste en *pulsus* ou en *tractus*, ou en impulsions opposées les unes aux autres. Voir aussi Aristote : *Phys.* VIII.viii (265.a).

81. *Cf.* Aristote : *Meta.* V.v (1015a).

definitione eius comprehensa, vel ex ea inferenda, ut sentire posse natura est animalis, posse ratiocinari natura hominis[a] ; habere duos angulos rectos, natura trianguli isoscelis[b]. Motus ergo naturalis est is ad quem mobile potentiam habeat, evincendam, sive inferendam ex ipsa mobilis definitione. Ex quo sequitur omnem motum possibilem omni corpori esse naturalem. Terra enim non esset terra, nisi posset moveri etiam sursum, natura enim corporis est posse quaquaversum moveri ; itaque terra non esset corpus nisi moveri posset etiam sursum, et | siquidem non esset corpus, non esset Terra. Potest igitur moveri Terra sursum ex ipsa essentia Terrae, atque ita motus ille sursum factus à projiciente erit naturalis. Et ut uno verbo dicam quicquid fieri potest, naturale est ; ea tantum differentia est naturalis & violenti, quòd motum, cuius non videmus causam, naturae tribuimus. Cuius autem causa manifesta est, eum violentum dicimus. Potentia autem ad motum, nisi ipsa quoque motus sit principium, motus non est. Principium enim unuscuiusque rei est prima pars eius[82] ; subit hoc loco cogitatio quomodo iuvenes, qui Philosophis traduntur aparentibus ut aliquid addiscant novi, dediscunt plerique ea quae probè intellexerant prius, pueri enim dum versantur in classibus grammaticae probè sciunt, verbi gratiâ, quid sit rei principium, vertunt gallice *commencement*, et ea voce intelligunt aliquid. Interrogati enim quid sit principium viae, dicent, vel saltem intelligent primum passum, vel primum pedem, vel primum aliquid, & quid sit principium catenae dicent primum annulum & uniuscuiusque rei primam partem. Sed postquàm ascenderint ad | Philosophos, rogati quid sit principium, vertunt *Un Principe*, sed *un principe* quid sit nesciunt, hoc tantum sciunt quòd sit aliquid quod non sit negandum[83] ; Idem accidit circâ alias voces, quarum sensum pueri satis sciunt, sed perdunt posteà, cum ineptè eas à Philosophis explicari sentiunt, oriturque ab imperita explicatione difficultas ea quam sublimitati attribuunt metaphysicae, et sic nominibus impropriè usurpatis non erudiuntur iuvenes, sed stupescunt unâ cum magistris[84]. Sed ut redeamus ad naturam, distinguit eam autor noster in universalem & particularem, ostendi supra cap. 2. nihil esse universale praeter *nomina*. Natura igitur si res sit universalis, non est. Neque natura cuiusquam corporis coelestis, neque cuiusquam subcoelestis universalis est, neque natura totius mundi universalis est, esset enim eadem natura uniuscuiusque corporis singularis, sicut natura hominis

(a) animalis... hominis *M* animalem *(sic)*... hominem *MS* (b) trianguli isoscelis *M** *(remplissant une lacune)*

82. *Cf.* f. 302v.
83. *OL* V.155 *(Princ. geom.)*.
84. *Cf.* l'*Historia ecclesiastica* (publiée en 1688), v. 1843-4 (*OL* V.398) :

« Posse quidem stultos fieri concedo docendo,
Verum sic factos nemo fuisse putat ».

est natura Socratis et Platonis &c. Nullius igitur rei natura universalis est, non magis ergo datur natura universalis, quam res universalis, id est non datur omnino. |

7. Aristoteles motui super lineam rectam motum alium super eandem à diverso termino contrarium esse dicit[85], rectè quidem propter pugnam, sive conatum se mutuo repellendi, sed non propter distantiam terminorum, at supponens *contraria* rectè definiri ea esse quae maximè inter se distant, in rectis quidem motibus quorum termini, unde promoventur versus se invicem, maximè inter se distant, contrarietatem esse dicit, in motu autem circulari (quia circuli idem punctum initium est et finis, ideòque termini eius non omnino distant) non esse[c]. Veruntamen si duo mobilia incipientia moveri a duabus extremitatibus diametri, unum tendet[d] versus alterum per circumferentiam semicirculi, non video quo minus hi duo motus contrarii sunt, quàm si essent recti, feruntur enim viis oppositis & à terminis in circulo maxime distantibus. Distantia non facit contrarietatem, sed mutua alterius in alterum actio ; neque definitio contrariorum, nimirum contraria sunt quae sub eodem genere maximè distant, etsi aristotelica sit, | placeatque authori nostro, satis accurata est ; per distantiam intelligitur ibi dissimilitudo : Callidum quidem & frigidum, sunt dissimillima, eademque pugnantia, contraria autem sunt non propter dissimilitudinem, sed pugnam. Album & nigrum dissimillima sunt, non autem contraria, quia non pugnantia. Motus autem rectus contrarius est motui recto super eandem lineam à diverso termino, etsi non dissimilis, nec sub eodem genere maximè distans. Vera definitio est, *contraria* ea esse quorum motus maximè inter se pugnant, atque hoc modo non solum motus recti sed etiam circulares inter se contrarii esse possunt.

8. Quòd si concedatur motus super lineas rectas contrarios fieri, super circulares non fieri, nihil tamen inde inferri potest, ad corporum sublunarium mixtionem quod non etiam inferretur pro mixtione coelestium ; mixtio enim fit per fractionem totius in particulas, fractioni autem non conducit motus oppositus per eandem rectam, sed motus lateralis ; quae enim concurrunt motibus diametraliter oppositis, se mutuò repellunt, | non frangunt, mutatio autem per quam corpora alia atque alia specie apparent nobis, et propter quam alia simpliciora, alia mixta dicimus, nihil aliud est quàm diversus motus in partibus mutati invisibilibus, qui produci potest omni potius actione quàm eâ quae fit per oppositionem directam ; non ergo fit mixtio in sublunaribus propter motuum contrarietatem nisi quatenus per motus oppositos coguntur partes concurrentium corporum exilire lateraliter. Ita ut demonstratio Aristotelis, neque vera

(c) *DM* 183. *Cf.* ff. 121, 221 sq., 234 sq. (d) tendet *M'*

85. *De interp.* XIV, 23a ; *Phys.* V.v (229.a.7).

sit, neque tamen ab authore satis confutata, incertumque adhuc maneat utrum eaedem in coelo existant mutationes, quae circà terram, necne.

9. Sequitur quaestio an motus contrarii supponant quietem in puncto aliquo medio, quae duplici modo proponi possit. Uno, utrum corpus manu proiectum prius quiescat quàm incipiat recidere. Altero, si corpus aliquod quantacunque mole, & gravitate, descendens occurensque corpori cuipiam ascendenti ; utrum necesse sit ut in puncto concursus alterum, aut utrumque aliquamdiu quiescat. | Quod ad primum attinet sententia Aristotelis est quietem fieri, quam author impugnat quidem, sed tamen tenet[86]. Impugnat autem hoc modo pag. 51e. *si inter motus contrarios detur quies, corpus quod movetur per integram circuli circumferentiam eo tempore quiescet*, inquit, *quater ; toties ergo motus eius interrumpetur, atque toties ergo causa quaerenda est quare repetatur.* Sed quare motus per circuli circumferentiam quater, potiùs quàm pluries interrumpatur, nec ille dicit, nec quisquam imaginari possit, cùm motus talis in omni puncto retundatur aequaliter, ideòque infinities. Quod si sic argumentum instituisset, si inter motum ascensûs & descensûs, qui sunt contrarii, interveniat quies, quaerenda causa est quare post descendat, siquidem enim quiescebat, deërat causa motûs, non deërat autem gravitas, sive vis illa quaecunque & undecunque sit, quae gravia pellit versus centrum ; causa igitur alia quaerenda est descensûs praeter eam qua | gravia

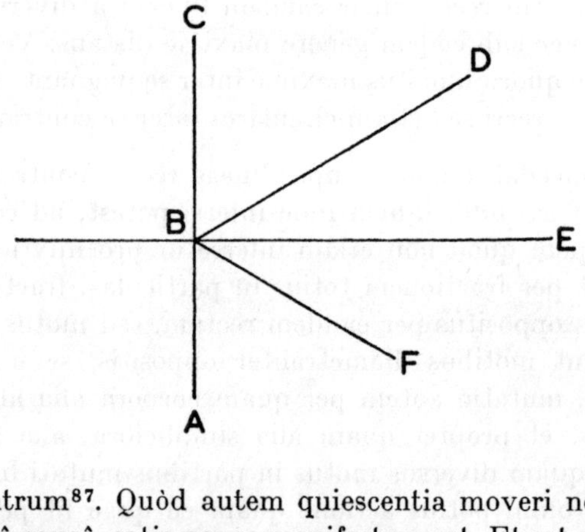

tendunt ad centrum[87]. Quòd autem quiescentia moveri non possint nisi adveniente novâ causâ, satis per se manifestum est. Et est ut mihi videtur argumentum firmissimum, ille tamen quietem intermediam tuetur eo argumento quòd sequeretur duos motus contrarios in unum motum

(e) Hobbes paraphrase *DM*. Non souligné.

86. *Phys.* VIII.viii (262.a.10 sq.).
87. White : *Euclides physicus.* p. 154. *Cf. EW* V.377 *(Lib. Necess. Ch.).*

componi & continuari, id quod impossibile esse arbitratur. Putemus ergo corpus in A moveri versus B motu semper & uniformiter decrescente, donec in B fiat tardissimus, movetur ergo corpus toto tempore quo est in rectâ AB, ergo si progrederetur increscente velocitate versus C moveretur sane toto tempore quo est in rectâ BC, tardissime quidem in puncto B, sed moveretur tamen, moveretur ergo toto tempore quo est in rectâ ABC, neque ergo intercederet quies. Quare ergo non poterit continuò moveri eodem modo per ABD, ABE, ABF vel denique per ABA, eadem enim ubique ratio est? Sed dicet fortasse aliquis | si A ascendat per B ita ut inde incipiat recidere, ponaturque moveri in B, movebitur vel sursum, vel deorsum, ponitur autem non moveri amplius sursum et positum in B nondum movetur deorsum, ergo non movetur neque sursum neque deorsum, hoc est quiescit : falsitas huius argumentationis in eo latet quod positum in B dicatur nondum moveri ; non enim ponitur stetisse in B, sed ad B pervenisse, nam quod movetur, ne minimo quidem tempore in eodem est loco. Quod autem ad B motu pervenit, idem à B recedere continuato motu potest rursus versus A. Eadem argumentatione inferri etiam quies possit in motu uniformi & versus easdem partes semper procedente[f], nam si corpus procederet ab A versus C motu uniformi tenore, eodem modo dici posset, quòd positum in B nondum movetur versus C neque versus aliquam aliam partem, ergo non omnino movetur. Contra quietem in puncto recidentiae manifestissima demonstratio est ea quam dixi supra, nimirum si quiesceret corpus in B, | opus esset nova causa quare moveretur, et ea talis ut necesse haberet movere ipsum determinatè versus A. Huic autem adiungo alteram. Quoniam enim grave proiectum manu ascendit, *vis* quam concipit *à manu* maior est quàm *vis* quam habet *à gravitate* ; quia verò vis *à gravitate* semper agit in proiectum, ideoque motum eius sursum perpetuò debilitat, *manus* autem non semper agit, sed emissum corpus destituit, *vis à gravitate* maiorem proportionem ad *vim* conceptam *à manu* perpetuò acquirit ; inde fit ut tandem vires utrinque fiant primum aequales, deinceps verò *vis à gravitate* maior quam *vis à manu*, atque haec proportio virium continuò mutatur, ita ut aequalitas non duret per tempus ullum, utcunque exiguum, sed sicut punctum quodcùnque in linea relinquitur in instanti, ita etiam in progressione proportionum virium in instanti tollitur aequalitas. Aequalitas virium ibi est ubi initium est recidentiae, proiectum itaque ibi non manet, sed in eodem instanti[g] appellit & remeat. |

10. Ad probandum quietem in puncto recidentiae, ipsius autoris argumentum pag. 53 in haec verba explicatur. *Si tempore opus est ad quodlibet movendum, quantumlibet exiguo motu; sequetur in puncto reflexionis intervenire quietem. Quoniam autem quae ratio cogit motum in principio*

(f) procedente *M* praecedente *MS* (g) instanti *MS* tempore quamvis exiguo *M*

esse tardum, eadem neque densitatem quamlibet sine tempore patietur superari, fiet quietam aliquam inter motoris applicationem, & mobilis cessionem ex necessitate contingere. Quasi diceret, posito quòd corpus aliquod ascenderit ad B vi motoris in A, ulteriùs autem ea vi ascendere non possit ; motor autem à quo inde dejiciendus sit, existat in C, tantisper

quiescet corpus in B, dum motor perveniat à C ad B ut ibi corpori applicetur. Ut autem C perveniat ad B, opus est aliquo tempore, ergo corpus in B aliquamdiu quiescet. Quis autem non videt motorem, quo gravia moventur deorsum, semper applicari ; ideoque motorem non | rectè supponi distare à B et opus habere temporis, ut ad ipsum admoveatur ; est itaque ratiocinatio haec paralogismus, deceptusque est author in eo quòd cùm audiisset motum omnem fieri in tempore, id ita acceperit tanquam corpus requirat tempus ut moveri inciperet. Quod est falsum, etsi ut aliquid à loco ad locum perveniat, id est moveatur, requiri tempus verum sit.

11. Obiectionem contra suamipsius conclusionem solvendam sibi proponit huiusmodi ; si quidem, inquit[h], in puncto ubi ascendens corpus reflectitur, ibi aliquamdiu quiesceret, sequeretur pilam à puero emissam, occurrentemque molari descendenti à Luna, debere efficere ut molaris subsistat : quae consequentia ideo vera est quia quiescente pilâ, necesse est ut etiam molaris, quae supra ipsam ponitur, quiescat, quae quidem mihi videtur verissima. Nam responsio quam adhibet incredibilis est, nec tamen tollit difficultatem obiectionis. Dicit enim aërem molari | antecedentem pilam reiicere ante quam molaris accedat, quod est incredibile. Et siquidem concedatur non tamen tollitur difficultas, supponitur enim pila tum ascendere cùm incidit in molarem. Quid enim si pila plumbea esset emissa sclopeto contra molarem descendentem eâ vi ut impressione ictûs pro modulo pilae superficies molaris aliquantulum cavaretur, an propterea[i] sisteretur molaris, descendens (ut supponitur) à Luna, et tamen non potest dici pilam anteambulone aëre ante[j] retractam esse quàm ictus fieret. Quòd autem non omnis motus motum contrarium

(h) *DM* 53 (paraphrase) (i) propterea *MS* non inde *M* (j) ante *MS* priùs *M* tollat, sed is tantum qui vel maior, vel aequalis est, manifestius est quam ut probatione indigeat quare si pilae emissae è sclopeto motus minor sit quam molaris descendentis, descendet molaris sine interruptione quanquam tardiùs, motum autem utriusque maiorem appello, non maiorem velocitatem, nec motum maioris ponderis, sed motum maiorem factum ex velocitate in pondus | multiplicatà. Ut si molaris velocitas minor sit quàm pilae velocitas, pondus verò maius, ita ut velocitas molaris ducta in sui ipsius pondus maiorem summam producat quàm velocitas pilae in pondus suum, motum molaris maiorem appello motu pilae.

Caput 7m

Ad nodum 8m. In coelis esse corpora nostris analoga

1. In quo consistit rerum varietas. 2. Unicum est quod mutatur, nimirum materia prima. 3. Quid sit materia prima. 4. Rerum varietatem nobis esse incognitam. 5. Rerum varietatem non determinari per distinctiones quae traduntur in praedicamento substantiae. 6. Divisionem rerum ab authore non rectè institui. 7. Posse ignem existere etiam si neque fumus exeat, neque quicquam comburatur, et quis sit ignis solaris. 8. Nova stella Cassiopaeae non arguit generationem stellarum. 9. Quod montes in Luna maiores sint quàm in Terra nullo argumento fit verisimile.

1. An existant in coelis corpora nostris analoga, hoc est (ut intellegit author hoc loco) similia ratione naturali investigari non potest ; quicquid enim monstri a phantasia humana fingi potest, id quoque existere nihil prohibet eorum quae iam existere cognoscimus. Contra etiam nihil eorum quae iam existere scimus, aut extitisse vidimus, quicquam necessitatis secum | trahit, quare eorum similia existere oportet ibi ubi ea videre non possumus. Credimus quidem corpora non modo nostris analoga in coelis esse[k], sed etiam haec nostra ipsa quoque ibi futura suo tempore, verùm hoc dogma non est philosophiae sed fidei dictamen. Quaeri potest sicut de ipso mundo, ita etiam de rebus in mundo inter se differentibus[l], varietate an necessario ea sit finita necne. Methodus autem inquirendi unica videtur esse posse, nempe ea quae incipit à varietate phantasmatum sive imaginum quae à rebus ipsis in sensoria agentibus efficiuntur, sine quibus imaginibus inquirere de re qualibet aequè potest lapis atque homo[88]. Quoniam

(k) *Cf. DM* 97-98 (l) rebus ... differentibus *MS* rerum... differentium *M*

88. *Cf.* f. 340.

igitur ea immutata esse dicimus quae eodem modo apparent ac priùs, et mutata quae aliter ; mutatio rerum in eo consistit quod sensoriis immutatis ipsae tamen eandem non efficiant speciem, seu imaginem in animo, hoc est consistit[m] in motu aliquo partium obiecti adventitio. Cùm enim phantasmata, sive species in animo realiter aliud nihil sint praeter motum ab obiectis in cerebro excitatum[89], necesse est causam eius motûs esse motum in partibus obiecti, motus enim nisi a motu naturaliter effici non potest[90]. Quod enim Deus moveat immotus, id non est naturale sed supra naturam ; atque etiam supra captum humanum, & concedendum | fide in honorem Dei, cuius naturae aliquid à nobis conceptibile attribuere, nisi figuratè fas non est. In motu ergo partium, nimirum invisibilium, consistit rerum mutatio, atque inde oritur illa de qua quaeritur rerum varietas, et quando res aliqua ita valdè mutatur ut propter novam eius speciem novum mereatur nomen, tum rem esse corruptam dicimus, quae priorem speciem effecerat, & generatam aliam esse quae exhibet speciem novam[91].

2. Si quidem autem res ipsae mutatione non pereant sed earum phantasmata tantum & spectra, necesse est ut vel unica res sit, cuius species variatur ; aut si plures sunt eas non posse in se agere, & mutare, sed tales esse[n] ut partes ipsarum omnes & semper quiescant, retineantque inter se eundem semper situm, hoc est ut non possint in sensus nostros operari, hoc autem est ut non possint à nobis sentiri, ideoque ut impossibile sit ut nos habeamus sensum, aut | cognitionem ullam subiectorum mutationis plurium uno. Id quod agnoscens Aristoteles introduxit ut principium rerum *Materiam primam*[92], quae formarum omnium quae cogitari possunt susceptibilis esset, et mutari quomodocunque, id est infinitis modis possit, ex quo sequitur varietatem rerum esse infinitam. Idem agnoscunt Philosophi illi qui omnia conflari ex atomis putant, nam atomos eas faciunt homogeneas, & solis figuris inter se differentes, tanquam illas atomos materiam illam unicam esse dicerent, quam Aristoteles vocabat primam.

3. Ut autem quid sit materia prima faciliùs intelligamus, sciendum est primò *corpus & materiam*, sive *corporeum & materiale*[93], hoc est quicquid spatio quod imaginamur subest, idem esse, vocari autem corpus simpliciter, materiam autem quando comparatur cum eo quod ex ipsa factum est,

(m) consistit *M** (n) sunt... esse *MS* sunt ut non possint invicem in se agere & se mutare, sed tales sint *M*

89. *OL* I.62, 111-112, 316-317 (*DC* c. 6 § 5, c. 9 § 9, c. 25 § 1). *Harl.*, Ch. 8.
90. *EW* III.2 (*Lev.* c. 1). *Cf.* f. 300.
91. *OL* I.103 (*DC* c. 8 § 20) ; *EW* VII.169 (*Dec. phys.* c. 10).
92. *Cf.* f. 37. Aristote : *Meta.* IX.vii.5 (1049.a.25).
93. *OL* I.105 (*DC* c. 8 § 24) ; *Harl.*, Ch. 7.

ut lignum simpliciter *corpus* dicitur, idem autem quatenus ex eo fit scamnum, *materia* | scamni appellatur. Deinde consideranda est *materia* sub paucis mutationibus, ut ex iis intelligatur quid sit materia omnium. Putemus igitur vidisse nos has tantùm quatuor corporum species, *aquam*, *spumam*, *glaciem*, *nivem*. Diceremus aquam esse materiam spumae, in quam convertitur agitatione, & glaciei & nivis in quam convertitur vi frigoris, sed et diceremus eodem iure spumam esse materiam aquae in quam resolvitur dissipatione, & glaciem sive nivem materiam esse eiusdem aquae, in quam resolvitur calefactione, & sic unamquamque rem uniuscuiusque materiam esse vicissim ; sin scire vellemus quid sit materia omnium prima, scire oportet vel quaenam eorum prior extitit, id quod Aristoteli non conceditur qui mundum ab aeterno esse voluit, vel quae sit materia eorum communis, nam per materiam primam Aristotelis aliam intelligere non potuit quam communem[94]. Sed materia aquae, glaciei, nivis & spumae neque aqua est, neque nix, neque | spuma, quia nihil est sui ipsius materia, ut igitur materia eorum omnium aliqua sit, oportet introducere quintum aliquod. Eadem ratione qui quaerunt materiam omnium rerum, eam quaerendam habent extra naturam rerum omnium existentium quia nulla res existens potest esse sui ipsius materia, magis quàm aqua est materia aquae. Ex quibus manifestum est materiam primam nihil aliud esse quam corpus in genere ; nec omnino existere magis quam caetera universalia, quae sunt voces ut dixi supra capite secundo, non ipsae res. Atque hinc est quod Aristoteles materiae primae omnem qualitatem & omnem actum rectè adimit, & potentiam solam, hoc est mobilitatem, et quantitatem, hoc est corporeitatem, sive materialitatem attribuit, quae corporibus universis essentialiter adhaerent, quatenus intellectu non possunt separari : si igitur materiam primam consideramus ut rem, unaquaeque res ea est materia, et sic existit ut res, sed non iam debet vocari materia illius rei, hoc est suiipsius, | neque *materia prima*, quae communis existens singularis appellari non potest.

4. Cùm ergo corpus sive materia prima mutari potest, & per partes moveri modis innumerabilibus, et per motus huiusmodi efficere innumerabilia phantasmata in animis sentientium, hoc est specierum innumerabiles varietates, & impossibile sit scire quos motus habeant totius mundi singulae particulae, sequitur etiam impossibile esse ut sciamus quot sunt rerum varietates, & proinde an sint in coelo corpora nostris analoga, necne. Potest fieri ut sint ; potest fieri ut omnes chimaerae & monstra imaginationis humanae habeant in coelis res ipsis analogas, potest etiam fieri ut[o] non sit ibi ullum grave aut leve, ullus homo, aut animal aut arbor[p],

(o) ut *M** (p) ullus... arbor *M* ullum hominem ,aut animalem *(sic)*, aut arborem *MS*

94. *De gen. et corrupt.* I.v (320b) ; *Meta.* VII.iv.1 (1029.b). *Cf.* ff. 33, 374v.

quippe quae horum nihil scire possumus, propterea quod non operentur in sensus nostros à tanta distantia.

5. Verum author noster viam aliam quandam nobis designat, qua per continuas distinctiones omnes rerum varietates comprehendit, ex quo sequitur eas esse non modo finitas, sed etiam | non multas. Primam ergo distinctionem ponit spirituum & corporum ; deinde corpus, quod idem, inquit, est cum *magno*[q], subdividit in *rarum & densum*, quorum naturam ante definierat consistere in proportione quantitatis corporis cuiusque ad ipsum corpus ; deinde densum & rarum propter situm universi necessariò constituunt grave & leve. Ubi autem grave est & leve, ibi, ait[r], abesse non posse calorem, frigus, humorem & siccitatem. At ubi haec sunt, ibi sunt Elementa, quae motibus suis inter se contrariis necessariò generant mixta, unde ortum habent plantae & animalia ; animam autem rationalem quam his instrumentis fieri posse negat, separatam ab his omnibus, & ideò immortalem habere naturam infert, & subiungit paulo inferius haec verba pag. 59[s], 60, *unum confidenter dico non esse aliud aliquod entium in universo genus praeter ea quae numeravimus*[t], *cùm enim omne corpus sit vel rarum vel densum, et utrumque habeat vel unicum vel plures gradus raritatis & densitatis, quorum illud quod* | *plures habet gradus, est mixtum, alterum est elementum, mixtorum autem aliud purum*[u] *est, aliud organicum, quorum posterius planta est. Plantarum autem alia pura*[u] *est, alia sui motiva, quorum posterius est animal &c. Et quoniam immediatae contradictionis necessitate singula coarctari vides &c hoc certè indubitatum est : alia sub corporis natura latere genera nulla posse*[95]. Haec quidem divisio alia non est quàm substantiarum Categoria Aristotelica depravata, nimirum exemplar divisionis nominum prout alia magis, alia minus communia sunt, id est prout alia plura, alia pauciora significant, tanquam dixisset aliud nomen omnibus rebus commune est ut Ens, aliud minus commune ut corpus, aliud minus adhuc commune, ut corpus animatum, vel corpus non animatum ; aliud adhuc angustius, ut corpus animatum sensibile, sive animal, vel corpus animatum insensibile, ut planta, atque ita perpetuò subdividendo, donec perveniatur | ad nomen aliquod, quod unicam tantùm rem significat, ut Socrates, vel hic homo. Mirabile autem est si ex huiusmodi nominum ordinatione argumentum deduci possit ad limitationem rerum quas nescimus, & quibus ideò nondum nomina imposuimus. Sed esto haec

(q) *DM* paraphrasé. *Cf.* f. 50 (r) ibi, ait, *M* ibi ait *MS* (s) 59, *edd* 56, *MS* (t) *DM* ajoute : *Siquidem, scissâ corporum per contradictionem specie, his partibus omnia tenentur* (u) purum... pura *M** (dans une lacune)

95. *DM* 59-61 en partie paraphrasé. Pour la *Demonstratio immortalitatis animae rationalis* (1655) de Sir Kenelm Digby, White a écrit une *Prefatio euonyma de natura rari et densi* qui ne se trouve pas dans la version anglaise (1644). *Cf.* f. 451.

divisio talis qualem esse cupit ; certè si procedatur perpetuò ut necesse est, per contradictionem, puta dicendo omne corpus esse mixtum, vel non mixtum, et rursus mixtum vel plantam vel non plantam, et rursus (ut ille habet) omnem plantam esse animal vel non animal, sequetur varietatem rerum esse infinitam, omne enim nomen negativum significationem habet infinitam. Sed si hoc modo procedendum erat ad probandum quòd rerum varietas esset limitata, non opus erat toto praedicamento substantiae ; suffecisset dixisse omne corpus esse vel mixtum vel non mixtum, his enim duobus nominibus contradictoriis omne corpus continetur quod vel[v] est vel esse potest. |

6. In ipsa autem authoris rerum divisione multa occurrunt repraehendenda, 1um quòd spiritum à corpore nomine distinguens non docuerit quomodo à corpore possit distingui animo. Substantia concipi non potest imaginatione humanâ sine dimensionibus, sive extensione, id est magnitudine aliquâ ; ipse autem idem ait[w] esse corpus quod esse magnum, quomodo ergo fieri potest ut spiritus, si quidem concipi potest ut substantiam, non sit corpus? Melius, meâ quidem sententiâ dixisset substantias quasdam incomprehensibiles esse, ita ut non imaginatione cognoscantur, sed fide credantur ; ut spiritus, alias conceptibiles ut corpora. 2um est quod rarum et densum faciat[x] opposita, nam etsi sint opposita, tamen ipsi qui ea ante confuderat pro oppositis habenda non sunt : at per ipsius doctrinam capitè tertio confunduntur, ità ut idem eodem et rarius sit et densius, sequetur ex doctrinâ eius quod idem ferrum est aëre rarius ; at e converso si rarius est sequetur quod est densius. Sit enim ferrum primò densius aëre, habet igitur maiorem quantitatem in eadem mole, ac proinde maiorem divisibilitatem, et ex consequente maiorem separabilitatem, ergo maiorem liquiditatem, hoc est | rarius est quam aër[96]. Rursus ponatur ferrum rarius esse aëre, habet igitur minorem quantitatem, hoc est minorem divisibilitatem, hoc est minorem liquiditatem, hoc est minorem raritatem quam aër. Certe author noster circa rarum et densum valde infoeliciter est philosophatus. 3um quod distinguit mixta in purè mixta, et non purè mixta, quid est etenim purè mixtum nisi mixtè mixtum ; et non purè mixtum praeter mixtum non mixtè? 4um quod plantam faciat genus animalis, quasi animal esset planta, aut animal et planta non essent duae oppositae species vegetantium. Reprehendo postremo loco quod non intulerit conclusionem quam opportebat ipsum probare, nimirum esse et reperiri in coelis corpora quae nostris corporibus sunt analoga, sed reliquit colligendam coniecturis a luna desumptis, quarum | aliquae quidem verisimile faciunt esse aliquid in Luna simile telluri, aliae fundantur experimentis incertissimis.

(v) vel *M** (w) *DM* 57 (x) faciat *Ltre* faciãt?

96. *Cf.* ff. 103-4.

7. Asperitas superficiei lunaris quanto melioribus telescopiis observatur tanto magis nostros refert montes & valles, unde coniici potest eam esse Terrae naturae ; id si verum sit, non est impossibile ut ibi sint etiam animalia, sed quod ibi etiam sint, ut author non dubitat, homines & animalia nostratia, nulla experimenta coniecturam praebent. Nam & ipsius terrae partes aliquae homines minimè producunt ; verum his relictis videamus experimenta quibus colligit corruptibilitatem esse in corporibus coelestibus. Et primò ipsum solem (nisi aliunde alimentum sumat) paulatim ait deteri. Quo signo ?[y] quia a Galilaeo ope telescopii observatae sunt in sole maculae, quas ille putat fumos esse a corpore eius exhalantes, ideoque solem igneum esse ex quo sequitur paulatim extinctum iri, nisi aliunde materia adventitia nutriatur. At | neque credibile est maculas eas esse fumos, neque necesse est ut ignis solaris fumos emittat, neque ut nutriatur ; fumus enim nihil aliud est quàm particulae materiae combustibilis, qui cum ignis vehementissimus sit, nisi ipsi nova materia injiciatur, cessat ; quaenam autem materia quae fumos emittere apta sit, existit prope solem? quod autem ignis sine fumo esse possit facili experimento quotidie sciri potest. Opponatur enim soli speculum comburens, fumus nullus oritur ; antequam crassa aliqua materia foco admoveatur ignis tamen ibi ante erat, non enim ex condicto advolat ignis quoties materia admovetur, erat ergo ignis in foco ante admotionem combustibilis ; potest ergo subsistere ignis sine fumo. Iam cuius generis ignis ille est qui est in foco speculi comburentis, eiusdem est & fons unde derivatur, nimirum ipse sol. Si quaeratur autem quid sit ille ignis speculi, respondeo esse motum aëris foci locum subeuntis, derivatum ab ipso | sole, qui pellit aërem undique ipsi contiguum, pulsus autem aër sibi quoque aërem contiguum pulsat et sic continuata trusione percutitur tota superficies speculi ; unde reverberatus vel transmissus motus à figura vitri dirigitur totus versus unum punctum vel focum exiguum, unde velocior fit coarctatus, quemadmodum flumen velociùs fluit quando alveus coarctatur ; propter eandem causam ; hac ergo velocitate aër focum subiens perpetuò dissipatur sine fumo[97] ; lignum autem si eidem foco applicetur cum fumo dissipabitur, et hoc est quod vocant *comburi*, quare ergo sol non erit igneus[98], quanquam nihil actu comburat, aequè ac in foco speculi ignis, quanquam esca nulla admoveatur quam possit comburere, existit tamen?

8. Secundò corruptibilitatem in coelo esse arguit ex apparitione novae stellae anno 1572 in constellatione Cassiopaeae & aliarum alibi. | Stellam

(y) signo ? *M** (dans une lacune)

97. *OL* I.364-365 (*DC* c. 27 § 2), *EW* VII.30-31 (*Seven probl.* c. 4). Cf. *Opticks* (*Harl.* 3360), First part, p. 99 (= f. 55).
98. *Cf.* ff 106v, 284v, 458.

illam vitae brevis fuisse ait mortis tamen non subitariae, & tabuisse paulatim. Verum quidem est hoc, non tamen inde concludi potest eam ipsam stellam non fuisse omnibus caeteris fixis congenerem & coaevam. Quare enim impossibile est, si coelum liquidum sit, sicut ipse credit, fuisse illam stellam istuc delatam motu suo circulari, vel alio & procedentem in eadem linea (unde visa est tabescere) donec penitus se è conspectu recepisset. Id quod dici de caeteris stellis novis potest, nisi eadem fuerit in Cassiopaea quae per orbitam suam apparuerat priùs in Cycno.

9. Tertiò quod ait montes esse & valles in Luna satis verisimile est, ipsam Lunam similem esse globo Telluris, sed quod inde inferre debet nempe illic esse homines durius est quàm ut admittatur. Quod montes lunares ingentes esse putet prae nostris, nullo affirmat argumento, circulus enim Lunae per telescopium spectantibus rotundissimus est, neque quanticunque | sunt montes illi, ideo nobis non apparent, quod aëre crasso contegantur, ut ille censet, sed quia nimirum à nobis distant, neque scio an ipse aut quisquam alius in Eclipsi solis, circuli lunaris extuberationes illas unquam viderit, quae hîc ad probandam montium lunarium magnitudinem commemorantur. Unicum magnarum in coelo mutationum argumentum sunt cometae, quorum naturam et generationem author noster proximo nodo explicabit. |

Caput 8um

Ad nodum nonum. De cometarum generatione et natura

1. Historiola phaenomenωn cometarum recentiorum. 2. Opiniones observatorum de ipsorum natura. 3. Formatio cometae secundum authorem nostrum explicata et examinata. 4. Sententia eiusdem de caudae flexurâ, refutata. 5. Phaenomenum observatum à Liberto Fromondo explicatum. 6. Duo authoris consectaria inde desumpta confutata.

[1][z] Ingentem illum cometam anni 1618 vidi ego quoque medio Decembre, quo tempore barba eius maxime extensa aspectui meo, qui imaginabar caput eius esse ignem ; apparebat tanquam proiectum ex illo igne nocturni aëris lumen. Quando vero consideraveram neque

(z) Le numéro du premier article a été omis par le copiste qui écrivit cette feuille. Il a été ajouté par l'autre, en marge et en face des mots *Itaque circa* du f. 54

cometam ipsum neque crines eius potuisse eo tempore incidere | in umbram Terrae nisi cometa esset valde propinquus terrae, quia sol erat circa 20 gradus Sagittarii, cometa autem septentrionalior quàm Arcturus, nesciebam quid statuendum esset, neque lectis aliis authoribus quicquam postea didici praeterquam dubitare. Itaque circa generationem & naturam cometarum, ut ignorantiam meam apertè fatear non modo[a] nihil scio accuratè, sed ne coniector quidem quod sit dignum consideratione ; omnes quos hactenus legi alii uno modo, alii alio, cometarum naturas cometarum phaenomenis contrarias faciunt, neque eo contenti dum hac occasione absurdè philosophantur de lumine, sed phaenomena cometarum, quae à peritissimis huius seculi philosophis observata sunt, & quid inde de natura eorum illatum sit, breviter recenseamus ; differunt autem crine, tempore, loco, viâ, motu & parallaxi.

Cometae 5 ab anno 1531 ad annum 1539 erant omnes barbati, barbis soli aversis ex | observatione Petri Appiani[99]. Cometa anni 1556 barbatus erat, barba itidem à sole aversa ex observatione Cornelii Gemmae[1].

Cometa anni 1577 observante Tycho[ne] Brahe barbatus erat, barbâ semper aversâ à Venere. Idem, eodem observante Tychone[b], accidit cometae anni 1580.

Cometa anni 1596, observante Rothomanno[c] Casseliis in Hessia, erat barbatus, barbâ eius non directe soli contrariâ, sed ad superiora paululum devians.

Cometa anni 1618, observante Willebrordo[d] Snellio[2], Thomâ Fieno[3], & Liberto Fromondo[4], erat barbatus ; barba aliquot diebus à Venere aversa, postea vero soli directè contraria ut praecedentes.

Cometa anni 1618 barbâ, sive caudâ suâ subtendebat arcum 50 graduum ; ille vero anni 1577 quem observavit Tycho[5], caudâ sua subtendebat arcum graduum 22.

(a) non modo *M* ? non modo modo *(sic) MS* (b) Tychone *M* Tycho *MS* (c) Rothomanno *Cf.* Rothomano *au bas de la même feuille* (d) Willebrordo *edd* (*cf.* f. 56) Willebardo *MS*

99. Petrus Apian : *Cosmographia. per* [*Reinerum*] *Gemmam Phrysium* [ou *Frisium*]... *restituta* (1539, etc.) ; version française (1584), pp. 289-290, à propos du Ch. 19 du *Ray astronomique et géométrique descrit et démonstré par Gemma Frison.* Mais peut-être Hobbes a-t-il pris ces renseignements à W. Snell : *Descriptio cometae... 1618* (1619), Chapitres 8 et 29.

1. C. Gemma : *De naturae divinis characterismis* (1575), II.26-28, 135.

2. W. Snell : *Descriptio* (voir ci-dessus).

3. T. Fienus : *De cometa anni 1618* (1619), i.e. pp. 9-78 du même tome dont fait partie le *De cometa* de Fromond (1587-1653) [pp. 79-153]. Fienus, pp. 14 et 85. *Cf.* ff. 62, 62v ci-dessous. Fieno *edd* Freno *MS.*

4. Fromondus : *De cometa anni 1618* (1619), p. 116. *DM* 77.

5. *Tycho Brahe Dani de mundi aetherei recentioribus phenomenibus libri II*, 1588 (i.e. la deuxième partie de l'*Astronomiae instauratae progymnasmata* de Tycho). Ce livre prouve que la comète susdite se trouvait au-delà de l'orbite de Vénus.

Cometa autem anni 1585, observante Rothomanno[e] | Casseliis, erat crinibus in orbem sparsis, barbae sive caudae omnium quandoque magis, quandoque minus translucebant, ita ut per ipsas apparerent stellae fixae. Ipsum verò caput (quanquam author noster id affirmet) nunquam traluxit, neque verò multò maior erat quàm stella primae magnitudinis.

Cometa anni 1556 apparuit primùm mense Augusto ; cometa anni 1577 apparuit primùm Nov. 13 in Sagittario, duravit dies 74. Cometa anni 1585 apparuit primùm circa 8 Octob. in long. 23 gr. ♓ in lat. 13 grad. desiit circa 10 November. Cometa anni 1596 apparuit primùm mense Julio ; cometa anni 1607 apparuit primum mense Septembri, desiit mense Octobri. Cometa anni 1618 apparuit primùm in Scorpio mense Novembri desiitque videri circa 15 die Januarii 1619. |

Cometae anni 1577 via erat à 13 gradu Sagittarii ad stellam, quae est in dextro armo Pegasi, faciens portionem circuli maximi. Cometae 1585 via erat à long. 23 grad. ♓ lat. gr. 13 ad long. gr. 16. 8 lat. gr. 0 min. 0 sec. 7 pene non extra Zodiacum.

Cometae 1607 via erat ab Hydra per Leonem, Berenicis comam, Boötem, Ophiucum. Cometae denique 1618 via erat à Scorpio[ne] per Boötem inter Ursas ubi contabuit.

Cometae 1577 motus proprius erat in consequentia signorum. Cometae quoque anni 1585 motus proprius erat in consequentia. Et cometae anni 1596 motus erat in consequentia ; sed motus cometae magni 1618 erat in antecedentia.

Observatores horum cometarum illi qui parallaxes quoque eorum investigarunt eas aut invenerunt nullas esse, vel parallaxi lunae minores. Est autem parallaxis | regula comparandi distantias infallibilis, quando non peccatur instrumentis quibus investigatur, & stationum distantia inter se respectu distantiarum comparandarum est[f] sensibilis.

[2.] Ex hac cometarum historiola satis apparet nullum esse phaenomenon omnibus commune ; sunt enim capillorum diversae species, diversi situs, diversae viae, diversi motus, diversa loca, diversae durationes, & nisi quòd minorem habuerint omnes parallaxim quàm Luna, diversae parallaxes, ita ut nihil in universum de cometis statui possit quàm quod sint supra orbem Lunarem. Unusquisque autem observantium de eorum natura & generatione, coniecturam cepit ex eo praecipuè cometa quem ipse observavit. Itaque Willebrordus Snellius Leydensis, qui observavit cometam anni 1618, qui apparuit primùm in eodem ferè signo cum sole, censuit omnes | cometas esse μύδρους sive massas candentes, eo modo è corpore solari evomitas, quo à Vesuvio & Aetna candentes lapides ; ferrique ea viâ, quam ipsa determinaverat eiectio ; caudas verò qualitate

(e) Rothomanno *edd* Rothomano *MS* (f) est *M* sit *MS*

quadam occultâ dirigi in adversum plerumque solis, et si quando aliter factum sit, id accidere ab alicuius syderis aspectu, eo modo quo supponitur à quibusdam viris doctis variari declinationem acus magnetici. Eundem cometam Libertus Fromondus, sequens Appianum, barbam habere videri putat, quòd radii solares per eius caput transmittantur, quod ideo censuit quòd semper aversa soli spectaretur. Eandem barbam Montlerus Helvetius[6] comparavit cum massa pulveris pyrii subacta, & deinde incensâ, quam Galli appellant *une fusée*, propterea quòd ipsum cometam antecederet. Rursus Rothomannus, qui observavit cometam anni 1585, scilicet crinitum, | crinibus in orbem sparsis, speciem illam ortam iudicavit à reflexione radiorum solarium, eo modo quo putantur apparere parelia, et paraselenia ; ideoque materiam eius fuisse nubem aliquam, non à terra, sed à planeta aliquo exhalantem. Alii, praesertim veteres, cometas putarunt esse exhalationes terrestres infra Lunam accensas ; alii, inter quos primus est Petrus Appianus, qui observaverat cometam anni 1532, caudas, sive barbas cometarum putarunt esse corpora minuscula per aetherem volitantia à radiis solaribus per caput cometae (quod nubem quandam esse putant)[7] transmissis illustrata. Atque haec est opinio quoque authoris nostri, quam tamen proponit tanquam novam, dicendo pag. 72 quod sapientes cometas hactenus igneos existimarunt.

Quòd materia cometae non sit exhalatio terrestris accensa, arguit imprimis ingens distantia, distantiam autem ingentem arguit | parallaxis. Terra enim non sufficit exhalationi, quae coacta in nubem tanta appareret à distantia tam immani, quantum est caput cometae una cum cauda, quae visa est subtendere arcum 50 graduum. Neque verò, etsi materia illa coelestis sit, verisimile est ut ea sit massa candens, nimirum ipsius solis frustum[g], ut putat Snellius ; prohibent enim cometae nunquam prope solem visi[h] ; prohibet diaphaneitas caudae etiam prope ad caput ; prohibet denique ipsa novitas rei, quis enim nisi firmissimis argumentis, crediturus sit solem, tanquam montes sulphureos, viscera sua evomere?

3. Supponit author noster solem, sive nostrum, sive alium, aliorum planetarum regnatorem, ex planetis caeteris, eodem modo atque è terrâ examina atomorum elevare, ex quibus fieri potest nubes. Tum sic procedit, esto talis nubes latus unum quidem & illud ingens nobis obtendens caetera latera utcunque, | Sol autem latus illud quod nostro visui obtenditur radiis solaribus illustratum si prope esset, appareret

(g) frustum *M* ? frustrum *MS* (h) visi *M* ? visae *MS*

6. Montlerus *edd* Motherus *MS* La référence est à E. de Montl'héry : *De la trompette du ciel : c'est-à-dire du comete effrayable, qui l'an de Christ 1618 est apparu...* (Yverdon, 1619). Le seul exemplaire que nous ayons trouvé est celui de la Bibliothèque nationale, Paris.

7. *OL* I.93-95 (*DC* c. 8 § 5).

tanquam candida, vel illustrata nubes : sed elevata ad eam à nobis distantiam qua opus est, apparebit parva & inaequalitatibus à distantia detritis rotunda stella. *Atque sic*, inquit, *efformatum est cometae caput*, et satis sanè concinnè. Quoniam iam nubes ea, cuius latus unum est cometae caput radiis solis penetrabilis est, etiam atomi illustrabuntur illae quae[i] interiores sunt usque ad latus oppositum, ex quo necesse est ut appareat nobis longus quidam luminis sulcus, quem appellamus cometae barbam, vel crinem prout atomi illustratae[j] inter se varium situm habere possunt. Sed ex huiusmodi barbae efformatione multa sequuntur incredibilia.

Primum enim incredibile est quòd barba cometae anni 1618 tali modo fuerit generata, cùm enim nubis latus unum illud, quod constituit cometae caput, pro distantia à nobis non videretur, multo maior quàm stella primae | magnitudinis, cuius diameter visualis non subtendit arcum maiorem quàm duorum scrupulorum, barba autem subtendere videretur 50 gradus integros, erat dimensio nubis cometicae ; secundum quam extendebatur barba, ad dimensionem lateris, quod constituebat cometae caput, sicut 1500 ad 2, ita ut tota nubes eandem figuram habere debuerit quàm ipse cometa unâ cum barba ; quemadmodum enim solis radii per fenestram intromissi in cubiculum, in quo volitant pulvisculi, illustres reddunt illos pulvisculos secundum formam fenestrae, ita ut intromissi per fenestram rectangulam faciant quod illustratur in aëre videri parallelepipedum, per circulum videri cylindrum : Ita iidem radii introeuntes per caput cometae, quod apparet circulare, debent exhibere speciem totius cometae una cum barba, tanquam speciem exilis cylindri ubique eiusdem crassitiei cum ipso capite. Quod si dicat quis refractioni | tribuendum esse quod apparuerit, aliter, ostendere eum oportet quare etiam non refringuntur radii in ingressu fenestrae, ubi occurrunt aëri tanquam nubi compactae ex pulvisculis. Adiicienda ergo erat nubis suae structura[k], quod latus eius soli & visui nostro oppositum, esset concavum vel convexum, sic enim radii solares caput cometae penetrantes in diversum abiissent, fecissentque speciem conicam, cuius vertex fuisset in ipso cometa, non valdè[l] dissimilem speciei quae apparuit, nondum tamen similem.

Secundò, si talis esset causa crinis omnium cometarum, cometa ille crinitus crinibus in orbem sparsis debebat apparere uniformis tanquam una, sed maior stella sine crine. Tertiò si barbae cometarum fiant per illustrationem atomorum in nebula, quare accidit ut longitudo nebulae non sit ita aliquando disposita ut deflectat insigniter à linea rectâ in qua sunt sol & cometae caput? |

(i) illae quae *M* illi qui *MS* (j) illustratae *M* illustrati *MS* (k) structura *edd* structurae *MS* (l) valdè *M* tam *MS*

Fortasse si per illustrationem nubis cometicae intellexisset illustrationem non qualis videtur in pariete sed in speculo, aequè difficile esset opinionem eius refellere ac veritatem invenire. Nam hoc modo caput cometae nihil aliud esset praeter speciem ipsius solis repercussam à superficie nubis concava, vel convexa, qualis quoque videtur in speculis convexis & concavis apud nos. Oporteret autem nubem, quae caput cometae nobis exhibet, non modò concavam aut convexam, sed etiam politam esse, ut aquam vel glaciem, atque hoc modo reliquum nubis, quod est pone speculum, si paucum esset[m], & speculum valdè concavum, appareret crinibus latiùs diffusis, sed brevioribus ut in cometa anni 1585 ; sin reliquum nubis, quod pone speculum est, valdè profundum sit, & ipsum cometae caput tanquam speculum concavum, cuius concavitas minor est, id est magis accedens ad planitiem, videretur species barbae promissioris, crinibus minus devergentibus, ut in | cometa anni 1618. Et fortè si supponere huiusmodi specula inter solem & nubes cometicas non esset ridiculum, ratio cuiuscunque formae in cometis hac hypothesi assignari posset. Sed huiusmodi hypothesim neque ille ponit, neque ego ponendam censeo. Ponit ille nebulam solummodo[n] atomorum, quae ut illustrata radiis solaribus aliam figuram visui exhibeat quàm ipsius nubis (nisi quòd à distantia accidat ut videatur minus aspera & angulosa) impossibile est & contra rationes opticorum.

Experimenta quae affert (pag. 72) tralucentis solis vel candelae per vas vitreum, cuius latera sunt plana parallela, plenum aquae, in cuius superficie sol, vel candela reflectitur ad oculum, & in cuius corpore si caetera obscura fiunt, trames quidem luminis observatur, nihil ipsi favent nam atomi ubicunque illustrantur videntur in eodem semper situ in quo sunt. Ut fit intromisso sole per fenestram. Et in conica | radiatione per vitrum convexum conus ille luminosus est, conus atomorum illustratarum, qui non fieret suâ propria refractione, sed refractione per vitrum ; siquidem ergo radios solares per caput cometae transmissos in aliam figuram formare vult quàm quae est ipsius nubis ex atomis constantis per refractionem, necesse est ut supponat cometae caput tanquam vitrum convexum aut concavum per quod refractio fieri possit talis qualem[o] barba vel iuba cometae exigit.

4. Cometae 1618 cauda apparebat quandoque curva ad modum dentis elephantini. Huius rei causam tribuit author noster refractioni. *Prehende*, inquit[p], *mente caudam esse radios per corpus diaphanum spissum perreptantes, non statim apparet refundi ad nos, ita ut certè non omnes ad perpendiculum; refringi itaque caeteros necessum esse. Vides iam flexum necessarium. Cur hac vel illac, cur tantus vel talis, ab opticorum scrupulosis regulis* | *petendum est.*

(m) esset, *M* est, *MS* (n) solummodo *M* solam *MS* (o) qualem *M* qualis *MS* (p) *DM* 76, avec *per perpendiculum* pour *ad perpendiculum* et *erit* pour *est*

Quod ut examinemus statuamus corpus diaphanum spissum, nimirum nubem eius cometicam, in A, solem in B, oculum C. Imaginemurque sicut iubet AD esse cometae caudam. Qua refractione, quo refringente & quomodo curvabitur AD ut appareat oculo in C curva[q] sicut est[r] dens elephanti? forte si A sit corpus satis spissum, fiet refractio versus E, videbitur tamen AE rectam quamvis tota BAE non sit iam una recta,

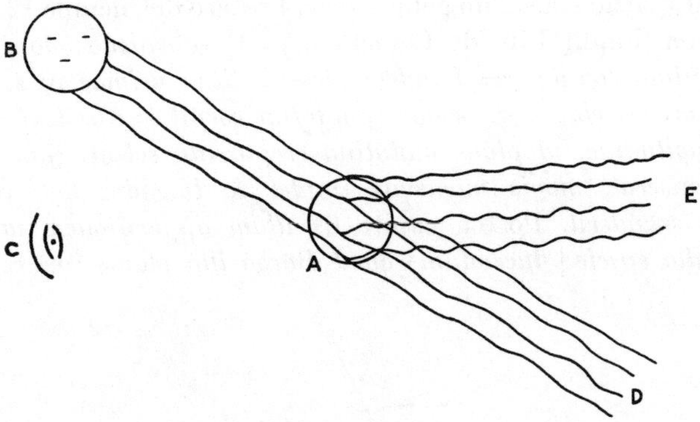

Les rayons AD formaient d'abord un angle obtus avec les rayons BA. Après correction ils ont été placés dans le prolongement de BA

ut est BAD. In huiusmodi errores necesse est ut incidat, qui tractans de rebus quarum cognitioni cognitio naturae visionis est necessaria, scrupulosas tamen opticarum regulas censet negligendas. Turpia philosopho seorsim sunt et errare, & partem quamcunque philosophico contemnere ; quanto autem[s] turpius est | errores suos circa visionem (per insultantem ignorantiam) cum contemptu Philosophiae opticae coniungere? Sed vide etiam verba illa. *Non statim apparet refundi ad nos, ita ut certè non omnes ad perpendiculum refringi, itaque caeteros necesse est*[t], tanquam barba cometae videretur à nobis non per reflexionem, ut fit in pariete aspero illuminato, sed per refractionem ; posset fortasse existente cometae capite inter solem & oculum videri sol per refractionem ; quomodo autem barba cometae, si ea non sit aliud quàm illustratae atomi, videri per refractionem possit, intelligi non potest. Verum huiusmodi doctrina satis congruit ingeniis eorum qui loquuntur de optica cum contemptu, iisque qui *se nunquam tractasse quadrantem geometrice, coelum nunquam mathematice inspexisse*[u], ad calculos astronomicos horrescere, nec oculos, nec otium, nec opes, nec operas, nec satis firmam habere voluntatem & ad alia omnia usque à teneris assuetam esse, gloriantur[8]. Et | denique ii[v] qui

(q) in C curva *M* in B curvam *MS* (r) est *M** (s) autem *M** (t) *DM* 76 (u) pag. 76 *en marge* (v) ii *edd* iis *MS*

8. La *Querela geometrica* (1660), œuvre anonyme, accuse la *Tutela geometrica* de White d'être le livre d'un auteur qui, manquant de formation géométrique, s'attribue une inspiration céleste.

confessi *se nunquam in coelum intuitos, nec machinarum quibus id fit vim callere*[w], de coelo tamen audent philosophari, *per naturales*, ut ait, *qualitates*, tanquam sine mathematicis, sine opticâ, etiam sine intuitu in coelum, coeli qualitates naturales possent cognosci.

5. Libertus Fromondus die 11ª Dec. hora 5ª matutina anni *1618* observaverat cometae caput fuisse prope Arcturum, barbam verò extensam usque ad sinistrum genu Ursae. Postero die, nempe 12º Decemb., *Miratus sum* (inquit Lib. de Cometa cap. 1) *conspicuo toto Plaustro de barba ne pilum comparere. Tandem post medium primae & sole inferum meridiani arcum elapso deformari paulatim coepit loco eodem quo pridiè, & pari longitudine, ut planè matutina crepuscula solent, cùm sol radios, quos praemiserat, magis magisque implet & intendit, quo propiùs ad horizontem scanderit.* Postea capite 6º *illam apparitionem argumentum esse* ait *nulla specie* | *ducendum*[x] *quod Barbâ illâ planissimè radii solares*

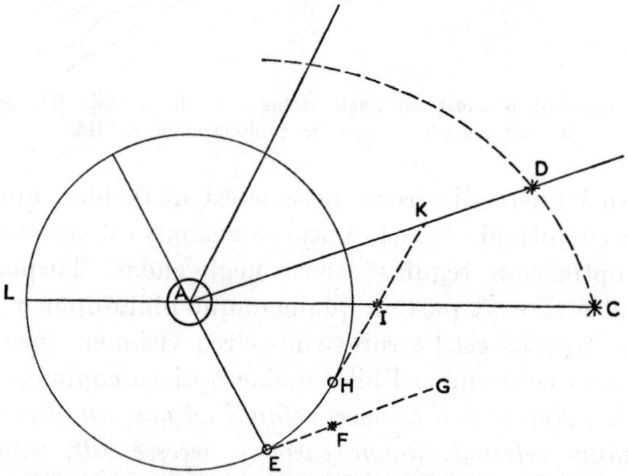

Le dessin original n'a pas été jugé satisfaisant car il a été barré d'une série de traits, particulièrement serrés dans la région des lettres F, G, H, I, K. Sa lecture est difficile et c'est sous toutes réserves que nous proposons une reconstitution d'après le texte de Hobbes

per caput cometae transverberati erant. Utinam explicuisset proposito aliquo schemate Libertus Fromondus, quomodo ex eo quod orto Plaustro nondum orta esset[y] cometae barba infertur conclusio illa, nempe barbam nihil aliud esse quàm radios solares per cometae[z] caput transiectos. Video, puto, quomodo fieri potuit ut media nocte barba non comparuerit, sed paulò post paulatim ascenderit. Sit enim Terra in A, axis mundi AB, horizon AC, elevatio poli BAC, qualis Lovanii, ubi observatio facta est.

(w) Pag. 69 [du *DM*] *en marge* (x) ducendum *edd* dudendum *(sic) MS* (y) esset *M* erat *MS* (z) cometae *M**

Sit stella in genu Ursae Maioris prope horizontem in C & moveatur in arcu suo diurno ad D. Et quia tunc sol erat circa 20 gr. Sagittarii ; & nox erat media, erat sol depressus 60 circiter grad. sub horizontem, putà in E. Cometa erit in Boöte, putà in F, sive longius, sive propius, sive aequè | remotus à terra ac ipse sol. Sit denique cometae barba FG soli in recta linea aversa, et tota infra horizontem ; sic enim mediâ nocte non apparebit barba, quae mane tamen apparebit, sicut pridie apparuerat, procedant enim sol & cometa ab E & F ad H et I, cauda ergo erit IK aequalis FG. Interea promotâ stellâ, quae est in genu Ursae à C ad D, in arcu suo diurno videbitur extremitas barbae K in D, nimirum oculo existente in A : non ergo iam mirandum amplius est quare barba gradatim apparuit ; et tamen non video quare hoc non possit ita fieri sive barba sint radii solares transeuntes per caput cometae, sive sit ignita aliqua materia, modô semper soli sit aversa.

6. Ex hac Fromondi observatione colligit author noster corollaria duo. 1um est quòd cometa erat sub sole & mediâ nocte barbam eius fuisse in umbra terrae. 2um quòd tunc quando barba tanquam crepusculum matutinum apparebat supra horizontem, radii solares transeuntes | per cometae caput terram radebant, sive contingebant, quorum utrumque est impossibile. Quod ad 1um attinet, cùm sol, terra, umbra terrae faciant unam rectam lineam & sol, cometa, barba cometae faciant quoque unam rectam, sintque distantiae tam cometae quàm solis à terra, ita magnae, ut terra habeatur ferè pro puncto, saltem pro non maiore quàm magnitudo solis apparens, necesse est duas illas rectas (quae habent solem pro communi puncto, et umbram terrae, in qua est barba, pro altero puncto communi) coincidere in unam, in qua sunt sol, caput cometae & Terra. Quod est ideò manifestissime impossibile, quia cognitum est eo tempore solem fuisse prope vicesimum grad. Sagittarii et caput cometae in humero Boötis, quae duo loca distant ut minimùm quadrante circuli. Quod attinet ad secundum. Cum umbra terrae, in qua supponitur latuisse cometae barba, extendatur per rectam AL loco solis diametraliter oppositam & promoto sole promoveatur etiam cometa eodem | motu, nimirum diurno, oportuit barbam non modo latuisse in umbra terrae mediâ nocte, sed etiam ad horas aliquot subsequentes, donec motu suo proprio sese liberasset ; motus autem proprius cometae erat in antecedentia, hoc est versus occasum. Cùm ergo radii solares, qui caudam constituebant, terram radentes coeperunt apparere, debebant videri versus occasum, apparuit ergo barba cometae tanquam crepusculum matutinum in occasu, quod est absurdum. Non ergo in prima caudae apparitione ea nocte contingebant radii solares ipsam terram, neque ergo id quod addit de inventione[a] loci cometae verum est, trianguli enim latera, in cuius angulis sunt solis, terrae et cometae centra, non sic poterant cognosci. |

(a) inventione *M* insensione *MS*

Caput 9

Ad nodum 10. Plura esse in universo per se lucentia

1. In partibus lucidi motum esse undequaque simul. 2. Quare visio fiat in instanti. 3. In actione lucidorum esse dilatationem, & contractionem alternam. 4. Actionem lucidi debiliorem esse in distantia maiore quàm in minore, et in qua proportione. 5. Quibus rebus splendor corporis illustrati augetur, vel diminuitur. 6. Quid sit illuminatio. 7. Causa reflexionis ad angulos aequales. 8. Quare illustratio per perpendicularem fortior est quam per inclinatum. 9. Lucida coniuncta fortiùs illustrant quàm dispersa. 10. Argumentum authoris contra illustrationem fixarum à solè non esse validum. 11. Aliud | eius argumentum contra idem non esse validum. 12. Galilaei demonstratio quòd illuminatio perpendicularis fortior est quàm obliqua. 13. Reprehensionem eius demonstrationis propositam non esse iustam. 14. Nec tamen rectè confutari ab autore. 15. Author causam quare illuminatio directa fortior est obliqua nullam reddit. 16. Quid sit Metaphysica, et unde sic dicta.

1. Huius & sequentis nodi intellectio dependet à cognitione naturae luminis, & quibus mensuris maius & minus lumen aestimatur. Observaverat noster author, ut ipse dicit pag. 99, catoptrica satis indiligenter fuisse tractata, voluit itaque ipse rem penitiùs despicere, sed dum naturam investigat refractionis, caligaverunt, inquit, oculi nimio lumine, monueruntque *quod satis est etiam in scientiis observandum*, id est (ut ipse intelligi ea verba vult) quòd *modus* sit etiam in scientiis observandus, sive certi *fines* quos ultra citraque nequit consistere rectum. | Circa naturam ergo luminis nolens nimium sciendo peccare, subsistit citra cognitionem eius, contentus iis quae scripserant illi quos indiligenter scripsisse accusaverat. Atque sic factum est ut in hoc sequente nodo disputans de effectibus luminis, cuius naturam ignorat, saepiùs erraverit, sicut fiet manifestum postquàm naturam luminis veram explicuerimus.

Imprimis autem manifestum est *corpora omnia lucida videri à circumstantibus undequaque eodem instante*[b], deinde hoc quoque certissimum est : *visionem fieri per actionem lucidi in videndi organa.* Ex quibus emergit, *lucida undequaque simul agere.* Praeterea evidentissimum est, omnem actionem esse motum localem, vel agentis ipsius, vel partium eius, ideòque lucidum, quando videtur, nec tamen toto suo corpore locum

(b) undequaque eodem instante *non souligné dans le MS*

mutat, agere in organa videndi per motum localem partium suarum undequaque[9].

2. Sequitur hinc actionem lucidi derivari ad distantiam quamcunque in instante[10]. Sit[c] | enim lucidum quodcunque, exempli gratiâ sol cuius centrum A, semidiameter AB, quoniam ergo omnes eius partes moventur undequaque simul, id est in eodem instante, eius superficies, quae terminabatur in circumferentia B, terminabitur iam per huiusmodi tumescentiam, ulteriùs, putà in circumferentia C (id quod fieri non potest sine vacuo, vel spatiolis vacuis inter partes interiectis ; sed quia neque impossibile est vacuum imaginari, neque possibile probare quòd omne spatium sit corpore aliquo repletum, nihil impedit quin partes solis motum talem habere possint[d].) Quoniam ergo quicquid erat corporis in sphaera B extenditur hoc motu usque ad C, necesse est ut quicquid

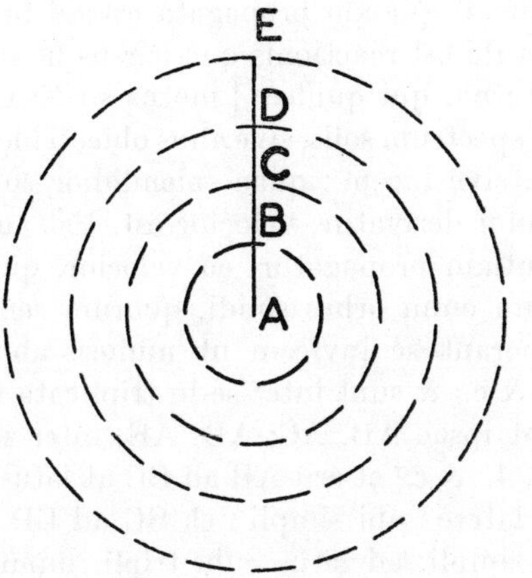

erat priùs in orbe contento superficiebus B & C (quem orbem volo supponere aequalem sphaerae B) propellatur ulteriùs in orbem alium exteriorem, nempe qui continetur à superficiebus C & D, eundemque | aequalem eidem sphaerae B[e] ; & rursus quod contentum erat à superficiebus C & D expellatur in orbem adhuc exteriorem contentum superficiebus D & E, et sic perpetuò. Atque ita motus propagabitur

(c) sit *M* sint *MS* (d) possint *M* possit *MS* (e) (Figure) (au f. 67v)

9. *OL* V.218 (*Tr. opt.* 1644). *Cf.* ff. 186v, 307, 338.
10. On trouve une ébauche de cette théorie dans *A short tract*, composé avant 1637.

undequaque in sphaeram quantaevis magnitudinis in qua putetur circulus maximus esse, cuius diameter AE, et orbes solidi AB, BC, CD, DE, ipsi aequales ; quo igitur instante incipit promoveri punctum B in recta AE, eodem instante promovebitur punctum C, & punctum D, et punctum E[11] ; eodem ergo instante quo movetur quaelibet pars lucidi versus oculum, (quem supponimus in E) fit ut motus impingat in oculum, id est lucidum agat in oculum ; atque eodem modo etiam derivatur actio usque ad interna capitis ubi est cerebrum & animalis spiritus, quae sunt videndi organa ; ita ut visio eodem instante fiat quo lucidum incipit se dilatare. |

3. Quoniam autem impossibile est solem semper se undequaque dilatare ut non vel penitùs dissipetur, vel sese vicissim contrahat, necesse est ut sit in sole perpetuò per vices alternas systole & diastole, sive contractio & dilatatio, qualis nimirum est in brachio hominis grave aliquod pondus sustinente, quod alternis vicibus succumbit & reficitur.

4. Actio obiecti lucidi quando propagata est ad fundum oculi, & inde ad cerebrum, causa ibi est reactionis qua rursus fit retro motus à cerebro per oculum ad externa, qui quidem | motus sentitur non ut motus, sed ut phantasma, sive spectrum solis, sive alius obiecti lucidi, quod phantasma appellamus lumen, sive lucem ; quae splendidior eò est, quo motus qui ab obiecto ad oculum derivatur, velocior est. Est autem motus hic, quo ad minorem distantiam propagatur, eò velocior, quò vero ad maiorem, eò tardior. Quoniam enim orbes solidi, quorum semidiametri sunt AB, AC, AD, AE, superant se invicem ut numeri ab unitate incipientes, nempe, 1, 2, 3, 4. & c. & sunt inter se in triplicata ratione ipsarum AB, AC, AD, AE, erunt ipsae AB, AC, AD, AE, inter se ut radices cubicae numerorum 1. 2. 3. 4. & c.[f] et erit AB ad BC ut latus cubi simpli ad latus cubi dupli, minus latere cubi simpli ; et BC ad CD ut latus cubi dupli, minus latere cubi simpli, ad latus cubi tripli, minus latere cubi dupli ; et CD ad DE, ut latus cubi tripli, minus latere cubi dupli, ad latus cubi quadrupli, | minus latere cubi tripli. Maior ergo est AB quàm BC, et BC quàm CD & c. Eodem autem tempore quo B procedit ad C, eodem[g] procedit D ad E ; aequalibus ergo temporibus, maius spatium transitur, quò propior est motus ad B lucidum, minus, quando est longius, hoc est motus tardior est quando ad maiorem distantiam derivatur. Patet hinc quòd communis opinio philosophorum, nimirum *debilitari actionem eâdem ratione qua augetur distantia*, non est vera. Iam id quod de gradibus velocitatis dictum est in actione qua lumen generatur, intelligi etiam debet in gradibus splendoris eiusdem lucidi ad diversas distantias.

(f) (Figure) (au f. 69) (g) Eodem... eodem *M**

11. *OL* V.219 (*Tr. opt.* 1644).

Splendor enim oritur à fortitudine actionis, ea verò consistit in velocitate motus propagati. Praetereà id quod de sole dictum est, idem dicendum est, propter easdem rationes, etiam de quocunque alio obiecto lucido sua propria luce agente. Quòd si distantia inter lucidum & oculum dividatur in partes aequales, ibitur per partem primam velocitate eà,

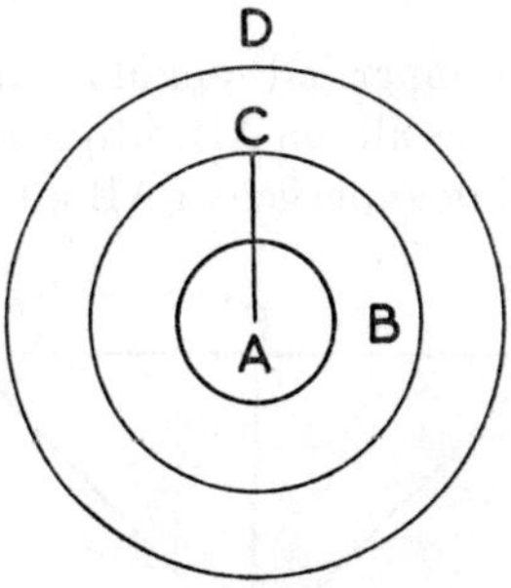

Le cercle de rayon AE, plus grand que AD, n'est pas représenté dans la figure du MS

quae est ad velocitatem | qua ibitur in parte secunda, ut latus cubi simpli ad latus cubi octupli, minus latere cubi simpli ; & quae est ad velocitatem in parte tertia ut latus cubi simpli ad latus cubi viginti septupli, minus latere cubi octupli, et sic deinceps. Quoniam enim AB ponitur aequalis BC, & BC aequalis CD, AC est ad AB ut latus cubi octupli ad latus cubi simpli, quare AB est ad BC ut latus cubi simpli ad latus cubi octupli, minus latere cubi simpli, sed[h] et AD est latus cubi viginti septupli, quare CD erit latus cubi viginti septupli, minus latere cubi octupli.

5. Intenditur autem lumen non modò velocitate, sive fortitudine actionis, sed etiam quantitate corporis lucidi ; quod enim de toto sole, vel alio lucido dictum est, quantum attinet ad dilatationem & contractionem, intelligendum est etiam de omni eius parte saltem per se sensibili ; itaque quodvis lucidum potest considerari vel tanquam unum lucidum | magnum, vel tanquam multa lucida minora. Sicut ergo duo lucida opacum aliquod illustrantia splendorem eius augent, ita lucidum mole duplicatum splendorem maiorem facit ; oportet autem rationem habere corporis quod illustratur, quia aliud alio minùs illustrationis capax est. Oportet etiam considerare corporis illustrandi situm, qui quandoque ad motum luminis perpendicularis, quandoque obliquus est ; et in duobus lucidis in idem opacum irradiantibus considerandus est eorum situs inter se, nam quandoque coniunctius, aliquando minus coniunctis radiis operantur.

6. Corpora illustrari dicuntur quando prae multa asperitate, atque diversitate positionis superficierum innumerabilium, reflectunt ad oculos nostros lucidi imaginem fractam, & perturbatam, nam cùm sol, aut aliud

(h) sed *M**

astrum agit in superficiem politam aquae quiescentis, ita ut exhibeat nobis astri imaginem, | eamque in uno tantùm loco, non est aqua ipsa illustrata, sed invisibilis. Quòd si eadem aqua turbetur ut fiat confusio imaginum, tunc videtur aqua tanquam paries illustratus, ita ut illustratio nihil aliud sit quàm reflexio lucis ab innumerabilibus superficiebus ad unum & idem punctum in quo est oculus.

7. Fit autem reflexio semper ad angulos incidentiae, & reflexionis aequales ; sit enim superficies aliqua AB, sitque lucidum in C, oculus in D ; atque operetur lucidum C in superficiem AB ad punctum E[12]. Motus ergo

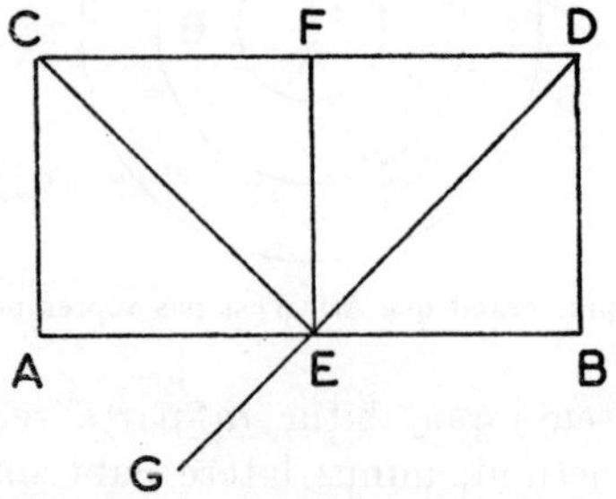

Dans l'original l'angle CEG n'est pas rectangle, comme le texte l'exige (f. 71v)

per rectam CE, tendit partim à latere AC versus latus BD, partim verò à latere CD versus superficiem AB perpendiculariter. Quod ad motum attinet, qui est ab AC versus BD, | non potest per eam agi in superficiem AB quia in ipsam eo motu non tenditur ; agit ergo lucidum C in superficiem AB, solo motu perpendiculari, qui est à C ad A ; et in caeteris perpendicularibus ipsi versus BD, parallelis. Motui autem huic perpendiculari resistitur à corpore, cuius superficies est AB, ex qua resistentia perditur motus à CD versus AB, & acquiritur motus contrarius ab AB versus CD ; corpora enim percussa, in ea parte ubi percutiuntur cedunt primò, deinde restituentia se motum contrarium imprimunt percutientibus ; motus ergo, qui fit ex motu relicto qui erat ab AC versus BD, et acquisito ab AB versus CD, existens aequalis motui quo motus à C propagabatur ad E, facit ut CE, ED rectae, iis motibus aequalibus aequali tempore transmissae, sint aequales, atque etiam ut | CA, BD sint aequales, at anguli recti DBE, CAE sunt aequales ; quare & angulus resilitionis DEB aequalis est angulo incidentiae CEA[13].

8. Ex hac compositione motuum intelligitur etiam quare illuminatio tunc fortissima est quando fit per lineam perpendicularem. Quando enim

12. White : *Peripateticall institutions*, pp. 71-76 (sur les mouvements ondulatoires, la réflexion et la réfraction).

13. *OL* I.231-232 ; 312-313 (*DC* c. 19 § 1, c. 24 § 8).

irradiatio fit à C ad E, actio maior, vel minor est, prout magis vel minus patiens actioni opponitur. Opponitur autem AB motui per CE rectam solummodo quatenus CE tendit versus ipsam AB, non quatenus tendit in DB. Si iam supponamus motum à C ad E, fieri à duobus motoribus AC, CD concurrentibus, ita ut quo tempore AC motum est ad EF eodem tempore CD perveniat ad AB, necessarium erit ut eodem etiam tempore punctum C veniat ad E ; velocitas ergo per | CA, quâ solâ lucidum in C operatur, minor est velocitate integrâ per CE, nempe in ea ratione in qua est recta CA ad rectam CE[i]. Si igitur ducatur per punctum E recta DG ad ipsam CE perpendicularem, aget lucidum C, in eam velocitate suâ integrâ. Nimirum fortiùs illustrabit superficiem DG quàm AB, quantò recta CE est maior quam recta CA ; patetque inde ratio quare obiecta opposita ad solem, vel candelam perpendiculariter magis illustrantur, quàm opposita obliquè, et opposita obliquè magis quàm opposita obliquiùs.

9. Si duo lucida irradient unum punctum, et alia duo lucida irradiant aliud punctum, sintque lucida aequalia, & distantiae aequales, sed angulus irradiationis in uno actu irradiationis minor sit quàm angulus irradiationis in altero actu, maior erit illustratio ubi angulus est minor,

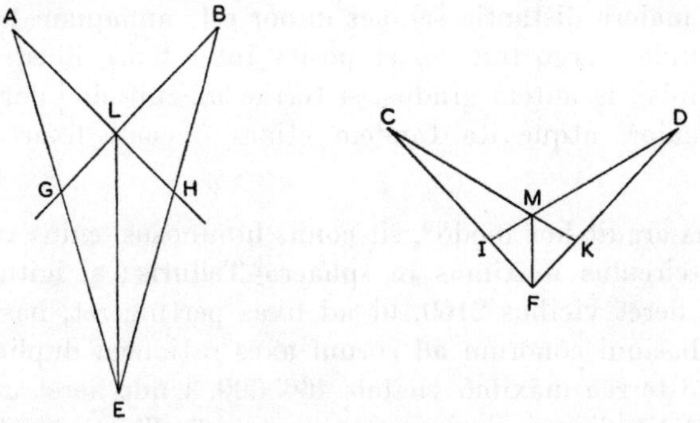

| quàm ubi angulus est maior. Sint enim lucida, A, B, C, D, inter se aequalia et radient quidem A & B simul in punctum E, et C, D, in punctum F. sintque distantiae AE, BE, CF, DF aequales inter se, angulus autem AEB minor sit angulo CFD, dico punctum E magis illustratum fore à lucidis A et B, quàm punctum F à lucidis C et D. Ducantur enim AH, BG, CK, DI, ita ut anguli EAH, EBG, aequales inter se, aequales etiam sint angulis FCK, FDI, uterque utrique. — fient per rectas AH, BG, duae radiationes concurrentes in L, et per rectas CK, DI, aliae duae radiationes concurrentes in M. ex quarum concursu fiet motus compositus per rectas LE & MF, et quia motus per AH et BG, propter angulum

(i) CE *M* BE *MS*

| ALB minorem angulo CMD (nam cùm angulus AEB minor ponatur angulo CFD, et anguli EAH, EBG, FCK, FDI ponantur aequales, etiam angulus ALB minor erit angulo CMD) minùs sibi mutuò opponuntur, minus mutuò auferentur sua[j] ipsorum velocitate, quare etiam motus per LE compositus ex motibus per AH, BG, velocior erit motu per MF composito ex motibus per CK, et DI ; velocior ergo, hoc est fortior erit actio lucidorum A & B in punctum E, quàm actio lucidorum C & D in punctum F. Magis ergo illustrabitur punctum E, quàm punctum F.

10. His intellectis, veniamus ad ratiocinationem authoris. Primùm ergo ut probet stellas fixas non per illustrationem à sole, sed propriâ luce conspicuas fieri, argumentum sumit à distantia quae est inter ipsas & solem. Cùm enim astronomi dicant | distantiam solis à terrae esse ad distantiam fixarum à sole, sicut 1 ad 2160, sitque illustratio terrae à sole perpendiculari non valde magna, ideo illustratio fixae ab eodem sole in distantia tam enormi non potest esse tanta ut à nobis videatur. Peccat autem haec ratiocinatio in eo quòd in calculum non retulerit ipsarum fixarum magnitudines, verum enim esse potest quòd terra posita inter stellas fixas vix, aut non omnino conspiceretur. Sed si tribuamus stellis fixis sufficientem magnitudinem, poterunt solâ illustratione, sine luce propriâ, videri à quantacunque distantia ; quanquam enim velocitas actionis in maiore distantia semper minor est, numquam tamen penitus cessat ; siquidem ergo terra esset posita inter fixas, illustraretur gradu aliquo luminis ; is autem gradus, si terrae magnitudo | augeretur, fieret continuò maior, atque ita tandem etiam è coelo fixarum conspicua redderetur.

11. Rursus arguit hoc modo[k], sit conus luminosus, cuius vertex est sol, basis vero circulus maximus in sphaera Telluris ; si igitur axis huius coni maior fieret vicibus 2160, ut ad fixas pertingeret, basis illius coni, secundum basium conorum ad eorum axes rationem duplicatam, maior esset circulo terrae maximo vicibus 4665600. Unde fieret ut lumen solis in tantam latitudinem dispersum, non posset efficere ut stella inde ita illustraretur ut aliquis eo lumine posset legere. Cuius argumentationis primum vitium est quòd non supponat etiam stellae illustrandae circulum maximum, maiorem esse terrae circulo maximo vicibus 4665600 ; nam si hoc ponatur, illa | stella appareret eadem magnitudine nobis in terra existentibus, ac terra appareret spectantibus ipsam à distantia quanta est hinc ad solem. Videmus lunam apparere non multò minùs lucidam à distantia illa magna, qua à nobis removetur quàm paries propinquus, & à sole meridiano illustratus ; quare autem hoc, nisi quòd apparet multò minor quàm[l] est, nam si viderentur res omnes eâ magnitudine

(j) auferentur sua *edd* auferent à sua *MS* (k) *DM* 86, paraphrase (l) multò minor quàm *M* tantò minor est quàm *MS*

quam revera habent, fortasse ob debilitatem actionis solaris ad distantiam lunae, luna non omnino videretur. Secundum vitium est in eo quòd concludat illustrationem fixarum à sole minorem fore quàm ut per lumen unius ex ipsis possemus legere, id quod verum est, sed non id quod inferre debebat, nempe minorem fore quàm ut ipsa stella videri posset. Tertio, non recte arguit diminutionem | virium luminis ex incremento basis coni radiosi ; non est enim lumen corpus, neque expanditur eâ ratione quâ metalla in latitudinem extenduntur malleo, sed diminuitur & crescit, partim propter velocitatem motus, quae diminuitur & crescit eo modo quo supra declaratum est ; et partim propter decrementum, & incrementum molis ipsius lucidi.

12. Ostenderat Galilaeus[14] causam quare radiatio perpendicularis magis illuminat, quàm radiatio obliqua in hunc modum ; si supponantur radiationes quotcunque fieri per parallelas quotcunque, quarum termini

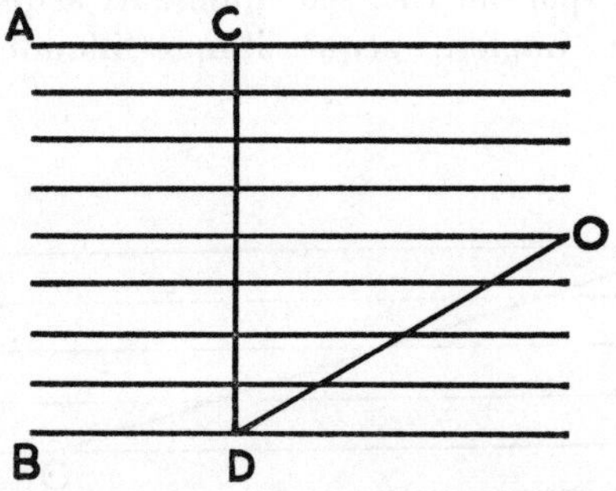

La figure a été rectifiée conformément au texte : DC perpendiculaire aux rayons A, B, etc. et égale à DO

sunt inter A & B, et lineam CD perpendiculariter ab illis percussam | esse, deinde verò obliquetur DC in DO, manifestum erit pauciores irradiationes fieri in lineam obliquam quàm in lineam perpendicularem eiusdem magnitudinis. Supponit autem Galilaeus DC, DO aequales esse inter se, eo ipso quòd non dixit ducendam esse DO obliquam utcunque, sed DC inclinandam ad DO. Supposuit autem radiationes hoc loco parallelas esse propter distantiam à nobis lucidorum coelestium, per quam angulus irradiationis, quod ad sensum attinet, evanescit. Potuit tamen idem dixisse de radiatione conica, ponatur enim lucidum | in E, fiatque irradiatio in lineam FG, quantum fieri potest, perpendicularis, deinde inclina lineam FG in GH, ut sit obliquior, et manifestum erit plus radiationis fieri in lineam FG, quam in lineam GH. Ubi autem plus est

14. Galilée : *Due sistemi* p. 73. L'emploi du plus-que-parfait par Hobbes suggère qu'il écrit après la mort de Galilée le 8 janv. 1641/2.

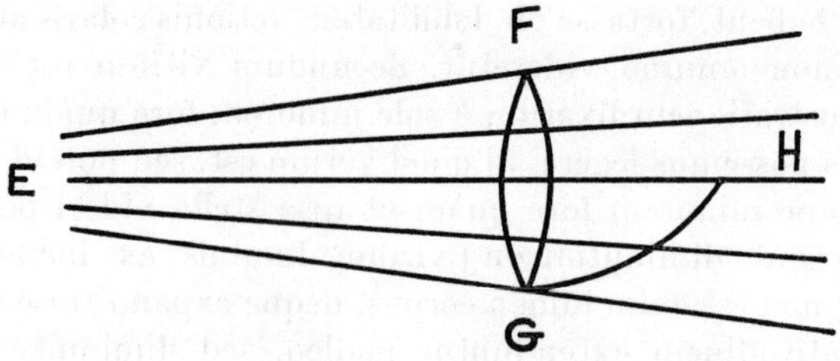

radiationis, ibi lumen esse maius subsumit tanquam notum. Neque video hîc ullum paralogismum.

13. Contra hanc Galilaei demonstrationem inducit author noster sub persona tertia reprehensionem verè paralogisticam[m]. Divisa enim recta CD bifariam in E, sic arguit. Radii qui incidunt in CE, implent spatium CO tam perfectè quàm spatium CE, sed illuminari aequaliter non est aliud quàm radiis aequè impleri, aequè itaque illuminatur spatium CO,

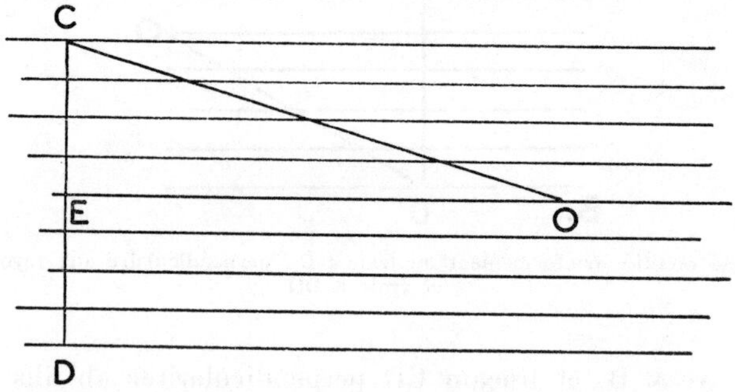

& spatium CE ; sed spatium CE aequè illuminatur ac spatium CD, ergo aeque illuminatur CO & CD ; in qua argumentatione assumit illuminari aequaliter, idem esse | quod radiis aequè impleri, id quod Galilaeus neque dixit, neque supposuit, sed hoc tantùm, aequè illuminata esse quae aequalia existentia, totidem radiis feriuntur, & minus illustrari id quod[n] aequale existens paucioribus, vel maius existens radiis agitur aequalibus. Iam quis non videt CO, maiorem lineam illustrari iisdem radiis, quibus CE minor, atque ideo semper esse CO minus illuminatam quàm CE. Est ergo paralogismus in reprehensione in eo consistens quòd Galilaeus supposuit

(m) *DM* 88 *sqq.* (Figure, au f. 76) (n) id quod *edd* in quod *MS*

perpendicularem & obliquam aequales esse inter se ; hic verò substituit CE perpendicularem minorem obliquâ CO. |

14. Reprehensionem hanc falsam esse author quidem vidit & reprehendit sed reprehensione absurdiore ; negat enim lineam CO totam illuminari à radiis per CE transeuntibus, vel illuminari posse, nisi lumen per infinita scissum sit, sed illuminari solummodo tantam eius partem quanta est linea CE, reliquum verò interstitiis tenebrosis contineri. Quare vero? quia partes interceptae in linea CE à parallelis ipsam secantibus singulae singulis minores sunt quam partes interceptae in linea CO ab iisdem parallelis, hoc est quia tota CE minor est tota CO, quasi si triangulum CEO ligneum esset, non esset in linea CO lignum ubique, aequè ac in linea CE, nisi recta CE aequalis esset rectae CO ; quod est absurdum.

15. Ipse tandem rationem quare obliqua | CO non aeque illuminatur ac perpendicularis CE ostendit hoc modo, pag. 93. *Non advertis* inquit, *rectâ cadentem pluviam pavimentum toto corpore, parallelâ verò casui maenia laevi fortassis aspergine & quasi contagio non proposito, irrorare? sic & lumen cogita* & c[o]. Rectè quidem hoc, eadem enim causa est quare paries lucido directè oppositus magis illuminatur quàm qui oppositus obliquè, et quare pavimentum pluviae cadenti directè oppositum magis humectatur, quàm murus obliquè oppositus. Sed quaerimus hanc utriusque communem causam ; hic iam author nos destituit, nullam aut affert, aut offert. Eam autem supra articulos 8 & 9 huius capitis satis explicuimus nos.

16. Cùm author noster pag˙ 91 mirabilem | illam doctrinam protulisset, nimirum lineam obliquam CO non totam illuminari, sed eius partem solummodo tantam quanta est linea CE, caetera verò interstitiis contineri tenebrosis, ne quis fortè tam abhorrentem à sensu communi opinionem insaniae attribueret, sed potiùs scientiae alicui supernaturali epiphonema addit. *Et vel ex hoc*, inquit[p], *vide metaphysicas considerationes alterius esse naturae quàm physicas & mathematicas, quae* (physicae & mathematicae) *testimonium quidem ingens perhibent metaphysicis, sed ad metaphysica pro dignitate tractanda ineptae sunt. Est autem ipsa quanti compositio considerationis trans naturam petendae, et quantum metaphysicae obiectum physico obiecto abstractius.* Quibus verbis cùm nomine metaphysicae per | ignorantiam simul & iactantiam abutatur, explicandum hoc loco duxi quaenam ea sit scientia quam vocamus metaphysicam, & unde ita appellata sit. Aristoteles cùm tractaturus esset de natura coeli, atque elementorum, de generatione, corruptione & caeteris rebus naturalibus, praemisit quosdam libros, quos inscripsit φυσίκης ἀκροάσεῶς, in quibus

(o) A l'*&c* de Hobbes correspond dans *DM* : *etsi lineam CO, quamdiu respective ad agens, longitudinem & latitudinem participat, participata quoque percussione infundere*
(p) *DM* 91-92, avec *mathematicae* pour *metaphysicae*

disputavit de materia, forma, loco, tempore, motu, aliisque notionibus quae pertinent ad corpus in genere, hoc est ad corpora in universum omnia. Sine quibus praecognitis ad libros de coelo[q], & caeteros libros physicos aditus non dabatur ; non autem de omnibus notionibus quibus opus erat ibi tractavit ; videns itaque communissima omnia priùs cognoscenda esse quàm minus | commune, & notionem τοῦ οντος, id est entis, communissimam omnium esse, iudicavit scientiam instituendam esse primam omnium de ente ; atque inde posteà deveniendum esse ad entia particularia, ut Coelum, Terra, Animal &c. Scripsit itaque libros aliquot, in quibus pro subiecto accepit *Ens* ; huius scientiam appellavit σοφίαν, i.e. sapientiam ; comprehendit enim haec scientia omnes scientias, sicut subiectum eius *Ens* comprehendit omnia subiecta. Eandem scientiam appellavit Philosophiam primam, quia ab ea prima incipiendum est si quis recte philosophari velit. In ea igitur definivit notiones, sive nomina illa communissima omnium Entium, et essentiarum qualia sunt substantia, accidens, quantitas, numerus, unitas, tempus, locus, | motus, aliaque tractat plurima quae prius tractarat ; & fere verbatim extant in 8 libris eius περὶ φυσικης ακροάσεῶς, omnia naturali, quantum potest, ratione prosequens, nihil praetendens scire eorum quorum scientia *naturam transcendit*. Neque enim ea sciri possunt à quoquam, nisi per revelationem divinam ipsi singulariter factam. Contigit autem libros illos de philosophia prima, hoc est de philosophiae elementis, inscribi τῶν μετὰ τὰ φύσικα, vel ab ipso, quòd ab eo scripti fuerint tempore posteriùs quàm libri eius physici, vel quod doctissimorum plerique censent, à successoribus eius, qui eos libros inventos sine inscriptione, eo ordine in operibus eius disposuerunt, ut libros physicos sequerentur. Erant quidem illi speculationis | aliquantulum subtilis & difficiles intellectu ab initio, sed ineptis commentationibus & disputationibus progressu temporis facti difficillimi, nisi quòd difficiliores adhuc sint quos[r] scripserunt eius expositores. Propter hanc difficultatem, & propter titulum Metaphysicae, quia μετά significat non solùm *post*, sed etiam *trans*, putarunt imperiti, contineri iis libris doctrinam quandam transnaturalem, tanquam qui studerent metaphysicae id agerent ut per doctrinam suam naturae limites egrederentur. Et ferè quicunque in scholis loquebatur, vel scribebat ea quae prae nimia absurditate intelligi non poterant, volebat perhiberi metaphysicus ; et si quis opponeret iis rationes solidas, sive geometricas de quantitate, sive physicas de motu, cùm | respondere non possent, scientias mathematicas, physicasque, quo ignorantiam tegerent, per contumeliam suo studio indignas esse praetendebant, cùm tamen metaphysicam doctrinam minimè omnium rerum intelligerent. Hinc sunt verba ipsa

(q) de coelo. Peut-être *De coelo? Cf.* physici (79), metaphysicae (79v), et catoptrica (91v-92) (r) quos *M* ? quae *MS*

authoris nostri[s]. *Physicam, et mathematicam ineptas esse ad metaphysica pro dignitate tractanda* ; quasi physica, & mathematica via esset ad metaphysicam, non haec ad illas. Et *Quanti compositionem considerationis esse trans naturam petendae*, tanquam metaphysica esset scientia transnaturalium, hoc est non scibilium[15]. Et illa : *Unde est quod magni viri, sed mathematicis & physicis solummodo imbuti* ; *cùm ad tractandam continui, rari,* | *densi & infiniti, & loci, temporisque naturam, & similia aggrederentur, inextricandis sese laqueis implicant, & confundi rationis dictamina patiantur*, quasi rari & densi tractatio non pertineat ad physicam ; non est raritas, aut densitas assertio entis, aut essentiae simpliciter, ut est locus, tempus, continuum & alia, sed entis ut talis, ideòque tractatio eius ad physicam pertinet ; quàm indocta haec sint facile est videre, sed ut uno verbo dicam, mathematicae professores sciunt quae docent ferè omnia ; physicae professores aliquid ; metaphysicae verò professores nihil sciunt, sed cupientes videri sapere plus caeteris, caeterorum scientias vituperant. |

Caput 10. Ad nodum 11um

Tubum Opticum in summo (hoc est in summa perfectione) esse

1. Descriptio tubi optici. 2. Probatio descriptionis. 3. Locus imaginis per tubum opticum. 4, 5, 6, 7, 8, [9.] Quatuor[t] argumenta authoris quibus tubi optici artificium promoveri negat, confutata. 10[t bis]. Causam gravitatis non esse generans. 11[u]. Gravitas quid sit, & in quo genere motus consistit.

1. An tubis opticis, sive telescopiis, quae nunc extant, perfectiora fieri possint, necne, sciri non potest, nisi ab iis quibus eorum natura & fabrica bene explorata fuerit ; oportet igitur primo loco tubum opticum describere, lineasque irradiationis ab ipso obiecto per utramque lentem ad fundum oculi derivare ; deinde verò rationes propter quas authori | visum est meliorem iis qui nunc sunt fieri non posse, sigillatim considerare. Sit ergo vitrum convexum ACB[v], sitque constitutum obiectum aliquod in

(s) *DM* 92, paraphrase, malgré cette affirmation (t) Quatuor *six en fait* (t *bis*) 10 *edd* 9 *MS* (u) 11 *edd* 10 *MS* (v) (Figure) (au f. 82)

15. scibilium. *Cf.* ff. 61v, 406v.

tanta ab ipso distantia, ut rectae AB magnitudo ad magnitudinem distantiae obiecti non habeat rationem sensibilem[16]. Ductae autem duae rectae à duabus obiecti extremitatibus ad singula puncta vitri A, B, faciant angulos *dAe*, *dCe*, *dBe*, & similiter fieri supponatur ad caetera omnia puncta quae sumi possunt inter A & B. Producantur iam *dA*, *eA*, quae se mutuò secant in A, et *dC*, *eC* quae se mutuò intersecant in C, et *dB*, *eB*, quae se mutuò secant in B; producantur inquam, omnes usque ad vitrum concavum alicubi collocatum, ut in DE, ita ut ambo vitra sint inter se parallela, vel non valdè obliqua. Quo facto manifestum | est productas omnes esse refractas, et binas binis propiùs accedere, prout propiùs accedunt ad vitrum concavum; lineae autem refractae transeuntes per A, notatae sint punctulis; quae verò transeunt per B notatae sint linearum fragmentis; & quae transeunt per C lineis continuis. Sit iam oculus FG, et supponamus talem esse figuram vitri concavi, et talem eius esse situm tam respectu vitri convexi, quàm respectu oculi, ut omnes lineae venientes ab *e*, ab ipso ita | refringantur ad superficiem oculi ut refractae rursus ab ipso oculo, prout natura oculi postulat, concurrant omnes in fundo oculi ad unum & idem punctum H. Item omnes lineae venientes a *d* ita refringantur, ut concurrant omnes in fundo oculi ad punctum I. Hoc si fiat, videbitur *d* in linea recta, quae ducitur ab I parallela parti lineae

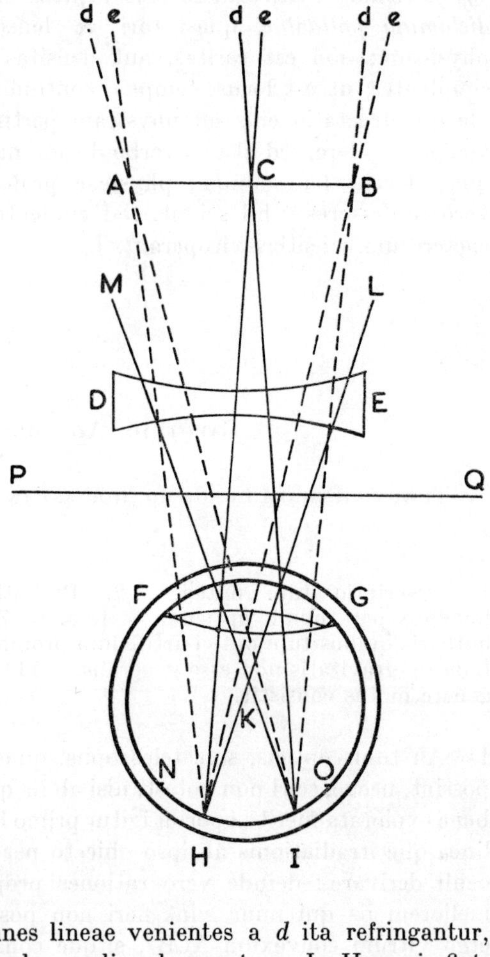

16. *Cf. Opticks* (*Harl.* 3360), Second part, pp. 203-7 (= ff. 174-6).

dAI, vel *dCI*, vel *dBI* quae intercipitur inter vitrum concavum & oculi superficiem, videbitur autem *e* in linea recta quae ducitur ab H parallela parti lineae *eAH*, vel *eCH*, vel *eBH*, quae intercipitur inter vitrum concavum, & superficiem oculi, ita ut lineae visuales extremorum punctorum obiecti sint rectae HL, et IM, atque ita fiet ut toties multiplicata sit visio extremitatum obiecti per vim in HI, quot sunt puncta | in lente convexa AB ; et per eandem rationem, puncta quae sumi possunt inter *d* et *e* toties multiplicabantur per vim quae est in punctis inter H & I, mediis ; fiet etiam ut distantia extremitatum obiecti inter se sit maior quàm si spectaretur nudo oculo. Nam propter refractionem linearum irradiationis exeuntium à vitro concavo, quò magis coguntur divergere inter se, eò lineae visuales (quae ipsis parallelae sunt) in maiori angulo se mutuò secabunt, quàm est angulis *dAe* vel *dCe*, vel *dBe*, in quo se quidem angulo mutuò secarent sine tubo optico.

2. Haec autem ita se habere ex ipso phaenomeno evidenter sciri potest si enim partem quamcunque, vel partes quotcumque vitri convexi AB obtexerit quis, relictâ quâlibet particulâ tantùm eius detectâ, | idque sive in medio sive versus extrema vitri, semper tamen totum obiectum videbitur distinctè, sed minus illuminatum. Ex quo colligitur primò videri obiectum per radios transeuntes per quodlibet unum punctum vitri convexi. Colligitur secundò quòd obiectum totum videtur per radios venientes à quolibet uno puncto vitri convexi AB[17]. Ideoque si duae rectae punctatae veniant ab A ad H & I, erunt H & I in lineis visualibus quibus videntur extremitates obiecti per A ; et praetereà si duae rectae venientes à B incidant in fundum oculi ad alia duo puncta quàm H & I, putà ad N & O, erunt N & O in visualibus, quibus videntur extremitates obiecti per B. Itaque si N & O non coincidunt videbitur utraque extremitas obiecti per diversas visuales, atque ita obiectum non unum, sed duo viderentur, quod est | contra phaenomenon ipsum quod apparet unum & distinctum. Omnes itaque radii venientes à *d* desinunt in I, & omnes radii venientes ab *e* desinunt in H. Atque ita de caeteris mediis obiecti punctis dicendum est, scilicet quòd videntur in singulis punctis sibi in fundo oculi correspondentibus. Sequitur hinc quoque quòd linearum irradiationis ab eodem puncto obiecti venientium partes illae quae intercipiuntur inter vitrum concavum & oculi superficiem esse inter se parallelas. Nam alioqui punctum quod repraesentant non posset videri ut unum, si enim videretur punctum obiecti in ipsa linea irradiationis quae intercipitur inter vitrum & oculum, videretur plures[w], quia

(w) plures *Lire* plura ?

17. *OL* II.66-7, 69-73, 79-85 (*De hom.* c. 8 §§ 2, 6-7, c. 9 §§ 3-8).

videretur per plures irradiationes ; etsi videretur in una ducta aliqua à fundo oculi, uni linearum interceptarum parallela, videretur etiam in iis lineis quae | ducerentur parallelae caeteris interceptis, et ita rursus videretur unum obiectum. Restat igitur ut lineae irradiationis procedentes ab eodem puncto obiecti, habeant partes suas, quae intercipiuntur inter vitrum concavum & oculum, parallelas inter se, et vera visualis illa sit quae ducitur à puncto concurrentiae in fundo oculi illis omnibus parallela[18].

3. Locus autem imaginis visae per tubum opticum, unâque magnitudo diametri apparentis comparata cum magnitudine diametri apparentis sine tubo, hoc modo determinari potest. Sit obiectum quodlibet luna spectata sine tubo optico, cuius diametrum apparentem, & cuius distantiam ab oculo sensu solo aestimamus ; supponamus lineam rectam prope oculum ductam ita ut secet axem opticum ad | angulos rectos qualis linea est PQ in figura praecedente. Sitque PQ aequalis verae diametro Lunae ; huic parallela statuatur alia recta aequalis diametro Lunae apparenti (quae est quasi semipedalis) sit autem distantia inter has parallelas tanta quanta est distantia apparens inter oculum & Lunae imaginem (quae mensurari quidem non potest, sed affirmari sensu, tanquam longitudinis 200 pasuum) si iam intelligantur ductae duae rectae per extremitates dictarum duarum parallelarum concurrentes intra Lunae imaginem ; rectae autem HL, IM in praecedente figura producantur donec illis occurrant, determinabunt illae Lunae distantiam & diametrum per tubum opticum apparentem. Exempli causâ sit obiectum aliquod AB, quod tantum distet ab oculo in C, ut appareat sub | magnitudine DE, videaturque sub angulo DCE, fiatque FG aequalis AB, ducanturque FDH, et GEH per extremitates imaginis D, E. Iam si idem obiectum ABH spectetur per angulum ICK maiorem angulo DCE, dico

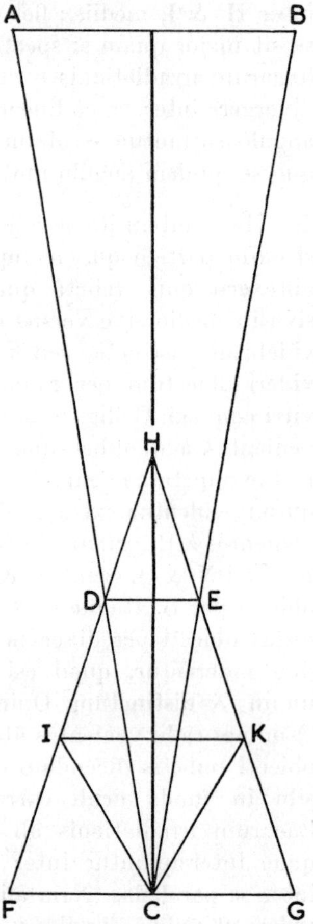

18. *OL* I. 328-9 (*DC* c. 25 § 10).

quod diameter eius apparens erit IK et maior quam DE, et distantia apparens erit recta à puncto C ad rectam IK perpendicularis. Quò enim obiectum recedit longiùs ab oculo, eò sub minore angulo videtur, donec evanescat angulus, putà in puncto H ; et ut est distantia HK vel HI, ad distantiam HE, vel HD, ita est diameter imaginis IK, ad diametrum imaginis DE. Si igitur AB | esset Luna vera, DE Luna apparens sine tubo optico, modò angulus ICK ille esset quem faciunt visuales per tubum opticum, esset IK Luna apparens per tubum opticum, atque haec breviter & crassè pro huius operis instituto, de natura & fabrica tubi optici dicta sunto.

4. Argumentorum quibus utitur author noster[x] ad probandum tubum opticum perfectiorem fieri non posse quàm sunt iam facti primum est quòd cum iam ab aliquot annis Renatus Descartes ostendisset methodum novam fabricandi tubos opticos, quibus ni[y] destituant nos artificum manus, promittit visuros nos in coelis tam exigua, eaque tam distinctè quàm ea [quae] videmus quibus assuescimus in terris, nondum tamen promissis respondeat eventus. Argumentatio sanè parùm philosophica ; quid enim si methodus[z] illa, sicut non est | demonstrata, ita neque vera sit, an ideo eius rei methodus nulla est? Quid si fabrica illa tubi, quam supra ostendimus esse genuinam, vitra requirat non hyperbolica sed sphaerica? an non possunt maiores sphaerae fieri & minores, quàm hactenus factae sunt ab iisdem artificibus? Verùm non vult author Renatum des Cartes errasse circa methodum, sed de artificibus vitra qui possint efficere[a] figurâ hyperbolicâ, desperandum putat ipsum autem des Cartes promisisse tam ampliter de successu vitrorum suorum hyperbolicorum, non quòd speraret ampliùs posse fieri quàm factum est, sed *Huiusmodi dicta* inquit, *ad excitandos artificum labores iactari interdum expedit, neque enim credam ipsum de hoc ambigisse, sed certò scivisse defuturas artificum manus.* Lepidum profecto hominem | nobis narrat qui iactarit ea ad excitandas artificum manus, cum certò sciret eas defuturas esse.

5. Secundum argumentum est quòd tubus tam longus evasurus sit ut latera eius sint coitura. Hoc etsi verum esset, non tamen impediret quin tubi fieri possint duplò longiores quàm sunt, atque hoc modo quanquam perfectio eius augeri in infinitum non possit, posset tamen augeri, sed verum non est, quantò enim longior tubus est, tantò requirit vitrum convexum maius, ex quo fiet ut latera eius semper divergant[19], nec

(x) *DM* 96-7, paraphrasé jusqu'au mot *eventus*. White fait allusion à *La dioptrique* (1637) (y) ni *M* ne *MS* (z) Lire *Methodus* ? (i.e. *Discours de la méthode*, sixième partie) (a) vitra qui possint efficere *M* qui (*effacé* ?) vitra qui possint *MS*

19. *La dioptrique*, Discours VII.

videbuntur ergo coire, ut ille suspicatur, tracta nimirum suspicione ab eo quod solet contingere longas spectanti porticus quarum[b] latera sunt parallela.

6. Tertium huiusmodi est, homo si è luna videndus sit, videndus est iis radiis, qui | ab ipso in luna constituto ad nos affluunt, non enim est possibile ut nos lumen quod ibi est, augeamus, sicut augemus lumen obiectorum quae intuemur per vitrum illud explicatorium, quod aliter appellant *microscopium*[20] ; sed radii qui ab homine in Luna posito ad nos veniunt minores multò sunt quàm ut per ipsos fiat nobis ad tantam distantiam visibilis. Nulla ergo arte potest videri homo è luna si ibi esset. Poterat quidem hinc intulisse impossibile esse hominem è luna videri sine telescopio. Atqui cum telescopii usus in eo consistat ut colligat radios, & per refractionem collectos ad oculum deducat, radii autem emissi ab homine in luna illuminato, si omnes qui in totum haemisphaerium diffluunt, in unum aggregarentur sufficerent ad eius visionem, non oportuit eum assumere paucos esse radios ab homine | emissos ad nos, donec determinatum esset, quot possent aggregari & ad nos deduci à telescopio, id quod hac disputatione inquiritur. Quod addit, *nisi sic hominem videamus ut praeterea nihil quod eum offuscare possit*, *& frustra eum credimus spectabilem*, *ingentia enim spectabilia minorum*[c] *aspectum tollunt*, imperitè dictum est. Scimus enim ex ipso tuborum usu easdem causas quae obiecti imaginem augent, haemisphaerium aspectabile diminuere ; hoc tamen ei concedendum est, frustra sperari ut quis hominem in luna videat, si quid aliud lucidius cum ipso videndum sit, sicut neque lunam, si tam propinqua soli sit ut unà videndus sit sol, vel coelum valde à sole illuminatum, ideòque si homo è luna videndus, sit oportet imaginem eius totum tubi orificium obumbrare.

7. Quartum et terribilissimum quod | verbatim excripsi argumentum sic se habet ; *quod me terret*, *& ad hoc adigit ut non multùm profecturam hanc artem credam est quod mihi certo persuadeam neque res videri maiores*, *nisi et iam propiores appareant*, *neque propiores nisi maioribus angulis*, *& conis occupent* [oculum][d] *anguli autem visorii eadem vi decrescunt quâ approximatio obiecti augetur*. *Unde necessum est ad medium quoddam excellentiae cito perveniri*. Miror valde unde ipsi in mentem venire potuerit angulos visorios eadem vi decrescere, qua approximatio obiecti augetur. Contrarium enim verum est ; putarem errorem fuisse typographorum, nisi viderem argumento eius necessarium esse ut ita legatur. Nescio quid

(b) longas... quarum... *edd* longos... quorum... *MS* (c) minorum *DM* 98 minorem *MS*. (Ou lire *praetereat* pour *praeterea* ?) (d) *oculum* manquant dans le MS ; ajouté du *De mundo*

20. *Cf*. *LW* II.85 (*De hom*. c. 9 §§ 8-9).

sentiam nisi forte naturam anguli in eo consistere putet, quòd habeat acumen, & quandam quasi cuspidem, cui cum consequens | sit ut ubi[e] acumen maius est, ibi sit maior angulus, poterat inde cogitare sub minore angulo videri obiectum propinquum quàm remotum, quia sub minore cuspide, sed quocumque modo ille anguli magnitudinem aestimet, mirabilis certè oblivionis est duas propositiones adeò contradictorias inter se eodem quasi spiritu pronunciare. Dicit[f] enim *certo sibi persuaderi res propiores non apparere, nisi appareant sub maioribus angulis*, et continuò subiungit contrarium, *quo res apparent propiores, eo angulos sub quibus videntur esse minores.*

8. Quintum sumitur ex constructione tubi. *Tantumdem*, inquit[f], *est quod ex vitris contrariis concavo scilicet & convexo resultat tubus, quorum & hanc proprietatum oppositionem advertimus convexa | vitra, quo maioris sphaerae portiones sunt, eo confusiorem exhibere visi speciem. Concava è diverso, quo minorum sphaerarum scaphia sunt, eo distinctiorem eandem pingere. Ut idem ipsum ex his decerpas, proportione comparari[g] debere partes tubi quae magnam latitudinem habere non possit. Aristoteles* quemadmodum in libris suis[h] logicis syllogismum distinxit verum ab apparente, ita in rhetoricis distinxit contrarietatem, sive oppositionem propositionum in contrarietatem veram, & contrarietatem apparentem[21]. Exempli causâ, huic dicto *te stante sedebo ego*, opponitur non verè, sed apparenter illi, *me sedente tu stabis*, verè opponitur autem alio, nempe, *te sedente ego stabo.* Eiusdem falsae oppositionis exemplum aliud habemus in verbis supra citatis. Nam si vitra convexa, quò maioris sphaerae portiones sunt | eò confusiorem exhibent visi speciem, eadem vitra convexa quò minorum sphaerarum scaphia sunt, eò distinctiorem eandem pingunt, quae est proprietas ut ille asserit vitrorum concavorum, proprietates ergo quas pro oppositis affert, eaedem sunt, nec opponuntur, nisi apparenter, fitque fallacia illa ridicula, cuius diximus meminisse *Aristotelem* in Rhetoricis. Fortè hoc loco poterit esse error typorum. Sit ergo dictum. *Concava quo minorum sphaerarum scaphia sunt eo confusiorem eandem pingere*, sed & hoc & alterum oppositorum, nempe *convexa, quo maioris sphaerae portiones sunt, eo confusiorem exhibere visi speciem*, falsum est. Reddunt enim vitra sive convexa, sive concava visorum species modò distinctiores, modò confusiores, prout situm habent commodum vel incommodum inter obiectum et oculum illum | singularem quo spectantur. Perspicilla sumat is qui sine illis rectè videt, confusius videbit in eadem

(e) ubi *edd* ibi *MS* (f) *DM* 98-9 (g) *decerpas, proportione comparari* DM decerpas pro portione, comparare *MS* (h) suis *M* eius *MS*

21. *Cf.* f. 90. Nous n'avons trouvé, dans la *Rhétorique* d'Aristote, rien qui réponde à ces mots ; pourtant Hobbes avait publié : *A Briefe of [Aristotle's] the art of rhetorique* (1637 ?).

distantia quam sine illis ; sed si propiùs spectat, videbit rursus distinctè ; et quo maioris sphaerae portio sit perspicillum convexum, eò confusius videbit in eadem distantia, sed admotum obiectum videbit distinctissimè. Author puto videns rectè sine perspicillis, iis tamen ad experientiam usus observaverat differentiam confusionis in differentia magnitudinum sphaerarum cuius erant portiones, sed quòd poterat distinctè obiecta eadem vidisse etiam per convexissima perspicilla[i], si ea spectasset propius, id non observavit, ideòque confusionem huiusmodi non vitrorum positioni, sed convexitati putavit attribuendam. Confusio autem, quae videtur per vitra concava, quae sunt portiones exiguae sphaerae, non propriè confusio est | sed exiguitas speciei. Confundi enim species dicuntur quando cognitio partium singularum tollitur ab ipsarum actione communi ; (id est ab actione totius)[j] ; quando verò cognitio partium tollitur propter totius parvitatem, hoc est non à confusione, sed a debilitate actionis ; non confusio specierum est sed defectus. Iam si verum esset opponi tubi vitra eo quo ille dicit modo, non tamen ostendit quomodo inde inferri possit impossibilitas artem dioptricam promovendi. Nam ea postrema verba[k], *Ut idem ipsum ex his decerpas, proportione comparari debere partes tubi quae magnam latitudinem habere non possit.* Impropria sunt & intellectu difficilia, dicere fortasse hoc voluit, quòd, cum crescente vitro convexo crescat confusio speciei, necesse est ut diminuatur sphaera vitri concavi, ut reddatur distinctio, atque hoc modo devenietur citò ad | vitrum concavum sphaerae pene insensibilis, ita ut non possit tubus fieri valde longus, quasi quò maioris sphaerae portio est vitrum convexum, eò minoris sphaerae portio deberet esse vitrum concavum, quod non est verum. Nam videmus in maximis tubis, quorum vitra convexa sunt portiones maiorum sphaerarum quàm vitra convexa tuborum breviorum, quòd tamen vitra eorundem concava non sint minoris, sed plerumque maioris sphaerae quàm vitra concava tuborum mediocrium.

9. Argumentum sextum & ultimum ab eo sumitur quòd cùm catoptrica fundamenta sint dioptricorum, et Galilaeus *Catoptrica*[l] legisset Archimedis, non tamen potuerit Galilaeus iis lectis tubum facere suo meliorem. Mitto id quod Galilaeus, non modò nostri, sed omnium saeculorum philosophus maximus, efficere aut potuit | aut voluit, mitto etiam *Catoptrica*[l] Archimedis, quae perfectissima esse concedam propter maximum viri ingenium. Quaero hoc tantùm, quibus rationibus ostendi possit catoptrica dioptricorum esse fundamenta. *Inveni*, inquit, *vitri convexi cum speculo concavo, vitri vero concavi cum speculo convexo cognationem esse maximam, et observatis quibusdam regulis ferè omnia eadem contingere*[m]. Sed in quibus ea cognatio consistit (fortè tanquam rem per se manifestam)

(i) perspicilla *edd* perspicillia *MS* (j) id est...totius *M** *en marge* (k) *DM* 99
(l) *Catoptrica edd* catoptrica *MS* (on n'en connaît que des fragments) (m) *DM* 99

non dixit. Conferamus igitur vitra tuborum cum speculis ; vitrum quod in tubo optico convexum est, obiecti speciem, quamdiu non invertitur, per refractionem amplificat, eandem inversam diminuit ; idem facit speculum concavum per reflexionem eoùsque similia sunt. At in aliis differunt, nam ut species per vitrum convexum augeatur, removendum est | speculum ab oculo, et quandoque etiam obiectum a speculo, ut autem species augeatur per reflexionem in speculo concavo, admovendum est obiectum ad speculum, donec sit inter speculi centrum & superficiem. Praetereà quando obiectum propius est ad superficiem speculi quàm quarta pars diametri, species eius, prout obiectum speculo admovetur, rursus diminuitur, cuius rei nihil simile est in vitro convexo. Rursus vitrum convexum, quò maioris sphaerae portio est, eò speciem rei visae per refractionem diminuit minus[n]. Verùm sint eae similitudines qualescunque, non sufficit hoc ad | probandum quòd Catoptrica sunt Dioptricorum fundamenta, oportuit saltem conclusionem aliquam in Dioptricis attulisse, et monstrasse eam nullo modo demonstrari posse, nisi assumpta aliqua propositione ex Catoptricis, vel aliqua proprietate reflexionis. Id quod non potuit facere, natura enim refractionis demonstrabilis est etiam iis qui de reflexionis legibus nihil omnino didicêre. Et si quidem similitudo specierum per refractionem & reflexionem argueret[o] alteram scientiam esse alterius fundamentum, aeque concludere hoc suo argumento poterat, Dioptrica esse fundamentum Catoptricorum.

10. Transiturus author sequente nodo[p] ad considerationem naturae telluris, praemittit[q] hoc loco generalem quandam notionem circa causas gravitatis & levitatis, nempe Gravia & Levia non à se, sed à generante | moveri, generans autem, apud Aristotelem[22] huius dicti authorem, non unum aliquod signatum agens esse, dicit, sed ipsam seriem causarum, quae universaliter ad generationem concurrunt ; supponamus itaque saxum naturali sua gravitate descendens rectâ versus centrum terrae. Causa ergo huius descensus est id quod saxum generavit, nimirum non unum aliquod agens, sed omnia agentia quae olim ad generationem illius saxi conspiraverant. Haec etsi vera essent, nihil tamen ampliùs dicitur quàm quòd causa gravis est causa gravitatis. Nos autem non hoc quaerimus, sed potiùs quaenam sit causa quare saxum est grave, hoc est, quare movetur versus centrum terrae magis quam versus aliud quodcunque punctum. Deinde generans illud universale sit causa gravitatis in generato uno, & levitatis in generato alio, quaerimus qua in re istae duae gene-

(n) diminuit minus *M* amplificat minus, speculum verò concavum, quò maioris sphaerae portio est, eò per reflexionem rei visae per refractionem amplificat magis *MS* (o) argueret *edd* arguerent *MS* (p) *DM* 101 (q) praemittit *M* ? promittit ? *MS*

22. P. ex. *Meteorol.* IV.I-III (378b-381b). *EW* III.678 (*Lev.* IV.46) ; *Cf.* f. 204.

rationes differunt, hoc enim est quaerere | naturam gravium & levium. Praeterea grave illud quod omnium primum generatum est, ad quod centrum tendebat? Si ad suum, non movebatur, ideoque neque erat grave : si ad alienum, non erat illud primum grave. Porrò saxum pulsum vi sursum ad perpendiculum non omnino dum sic fertur, descendit ; quo ergo pulsore recidit? Non enim putandum est quòd denuò generatur.

11. Naturae gravium & levium difficillimam esse inquisitionem ex eo satis constat quòd nondum ex innumeris de eo subiecto philosophorum scriptis quicquam hauriri possit quod non mille implexum sit consequentiis absurdissimis. Quae ego de hac redicenda habeo pauca sunt, nec ad ipsam rei medullam pertinentia, sed solummodo praevia quaedam, quibus aliquanto propiùs ad eius cognitionem accedamus. Cognitum satis est gravitatem nihil aliud esse quàm | quorundam corporum conatum versus terrae centrum[23] ; est autem conatus ille vel motus totius corporis, ut quando totum descendit, vel motus partium eius in quo consistit pressio, in qua partes procedunt, etsi totum nondum promoveatur. Qui quaerunt itaque quae sit causa gravitatis, hoc quaerunt quo motore saxum, vel aliud corpus descendit per aërem, vel premit manum vel aliam rem qua sustentatur. Primùm igitur satis iam plerisque philosophis manifestum esse puto, ipsum saxum non movere seipsum ; habet ergo motorem externum. Motor autem omnis movet vel pellendo vel trahendo, vel motum rei movendae praeexistentem impediendo, & per consequens divertendo[24]. Pulsionis & tractionis exempla unicuique in promptu sunt ; exemplum tertii modi tale esto. Sit corpus aliquod rotundum ut A, quod totum supponatur | quiescere,

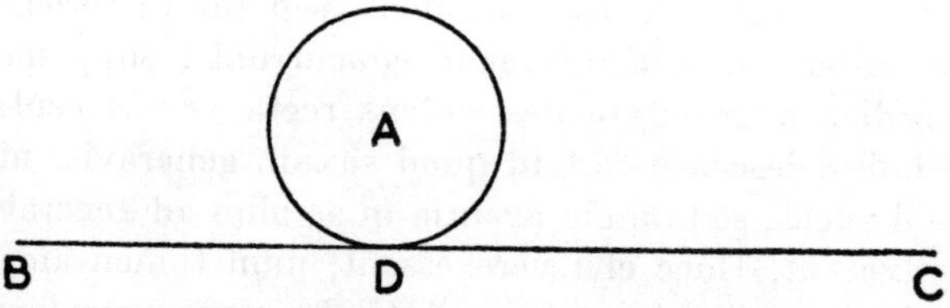

partes verò eius moveantur secundum figuram totius, puta circulariter vel aliter. Sit autem recta BC stringens corpus A, secundum partem exiguam in D, super quam rectam feratur corpus aliud. Manifestum est quòd motus corporis, quod fertur per BC turbabit motum partium corporis A. Ex quo accidet corpus A vel frangi[r] in D, vel si durius sit quàm ut id

(r) frangi *M* ? frangitur *MS*

23. *Cf.* *EW* VII.7-13 (*Seven probl.* c. 1), 139, 143 (*Dec. phys.* c. 8).

24. *OL* I.181,280 (*DC* c. 15 § 4, c. 22 § 12). *Cf.* Arist. *Phys.* VII.II (243.a.15-32) et ff. 194, 300v.

fiat, subducet se ut proprium motum partium tueatur : illa subductio iam est motus ille de quo loquimur. Manifestissimè autem omnibus apparet hic motus in turbinibus, qui veloci circumacti vertigine ad omnem contactum lateralem motu directo resiliunt. Considerandum quoque est omnia corpora gravia habere | in se, ex generatione sua partium suarum, motum quendam in quo consistit eorum essentia, ut supra monitum est capite 5 articulo 3. qui motus non est totius, sed intra totum, in partibus quae non exeunt à toto ; ideóque earum partium singularum motus est conversio quaedam in se, aliter enim motu recto exirent à toto, id est totum corrumperetur ut fit in putrefactione. His praemissis, intelligitur[25] motum gravium vel esse pulsum, vel tractionem, vel motum aliquem tertium talem qualem descripsimus. Supponamus igitur primum gravia deorsum pelli ; quem igitur gradum velocitatis pulsor gravi impertit ab initio, tali debet grave illud semper descendere, vel minore propter resistentiam aëris, nisi nova accedat impulsio iam descendenti. Quoniam ergo motus gravium descendentium continuò acceleratur, necesse | est, si motus ille pulsio sit, ut pellens continuò incumbat praesensque sit cùm eodem incremento velocitatis in omni parte aëris quem grave transit, quod imaginabile non est. Non est ergo unum aliquod pellens, quod gravia perpetuò sequitur & impellit. Secundò, supponamus gravia deorsum trahi, quod trahit igitur cohaerere fortiter debet cum ipso gravi quod trahitur, quod de aëre cohaerente cum lapide durum est affirmare. Praeterea quod trahit, trahi ipsum quoque debet ab alio quod prius trahebatur, & sic continuò usque ad centrum terrae ; ibi verò si quid trahit, id faciet ascendendo, quod est contra naturam gravium. Non videtur ergo descensus gravium effici per tractionem. Reliquum ergo est ut tertio illo modo fiat, nempe ut sit motus quidam aëris ubique | circularis, in quem si quod grave vi ascendat, motus eius partium internarum, in quo motu consistit essentia eius, conturbatur propter discordantiam & diversitatem viarum, unde fit ut grave semper se restituens perpetuò resiliat, donec perveniat ad centrum terrae, nisi vi prohibeatur. Describere autem motus illos partium in diversis corporum generibus, hoc est naturam gravitatis penitus patefacere, mihi quidem videtur impossibile. |

25. *Cf. DM* 218.

Caput 11. Ad Nodos 12 et 13

Tellurem non esse magnetem. Et singulis magnis solidis suum esse effluvium

1. Quare Gilberto tellus visa est esse magnes. 2. Argumentum authoris quare terra non sit magnes, sumptum ex eo quòd vena ferrea inveniatur prope terrae superficiem. 3. Argumentum aliud, ex eo quòd saxa leviora sunt metallis. 4. Argumentum sumptum[s] à profunditate maris. 5. Argumentum ab eo quod tellus non habeat aliud, cuius polos respiciat sicut magnes respicit polos telluris. 6. Coniectura authoris de igne centrali. 7. Ea quae dicit de effluvio terrae, esse inter se contradictoria. 8. Fluidum et humidum quid sit. 9. | Argumentum authoris ad probandum aërem nostrum[t] ubique esse impurum. 10. Argumentum eiusdem ad probandum quòd singuli globi mundani sua habeant effluvia. 11. Argumentum eiusdem ad probandum omnem simpliciter aërem impurum esse. 12. Argumentum authoris ad probandum nullum omnino esse aut aërem impurum, aut aetherem impurum iis in locis quo globorum mundanorum effluvia pertingere non possunt.

1. De materia coeli in praecedentibus pronuntiavit author eandem eam esse quae sublunaris ; accedens iam ad sublunaria, eorum materiam distinguit in terrestrem, et aërem, quarum hunc illius effluvium esse arbitratur, ut quam ignis internus | vel sol (coquendo) in aërem convertit[26]. Opinionem itaque Gilberti & Galilaei affirmantium terram esse magnetem, primo loco tollit, suam confirmans, qui nodus est 12[us], deinde quia naturam coelestium eandem esse affirmarat cum sublunari. infert nodo 13° omne solidum, hoc est stellam, sive fixam sive errantem, suum habere effluvium, sive aërem proprium. Arripere hinc occasionem possem dicendi aliquid circa causas qualitatum magneticarum, non tamen faciam, quia coniecturalia tantùm sunt quae dicenda habeo ; ideoque coniecturis tollendis non idonea. Interea postulat hic locus ut ostendam Gilbertum, qui terram magnetem esse arbitratus est, propter similitudinem phaenomenωn, etsi argumentis usus sit minime apodicticis, nondum tamen ab | authore nostro confutatum esse. Et praetereà ut authoris de effluvio doctrinam examinans dicam quae sentio de fluido & humido. Gilbertus cùm observaverat magnetem habere sua gravia, nimirum ferrum &

(s) sumptum *M* 3[m] *MS* (t) nostrum *M** (dans une lacune)

26. White : *An exclusion of sceptics*, pp. 28-29 (où il établit un rapport entre les phénomènes magnétiques et le flux des atomes). *Cf.* f. 403 : Galilée : *Due sistemi*, p. 396.

magnetica omnia, quae ad ipsum videntur sponte ferri, ut gravia ad tellurem, & habere suos polos, ut tellus, & polos magnetis eandem habere directionem sive dispositionem respectu universi quam habent telluris poli, coniecturam inde cepit magnetem esse partem purissimae terrae homogeneam, vocavitque magnetem μίκρὸγῆν, terrellam sive tellurem parvam ; tellurem verò magnetem magnum. Neque sunt ea levia argumenta. Quis enim videns similes omninò qualitates duorum corporum, quorum alterum maius est, alterum | minus, non putabit similia quoque esse corpora ipsa quoad naturam, & differre tantùm magnitudine? Unde enim cognoscitur similitudo & dissimilitudo naturarum, nisi ex similitudine & dissimilitudine qualitatum & passionum propriarum? Et seorsim consideranti motum illum magnetis quo se perpetuò disponit ad meridianum telluris, et quod motu illo diurno, sive telluris circa solem, sive totius mundi circa tellurem, tota tellus habitum post tot conversiones debuerit acquisivisse ad illum motum in se concipiendum, quid aliud potest in mentem venire nisi eas partes terrae, quae eundem habitum cum toto acquisiverint, maximè genuinas partes esse sui totius?

2. Quare autem terra magnes non sit, | argumentum authoris, unum est, quòd vena ferrea cuius naturae videtur esse ipse magnes, ex omnibus metallis maximè in cortice telluris haerere inveniatur, et quòd qui profundiùs rimantur terram, metallica & concretos succos inveniunt — quasi vel minerae auri, plumbi, aeris &c. non inveniantur etiam in cortice terrae, aut quisquam ita in viscere terrae profundè penetrasset ut sciat nullam inferius nasci venam ferream ; aut quod inventus magnes in cortice telluris argumentum esset quòd non quoque inveniri possit in ipsis terrae visceribus usque ad centrum.

3. Alterum argumentum ex eo sumit quòd saxa non sint omnium terrestrium gravissima, sed ipsis praeponderent metalla. | Ex quo hoc tantum inferri posset, magnetem non generari ex compressione gravium tendentium ad centrum terrae, sed nescio an quis illud asseruerit. Gilbertus certè nihil tale affirmat ; sufficit illi quòd magnes sit terra pura & genuina ab ambientibus aëre, aqua & succinis minimè immutata & corrupta ; habeatque eandem originem cum natura terrae[27] ; terram autem nemo putat generatam à compressione per gravitatem, sed habuisse naturam suam ab ipsa creatione, neque terram ideo terram esse, quia comprimitur, sed comprimere quia terra.

4. Tertium argumentum est ab maris profunditate, quod quia nemo scit quam sit profundum, subit fortasse intima telluris. Ex quo sequetur terram cavernosam | esse, ideoque magnetem esse non posse, sed sint terrae viscera cavernosa ut ille vult, sintque repletae illae cavernae sive

27. Gilbert : *De magnete,* Lib. 1, Ch. 7.

aëre, sive aquâ sive igne, nihil impedit quin illarum cavernarum camerae possint esse magneticae. Non enim si cavernae intus sint, ideo totum non sit magnes, nisi si magnes ipse si cavernosus sit, habeatque partes heterogeneas et non magneticas, ideo quamvis operationes edat magneticas non tamen erit solus dicendus magnes.

5. Postremò tellurem proprietates magneticas habere negat. Quare? Quia magnes respicit telluris polos, tellus autem aliud cuius polos respiciat non habet[28]. Imo verò si magnes respiciat terrae polos, necesse est ut habeat tellus etiam cuius respiciat polos. Nam necesse est ut | respiciat polos magnetis. Ponit enim Gilbertus terram esse magnetem, duo ergo sunt magnetes, tellus & terrella, sive magnes, differentes tantùm magnitudine, nisi fortè differant etiam puritate, ut tellus sit magnes minus sincerus. Supponamus itaque duos magnetes iuxta se positos ; si aequales sunt, alter alterius polos aequaliter respiciet ; sin alter altero robustior sit, debilior superabitur ita ut inclinet aliquantum ad polos robustioris ; item robustior inclinabit se non nihil ad polos debilioris. Alter tamen alterius polos respicit, quanquam inaequaliter, sunt tamen ambo magnetes. Quare & tellus quae respicit aliquantulum polos magnetis, quanquam insensibiliter, potest esse magnes. |

6. Argumenta quibus verisimilius fieri putat in visceribus terrae intimis concludi ignem, quàm saxa, huiusmodi sunt. Primùm, nisi ita esset, non videtur terram posse esse utilem, nam *ut in animalibus & plantis ex corde & radice in totum corpus derivari activum calorem cernimus, sic ex terrae centro à Demogorgone, sive Archaeo Chymico, in omnia terrae membra per canales fumidos quosdam vapores emitti, ut non possum asserere sic nec habeo cur reclamen*[u]. Certè ut vapores ab igne centrali emitti possint, oportet non modò ignem in visceribus terrae esse, sed etiam aquam vel aliud humidum ; sed esto ut vult, quare autem si id non ita sit, putabimus terram esse inutilem? An quia herbae & plantae non nascentur quibus | nutriuntur animalia? At si animalia & homines nasci possint, quanquam ignis in centro terrae nullus esset, quare non etiam herbae & plantae? Sed dicet, neque animalia sic nasci posse. Terra ergo inutilis esset nisi nascerentur homines, cui autem utile erat ut essent homines, ut eius gratia ignis collocatus sit in terrae centro? Nescio profectò quid hîc dicat, nisi quòd ipsis hominibus utile fuerit ut essent. Nam creaturam Creatori utilem fuisse existimare nefas est. At si dicat homines ideò factos quia utile erat ipsis fieri, quidni dicat etiam terram fieri potuisse, quia utile ipsi erat fieri, atque hoc modo non necesse erat ut in centro ipsius statueretur ignis. Nego autem quòd igne è centro sublato sequutura

(u) *DM* 103

28. *Cf.* le raisonnement aux ff. 17, 126, 313v, 376.

esset terrae sterilitas, foecunditas enim terrae non igni interno, sed solari attribuenda est. Non quòd lumine | id efficiat sed calore, terra enim quae ad ignem solarem tamdiu conversa est, satis caloris inde concepisse putari potest ad producendas saltem plantas & animalia, si non soli ascribenda etiam sit generatio metallorum. At montes, inquit, suis sedibus vi ignium e terra erumpentium avulsi sunt, quod accidisse Puteolis[v], et in monte Vesuvio omnes sciunt ; nonne signum est esse ignem in terrae visceribus? Minimè sanè, nisi etiam incendium alicuius aedificii signum esset eiusdem, quid enim erant illud Vesuvii & similia incendia, praeter accensam in superficie ferè telluris mineram sulfuris, quam accendi ab igne inferno, cum tot modis accendi ignem videamus, non erat necessarium.

7. Proponit pag. 104 *Aërem esse telluris effluvium*, expresso scilicet fluido aliquo vel *à vi viscitus*[w] *latente*[x] in ipsa tellure | vel ab externa solis actione. Quoniam autem quid sit *fluidum*, quid *humidum* non definit, neque de eorum generatione constanter loquitur, locum hunc adeò perplexum reddidit, ut quaenam eius sit sententia ne conjicere quidem ullo modo possem. Primò enim generari fluidum dicit, sequutus Aristotelem, per rarefactionem, ita ut terra convertatur in aquam, aqua in aërem[29]. Deinde post duos aut tres versus, expressum esse ait fluidum quod mixtum erat innatantium siccorum examinibus[30]. Quae duo dicta inter se manifestissimè pugnant. Siquidem enim terra, convertenda in fluidum mera erat terra, necdum fluida, quomodo erat fluidum, quod nondum extitit, è non fluido expressum? Exprimendo enim non fit generatio expressi, sed separatio ab eo quod adhaerebat. | Sin per conversionem in fluidum nihil intelligat praeter separationem fluidi à non fluido, nulla ibi fit rarefactio, nam quod densum erat, densum manet, nec quod rarum erat, per separationem fit rarius. Sed fiat effluvium quomodocunque, evolentque è terra corpora fluida, haec ergo corpora appellat aërem, hoc est, ut ille explicat, undosum hoc, quo vescimur, elementum. Atque hoc est ea propositio, quam debebat probare, sed omissâ probatione transit ad aliam, nempe aërem non esse purum, sed misceri siccis ipsi innatantibus. Sed unde illa sicca, nisi ex terra? Effluvium ergo non solorum fluidorum emissio est, sed etiam solidorum, contra ea quae priùs affirmaverat.

8. Fluidum appellare omnes solent id cuius partes à se invicem facilè separantur[31], | unde non modò aqua, oleum & similia fluere dicuntur,

(v) Puteolis *edd* puteolis *MS* (w) *DM* 105 (x) id est in visceribus *M**

29. *Phys.* IV.v (213.a.1 *f*) ; *De gen. et corrupt.* II.2 (329.b.7) ; *De coelo* III.5.
30. *Cf.* ff. 47, 50.
31. *Cf.* f. 189. *OL* I.272, 347 (*DC* c. 22 § 2, c. 24 § 4) *EW* VII.149 (*Dec. phys.* c. 8).

sed etiam metalla liquefacta, etiam cinis, pulvis, arena & alia sicca. Neque objicere hic quisquam debet, quòd unaquaeque cineris, pulveris, vel arenae particula per se sumpta non sit fluida, nam eâ ratione neque aqua erit fluida, cuius particellae ita exiguae esse possunt ut non fluant ampliùs. Definitio fluidi, quam affert hoc loco (quae est apud Aristotelem[31bis] & alios definitio humidi) nimirum fluidum esse quod terminos proprios non habeat, sed à sicco terminatur, nihil est praeter sonum verborum sine ulla sententia. An fluidum non habet terminos suos? Est ergo omne fluidum infinitum, id enim est terminos non habere : nam quod ea verba ita exponat, ut significent fluidem terminari ad siccum, hoc est ibi incipere siccum ubi | fluidum desinit, absurdum est, sequeretur enim ibi incipere fluidum, ubi siccum desinit, atque ita non haberet siccum terminos proprios, sed terminaretur à fluido ; ex quo sequeretur, secundum hanc fluidi definitionem, siccum esse idem quod fluidum et quoniam definitio haec eadem est quae *humidi*, siccum erit quoque humidum. Non opponuntur inter se siccum & fluidum, sed siccum & humidum. Multa sicca diffluunt ut fusa metalla, cinis & c. aliqua humida non actu diffluunt ut glacies ; inter humida non censemus nisi quae humectant, vel in proxima potentia sunt ad humectandum. Iam ut aliquid actu humectet oportet ut fluidum sit, ut continuum sit, ut haereat corporibus quibus est contiguum, etsi non omnibus, saltem plurimis ; quae quidem corpora quia non determinantur | qualia sunt, propterea nomen humidi definiri non potest. Non enim omne nomen vulgò impositum & usurpatum, rem certam & eandem ubique significat, ita ut definiri, et philosophiae utile esse possit, cùm tamen sufficiat ope circumstantiarum ad animum explicandum quatenus expedit ad usum vitae communis.

9. Ut probet autor aërem necessario esse impurum, sic arguit. Fluidum est, ex definitione, id quod proprios terminos non habet, sed terminatur à sicco (quam definitionem modò ineptam esse ostendimus). Quod autem terminatur à sicco, sicco adhaeret (hoc verum non est, pulvis enim in vase sicco terminatur, nec tamen vasi adhaeret) aër autem non est humidus (iam mutat terminum *fluidum* in *humidum*) ergo aër adhaeret siccis in ipso natantibus, adhaerere autem corpora corporibus | perminima, id ipsum est quod misceri ; aër ergo mistus est, id est impurus. Antequam conclusio haec inferri debuit[y] oportuit probari aërem esse humidum, quod enim non humectat non videtur esse humidum, aërem autem siccare potiùs quam humectare argumento est quòd humectata ut siccentur ad ventum & aërem exponi soleant. Deinde ut aër concedatur

(y) debuit *M** ?

31 *bis*. Arist. *De gen. et corrupt.* II.2 (329.b.31).

esse humidus, oportuit probari esse in aëre effluvia alia sicca, quibus adhaerere & quibuscum misceri aër posset.

10. Nodo 13° ad probandum singula magna solida (id est astra) suum habere liquidum, nihil aliud affert quàm quod his verbis continetur. *Quod in terra usu venit, idem in globis coelestibus, si telluri pares sunt, ut diximus, expectandum est*[z]. At hi non pares sunt, hoc enim non constat. Neque etiam verum esse potest secundum ipsum nisi in planetis. Sol enim & astra cùm sint | per se lucida et comburentia, naturae terrestri similia esse non possunt.

11. Quae sequuntur huiusmodi, eò tendunt ut probetur nusquam esse purum aërem ; *Nusquam itaque aër*, inquit, *nisi quo vapores ex aliquo loco non pertingunt securus & impollutus habitabit. Verum num et illic solis radios effugiet? at illi si flamma sunt sicci quoque & calidi* ; *et aëris amantes sunt. His itaque miscebitur, per hos mutabitur, et suâ puritate excidet*[a]. Vapores illi quos effluere supponit e tellure omnes fluidos, id est, ut ipse arbitratur, humidos esse affirmavit. Similiter si caeteri globi telluri similes sunt, omnes etiam humidi sunt, unde igitur nobis advehit ille sicca illa corpora quibus adulterantur, non est unde venire possunt, neque ergo redditur aër impurus, ullo modo, nisi per radios solares ; *illi* inquit *sicci sunt* quippe qui *flamma sunt*, *aëris amantes*, | ideo ipsis aër adhaerebit & fiet corpus mixtum ex aëre & radiis solaribus. Quid sit lux & quomodo fiat radiatio dictum est supra, cap. [9][b]. Ex iis quae ibi dicta sunt intelligi potest radiationem, id quod plerique radios appellant, nihil aliud esse quàm motum à corpore solari continuò per aërem propagatum, sole scilicet aërem sibi contiguum propellente, et illo aëre aërem alium sibi continuum protrudente, et sic deinceps, donec derivatus motus ad oculum, faciat in animo phantasma, quod appellamus lumen, & radiationem, sive radios solares. Miror autem eum qui legerat approbaveratque Dioptrica Renati Des Cartes, potuisse retinere vulgarem illam, & plebeiam sententiam solis radios esse flammam[32].

12. Ultra aërem hunc impurum, è terra & caeteris globis mundanis exhalantem, neque aërem, neque aetherem ullum est vult. *Cui* | enim inquit[c] *usui in tam dissitis interstitiis est? quibus viventibus famulatur?* quasi nihil esset a Deo creandum cuius fructus aliquis non pertineret ad animalia, aut aestimanda esset sapientia Dei non modò secundum sapientiam sed etiam secundum φίλαυτίαν humanam. |

(z) *DM* 106, avec *illis* après *globis* (a) *Ibid. sunt* après *amantes* est de Hobbes
(b) 9 *edd.* Lacune dans le MS (c) *DM* 106

32. *Cf.* ff. 52, 284v, 458.

Caput 12

Ad nodos 14 & 15. Idem individuum naturaliter non posse redire. Et universum aliud futurum, si quodlibet singulare esset mutatum

1. Status quaestionis de principio individuitatis. 2. Principium individuitatis quandoque à materia est, quandoque à forma. 3. Quando quaeritur an aliquid sit idem simpliciter vel idem *ens*, vel idem corpus & similiter per nomina significantia materiam tantùm, principium individuationis est à materia simpliciter ; quando verò quaeritur per nomina significantia materiam determinatam per formam, principium individuationis est à materia quanta ad formam sufficit. 4. Quando quaeritur per nomina quibus forma tantùm determinatur, principium individuitatis est à forma. 5. Universum naturaliter posse redire. 6. Principium individuitatis non esse ab unitate accidentium. 7. Argumentum authoris ad probandum individuum non posse naturaliter redire, confutatum. | 8. Probatur universum non esse *aliud* propter mutationem. 9. Non sequi ex mutatione vel motu cuiuslibet particulae universi, ut totum mutetur sed tantùm partes singulae moveantur loco. 10. An creari possit idem numero cum aliquo iam existente.

[1] Quae duobus hisce nodis continentur referri possunt ad eam philosophiae partem, in qua disputatur de principio individuationis, qua disputatione nihil aliud agitur quam ut sciamus[d] quid propriè *idem*, quid *aliud*[e] dicendum sit, id est quomodo *idem* & *aliud* definiantur, per *idem* autem non intelligitur more vulgi idem specie, quod tantùm simile est, sed idem numero, id est ut ambo comparata non sint duae, sed una tantum res[f]. Nam si dicamus id quod vidimus hodie, *simile*, vel idem specie tantùm esse cum eo quod vidimus heri, intelliguntur duo esse quae vidimus ; sin idem numero, sive idem individuum sit, non intelliguntur esse duo. Quoniam autem sine miraculo fieri non potest | ut eodem tempore idem individuum in pluribus locis sit, impossibile est ut questio de individuitate constitui possit circa res praesentes ; nam si quis intueatur, ut in comedia Plautina[33], *Sosiam* praesentem, et alium *Sosiam* eodem tempore, dubitare non potest quin sint duo numero *Sosiae*, non unus tantùm[34]. In quaestione ergo, quae versatur inter philosophos circa

(d) quam ut sciamus *M** (e) *aliud, edd* ; aliud, *MS* (f) *NLW*, f. 4 ; *Harl.*, Ch. 10

33. Plaute, *Amphitruo.*
34. *EW* VII.392. *(Hist. eccles.).*

individuitatem, duo tempora comparantur, quaeriturque an quod nunc existit unum numero, idemque sit cum aliquo eorum quae extiterunt priùs. Veluti, exempli causâ, utrum navis, quae Athenis quotannis reficiebatur, eadem numero fuerit cum ea quae quondam vexerat Theseum in Insulam Cretam. Praeterea de[g] corporibus solis, sive rebus materiatis institui haec quaestio potest, quia corpora mutata minimè propterea pereunt, & perinde idem esse futuro tempore possunt | quod in praeterito, sed accidentia[35] cùm ab actione corporis in corpus continuâ mutatione oriantur & pereant[h], impossibile est ut per quodcunque minimum tempus eadem sint quae fuerunt. Ideòque de individuitate accidentium nihil dicendum est.

2. Sunt qui individuitatem ponunt in unitate materiae, sunt qui eam ponunt in unitate formae, & qui eam consistere dicunt in unitate aggregati ex omnibus simul accidentibus, inter hos est author noster. Pro materia militat quod cerae massa sive sphaerica sit sive cubica, semper tamen est eadem numero cuba[i], pro forma, homo ab infantia usque ad senectutem idem numero homo sit quanquam materia eadem non sit ; pro aggregato accidentium, nescio an instantia aliqua adduci possit, nisi quatenus tale aggregatum necessariò intelligitur formam comprehendere. |

Ego verò considerandum esse video in talibus quaestionibus quo nomine dicatur corpus illud, de quo quaeritur an sit idem, scilicet differentia magna est inter quaestionem an *Socrates* sit idem numero homo qui fuit ; et quaestionem an Socrates idem fuerit, hoc est idem corpus, vel idem Ens quod fuit[36]. Nomen autem corporis cuiusque vel generalissimum est, ut *corpus*, Ens, materia, substantia ; vel restrictum & determinatum aliquâ qualitate quâ distinguitur ab aliquo alio, ut *cera*, *navis*, *flumen*, *homo*. Nomina illa generalia significant materiam certam & determinatam ; restricta verò significant, alia quidem materiam determinatam per qualitatem, vel qualitates, ut cera, alia ad determinandam formam, nullâ ratione habita materiae, nisi quatenus formae est necessè, ut navis, scamnum[j]. | Iam si quaeratur de aliqua re nominatim, cuius nomen significat materiam determinatam, nullâ habita ratione formae, identitas rei sumitur ab identitate materiae[k]. Sin nomen significet formam determinatam nullâ habita ratione materiae nisi quatenus ad

(g) Praeterea de *edd* Praeterea illa de *MS* (h) *NLW*, f. 3v (i) cuba *M** (j) *Harl.*, c. 1 et 2. (k) materiae *M* formae *MS*

35. *Cf.* ff. 214, 292v, 316. *EW* III.34 (*Lev.* c. 5) et 381 (*Lev.* c. 34). *Cf.* aussi Arist. *Meta.*, V.xxx.1 (1025a) ; *Topica* I.v (102b), II.I et II (108b) ; *Harl.*, c. 7 et 8 ; et le *Short tract* (voir ff. 66, 385v, notes).

36. *Cf.* Arist. *Phys.* V.IV (228.a.4).

formam necessariò aliqua[l] requiritur, identitas rei aestimatur per identitatem formae. Quod in sequentibus clariùs apparebit.

3. Si quaeratur igitur de quocunque corpore puta navi, an sit idem *ens* sive idem *corpus* quod fuit priùs, quoniam nomine entis & corporis nihil determinatur praeter materiam, si materia eadem sit quae priùs, ita ut nulla pars eius discesserit, neque materia nova adiecta fuerit, erit illa idem numero *Ens*, & idem numero *Corpus* quod erat priùs ; sin materiae prioris pars aliqua discesserit, vel alia | accesserit, erit illa navis aliud *Ens* sive aliud corpus. Nam corpus idem numero non potest esse, cuius non sunt omnes eaedem partes, quia partes omnes simul idem sunt quod totum. Quòd si quaeratur de nave, an sit eadem numero navis quae priùs, quia navis nomine determinatur forma, nimirum ut apta sit ad navigandum erit reliquum illud semper navis eaque eadem quae priùs, quia navis quae prior erat, nunquam est destructa. At si pars navis aliqua auferatur ut non ampliùs apta sit ad navigandum, non erit id quod relinquitur navis omnino, neque ergo eadem navis, quare si in locum tabulae ablatae alia substituatur, fiet ut[m] in materiam non eandem, forma navis alia (prior enim perierat) introducatur ; ex qua & materia, quae iam non est eadem, fiet non eadem navis numero, sed specie, id est similis. Praetereà quod navis, cuius unica tantùm tabula mutetur, quae necessario requiratur ad navis formam, eadem numero | non sit quae priùs, hoc modo ostendi potest ; si eadem sit navis post mutatam tabulam unam, simili ratione eadem erit post mutatam tabulam alteram, & alteram successivè, donec mutentur omnes ; si quis ergo intelligat[n] exemptas tabulas denuò compingere eodem ordine quo priùs, fiet ex illis navis sicut priùs, duae itaque existent naves eaedem numero, ita ut duo & unus sint idem numerus, quod est impossibile.

4. Quod si quaeratur de *flumine* an idem *Ens* sit, sive idem *corpus* quod priùs, respondebitur quod non. Cum enim nomine entis, vel corporis determinetur materia tantùm, transeantque aquae, exeantque in mare, et aliae numero [aquae e fonte derivatae ipsis succedant, [se] projicient modo eodemque ; neque flumen numero][o] corpus, sed simile tantùm & idem specie ; sin quaeratur an sit idem flumen quia fluminis nomine non determinatur materia ulterius quàm ut sit fluidum, respondebitur quòd sit idem flumen, nam ab unitate fluxus qui est unus motus | continuus denominatur unum flumen, ideòque cùm motus sive fluxus sit unus & idem, erit quoque unum & idem flumen. Similiter si quaeratur an homo sit idem numero *Ens*, sive *corpus*, senex & infans, manifestum est

(l) aliqua *M** *les mots* identitas rei aestimatur per identitatem formae *après* ratione materiae *ont été barrés par Mersenne* (m) fiet ut *M** (n) intelligat *edd* intelligat[r] *MS* (o) aquae... numero *M** (conjecturalement, pour remplir une lacune laissée par Hobbes ?)

propter continuam materiae iacturam, & novae acquisitionem, quòd non est eadem materia, neque ergo idem *corpus*, tamen propter unitatem fluxûs quâ materia expirat & redintegratur, eundem semper esse hominem. Idem dicendum est de civitate, mortuo enim quocùnque cive, civitatis materia non est eadem, id est civitas non est idem *Ens*. Continuus tamen ordo & motus regiminis, propter quem vocatur civitas, dum unus existit, facit ut eadem numero sit civitas.

5. His intellectis videndum deinceps est quo modo verum sit idem individuum naturaliter non posse redire. Et primùm, si quaestio sit an idem numero Ens possit redire, | manifestum est quòd non potest. Nam ut quod sit redeat, id est denuò sit, supponere oportet praecedentem interitum. *Ens* autem naturaliter interire non potest. Quamvis enim navis, vel lignum desinat esse navis, & lignum, nunquam tamen naturaliter desinit esse *Ens*. Ens enim, nisi annihiletur, non desinit esse *Ens*. Annihilare autem opus Dei est supernaturale[37]. Questio igitur est an quae (verbi causâ) navis existens, si desinat esse navis, possit denuò fieri navis, eademque numero quae prius extiterat. Quare autem hoc fieri non potest non video. Si quis enim existentem navem dissolverit, desinet illa esse navis ; si quis autem dissolutas tabulas, iisdem clavis ita compegit ut priùs compactae erant, habebit illa navis iterum eandem numero materiam, quam priùs habuit, & erit quoque navis, & navis quae eandem habet numero materiam, eadem | certe navis est, quanquam enim forma reiterata non sit eadem numero, non tamen efficitur ut navis, materiâ eadem existente, sit alia, sed ut sit iterum.

6. Sed negabit mihi author meus quòd eaedem tabulae exemptae possint denuò eodem ordine collocari, aberrabunt manus, vel deerunt aliquae non observatae circumstantiae, quibus opus erat ut eadem numero esset navis. Nam *individuum* (inquit pag. 111) *à mathematicâ unitate circumstantiarum pendet, ea vero perfectè infinitatem varietatis sentit.* Ergo, per illum, homo qui modò rubet, modò pallet[38], modò haec videt, audit, tangit, agit modò aliud, totidem individua successive fiet quot diversos habet actus. Quomodo igitur *Orestes* apud *Sophoclem* ab *Electra* per annulum paternum agnitus est pro eodem *Oreste*, cui iam quidem in | nulla re similis erat[39]? Puto quia continuae mutationis termini ab infantia usque ad statum virilem agniti fuerint per eundem numero annulum quem *Electra* et in infantia *Orestis* et in statu virili inspexerat. Fortè autem dicit pro eodem habitum esse, non numero, sed specie, quasi non idem, sed similis venerat ad ulciscendam patris necem. Eodem modo dicere posset quando quis homicidium aut furtum fecerit, non

37. *Cf.* ff. 17v, 115, 334, 453v, 458.
38. *Cf.* f. 28.
39. Sophocle : *Electra* 1224.

eundem numero puniri, sed alium similem, quod est omnia iura & officia humana confundere. Sed haec & innumerabilia alia sunt absurda, quae opinionem eorum consequuntur qui putant individuitatem sive unitatem rei numericam derivare ab unitate accidentium circumstantiarum. Fefellit eos, ut opinor, aequivocatio vocis, *Aliud*. *Aliud* enim | persaepe dicitur quod mutatur, sive alteratur, quanquam alterationis subiectum[40] non aliud sed semper idem numero sit, propterea quod aliter se habet nobisque aliter apparet. Atque hinc est quòd cùm accidentia non sint eadem numero quae erant, ideò negent subiectum idem esse.

7. Sed esto quòd individuum dependeat ab identitate numerica omnium simul causarum concurrentium ; videamus iam an inde rectè intulerit, *Impossibile esse idem individuum naturaliter redire. Video*, *inquit pag. 108*[o bis], *si tribus aleis ludatur, tres seniones certo quodam numero incertè mixto obviaturos*, *idem futurum si à sex aleis sex seniones poscantur. Sed numerum longe minorem repetitae senionum collectionis futurum et sic certà lege augeri tactus raritatem*, *video* | *modo in natura causarum concurrentium perfectam infinitatem*. Et paulo post concludit hoc modo : *Si itaque necessarium est ut*, *quo maior est accidentium varietas*, *eo rariùs idem effectum occurrat*, *pariter necesse est ubi multiplicitas omnem modum excedit*, *neque secundo redire posse*[p]. Sed quis ei concedet *esse in naturâ causarum concurrentium perfectam infinitatem?* Cum enim ipso confitente et ut putat demonstrante mundum esse finitum, etiam atomi, quae totum implere possint & ipsarum atomorum partes divisae singulae in tot atomos secundas quot possunt esse atomi primae in toto mundo, et illae iterum subdivisae quousque quis voluerit, semper tamen erunt numero finitae, et finitarum numero rerum complicationes finitae quoque erunt, ut quilibet arithmeticam mediocriter doctus facilè agnoscet. Si igitur effectus | producerentur eo modo quo iactus senionum, sicut quotcunque sint aleae in quibus totidem apparent seniones, tamen iidem seniones iterum alio iactu apparere possunt, ita quotcunque sunt rerum particulae, et quotcunque earum complicationes, effectus qui producitur uno tempore, etiam alio tempore produci potest. Argumentum itaque eius à multiplicitate *(quam ille non rectè appellat infinitatem)* causarum concurrentium nihil valet. Sed cùm habeat idem effectus causas multas proximas, et unaquaeque illarum causas rursus suas plurimas, et sic continuò causae multiplicentur, inde infert eiusdem effectûs infinitas tandem fore causas ; verum causarum numerum in mundo finito, in infinitum procedere est impossibile. Fortè ex huiusmodi causarum multiplicatione nasci potest

(o *bis*) 108 *edd* 105 *MS*. Avant *si tribus* on lit dans *DM* : *Quò plura sunt quae miscentur, seu quo plures sunt vices aequaliter combinatae, eò rariùs unam aliquam unam* (sic) *accidere posse* (p) *DM* 108-9

40. *Cf*. ff. 221, 358v.

ut idem numero | effectus produci non possit, nisi etiam omnia simul similia producantur omnibus quae erant priori affectui concomitantia. Hoc autem non est annum Platonicum confutare, sed solummodo differre tantisper, dum aliquis unus effectus per omnia priori similis producatur.

8. Illud verò, *universum aliud futurum, si quodlibet singulare esset mutatum*, verum non esse facile probatu est. Esto universum utcunque dispositum hesterno die factaeque sint in ipso quotlibet mutationes, accidentia ergo in universo alia hodie sunt quàm heri. Illa autem accidentia inhaerent universo quod hodie est, subiectum autem accidentium, quae universo inhaeserunt heri, vel manet vel periit, perire autem universum aut pars eius, nisi à Deo supernaturaliter annihilatum sit, non potest ; manet ergo universum quod erat heri ; vel igitur existunt hodie duo universa, idque | in eodem loco simul, vel ambo unum sunt. Esse autem duo universa in eodem simul loco impossibile est, est ergo unum & idem universum tam hesternum quàm hodiernum, utcunque acciderint in ipso diversae mutationes[41].

9. Quòd si concederemus individuitatem dependere à causarum concurrentium unitate, non negaverim id sequuturum, mundum alium esse ad quamcunque levem motum vel mutationem, siquidem enim partes non sint omnes eaedem, neque totum (quod nihil est praeter omnes simul partes) idem erit. Id quod hoc loco is probare nititur huiusmodi est, ut mutata qualibet universi parte, etiam reliquae eius partes singulae mutabuntur, quod quidem, si omnem cuiuslibet partis motum localem mutationem vocet, verum est, motâ enim parte una succedet alia pars in ipsius locum et in huius locum alia, et hoc modo fiet successive | propter partium cohaesionem perturbatio saltem levis per partes singulas. At motus localis partium non est ipsarum mutatio sed totius, nec semper totius sed tunc solummodo quando ex eo motu partium totum aliter agit quam priùs[42], ut verbi gratiâ, quando aliquid ex calido frigidum, ex albo nigrum, ex quadrato rotundum efficiatur, tunc mutari dicitur, sed quando terrae partes omnes circumvertuntur, vel quando saxi manibus emissi partes omnes descendunt, vel progrediuntur, nemo, puto, dicet terram, vel saxum ideo mutari.

10. Si intelligatur aliquid annihilari, et restitutionem fieri per creationem, quaeri potest an id quod restituitur idem possit esse numericè cum eo quod priùs destructum erat. Ad quod respondendum puto non posse, materia enim creata ideo non praeextitisse supponitur | quia dicitur creari, non ergo eadem numero materia est cum materia destructi, neque ergo sunt unum sed duo entia.|

41. *Cf.* Arist. *De coelo* I.IX (277.b.).
42. *OL* V.52 *(Rosetum)*. *Cf.* ff. 95v, 399.

Caput 13[q]

Ad nodum 16[r]. Mundo non esse opus caetera continente

1. Praesentis nodi partes. 2. Quid sit conatus. 3. Argumentum authoris pro constantia superficiei mundanae sumptum à conatu interno, probat contrarium. 4. Argumentum pro constantia superficiei mundanae sumptum ex ventis et motu circulari confutatur. 5. Confutatio argumenti contra superficiei mundanae asperitatem. 6. Confutatio argumentorum contra superficiei mundanae planitiem. 7. 8. Argumenta pro sphaericitate mundi solvuntur. 9. Argumentum contra mundanae superficiei augmentationem, invalidum esse ostenditur.

1. Mundum esse finitum iam demonstratum | esse arbitratur author nodo 2[s]. Ex quo sequitur extimam figuram superficiei mundanae determinatam esse. Quaenam ea figura sit hoc loco intelligetur. In hac inquisitione primo loco demonstrandum putavit, figuram eam semper eandem & constantem esse, nimirum partes superficiei extimae universi non propelli, & rursus residere, quemadmodum facilè evenire est in superficiebus corporum intus tumultuantium. Ne igitur superficies mundi putetur fieri inaequalis propter motus eius internos, eo modo quo superficies aquae bullientis continuò fit inaequalis, & inconstans propter ebullitionem, duorum alterum ponendum erat, nempe, vel partem coeli extimam esse extremè duram, vel motum & conatum omnem esse versus interna. Duritiem coelorum | sequutus ea in re Copernicum, Galilaeum, aliosque clarissimos philosophos, ut falsam meritò abiicit. Ideòque causam quare superficies extima mundi eadem constanter maneat in eo ponendum putat quòd motus nullus à partibus internis eam urgeat aut premat. Quod autem nullus motus à partibus internis eam premat ex eo probatum putat quòd venti eoùsque non ascendant, & quòd motûs[t] ab effluviis terrae & astrorum orti circulariter ferantur, motum autem circularem circumstantiis, innocuum esse dicit, hoc est ea quae circulariter feruntur, non premere ea corpora quae externè ipsis contigua sunt. Postremò negat mundum naturaliter augeri posse.

2. Inquirendum occurrit hac occasione quid sit conatus[43]. Motum omnes sciunt nihil aliud esse praeter loci prioris amissionem, et posterioris

(q) 13 *M* ? 14 *MS* (r) 16 *M* ?, *DM* 14 *MS* (s) *Cf. DM* 10-11 et ff. 9v *sqq.* (t) motûs *edd* ventus *MS*

43. *OL* I.177-8, 182, 271-2, 308, 317 (*DC* c. 15 § 2, § 6 ; c. 22 § 1 ; cf. 24 § 4 ; c. 25 § 2); *EW* VII.87 (*Dec. phys.* c. 2).

acquisitionem continuam[44]. | Conatum autem esse idem, quod motûs principium, manifestum praeterea est partem omnem motûs esse motum, principiumque uniuscuiusque rei esse primam eius partem, unde sequitur conatum omnem esse motum. Quid[u] si quis negaverit idem esse principium & partem primam, dixeritque principium constare in puncto indivisibili ita ut id quod iam quiescat, possit tamen dum quiescit habere in se principium motus, sequetur ut id quod quiescit moveri possit ex seipso, neque opus habeat ut aliud accedat movens à quo incipiat moveri, contra suiipsius & omnium penè philosophorum sententiam, et praetereà contra experientiam. Vel si quis dixerit principium motus esse potentiam ad motum sine actu, sequetur conatum non esse actionem, neque quicquam | efficere sive ille introrsum sit, sive extrorsum. Est itaque conatus motus actualiter, licet exiguus, nec oculis manifestus. Quod sic quoque ostendi potest. Admoveantur duo corpora sibi invicem ad contactum, puta sphaera ferrea sphaerae ferreae, ita ut in puro & mathematicè sumpto contactu conquiescant, neutra vicinam, aut partem eius quam tangit, movebit premetvè, quare? Quia dum quiescit nullum habet conatum. Eadem si inter movendum, sive dum moveretur, incidisset in sphaeram alteram, eam pepulisset, quare? Quia in hoc casu ni incidisset in resistentem sphaeram, processisset ultra, at in priore casu substitisset, conatus ergo in eo consistit quòd conans moveatur : similiter gravia in terra iacentia conari tamen deorsum dicantur, quia ablato impedimento | actu descendunt, quod si non descenderent non dicerentur priùs conari. Similiter, arcus tensus conari ad restitutionem partium putatur propterea quòd ablato impedimento actu se restituit, restitutus conatum ampliùs non habet. Quoniam verò ablatio impedimenti actio non est, opus autem actione est ut quiescentia moveantur, restat ut principium descensûs gravium, & reditionis arcûs sit movens aliquod actu motum [esse] in ipso gravi descendere conante et in ipso arcu conante se restituere. Omnino igitur conatus est motus actualis, vel totius corporis conantis vel partium eius internarum, & invisibilium. Quod autem in partibus internis corporum omnium durorum & quorum partes visibiles inter se cohaerent, & agenti resistunt, motus insit, ex eo arguitur | quòd omnis resistentia est motus, resistentia enim reactio est, reactio actio est, & omnis actio motus.

3. Ubi iam author ex eo quòd conatus partium mundi extimarum tendat versus interiora, effici putat superficiem extimam nullo loco extrudi, nullo deprimi, sed manere semper eodem tenore laevem & teretem, contrarium efficitur. Cum enim conatus alicuius partis superficiei extimae tendat versus interiora necesse [est] ut pars illa actu versus

(u) quid *Lire* quod ?

44. *Cf.* ff. 28, 128, 454v.

interiora moveatur, ex quo necesse est ut sequatur inaequalitas à depressione. Etiam ipse conatum hunc ad interna motum actualem esse supponit. Supponit enim conatum introrsum verti propter horrorem vacui. Intelligitur ergo conatu illo descensum fieri ad supplenda loca quae alioqui essent vacua, id verò fieri non potest nisi per motum actualem. |

4. Argumentum quod sumit ab eo quòd venti eousque non pertingunt pugnat cum suis ipsius decretis praecedentibus. Venti enim esse possunt ubicunque sunt illa effluvia, et vapores qui non modo à terra, sed etiam ab omni alio astro emittantur. Universi autem mundi modum ab omnibus simul corporibus consistentibus, qualia sunt tellus & astra unà cum ipsorum effluviis determinandum censet. Sequitur ergo ventos esse posse in omni parte mundi, cùm in omni parte eius talia sint effluvia. Sed motus, inquit, versus mundi superficiem extimam sunt circulares, at in motu circulari nullus conatus est versus exteriora, nam *motus*, inquit, *in circulum innoxius est circumstantibus proximo tantùm aëre densato*[v]. Quod quidem primò aspectu verisimile videtur, sed ratiocinanti | et rem penitùs per experientias examinanti falsum esse deprehenditur. Quod ad experientiam attinet, si quis lapidem vel aliud grave filo appensum circum se velociter circumagit, inveniet se trahi nolentem extra locum suum, id est versus exteriora. Praetereà si rotae velociter conversae inter convertendum excidat particula eius aliqua, feretur ea motu non circulari, sed (nisi quatenus impediat gravitas) secundum lineam contingentem.

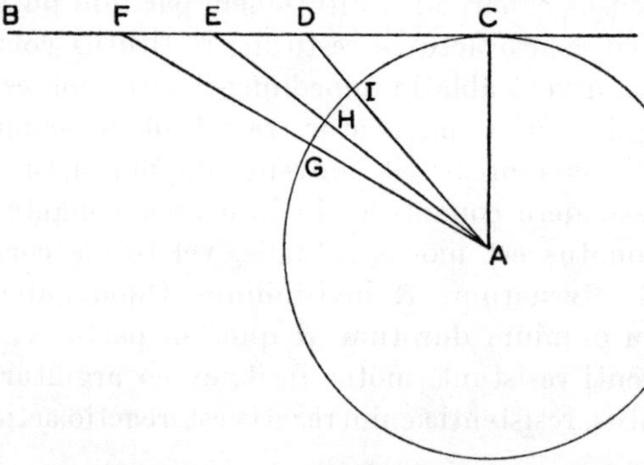

Dans l'original le point I est désigné par erreur par la lettre B

Id quod etiam rationi & ipsi naturae motus consentaneum est[45]. Sit enim circulus cuius semidiameter AC, quem tangat BC recta, intelligaturque aliquid moveri à C versus B motu recto, perpetuò ergo conabitur mobile removeri à centro A. | Intelligatur autem dum mobile conatur à C

(v) *DM* 117, avec *erit* pour *est* et *deraso* pour *densato*

45. *Cf.* f. 235.

versus B, supervenire aliud movens quod idem mobile premat versus A, perpetuò & praecise tantum quantum conabatur priùs ab eodem A elongari, id quod fit si mobile in C alligatum[w] sit ad A, filo aliquo AC & deinde percutiatur mobile ictu tendente in B, fit ergo mistio sive compositio duorum motuum, uno per contingentem, altero à contingente versus circumferentiam. Motus ergo circularis à C ad I, componitur ex motibus rectis per CD & DI ; & motus circularis per CH, ex motibus per CE, EH et motus circularis per CG ex motibus rectis per CF, FG. Manet autem in motu mixto conatus, quanquam diminutus utriusque moventis ; manet ergo in motu circulari conatus per contingentem, hoc est conatus recedendi à centro. Etsi ergo | motus circa extimam mundi superficiem essent omnes circulares, esset tamen conatus aliquis versus exteriora. Non igitur probavit superficiem mundi constantem semper esse ut praetendit. Imò ex natura motus, et ex natura effluviorum, quae ipse supponit in tellure & omnibus astris, denique ex eo quod praecedente nodo statuerat, nimirum ad omnem motum etiam levissimum cuiuslibet partis omnes partes reliquas moveri, evincitur necessariò superficiem mundi perpetua inconstantiâ variari.

5. Proximo loco probare nititur superficiem mundi non esse asperam, eo argumento scilicet, quo supra[46] ab ipso sublata est possibilitas vacui. *Si enim tubera*, inquit, *extent aliqua, brevior linea recta à vertice ad aliam superficiei partem deduci poterit quàm per radicem. Si vero lacunae aliquae sint*, | *eas rectis tegi necesse est* ; *quare distantiam habes non saturatam, id est vacuum*[x]. Quod ut plenius intelligatur superficiem mundi sphaericam repraesentet linea curva ABCD quae circularis non sit, sed emineat in A, deprimatur in E[y]. Si nam ducatur recta AB erit ea brevior quàm AFB, erit ergo spatium contentum AFB vacuum. Similiter CD recta brevior est curva CED, quare spatium contentum CED erit vacuum. Sed *vacuum*, inquit, argumentis supra adductis *interfectum est* ; nullae ergo possunt esse eiusmodi eminentiae, neque lacunae. Argumentum hoc cum[z] quod nos supra capite 3° ea quae allata sunt ad tollendum vacuum refutaverimus, invalidum est[a]. Verùm, ut detur non dari vacuum in mundo, ergone etiam non erit | vacuum extra mundum. Quid ergo siquidem mundus finitus sit, et *vacuum* non sit, eritne *plenum* extra mundum ; nihil, inquiet, erit, neque plenum neque vacuum, neque spatium, ergo & AFB, et CED, quae extra mundum supponuntur, eadem ratione non sunt plena neque vacua, neque etiam spatia, neque ergo

(w) C alligatum *M* ? Calligatum *MS* (x) *DM* 117, avec *sive* pour *si vero* et *posse tegi* pour *tegi* (y) La figure, telle que nous la reproduisons, n'est pas claire. Peut-être faut-il lire « emineat in F, deprimatur in E », et modifier la figure en conséquence (z) cum *MS* ex eo *M* (a) est *MS* efficitur *M*

46. Au f. 23.

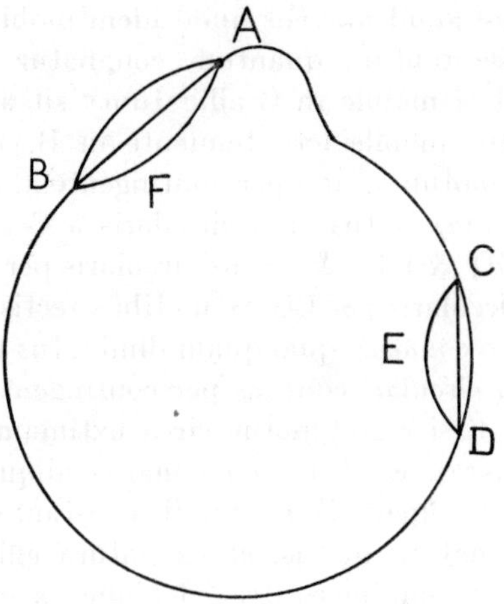

rectae AB, aut CD, quas ille supponit, aut ullae omnino lineae esse possunt. Non est igitur necesse ut superficies mundi complanetur ad tollendum vacuum. Quod extra mundum est certè capax est corporis, sive illa capacitas spatium dicendum sit, sive privatio, nam etsi spatium quod corpori inhaeret unà cum ipso subiecto suo creatum sit, tamen quia ante creationem erat possibile mundum creare, & ponere ubi mundus noster non est ; est ergo extra mundum capacitas corporis recipiendi, quae nullis argumentis sublata est. Cum ergo id quod continetur in AFB & CED sit capacitas | tantùm corporis quàm natura admittit, non est necesse ut mundi superficies se disponat illius rei gratiâ in figuram sphaericam[47].

6. Negat deinde superficiem mundi posse esse compositam ex planis, verbi gratia cubicam ; rationem addit quòd ea figura angulosa futura est : anguli verò eminentiam inutilem inducant. Praeterea nulla naturae virtute id fieri posse dicit, propterеà quòd naturae momentum introrsum agat. Quod spectat ad utilitatem, hoc tantùm respondeo philosophos eos qui figuram mundi, vel alia opera divina utilitate aestimant, prudentiam suam divinae prudentiae regulam constituere, ideòque gravissime peccare, *utile* & *inutile* referuntur ad finem. Dicat ergo priùs ad quem finem à Deo determinata est figura mundi, ac[b] postea ostendat quomodo figura cubica tali fini magis aversetur, quàm sphaerica. Si mundus eo

(b) ac *M* at *MS*

47. *Cf. De coelo* II.4 (286.b).

fine creatus est ut | moveatur totus circa axem aliquam, figura sphaerica utilior videtur quàm cubica ; sin Deus voluit ut quiesceret, partes autem internae tantùm moverentur, cubica quantum iudicare homines possunt, aptior erit sphaericâ. Quod addit de naturae conatu introrsum, satis iam refutatum est.

7. Superficiem mundi sphaericam esse ideo quidam arbitrati sunt quòd mundo nobilissimo corporum, figura etiam deberetur nobilissima, figuram verò nobilissimam existimaverunt esse sphaericam ; quòd tale argumentum author contempserit mecum sentit, sed idem sentiendi non est eadem causa. Ego enim nobilitas figurarum quae sit non intelligo[48]. Ille verò nobilitatem pro pulchritudine accipiens, ideo negat consequentiam à nobilitate ad figuram sphaericam, quia extra mundum nulli sunt spectatores, id quod nulla ratione facit quia Deum opus proprium contemplari non est incredibile. Quod deinde concedit superficiem mundi interiorem eam ob causam sphaericam esse posse quia est spectabilis, absurdum est[c], nulla enim sphaerae superficies concava | est. Neque[d] si quòd visui nostro obiicitur sphaericum videtur, ideo statuenda est superficies ibi sphaerica, cùm, quamcumque habeat figuram mundus, visio tamen aequaliter in tam immensa distantia determinabitur, id est sphaericè. Quod subiungit, *sepositas partes* (hoc est superficiem mundi convexam) *utilitati penitus consecratas esse. Quare et, cum tibi libuerit chimaeras per spatium imaginarium bombinantes agere ad excitandas secundas intentiones, curabimus ut extima mundi superficies per innumeras entium species efflorescat ad earum voluptatem perficiendam*[e], non intelligo, sed si qua latet his verbis virtus, quae faciat ad authoris propositum, quam negligi à me minimè oportuit, culpanda est obscuritas dictionis, quae adeò metaphysica est ut locum hunc, sicut et alios similes non paucos passim occurrentes necesse habui praeterire.

8. Sphaericitatem autem mundi quoad superficiem extimam à commoditate potiùs inferendam censet, hoc modo. *Si quod reliquum est mundi, solibus | et planetariis discursibus per varios circulos nostro quem incolimus & spectamus est analogum, hoc habemus, totum mundum ex vaporibus sphaericis esse compactum. Sphaeras autem minori spatii detrimento figurâ aliâ quàm sphaericâ claudi posse non facilè crediderim. Si itaque in sphaerica omnia diditus est orbis, non videtur absque ratione pellis ipsius etiam in sphaeram expandi*[g]. Detur ei quòd mundus universus constituatur ex sphaeris vaporeis, claudi ergo eas sphaeras minori spatii detrimento figurâ aliâ quàm sphaericâ non facilè crediderit. Faciam ut

(c) est *M** (d) neque *M** (e) *DM* 118, avec *exitandas* pour *excitandas* (g) *DM* 118-9, avec *Si ergo quod* pour *Si quod*

48. *Cf.* f. 299v.

alii credant. Sint sphaerae quotcunque[h] sese mutuo tangentes a, b, c, d, ducaturque sphaera ABCD, quae eas omnes externè tangens complectatur; portionibus autem sphaerae complectentis caeteras sphaeras singulis AB, BC, CD, DA, subtendantur plana singula EF, LM, KI, HG. Patet

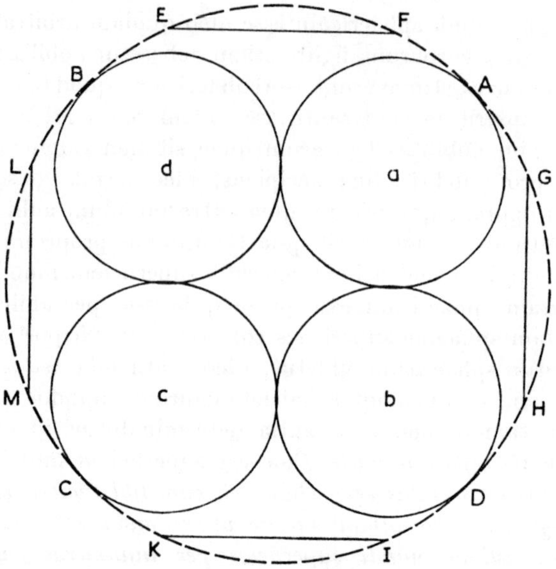

iam figuram hanc compositam ex superficiebus partim sphaericis, partim planis, minorem esse superficie sphaericâ ABCD et tamen contineri ab ea omnes sphaeras minores. | Praetereà manifestum est minus contineri spatii vacui & inutilis, apparet praeterea ex ipsa sphaerarum descriptione impossibile esse ut mundus componatur ex corporibus, quorum omnium superficies sit sphaerica, nisi vacua, quae à se interfecta esse praedicat, reviviscant. Neque ergo mundus componitur ex sphaeris, neque sphaerae commodissimè sphaerâ continguntur, ut author arbitratur.

9. Proponit postremo loco, *Mundum augeri non posse à causis naturalibus*[1], id verò quomodo intelligi vult incertum est, si quidem enim de mundi totius quantitate intelligatur, ita ut à causis naturalibus maiorem eam fieri posse neget quàm iam est, facilè ipsi assentior. Cuius est enim creare totum, eiusdem est totius[j] creare partem, id est materiam novam nondum existentem creatio autem actio naturalis non est, sed supernaturalis. Quod si ita propositionem | intelligat ut impossibile sit superficiem mundi extimam augeri, nullo argumento eam probavit. Argumentum

(h) (Figure.) Les minuscules sont de Mers.; majuscules dans le texte existant et sur la figure (i) *DM* 120 (j) est totius *M* totius est *MS*

eius non ab eo impeditur (ipso confitente) quòd non sit spatium extra mundum in quod excrescat[49], dicit enim ad motum quidem localem requiri spatium, non autem ad motum quantitativum, hoc est ad motum augmentationis, quanquam id falsum sit. Nam motu quantitativo locus mutatur, non enim quod maius sit, eodem loco continetur in quo erat, quando minus erat, alius ergo est locus quàm priùs, ideoque motus localis. Sed impeditur, inquit, ab eo quòd necesse sit si mundus augeatur, vel augeri eius superficiem simul undequaque ut sit maior sphaera, vel mutari figuram eius, quorum utrumque natura refugit. Quare autem natura hoc refugiat, id est quare mundus à causis naturalibus augeri non possit quod ostendere proposuerat id non dicit. Fortè id satis | intelligi posse ex eo arbitratur quòd id fieri non possit, nisi concedatur possibilitas vacui ; quoniam ergo non demonstravit vacuum esse non posse, neque mundum non posse augeri demonstravit. Hactenus dicta sunt quae dicenda habui occasione Dialogi primi circa mundi materiam. Proximus Dialogus initiatur de forma mundi, sive motibus partium eius principalium, illuc ergo nunc progredimur.

Caput 14

Ad nodum 1um Dialogi secundi
Quid nomine motus significetur

1. Quaestiones de significationibus vocum non indignae sunt consideratione, praesertim verò vocis *motûs.* 2. Voce motus non significari propriè varietatem sitûs relativè, sed loci absolutè. 3. Mutari non dicuntur corpora propter novum *esse relativum,* sed propter novum *esse absolutum.* 4. Quid sit relatio, relata & fundamentum relationis. Item accidens absolutum & relativum esse idem numero accidens. 5. Novum nomen rebus acquiri quandoque sine ipsarum mutatione. 6. Argumentum authoris solutum. 7. Quae de interpretatione Scripturae hac occasione author attulit perplexa sunt & dubia.

1. Philosophia vera, planè idem est quod | vera, propria & accurata rerum nomenclatura, consistit enim in cognitione differentiarum ; differentias autem rerum nosse is solus videtur qui singulis rebus suas appellationes proprias attribuere didicerit ; praetereà ratiocinatio recta, quae philosophorum opus est, nihil aliud est quàm recta verarum propositionum in syllogismum combinatio[49bis], vera autem propositio constat ex

49. *Cf.* ff. 17, 100v, 313v.

49 *bis.* Voir *Peripateticall institutions,* pp. 1-13.

recta copulatione nominum, nimirum subiecti & praedicati secundum proprias & adaequatas earum significationes ; ex quo colligitur philosophiam veram esse non posse, quae fundamentum non habeat in adaequata rerum nomenclatura. Quaestio itaque de propria huius nominis *Motus* significatione non indigna consideratione est, propterea quòd sine eius cognitione nihil certi de motu, nec proinde (quia quicquid à natura efficitur, efficitur per motum) de natura constitui potest. Accedit quòd haec quaestio ab authore eo consilio videtur proposita, ne scripturae | sacrae loca, quae contra terrae motum adduci solent, aliter solvi non posse viderentur, quàm attribuendo scripturis impropriam & figuratam loquutionem. Vult ergo quoties duarum rerum situs inter se mutatur utramque rem moveri, idque propriè loquendo & per consequens quando terra & sol alium atque alium habeant situm[k] inter se, dici posse tum solem, tum terram moveri, utrumque propriè & accuratè, id quod ostendemus esse falsum.

2. Definiunt universi vocem hanc *motum* sive moveri (supra monuimus cap. 5 arti. I) per loci continuam relictionem & acquisitionem, ut *moveri* dicatur quod continuò locum unum deserat, alium acquirat, & *motum esse* quod locum reliquerit unum acquisieritque alium, quod verò in eodem loco est ubi ante erat id omnes dicunt quiescere. Atque haec | est motus propria & accurata significatio. Cùm igitur author noster solem in eodem loco manere statuat, *moveri* autem ideo dicat, quia situm cum terrae partibus mutavit. Non accipit motûs appellationem in significatione propriâ ut praetendit. Potest quidem sol quiescens videri moveri propter talem sitûs varietatem, sed attribuere motum iis rebus quae in eodem loco manentes, moveri videntur tantùm, non est loqui accuratè.

3. Quoniam autem moveri putat quaecunque subeunt mutationem quamcunque[50], est autem mutatio sitûs mutatio aliqua, nimirum mutatio relationis, considerandum est quaenam sit ea mutatio relationis, et an et quando ex ea ipsum relatum mutari dici possit ; sicut enim quando duorum corporum non est idem situs qui ante, pronuntiamus rectè alterum | eorum loco suo motum esse, sic quando obiectum aliquod nostris sensibus aliter apparet quàm prius apparuerat, vel ipsum obiectum vel sensus nostros mutatos esse statim dicimus, sed utri ascribenda mutatio sit, nondum constat. Nam quae alba priùs, mox flava, vel dulcia prius, mox amara apparent ; quandoque ita apparent, quia ipsa mutantur, quandoque quia mutamur nos[51]. Verè & propriè loquendo id solùm mutari dicitur, in quo aliquod novum *esse* absolutum producitur, vel intereat quod in

(k) alium atque alium habeant situm *M* alium habeant atque alium situm *MS*

50. *Cf. EW* VII.129 (*Dec. phys.* c. 7) et Arist. *Meta.*, XI.xi-XII.i (1067b-1069b).
51. *Cf. OL* I.328-9 (*DC* c. 25 § 10).

eo non erat priùs. Exempli causâ, si cui corpori inerat *esse album*, mox autem pereunte *albedine* in eodem corpore ab agente aliquo producatur *nigredo* ut insit ei iam *esse nigrum*, tum illud corpus propriè *mutatum* dicitur[52]. Et propterea si corpus novum aliquam appellationem | meruerit absolutam, hoc est novum nomen absolutum, necesse est ut mutatum sit, caeterùm in nominibus relativis aliter fit. Non enim si filius Ioannis moriatur (saltem inscio patre) quanquam desinit esse pater, ideò sequitur mutari Ioannem. Quod ut meliùs intelligatur dicendum est aliquid de natura relatorum[53].

4. Relata sunt quae comparantur inter se ; comparantur autem inter se duo corpora secundum accidentia utriusque ; exempli gratiâ, pater & filius relata sunt, propter accidentia secundum quae comparantur, nimirum *Genuisse* quòd Patris, *Genitum esse*, quòd filii accidens est. Ita album & album relata sunt, comparata secundum colorem, dicunturque similia, et album et nigrum relata sunt comparata secundum colorem, dicunturque dissimilia. Relatio autem | idem est quod *Esse comparatum* cum alio vel cum seipso alio tempore, ut *esse patrem*, *esse similem*, *esse aequalem*, *esse idem*, *esse diversum*, *esse maius* & c. Accidentia autem per quae comparantur, vocantur fundamenta relationis ; verbi gratiâ, *genuisse* est fundamentum relationis paternae ; albedo albi comparati cum alio albo est fundamentum similitudinis ; & albedo albi comparati cum nigro est fundamentum dissimilitudinis. Fundamentum autem relationis, putà *albedo*, vel *esse album*, est *esse* sive *accidens absolutum*, sed *esse simile* vel *dissimile*, est *accidens comparatum*, sive *esse comparatum*, hoc est *relatio* : quae duae voces *esse album*, et *esse albis aliis simile*, non significant diversas res, sed eandem rem modò comparatam | modò non comparatam, sed absolute sumptam. Eadem enim res est, esse album & esse albo simile, at nomina diversa ; nam quod album dicimus, non comparantes, id comparantes simile appellamus.

5. Sequitur ex his posse acquiri nomen relativum quod priùs non erat, etsi alterum relatorum nullam omninò mutationem subeat. Sit enim aliquod album, & deinde aliud aliquid fiat album, non mutatur quod prius album erat, novum tamen nomen acquirit, nempe hoc, *simile huic albo post facto*. Imò fortè non impropriè dici potest quod album olim erat, iam tum simile fuisse illi albo quod existit nunc ; utcunque autem illud dicatur propriè vel impropriè, manifestum est cùm *esse albo simile*, et *esse album*, idem sit accidens, non est necesse in omni novâ relatione,

52. Voir les *Peripateticall institutions* de White, Livre IV, Leçons 4 et 5 (pp. 203-213) sur « The essentiall unity and distinction of the elements, and mixt bodies » et « The essence of animals, and of the soul », et *cf.* ff., 292v-293.

53. *OL* I.118-9 (*DC* c. 11 § 3). *NLW*, ff. 4, 4v. *Cf.* ff. 28, 216v.

| hoc est ad omnem nostram duarum rerum comparationem novam, ut utraque res supponatur mutata, sed altera tantùm.

6. Argumentum authoris, quo probat verè & propriè dici posse solem, etsi eodem loco maneat, moveri, huiusmodi est, pag. 131. *Motus est mutatio continua. At sive sol, sive terra loco mutetur, hoc tamen constat utriusque ad invicem continuam esse varietatem, hoc si verum est utrumque verissimè, et propriissimè dicitur, et terram respectu solis, esse perpetuò motum, et solem respectu terrae*[l]. In qua argumentatione ut scias eum constantem esse in logicâ tractatione philosophiae excludendâ, vide quae admiserit contra logicam peccata. Primum est quòd in secunda figura concludit affirmativè. Sic enim disputat, motus est continua | mutatio, sol habet continuam mutationem sitûs, ergo sol movetur. Fortè dicet priorem praemissarum debere conversim sumi, ut syllogismus hoc modo fiat, omnis continua mutatio est motus, sol habet continuam mutationem, ergo sol movetur. Sed sic vel maior falsa est, scilicet si intelligat mutationem, quae non sit mutatio loci, esse tamen motum localem ; vel minor erit contra suiipsius hypothesim, nimirum si intelligat per mutationem, mutationem loci, nam supponit solem in eodem manere loco. Secundum est, quòd mutationem, sive varietatem sitûs dicat esse mutationem quandam in sole, cum manifestum sit ut articulo praecedente ostensum est, posse accidere mutationem sitûs, hoc est relationis, etsi unum tantùm relatorum mutetur. Nihil | ergo ex ea mutatione inferri potest, nisi quòd alterum duorum moveatur, sive ea terra sit, sive sol. Tertiò ubi concludendum erat simpliciter solem moveri, apponit *respectu telluris*, id est existentibus in terra motum videri, vel situm alium habere respectu telluris ab eo quem habebat, quae[m] est una praemissarum.

Quod autem de *Copernico* (qui cùm initio libri posuerat solem quiescere, postea de eodem vulgari nomine tanquam moto loquitur) dicat, *Excusationem eius, quâ ad vulgus se loqui causatur, superfluam & noxiam sibi videri*[n], vereor ne eum non rectè intellexerit. Nam Copernicus in principio *Revolutionum*[o], quae pars libri tota physica est, apertè terram moveri, et solem stare asserit. Posteà verò cùm ad motuum calculum veniendum erat, | quae pars astronomica est, visum est ei aliter loqui, non quòd se putaret ad vulgus loqui, non est enim liber ille vulgaris, sed quòd lectorum animos novo genere loquendi a calculo astronomico nollet avocare.

7. Quòd de sententiâ hoc loco theologorum disputat, satis perplexum est, dum enim motum telluris tueri vult, ut philosophus, & scripturae interpretationem relinquere ecclesiae, ut Christianus, ita inter utrumque tumultuatur, ut nescio quam sententiam dicat. Dicit pag. 132 *Scripturas*

(l) Dans *DM* : *Quòd si* pour *hoc si* (m) quae *Lire* quod ? (n) *DM* 131, en *oratio recta* (o) *Revolutionum edd* revolutionum, *MS*

intelligendas esse ex Ecclesiae traditione & scientiarum seu artium disciplinis. Iungit traditiones & disciplinas, sicut Ulysses dissimilia iumenta. Quòd si in diversa traxerint? Quaero has an illas sequuturus sit? Rursus *immanis esse sceleris* ait, *quod tuà inscitiâ,* | *vel barbariâ hallucinaris, id velle in fidei regulam, & legem doctrinae Christianae, super verticem omnium fidelium erigere*[p]. Quorsum haec? Si Ecclesia ea loca quae motum solis, & quietem terrae videntur asserere, interpretenda esse aliquando ita definierit ut si quis contrarium teneat, habeatur pro haeretico, an non erit doctrina illa de quiete terrae, & motu solis tanquam Lex Christiana, super vertices omnium fidelium iurè erecta? Et tamen si author putet telluris motum esse demonstratum, necesse est ut eos putarit inscitia hallucinatos esse qui contra statuerint, ita ut Ecclesiam si fortè statuerit contrarium, immanis sceleris damnaturus videatur. |

Caput 15

Ad nodum 2um Dialogi secundi
Ventum sub Zona torrida à sole excitari

1. Ventus perpetuus ab Oriente in Occidentem sub Zona torrida, unde oritur ex sententia Galilaei. 2. Idem ventus unde oritur ex sententia authoris. 3. Author putans refutare sententiam Galilaei refutat aliam supposititiam. 4. Quare instantis procellae signum à motu maris antevertat ventum. Causam non esse eam quam dicit author, nimirum aquas vento moveri celeriùs.

1. Observatum est ab iis qui mare Atlanticum inter Africam & partem Americae australiorem navigaverunt, navigationem sub Zonâ torridâ ab oriente ad occidentem | facilem esse propter auram quandam ab oriente perpetuò & constanti tenore velis incumbentem[54], contrà verò ab Occidente in orientem propter eandem auram sub zona torridâ regressum non esse[55], atque adeò egrediuntur metam tropicorum, ventos accidentarios captaturi, ii qui navigationem instituunt ab Americâ in Hispaniam.

(p) *DM* 133

54. Galilée : *Due sistemi*, p. 433. Voir aussi *Il saggiatore*.

White discute la question des marées et des vents dans *An exclusion of sceptics*, p. 28, et dans les *Peripateticall institutions*, pp. 156-163. *Cf.* ff. 170v *sqq.*

55. *Due sistemi*, pp. 433-4.

Auram hanc appellatam audivi à quibusdam nautis, Anglis The[q] Briz *(Brizam)* atque spirare, nisi ventis adventitiis impediatur, perpetuò non modò per mare Atlanticum, sed etiam per mare Pacificum. Galilaeus addit experientiâ compertum esse navigationem etiam in Mediterraneo pag. 434 *De Systemate*[56], ab ortu in occasum quàm ab occasu in ortum 4ta parte celeriorem esse. Adeo ut quando alii venti omnes silent, ubique terrarum in latè patenti aequore, & in montium | summitatibus ventus quidem vigeat orientalis. Ventum hunc non sine ratione in testimonium rapit vertiginis terrestris Galilaeus, quippe qui ad suppositum motum terrae diurnum necessariò sequatur ut ipsius effectus. Quia enim motus terrae diurnus tendit ab occasu ad ortum, necesse est ut quae à terra rapido illo quatuor & viginti-horario motu simul circumvehuntur, impingant in aërem obsistentem, sentiantque ventum, idem enim est effectus sive aër impingat in vela, sive vela in aërem, utroque modo fit ventus[57].

2. Author noster Galilaei aemulus, ventum hunc contendit generari à sole, nimirum hoc modo[r]. *Sol vapores è locis sibi subiectis perpetuo elevat*; *in elevatorum locum succedit aër*, *à vaporibus elevatis loco suo* | *expulsus*, *aërem succedentem rursus expellunt vapores iidem relicti à progrediente sole & condensati*, *ideòque magna vi & obliquè descendentes*; *aër autem sic expulsus ventus ille est*, *de quo loquimur*, *solem continuò subsequens*, *hoc est ab oriente in occasum procedens*. In hac venti generatione multa sunt impossibilia. Primum quod si ita ventus fieret, vapores elevati unum essent corpus continuum ut necesse foret aëri, qui in eorum locum succedit, pervenire illuc uno magno corpore, quod sine vacuo fieri non potest. Quod si prout singulae vaporis atomi ascendunt, eodem tempore aëris atomi singulae atomis vaporeis contiguae descendant, non magis fiet ventus à descendente aëre versus unam plagam mundi quàm ab ascendentibus vaporibus versus aliam plagam. Secundum, | etsi vapores omnes relicti a sole & frigore condensati descenderent simul unito corpore, non tamen descendent maiore velocitate quàm ascenderant, propterea quod iisdem gradibus quibus vapores inter ascendendum rarefacti fuerint, iisdem gradibus relicti a sole paulatim condensabuntur, & propterea paulatim descendent ; ex quo rursus colligitur non maiorem fore ventum à descendente vapore excitatum versus occidentem, quam ab ascendentibus versus orientem. Tertium, ventus de quo sermo est, omni hora naves impellit versus occidentem, sive mane sive meridie sive vesperi, sive mediâ nocte navigetur. Mane itaque sol ventum sequitur, non ventus

(q) The *edd* Thc *(sic) MS* (r) *DM* 134, paraphrase

56. Voir plus haut pp. 13-4 et 102.

57. *Cf. OL* I. 78-9, (*DC* c. 6 § 18 citant *tractatus quidam*, i.e. *DM*) ; 382 (*Ibid.* c. 28 § 3) ; *EW* VII.100 (*Dec. phys.* c. 4).

solem. Non est ergo hic ventus generatus à sole. Quartum, ventus hic etiam media nocte spirat, tunc quando vapores illi residisse intelligendi sunt, quippe | à sole tam longo tempore & intervallo deserti ; non igitur fit à descensu vaporum qui à sole fuerant elevati. Postremùm, cum sol undequaque vapores elevet etiam undequaque fiet vaporum descensus, excepto versus occidentem in ipsa solis semita, ex quo sequetur ventum qui inde generatur, non modò ab oriente in occasum, sed etiam à septentrione in austrum et ab austro in septentrionem excitari.

3. Galilaei sententiam statuentis ventum illum à motu telluris procreari, quam confutare pag. 137 aggreditur, non attigit. Nam ea quam confutat neque eius est, neque cuiusquam alterius. Viam diurni motûs, ex quo ventum illum oriri affirmat *Galilaeus*, et ipse[r bis] et Copernicus, & quicumque telluris motum diurnum agnoscunt ab occidente in orientem esse dicunt. Argumenta autem authoris motum illum oppugnant qui est ab oriente in occidentem, qualem in terra nemo unquam | somniavit. Primum enim argumentum his verbis explicat[s], *Communes motus non sentiuntur ; si autem à motu telluris ortum habet hic ventus, ille erit aëris motus, quem communem & non sensu perceptibilem dicunt. Quomodo ergo nunc undas agit?* Galilaeus et Copernicani omnes putant terram quidem moveri ab occidente in orientem, aërem autem neque ferri ab occidente in orientem, nec ab oriente in occidentem, sed quatenus ad hos motus, indifferentem quiescentemque esse, sentiri autem tanquam ferretur ab oriente in occidentem, propterea quòd in contrarium ferimur, ubi iam aër quiescit, terra autem movetur, non est motus communis sed solius terrae, ex quo sentitur aura, aequè ac si terra quiesceret & ab occidente in orientem moveretur aër, quemadmodum idem sentitur effectus sive quis | caput in postem, sive postem in caput impingat[58]. Alterum argumentum affert his verbis[t]. *Rursus, vel fortiùs ipsâ tellure agitur* (aër) *vel aequaliter, vel relinquitur. Si fortiùs, quomodo à tardiore efficitur? Si aequaliter, quomodo propellit? Si relinquitur, euntibus pariter & redeuntibus erit infestus.* At supposito motu telluris ab occidente in orientem, aër non intelligitur moveri, multò minus antevertere versus orientem ; neque supponitur à Galilaeo aërem à terra propelli, sed undas ab aëre repelli, & sentiri aërem ex impactu telluris in ipsum resistentem, aër autem resistens aequè ventus est atque aër praecedens, manifestum itaque est argumenta haec non impedire quin ventus, cuius causa investigatur possit oriri à motu telluris in orientem qualem terrae attribuunt Copernicus & Galilaeus, licet non | possit procedere a motu terrae in occidentem quem motum ipsi attribuit nemo.

(r *bis*) ipse *edd* ipsi *MS* (s) *DM* 137 (t) *DM* 137. *Si aequaliter... infestus* non souligné dans le MS

58. *Cf. EW* VII.44 (*Seven probl.* c. 6).

4. Observatum est saepissime, et ipse expertus sum in summa maris malaciâ nullo venti strepitu aut flatu percepto, fluctus tamen mirum in modum paulatim tumuisse, mox levi aura agitata vela huc illuc incerto futuri venti imperio vacillare, atque his signis instantis procellae monitos nautas vela complicare & ad tempestatem sustinendam sese componere. Nautae scilicet tumescentes sine vento fluctus procellae futurae signum esse experientiis sciunt. Cuius autem causae effectus is sit scire non laborant. Videtur autem quoties mare nullo vento percepto commovetur, procellam iam tum, sed extra conspectum mari incumbere, ventumque à descensu nubis gravidae excitatum, aquarum superficiem non radere, sed per descensum | perpendicularem, vel ferè perpendicularem deprimere. Ex quo fit ut fluctus maiores multò fiant quàm si ventus mare motu suo (sive conatu versus fundum) verreret tantùm ; fluctus autem primi secundos, secundi tertios, & sic deinceps in spatium longinquum, praesertim sequente nube, citò propagant, non quòd aqua ex suo loco longè avehatur, sed quòd ab aqua in aquam continuâ pressione motus generetur. Quòd autem propagatio motus per undas, eo modo citiùs sentiatur à nautis quàm motus aëris causa haec est, aër sive ventus, qui, ut diximus, incidens in aquas conatur versus fundum, reflectitur à superficie maris ad superna, & praetereà diffunditur in spatium largissimum, ex quo fit tum ut debilitetur motus eius, tum ut supervolet navim, ita ut non sentiatur donec nubes | procellifera propriùs immineat. Huius autem effectus causam aliam affert author noster. Ex eo enim accidere hoc dicit, quòd *mare velocius vento moveatur*, hoc enim affirmat in margine pag. 141. Postea verò pag. 142 mutatâ dictione, ex eo quòd *in undis velociùs propagetur motus*, *quàm in aëre*, quorum utrumque dicit sine ratione, nam quod ad primum attinet, navim[u] velociùs ferri etiam onustam, quàm aqua quae est in ipsa maris superficie, ex eo manifestum est, quòd inter navigandum ea quae maris superficiei innatant, à nave praetereantur, multò autem erit velocior ventus navim impellens quàm ipsa navis ; miror igitur quâ ratione dixerit superiorem aquam velociorem esse ipso vento, vel etiam nave. Nam quòd dicit se meminisse fluctus marinos navis puppim flagellasse, vel erat deceptio sensus, vel navem[u], dum vela convertebantur | oportuit restitisse. Quod spectat ad secundum, nimirum velociùs propagari motum ab aqua in contiguam aquam, quàm ab aëre in contiguum aërem, repugnat[v] inter alia quòd si ita esset, etiam auditus, qui fit per motum in medio propagatum, expeditior esset in aqua quàm in aëre. Sed ratio qua id probat ne omittatur[w]. *Facit autem hoc*, inquit, *stagni liquentis lentor*, *quo fit ut proximior motui pars remotiorem aegrè relinquat*, *et quod sequitur*[x] *trahat eam secum*, *cum aëris subtilitas*

(u) navim... navem *Ces deux graphies sont conformes au texte* (v) repugnat *edd* repugnant *MS* (w) *DM* 142-3, avec *idonea sit,* pour *idonea sequitur,* BM (x) *sequitur* MS

abrumpi magis idonea [sit], *et breviori proinde ambitu concussionem consectatur.* Obscurus, similisque loco supra alicubi[59] notato, ubi loquitur de chimaeris excitantibus secundas intentiones. |

Caput 16

Ad nodum 3m. Dialogi secundi
Mare à littoribus ad littora moveri

1. Quae experimenta necessariò requiruntur ad investigationem causae fluxûs & refluxus maris, et quaenam ea sunt quae habemus. 2. Descriptio verticalium circulorum per quos transit Luna eo progressu qui fluxui & refluxui maris continuò temporibus responderit, et eorumdem nomina prout hodie appellantur à nautis, quoad fieri potest, Latine[y] reddita. 3. Expositio & refutatio sententiae authoris circa causam aestuum simpliciter. 4. Expositio & refutatio sententiae eius circa causam accessûs & recessûs aquae | sexhorarii. 5. Verisimile esse refundi aquas ab ora Americana. 6. Refutatio sententiae eius circa causam incrementorum fluxuum tempore aequinoctiorum. 7. Refutatio sententiae eius circa causam incrementorum fluxuum in noviluniis & pleniluniis. 8. Refutatio sententiae eius circa causam quare tempora diei antevertunt tempora aestuum.

1. In hoc & sequente nodo inquirit author in causam fluxûs & refluxûs maris, de qua quidem multi scripserunt, & diversa tradiderunt, ita tamen ut eam nihilò certiorem reddiderint. Neque enim ab | experientiis, quas hactenus exploratas habemus, arbitror certam fieri posse. Quare neque accedendum ad aestuum marinorum causas inquirendas erat, antequam de effectibus sigillatim constaret, nimirum quo tempore in unoquoque littore & sinu, & quanta esset altitudo fluctuum, ut non modo cum positione astrorum, sed etiam inter se comparari aestus possent. Quod quia nondum est factum, neque extat historia ulla aestuum qui contingunt in littoribus oppositis maximorum marium Atlantici, Indici, Pacifici, nec eorum qui contingunt in mari septentrionali Asiae, non video | quibus mediis ad scientiam eorum causae universalis perveniri possit. Quod autem constanter evenit circa aestus in littoribus Hispaniae, Galliae, Britanniae & Germaniae inferioris, unicum est, nimirum quòd

(y) Latine *edd* latine *MS*

59. Au f. 124v. *Cf. OL* I.272 (*DC* c. 22 § 2). Le copiste souligne par erreur cette dernière phrase.

tempora aestuum exactissimè congruant cum temporibus lunae, nisi quod in noviluniis & pleniluniis aestus lunam antevertat, et quòd habente luna latitudinem borealem, citiùs aliquanto incipiunt impleri tempora quàm cum latitudinem habeat australem. Londini enim quo tempore aqua altissima est, eo tempore luna est in medio loco inter austrum & occidentem, vel | inter aquilonem & orientem, idque semper et constantissimè, nisi, ut dixi ante, in noviluniis & pleniluniis, tunc enim aestus citiùs contingit, quàm luna ad eum locum perveniat. Quod autem dico *inter austrum et occidentem, vel aquilonem & orientem*, ita intelligendum est ut si aestus fiat tempore diurno, existente luna inter austrum & occidentem, tunc noctu post horas 12, erit aestus quo tempore luna est inter aquilonem & orientem. Et quod de Londino dictum est, idem observatum est in caeteris maris portibus, aestus scilicet semper fieri cum iisdem lunae verticalibus. |

2. Aestus, inquam, congruit cum progressu lunae per circulos verticales, non per meridianos, non enim ut luna à meridiano ad meridianum progreditur, ita aqua elevatur & residet, sed ut progreditur à verticali in verticalem, qui circuli vocantur Azimuth, secantque se invicem in Zenith et Nadir polis horizontis, horizontem autem ipsum ad angulos rectos secantes in eo designant ventorum plagas, quae numerari à nautis solent 32 & denominari hoc modo. Sit horizon ABCD divisus in partes aequales 32, sitque meridianus, qui semper est unus verticalium AC, huic ad angulos

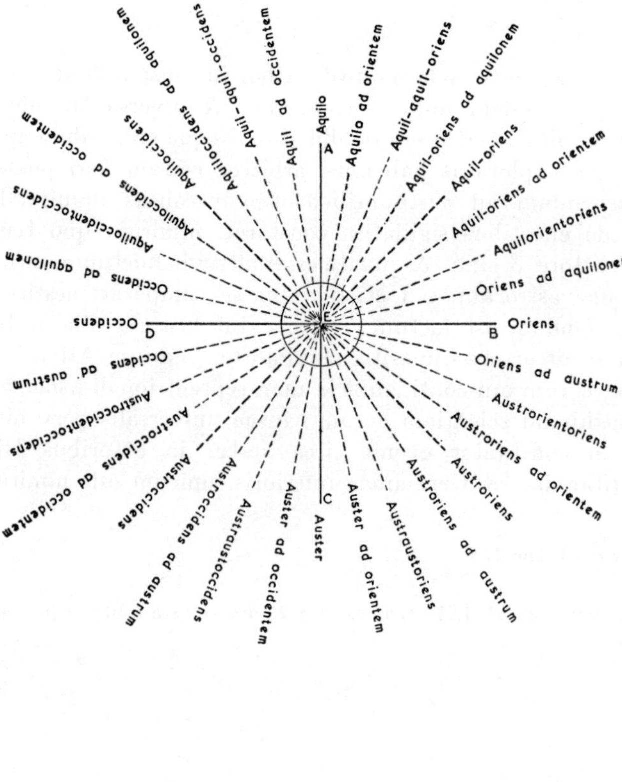

rectos constituatur diameter | DB. Sit autem A plaga Aquilonis, caeterae plagae denominantur ordinatim ut in schemate praesenti. |

In hoc schemate intelligatur circulus ABCD esse horizon, et punctum E elevari perpendiculariter supra planum eius, ut repraesentet non centrum sed polum horizontis, & radii illi 32, qui hîc designantur, intelligantur non ut radii, sed ut quadrantes ducti in superficie sphaerica à polo E ad circumferentiam horizontis. Atque ita intelligentur descripti 32 Azimuth, sive verticales 16 dimidiati. Si iam existente lunà in aliquo horum verticalium, putà in eo qui ducitur ab aquiloriente ad austroccidentem, contingat fieri aestum in aliquo certo loco, putà Londini, continget rursus quoties luna est in verticali, qui transit per aquilorientem, & | austroccidentem toties aestum fieri Londini, excepto, ut dixi, in noviluniis & pleniluniis, tunc enim fiet aestus Londini existente luna in verticali, qui transit per aquilorientem ad aquilonem, & austroccidentem ad austrum quod est uno, quod aiunt, puncto pyaeidis nauticae lunam antevertere. Haec, inquam, pro exploratis vulgò & experientiâ comprobatis recipiuntur. Ita ut nisi huius phaenomeni ratio explicetur, nemo mihi dicat, explicasse se causam fluxus & refluxûs maris. Et quia ne Galilaeus quidem congruentiam hanc aestuum cum luna consideravit, non est quòd quis acquiescat iis quae scripsit de ea re. Consideravit ille quidem | generaliter lunam aliquid operari, et aestuum magnitudinem inaequalem reddere, sed hoc nihil est ad congruentiam aestuum et azimuthorum lunae. Ego profecto causam huiusmodi fluxuum & refluxuum inveniri posse despero, tantòque magis quantò video etsi daretur lunae hoc opus esse, rem difficillimam esse modum agendi explicare, cùm motus lunae diurnus non sit aequalis ab azimutho ad azimuthum, sed a meridiano ad meridianum.

3. Itaque consilium mihi non est aestuum marinorum rationem reddere, sed rationes authoris breviter exponere, et examinare. Summa sententiae eius haec est : ventus, inquit (quem à sole continuo excitari | supponit) dum sol mari Pacifico imminet, aquam illius maris pellit in occidentem, obsistentemque aquam maris Indici repellit ; à resistentia autem maris Indici fit aquarum tumor & iactatio, maximè verò sub solis arcu diurno, propterea quòd ventus, qui à sole generatur, ibi maximus esse debet ubi sol praesens incumbit : à iactatione hac, quae incipit in medio mari, oritur elevatio aquarum ad utrumque littus, donec cedente mari Indico, & succumbente aqua rursus à littore utroque redeat in medium mare. Id quod toto aequore continuatur, donec restituta fuerit mari Pacifico aqua quam effuderat. Atque huiusmodi | ratio est quam reddit aestuum qui sunt in littoribus maris Pacifici, Indicique. Quae oppono multa sunt, primò, posito quod aliquando fluxus & refluxus aquarum nullus fuisset, postea verò sole imminente mari Pacifico incepisset (quod tamen obiter dico absurdè assumi) atque inde propagatus esset aquarum motus usque ad Indicum, non tamen ex eo sequitur quòd mare in tantum ibi debet

elevari ut tumor esset perceptibilis, aqua enim quiescens levissimo primae accedentis aquae appulsu, sine tumore sensibili, eodem instante cedit, quòd si subito magnoque vento incumbente tumor sensibilis fiat, citò tamen | propter gravitatem residet ita ut a gravitate & vento contendentibus maris quidem superficies in undas corrugetur nulla autem fiat repletio. Cogitemus etiam si à modico vento quem excitare sol dicitur aestus quos habemus excitantur quam magni aestus deberent elevari a ventis accidentariis ingentibus illis quales aliquando oriuntur et mari per biduum aut triduum continuum incubant. Praetereà si ventus maior eo qui est a sole perflaret mare Pacificum, sequeretur aestus vel nullos esse vel via contrariâ propagari, ventus enim non supponitur ideo ciere aquas quatenus a sole est sed quatenus flat. Sed quid si sol incepisset tunc flare quando imminebat | mari Atlantico ita ut aqua ab ipso pulsa impegisset non in aliam aquam sed in littora Americae an expectandum esset donec pervenisset ad mare Pacificum, ut initium daretur aestuum marinorum. Hoc quoque quaerendum est quem ventum excitat sol dum tractum illum aridae superferatur qui ab ultima Asia ad mare Atlanticum perpetuus est, eo tempore, quomodo & quibus locis maria elevantur. Et quoniam supponit primam aquarum elevationem fieri in medio inter duo littora maris Pacifici, respondere debet quantam latitudinem ille mari medio id est vento ibi a sole excitato attribuit. Nam si latitudo venti | aequalis sit latitudini ipsius maris Pacifici, nullo modo potest dici *mare a littoribus ad littora moveri*, imo etsi in medio mari incipiens elevatio aquarum progrederetur utrinque ad littora, ne sic quidem motus dicetur à littoribus ad littora, sed à littoribus in altum fieri ; neque praetereundum illud est quod certissimis experimentis comprobatum est, ventum illum ab oriente in occidentem simul per totam terrae circumferentiam ubique spirare, ita ut aequè in omni gradu longitudinis par & uniformis esse debeat aestus, id est nullus, si à vento oriretur quaeri et hoc potest, cùm imminente sole fiat alicubi aestus : quo vento fiat aestus | eodem loco post horas 12, sole existente in haemisphaerio opposito? Postremò quòd restitui suam aquam mari Pacifico dicat continuato illo motu ab oriente in occidentem, id captum meum excedit, nisi putem aquas penetrare per viscera terrae Americanae (scimus enim exporrigi[z] Americam à septentrione in austrum per integrum semicirculum) vel transire per fretum Magellanicum, tantum aquae quantum concitatur, et provolvitur è maximo illo aequore Pacifico. Videmus igitur quàm levia sunt quae de tumore oceani in genere contemplatus est.

4. Exponit proximo loco rationem quare aestus sint sexhorarii his verbis[a]. | Ereun. *Solem modò fac velle indato sui cursus signo aliquem effectum habere ; quanto ante tempore in eam partem agit?* Andab : *Solem,*

(z) exporrigi *M* ? experiri ? *MS* (a) *DM* 148, avec *horis augebit* pour *horas augebit*

cùm 24 horis totum orbem suum conficiat, necesse est ad datam partem sibi ad rubricam suppositam 6 horas conari, et ab eadem 6 horas recedere. Ventum itaque in dicta parte 6 horas augebit, sex minuet. Quaerit *Ereunius* si in dato puncto viae solaris efficiendum sit ut mare tumorem suum habeat maximum, quanto ante tempore debeat sol in ipsum agere, facereque ut aquae crescere incipiant. Andab. respondet 6 horis[b], propterea quòd sol conatur versus eum locum 6 horis fluctus | advehens, et recedit ab eodem loco 6 horis aquas abducens. An non cùm sol locum aliquem relinquat, continuò remotior ab eo fit, donec semicirculo ab eo distiterit? Hoc est horis recedit 12 et deinde per alias horas 12 nonne continuò ad eundem locum propiùs accedit? Quaenam ergo ratiocinatio est haec, si sol circa terram moveatur tempore 24 horarum, tum necesse est ut sex praecisè horis ad datum locum semper accedat, aliis sex semper ab eodem recedat. Puto haemisphaerium mundi apparuisse menti eius tanquam aquae montem & locum in quo tumor ab aestu fieri debebat tanquam montis illius verticem eum | verò cum vidisset necessarium fuisse ut sol montem hunc 6 horas ascenderet et sex alias descenderet, ita id accepisse quasi 6 horas accederet & recederet et inde causam arripuisse mutationis fluctuum sexhorariae.

5. Quòd post impleta littora à motu aquarum versus occidentem rursus redeant aquae versus orientem, negat quidem quia sententiae suae sic expedit. Argumentum autem in contrarium nullum offert. Quomodo id fieri possit in mari septentrionali ut tamen idem non fiat in mari Indico & Pacifico causam aliquam adducit, nimirum mare septentrionale aliud non esse quam sinum maris Indici, sed quare idem in mari Pacifico | vel Indico fieri non possit nullam rationem adducit, ego scire velim quando ventus à sole mare Pacificum adegerit ad littora Sinensium[c] & Indorum, aquae ibi elevatae quo se conferunt, nam si non recedant retro in orientem, necesse est ut diviso itinere moveantur partim in septentrionem, partim in austrum, atque ita tendant partim per mare Indicum, partim per mare Scythicum, donec conveniant in Atlanticum, atque inde continuato in occidentem cursu impingant in littora Americae : quod si faciunt, quaero iterum, aquae quae elevatae sunt in littoribus Americae quò se conferunt? Tenduntne omnes in Pacificum per fretum Magellanicum? quanta igitur erit gurgitis illius freti versus occidentem violentia? Cum tamen experientia contrarium | testetur necesse ergo est ut redeant in orientem ; neque ulla causa unquam assignata fuit cur littora implentur bis singulis diebus, tam probabilis quàm est haec, nempe aquas ab ora Americana versus orientem, gravitate sua rursus refundi.

6. Causam quare aestus circa aequinoctiorum tempora maiores sunt quàm aliis temporibus, sententiae suae satis convenientem reddidisse se arbitratur, cum dixerit solem maiori circulo, id est velociùs ferri tunc

(b) horis, *Lire* horas ? (c) Sinensium *edd* sinensium *MS* quàm aliàs ; immemor eorum quae ante supposuerat, nimirum aestus à vento esse, ventum ab excitatis vaporibus, non à velocitate solis generari ; quòd autem vapores eleventur à calore, calefaciant autem minus quae velociter, quàm quae tardiùs transeunt, omnes sciunt, ex | quo sequi deberet ventum eo minorem esse, quò ignis solaris in maiori circulo circumfertur, et per consequens minores aestus.

7. Quare autem aestus maiores sunt in noviluniis & pleniluniis, quàm temporibus mediis, causam esse dicit, quòd in pleniluniis lumen lunae maius est, lumen autem igneum quid est, & proinde etiam suo modulo excitat vapores. Esto, sed quantillum hoc est? Quid autem de eodem effectu sentiendum est in noviluniis? *Lunare*, inquit[d], *lumen fortius est in coitione cum tota sui orbis diametro soli propior sit.* Quare lumen quod luna à sole habet, & quod à terrâ aversum est, opaco lunae corpore interposito, effectum aliquem in mare habere | possit. Vel si haberet, an non necesse esset quovis tempore maiorem eius effectum esse quàm in plenilunio? Luna enim aequè illuminatur omni tempore & propior soli est omni alio tempore quàm in plenilunio.

8. De convenientia inter aestuum accessus & motum lunae per circulos verticales nihil dicit ; quòd autem aestus postridiani, sicut & locus lunae pridianis posteriùs contingant, causam sic assignat. *Denique hoc*, inquit[e], *tecum pensila deficere singulis diebus oceanum, non aliunde posse nasci quàm ex hoc quod motus solis celerior est motu aquae.* Nescio quem hoc loco ille solis motum intelligat. Nam si intelligat motum proprium corporis solaris, profectò concedemus ipsi | eum celeriorem esse motu aquarum tanto quanto semidiameter orbis maioris maior est semidiametro terrae, hoc est, ut putant astronomi, plus quàm millies. Sed non credo eum arbitrari in eo consistere, quòd tempora aestuum differantur : nam neque solem moveri putat motu diurno, sed tellurem. Si intelligat ergo motum telluris diurnum, imo necesse est ut sic intelligat, qui est ab occidente in orientem, dicatque illum celeriorem esse motu aquarum, qui est ab oriente in occidentem, non potest ea differentia celeritatum haberi[f] pro causa, cum sit ipse effectus de quo quaeritur. Nam quaerentes cur hora diei antevertit horam aestus, id scire expetunt cur terra circumvolvitur 24 horis, aqua autem non circumvolvitur | nisi in 24 horis unâ cum duabus fere tertiis unius horae. Atque ita aut ea quae dicit nihil significant, aut ipsum effectum pro sui ipsius causâ assignavit. |

(d) *DM* 160, avec *esse* pour *est* (e) *Ibid.* (f) haberi *edd* habere *MS*

Caput 17

Ad nodum 4um. Dialogi 2
Aestum maris non esse ex motu telluris

1. Sententia Galilaei de causa reciprocationis fluctuum in mari. 2. Ostenditur quomodo pars quaelibet telluris movetur inaequaliter. 3. Ostenditur quare inaequalitas illa maior est in noviluniis & pleniluniis quam aliis temporibus. 4. Ostenditur quare inaequalitas ea rursus maior est tempore aequinoctiorum, quàm caeteris temporibus. 5. Sententiam Galilaei non esse satis demonstratam. 6, 7, 8, 9, 10, 11, 12, 13, 14, 15, 16. Totidem argumenta authoris contra Galilaeum refutata.

1. Aestuum marinorum originem | deduxerat Galilaeus (dialogo 4° *De systemate mundi*)[g] à motuum telluris annui, diurnique compositione[60]. Illius igitur sententiam author noster quippe quam nodo praecedente explicavit, contrariam praesente nodo refutandam putavit : supervacue quidem, si propriam sententiam, ut praetendit, demonstrasset, nam argumentatio quae ostendit veritatem propositionis cuiuscunque, eadem ostendit unâ contradictionis falsitatem. An igitur solide eam refutaverit videamus. Galilaeus quò melius aquarum elevationem, depressionemque aliquam, eiusque causam etiam tardiora ingenia percipere possent, ante oculos quasi lectoribus suius adducit cymbam apertam aquâ liberè fluente onustam[61], quales sunt quae Venetiis aquam dulcem à continente[62] | in urbem deferunt, ostenditque in illis cymbis ad omnem remi ictum, vel cymbae impactum, hoc est ad omnem mutationem velocitatis, aquam elevari alternatim, modò in prorâ, modò in puppe, in media verò nave sine sensibili elevatione & depressione procurrere tantùm, & recurrere. Deinde autem, quia supponitur terrae pars unaquaeque motu diurno circa ipsius telluris centrum circumagi, non esse opus alio argumento ad probandam necessitatem similium elevationum & depressionum fluctuum in littoribus maris, quàm ut ostendatur unamquamque partem telluris motum habere inaequalem, scilicet modò velociorem, modò tardiorem, eamque | inaequalitatem maiorem esse iisdem temporibus quibus maiores esse solent fluxus et refluxûs maris.

(g) *De systemate mundi* non souligné dans le MS

60. *Due sistemi* p. 440.
61. Ib., pp. 418, 450.
62. *Cf.* f. 164v.

2. Ostendit ergo primo loco Galilaeus, verum motum cuiuscunque partis terrae, compositum nempe ex annuo & diurno, esse inaequalem[63]. 2° inaequalitatem eius esse maiorem in noviluniis & pleniluniis, quàm aliis temporibus, tertiò inaequalitatem eius rursus maiorem esse sole existente in aequatore quàm alias. Horum primum hoc modo manifestum erit. Sit in terra motus diurni[h] circulus ABCD, in quo notetur pars quaelibet telluris A, circumfertur igitur A in suo circulo diurno trecenties, sexagies, quinquies in anno ; sit itaque Ef, annui circuli pars trecentesima sexagesima | quinta, ea totius circumferentiae ABCD ferè tripla est (nam semidiametri terrae ad semidiametrum orbis magni, hoc est circuli diurni ad circulum annuum ratio est eadem ferè quae 1 ad 1095 ; ratio verò 365 ad 1095 est eadem quae 1 ad 3, ratio ergo circuli diurni ad partem 365^{am} circuli annui est ut 1 ad 3) ; diviso igitur quadrante AB in partes quotlibet Aa, ab, bB, et reliquis quadrantibus divisis similiter, dividatur Ef, (arcus motus annui qui uno die conficitur) in partes tot in quot divisus est totus circulus ABCD, quae sint *Ec*, *cd*, *de*, & c. promoto igitur puncto *A* ad *a* motu diurno, & eodem tempore centro E promoto ad *c* motu annuo, erit semidiameter EA, in *cg*, & proinde | punctum A, quod progressum

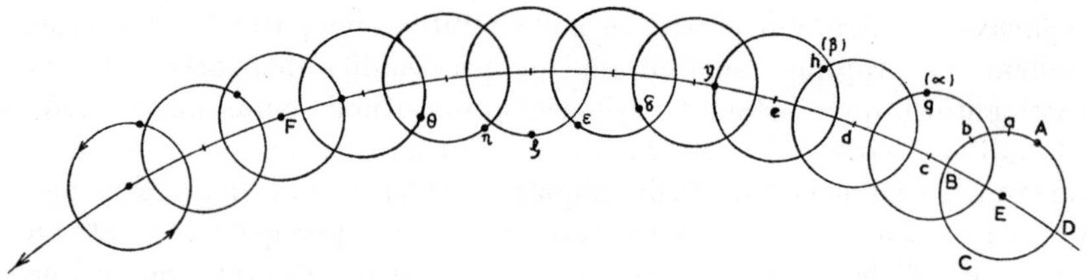

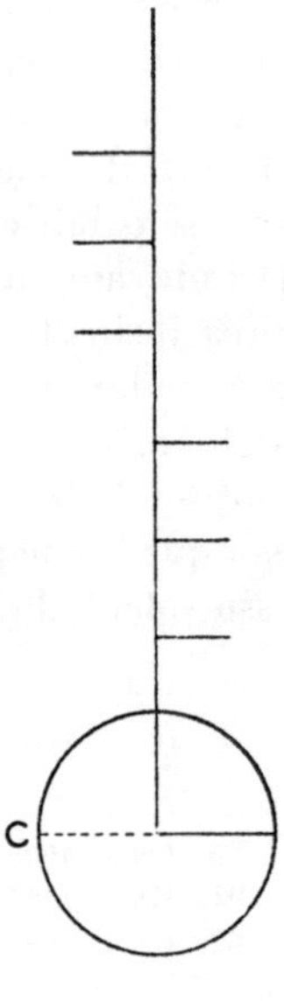

(h) La figure, f. 155v est incomplète. Les lettres manquent à l'exception d'une seule qui peut être un C ou un S La seconde figure a été ajoutée par les *edd.*

63. *Due sistemi* p. 440.

est longitudine *Aa*, erit α. Similiter quando semidiameter *cg* progressa est ad *dh*, punctum A quod progressum est longitudine Ab, erit in β. Eodem modo tertio tempore erit in γ, quarto in δ, quinto in ε, sexto in ζ, 7º in η, octavo in θ et tandem duodecimo (nam in tot partes divisus est tam circulus diurnus quàm arcus annuus) in ξ. Si iam ducatur linea α, β, γ, δ, ε, ζ, η, θ, erit pars eius longissima Aα, proxima α*b*, deinde *b*γ, at ζη, et ηθ, brevissimae & inter se aequales, deinde crescunt rursus iisdem gradibus usque ad ξ quibus decreverant. Velocior ergo est pars terrae A, inter A & α quàm inter ζ & η[1]. Manifestum itaque est motum uniuscuiusque partis terrae compositum ex annuo & diurno | esse inaequalem, nimirum modò celeriorem, modò tardiorem, imo bis in quoque die celerrimum, bis tardissimum esse.[64]

3. Secundum, nimirum inaequalitatem motus huius maiorem esse in noviluniis & pleniluniis, quam aliis temporibus[65] ostenditur sic. Sit sol in A terra autem feratur cursu annuo per circulum BC, luna verò circa

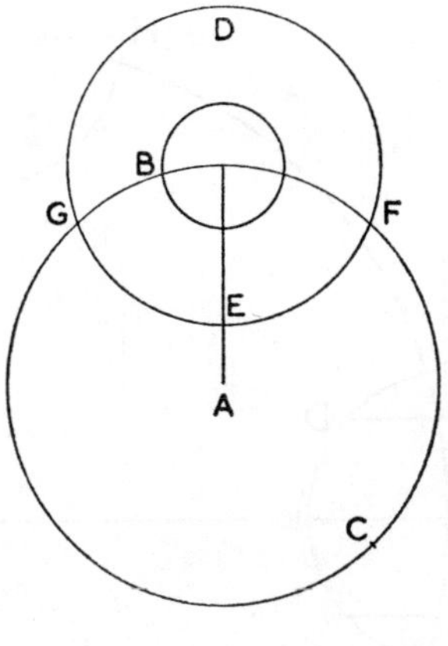

terram in circello DFEG, novilunium itaque fiet luna existente in E, plenilunium eâdem existente in D. Mediis vero temporibus erit luna inter D et E, putà in F & G. Quoniam igitur supponitur circumferri tam terra quàm luna virtute solis existentis in A, virtus | solis non impedietur quin terram circumferat aequabiliter existente lunâ à latere

(i) ζη et ηθ *Lire* εζ et ζη ?

64. En l'absence de figure dans l'original, l'interprétation reste incertaine.
65. *Due sistemi* p. 447.

in G vel F, cùm sol in utramque eodem modo & ab eadem distantiâ agat. Quando verò luna est in E, quod accidit in noviluniis, directè inter solem & terram, vel in D, ut terra sit directè inter solem & lunam, quod fit in pleniluniis, virtus solis impeditur ita ut non possit adeò[j] velociter terram movere ac priùs, nam luna in E partem actionis solaris tollit ; eadem in D circumducendae telluris onus auget. Inaequalitas ergo est tam in plenilunio, quàm in novilunio, in motu terrae annuo, praeter inaequalitatem motus ex annui & diurni compositione ; quo tempore scilicet augentur aestus marini ; eodem etiam[k] maior est in motu cuiuscunque partis terrae inaequalitas. |

4. Tertium, inaequalitatem eiusdem motûs maiorem esse sole existente in aequatore, quàm extra aequatorem demonstrat hoc modo[66]. Sit sol

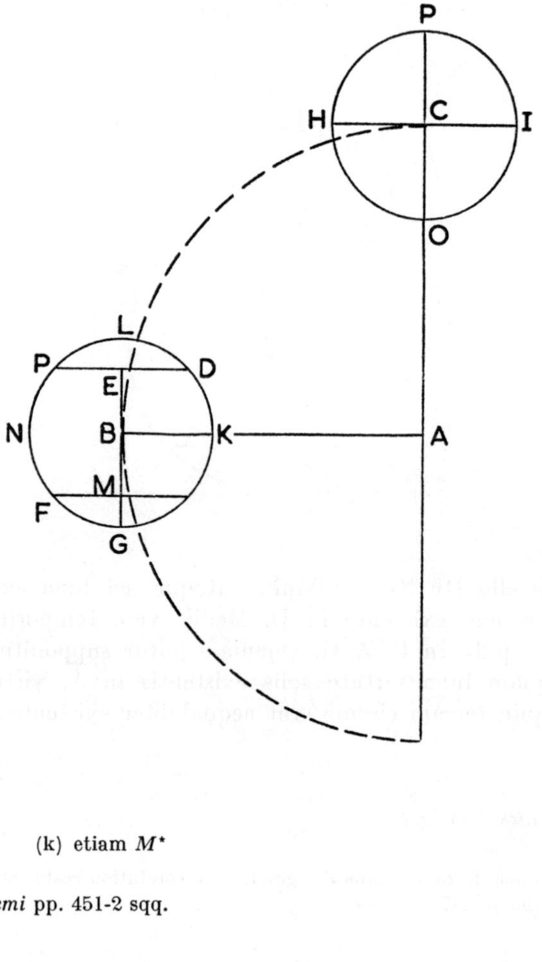

(j) adeò *M** (k) etiam *M**

66. *Due sistemi* pp. 451-2 sqq.

in A[1], circulus magni orbis in quo circumvehitur terra sit BC. Sitque B centrum terrae existentis in aequatore, C centrum eiusdem in solstitio. Existente ergo terra in aequatore sit DG, aequator terrestris, qui secabit eclipticam BC, in communi sectione BK, quae eadem est recta cum AB ; elevatio autem aequatoris supra ecclipticam est grad. 23 1|2, quae notetur arcu LD, cuius sinus sit ED. Intelligendum autem est punctum D imminere plano ecclipticae, hoc est plano huius chartae perpendiculariter in E, et punctum F, quod signat inclinationem eandem eidem | plano imminere perpendiculariter in M. Dum igitur fertur aliqua pars terrae motu diurno per DKF, motus ille convenit cum motu annuo per EM. Ideòque annuo addit velocitatem ; at in altera parte per FND motus diurnus contrarius est annuo, ideòque ei velocitatem demit. Additionis autem & detractionis quantitas est EM. Iam quando terra est in solstitio, communis sectio aequatoris terrestris et ecclipticae est tangens | HI, ita ut puncta H et I sint in ipso ecclipticae plano ; dum igitur pars terrae aliqua fertur per IOH, motus eius diurnus conformis erit annuo, & augebit velocitatem eius, et contra per HPI, contrarius erit eidem, et velocitatem eius diminuet, quantitas autem augmenti & diminutionis est linea HI. Est autem HI maior quam EM, plus itaque motus diurni additur substrahiturque motui annuo, existente terra in solstitiis quàm in aequatore. Atque hactenus demonstratio Galilaei rectè procedit ad probandum quòd inaequalitas motûs partium terrae eadem non sit in solstitiis quae in aequinoctiis ; quòd autem maior sit in aequinoctiis quàm in solstitiis, id non sequitur, sed contrarium.

5. Nam existente terra in puncto solstitiali | C, motu terrae una parte diei conficitur spatium HI bis, nimirum semel motu annuo & semel motu diurno, alterâ autem parte diei conficitur spatium HI, semel minus eodem HI, hoc est nihil omnino spatii conficitur. At existente terra in aequatore, unâ parte diei conficitur LG semel, et EM semel, alterâ autem parte conficitur LG, minus EM. Inaequalitas autem inter HI bis et HI minus eodem HI, maior est inaequalitate quae est inter LG plus EM, et LG minus EM. Inaequalitas ergo motus terrae maior est in solstitiis quàm in aequinoctiis. Invenio praeterea in ipsa comparatione cymbae & terrae aquam vehentium, claudicationem quandam, propter quam effectus in aquarum reciprocatione non | debeant esse similes. Nam inaequalitas motûs aquarum in cymba ab eo provenit quòd cymba quidem sistatur, vel impellatur, aqua autem unâ non sistatur, neque impellatur. Id verò in inaequalitate motus cuiuslibet partis terrae non evenit, eadem enim virtus quae terram impellit, aut sistit, aquam quoque impellit, & sistit unâ, agendo non minus in aquam quàm in terram ; remus verò,

(1) (Figure, au f. 157v)

vel obex aliquis in cymbam solùm agit, in aquam non agit. Haec sunt quae in Galilaei sententia minus accuratè explicata invenio ego.

6. Quae vero author noster in eâdem reprehendit iam videbimus. Is pag. 162[m] *aestum maris rectiùs comparari existimat aquae elevanti se in vase aliquo per novae aquae superfusionem, quàm per inaequalitatem | motus vasis nullâ aquâ superfusâ*, id quod manifestissimè falsum est. Unde enim venirent aquae quae universo mari superfunderentur? Paulo ante ut nascerentur aestus, ventum à sole incubare oceano dixit ; an ille ventus in aquam iam conversus est? At dicet fortasse non aestus maris Pacifici aut Indici, sed Mediterranei, Gallici, Britannici fieri à superfusione novae aquae. Quaestio autem hoc loco non movetur de aestu partium maris, sed totius. Nec Galilaeus negat fieri posse aliquando aestum in sinu maris per aquas adventitias, sed in iis maris tractibus qui inter orientem & occidentem exporriguntur, per inaequalitatem motûs terrae semper fieri dicit. Quod ergo mare Mediterraneum inflatur | iuxta littora Affricana per occursum aquarum ex Oceano[n], & ponto Euxino Galilaeus non negabit. Quod autem Venetiis aquae tollantur & resideant, hoc quidem non putabit cum authore nostro attribuendum esse *reflexioni*, et *circuitioni* aquae, sed situationi, quia mare Adriaticum quod extenditur per 1000 milliaria ab oriente in occidentem, ita obnoxium est motui telluris ut patiatur idem quod aqua quae est in cymbâ.

7. Impugnat proximo loco allatum à Galilaeo exemplum cymbae, tanquam aquae in ipsa contentae motus, motum marinae aquae inclusae in alveo suo non referret, sed similior esset motui quem aqua conceptura esset in pelvi super centrum suum conversâ. Hoc quoque falsum est. Nam littora | quae mare aliquod ab occidente terminant per conversionem terrae aquas ante se pellunt, iisque communicant motum suum ab occidente in orientem, ex quo fit, si terra impingeret, aqua non impingeret, aqua provolveretur ad littus contrarium. At in conversa eodem modo quo supponitur pelvi nihil esset quod motum pelvis communicare aquae possit praeter fundum, fundus autem rapere aquam secum, nisi particulam eius tantum sibi cohaerentem, non potest : neque ergo si impingeret pelvis, aqua quae deprehenderetur quiescens, propter eum impactum moveretur.

8. Tertio loco supposito quòd terra ferretur motu aequabili, hoc est aequali semper velocitate, & postea subitò sisteretur, negat inde fore ut aqua provolveretur. Sic | enim disputat. *Cogita*, inquit[o], *terram non inaequaliter ferri* ; *quem impetum habitura est aqua? An pars partem comprimet*, *vel lapsu imperceptibili mutabit locum? Non prius etc*[p]. *Non*

(m) Paraphrase du *DM*. *Aestum... superfusâ* n'est pas souligné dans le MS
(n) Oceano *edd* oceano *MS* (o) *DM* 166-7 (p) *etc. MS*. Suivent dans le *DM* les mots cités au f. 161v

igitur cogitandum est aquam à telluris motu aliquem impetum[67] *concipere ; si autem non concipit impetum, neque ex resistentiâ factâ ipsi telluri mutationem aliquam habebit.* Si quidem globus qui ex terra & aqua unus constituitur moveretur super centrum suum aequabiliter, rectum est partem unam non premere aliam, quia quae aequaliter feruntur non magis se premunt quàm quae simpliciter tangunt, sed dubium non est quin quae aequaliter feruntur, singula tamen mutent | locum, motus enim praeter mutationem loci nullus est[68]. Sed vide quo ille argumento probat aquam, quamvis unâ cum tellure moveretur, non tamen mutare locum. *Si sensus*[q], inquit, *sit totam aquam mutaturam locum secundùm partes respectu partium terrae, incredibile est. Si respectu totius mundi simul cum terra, potiùs denominatio est quàm motûs*[r]. *Motus enim nisi sit specialiter in ipso corpore quod dicitur moveri, non habet effectus proprios.* Quae quidem verba quanquam obscurissima, ope tamen praecedentium eius dogmatum, sensum eius mihi satis patefaciunt. Sic ergo sentit, loci mutationem idem esse quod mutatio sitûs, sive respectus ad locum corporis aliûs. Iam tellure circumlatâ aequabiliter | unaquaeque pars aquae insistit semper eidem parti terrae, et telluris partem eandem eodem aspectu semper respicit. Non ergo aquae pars aliqua mutat locum respectu terrae. Quod autem obiicere quis possit tam terrae, quàm aquae partes mutare situm, sive respectum, hoc est mutare locum respectu solis et stellarum, & in universum corporum omnium, exceptis iis quae terrae adhaerent, ideoque tam terrae quàm aquae partes moveri, respondet talem mutationem loci non esse motum, sed denominationem tantùm, & rationem addit quia non est ille motus specialiter in ipso corpore quod movetur. Non ergo ita moventur aquae à circumlatione telluris ut mutent locum, neque ergo ut concipiant impetum à motu terrae. Quod si impetum non | concipiant, neque sistente se terra progredietur. Quis non videt hic 1° aquae guttam quamlibet mutare respectum, sive situm cum sole, cum stellis, et sic fieri, secundum ipsum, motum verum alicubi? Quis non videt quòd motus, quo respectus ille mutatur, supponatur ab ipso authore esse ipsa tellure, sive globo composito ex mari & arida, & sic motum illum inesse propriè in corpore quod dicitur moveri? Quis deinde dubitare possit quin motus ille tam in terrae quàm in aquae partibus idem sit quod impetus? Quid enim est *impetus*, nisi alia vox idem significans quod *motus* ; quis denique non videt progredientibus simul terrae & aquae partibus, si aliquid occurrat quod terrae partibus resistat, aquae | partibus

(q) *DM* 166 introduit la phrase par *Posteriùs vero* (r) *quam motûs.* MS *quam motus.* DM

67. Hobbes ne *définit* pas le mot *impetus* dans le MS., mais *cf.* ff. 162v, 227v-229v et *OL* I.178-9 (*DC* c. 15 § 2).

68. Dans l'*Euclides physicus* White établit un rapport entre *motus localis* et la densité et à la rareté (pp. 29, 33-36).

non resistat, quod terrae partes ab aquae partibus divulsae relinquentur, absurditas mera est, quam pro subtilitate initio Dialogi secundi habet author, naturam motûs esse relativam, & consistere in mutatione aspectûs vel ut ille loquitur respectûs ad alia corpora. Relativum non est quod imaginari possumus in uno tantùm (nam in omni relatione necessarium est ut correlata imaginemur duo[69]) at possibile est imaginari ipsum moveri mundum, qui secundum ipsum authorem unus est. Et proinde natura motus non est relativa.

9. Quarto loco, concesso moveri simul, & habere impetum tam aquam, quàm terram, negat tamen inaequalitatem illam | quae oritur à compositione motus diurni cum motu annuo, posse effectum illum producere quem produceret impetus in obicem, idque propterea quod experiatur sphaerulas ligneas in sphaeristeriis, quae provolvuntur super terrae superficiem, aequabiliter volvi, motâ tamen ut supponitur tellure inaequaliter. Peccat comparatio in eo quòd sphaerae impelluntur manu, ita ut eo motu partes terrae sibi subiectas successivè relinquant, aqua verò à terrâ totâ mota eandem partem terrae, nisi quatenus dicta inaequalitas impedit, semper comitatur. Peccat in hoc quoque quòd sphaera manu provoluta dura & cohaerens est, ita ut impingente terra elevari per impactum non possit, | sed tantùm velocitatem aliquam [potest] acquirere, vel amittere, id quod utrum faciat necne, sensibus quidem percipi non possit. Postremò ne ipsius quidem maris aestus in tantula distantia quantus est iactus sphaerae sentiri non[s] possunt.

10. Quinto loco comparans inaequalitatem motus sub aequatore, et sub circulis prope polum cum inaequalitate[t] motus sub eiusdem aequatoris diversis partibus, *Sicut* inquit[u], *quod polares partes iis quae aequatori subiectae sunt, tardiùs moveantur, impedimentum motui sphaerae exhibere non creditur, sic neque haec varietas volutationis, obicis naturam habere.* In qua comparatione nihil est quod applicari ad propositum possit. Nam pars terrae quae subiacet circulo | Arctico non est eadem quae subiicitur aequatori, non est ergo hîc inaequalitas motûs eiusdem partis terrae, sive eiusdem glebae, at ex motu composito telluris annuo & diurno oritur inaequalitas motus eiusdem glebae, eiusdem lapidis, sive eiusdem cuiuscunque partis terrae, ut demonstratum est supra articulo 2° de parte A. Omitto quod Galilaeus non dicat inaequalitatem illam habere, ut hoc loco obiicitur, naturam obicis, sed supponere talem inaequalitatem, sive procedat ab obice, sive à compositione motuum, eundem tamen in levandis aquis habere effectum.

(s) non *Superflu* ? (t) inequalitate *edd* in inequalitate *MS* (u) *DM* 167

69. *Cf.* ff. 129v *ff.*

11. Sexto loco, si eo modo fieret maris elevatio & depressio quo fit aquae in cymba inaequaliter motâ[70], sequeretur, inquit[v], ut | *procurreret mare primò & in littoribus & alto ; deinde littora primò tarditatem concipere, deinde altum. Non itaque aestus per accessum & decessum ab alto versus littora, & e contra fiet.* Verba illa *primò et in littoribus & alto, deinde litora primò tarditatem concipere, deinde altum*, non intelligo. Aqua quid faciat in cymbâ probè scio, fit cursus eius tam iuxta latera quàm in medio, secundum longitudinem cymbae, sine notabili vel elevatione, vel depressione, at in prorâ & puppi fit elevatio & depressio aquae sine notabili progressu. Idemque dicit Galilaeus contingere in omni mari, quod magna longitudine extenditur inter orientem & occidentem. Quod si hinc sequatur id quod ille infert, | nimirum aestus non fieri motu ab alto ad litora, et à litoribus ad altum, fortè nihil sequitur nisi verum, nam etsi aestum sic fieri, author probare toto nodo praecedente laboraverit, non tamen probavit.

12. Septimo loco, descriptâ figurâ DEFG, quae repraesentat tellurem motam super EG, orbis magni eclipticam, argumentatur contra Galilaeum hoc modo[w]. *Quantum itaque ex unâ parte deseritur mare à terrâ, videlicet*

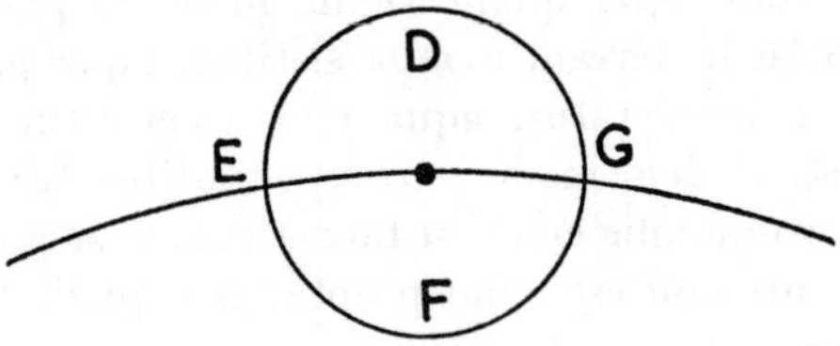

versus F, tantum ex reliqua parte versus D, mare recumbet versus G, fluxus itaque simul & semel erit ab utroque puncto versus G, quare | occurrent sibi aestus oppositi, & patebit navigantibus versus E & G talis marium colluctatio. Quod ut meliùs intelligatur supponendum est quod pars terrae in D, movetur versus E, atque ita per E, F, G, procedere[x] donec redeat in D et quoniam motus eius tunc tardissimus est quando est in F, aqua ipsi insistens procurret, eamque deseret versus G, et quoniam pars terrae, quae eodem tempore est in D, velociùs fertur quàm priùs, renitetur aqua versus idem G, non tamen ut recurrat à D versus G, sed ut minùs procedat à D versus E. Atque hoc modo fiet tumor aquarum versus G, non autem duo aestus oppositi & marium colluctatio, ut ille putat, hoc enim ex

(v) *DM* 168, en *oratio recta* (w) *DM* 168, avec *G & E* pour *E & G* (x) procedere *Lire* procedit ?

70. *Cf.* Arist. *Phys.* VI.x (240.b.8) et ff. 208, 230.

figura eius colligere nemo potest, nisi qui oblitus viae per quam terra in circulo suo diurno procedit, putet propter | tarditatem in F, aquam ibi existentem dividi & disjici partem versus G, partem versus E, & aquam existentem in D reniti simul versus G & E.

13. Octavo loco, comparationem aestuum cum aqua in cymba rejicit propter proportionem quantitatis aquae, motum enim totius maris conceptum ab agitatione, qualis fit aquulae in cymba, tantum fore putat, ut aestus inde orti eâ ratione non modò denos circiter pedes, sed etiam supra turres & montes ascensuri essent. Et rectè, hoc supposito quòd eadem utrobique esset non modò similitudo, sed etiam ratio & proportio, augmenti vel diminutionis velocitatis. Verùm res aliter se habet. Fluctuationis illius magnae pro ratione vasis, quam in cymba observamus, causa est magna & subita motus differentia | terrae autem motus paulatim & gradatim incrementa & decrementa sua acquirit, & praetereà multò plus aquae in Atlanticum & alios oceani sinus magnos exonerat quam in littora erigit. Id quod in cymba, unde aquae exitus à lateribus prohibetur, evenire non potest.

14. Nono loco, interrogat[y], *quomodo motus communis insensibilis est, si talem effectum habeat?* Si ad cymbam redeat, videbit motum ipsius communem esse cum aqua quam vehit, modo aequabiliter moveatur, sed quando impactu in terram cymba sistitur, aqua progreditur vel ad remi ictum cymba acceleratur, aqua non acceleratur, tunc motus ille communis non est. Eodem modo partis | cuiuslibet terrae, et aquae ipsi insistentis motus communis esset, si terrae partes aequabiliter ferrentur, nunc verò communis non est, cùm propter inaequalitatem motûs altera ab alterâ deseritur.

15. Decimo[y bis] loco, contra incrementa aestuum menstrua, unicum obiicit, nimirum sive luna sit à sole longissimè remota, ut in pleniluniis, sive proximè, ut in noviluniis, fiunt tamen in utroque casu aestus solitis maiores, quod putat non oportere fieri, sed quare non oporteat fieri non dicit. Galilaeus supponens, non sine maxima ratione, telluris motum virtutis solaris effectum esse, satis ostendit virtutem illam impediri | quoties sol luna & terra sunt in eadem recta, sive terra sit inter solem & lunam ut in pleniluniis, sive luna sit inter solem & terram ut in noviluniis, in utroque igitur casu impeditâ virtute solis, motus terrae diurnus retardabitur magis, ideoque inaequalitas motûs maior erit, et ex suppositis aestus fient utroque tempore maiores.

16. Postremò, oppugnat sententiam Galilaei circa causam incrementi aestuum tempore aequinoctiorum[71], dum autem compositionis motuum

(y) *DM* 169 (**y** *bis*) Decimo *edd.* Primo *MS.*

71. *Due sistemi* pp. 419 sqq.

diurni & annui demonstrationem explicare conatur[z], non intelligens conclusionem, inde deducit Galilaeanae diversissimam. | Vim dictae demonstrationis explicavi supra articulo quarto ; conclusio ibi est in solstitiis motum telluris diurnum semisse diei cum motu annuo maximè convenire, altera semisse diei eidem maximè repugnare, in aequinoctiis verò minus aut convenire aut repugnare. Author autem tandem rem sic explicat[a]. *Ereunius* : *Vides itaque cursum telluris diurnum in aequinoctiis cum eclipticâ convenire, in solstitiis prorsus diversum esse, in intervallis plus minusve accedere quo his punctis magis vel minus applicatur. Andabata* : *hoc clarum est. Ereun* : *si itaque à duabus causis proficiscuntur hi motus, velocior ex necessitate erit* | *motus telluris in aequinoctiis, tardior in solstitiis. Et hoc existimavit Galilaeus.* Utrum sic existimavit Galilaeus necne, ex articulo 4 huius capitis, vel ex ipso Galilaeo pag. 452[72] lector consideret, ubi manifestè & dicit & ostendit motum diurnum in solstitiis in uno semicirculo maximè convenire, in altero maximè contrarium esse motui annuo, in aequinoctiis autem in uno semicirculo convenire quoque, sed minus, in altero semicirculo dissentire quoque, sed minus, nimirum additiones et subtractiones motus diurni respectu annui in solstitiis ad additiones et subtractiones in aequinoctiis esse ut HI, ad EM, in figura articuli 4[i] capitis praesentis. |

Caput 18

Ad nodum 5m. Dialogi 2

Nullam esse resistentiam in terra ad motum

1. Sententia authoris de causa motus terrae tam annui quam diurni. 2. Ut terrae nulla sit resistentia ad motum propterea quòd non gravitat, neque magnitudo eius obstet, non satis liquet. 3. Quiescentia non resistunt per quietem. 4. Ut terra concipiat motum certum & determinatae velocitatis, non sufficit quod non resistat. 5. Motum rotae descriptae ab authore non esse perpetuum. 6. Neque terrae accomodabilem. Incumbere[b] authori ostendere causam non solum quare movetur, sed cur in orientem, & cur tanta velocitate. 7. Motum terrae non posse oriri à vento excitato, eo modo quo supponit author, nimirum à vento,

(z) conatur *M** (a) *DM* 172

72. Plus exactement pp. 451-2 de l'édition latine de 1635.

(b) accomodabilem. Incumbere *edd* accomodabilem incumbere *MS*

cuius causa esset ille idem terrae motus. 8. Impossibile esse ut ventus orientalis terram converti faciat in orientem. 9. Impossibile esse ut ventus ille multis gradibus tardior motu diurno possit esse eius causa. 10. Non esse consentanea quae afferuntur de egestione aquarum a mari Pacifico in Atlanticum. 11. Initium motus diurni secundum authorem antiquius esse vento | quem facit causam eius. 12. Impossibile esse ut motus annuus pro causa habeat cursum aquarum ex Pacifico in Atlanticum. 13. Aquarum cursum per fretum quodcunque, causam esse non posse quare terra feratur semper sub ecliptica. 14. Causa maximè verisimilis motus annui. 15. Causa verisimilis motus diurni.

1. Ut causam ostendat motus telluris tam annui quàm diurni supposuit author in nodo 1° huius dialogi ventum à sole[c] excitari sub zonam torridam, qui solem perpetuò ab oriente ad occidentem subsequens oceani aquas ante se pellit, maximè illas quibus incumbit immediate, hoc est, superiores et à fundo maris maximè distantes. Has nunc aquas supernas velociùs quàm inferiores moveri dicit, easque antevertere, et deinde descendere gravitate suâ, easdemque repellere in partes contrarias | nimirum ab occidente in orientem, atque ex eo motu aquarum in fundo, ipsum fundum, hoc est ipsam tellurem, unâ ab occidente in orientem converti arbitratur. Atque talem dicit esse causam motus diurni[73]. Quod autem attinet ad motum annuum observari iubet fretum quoddam, quod appellatur *Maiorcanum*[d], quod ita situatum est ut circulo signorum (per quem ferri à Ptolemaicis sol dicitur, à Copernicanis terra) ferè sit parallelum : quia ergo aqua, quae illius freti fundo insidet, necesse habet ferri secundum loci situm, etiam tellus eodem modo feretur[74]. Hanc causam esse dicit motûs annui. Quarum causarum impossibilitas ita mihi videtur primo intuitu manifesta ut eam non debeam explicatiùs ostendere argumentis, nisi quòd non tam alienam refellere | quàm meam de iisdem rebus sententiam proponere instituissem.

2. Primo ergo loco considerandum est an & quatenus verum sit quiescenti terrae resistentiam ad motum non inesse. Potest autem intelligi aliquid quiescere duobus modis, nimirum vel totum quidem quiescat, singulae autem partes moveantur quemadmodum in quiescente homine toto ; possint tamen intelligi motûs aliqui partium, ut sanguinis, spirituum et organorum internorum quibus vivit, & quemadmodum etiam in iis quae circa centrum spirituum circumvolvi dicuntur, in quorum numero supponitur esse terra[75], quanquam totum non moveatur, id est loco suo non egrediatur, moventur tamen partes singulae, & singulae

(c) ventum à sole *M** (d) Maiorcanum, *edd* Maiorianum *MS*

73. *Cf.* ff. 188v *ff.*
74. *Cf.* ff. 182, 183v.
75. *Cf.* ff. 276 *f.*

conficiunt circulos. Si iam terra primo modo quiescere intelligatur, ita ut tota locum suum teneat, nullo | respectu habito ad partes, sive moveantur necne, ita tamen ut illa quies non oriatur à corpore ambiente quod ipsam comprimendo possit in loco suo sistere, verum esse videtur quod author sumit, ipsi contra superventurum motorem nullam inesse resistentiam, causa tamen eius rei non videtur ea esse quam ille assignat, nempe quod neque gravitas, neque magnitudo motui circulari repugnat, nam etsi gravitas telluri ut toti, nulla insit, poterit tamen quis dubitare an vis tellurem movens non faciliùs tellurem minorem quàm maiorem motura esset, videtur enim cum motus toti terrae communicandus sit à motore, non sufficere eadem vis ad magnam terram quàm ad parvam impregnandam? Neque enim ex eo quod corporis affectio sit esse mobile, sequitur statim omnia corpora sive magna sive parva esse aequaliter | et eâdem vi mobilia. Neque ex eo quòd dicat nihil posse moveri nisi corpus, & proinde corpus ut corpus non esse oppositum motui, apparet statim eundem motorem aequali tempore imprimere posse motum suum magno corpori ac parvo. Obiter hoc loco admoneo verba illa, nihil potest moveri praeter corpus, contraria esse iis quae habet in dialogo 3° pag. 400. Ibi enim, loquens de voluntate, eam dicit mediantibus passionibus seipsam movere. *Voluntas*, inquit, *movendo passionem aliquam circa cor immittit spiritus cerebro qui certas species comoveant à quibus pulsetur aestimativa, quae rursus in voluntatem motum refundat* ; quae aut vera non sunt, aut voluntas, species, passiones, phantasia, aestimativa sunt corpora ; aut denique hoc verum non est, *Nihil moveri nisi corpus.* |

3. Causa quare quiescentia corpora minimè resistant, 1ª est quia resistentia omnis motui alicui certo & determinato oppositus est, sive contrarius vel directè vel saltem ex parte[76] iam non videtur quies opposita motui definito ulli, sed aequè omnium motuum privatio ; sed quia putare fortasse aliquis poterit motum & quietem esse inter se contraria, & pugnare inter se duo corpora, quorum unum agit, alterum patitur tantùm, addo rationem 2dam quae huiusmodi est, si in quiete ipsa consisteret resistentia, sequeretur ea quae aequè quiescunt, aeque resistere ; sed omnia quiescentia aequè quiescunt, quies enim non recipit magis & minus, quare omnes resistentiae aequales essent, manifestum autem est quòd resistentia alia aliâ maior est, non | potest ergo resistentiam consistere in quiete, consistit igitur in motu contrario. Hinc terrae quiescenti resistentiam inesse nullam sic evincitur : si terrae insit resistentia ad motum quemcunque, tunc habet in se motum illi motui oppositum, terra ergo habet motum, id est non quiescit, ut supponitur.

76. *OL* I.98, 110 (*DC* c. 8 § 11, c. 9 § 7) ; V.52-4 *(Rosetum)* ; *EW* VII.87, 140, (*Dec. phys.* c. 2, c. 8) ; *Harl.* c. 7 ; *NLW*, f. 3. *Cf.* ff. 188v, 218, 299v.

4. Prima ergo propositio, terram motui circulari non resistere, concessa esto, procedit hinc ad modum explicandum motûs telluris diurni, ad quem imprimendum hoc solum operae requiri dicit[e] ut ex *omnibus partibus aliquid comprimens habeat quod eadem viâ versetur, propterea quod tellus, quae nullam habet resistentiam, eadem viâ necessario sequutura sit*, mihi verò videtur requiri etiam ut comprimens illud non modò eadem viâ, sed etiam eadem vi et velocitate versetur quâ versatur ipsa tellus, hoc est velocitate eâ, quâ spatio unius | horae conficiantur nonaginta miliaria Anglicana, hoc est aequali aut maiore velocitate qua fertur globulus excussus à tormento bellico, utrum autem comprimens, cuius impulsu convertitur terra, eam habeat velocitatem, considerabimus infra.

5. Ut autem meliùs intelligatur motus[f], quo terra motum hunc concipiat, proponit in exemplum machinam quandam quam[g] reipsa factam dicit se audi[i]sse nimirum suspensam inter duos altissimos parietes, qui axim[h] eius sustinuit[i], ingentem rotam scriniis undique canthi loco munitam ; in[k] his arenae sacculos repositos qui cum impetu in devexa rotâ descendant, in rota verò acclivi molliter evehantur. *Hanc*, inquit[l], *in aëre fac moveri, non vides continuam hanc deiectionem sacculorum arenae continui in circonferentiam motûs futuram originem? Vides ergo quid rotae, quid telluri faciendum sit ut circulo versetur.* | Quam historiolam cùm ipse ut auditam tantùm retulerit profiteaturque non ad probationem, sed ad illustrationem à se adductam esse, videtur mihi iniquum facere, interrogans, an non videam eam deiectionem sacculorum perpetui motûs originem futuram esse, quasi auditum à se tanquam visum à lectore habendum sit, praesertim ab iis qui videntur sibi videre contrarium. Cùm autem sciret non minoribus votis laboratum esse à mechanicis ut invenirent machinam, quae semel mota, ex ipsius fabricae natura, moveri perpetuò etiam cessante motore posset, quàm à geometris ut invenirent circuli quadraturam, anguli sectionem, et proportionis divisionem, aut a chymicis ut invenirent pharmacum illud quod vulgò vocatur lapis philosophicus, non debebat tam negligenter huius rei explicationem sine figura, sine demonstratione | praeterire tanquam visa illa rota, & sacculis, statim necesse est impressi semel motûs perpetuitatem praevidere. Nam contrarium mihi videtur demonstrari posse. Esto enim rota suspensa à centro suo in C, in cuius circumferentia undequaque sint facta scrinia sive arculae clausae in quibus sint repositi

(e) *DM* 177, avec *omnibus suis partibus* pour *omnibus partibus*, et *tellurem enim cum nullam resistentiam habeat, sequi hunc motum necesse erit* pour *propterea... sequutura sit.* Non souligné (f) motus, *Lire* modus ? (g) quam *edd* qua *MS*. *DM* 177-8, avec *circumferentiam* pour *circonferentiam* (h) axim *axem* à la f. 190 (*cf.* navim / navem, 139) (i) sustinuit *Lire* sustinuerunt (sustinu[t]) ? (k) munitam ; in *edd* munitam. In *MS* (l) Non souligné

sacculi arenâ, vel argento vivo, pleni, quales ille vult in A, D, B, E, &c. manifestum est si illi sacculi fixi sint in arculis suis, ut alium motum praeter motum rotae suscipere possint, non magis eos motum rotae continuaturos quàm si esset rota eiusdem ponderis sine illis sacculis, id est motum impressum, postquam cessaverit motor, paulatim | vincente

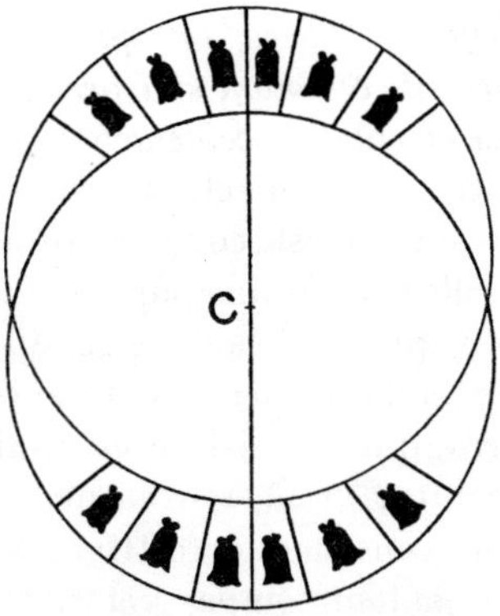

Représentation maladroite d'une roue avec des compartiments contenant des sacs servant de contrepoids. Les lettres manquent, sauf C

gravitate machinae, atque resistentia axis pressi, desiturum esse, propterea quod vis ponderis, quae est in sacculis, à vi contraria aequalique quae e diametro opponitur, compensatur, id est tollitur. Restat igitur ut quia sacculi laxè se habent, et proinde unusquisque eorum cùm summam rotam, puta punctum A, transierit tendens in D propter laxitatem praecipitatur, percutiatque fundum maiori vi quam est vis solius ponderis, utque haec causa sit quare sacculi oppositi ascendant velociùs quoque quàm pro solo pondere[77]. Dico igitur fieri hoc non posse, quia sicut sacculus fortiùs ferit in fundo arculae propter casum, ita inter cadendum minus ponderat propter laxitatem, id est propterea quòd rotam minus premit quàm sacculus sibi oppositus in E, qui fundo arculae suae toto pondere innititur | ex quo fit ut cadente sacculo à tecto suae arculae D ad eiusdem fundum, retrahatur rota à parte contraria praeponderante, atque eo modo nihil effici à laxitate sacculorum, praeter motus difformitatem qua facilius motus à principio impressus extinguetur. Praeterea imaginabile non est si rotae motus circularis ab eius conatu deorsum eodem manente vincendus & tandem tollendus sit ut aucto illo conatu quod fit per sacculorum praecipitationem idem motus aut augeatur aut conservetur.

6. Applicans haec ad motum terrae, *Cogita*, inquit[m], *modo rotam esse ipsam tellurem, scrinia littus maris & fundum, volumina illa aquae de*

(m) *DM* 178 avec (f. 176v) *secuturum* pour *futurum* ; et *motus primus author* pour *motus author*

77. *Cf.* f. 181v.

quibus tam prolixè supra (quae diximus ex Pacifico in Indicum eiecta, et sic post circumitum reliquum orbem, Pacifico reddita) seu sacculos | arenae, seu fluidum argentum interpretare ; et vide in nulla quam concessisti telluris resistentiâ quid futurum sit? Addo quoque duas circumstantias, altera est quod in rota, altera ponderum moventium portio moveat, altera motui resistat, non sic accidere in tellure, quae ex omni parte principium motus habeat, nusquam resistentiae. Altera est quod rotae motus author post aliquantum temporis discessit, & rotam sibi permisit ; motor autem telluris, qui est ventus ille quem ex oriente in occidentem porrectum habuimus, perpes assistit & afflat. Quod attinet ad effectum scriniorum, ostensum est iam eum nullum esse, frustra ergo est cogitare rotam esse terram, scrinia littora & fundum, sacculos volumina aquae. Caeterùm circumstantias illas duas non negaverim quin habeant in se sine ope scriniorum | satis virium ad terram convertendam, incumbente enim vento, imo vel semel flante, necesse est ut terra, quam resistere ne minimum quidem posse vel demonstratur vel supponitur, unâ moveatur, et motum suum semel conceptum, nisi aliud movens aequè fortiter eam agat in contrarium, perpetuò retineat, idque eadem semper velocitate, et in easdem partes in quas à principio à flante vento impulsa est. Sed quaestio hoc loco instituta non est de motu terrae quocunque, sed de motu ab occidente in orientem, nec de velocitate eius quacunque, sed de ea qua terrae pars unaquaeque terrae aequatori subiecta conficit millia passuum singulis horis 900, sive singulis minutis primis millia passuum 15, nimirum velocitate non minore, quàm qua excussus à tormento bellico progreditur globulus ferreus. Ostendendum ergo ei est | quare, vento flante ab oriente in occidentem, terra contra feratur ab occidente in orientem, et cùm ventus ille non habeat vim ferendi plumam, vel aliam levissimam rem spatio unius horae per tria aut 4 milliaria, possit tamen terrae partem quamlibet aequatori subiectam eodem tempore propellere milliaria 900. Imo ante omnia ostendendum erat illum ventum extitisse, antequam vel terra vel sol moveri coepit. Primò igitur examinemus utrum ex illius suppositis non sequatur necessariò talem ventum causam huius motus esse non potuisse.

7. Si igitur concipiamus animo utrumque & solem & tellurem quiescere, atque esse à calore solis elevatos è mari vapores ; vapores hi vel eodem calore sustinebuntur, quod est maxime rationi consentaneum, vel recident eadem viâ qua ascenderant, ita quiescente utroque corpore ventus nullus orietur. | Id quod authorem minimè latuit ; supponit ergo in 1° huius dialogi nodo, sive postulat concedi, *Solem quotidiana semita circa terram ab oriente in occidentem moveri*[n]. Deinde quod postulatio illa contraria esse videri poterat iis quae postea erat deducturus, pro eodem

(n) *DM* 130

habendum esse contendit sive sol circa terram moveatur sive terra circa[o] solem circulariter convertatur, nam motum nihil in re, sed tantùm in ratione situs unius ad alterum significare dicit. Deducit hinc vapores à calore solis elevatos à sole desertos, propter motum eius vel propter motum terrae refrigeratosque descendere, et solem sequi, atque hinc oriri ventum illum à quo moveri terram putat. Nisi igitur aut sol, aut terra mota esset, ille ventus nunquam extitisset. Quod autem impossibilia haec sint, una interrogatione subito apparebit. Quaero igitur si sol tunc movebatur, quare nunc stat ; si terra, quomodo non est motus terrae ante ventum, id est effectus ante causam? |

8. Illud quidem paradoxum magnum est, quòd dicat ventum ab oriente in occidentem efficere motum telluris contrarium, nimirum ab occidente in orientem, quomodo autem id fieri possit ostendit in hunc modum. Dicit[p] *igitur tellurem immediate moveri ab aqua sibi in fundo contiguâ*[78], *cùm enim aqua superna velociùs feratur quam ima illa hanc cursu antevertet, neque tamen supernatabit, sed pertundet*, inquit, *aquam subiectam, quod si faciat, descendatque aqua quae erat supra, eam partem quidem quae ante est protrudet, eam vero quae retro est retrorsum aget. Atque hoc modo aqua conversa feretur ab occidente in orientem.* Quaero hîc primùm de aqua a superficie summa in imum descendente. Utrum descendat perpendiculariter, an verò angulum[q] faciat obtusum, tendens scilicet magis in occidentem, quàm si descenderet perpendiculariter, vel angulum acutum, ita ut incidat in fundum orientem versus, si enim descendat perpendiculariter, quum[r] omnes partes maris | easdem causas descendendi habeant, nullus erit motus neque supernarum neque infimarum aquarum, neque versus occidentem neque versus orientem. Si descensus sit versus occidentem movebuntur aquae tam in superficie, quàm in fundo omnes versus occidentem, quia similiter in omni parte descenditur, eadem ratione si descensus fiat cum inclinatione versus orientem, tam summa, quàm ima aqua tendet versus orientem, nullo ergo modo fiet ut pars superna tendat in unam partem, pars ima in alteram ; verùm si admittatur, quod ipse ponit, aquam imam à descendente aqua summa partim protrudi, partim retrorsum agi sequetur non minus ab altera parte converti terram versus occidentem, quàm ab altera versus orientem, atque ita terram non omnino moveri, cui obiectioni quanquam à seipso factae, non omnino satisfacit. Responsio enim in haec verba est[s] : *Si hoc statutum sit, magis et toto flumine* | *aquam in occidentem ferri, et hoc velociùs quàm feratur pars inferior, necessum erit inferiorem quoque toto flumine retroagi in*

(o) circa *M** (p) *DM* 180-1, paraphrase. *Igitur... orientem* non souligné dans le MS (q) angulum *M** (r) quum *M* ? quam *MS* (s) *DM* 181, avec *superius* pour *aquam*

78. *Cf.* f. 269v.

orientem, videlicet repetitio conclusionis probandae, nisi quod ea verba *magis & toto flumine* habeant nescio quid aut contradictionis (nam ferri magis, & ferri toto flumine non bene coniunguntur) vel saltem aestimationis[t] ex conscientia sententiae non satis explicatae. Itaque ad meliorem explicationem convertit se ad exemplum aquae sub Pontem Londinensem. Aqua illic, ut in maximo flumine, in quo pons maximis, et crebris substructionibus necesse est suffulcitur, in decursu suo impedita, intumescensque & magna declivitate atque velocitate pertransiens, cùm summovere aquas ante se minus festinantes non possit, illae quae in gurgite medio maximè premuntur, recipiunt se ad latera molliterque refluunt versus pontem[79], nimirum tam summa quam ima aqua eundem | habens motum, in medio quidem directum, ad latera verò refluum, non est ergo hoc exemplum ad rem praesentem expositum, non enim ea aqua quae in fundo est, refluit, neque ergo ut aquae marinae id faciant, exemplo suo adiuvant[u]. Quod si exemplo agendum sit, quicumque aquas dixerit necessariò retroagi in fundo, quoties summae aquae cursu praevertuntur, ei ratio reddenda est quare aqua in fundo fluminis cum impetu à locis editioribus in planiora decurrentibus, non eodem exemplo versus fontes retrudatur, nam & in his aqua superior inferiorem antevertit. Postremò si ventus non velocissimus, qualis est subsolanus ille agendo in aquas summas, & per eas in imas & per illas in fundum maris causa sit diurni motus, videtur mihi necessarium quoque esse si ab oriente ventus magnus incumberet aridae, ut terra ab eo versus orientem volveretur, saltem omnes venti motum diurnum notabiliter aut accelerent aut remorentur, id quod fieri non posset quin | observaretur. Cùm ergo nihil tale observatum sit, nulla ratio est quare credatur motus diurnus oriri a vento.

9. Quod autem opinioni eius maximè omnium quae objici possunt[v] adversatur, est motus diurni ingens velocitas, cùm autem aqua eodem tempore cum terra orbem suum conficiat, excepto quòd detrahitur propter aestum, eadem erit velocitas & aquae & terrae hanc ergo velocitatem recipit immediatè vel aqua à terra, vel contra terra ab aqua, vel utraque à causa communi. Si igitur tellus suam habeat velocitatem ab aqua, unde habet aqua suam? Ab aqua superna dum pulsa ab oriente in occidentem descendit in fundum. Esto autem ista velocitas aquis superioribus? A vento flante ab oriente, sed fieri hoc non potest cùm ipse ventus innumeris gradibus à velocitate terrae superetur. Nihil huic difficultati ab authore oppositum invenio, nisi forte Galilaeum docere

(t) aestimationis *edd* aestuationis *MS* (*cf.* ff. 172v, 415) (u) adiuvant *Lire* adiuvat ? (v) *DM* 178-181, 284, librement paraphrasé

79. *Cf.* f. 270.

dicat *tardissimam causam repetitione sui posse velocissimo* | *motui originem dare*[80], *sicut in mechanicis demonstrari solet quodlibet pondus qualibet vi moveri posse* ; at qui rationem eius rei vel ex Galilaeo, vel ex mechanicarum rerum contemplatione perspectam habuerit, nescire non poterit eam diurno motui applicari non posse. Ratio autem quare aliquando motus tardus ope machinarum gignit in alio motum velocissimum in eo consistit, quòd vis ponderantium componitur ex velocitate ducta in magnitudinem[81], ita ut quemadmodum superficiei quantitas, sit[w] pondus quoque duabus mensuris, constet[x] nimirum velocitate & magnitudine corporis, quarum una[y] in alteram ducta est vis qua ponderat ; atque hoc modo fit ut duo gravia, quorum magnitudines et velocitates sint inter se reciprocè proportionales, aequalem habeant vim, et per consequens suspensa in bilance aequiponderent. Utque pondus illud, quod in minore distantia à centro suspenditur, ideoque minorem circulum motu suo | conficiat, modo habeat magnitudinem idoneam, cogat corpus minoris magnitudinis conficere maiorem circumferentiam eodem tempore, hoc est maiorem ei imprimat velocitatem, quàm ipsum habeat[82] ; at vento qui tellurem moveat applicari hoc non potest. Quòd autem Galilaeus dicit motum tardissimum repetitione sui posse producere motum velocissimum, saltem multò se velociorem, id non accidit ex sola vi motus tardi, sed per accessionem motus à gravitate naturali. Exemplum enim eius rei proponit Galilaeus in gravibus à filo pendentibus quae flatu oris remota à perpendiculo non modò redeunt ad perpendiculum, sed etiam transeunt iterumque redeunt. Cùm verò redire rursus incipiunt, tunc quia motus est tardissimus, rursus flatu accelerari possunt, sed huius nihil simile est in continua terrae conversione, facta, ut supponitur, à vento subsolano. Motus itaque diurni qui est, nimirum velocissimi, nulla ab authore causa reddita est. |

10. Quid de causa motus telluris diurni, si tamen tellus moveatur, ipse sententiam tantisper explicare differo dum ea quoque consideravero quae dicturus est author de causa motus annui ; caetera itaque prosequamur ; *Non ulteriùs*, inquit[z], *miror* ; *neque interrogo cur tanto impetu Pacificum aequor in Atlanticum sese egerat postquam inferiorum aquarum cursus in orientem tendit.* Hîc ego scire cupio quomodo egestio illa aquarum è Pacifico in Atlanticum deprehendi possit, siquidem enim id fiat tendent (puto) aquae ab uno in alterum mare per fretum Magellanicum, hoc est

(w) *Lire* quantitas sit,... ? sit *M*? sic *MS* (x) constet *M** (y) una *M* utra *MS*
(z) *DM* 182

80. *DM* (184) dit seulement *Dialogi de motu.* Voir dans *Le meccaniche* l'étude du levier, de la roue et de l'axe,et de la vis.
81. *Cf.* ff. 43v-44.
82 *OL* 288-9 (*DC* c. 23 §§ 3-4).

ab occidente in orientem, supernae autem aquae, quae solae sub aspectum cadunt, supponuntur[a] procedere in contrarium ab oriente in occidentem, actae scilicet à vento solem comitante, inferiores autem non conspiciuntur, quo ergo sensu cognosci potest (id quod phoenomeni loco solvendum hic proponitur) quòd talis egestio aquarum omnino existat? Aut ergo non est talis egestio, aut si est, contraria est | causae assignatae.

11. Quae deinde affert de initio huius motus obnoxia sunt, duplici reprehensioni, nimirum nimiae oblivionis eorum quae prius statuerat & nimiae libertatis in statuendis hypothesibus, sic enim disputat[b]. *Quoniam de principio huius motus quaeris, necesse est principium fuisse concedas, et quod inde constans est, solem et terram in determinato situ collocari. Et quoniam hic situs ad libitum nobis est, esto sol in aequatore fixus, sic ut insulam Sancti Laurentis, vel aliam ex Foelicibus illis terris quae post eam insulam Lusitanis occurrunt, perpendiculariter feriat, et quid ex his sequuturum sit, pariter meditemur.* Cùm autem quaereretur quid si sol non in ea parte aequatoris, sed in alia vel alicubi extra aequatorem collocatus esset, *siccine* (respondet) *naturae et ipsius parenti hanc prudentiam negas ut solem & tellurem collocent, ubi fini & operibus ipsorum maximè expedit?* Haec, inquam, philosophicarum postulationum libertas nimia est. Non enim | hypothesis haec est, nec enim hoc tantùm dicit, si sol ita collocatus esset, tunc necesse esset incipere motum diurnum, sed postulat ita revera collocatum esse, tanquam prudentiae divinae & operibus Dei non aliter expediret. Detur tamen ita esse, non tamen expediunt ipsius sententiae. Nam nisi oblitus esset eorum quae dixerat de causa tellurem movente[c] vento ; quae altera reprehensio est, vidisset ipse impossibile fuisse ut motus terrae sequeretur positionem illam solis in aequatore, sive extra aequatorem fixi & quiescentis, vapores enim à sole elevati (ut in nodo 1° huius Dialogi ipse sentit) ideo ventus fiunt, quia per motum aut solis aut terrae deserti, condensatique rursus cadunt, sed obliquè, solem scilicet sequentes in occidentem. Etenim, si sol & terra ambo quievissent, nulla prorsus ratio fuisset quare ventus fieret orientalis magis quàm occidentalis, vel septentrionalis, vel per aliam quamcunque plagam. Quare motus terrae (nam supponit solem non moveri) antecessit | ventum illum, id est motus terrae antecessit causam, et initium suum. Quod non est tolerabile.

12. Progrediens ad causam exponendam motus annui, assumit primum motum illum quo moveretur rota[d] super planum, si modo ageretur ab alio plano ex opposita parte ipsam tangente, progressivum esse, atque id quidem verum est, si subtra[c]tum planum durum sit, resistatque parti

(a) supponuntur *M** (b) *DM* 185-6, avec *et hoc quod* pour *et quod,* et *collocata esse.* pour *collocari* (c) tellurem movente *Lire* telluris movendae ? (d) rota *M* ? tota *MS*

rotae inferiùs in contrarium succedenti, alioqui verum non est, si quidem enim punctum rotae imum in contrarium moveatur, fiet circulatio super ipsius rotae centro ; si verò quiescat, fiet tum quoque circulatio super ipso puncto contactûs. Sed ubi planum [est] durum, cum punctum contingens planum recipere se non possit propter plani asperitatem, coguntur partes proximè succedentes plano se successivè applicare, atque ea sola causa est quare rota secundum totum corpus, unà cum centro suo super planum provehatur. Huiusmodi autem causa motui terrae progressivo, ubi nihil est quod plani resistentis loco substituatur | convenire nullo modo potest. Quanquam igitur concedamus illi aquas eo modo ferire terram, quo rota agitur à superposito plano, non tamen sequetur centrum terrae inde promoveri. Assumit deinde, dum aqua ex una parte tellurem premit per modum tangentis interea partem eius diametraliter oppositam quiescere, rationem eius rei reddit hanc nimirum motum diurnum inceptum in una parte telluris, propagatum fuisse successive usque ad partem alteram, ideoque cum terrae pars illa, cui ventus primum incubuit, moveretur, alteram partem oppositam aliquamdiu restitisse donec integrè superata esset. Ex quo sequi dicit protrudi tellurem prorsum. In qua ratiocinatione, primò verum esse non potest moveri unam partem terrae circulariter, quin aliae partes omnes simul convertuntur, nisi pars parti resistat. At si hoc fiat, propositio illa cui ut fundamento motum diurnum terrae superstruxit, nimirum terrae ad motum circularem nullam inesse resistentiam, | non est vera. Deinde si motum suum à parte ad partem successive derivare concedamus, motus tamen ille alius non erit quàm circularis sine ulla centri progressione, donec enim motus ad partem oppositam perveniat, erit quidem conatus terrae & partium motus, sed nulla conversio totius, nam illa tum demum incipiet, cum omnes partes eundem conatum acceperint, eo modo quo quis digito grave aliquod super planum protrudens, conatum morâ imprimit, et successivè sed totum corpus non nisi est, idque simul et totâ vi impressâ progreditur[83]. Itaque fieri non potest ut protrudatur terra à motu aquarum, quae ipsam in modum tangentis plani superferantur, verum ut haec omnia ipsi condonentur ubi est illa aqua quae in tellurem agit secundum lineam vel superficiem contingentem? *Aquam*, inquit[e], *quae ex Pacifico ejicitur, nonne vides turgere supra aliam ut possit eam movere? Qualis | est hic motus, circularis an rectus?* Et mox *singuli fluctus subiectam sibi aquam quomodo feriunt? Videntur sic se percutere sicut planum sphaeram, vel tangens linea circulum (si moveretur) feriret.* Ex sententia itaque authoris causae motus annui sunt aquae superiores effluentes ex mari Pacifico in mare Atlanticum. Quod si ita sit si effluxus ille fiat per

(e) *DM* 186-7, avec *non* pour *nonne*

83. *Cf.* ff. 188v, 223v.

fretum Magellanicum, erit motus aquarum supernarum ab occidente in orientem, quare ex ipsius argumentatione aquae inferiores quae immediatè terram movent, moventur contrario motu ab oriente in occidentem, tellus igitur motu annuo eadem viâ procedit, quod est contra experientiam, nam cursus annuus, sicut diurnus est ab occidente in orientem, nisi quod paululum ex una parte in aquilonem, ex altera in austrum declinet. Quòd si effluxus ille intelligatur fieri ex altera parte per mare Indicum, idem erit cum eo motu cui attribuit telluris motum diurnum ; | itaque aut idem erit motus annuus & diurnus vel saltem sub eodem fient circulo. Cùm[f] tamen constet motum annuum deflectere à diurno quanta est maxima declinatio ecclipticae ab aequatore. Denique quantâ opus est velocitate aquarum ad motum imprimendum annuum, qui circiter triplo velocior est diurno, qui singulis horis, ut dictum supra est, nonaginta conficit milliaria.

13. Postremò cum causam declinationis motus annui a diurno, attribuat situationi freti cuiusdam transmagellanici, quod id fretum videatur ipsi exporrectum esse in longitudinem ecclipticae parallelam vix possum credere seriò id ab eo dici, quis enim tam levibus momentis maxima naturae opera[g] suspendi credat? Si tam parvae res tantos effectus habeant, quanta fiet incertitudo motus telluris in tanta aquarum | inconstantia? quantam vim habebit aqua sub ponte Londinensi ad terram accelerandam refluente aqua, & rursus ad eandem remorandam aqua influente? Quantam vim habebunt ad movendam terram huc & illuc fluvii & torrentes de montibus praecipitati, multis enim in locis aquae velociores sunt, quàm in freto quod vocat transmagellanicum, si tamen tale aliquod fretum existat. Praeterea in fretis, atque in omnibus aridae & aquae confiniis multae fiunt mutationes, ita ut freta nunc sint ubi isthmi fuere quondam, vel insulae. Imo sunt qui existimant non sine magna & ratione & authoritate tellurem à principio totam aquis fuisse coopertam. Itaque etsi aquarum vis talis esset ut possent eo modo terram movere, non tamen credendum esset illum | ab ea vi tanquam a causa dependere, nisi constaret priùs freta esse tellure antiquiora, nam dubitandum non est quin terra suo ipsius motui sit coaeva.

14. Iam ut quid ipse de causa motus terrae tam annuo quàm diurno (si tamen verum sit terram moveri) sentio, breviter exponam incipiens à motu annuo. Considerandum existimo imprimis experimentum illud Galilaei, quo, dum macularum in sole (ope telescopii) motum observaret[84], invenit in sole conversionem quandam circa axem ecclipticae. Quod si verum est, non est ampliùs dubitandum quin terra in ecclipticа moveri

(f) *Lire* circulo, cum *ou* aequatore, denique ? (g) opera *M* ? operae *MS*

84. P. ex. *Due sistemi*, pp. 343 sqq.

debeat necessariò. Cùm enim constet esse in sole motum quendam sui undique expansivum, quo illuminat res omnes sibi undique | circumpositas[85], ille motus coniunctus cum altero illo conversionis, coget aërem sive aetherem sibi contiguum in motum circularem circa axem eundem, nimirum axem ecclipticae, nam per motum rectum quo se dilatat, aërem contiguum necessariò premet, pressum vero per motum conversionis simul convertet, idque eadem celeritate qua ipse convertitur[86]. Atque hoc modo fiet ut quo tempore aër primus soli contiguus circulum suum conficiat, eodem rursus aër, qui remotior est, faciat circuli sui tantam partem quanta est tota conversio aëris primi, ita ut tempora, quibus omnes partes aëris circumferuntur, in eadem sibi invicem ratione sint ut quae sunt rectae, quibus a superficie solis conversi distant. Manifestum autem est cum terra in aëre | sic moto suspendatur, eodem modo laturam[h] iri quo aëris partes moventur quae ipsam circumsistunt, sicut naves in flumine tam minimae quàm maximae, una cum flumine sine remis, sine velis delabuntur, velociùs vel tardiùs, prout aqua cui insident motum habent velociorem vel tardiorem. Si igitur sol convertatur super axem ecclipticae habeatque simul motum illuminationis, feretur tellus necessariò per ecclipticam motu circulari ; et quia per conversionem integram sive terrae, sive solis determinatur & definitur annus, talis terrae circulatio erit motus annuus. Eadem ratione caeteri planetae movebuntur quoque per ecclipticam, nisi quatenus alius alium actione mutuâ paululum ab eo tramite divertat. Neque motus solaris super axem ecclipticae, vel saltem ab | axe ecclipticae non multo declinantem, non leve argumentum est, quod nullus omnino planeta reperiatur cuius cursus non sit sub Zodiaco, hoc est in circulo non plus quam sex aut 8 gradus ab ecliptica unquam recedente, si enim causam quaerat cur non contigit ulli astro ferri per Galaxiam, vel à polo ad polum, vel à parte inter austrum & occidentem ad partem inter aquilonem et orientem, sed sub sola ecliptica, nescio an ratio ulla commodior excogitari posset quam ut dicamus, causam omnis conversionis esse in sole, eum autem determinatam habere conversionem sub ecliptica, si igitur terra sic movetur, censeo & solem sic converti, & siquidem sol sic convertatur, necesse est & terram sic moveri : quod igitur de causa motus annui dicendum habui tantum est. |

15. Quod ad motum diurnum attinet, consideranda est ipsius telluris natura nimirum quòd dura est, consistensque ex partibus ita inter se cohaerentibus ut altera ab altera non facilè divellatur[87]. Cum ergo author

(h) laturam *Lire* latum ?

85. *Cf.* f. 66v. *OL* V.218 (*Tr. opt.* 1644).
86. *EW* VII.27 (*Seven probl.* c. 4).
87. *Cf.* ff. 95, 221-4.

argumentum sumit ad fidem faciendam de facilitate imprimendi motum diurnum ex eo quòd terra tota simul sumpta nullam habet resistentiam, ego eodem iure argumentum sumo ad motum, non in tota quidem terra sed in partibus eius statuendum ex eo quod partes eius habent resistentiam. Resistentia enim nihil aliud est praeter motum contrarium. Siquidem enim resistentia motus non sit, quare ergo si digito presseris lapidis alicuius partem non cedit[88]. Illa proxima, inquies, pars impedit; esto[i]. Rursus quare non cedit illa proxima? Nihil responderi potest nisi vel quòd pars proxima | habeat in se motum aliquem, quo[j] vicinum premit vel quòd hoc fiat ex unitate totius. Verum moles aquae vel aeris vel argenti vivi vel metalli liquefacti aequè una est ac moles lapidea, pars verò aquae vel metalli liquefacti, vel argenti vivi pressa digito cedit facillimè, non prohibentibus partibus contiguis, non est ergo unitas totius, causa cohaesionis partium, sive duritiei, quid enim est unitas ut eo nomine ei attribueremus efficaciam aut vim agendi, unum est sive molle sive durum quod nos una animi comprehensione determinamus[89], restat ergo corpora dura, qualis est terra, in partibus suis habere motum quo cohaerere possint inter se & propter quem motum tanquam formam intelligatur esse dura. Et diversis motibus diversa apparere dura, ut saxum, metallum, vitrum & c[90]. Haec cùm ita sint, non est difficile cogitare terram & partem eius omnem [ad] illam distantiam ab alio quocunque motore se (quantum non impeditur) servaturam in qua motus ille partium | naturalis liberrimè exerceri possit, cuius rei exemplum est in iis corporibus quae motum circularem conceperint, nam simul atque in parietem aut ad aliud impediens impegerint, statim inde suâ naturâ se recipiunt, & rursus feruntur circulariter pars enim intactâ circulatione suâ nondum labefactatâ motum partis impingentis restituit. Aliud exemplum est in animalibus quae convertunt se suâ sponte ante focum ut motus vitalis in eadem temperie conservetur quae naturae eius est convenientissima[91]. Quod si voluntaria dicatur conversio esse animalium, nihil obstat hoc quin terrae conveniat quanquam enim in terra motus ille voluntarius non sit, tamen in animalibus voluntas illa, sive appetitus caloris motus est, videtur igitur terra ideo convertere se ad solem[92], hoc est, moveri motu diurno, propterea quòd partes à sole aversae ad conservandam naturam, sive motum suum essentialem ad solem accedant, partes verò soli proximae calore solis saturatae in eodem loco non ampliùs

(i) impedit; esto *edd* impedit Esto *MS* (j) quo *edd* qua *MS*

88. *Cf.* ff. 184v, 223v.
89. *Cf.* ff. 8, 255v.
90. *Cf.* f. 103. *OL* V, 283 (Lettre à Mersenne, 7 févr. 1641).
91. *OL* V.217 (*Tr. opt.* 1644).
92. *OL* I.354 (*DC* c. 26 § 9).

se bene habeant, & proinde ut motus illorum[k] naturalis liberiùs exerceatur rursus se recipiunt, atque hoc modo fit conversio ea qua definitur dies, ideoque diurna appellatur. |

Caput 19

Ad nodos 6, 7. Dialogi 2[i]

Cur tellus axem parallelum axi aequatoris teneat. Unde sit praeventio aequinoctiorum

1. Descriptio parallelismi axis terrae. 2. Causam eius parallelismi traditam ab authore repugnare cum iis quae dixerat priùs. 3. Derivatio eiusdem parallelismi à motu solis aërem in gyrum circa se convertentis. 4. Quid sit praecessio aequinoctiorum ; et quomodo eius causa redditur à Ptolemaicis. 5. Causa eiusdem reddita à Copernicanis probabilior. 6. Causa eiusdem non recte reddita ab authore. 7. De causa quare moratur sol per dies plures in | signis Borealibus quam in Australibus, simul obiter de causa motus diurni & lunae ad terram accessione & recessione.

1. Ad explicationem horum nodorum opus est figurâ, ut motus terrae suppositus circa solem, quantum fieri potest, oculis subjiciatur. Sit ergo centrum solis A, centrum terrae primo quidem B, successivè verò C.D.E, et alia omnia puncta circuli BCDE, in quo moveri supponatur tellus motu annuo. Sit autem circulus cuius diameter ZAY, eccliptica in eodem plano cum | circulo BCDE. Itaque fiet ut motus terrae annuus sit in ecliptica. Iam si supponamus axem telluris existentis in B esse rectam PO, et constituere cum radio solis AB angulos rectos, erit recta FG, hoc est recta ZY, aequator in cuius plano est punctum A, hoc est, centrum solis, sol ergo, quoties ad illius radios[l] axis terrae est rectus, est in aequatore, id quod notari debet. Quod si procedat terra ad C, axis eius qui priùs erat PO, erit nunc RQ ipsi PO parallela, ideòque radius solaris AC non erit parallela ad RQ, quoniam enim HCI supponitur esse aequator, idem qui erat ante in FG, et per consequens angulus HCQ supponitur esse rectus, angulus autem QCA non est rectus ; non erit AC eadem recta cum | HCI, aequatore. Tellure itaque existente in C, punctum A, hoc est sol, non est in aequatore. Eadem methodo ostenditur, terra existente in D vel quovis alio puncto circuli BCDE praeter B & E, solem non esse in aequatore, id quod contingere non posset nisi axis terrae procederet ita

(k) illorum *Lire* illarum ? (l) illius radios *M* radios suos *MS*

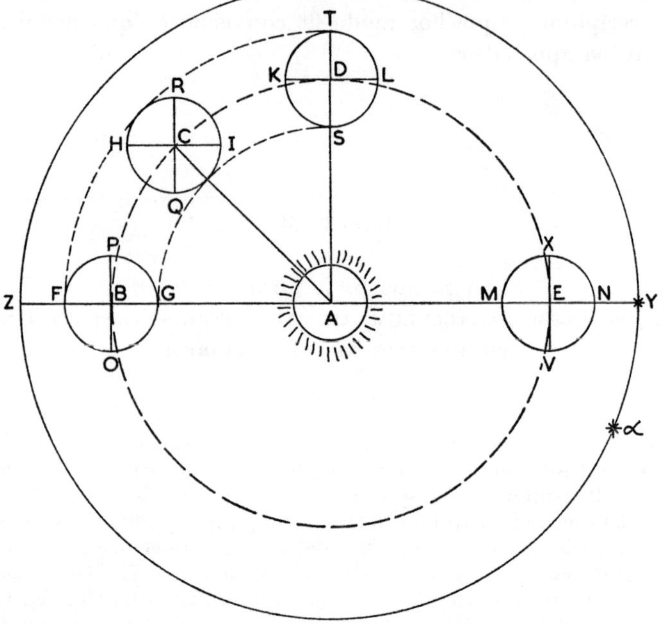

Deux essais incomplets, en vue de la même figure, ont été barrés

ut locus quem occupat semper parallelus esset loco quem reliquerit. Quoniam per hunc axis terrae parallelismum phaenomena circa quatuor anni tempora, & circa dierum noctiumque mutationes aliaque ab iis qui motum telluris sustentant[m] expediuntur, ad institutum authoris nostri pertinebat causam physicam assignare, ex qua huiusmodi parellelismus nasceretur. |

2. Dicit ergo pag. 194 *Cum itaque in rerum naturâ libero tellus aëre pendeat, neque externis arctata sit vinculis, non petit causam ne moveatur. Sed hoc magis quaerendum est, an sit causa quae axem telluris semel libratum à sua directione valeat deflectere.* Sententia horum verborum huiusmodi est. Quando axis terrae semel directionem aliquam habet, verbi gratiâ extensionem ab O in P, sive à Q in R, sive ab S in T (nam hae omnes unam habent & eandem directionem, nimirum à septentrione ad austrum) non est quaerendum quare eandem directionem servans nunquam convertitur in alium situm, puta ut iaceat axis aliquando in rectâ HI vel KL, vel MN, sed si sic deflecteret, tum quaerenda esset

(m) sustentant *MS* defendunt *M*

causa deflectionis[n]. | Verum est aliquando videri hominibus effectus esse naturae, eas res quae non nisi defectus sunt & privationes, id accidit ex eo quòd quae saepe fieri videmus putamus similiter fieri semper; quando corpus aliquod, ex tenso fune, circa centrum aliquod circulariter movemus, necesse est ut eadem eius pars circulum perpetuò tangat. Exempli causâ, si terra in superiore figura, cuius centrum est B, alligata esset soli A, per funem AB, et sic per circulum BCDE circumvolveretur, axis PO, qui circulum tangit in B, tangeret eundem in C, D, et E, neque ergo esset semper sibi parallelus ; subest huius rei causa specialis nimirum quòd | partes terrae quae à centro A remotiores sunt, velociùs moveantur quàm partes terrae eidem A propiores, in ea proportione velocitatis quae est inter magnitudines circulorum. Hoc tamen non animadvertentes quidam, putant universaliter in omni motu circulari ita se rem habere, nisi impediatur, et proinde huius, quem descripsimus parallelismi, causam exigunt efficientem, cùm revera ille parallelismus proveniat ab eo quòd dum partes aliquae moventur & procedunt partes aliae motore, hoc est efficiente careant ideoque retro relinquuntur, sed quamvis verum sit parallelismum axis terrae esse non effectum, sed defectum motûs, non tamen illud hîc dici debebat ab authore, propterea quòd pugnat cum | iis quae dixerat de motu terrae annuo. Siquidem enim motus alicuius partis aquarum pellit centrum B in eccliptica circulariter per C, D, E, eadem ratione motus alterius partis aquarum pellit punctum F, per circulum FT et punctum G, per circulum GS, atque inde necessario destruetur axis parallelismus. Non ergo ratio[n bis] huius parallelismi ab eo reddita est.

3. Causa eius vera petenda est ex causa motus terrae per circulum BCDE, hoc est à causa efficiente motus annui, hoc est à sole, si supponatur ergo sol supra axim ecclipticae & centrum proprium in se converti trahet ille secum contiguum aërem, et ille rursus alium sibi contiguum & sic | perpetuò. In quo genere motus ubi aliud aliud trahit, propter adhaesionem, impossibile est in corpore subtili, cuius adhaesio debilissima est[93], ut pars contigua aëris maiore sequatur velocitate quàm eâ quam à contiguo sole accipit. Quare quâ velocitate convertitur sol, eadem ferè procedet aër in quâcunque à sole distantia, et cum aëre corpus quodcunque aliud durum & solidum quod in aëre natabit. Aequè ergo velox est motus terrae per circulos FT, BD, GS, et tempora quibus[o] circulus in singulis distantiis conficitur in eadem[p] ratione inter se sunt in qua sunt ipsi circuli, sive circulorum semidiametri. His intellectis adiungo sequens lemma.

(n) tum... deflectionis *M** (n *bis*) ratio *edd* rationem *MS* (o) quibus *M* quo *MS*. *Cf.* f. 377 (p) eadem *M**

93. *Cf.* ff. 94v, 213v, 300v.

Si sint duo circuli concentrici, et inter eorum circumferentias | describatur alius circulus inclusus tangens utrumque, erit circumferentia circuli exterioris maior circumferentiâ interioris, quantitate circumferentiae circuli inter utrumque inclusi bis sumptae.

Repetita figura superiore centro A describantur duo circuli exterior FT, interior GS, et circulus inclusus FPGO tangens exteriorem circulum in F, interiorem in G. Dico circumferentiam circuli FTF exterioris[q] maiorem esse GSG, interiore, quantitate circumferentiae FPGO, bis sumptae, ut enim semidiameter AF ad semidiametrum AG ita circumferentia FTF, ad circumferentiam | GSG. Sed semidiameter AF superat semidiametrum AG semidiametro GB bis sumptâ. Ergo circumferentia FTF, superat circumferentiam GSG circumferentiâ FPGO bis sumptâ, quod erat probandum. Sequitur autem hinc circumferentiam FTF superare circumferentiam BCDEB circumferentiâ FPGO[r] semel sumptâ. Ex quo manifestum est punctum F non posse redire ad locum suum in unâ conversione centri B per circulum BCDEB nisi labatur motu terrae contrario in antecedentia, atque eo modo descendat in circulos interiores, in quibus citiùs absolvitur circumlatio ; circumlationis enim tempus per singulos circulos concentricos successivè est aequale tempori circumlationis | in circulo medio BCDEB ; tanto autem minori tempore fit circumlatio puncti B in circulo BCDEB, quàm circumlatio puncti F in circulo FTF, quanto opus est ad transeundam lineam aequalem circumferentiae BCDEB. Denique sicut convertitur punctum F & cum

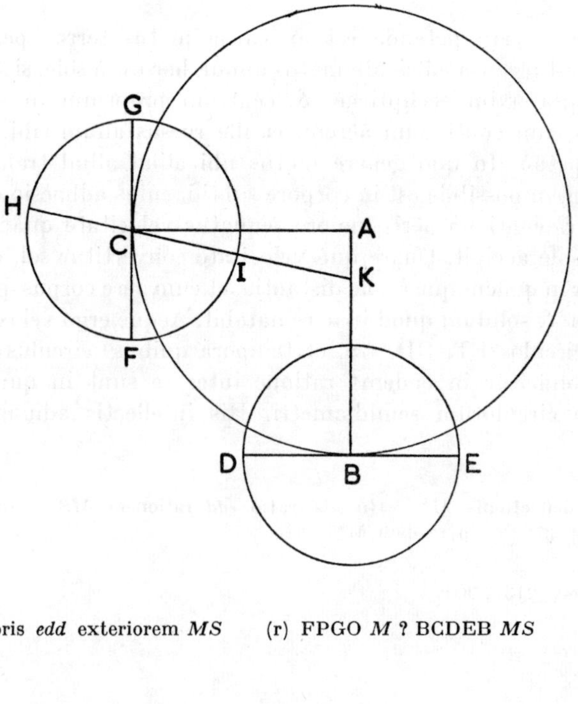

(q) exterioris *edd* exteriorem *MS* (r) FPGO *M* ? BCDEB *MS*

eo tota diameter FG, ita quoque circumvertitur in antecedentia totus axis PO, ex quo necesse est ut axis semper sibi sit parallelus[94], quod sic probabitur. Sit centrum ecclipticae A, circumferentia BCB, sitque centrum telluris primo in B, axis autem terrae sit DE tangens ecclipticam in B, procedat autem centrum terrae in ecclipticâ secundum ordinem signorum à B ad C faciens arcum BC. Siquidem | ergo punctum D non relabatur, erit axis terrae existentis in C recta FG tangens ecclipticam in C ; relabatur iam punctum F ad H, ita ut arcus FH sit ad arcum BC, ut totus terrae circulus ad totam ecclipticam, hoc est ut sit angulus FCH aequalis angulo BAC & ducta HCI, sit axis terrae relapsus in antecedentia. Dico HI et DE rectas esse inter se parallelas. Producatur HI ad occursum AB in puncto K. Sunt iam anguli ABD, ACG recti inter se aequales. At angulus ACG aequalis est duobus simul angulis ACK, et GCI, hoc est ACK et FCH, hoc est ACK & BAC. Angulus autem BKC externus aequalis est duobus | angulis internis nimirum ACK, et KAC, hoc est iisdem ACK et BAC, sunt ergo anguli BKC et ACG inter se aequales, est ergo BKC angulus rectus, sed angulus KBD est etiam rectus, sunt ergo KC, hoc est HI, et DB hoc est DE, inter se parallelae quod erat demonstrandum. Apparet ergo quomodo parallelismus axis terrae derivari potest ex eodem fonte unde derivatur motus terrae annuus, nimirum à virtute solari, et quòd non potest derivari à motu maris ut voluit author.

4. Ut intelligamus quid sit quod ille vocat Praeventionem Aequinoctiorum, repetenda est figura[s] articuli primi, in qua eccliptica octavae sphaerae sit circulus, cuius diameter ZY putemus initium signi Librae esse in Z, | primam autem stellam Arietis esse in Y. Sit denique terra in B. Olim existens sol in aequatore oriebatur unâ cum stella illa primâ Arietis, sed temporibus sequentibus sol existens in aequatore coepit oriri magis magisque ante ipsam & videri stella ab aequinoctiali puncto quotannis remotior versus solstitium aestivum. Cuius rei causam assignant Ptolemaici in hunc modum. Supponunt sphaeram, in qua sunt stellae fixae, procedere perpetuo motu tardo super axem ecclipticae secundum ordinem signorum. Prima igitur Arietis stella quae olim erat in Y, eo motu progreditur puta ad α sequentibus igitur temporibus necesse erat ut existente solè in aequatore, stella illa videretur remota ab intersectione aequatoris, et ecclipticae, nempe à puncto | Y quantus est arcus $Y\alpha$.

5. Copernicani autem eiusdem rei rationem sic reddunt : axem terrae semper sibi parallelum esse quoad sensum quidem dicunt, sed non exactè, propstereà, quod relabendo super centrum suum citiùs aliquanto circuitionem integram conficit, quàm terrae centrum conficit circuitum suum

(s) I.e. la figure du f. 190v. *Cf. OL* I.359 (*DC* c. 26 § 11) ; *EW* VII.103 (*Dec. phys.* c. 4)

94. *OL* I.439-440 (*DC* c. 26 § 6) *EW* VII.11 sqq. (*Seven probl.* c. 1).

circa centrum eccliptícae. Hoc si verum sit, praecessio aequinoctiorum derivatur inde hoc modo. Sit terra in B, axis eius FH, eccliptícam tangens, erit ergo FH, et AB, ad angulos rectos | sibi invicem, erit ergo, quod articulo primo notare admonuimus, sol in aequatore, eritque punctum D intersectio aequatoris et eccliptícae. Ibi quondam erat prima stella

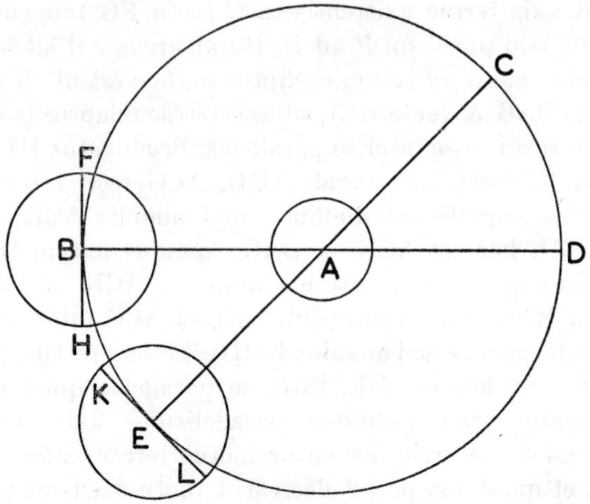

Arietis. Procedebat autem terra à B per C, D, E ; et siquidem axis eius FH relabendo confecisset circulum suum praecisè eo tempore quo centrum B circumisset eclipticam axis FH non ante tetigisset circulum eclipticae quàm centrum terrae rediisset in B ; sed quia supponitur axim aliquantò citiùs relabi per suum circulum integrum, quàm centrum terrae circumfertur per eccliptícam, axis terrae tanget eccliptícam citra B, puta in E, eruntque ibi axis terrae KL, et radius solis AE, ad angulos rectos sibi invicem, erit igitur sol tunc in aequatore, et intersectio aequatoris, et eccliptícae erit in C, ita ut videatur D, stella prima Arietis quamquam immota processisse tamen per arcum CD. Atque | haec quidem vera causa esse videtur praecessionis aequinoctiorum, nisi quòd nondum reddita causa sit quare axis non exactè, sed tantum quoad sensum situm semper servet parallelum. Sed differentia a vero parallelismo adeò parva est et tot sunt praeter solem alia astra in terram agentia, ut causam tantillae varietatis velle assignare, ut difficile, ita quoque temerarium videatur.

6. Causam praecessionis aequinoctiorum author noster pag. 197 sic tradit. *Natum*, inquit, *est ex duabus causis originem trahere. Nam et potest usu venisse ut ea telluris pars, quae olim aequales nobis dies ferebat, non eodem modo nunc sese habeat* : *et potest fieri ut immotus telluris aequator sub alio nunc signo soli sit perpendiculariter obversus quàm sub quo erat solitus.* Hoc est, potest esse ut aequator sit motus, et per consequens

| poli terrestres alii sint quàm ante, vel aequatore & polis immotis, ut solis radius incidat perpendiculariter in axem aequatoris sub alio signo quàm olim. Posterius horum idem est ac si dixisset, potest esse ut aequinoctia non conveniant cum eadem stella fixâ, qua cum convenêre olim : quod est idem ac si dixisset potest esse ut fiat praecessio aequinoctiorum. Atque ita causa praecessionis aequinoctiorum erit aequinoctiorum praecessio. Sed priorem causam amplectitur, dicitque praecessionem aequinoctiorum ex eo fieri quòd semper nova pars telluris fiat aequinoctialis ; novam autem partem telluris fieri aequinoctialem, ab eo provenire quòd Oceanus magnam vim aquae (per mare ut puto Atlanticum) protrudat versus septentrionem, à quorum motu terra reclinat paulatim versus septentrionem, atque ita alium atque alium axem diurni motûs soli perpendiculariter obvertit. | Priùs, motum diurnum proficisci dixerat (ab occidente in orientem) à motu aquarum supernarum ab oriente versus occidentem, unde aquae inferiores pulsae contrario motu ab occidente ad orientem convertebant terram ab occidente in orientem. Eàdem igitur ratione aquae superiores fluentes in septentrionem deberent movere aquas inferiores versus austrum, atque ita terra reclinaret non in septentrionem, sed in austrum, neque id paulatim sed motu non minus veloci quàm est motus diurnus, propterea quòd aquae non minus velociter influunt in Atlanticum, quàm praeterfluunt per Oceani longitudinem. Sed ut haec omnia ipsi condonentur non tamen ostendit quomodo ex illa reclinatione terrae versus septentrionem praecessio aequinoctiorum possit derivari, neque puto ostendi posse. |

7. Notum est ab aequinoctio verno ad aequinoctium autumnale plus dierum esse quàm ab autumnali ad vernum, statuunt eam ob causam Ptolemaici terram non esse centrum motus solaris annui, & Copernicani solem non esse centrum motus annui telluris, argumento sanè efficacissimo ; author noster nullâ habitâ eccentricitatis ratione, causam huius rei refert ad ventum suum subsolanum ; quippe sol tempore, quod est ab aequinoctio autumnali ad aequinoctium vernum, magis Oceano imminet quàm ab aequinoctio verno ad aequinoctium autumnale, inde oriri ait maiorem ventum, & per consequens maiorem aquae incitationem, ex qua fit velocior motus diurnus, itaque breviores hyeme esse dies naturales. Hoc autem contra experientiam est, totidemque horologiorum, tam automatorum, quàm sciotericorum (nam horae | aestivae & hyemales sunt inter se aequales) neque etiam sequitur si horae breviores essent, hoc est si dies naturalis hiemalis brevior esset aestivo, ideo pauciores esse dies ab autumno *ad ver*, sed potiùs plures quàm à vere ad autumnum, velocitas enim motus terrae diurni super centrum suum non accelerat gradum motus eius annui per ecclipticam. Vera causa physica eccentricitatis terrae nondum à quoquam explicata est, neque ego quaenam ea possit esse exploratum habeo. Unum hoc sine haesitatione amplector, tellurem eum locum semper petere in quo motus eius essentialis, nimirum

motus ille internus, per quem est tellus, optimè conservetur, ideoque eam esse semper in distantiâ eâ tam à sole, quàm à caeteris astris, quae suae naturae maximè congruit. Etsi quidem nulla essent astra praeter solem, putarem eam fore | in distantia à sole semper aequali sine excentricitate. Iam verò cum alia astra agant in terram, distantia eius à sole fit inaequalis, quemadmodum & luna in pleniluniis & noviluniis mutat distantiam, & à terra & à sole, cùm enim in novilunio soli propior aequè est, magis recedit versus terram, locum capiens ab utroque concessum, item in plenilunio cum à sole aequè remotior est, accedit propiùs ad terram, ut sit propior etiam soli se se utrique accomodans, ita ut observatum sit[95] lunam novam & plenam propiorem esse terrae, in intervallis autem ab eadem remotiorem esse. Similiter quando terrae pars una radiis solaribus proximè fruitur, alia pars calore eius minus fruens illuc conatur, et pars quae prior ibi erat, iam satura decedit : quam ego causam esse puto motus diurni, non dissimilem causae propter quam animalia moventur secundum | ductum agentium quae sibi iucunda sunt, hoc est quorum actio ipsorum motum internum & genialem iuvat, & corroborat. Nam ad ignem accedimus et partes corporis algentes successivè obvertimus etiam aliud agentes. Neque tamen terram esse animal arbitror, sed omnibus corporibus consistentibus, sive partes habentibus cohaerentes, commune est hoc ut motum habitualem tueantur, quatenus alii motus, & praecipuè gravitas non impediunt. Partes autem terrae ne moveantur conversione diurnâ, gravitas impedire non potest. Haec consideranti mihi subit cogitatio, causam quare terra longiùs distet à sole existente in Cancro quàm in Capricorno, esse cooperationem astrorum septentrionalium, quae plura sunt australibus, ideoque terra ab iis longiùs recedat in partem australem existente sole in Cancro, quàm in septentrionem existente sole in Capricorno.

Caput 20

Ad nodum 8. Dialogi 2^di^
Aërem motu terrae circumferri

1. Conversio solis facit ut aër convertatur propter motum solis expansivum sive dilatationem sui. 2. Argumenta quaedam pro gravitate aëris adduci solita, redarguuntur. 3. Quare aqua in mari non gravitat. 4. Aërem, etsi terrae effluvium sit, tamen gravitare non posse. 5. Aërem etsi gravitet, non tamen necessario à terra circumferri. 6. Aërem, etsi amet sicco adhaerescere, & minimè motui terrae resistat, non tamen à

95. *Cf.* Ch. XVII, Art. 3 (f. 156 *ff*) et la figure du f. 156.

terrâ necessario converti. 7. Argumentum authoris à nubibus, et cometâ ad | probandam aëris conversionem invalidum esse. 8. Cessante motore non necesse est ut cesset motus.

1. Aërem conversione solis super centrum suum unâ circumferri credibile est, ut diximus capite proximè praecedente. Habet enim sol praeter huiusmodi conversionem motum alium expansivum sive undique dilatativum sui, quo res omnes illuminat, atque dum eo motu aërem undequaque protrudit, premitque, superveniens motus ille alter conversionis necessariò aërem circumducit. Quod si sol non haberet motum illum quo aërem protrudit, sed | solam circa centrum suum conversionem, nulla ratio appareret quare aër motum eius sequeretur. Si enim neque aër conetur ad solem, neque sol ad aërem, sed se invicem contingerent tantùm sine nisu, aut conatu, intelligi nullo modo potest quomodo motus ille conversionis à sole possit in aërem omninò imprimi. Puto authorem nostrum hoc sensisse, itaque ut aërem à motu terrae circumferri probabile faciat, attribuit aëri gravitatem, quâ petens terrae centrum, eiusdem superficiem premat, atque eâ pressione tanquam nexu ita cohaereat ut motu diurno eius convertatur[96].

2. Utrum aër gravitatem aliquam, an nullam habeat disputatur adhuc. Quidam | eorum qui gravem eum esse censent, pro argumento habent, quòd simul ac quis foramen in terra faciat istuc aër subitò descendit. At eodem argumento possent aequè probare aërem ascendere, nam si foramen fiat in lacunare cubiculi clausi, ascendet aër ipsumque implebit. Causa utriusque est, quia id quod è foramine effossum est, in alium locum translatum pellit ex eo loco in quem transfertur aërem qui ibi prius erat, ille aër pulsus alium pellit, donec tandem aër qui foramini est proximus in ipsum pulsus ingrediatur, ita ut nihil in hac re sit quod vel à gravitate vel à levitate | efficiatur[97]. Alii videntur sibi gravitatem aëris experti esse ponderando. Invenerunt enim quod in bilance vesica inflata praeponderat eidem vesicae non inflatae[98]. Primum autem possibile est ut aër inflatus, id est in vesicam vi intrusus ibique non modò inclusus sed etiam vertigine perpetuà (generatâ ex ipsa inflatione) agitatus, conetur ad centrum terrae, non propter gravitatem, sed propter vertiginem. Nondum enim liquet quid sit in quo consistit gravitas, hoc est à quâ origine pendeat, quòd saxa & alia corpora quae vocantur gravia, proiecta sursum, sine manifesta causa, tanquam sponte suâ rursus descendant. Nisi autem sciamus quid sit | gravitas, sciri non potest an illa praeponderatio aëris in vesica inclusi a gravitate sit, an

96. Voir White : *Peripateticall institutions*, pp. 174-191, sur les causes du mouvement de la terre, de son atmosphère, de la lune, des astres, et du *primum mobile*.

97. *EW* VII.25 (*Seven probl.* c. 4).

98. *EW* VII.145 (*Dec. phys.* c. 8).

ab aliâ causâ. Neque enim si intelligatur aër in vesicâ suaviter circumposita contineri, et includi sine inflatione, ulla ratio dari potest quare vesicae ponderi quicquam adderet, nam vesica ne aquâ quidem repleta addit quicquam vesicae ponderi, si bilance pensitetur submersâ in aquam, quemadmodum vesicam aëris ponderamus in aëre. Non ergo his argumentis satis demonstratur neque verò omnino verum esse puto, eam esse naturam aëris ut conetur versus centrum terrae, ob easdem causas propter quas descendit aqua, et terra et caetera gravia. |

3. Quoniam autem vulgò dicitur[99] elementa non gravitare in suo loco existentia, videamus quatenus & quamobrem id verum sit. Experientiâ cognitum satis est aquam non gravitare in mari, nam qui sub aquam etiam usque ad fundum demersi sunt, nullum insidentis sibi aquae pondus sentiunt[1]. Non autem hoc, à loco dependet. Et enim[u] in fundo stagnantis aquae extra mare idem contingit. Et ipsum mare, quod totâ suâ mole et unâquaque eius parte ad centrum conatur perpetuò, ostendit ipso conatu non esse se in loco suo ubi deberet quiescere. Praeterea si loco debeatur quòd demersum hominem aqua non premat, unde est quòd terra quae aequè in suo loco est ac mare, premit[v] tamen | comprimitque hominem defossum? Ratio vera quare pondus aquae subter aquam non sentitur haec est[2] : homo, vel res quaecunque alia in aquam demissa tantum aquae ejicit è loco quem occupat quanta est sui ipsius moles.

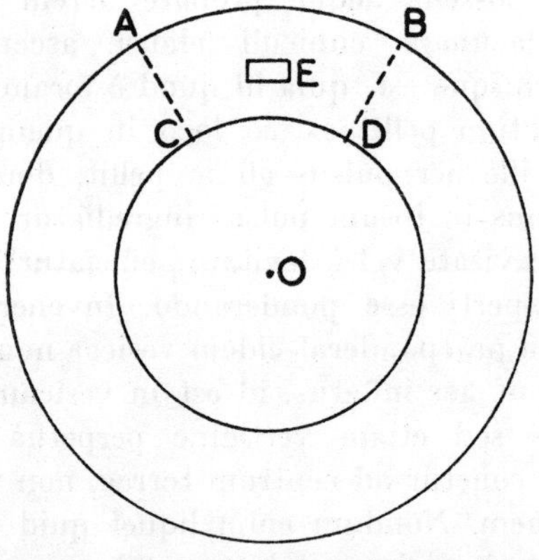

Dans le texte et la figure, le centre est désigné par la lettre D, qui fait double emploi ; on lui a substitué la lettre O

(u) *Lire* dependet, etenim ? (v) est ac mare, premit *edd* est, ac mare premit *MS*

99. *Cf.* Arist. *Meteorol.* IV.1 (378.b.10), IV.iv (381b) ; *Phys.* IV.v (212.b.8).

1. Sur la question de la recherche du centre voir White : *Quaestio theologica* (1652), p. 81.

2. *OL* I. 418 (*DC* c. 30 § 6) ; *EW* VII.13 (*Seven probl.* c. 1) ; 141 (*Dec. phys.* c. 8).

Ea aqua eiecta ut distantiam suam à centro conservet aequalem cum reliqua aqua, premit versus fundum, inde expressa aqua sursum nititur, & aquae insidentis conatum repellit. Quod ut pleniùs intelligatur, sit AB circumferentia maximi circuli in superficie maris, et CD in superficie terrae, ubi est maris fundus. | Centrum autem utriusque sit O, nempe centrum terrae. Sit E corpus demersum in mari. Si igitur aqua quae imminet corpori E, nimirum ea aqua quae continetur inter lineas rectas AC, BD, premat ipsum E, necesse est, ut aqua, quae est in lineâ AB, descendat versus E, at si descendat aqua ab AB, necesse [est] ut tantumdem aquae ascendat à CD, et eâdem vi, repelletur, igitur aqua quae descendebat quantum descendebat, non habet ergo aqua in AB conatum versus E, neque ergo ipsum premit. Idem fit si ABCD esset vas aliquod extra mare, nisi corpus E totum fundum praecisè occupet, ut aqua ad fundum pervenire non possit. Nam in | hoc casu erit corpus E instar fundi cui incumbit aqua. Itaque sicut fieri potest ut nimio aquae pondere fundus vasis effringatur, sic etiam fieri potest ut corpus quod totum fundum praecisè operit comminuatur. Aliter autem fit in terrâ quia pars superior non efficit ut inferior contrario nisu assurgat.

4. Ratio quam affert author quare aër gravitatem aliquam habeat, et maximè propè terram, dependet ab hypothesi ipsius, quod aër nihil aliud est quàm telluris vapor quidam, sive effluvium. Sit ea hypothesis concessa, quanquam non sit verisimilis, non video tamen cur[w] meliori iure dicatur effluvium gravius | corporis esse grave, quàm effluvium terrae esse terram. Etsi quidem[x] omnis ea sphaera, cuius semidiameter extenditur à centro terrae ad altissimos vapores, terra dicenda sit, tum rectè aër gravis est, nam aër est terra, terra autem gravis est. Imo si totus aër effluvium est terrae et nullum est usquam vacuum, necesse est ut à terrâ effluxerit tanto plus terrae, quàm ipsa terra continet, quando maior est sphaera, cuius semidiameter extenditur à centro terrae ad lunam, quam ipsa terra, quod est impossibile ; sin verò id quod effluxit consistat ex vaporibus & particulis terreis exhalatis sed dispersis, nihil mirum est, si effluvium tale grave sit ; sed iam non est illud aër, quaeritur | autem de aëris, non de vaporum & fuliginis gravitate. Rursus si detur totum illud corpus, quidquid sit quem[y] vocamus aërem, sive vapor sit, sive purus aether, sive aliquid ex utroque mistum, nullo existente vacuo, tamen gravitare, sequeretur inde illum ipsum aërem non gravitare. Cum enim totus aër ille sphaericae figurae sit, necesse est ut à conatu deorsum partium supernarum per orbes perpetuò minores, oriatur concameratio, ita ut si tellus subducta putaretur, non tamen descenderet aër propter fornicem nisi quod continetur in orbe superiore et maiore posset contineri etiam in minore, id quod sine vacuo est impossibile. |

(w) cur *M* cum *MS* (x) Etsi quidem *Lire* Et siquidem ? (*Cf.* f. 208, l. 4) (y) quem *Lire* quod ?

5. Sed esto, habeat aër gravitatem aliquam, terraeque innitatur, non tamen inde sequitur totum aërem usque ad lunam conversione terrae unâ circumferri, sed eum solummodo qui continetur intra inaequalitates superficiei terrestris, siquidem enim superficies terrae laevis & mathematicè sphaerica esset, non esset imaginabile ut pars ulla superficiei terrestris, in eadem esse posset circumferentia circuli cum ulla parte aëris, neque ergo ut pars terrae partem aëris per circumferentiam circuli protruderet. Video quidem homines navi insistentes motu navis auferri[3], sed illud non accidit a solo motu navis, requiritur enim partim corporis durities, qua pars | parti cohaeret, sic enim fit ut lapides & alia gravia dura inanimata navi insistentia unà cum nave avehantur. Requiritur etiam (si homo ita avehendus sit) motus ille qui dicitur animalis[4], aliter enim, dum pedes avehuntur, renitente adhuc capite, caderet supinus, id quod accidere videmus iis qui habitum accommodandi se ad motum navis nondum sibi usu navigandi comparavêre[5].

6. Ille verò motum totius aëris à motu terrae hoc modo deducit pag. 206. *Haec video esse causam aëri*[z] *cur à tellure non distrahatur, gravitatem scilicet, et eam adhaerescentiam quà sicco agglutinantur*[a] *humentia. Cur autem resistat motui nullam causam* | *video*, et paulò post infert : *Totus itaque hic aër circumferetur cum terra, & quidem quantum ipsa tellus.* Quod ad causam attinet cur aër à tellure non distrahatur, prima earum, nempe gravitas tollitur ex antedictis, propterea quod si aër gravitet fiet concameratio unde sequitur gravitare eum non posse. Secunda vero, nimirum adhaerentia cum sicco, locum non habet nisi in ea parte aëris, quae terram contingit. Nam superior aër non terrae, neque sicco contiguus est, sed aëri & humido ; nulla ergo erit aëris ad aërem adhaerescentia praeter contiguitatem, quae quidem separabilitati non videtur repugnare. Quod autem dicat se nullam causam videre quare aër motui telluris resistat, recte se habet, atque inde concludi potest | aërem qui montibus inferior est a terra necessario circumduci, partes enim montis & partes aëris monti adhaerentis in eodem sunt circulo, ita ut progrediente per circulum monte, aër per eundem circulum propelletur. Sed hoc ad aërem supra montes altissimos elevatum nihil pertinet. Non enim sufficit ad motum aëris, ut aër non resistat, sed ut adsit movens, iam supra altissimos montes nulla pars terrae est in eadem circumferentiâ circuli diurni cum ulla parte aëris, non ergo ulla pars terrae movebit partem ullam aëris per circumferentiam circuli diurni, sive aër motui repugnet sive non repugnet. |

(z) *aëri* MS, DM (a) agglutinantur *DM* agglutinatur *MS*

3. *Cf.* f. 165.
4. *Cf.* ff. 189v, 276v, 349. *EW* III.38-39 (*Lev.* c. 6).
5. *Cf.* 227v.

7. Ad probandam aëris conversionem pag. 208 adducit duas observationes, alteram nubium, alteram cometae anni 1618. Argumento enim esse ait aërem unâ cum terrâ circumferri, quòd nubes non appareant properare in occasum. Et de nubibus quidem quae montibus altissimis inferiores sunt (id est ut multi putant omnibus) confitendum est, eas ideò non videri tendere in occasum, quia aër in quo sunt, sine controversia cum terrâ simul convertitur versus orientem. Pulsus à montibus quibus in eadem circumferentia existentibus λαβὴν praebet, verum de nubibus altioribus, si quae sunt, experientia certa haberi non potest propter ventorum inconstantiam et ipsarum etiam nubium continuam dissolutionem, utcunque | tamen cum haberet unaquaeque nubis particula motum in orientem sibi impressum, antequam altitudinem montium egrederetur, non est putandum illam impressionem statim amitti. Potest ergo nubes virtute motus à terra accepti cursum terrae aliquatenus sequi, etiam si aër ipse in quo existit, minimè eodem motu rapiatur. A cometa autem anni 1618 testimonium elicit adeò perplexum, ut nescio quid dicat. *Tandem*, inquit, pag. 209, *Caudam*[b] *proximè lunam collocatam non contradicendum ipsius experimentum circulo cum tellure vectam convincit. A sole enim discedere et ad eundem redire necessario confitendum est.* Quid est illud *Cauda cometae proximè lunam collocata?* | an proximè ad lunae corpus? an erat altitudo sive distantia caudae cometae a terra, proximè aequalis, id est ferè aequalis distantiae lunae a terra? Utrum horum intelligit non perspicio. Sed cometam à sole discessisse, et ad eundem rediisse adeò non necesse est ut confiteamur, ut contrarium ex ipsa illius cometae historia manifestum sit, habuit enim cometa successionem diurnam sicut sol, non in sua sed in terrae conversione ita ut motâ realiter terrâ ab occidente in orientem, videretur sicut sol ita quoque cometa moveri ab oriente in occidentem nisi quatenus cometa dicitur motu suo proprio paululum in occasum anticipasse.

8. Postquam placuisset aërem cum tellure circumferri, quaestionem introducit utrum | si terra subitò sisteretur, non sequeretur aërem rapidâ illâ conversione omnia corpora telluri insidentia eversurum esse, negatque id eventurum esse ; eius rei rationem hanc affert. Quòd cessante telluris conversione, quae est causa, necesse est simul cessare aëris conversionem, quae est eius effectus, ut videamus autem an rectè hoc affirmetur, natura motus aliquantò altiùs repetenda est. Primum autem constat nihil incipere moveri à seipso, sed pro causa, & initio sui motûs habere motum corporis alicuius sibi contigui. Ratio cuius rei ut breviter dicam ea est, quòd corpus quod nunc incipit moveri, habet in se nunc omnia quae necessaria sunt ad motum. Unde sequitur, si modò moveri incipit à

(b) *Caudam* MS *Caudam Fromondianam* DM. *Tandem* non souligné dans le MS. *Cauda ... collocata* BM

seipso, quòd haberet in se | omnia necessaria ad motum, antequam moveretur. Debebat ergo moveri ante. Non ergo nunc primùm, ut supponebatur, moveri incipit. Eâdem ratione probari potest nihil, quod movetur, posse à seipso acquirere quietem. Sed sicut ad motum in quiescente, ita ad quietem in moto corpore necessarium est agens aliquod externum & contiguum[6]. Iam posito quòd terra conversione suâ diurnâ caperet secum aërem, accederetque agens externum, quod terrae motui resistens ipsam sistat subitò, et faciat quiescere, si aër quoque unâ quiescat, necessarium est ut idem agens vel aliud applicetur etiam aëri ut aërem sistat, quia cessatio, sive quies terrae neque est actio (nam omnis actio est motus) neque terrae applicatur in opposito aëri loco ut ei resistat neque si apponeretur | secundum ipsius authoris nostri doctrinam, aërem sistere valeret, sed ipsa eodem aëris motu abriperetur quippe quae, per nodum secundi Dialogi quintum, nullam habet ad motum resistentiam. Quod autem cessante motus causâ, non cesset tamen effectus (effectus dico non opus tantùm, nam nemo dubitare potest, quin pereunte pictore tabula maneat) frequentissimae ostendunt experientiae ; cessante arcu, sagitta volare perseverat, impingente navi, qui super tabulata stant, statim proruunt, pereunte pulvere pyrio, globulus excussus pergit[7]. Quare ergo aër motus, cessante terra, si nihil aliud obstet, non perseveraret similiter? Observaverat ille duo experimenta quae videbantur sibi contradicere, quorum unum erat lapidem in aquam incidentem ipsam movere ita ut in superficie eius videantur circelli sese continuò dilatantes, talemque motum continuari | etiam tunc cùm lapis iam diu requieverit in fundo[8]. Alterum erat motum pendulorum cessante motore, non tamen restitui ad quietem, nisi paulatim et post longum tempus. His ergo assignat causam particularem, scilicet motorem perpetuò incumbentem suam gravitatem, quid autem si moveri à propria gravitate non est moveri a seipso? Praeterea ut substantia est quidquid movetur, ita quoque substantia est quicquid movet, gravitas ergo quae accidens est non movet gravitas quidem initium motus est, ideòque & motus, sed movens esse non potest. Caeterùm quod attinet ad experientiam sagittae vel globuli sursum perpendiculariter missi, et ascendere perseverantis, etiam tunc cum arcus vel ignis agere cessat, hoccine quoque gravitati attribuet? dicetne a gravitate ferri lapides | ferrum, plumbum sursum? Ita videtur. *Fortassis*, inquit[c], *omnis motus qui cessante motore non interit, gravitas aut similis aliqua causa communis causa comperietur si penitiùs inspiciamus?* Nam quod addit, *similis aliqua causa*, id nihil eum iuvat

(c) *DM* 211, avec *communis parens* pour *communis causa*

6. *Cf.* ff. 231v, 302.

7. *EW* III.3-4 (*Lev.* I.2), VII.33-34 (*Seven probl.* c. 5) 135 (*Dec. phys.* c. 7) *OL* II.14, 17 (*De hom.* c. 2 §§ 4, 7) *EW* IV.9 (*Hum. nat.* c. 3 § 1).

8. *Cf.* f. 339v.

cùm gravitati sola gravitas similis sit. Causa quare motus pendulorum, eo modo quo solet, nimirum per reciprocationem continuatur propter suos contrarios motus ascensum & descensum duplex est. Descensus ab eadem causa est, à qua est gravitas, ascensus verò est à descensu per obliquum continuato. Unde apparet motum hunc pendulorum maximè omnium experimentorum oppugnare sententiam authoris dicentis cessante motore cessare motum. Nam descendens pendulum vi pellentis, vel trahentis ad terram pergit moveri etiam contra vim eiusdem pellentis vel trahentis, id est cessante motore pergit motus contra vim motoris[9]. |

Caput 21

Ad nodum 9. Dialogi 2
Corpus loco moveri per se vel per accidens

1. Aëris totius cum tellure conversio, contraria est doctrinae authoris de motu terrae. 2. Quod repetit de natura loci, contrarium est iis quae de loco dixerat in nodo 3º Dialogi Primi. 3. Locum non esse superficiem ipsius corporis extimam. 4. Distinctio motûs in motum proprium & motum per accidens ab authore posita. 5. Absurditates inde necessariò consequentes. 6. Motus terrae diurnus quâ ratione sit dicendus motus verus & realis secundum authorem, et rationis eius absurditas. 7. Ut extremitates sphaerae moveantur unà cum media, et velociùs, non sufficit distantia à centro. 8. Motum partium prope centrum sphaerae, vel rotae non esse causam efficientem motûs partium in | circumferentiâ. 9. Causa efficiens tam immediata quàm mediata motus recti in corporibus duris. 10. Causa efficiens tam immediata quam mediata motus conversionis in corporibus duris. 11. Tellus totum aërem usque ad lunam non circumfert, sed eam partem tantùm quae includitur intra telluris inaequalitates. 12. Comparatio ab authore instituta doctrinae suae de motu cum doctrina Galilaei examinata. 13. Reprehensio iniusta experimentorum quorundam à Galilaeo adductorum examinata. 14. Velocitatem corporis moti determinari à motore suo non à resistente solo. 15. Narrationem authoris de Turcâ cadente à summitate turris, falsam esse.

1. Nodo proximè superiore contenderat | author totum aërem usque ad lunam motu telluris unâ cum ipsa circumferri, nimirum ab occidente in orientem ; conatur nunc quomodo id fieri potest demonstrare. Quod si faciat videtur mihi ipse priorem ipsius sententiam de motu terrae eversurus. Motum enim terrae derivavit à motu aquarum in fundo maris contendentium ab occidente in orientem, illarum aquarum motum deducit

9. *Cf.* f. 181v.

à motu aquarum quae sunt in eiusdem maris superficie, conantium ab oriente in occidentem : harum aquarum supernarum motum effici dicit à vento perpetuò solem ab oriente in occidentem comitante. Iam ventus ille ab oriente in occidentem vel est ipse aër ita motus, vel saltem aërem ita movet. Fertur ergo aër ab oriente ad occidentem, nunc si verum | sit quod ait, totum aërem converti cum terra ab occidente in orientem, feretur idem aër motibus simul duobus sibi invicem contrariis, quod est absurdum.

2. Antequam ostendit quomodo aër a tellure possit circumferri, distinguit motum pag. 213 in *motum propriè dictum & motum per accidens*[10]. Quod ut intelligatur repetit quaedam eorum quae in antecedentibus confutata sunt de natura *Loci*. *Locum*, inquit, *nosti dici extimam rei superficiem, qua cum superficie ambientis coniungitur*. Omittatur quod haec verba contradicunt iis quae ab ipso dicta sunt pag. 28. dicit enim ibi : *Omnes ambiens quippiam, et ut Aristoteles vocat*[11], *vas quoddam immobile pro loco reddere*. Et tota illa argumentatio, quâ probare voluit non posse esse plures mundos, huic loci | definitioni innititur, quòd, *locus est superficies concava corporis ambientis* ; imo alium mundum ideo esse non posse probat, quia deërit ipsi ambiens, cuius superficie possit contineri. Iam verò locum appellat non ampliùs superficiem concavam ambientis, sed superficiem convexam ipsius locati. Omittatur inquam, haec contradictio, videamus sequentia.

3. Addit, *Locum* esse relativum, sicut simile, aequale, & c, et quemadmodum caetera omnia relativa habent fundamentum aliquod relationis, ut verbi gratia quando duo alba sunt similia, albedo est illius similitudinis fundamentum[12], et quando duorum corporum utrumque est magnitudinis cubitalis, illa magnitudo cubitalis est fundamentum aequalitatis eorum, ita etiam necesse esse ait ut *Locus*, cum sit relativum, habeat aliquod suae relationis fundamentum. Quod nam autem illud sit nescit[d], *Tò | autem in loco esse quid praehabeat*[13] (id est ut ille loquitur, quod habeat relationis fundamentum) *difficile*, inquit, *est aestimare*. Quid, an si locus sit superficies ambientis, difficile est agnoscere, fundamentum relationis esse, complexionem corporis in ipso contenti, cùm enim ambientis superficies, ideo dicatur locus corporis, quia corpus arctè complectitur, erit illa complexio fundamentum relationis eius ad corpus contentum ; sicut si aliquid dicitur simile alicui, ideo quia est album, erit albedo fundamentum illius similitudinis, sed quoniam definitionem loci mutavit,

(d) *DM* 214

10. *Cf.* Arist. *Categ.* XIV (15a).
11. Arist. *Phys.* IV.ii, iv (209.b.6, 28 ; 210.b.34).
12. *Cf.* f. 129v.
13. *Cf.* ff. 293v, 319, 377v, 384v.

ut non sit ampliùs superficies ambientis, sed ipsius locati, laborat frustra ut probet locum habere fundamentum relationis, neque enim erit amplius relativum. Quòd *Locus* non sit | superficies ambientis ostendimus supra ad dictum nodum secundum Dialogi Primi[14]. Quòd non sit superficies ipsius corporis locati ex eo constat, quòd moto corpore locus eius simul aveheretur ; unde sequeretur mota omnia semper esse in eodem loco, hoc est, mota non esse mota, non enim moventur quae in eodem semper loco sunt. Quare autem voluit author priorem loci definitionem cum posteriore hâc mutare, nondum perspicio.

4. His ab eo circa naturam loci suppositis *Id corpus*, inquit[e], *in quo verè & realiter fit mutatio coniunctionis superficiei ad superficiem, vere & realiter habere eam affectionem, ex qua per se sequitur esse loco mutatum, (etsi contingere possit hoc ipsum non esse loco mutatum). Illud verò | cuius superficies non mutat coniunctionem suam, hoc non habere.* Hoc est quando superficies corporis non habet coniunctionem cum eâdem superficie ambientis quam priùs, tunc dicitur verè & realiter motum, quando verò eandem habet, tunc non movetur verè & realiter sed per accidens.

5. Quorum verborum absurditas prima notetur ea quae clauditur parenthesi, nempe *etsi contingere possit hoc ipsum non esse loco mutatum.* Dicere enim quod corpus habeat affectionem illam ex qua sequitur ipsum esse loco mutatum, et tamen contingere posse ut non sit loco mutatum, contradictio manifestissima est. Secunda absurditas ea est quòd haec distinctio duorum motuum quorum unus est motus verè, alius non est motus verè | proprie, et secundum rei veritatem loquendo idem sonat ac si quis distingueret motum in motum & quietem. Nam quod non verè movetur, id verè quiescit, & quoties moveri dicitur, non verè, sed falso dicitur. Tertia est, quòd ex hac distinctione sequeretur, quòd turris vel quaecunque alia res stabilis, quoties vento agitante aëris novi superficies ipsi applicatur propriè et verè ab eam causam moveri, nam in hoc casu mutatur coniunctio superficiei ad superficiem. Quarta est, quòd ex eadem distinctione sequeretur aliquid transferri usque ad Indos posse, nec tamen ut sit motum, nam vinum in dolio inclusum transferri illuc potest, nec tamen ut auperficies eius mutet coniunctionem suam cum superficie dolii[15]. Postrema est, quod inde sequitur terram cum | quâ totus aër circumvertitur, et quae talis conversionis causa ponitur, non tamen ipsam moveri. Nam si totus aër cum terrâ convertatur, necesse est ut eadem terrae superficies cum eâdem superficie aëris semper coniungatur, non ergo movebitur terra, et tamen supponitur ipsa veram efficere

(e) *DM* 214, avec (217v) *mutat realiter coniunctionem* pour *mutat coniunctionem*

14. ff. 12v *sqq.*
15. *Cf.* ff. 17, 268.

conversionem aëris. Sed nihil notius est quam absurda ab absurdis derivari, neque ergo mirum est si ex falsa notione circa *Locum* monstrosa proveniant dogmata circa *motum*.

6. Ad absurdum hoc postremum, conatur respondere. *Habet*[f], inquit, pag. 216, *tellus in nostra quaestione motum ab attritione ad undas, à quibus partim recedit, partim eas secum trahit. Et | quatenus recedit, eâtenus propriam motus conditionem persentiscit* ; *quatenus eas secum defert, communi eiusdem natura contenta est. Vides enim & proprium undarum motum, quo telluris alias & alias semper partes aliis & aliis undis semper alluunt, & vides communem quo terrae tergo in circuitum gestantur. Neque quicquam latiùs vel dilucidiùs hanc rem tibi eglomerandi necessitas ulla subest.* Vult ergo motum terrae verè motum esse ob hanc solùm rationem, quòd aqua, pellente vento terrae partes non secundum eandem superficiem semper tangat, & superficierum varietatem illam, quae oritur à fluctuatione aquae, esse propriè verè & realiter motum terrae, incidit itaque | in absurdum tertium eorum quae enumeravi articulo praecedente, nam qua ratione superficies aquae alia atque alia contingit alias atque alias partes terrae propter fluctuationem, eadem ratione superficies aëris alia atque alia continget alias atque alias partes turris immobilis propter agitationem à vento ; sicut ergo in hoc casu non turris, sed aër verè movetur, ita in illo, non terra verè movetur, sed aqua. Debebat autem ille quandoquidem superficies eiusdem particulae aquae, quanquam non semper immineat eidem particulae terrae, non tamen longè eam deserit, reddere rationem non modò quomodo illa superficierum distractio esset motus, sed etiam quomodo esset tantus | motus, ut unaquaeque particula terrae sub aequatore conficiat 15 mille passuum in uno horae minuto, cum ipsa aqua à vento, quem ille ponit, subsolano non nisi lente promoveatur. Video quidem lento ictu flagelli equum velociter incitari, sed ratio non est eadem ut in[g] animalibus, et in tellure, utcunque dicat author terram ab aquis flagellari. Etiam hoc debebat ostendere : quomodo id quod anteà statuerat, illam varietatem coniunctionis superficierum aquae & terrae esse causam motus telluris (docuit enim supra, pag. 178, causam motus telluris diurni esse aquas, cuius partes infimae & telluri coniunctae protruderentur ab occidente in orientem) cohaereat cum eo quod nunc dicit, nimirum illam | protrusionem aquarum esse telluris motûs non causam, sed ipsum eius motum, eumque verum & realem. Debebat, inquam, harum rerum rationem vel colorem aliquem afferre, sed se hoc facturum planè negat, *Neque quicquam*, inquiens[h], *latiùs aut dilucidiùs hanc rem &c.*, scilicet importuniores erant quas sibi absurdâ suâ definitione loci difficultates excitaverat quàm ut eas ampliùs posset ferre.

(f) *Habet*, MS *Habet autem*, DM (g) ut in *M* uti *MS* (h) *DM* 216, avec *vel* pour *aut*

7. Proximo loco, concessis iam omnibus quae antecesserant, ostendendum erat quomodo terra conversione suâ possit motum conversionis efficere in supremo aëre ubi motum oportet esse tantò velociorem motu terrae, quantò semidiameter totius sphaerae compositae ex terra & ex aëre usque ad lunam maior est semidiametro | solius telluris, hoc est circiter sexagies. Videtur enim impossibile ut movens maiorem rei motae velocitatem imprimat quam ipsum habet. Ille ergo exemplum adfert molae versatilis quâ exacuuntur ferramenta, in qua partes propè centrum tardè, propè circumferentiam velociter moventur pro ratione distantiae a centro. Quo quidem exemplo planum est id quidem fieri, sed an partes prope circumferentiam motum suum debeant motui partium circa centrum probari exemplis non potest : neque omnino rationem ullam reddit quare in conversione durorum corporum velocior sit motus partium à centro remotiorum quàm propinquiorum[i] ; sed *neque alia*, inquit[j], *ratio est reddenda quàm subiecti ipsius | conditio quae necesse habet remotiora simul cum proximioribus permutari.* Sed nos quaerimus in quo consistat conditio illa subiecti, ut partes eius à centro remotiores necesse habeant simul cum partibus centro propioribus circumferri. Videmus quidem id fieri in corporibus duris, non autem in corporibus liquidis, non enim, si quis in medio mari Caspio aquam in circulum circumageret, putarim ob eam causam necesse esse totum illud mare usque ad littora unâ circumferri. Non est ergo ea conditio subiecti cuiuslibet, sed duri tantùm. Meritò ergo rationem ab eo expectabamus quare ea conversio extremorum cum medio, quam ascribit sphaerae | compositae ex aëre & tellure, magis congrueret cum conversione molae[k] quàm cum conversione aquae in mari aliquo magno. Videtur enim natura aëris sequutura potiùs naturam aquae liquidae quàm molae saxeae.

8. Ut ergo viam inquiramus per quam in conversione rotae vel sphaerae quae constat ex materiâ dura, & cuius partes obstinatè inter se cohaerent, motus qui prope centrum omni dato tardior est, evadit perpetuò velocior pro ratione distantiae à centro, fiatque tandem omni dato velocior, observabimus primùm id ipsum nimirum ex tarditate omni data tarditate maiore, tanquam ex causa efficiente produci non posse velocitatem omni datâ maiorem velocitate. | Imo universaliter verum, corpus nullum motu suo agendo in aliud corpus sibi aequale producere posse motum velociorem quàm ipsum habet agens. Multò ergo minus corpusculum in centro immensissimae sphaerae collocatum ibique motu tardissimo conversum potest illam motu illo velocissimo, qui pro ratione distantiae extremae superficiei à centro requiritur concitare ; concitare inquam, per se, suâ solâ vi, sine ope agentis aliûs. Sit enim sphaera cuius centrum A, semidiameter AB, quae supponatur circumferri circa centrum A motu quolibet

(i) propinquiorum *edd* propinquorum *MS* (j) *DM* 217, *necesse M** (k) molae *M**

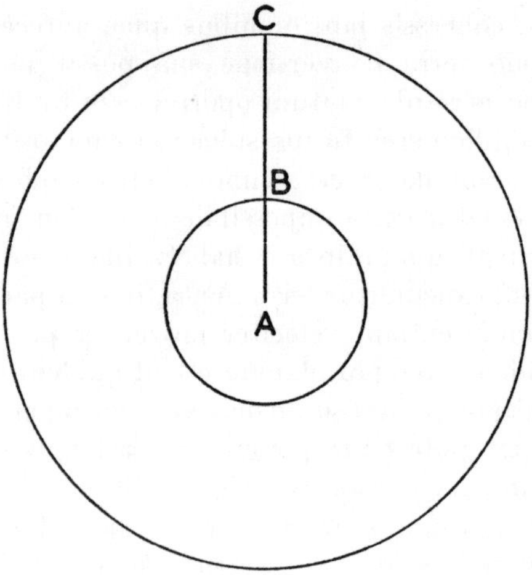

determinato. Huic sphaerae | circumponatur orbis cuius crassities BC sit aequalis semidiametro AB. Si ergo motus determinatus sphaerae AB sit ut 1, motus sphaerae AC erit ut 2. Loquor autem de extimis sphaerae utriusque circumferentiis. Dico motum simplicem, sive ut 1 qui est in B, non posse efficere motum duplum sive ut 2 qui est in C. Supponatur enim, dum movetur B motu suo ut 1, superimponi sphaerae AB orbis ille CB ita ut subitò adhaerescat ipsi, et fiant unum durum corpus, quoniam ergo orbis ille nondum convertitur, & habet resistentiam ad motum, resistet conversioni sphaerae AB, tardius ergo in posterum movebitur B quàm antè, id est quàm ut unum, quare | etiam C movebitur tardiùs quam ut duo. Non ergo efficit motus in B, motum in C pro ratione distantiarum à centro.

9. Observandum praeterea est quomodo motus rectus in corpore duro propagatur, supponatur baculus rectus ligneus, ferreus vel cuiuscunque materiae durae, iacens humi, in loco aliquantulum lubrico, ut baculus applicato digito ad alterum terminum protrudatur[16]. Motus igitur incipit ab eo termino per impressionem digiti, cui materia utcunque dura aliquantulum, licet imperceptibiliter cedit, versus latera, donec pressa plus quam natura eius patitur resilit in directum ut se restituat, ita ut baculi terminus | remotior incipiat moveri motu directo eodem instante, quo incipit moveri terminus qui premebatur. Uterque autem terminus eâdem velocitate[17]. Iam si quis quaerat quaenam sit causa efficiens motûs qui est in baculi termino remoto, respondebo immediatam quidem causam esse motum illum restitutionis quem habent partes eius inter se, sive per quem baculus est durus ; mediatam[18] autem esse motum prementis

16. *OL* I.272, 280, 283 (*DC* c. 22 §§ 2, 13, 18).
17. *Cf.* ff. 184v, 188v.
18. *OL* I. 106 (*DC* c. 9 § 1).

digiti. Motus ergo baculi totius & utriusque extremi idem est, & eodem instante factus in quo conatus digiti pervenerat ad gradum motus qui sufficiebat ad baculum movendum ; gradus autem ille velocitatis quo digitus premebat, aequalis erat velocitati quo baculus resiliebat. | Neque refert an baculus crassior sit in uno termino quàm in altero, semper enim compressio tanta esse debet, antequam baculus se restituens resiliat, ut resiliat totus, nam manente extremo remotiore alterum extremum cedere non potest.

10. Eodem modo proceditur circa motum conversionis in sphaera, vel rota cuius materia est dura. Nam manus vel manubrium axem premit conatu non recto, sed torquendo in circulum, quâ impressione partes, quae in unaquaque linea à centro ad circumferentiam à situ divelluntur imperceptibiliter, scilicet tantisper resistentibus, quantisper patitur ipsorum natura, quae cum ampliùs torqueri non possunt propter motum insitum quo inter se | cohaerent, et in quo consistit natura duritiei, subitò & simul ductum manubrii sequuntur tanquam unum corpus, nec enim moveri poterant motu suo utcumque tardo partes prope centrum, donec partes extremae accepissent tantam torsionem ut liberare se non possent, nisi resiliendo, idque cum velocitate, ad distantiam suam à centro proportionata[1] ; quando verò ea fiebat torsio, tota sphaera simul convertitur cum velocitate distantiis à centro ubique proportionali. Causa itaque immediata conversionis partium remotarum est motus quo sphaera liberat se à torsione & divulsione partium ; mediata verò est manus vel manubrium, cui opus est semper accessione virium prout sphaera convertenda maior est. |

11. Quod si sphaera prope centrum dura sit, in caeteris autem partibus liquida, qualis est sphaera composita ex tellure, corpore scilicet duro, & aëre corpore liquidissimo, et cuius partes facillimè altera ab altera dirimitur, non est necesse ut ad motum partis durae convertantur etiam partes liquidae, propterea quòd cùm nullam, aut insensibilem habeant resistentiam ad separationem, nulla causa esse potest quare se restituerent, ubi verò nulla est partium in situm pristinum restitutio, ibi deëst causa efficiens immediata conversionis. Non ergo aër totus à terra usque ad lunam à tellure unâ cum ipsa circumvertitur. Potest esse ut aër interceptus inter duos montes unâ cum terrâ convertatur, imo necesse | est si terra convertatur : et ea est opinio Galilaei. Praetereâ affirmat Galilaeus proiecta sursum sequi terrae motum[19], id quoque rectè si non altiùs projiciantur quàm ut aër una feratur ; non est praetereundum quòd proiecta impetum illum conservant quem acceperant à motu terrae

(1) proportionata ; *edd* proportionatam ; *MS*

19. *Due sistemi*, pp. 169, 432.

ante proiectionem, atque sic quoque sequuntur terrae conversionem, sed non assequuntur, quia velocitas acquisita in terrâ sub circulo minore non assequitur conversionem quae fit in aëre sub circulo maiore[20]. Attamen si proiecta evehuntur supra aërem inclusum montibus tunc impediuntur ab aëre ipso & impetum, suum versus orientem paulatim amittunt. Scilicet aëre, ubi non unâ circumfertur, resistente.

12. Procedit hinc ad comparationem doctrinae suae per capita quaedam cum doctrina Galilaei | circa motum. Dicit ergo pag. 218, 219 contendere Galilaeum motum communem etiam respectu particularium vere esse motum, se verò non esse verum motum[21]. Ut status huius quaestionis intel ligatur, suppone hominem curru gestatum proficisci hinc Lugdunum usque, motus currûs et hominis idem est utrique communis. Si verò contingat hominem illum ab una parte currus transferre se in aliam, hic motus est homini particularis[22]. Iam secundum opinionem Galilaei dicimus hominem illum, etsi non se transferat ab una parte currus ad alteram, tamen verè & propriè loquendo moveri, et meritò, qui enim Parisiis erat, est autem nunc Lugduni, is in eodem loco non est in quo erat ; ideoque verè motus est. Author noster negat eum motum esse ideo quia manet semper in | eadem parte currûs. Similiter si globulus tormento explodatur, motus illius globuli communis est omnibus partibus globuli tam iis quae sunt prope centrum eius, quàm iis quae sunt propè circumferentiam. Galilaeus iam diceret etiam illas partes quae sunt prope centrum proprie & verè motas esse, quia non sunt ibi ubi erant prius. Negat hoc author noster, quia partes quae aërem non contingunt, in eiusdem semper sunt superficie ambientis, id est in eodem loco. Non vidit ille, ut opinor, secundum hanc sententiam nihil omnino esse globuli quod movetur praeter superficiem mathematicam, vel saltem pelliculam sphaerae omni quantitate minorem ; secundò contendere Galilaeum in omni parte corporis moti esse impetum. Se verò hoc negare nisi | partibus extremis tantùm. Sciendum autem est motum & impetum eandem rem esse, vocari autem impetum, atque etiam vim, nam impetus & vis synonyma sunt, quatenus motum alium efficit, et[m] rectè sentit Galilaeus : Quis enim non videt quando impingente navi vectores cum impetu proruunt, vel consternato equo sessor sellâ cum impetu excutitur, impetum illum esse vectorum & sessoris particularem[23], quem tamen à motu navis habeat. Vel cùm videmus duorum corporum eiusdem materiae maiorem ictum maioris esse, minorem[n] minoris, an dubitare possumus quin illa impetûs differentia oriatur ab eo

(m) efficit, et *edd* efficit et *MS* (n) esse, minorem *edd* esse minorem *MS*

20. *Ib.*, pp. 167-8
21. *Ib.*, pp. 165, 182, 242, 244, 367.
22. *EW* VII.10 (*Seven probl.* c. 1).
23. *Due sistemi*, pp. 149-150. *Cf.* f. 208v.

quòd plus materiae sit in maiore quàm in minore? Ex quo sequitur illud omne quod mobilis magnitudini | aliquid contribuit, eiusdem etiam impetui contribuere. Atque ita necesse est in omni corporis moti parte inesse suum impetum ut sentit Galilaeus. At de consternato equo & nave impingente putat se author satis respondisse dicendo pag. 226 *Aliud est motum ex vectatione inesse, aliud impetum qui ad motum cessante causa concitatum satis sit*[o]. Quis haec intelligere aut imaginari potest ; putemus navem[p] ferri prorsum, & vectorem unâ, motus ergo inest vectori prorsum ex vectatione ; subitò navis sistitur quia impingit in ripam, vector non impingit, motus ergo prorsum in nave tollitur, in vectore non tollitur, sed manet. Unde efficitur ut vector procidat, hic ergo motus prorsum est impetus quo vector procidit. Similiter | fit in impetu sessoris, cuius equus consternatur[q] ; motus ergo ex vectatione non differt ab impetu sive à motu, cessante causâ[24]. Quid autem vult cùm dicit *Impetum qui ad motum cessante causa concitatum satis sit?* An putat dicere aut credere Galilaeum vectorem à nave, aut equitem ab equo impetum concipere, atque deinde post ex eo impetu motum concipere à quo impingente nave, vel consternato equo cadat? Ita profectò putat sed decipit se, sensit enim Galilaeus motum hominis illum à vectatione conceptum, & post vectationem continuatum, et ipsum casum, unum & eundem numero motum esse, non minus quàm homo qui movebatur, non modo unâ cum nave, sed etiam post, quia navis impegerat & cecidit, idem numero erat | homo. Etiam de impetus augmento ex augmento magnitudinis respondere se arbitratur cùm dicit pag. 228, *pulsum maiorem [esse] non ex solo impetu*[r], sed etiam partim ex partibus aliter quàm ut motis, hoc est aliter quàm ut habentibus impetum. Idem enim est impetus quod motus sive velocitas, non causa eius neque effectus. Tertiò Galilaeum contendere dicit impetum esse qualitatem impressam in ipsum corpus priorem motu ; se vero[r bis] impetum non aliud esse quàm motum velocem ipsius corporis, quorum utrumque falsum est. Nam negat[r ter] Galilaeus impetum priorem motu esse, aut aliam rem quàm ipsum motum. Et author verbis supra in hoc ipso articulo citatis, impetum idem esse quod motus negat. Sic enim dicit[s], | *Aliud est motum ex vectatione inesse, aliud impetum qui ad motum cessante causâ concitatum satis sit. Hunc refugio, illum in plerisque ultroneus amplexor*[t]. Quartò dicit Galilaeum statuere duos motus sibi contrarios in eodem corpore ; se verò unum tantummodo motum verum, alium verò per accidens & non verum. Non memini

(o) *causa... sit* Non souligné dans le MS (p) navem *Cf.* navim (230) (q) consternatur ; *M* consternat ; *MS* (r) *pulsum... impetu* en oratio recta dans le *DM*. Non souligné (r *bis*) motu ; se verò *edd* motu. Se verò *MS* (r *ter*) negat *edd* neque *MS* (s) *DM* 226. Les mots cités ne sont pas soulignés dans le MS (t) amplexor. *M, DM* amplector. *MS*

24. *OL* I.281 (*DC* c. 22 § 14). *Cf.* ff. 119v, 212v, 231v.

Galilaeum usquam scripsisse duos motus contrarios posse simul esse in eodem corpore, huiusmodi absurda in Galilaeum cadere non poterant. Putavit, credo, fieri posse ut quod gestatur ab alio vel movetur ut pars eius, posset motum habere etiam sibi particularem, et hos duos motus posse terminos habere contrarios, non tamen esse duos motus contrarios, sed unum motum ex duobus moventibus[25]. Exempli | gratia, si navis progrediatur homo autem in nave interea ambulet à prora in puppim, sunt hic termini contrarii, sunt et duo moventia, ventus scilicet navim unà cum homine, & anima movens hominem versus terminum oppositum. Sed ex his fit unus tantùm motus, vel mera quies, nam si motus navis aequalis sit motui ambulationis, tunc homo eâ ambulatione nihil proficit ; iactavit quidem pedes alternatim, sed totus homo in eodem loco mansit[26]. Quare non movebatur viâ contrariâ, sin motus navis tardior erat quàm motus ambulationis, tunc homo in ipsa navis viâ promovebatur id quod unicuique supputare per se facile est, neque aliter sentit Galilaeus[27]. Quod autem author se dicat statuere unum | verum motum, alium per accidens, idem est ac si dixisset statuere se duos motus contrarios in eodem corpore, quorum unus est motus, alter est quies. Quod est ridiculum.

13. Reliquum huius capitis continet reprehensionem Galilaei, & experimentorum quae ille adduxit motui terrae accommodatorum accusationem[u]. Primo dicit[v] Galilaeum explicare non posse quare tam velox ille motus terrae à nobis non sentiatur, cùm[w] ille tamen abunde ostendisset non modò motum communem non sentiri, sed etiam resistentis aëris in locis apertis & prope aequatorem manifestè sentiri tanquam ventum. Secundo experimentum demissi lapidis & cadentis ad malum navis motae accusat incertitudinis | contra fidem omnium hominum qui usquam se eius rei experimentiam fecisse professi sunt. Tertiò repraehendit[x] Galilaeum quòd teneret motum sphaerae super planum, si semel inceptus fuerit, futurum esse perpetuum. Imo verò tenet ille motum quemlibet semel conceptum, nisi à motore alio, movente in partes contrarias, impediatur, perpetuò duraturum. Haec, inquam, author noster reprehendit, sed nullam rationem affert in contrarium, dicit hoc tantùm, talem se qualitatem impressam non magis sapere quàm *Simplicius*[y]. Credo non tamen difficilius est, ut mihi quidem videtur, intelligere rem motam semper moveri, donec corpus aliquod nitens in contrarium ipsum sistat, quàm rem quiescentem semper quiescere, donec | corpus aliquod ipsam loco suo pellat.

(u) accusationem. *M* accusatio. *MS* (v) *DM* 221 (w) sentiatur, cùm *edd* sentiatur. Cùm *MS* (x) *DM* 222 (y) *Simplicius.* edd *simplicius.* MS (i.e. *Simplicio*, l'Aristotélicien dans *Due sistemi*).

25. *Due sistemi*, pp. 142, 147, 169-71.
26. *Cf.* Sextus Empir. *Contre les physiciens*, II.56 *f.*
27. *Due sistemi*, pp. 114, 134-38.

14. Quia verò Galilaeus supponit in motu sphaerae super planum omnia externa impedimenta esse ablata[28], hoc ita accipit tanquam supponeret medium sublatum, ex cuius resistentia desumitur omnis motûs, sive velocitatis limitatio. Quod quidem falsum est, nam etiamsi mundus ipse totus moveretur, qui quidem in medio nullo corporeo collocatur, et an moveatur necne sciri non potest, motus tamen eius esset velocitatis determinatae, non enim aliter esset motus, velocitas enim indeterminata non datur. Non ergo velocitas corporum limitatur à resistentia, sed à motore, potest quidem medium resistendo limitatam à motore | velocitatem minuere, sed tamen hoc non obstat quin motus etiam in vacuo foret limitatus, nihil igitur absurdi supposuit Galilaeus supponens sublata externa impedimenta.

15. Ultimò, ut opinioni illi suae, *partes corporis moti, non omnes sed illas tantùm quae proximae superficiei extimae, habere impetum*, experimentum aliquod favere videatur, narrat pag. 228. ex fide viri probi sibi noti, Turcam quendam Venetiis ex summo turris Divi Marci suspendi fecisse hemicyclium (vas quoddam ut videtur ea formâ) et in ipsum vas sese imposuisse, deinde secto fune hemicyclium quidem casu in terram di[f]fractum esse in mille particulas, ipsum verò Turcam paulo antequam hemicyclium[z] ad terram | pervenisset, exilientem ex hemicyclio[z] incidisse leviter in pavimentum sine noxâ. Digna narrationis fides, cui talis philosophia qualis est authoris nostri, inniteretur. Videmus enim iis qui se saltu elevant, opus esse stabili fundamento, cui innitentes ab ipsius resistentia ad motum sursum vim accipiant, vel saltem opus esse fune aliquo, vel alio adminiculo, à quo supernè pendentes sese sursum motu animali attollant ; hic verò, descendente hemicyclio, et secto fune, nihil erat cui Turca ille inniteretur, neque ergo exilire ex hemicyclio illi possibile erat.

(z) hemicyclium ... hemicyclio *edd* hemyclium ... hemyciclio *MS*

28. *Cf.* f. 302. *OL* I.102, 110, 179 (*DC* c. 8 § 19, c. 9 § 7, c. 15 § 3) ; *NLW*, f. 3 v ; *Due sistemi*, p. 138.

Caput 22

Ad nodum 10. Dialogi 2[i]
Motum circularem ex vi sua non ejicere insidentia

1. Experimenta duo quibus videri potest motus circularis ejicere insistentia. 2. Id vero ab iis experimentis colligi non posse. 3. Neque quae excutiuntur à sic motis ferri per tangentem. 4. Demonstratum esse a Galilaeo quòd, etsi excussio gravium fieret per tangentem, non tamen necesse esse[t] ut excutiantur gravia terrae insistentia. 5. Experimenta alia quibus manifestum fit motum circularem vi sua excutere insistentia. 6. Neque tamen tali motu telluris necesse esse ut montes disjiciantur. |

1. Opinio erat Ptolomaei[a], fore si terra motu diurno circumveheretur, ut castra, turres, arbores, montes, caeteraeque telluris eminentiae omnes motu illo disjicerentur. Videtur autem in huiusmodi sententiam venisse ex eò quod putaret omnem motum circularem natura sua excutere sibi gravia insidentia. In quam rem experimenta duo affert Galilaeus, quorum alterum est tale. Sumatur vasculum, puta AB, impleaturque aqua, manus autem in E, ope funiculi EF, circumrotet vasculum ACB

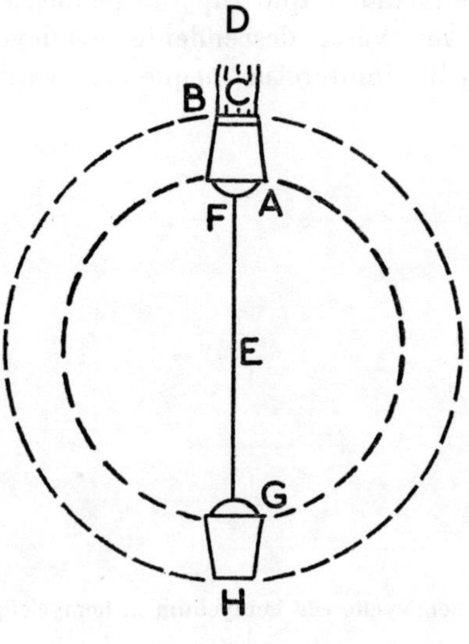

(a) Ptolomaei *sic MS*

inter circulos B & A[29]. Fiat autem circumrotatio in plano sive horizontis | sive circuli verticalis, aqua quae in vasculo continetur non affluet, retrahetur enim aqua versus fundum vasis in quo si foramen fiat ad C effluet secundum lineam CD. Id quod fieri posse non videtur nisi vertigo sive motus vasculi circularis vim aquae imprimeret a centro recedendi. Huic quoque experimento conforme est quòd ii qui grave aliquod filo appensum circum se velociter circumagunt, sentiant se trahi a loco suo versus circumferentiam circuli illius qui a circumactione describitur. Alterum experimentum sumitur ab ejectione lapilli inserti in frenam arundinis fissae, motus enim brachii quo lapis ejicitur videtur esse circularis, et tamen motus lapidis manifestissime rectus est. Ex his igitur concludunt omni motui circulari vim inesse gravia insistentia ejiciendi[30]. |

2. Verùm[b] non video quomodo ex dictis experimentis conclusio illa deduci potest. Siquidem enim vas AB, vel aqua in ipso contenta conetur a centro recedere, puta à C versus D prout experimento illo constat, necesse est manus quae ponitur in centro E conetur quoque ex centro exire (id quod experientia quoque comprobat) versus circumferentiam, habet ergo manus motum rectum cum circulari mixtum, ita ut figura quam describit vas non sit circulus perfectus sed species figurae spiralis qua circumferentia perpetuo augetur. Neque ergo aqua extruditur sola vi qua manus circulum describit, sed vi ea qua circuli descripti[c] semidiametrum continuo extendit, augetque, hoc est motu recto. Nam manus, nisi assumat motum rectum, funiculum nunquam ita extendet ut vas removeatur | a manu quantum per funiculum licet. Manui autem rotatae motus rectus accedit a gravitate vasculi quod cum perveniat ad situm terrae proximum in GH, gravitate sua manum trahit deorsum, manus autem inde maiorem circulum describit quam prius, et redeunte iterum vasculo ad GH manus iterum deorsum trahitur et ita paulatim fit circulatio maior sed imperfecta & accedens ad lineam spiralem. Exemplum itaque circumrotati vasculi non sufficit ad probandum quod motus circularis natura sua sit insistentium gravium expulsiva[31].

Quod attinet ad exemplum lapilli emissi ex arundinis capite fisso, motus quidem lapilli rectus est, sed rectus quoque videtur motus illius partis arundinis cui lapis est insertus ; neque enim aliter proiectio ea quam si lapis manu emitteretur. Nam | etiam in lapillis manu projiciendis

(b) Verùm *M* Utrum *MS* (c) circuli descripti *edd* circulum descriptum *MS*

29. *Due sistemi*, pp. 125-6, 182, 184-5. Le *DM* rappelle (pp. 233, 235) que les arguments galiléens contre Ptolémée étaient d'ordre géométrique ; c'est ce qui amène White à discuter de l'angle de contingence qu'examine Hobbes au c. 23.

30. *Cf.* ff. 121, 302-302v.

31. *Cf.* f. 36v.

retrahitur manus usque ad scapulam ad motum rectum inchoandum, etiam lapilli motum in fundo antequam exeat, si quis attente considerat reperiet non esse eum tunc circularem quando est prope ad punctum in quo fit excussio.

Praeterea si quis filum manu teneat, a quo pendeat grave aliquod, experiaturque an manu in circulum valde parvum, velocitate quanta volverit, circumrotata, efficere possit ut grave una circumferatur, circulumque describat pro longitudine fili hoc est pro ratione semidiametri a qua describi circulum oportet, inveniet id fieri non posse, sed oportet priùs quàm manus circulum incipiat, ut motu recto removeat grave a perpendiculo suo, ita ut extensio fili fiat per nisum gravis versus | centrum terrae, atque etiam ut circulatio a motu manus semper augeatur, id quod sine motu recto fieri non potest, dicta itaque experimenta fidem non faciunt motum circularem vi sua ejicere insidentia.

3. Quod autem dicant motum gravis a motu circulari eo modo ut dictum est excussi fieri secundum tangentem puncti unde excutitur id nescio an ullo experimento sit aut possit esse comprobatum. Difficile enim observatu est in quo puncto circulari excussio fiat. Quod si quis consideret eum qui grave aliquod circa seipsum ut centrum rotat trahi illo motu a centro versus circumferentiam necesse est ut putet, si ea rotatione filum quo grave pendit, fortuito rumpatur, motum eius debere esse versus circumferentiam, ita ut eam secet ad angulos rectos. Cui motui si adjungatur is quem accipit a rotatione, id est motum | per tangentem, erit motus verus illius gravis compositus ex duobus motibus, nimirum per tangentem & per rectam a centro, atque via eius erit inter utramque lineam, faciens angulum cum circumferentia prout exigit ratio quae est inter velocitatem circularem & conatum rectum a centro.

4. Quod si concedamus gravium excussorum motum fieri in tangente, gravia tamen a terra ad cuius centrum tendunt, eo motu excuti non posse, satis meà quidem sententià firmiter demonstravit Galilaeus, neque necesse erat ad eam demonstrationem, sicut author noster existimat, ut gravitas supponatur non esse ab externo. Nam ea suppositione Galilaeus non est usus in demonstrando et tamen argumentatio eius legitima est ; saltem non ostendit author ubi, si ullus fuerit, lateat paralogismus. | Quod addit[d] *Ptolomaeum alioquin negaturum ullam, supposito telluris motu, fore gravitatem* adjicitque pro ratione quod motu telluris naturae ordo ita turbaretur ut nulla superesset gravitatis ratio, sine ratione est, aeque enim effectus gravitatis turbaretur a conversione terrae sive gravitas causam haberet externam, sive internam.

(d) *DM* 233, donne *alioqui negabit Ptolomaeus* [sic] *ullam, supposito telluris motu, fore gravitatem*

5. Experimenta autem alia sunt quibus manifestissime evinci potest motum etiam purè[e] circularem vi sua ejicere insidentia. Primum enim turbo si excitetur & diu fortiterque flagelletur ut vertiginem concipiat vehementem, quidquid ipsi imposueris ejiciet. Deinde supponamus ferreum baculum cuius unum caput figatur in centro A, alterum vero in

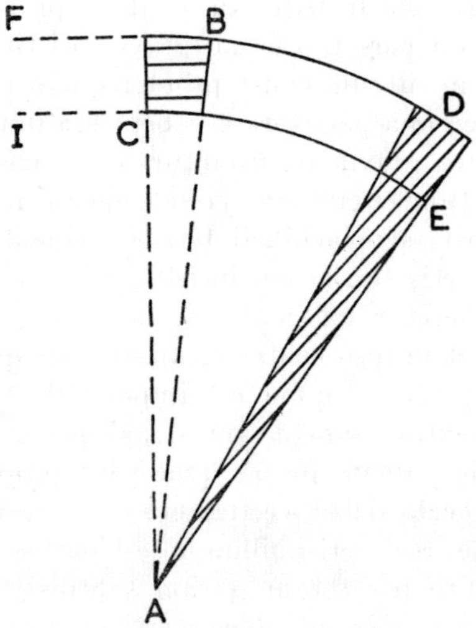

L'original n'indique pas les tangentes données ici en pointillé

circumferentia BC. | Supponamus praeterea caput BC magna vi reductum esse ad DE, unde permissum sibi rediturum est ad BC. Interea collocetur in BC corpus grave quod rediens ferrum percutiat, clarum experientià est baculum ferreum etsi a DE ad BC motu feratur pure circulari, non tamen ictu suo in BC effecturum esse ut grave in BC describat circulum DB vel EC[f] : neque deest ratio quae experimentiam secundet[32], percussa enim a percussore se subducunt via quantum possunt brevissima, hoc est per lineam perpendicularem. Sequetur ergo motum gravis positi in BC & inde expulsi per motum baculi ferrei, fore rectum ad BC | perpendicularem, hoc est per tangentem BF vel CI. Motui huic similis motus omnis a percussione, ideoque percussio omnis qua motus imprimitur rectus pro experimento serviet ad probandum non tantùm motum circularem sua vi excutere gravia sed etiam ea per tangentem excutere.

6. Neque tamen ex hoc sequitur vertiginem telluris disiecturam esse montes, aut arbores, aut aedificia. Ponatur enim moveri radius AD

(e) purè *M* sive *MS* (f) DB vel EC *M* ? DG vel CH *MS*

32. *OL* I.179, 280, 282, 389 (*DC* c. 15 § 2, c. 22 §§ 13, 15, c. 28 § 12). Pour les opinions de White touchant l'élasticité et les collisions, voir son *Euclides physicus*, pp. 148-151, 158-160.

ad AB et deinceps successive in circulum, si quis igitur ponit grave aliquod super punctum B ita ut grave illud motum circularem nondum habeat, ejicetur grave a B per tangentem propter motum circularem in B praeexistentem ; sed si grave | in B habeat eundem motum circularem quem habet terra, vertiginemque suam eidem agenti debeat cui debet terra suam, grave in B ibi perseverabit insistere quia motus eius aequalis est motui partis terrae cui insistit, ita ut ab ea propelli non possit. Iam si causa propter quam pars terrae cui grave insistit spatio 24 horarum circumvertitur, eadem sit cum causa propter quam circumvertitur grave illi parti insidens, nec una pars terrae debeat motum diurnum parti alii, nulla ratio erit quare gravia excutiantur a vertigine terrae et verum nihilominus erit motum circularem vi sua ejicere insidentia. Non enim motus diurnus montis sive aedificii terrae insidentis pro causa habet motum | diurnum partis terrae cui insistit, nam si haberet, tota causa motus diurni retraheretur ad centrum, hoc est proxime ad nihilum, agensque esse deberet in ipso centro et minus esse quoad magnitudinem omni magnitudine possibili, quod est impossibile : agens ergo terram motu diurno versans extra ipsam terram est, agitque prius in eas partes quae sunt prope superficiem quàm in eas quae sunt proprius centro telluris, ergo pars monti subiecta debet vertiginem suam ipsi monti potiusquam mons parti subiectae. Sed verisimillimum est partes terrae tam supernas quam infernas, diffuso per totam terram subtilissimo corpore, hoc est intus | spiritu agente omnes simul converti eo modo quo se convertit animal[33] ; sic autem fiet in omni distantia a centro terrae, ut gravia quae infra sphaeram sunt actionis terrae, motum habeant circularem distantiae a centro proportionatum, non ergo terra subiecta motu[i] suo circulari aget in montem sibi impositum, neque ergo ipsum disjicet quanquam tota terra motu diurno convertatur.

Caput 23um

Ad nodum 11um. Dialogi 2i

Angulum contingentiae non esse minorem omni recto

1. Quare conclusiones geometriae certiores sunt quam physicae et morales. 2. Controversia de natura anguli contactûs orta ex defectu definitionis anguli. 3. Argumentum quo Clavius[34] contendit fieri angulum quantum in puncto contactûs. 4. Argumenta Peletarii[35] quare angulus ille

33. *Cf.* f. 189v.
34. Christopher Clavius, jésuite et mathématicien, 1537-1612.
35. Jacques Peletier, 1517-82.

quantitas non sit. 5. Tres definitiones inclinationis[36], definitioni anguli Euclidicae non convenientes. 6. Mensurae et mensurati quantitates homogeneae sunt. 7. Clavii argumentum paralogismum esse. 8. Quaedam dicta ex ipso Clavio sumpta contraria sententiae eius de quantitate anguli contactûs. 9. Argumentum Peletarii quamquam pro veritate non tamen firmum esse. 10. Absurda sequentia opinionem Clavii et eorum qui dicunt angulum contactus esse quantum. 11. Absurda quae a Clavio dicuntur sequi opinionem Peletarii, absurda non sunt eo sensu quo a Peletario intelliguntur. 12. Duo inconvenientia quae sequuntur definitionem anguli plani traditam ab Euclide. 13. Definitiones rectae lineae, et superficiei planae non recte traditas esse ab Euclide. 14. Quid | sit simul esse et contigua esse. 15. Duo puncta mathematice sumpta non possunt considerari ut sese mutuo tangentia. 16. Duas lineas mathematice consideratas non posse se contingere lateraliter. 17. Lineae quae dicuntur tangere se invicem considerantur ut habentes latitudinem. 18. Quomodo declinare possint lineae contiguae una ab altera ut declinatio illa sit mensurabilis et quanta. 19. Declinationem per motum circularem factam esse in ipso puncto contactus. 20. Distractio rectae a sibi contigua non per conversionem sed per curvationem non est mensurabilis neque quanta. 21. Definitio anguli plani. 22. Quomodo duae rectae in directum positae constituunt angulum, et quomodo curvitas[f bis], et circuli periferia tota est unus angulus. 23. De natura anguli doctrina authoris.

1. Insigne et singulare quoddam geometriae[g] prae ceteris philosophiae partibus deus semper fuit, quod et raro controversiae pateretur, et si quae forte orta fuerit facile dirimeretur. Cuius rei causa est quod geometrae (etiam ante Euclidem) in linearum superficierum et corporum | rationes numquam inquirebant, neque de proprietatibus figurarum disputabant[37], nisi significatione nominum quibus figurae et quantitates appellarentur[38], prius ita definitionibus stabilitis ut omnis sermo ambiguus et metaphoricus penitus excluderetur. Definitionibus autem quibus geometrae opus habent duo accedunt, primum ut sint faciles, secundum ut commodis nostris (quia veritatem tantum quaerimus) non sint adversae ; unde fit ut illas et facile capiamus nec illibenter retineamus. Ii vero qui de rebus naturalibus philosophantur circa nomina versantur, quae definiri plerumque difficile, si non impossibile, est : qualia sunt humidum, siccum, calidum, frigidum, rarum, densum, opacum, perspicuum, liquidum, et similia[39], ita ut inconstantià notionum in dogmata incidunt inter se pugnantia. Rursus philosophi morales, etsi in nominibus versentur explicatu et intellectu facilibus, qualia sunt iustum, iniustum,

(f *bis*) curvitas *edd* (cf. *OL* IV, *De princ. et rat.*, 406) cubitus MS (g) quoddam geometriae prae *Lire* quoddam, geometria, prae ?

36. *Cf.* ff. 74v, 257v. *OL* V.59-60 *(Rosetum)*.
37. *Cf.* f. 259.
38. *Cf.* f. 14v.
39. *Cf.* f. 281v. *EW* VII.55 (*Seven probl.* c. 7).

bonum, malum, honestum, turpe, et similia, quia conclusiones commodis singulorum quandocumque adversae sunt, a suis definitionibus resiliunt aliasque sibi quaerunt commodiores. Qui igitur certitudinem in geometricis incertitudinem in physicis et moralibus dogmatibus | observarunt, negaverunt plerique esse in his sicut in illis demonstrationi, hoc est rectae ratiocinationi, omnino locum esse, praesertim vero in moralibus propter mutabilitatem voluntatis a qua morales actiones initium sumunt ; quasi non possent esse de rebus moralibus theoremata immutabilia. Profecto omnes philosophiae partes si a principiis certis, hoc est a definitionibus intellectis, inciperent, aeque certae essent, nec enim ingenia eorum qui geometrica scripserunt maiora fuerunt eorum qui in aliis scriptis se exercuerunt. Certitudo itaque ea non geometrarum sed methodi est, videmusque geometras maxime insignes quando fundamentum ratiocinationum quibus utuntur definitioni insufficienti innititur, non minus errare atque pugnare inter se quam quilibet e vulgo.

2. Nam inter Pelatarium et Clavium, quamquam magnos geometras magna tamen fuit controversia, nimirum de natura anguli contactûs, de qua controversia quae utrimque disputantur legenda extant ad finem propositionis decimae sextae libri tertii *Elementorum*[h] Euclidis editionis Clavianae[40]. Senserat Clavius una cum Euclide, Proclo[41], aliisque antiquis geometris inter circuli peripheriam et rectam contingentem contineri angulum verum, quem appellant | angulum contactus, et angulum illum esse quantitatem. Peletarius contra illos omnes quantitatem et angulum eum esse negat, hodieque ea controversia manet indecisa, quare hoc nisi quod non convenerint de anguli definitione? nam si perfecto intelligeretur quid sit angulus, impossibile esset quin applicato ad definitionem anguli eo qui vocatur angulus[i] contactus, statim intelligerent tanti geometrae utrum angulus, et quantitas esset, necne[42].

3. Clavius ideo vere angulum eum esse putat propterea quod duae ibi lineae, nimirum recta et curva, occurrunt in uno eodemque puncto. Nam etsi anguli in universum deffinitio apud Euclidem nulla habeatur, ille tamen angulum planum sic definit, planus angulus est duarum linearum in plano se mutuo tangentium et non in directum iacentium, alterius ad alteram inclinatio. Iam centro A describatur arcus BC[j], quem contingat recta BD, in B. Sunt CB, et DB, in eodem plano, nempe in plana superficie

(h) *Elementorum* edd Elementorum *MS. Cf.* f. 245 (i) angulus *edd* angulo *MS*
(j) Figure, répétée au f. 244v. arcus *edd* angulus *MS*

40. 1574. La référence est au scholium du théorème 15, proposition 16 d'Euclide, Liv. III. Nos citations de l'*Euclide* de Clavius sont de l'édition de 1607.

41. Proclus, 410-485, après J.-C.

42. *OL* I.159-60, 169-171 (*DC* c. 14 §§ 7, 16) ; *EW* VII.190, 232-265 *(Six Lessons)* ; *OL* V.175 *(Princ. et probl.)*. White : *An exclusion of sceptics*, p. 23.

huius | chartae et se mutuo tangunt in B, inclinantur autem altera ad alteram, quia non sunt parallelae, nam sic videtur accipi hoc loco vox inclinatio, videtur ergo ex ea deffinitione CB et DB continere angulum. Deinde centro F, intervallo FB, ducatur circulus BE, incidet peripheria EB

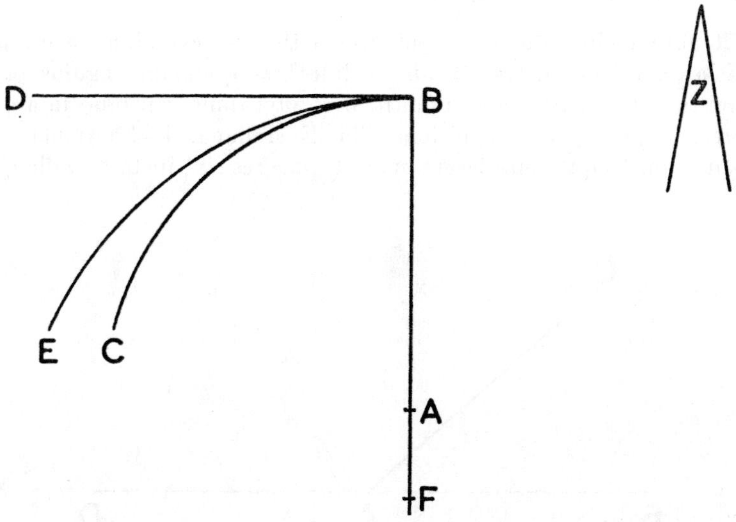

inter lineas DB et CB, videtur ergo angulus DBC dividi in duas partes, nimirum angulos DBE et EBC, ideoque videtur Clavio angulus contingentiae esse quantitas nihil enim in rerum natura dividi potest praeter quantitatem.

4. Peletarius[43] autem lineas DB et CB neque angulum facere ad punctum B neque quantitatem esse censuit, ob has causas, quarum prima est quia si sit quantitas eaque minor quantitate | cuiuscumque anguli acuti, contradictum videbitur propositioni primae libri decimi *Elementorum* Euclidis[44] in qua dicitur, *Duabus magnitudinibus inaequalibus propositis, si de maiori detrahatur plus dimidio, et rursus de residuo iterum detrahatur plus dimidio idque semper fiat, relinquetur quaedam*

43. L'*Euclide* de Peletier parut en 1557. Les notes suivantes se réfèrent à l'édition de 1610. Le présent renvoi est aux pp. 129-132 de celle-ci (pp. 238-244 dans l'édition (1607) de Clavius).

44. Nous ne savons quelle est l'édition citée par Hobbes ; peut-être la traduction latine est-elle la sienne.

magnitudo minor altera minore ex duabus propositis. Datus enim angulus acutus Z, etsi ab eo auferatur plus quam dimidium, et rursus a residuo plus quam dimidium eius, atque ita in infinitum, numquam tamen minor evadet angulo DBC, ut probatum est ab Euclide in *Elementis* libro tertio propositione decima sexta[45]. Secunda est quia inclinari linea ad lineam tunc videtur, quando earum altera producta alteram secabit, quod non fieri putat in angulo contactûs.

5. Ut autem videamus utra sententia potior sit, examinanda est prius definitio anguli plani, tradita ab Euclide[46], et quoniam angulus planus supponitur ab Euclide esse quantitas, et divisibilis continue in angulos minores, sequetur ex definitione illa Euclidiana, inclinationem esse quantitatem. Itaque considerare oportet quae res sit | inclinatio illa quam

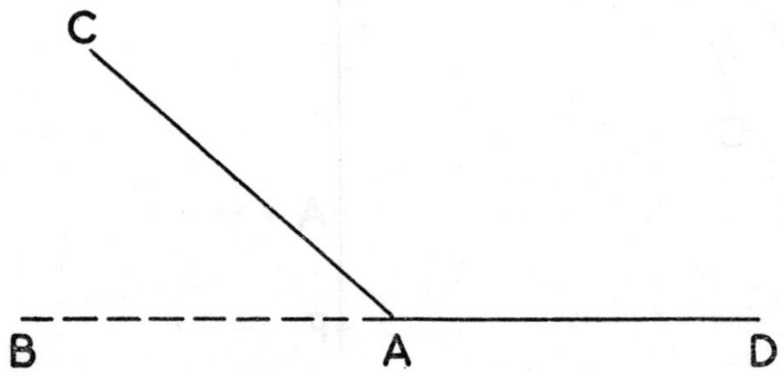

vult Euclides dici quantitatem, et quo genere quantitatis contineatur. Sint duae rectae lineae AC, AB, vel AC, AD, concursu suo constituentes angulum in puncto A. Est igitur AC inclinata ad AB, et ad AD, quare | autem inclinata dicitur sciri non potest, nisi prius definiatur quid sit *Inclinari*, quod ab Euclide nullibi factum est. Primo ergo investigandum quid sit inclinari. Inclinari vulgo dicimus lineam rectam ad lineam aliam quamcumque, quando remota est a situ perpendiculari per motum circularem super punctum concursus ad centrum. Exempli gratia, sit linea quaecunque CD, cui insistat perpendiculariter recta BA, si iam BA super centro A intelligatur mota esse ita ut iaceat in AE, dicetur AE inclinata ad AC, et quantitas talis inclinationis erit arcus BE eademque erit quantitas anguli BAE sed haec non est significatio vocis inclinationis apud Euclidem, nam si esset, BAC non esset angulus nequidem etsi DAC esset recta, quia nullam habet AB ad AC inclinationem ; alia ergo

45. *Cf.* f. 8.
46. *EW* VII.203-4 *(Six less.)*.

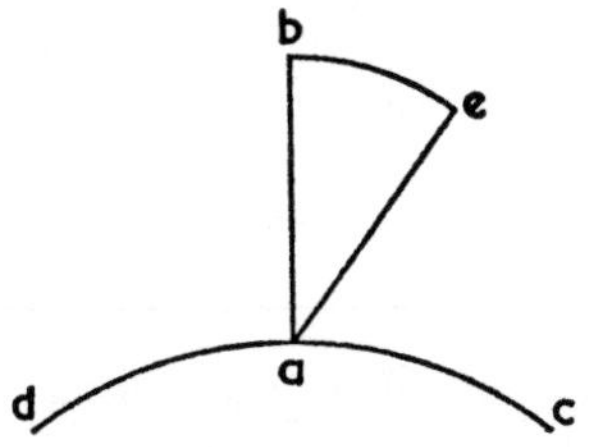

La figure du manuscrit est corrigée ici, de manière à rendre BA perpendiculaire à DC

quaerenda | est definitio inclinationis. Potest ergo linea ad aliam lineam inclinata dici quando ab ea remota est per motum circularem. Exempli causa supponatur recta AD e loco suo per motum circularem, delata esse usque ad AB, dicetur AB inclinata esse ad AD, eritque mensura, sive quantitas, illius inclinationis arcus DB, eademque erit quantitas

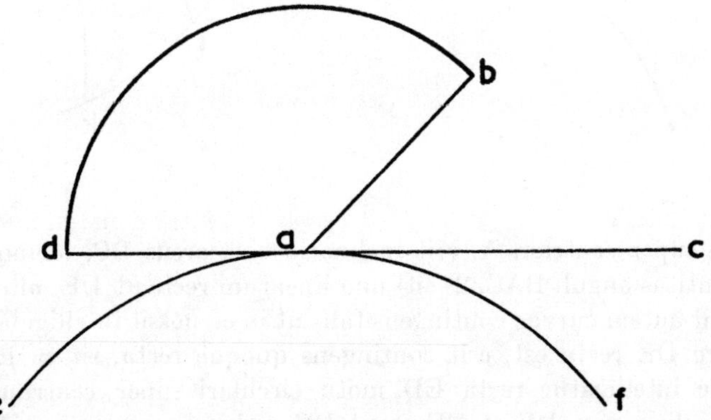

anguli DAB. At secundum hanc definitionem EAB angulus qui fit a curva EA & recta AB non erit angulus, quia AB recta, non potest intelligi recessisse ab AE, quippe quae nunquam cum eâ potuit coincidere. Quare inclinationis definitio ulterius inquirenda est. Dicatur ergo *inclinari linea ad aliam lineam quando altera ab alterius contingente remota est secundum motum circularem, cuius motûs centrum est in ipsarum concursu.* Exempli causa[k] sint primo duae rectae AB, AC | intelligaturque iacuisse AB in AC hoc est in ipsius AC contingente (nam duae rectae contingere sese mutuo possunt in omni puncto) deinde vero recessisse ad AB motu

(k) (Figure — la première des trois au f. 247)

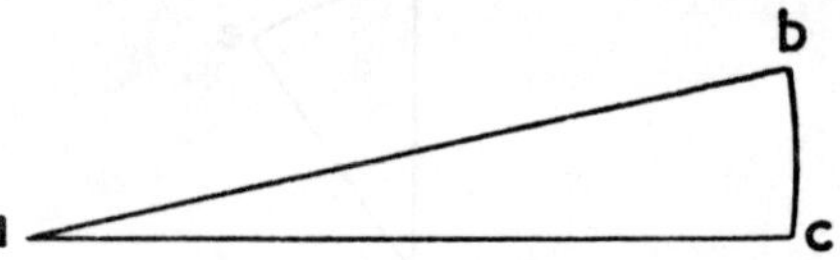

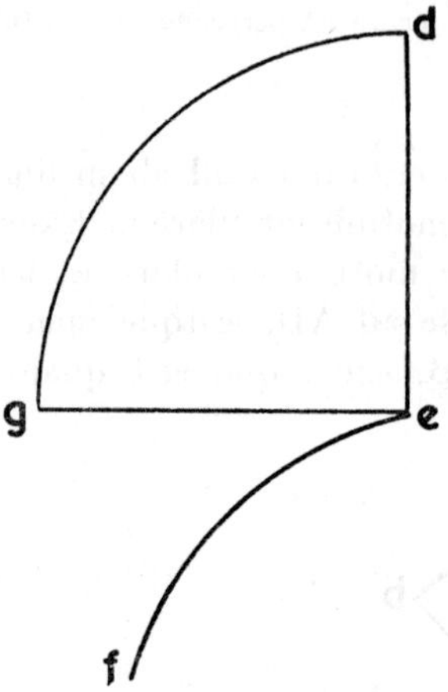

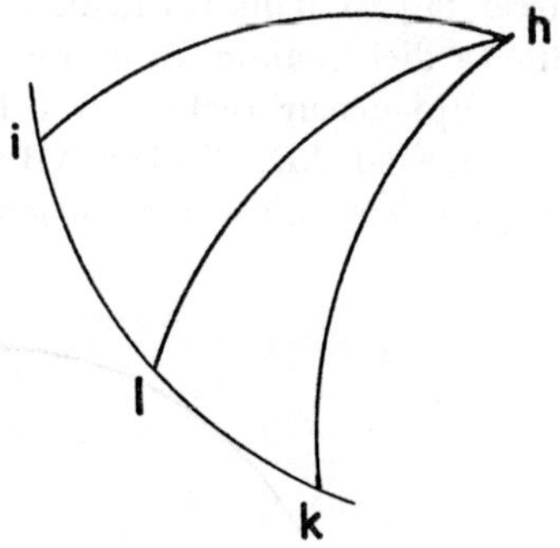

circulari super centrum A, erit inclinatio eius arcus BC, idemque arcus erit quantitas anguli BAC. 2° sit[l] una linearum recta ut DE, altera curva ut EF, sit autem curvae contingens talis ut in ea possit intelligi iacere DE, quia ergo DE recta est, erit contingens quoque recta, sit ea EG à qua recessisse intelligatur recta ED motu circulari super centrum E, erit inclinatio linearum DE et EF arcus DG eadem quae inclinatio duarum rectarum DE & GE. 3° Sint[m] duae lineae curvae[47], HI, HK, si iam eae curvae possint intelligi congruere inter se, si ergo HK e loco suo recessisse supponatur | motu circulari super centro H, donec iaceat in HI, ductus arcus IK erit quantitas inclinationis earum. Si non possint intelligi congruere, contingatur HK in puncto H ab alia curva quae congruere potest cum HI puta ab HL, erit arcus IL mensura inclinationis dictarum HI & HK. Quomodo quis inclinationem aliter definire possit quàm modis supradictis, ut tamen intelligatur esse quantitas ego certè imaginari

(l) (Figure, la deuxième des trois au f. 247) (m) (Figure, la troisième)

47. (Figure) *Cf.* White : *An apology for Rushworth's Dialogues* (éd. 1654), p. 20 (sur Euclide III, proposition 13).

non possum? neque sic tamen conveniet angulo definitio inclinationis, quia hac acceptione *inclinationis* duae rectae in directum iacentes inclinationem haberent, angulum autem secundum Euclidem non faciunt.

6. Ut sciatur autem in quo genere quantitatis, anguli quantitas reponenda sit, sciendum est omnem corporis quantitatem esse mensurabilem per lineam vel lineas, per superficiem vel superficies, per solidum vel solida, et esse quantitatem mensurae, eiusdem speciei cum quantitate mensurata, cuius itaque quantitatis | mensura est linea, ea quantitas linea est cuius quantitatis lineae plures hoc est linearum numerus mensura est, ea quantitas numerus est linearum, & cuius quantitatis mensura est superficies, ea quantitas superficies est, et cuius quantitatis plures superficies, hoc est superficierum numerus mensura est, ea quantitas est numerus superficierum. Itaque linea lineae superficies superficiei, solidum solidi numerus numeri est mensura. Quantitas temporis nihil aliud est quam quantitas lineae descriptae illo tempore a moto corpore[48], ideoque lineam habet pro mensura. Quantitas autem motus, hoc est gradus velocitatis, quantitas quoque lineae est a moto corpore descriptae sed comparatae cum alia linea, certo quoque tempore descripta. Itaque velocitas per lineam mensuratur, habentque lineae, tempora, velocitates comparationem, sive rationem inter se | et superficies cum superficie, solidum cum solido comparantur inter se & rationem habent ; sed neque linea & superficies nec linea & solidum nec superficies & solidum ullam inter se rationem habere possunt[49]. Angulus planus rectilineus mensuratur per circumferentiam circuli ; ea vero linea est. Est ergo quantitas anguli plani eiusdem speciei cum lineâ. Item angulorum planorum illi qui fiunt ex duabus circulorum sectionumve conicarum portionibus se mutuo intersecantibus, mensurantur per circuli peripheriam, hoc est per lineam, eiusdem ergo speciei sunt angulus & linea : item anguli sphaerici mensurantur per circuli periferiam, in eadem ergo sunt quantitatis specie in qua sunt lineae. Angulus solidus mensuratur superficie sphaericâ quae planis a centro sphaerae exeuntibus intercipitur ; est ergo angulus solidus in eadem specie quantitatis in qua | sunt superficies. Quando planum a plano secatur, *inclinatio* illorum planorum mensuratur per circuli periferiam, et est ea *inclinatio* eadem specie quantitatis cum linea. Restat unicus *angulus*, quem vocant *contactûs* (& per consequens etiam inclinatio superficiei cylindricae et sphaericae ad planam, vel aliam superficiem quem tangit sphaera vel cylindrus) cui dubitatur quae mensura attribui debeat, qui tamen si angulus sit & quantitas, necesse est habeat mensuram sibi homogeneam. Hinc orta disputatio est inter *Clavium* et *Peletarium*, in qua mihi videtur ob rationes quae sequuntur Peletarii sententiam veram

48. *Cf.* f. 13.

49. *OL* V.34. *(Rosetum)*. *Cf.* f. 310v et le *DM* 22. Sextus Empir. *Contre les physiciens* I.258 sq., 415 sq.

esse, argumenta autem inefficacia ; *Clavium* verò praeterquam quod sententiam dicat erroneam, alia plura erronea ad eam sustinendam excogitasse.

7. *Clavius* ut probet angulum, quem vocant | contactus esse quantitatem praetendit eum esse divisibilem[50]. Sit enim[n] centro A descript[us] circuli arcus BC, quem tangat recta EC in puncto C. Angulusque ergo contactus est qui efficitur concursu duarum linearum BC et EC ; sumpto iam in diametro CA productâ[o] utcunque puncto F, atque eo centro, intervallo FC,

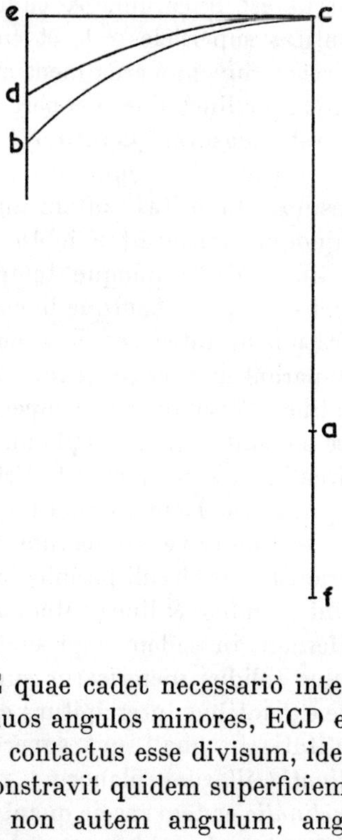

ducatur peripheria DC quae cadet necessariò inter EC & BC, dividitur ergo angulus ECB in duos angulos minores, ECD et DCB, et sic putat se demonstrasse angulum contactus esse divisum, ideoque eum esse quantitatem, sed errat. Demonstravit quidem superficiem interceptam inter EC & BC divisam esse, non autem angulum, angulus | enim definiente *Euclide inclinatio* est ; debet ergo ostendisse inclinationem linearum EC & BC esse divisam, non autem superficiem quam intercipiunt, nisi fortè putat inclinationem earum esse ipsam interceptam superficiem, ita ut natura anguli consistat in ea superficie, aut saltem ex divisione tali necessariò sequi divisionem anguli, quorum utrumque falsum est. Nam si natura anguli consisteret in eo quòd continet superficiem inter concurrentia crura interiectam, qualiscumque divisio talis superficiei esset

(n) (Figure. La première du f. 249v) (o) producta *Cf.* 155v

50. Clavius, p. 249.

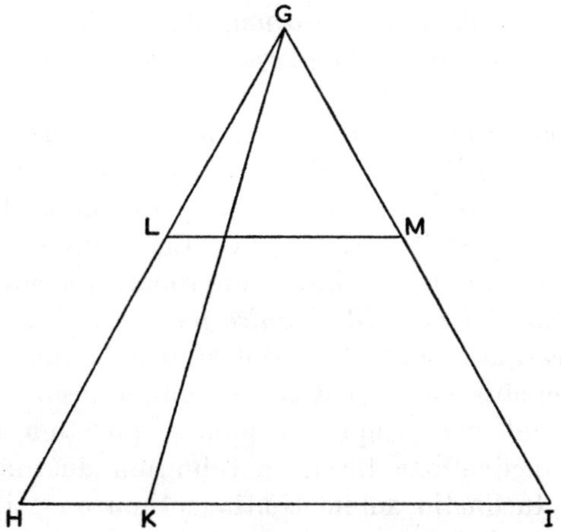

divisio anguli ; exempli causa[p], si superficies trianguli HGI esset quantitas anguli ad G, divisâ trianguli areâ utcunque per LM, maior esset angulus HGI angulo LGM, quod est absurdum, etiam assequeretur tres angulos trianguli non maiores esse quàm quilibet ipsorum unus, superficies enim intercepta inter tria latera, nimirum area trianguli, eadem est quae intercipitur inter quaelibet dua latera unum angulum constituentia, & idem dicendum esset de triangulo (si modo triangulum esset) EBC, ubi duo anguli contactus ad B et C una cum angulo | rectilineo ad E non essent maiores uno angulo ad C vel E[51], qui tamen minor est, non modo angulo ad E sed omni angulo rectilineo. Rursus etsi linea quae superficiem dividit transeat per punctum contactûs, non ideo dicetur dividere angulum, quia dividit superficiem quia qua ratione dividit superficiem in partes certas eadem deberet dividere etiam angulum in partes easdem, quod non est verum. Sint[q] enim latera GH, GI comprehendentia angulum HGI, inter se aequalia, dividaturque superficies intercepta sive area trianguli per rectam KG, sitque HK quarta pars HI, dividitur quidem superficies ita ut partes eius sint inter se ut 1 & 3. Angulus autem non sic dividitur. Ex eo ergo quod peripheria DC dividat spatium interceptum inter EC & BC[52], non sequitur divisum esse angulum ECH[q bis] ut ille arbitrabatur, sed paralogismum commisit, quo certè nec maiorem commississet Josephus Scaliger[53].

8. Porro Clavius in refutatione Peletarii | exponit quid sit habere *eandem inclinationem*, *aequalitas* (inquit) *angulorum eiusdem generis*

(p) (Figure. La seconde du f. 249v) (q) il s'agit encore de la seconde figure f. 250 (q *bis*) ECH *lire* ECB de la première figure

51. *Cf. OL* V.172-3 *(Princ. et probl.)* et ff. 259v, 261.
52. *EW* VII.290-1 *(Six Lessons)*.
53. Joseph-Juste Scaliger, 1540-1609.

requirit eandem inclinationem linearum, ita ut lineae unius conveniant omnino lineis alterius si unus alteri superponatur[54], ostenditque manifeste se *inclinationem* nihil aliud putare quam linearum figuram, nempe rectitudinem, & curvitatem, nam per figuras illas est quod recta cum curva, circularis cum hyperbolica, hyperbolica cum elliptica &c. convenire non possint. Non est ergo *inclinatio* quantitas, sed qualitas et per consequens neque angulus erit quantitas ex sententia Clavii ipsius, qui definitionem anguli ab Euclide traditam minimè improbat. Ibidem habet & haec verba, *Angulus quilibet consistit in unico puncto & linearum inclinatione*, quae non in directum iacent, ut constat ex *anguli plani definitione*. Quae si vera sint, angulus contingentiae secundum ipsum quantitas nullo modo erit. Consistit enim, inquit, in puncto, punctum autem quantitas non est, et in inclinatione linearum (nimirum duarum | se se mutuo contingentium). Inclinatio autem contingentium quantitas non est, est enim inclinatio contingentium, idem quod contiguitas ; angulus igitur contactus consistit in non quanto neque ergo est quantitas. Praetereundum autem non est non recte ab eo dici ea verba, *ut constat ex anguli plani definitione*, Euclides enim non dicit angulum planum consistere in puncto & linearum inclinatione, sed in linearum inclinatione ad punctum[55], quod valde ab illo differt. Consistere enim in puncto quantitas non potest, in inclinatione autem linearum ad punctum potest.

9. Peletarii argumentum, quo probat angulum contactus non esse angulum ex eo sumitur quod anguli formam consistere dicat in sectione sive linearum decussatione[56]. Caeterùm id non probat, sed exemplo

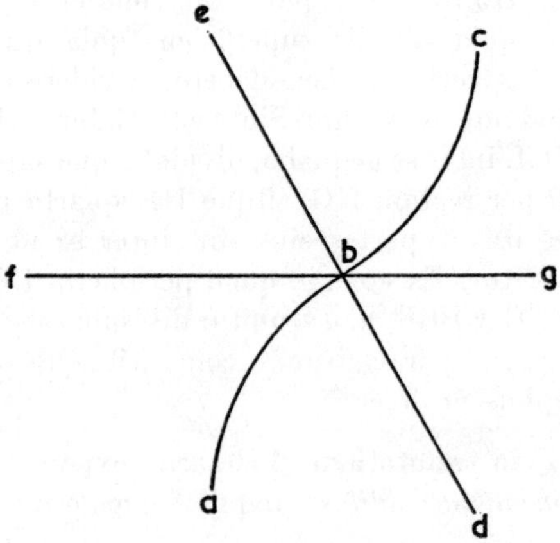

54. Clavius, pp. 8, 261.
55. *Elementa*, Lib. I, Def. 8.
56. Peletier, *ad loc.* (p. 5).

tantum explicat, nec si probaret quicquam proficeret[57]. Ductis enim circulis AB et BC super centra D & E aequalibus, & se se contingentibus mutuo in B. Ductaque recta FG | secante lineam ABC in puncto B. Anguli iam FBA, CBG secundum Peletarium non sunt vere anguli, neque quantitates, & tamen manifestum est lineam ABC a recta FBG secari. Potest ergo linea lineam non modo tangere, sed etiam secare, nec tamen ut inde oriatur angulus. Utcumque tamen infirma fuerit probatio, conclusio tamen Peletarii vera esse potest.

10. Nam sententiam contrariam multa sequuntur absurda intolerabilia, qualia sunt *Transiri posse a minore ad maius, & contra, idque per omnia media, nec tamen per aequale*, id est *aequale non esse medium inter maius & minus*. Hoc enim affirmat *Clavius* atque alii ipsi consentientes sine alio argumento, quàm quòd sequatur illud necessario ex eo quod angulus contactus supponatur esse quantitas. Et *partem quantitatis non esse toti suo homogeneam*, et *posse* esse partem quae cum suo toto rationem non habeat et, *tot esse genera quantitatum quot differentiae possunt esse curvarum linearum tam quoad | magnitudinem quam quoad figuram, id est genera quantitatum esse infinities infinita.* Nam curvarum linearum & formae innumerae sunt, ut circulares, ellipticae, hyperbolicae, parabolicae, conchoides, & infinitae aliae, & unaquaeque forma exhiberi potest in lineis, vel maioribus vel minoribus quarum diversitas est infinita, et in heterogeneis quantitatibus dari maius & minus, non tamen dari aequale, quae omnia a *Clavio* affirmantur & unicae propositioni illi innituntur, nimirum *quod angulus contactus sit quantitas*, quae tamen ut supra ostendi demonstrata[r] non est, cùm non ipsum angulum, sed superficiem interceptam inter contingentes dividi posse demonstravit. Eidem sententiae attribuendum est quod coactus sit idem negare, *eiusdem generis quantitatis esse duas rectas* quarum altera finita est altera infinita ; quod quanquam specie quadam argumentationis confirmare tentat, ex *Euclide*, qui rationem habere inter se eas solas quantitates pronuntiaverat, quarum minor multoties sumpta potest tandem maiorem superare[58], non propterea non est absurdum, dentur | enim rectae duae finita & infinita, ostendam facile esse inter eas rationem eandem quae inter duas finitas. Sed dicet quis non dari lineam infinitam, dico ergo lineam infinitam non esse quantam, quaerenti enim quanta est linea, is qui recte res pondet determinat eius longitudinem per comparationem cum aliâ aliqua iam determinata, dicendo *tanta* est, omne autem *tantum* finitum est. Qui verò respondet eam infinitam esse negat eam esse tantam vel tantam, hoc est negat eam habere quantitatem ullam actu, sed potestate omnem

(r) demonstrata *M* demonstranda *MS*

57. Voir *Elementa*, Lib. III, Prop. 16.
58. *Elementa* V, Deff. 4 et 17.

quantitatem in ea sumi posse praeterea si recta infinita[s] non est quantitas eiusdem generis cum recta finita, tamque[t] quanta sit, erit sane in aliquo genere quantitatis, non est autem linea infinita in genere superficierum, neque solidorum, est ergo (si quantitas omnino sit dicenda) in genere linearum. Sentiebat quidem Clavius finiti ad infinitum rationem nullam esse, & id quidem convenire cum definitione illa Euclidis, nimirum libri quinti quinta. Non tamen inde efficitur quin sint | eiusdem generis quantitatis linea finita, & linea alia[u], quamcumque quis in infinita[v] sumere voluerit, itaque eo modo quo in linea infinita quantitas potest intelligi, eodem modo etiam homogeneitas in eadem cum linea finita intelligetur. Nec contentus erat huiusmodi absurda admittere, sed voluit etiam aliqua eorum cohonestare, miracula appellans geometriae, cum revera dicenda potius sint a foecundis ingeniis de verbis inanibus procreata monstra.

11. Absurda vero quae adhaerere a *Clavio* dicuntur opinioni *Peletarii*, sunt haec, primum si tres, vel plures circuli se invicem contingant, inclusa figura[w] illa trilatera vel multilatera, nullum habebit angulum. 2m si duae rectae contingentes eundem circulum concurrant, figura trilatera unicum habebit angulum[59]. *Peletarius* ut videtur ex scopo huius disputationis conatus non[x] est consuetudinem loquendi abrogare, ita ut angulus ille contactus non amplius appellaretur angulus, sed tantùm ne diceretur angulus eo sensu ut significaretur in eo | esse quantitatem, iam si *Peletarius* figuram trilateram vel multilateram comprehensam inter peripherias se mutuo contingentes concedat esse quantitatem, angulos vero eos quantitatem esse neget, quanquam anguli vocentur, non intelligo quare id absurdum sit, aut quare absurdum foret si diceret figuram trilateram inclusam peripheria circuli & duabus contingentibus, esse quidem quantam, & angulum eius rectilineum esse quantum, duos vero ad puncta contactus non esse quantos.

12. Quoniam autem ex defectu definitionis anguli *Euclidicae* controversiam huiusmodi ortam esse diximus, ostendemus etiam duo quae

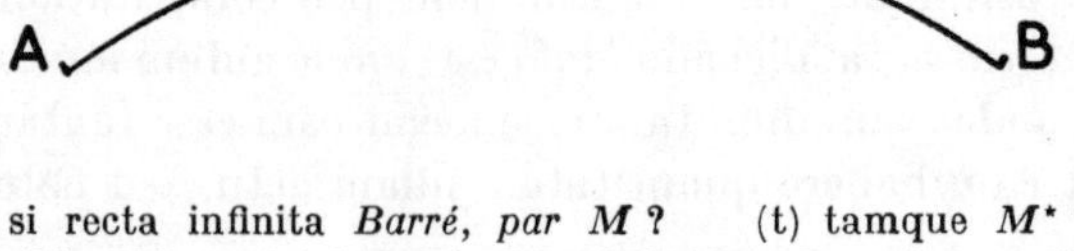

(s) praeterea si recta infinita *Barré, par M* ? (t) tamque *M** ? (u) linea alia *M* ? lineâ aliâ *MS* (v) infinita *Lire* infinitum ? (w) contingant, inclusa figura *M* contingant, figura inclusa habebit angulum 2m figura *(sic) MS* (x) non *M**

59. Clavius, p. 258.

eam definitionem sequuntur inconvenientia. Primo sit AB portio circuli divisa in C utcunque. Duae ergo lineae AC, CB, non iacent in directum, tangunt tamen se mutuo in C & (secundum interpretem eius *Clavium*, cui caeteri in hâc non adversantur qui inclinationem explica[n]t per concursum) altera earum ad alteram inclinatur, quare in omni parte circuli fit angulus. Non est ergo circulus figura sub una linea comprehensa | ut definitur ab *Euclide*[60], magis quàm quadrangulum aut alia quaelibet

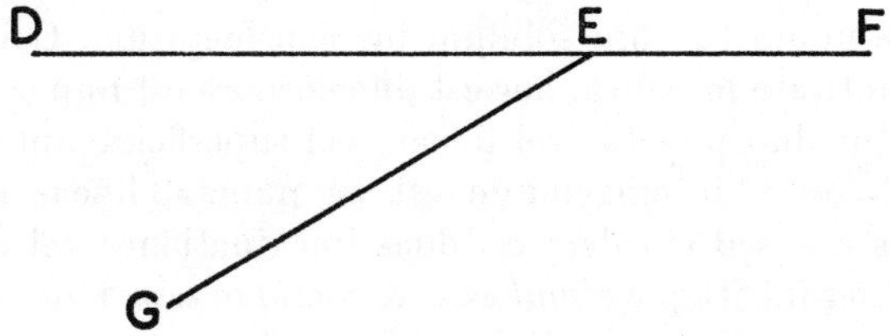

figura angularis ab ipso per linearum numerum definita. Secundò sint duo anguli rectilinei constituti a recta incidente in rectam DEG, FEG[y] qui simul sumpti aequales sunt duobus angulis rectis. Sed per definitionem *Euclidis* inclinatio rectarum DE & EF non est angulus, quia iacent illae in directum[61]. Itaque duo anguli simul additi aequales sunt non-angulo, quod est absurdum, aequalitas enim non est nisi inter quanta, eaque eiusdem generis ut inter lineam & lineam, superficiem & superficiem, solidum & solidum, angulum & angulum.

13. Non solum definitio anguli apud *Euclidem* imperfecta est, sed etiam aliae, inter quas sunt definitiones rectae lineae & superficiei planae. Illud enim[z] *interiacere ex aequo inter sua puncta, vel inter suas lineas* obscurum est, neque intelligi potest nisi explicentur[a], ita ut *interiacere lineam inter sua puncta* | significet omne lineae punctum esse in eadem recta cum extremis, atque ita definitum erit in definitione quod est vitiosum, neque vero ipse *Euclides* definitionibus suis usus est in ulla demonstratione, neque ergo potuit ille demonstrare rectam lineam breviorem esse omni alia linea eosdem habente terminos, quae propositio cum evidentissima sit, probari non potest defectu definitionis rectae lineae.

(y) DEG, FEG *edd* DEF *(effacé)*, DEG, FEH *MS* (z) Illud enim *souligné (par erreur) dans le MS* (a) explicentur *(sc. nos definitions?) Lire* explicetur ?

60. *Elementa* I, Deff. 15 et 16.

61. Cela n'est pas la définition euclidienne. Euclide dit (*Elementa* I, Deff. 4 et 7) : « La ligne droite est celle qui est également, étendue entre ses points », et « La surface plane est celle qui est également étendue entre ses lignes. »

14. Ego vero ut in hac re quid sentiam perspicue explicare possim, dicam 1° loco ea quae pertinent ad naturam contactûs, deinde de natura anguli & quomodo generatur. 1° *Contingere se mutuo* dicimus, sive *contigua esse*, duas lineas vel superficies vel solida, in quibus sunt duo puncta unum quidem in uno alterum in altero, inter quae imaginari non possumus spatium ullum intercedere & quae contigua sunt secundum omne punctum alicuius lineae vel superficiei, ea congruere dicuntur secundum eam lineam vel eam superficiem. Solida autem si intelligantur secundum omne punctum contigua esse, necessariò intelliguntur | coincidere sive esse unum tantùm solidum bis consideratum. Coincidere enim dua entia quantitate praedita, hoc est duo corpora est impossibile. Revera ergo si dicantur duo puncta, vel lineae, vel superficies simul esse, id est in eodem loco esse, intelligendum est ea puncta, lineas et superficies esse non duas res, sed eiusdem rei duas imaginationes vel duas considerationes[62]. Differunt itaque *simul esse* & *contigua esse*, nam contigua esse, nisi pluribus, simul esse, nisi uni non conceditur.

15. Contingere se mutuo duo puncta mathematica non possunt. Demonstravit hoc Proclus[63], sed & ego aliter ostendam idem. Si enim se contingant, nec tamen simul sint, hoc est non sint unum & idem punctum, tum puncta duo erunt quorum contactus est in puncto 3° nam punctum contactûs neutrum est punctorum tangentium, sed neque intercedit ullum spatium imaginabile inter utrumvis punctorum tangentium & punctum contactûs, quare punctum contactûs tangit, idque in | puncto, ambo ea puncta quae supponuntur se mutuo contingere, & sic fiunt tria puncta contactûs, et eodem modo si duo puncta mathematica admitterentur posse se mutuo contingere, multiplicarentur puncta contactus in infinitum. Puncta itaque mathematica sibi mutuò contigua esse non possunt.

16. Sequitur hinc duas lineas mathematicas non posse se mutuo contingere lateraliter. Exempli gratiâ[b] si recta AB admoveatur ad CD ita ut supponantur se mutuò tangere puncta B & C punctaque A & D, et per consequens tota linea AB totam lineam CD. Dico ea suppositione intelligi lineas AB, CD non considerari mathematicè nam si AB consideraretur mathematicè, puncta A, C, B, D essent puncta mathematica, quare per praecedentem[63] non possunt se mutuò contingere, | quod est contra hypothesim. Eadem ratione, si recta vel curva supponatur admo-

(b) Figure (la première des trois)

62. *Cf.* ff. 8, 189.

63. L'allusion est au commentaire grec de Proclus sur le Premier Livre des *Elementa*, Def. 1 : « Le point est ce qui n'a pas de parties », mais le raisonnement de Proclus est métaphysique et néoplatonicien plutôt que géométrique.

63. per praecedentem *Sc.* « ex supradictis » ?

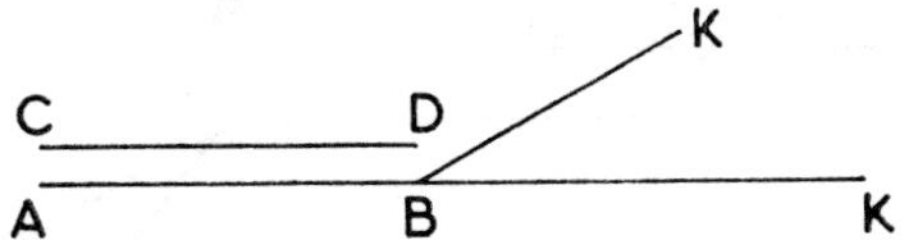

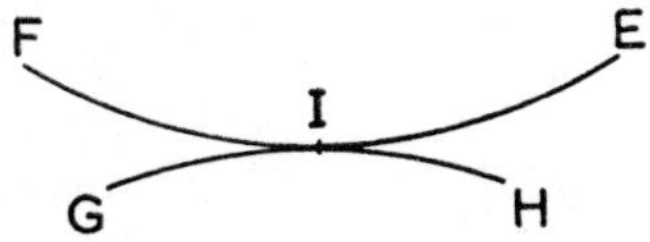

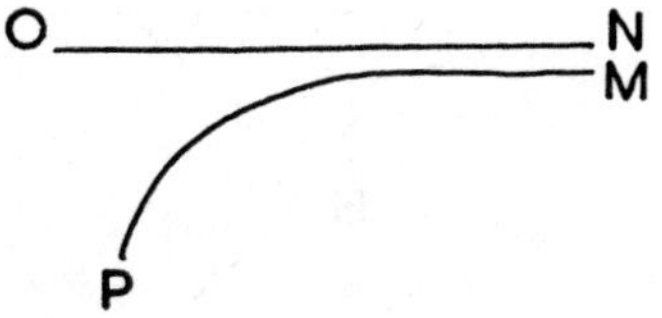

veri[c] ad contactum cum curva GH in puncto I, supponitur etiam lineas eas non esse mathematicè consideratas sine latitudine. Quod si lineae AB apponatur alia BK nihil impedit quin linea AB contingere dicatur lineam KB in puncto B.

17. Manifestum est ex hac propositione duas lineas se mutuo eo modo contingentes quo fieri supponitur angulus contactûs, non considerari mathematicè, & sine latitudine. Ideoque eas non habere punctum commune, ut I, sed concurrentes desinere non in puncto sed lineolâ, sicut concurrunt ON in MN[d].

18. Duarum rectarum se mutuò in omni puncto longitudinis suae tangentium si altera frangatur in puncto quocunque, fiet in puncto fractionis declinatio fractae ab altera talis, ut mensurari illa possit in qualibet parte eius, a circuli arcu cuius centrum est punctum fractionis, & ut dividi | possit & proinde ut declinatio illa sit quantitas.

Quoniam ostensum est in praecedente propositione duas lineas se se mutuo contingentes considerari cum aliqua semper latitudine, sint duae rectae AB, CD, CD, EF, contingentes se secundum omne punctum longitudinis CD. Et latitudo rectae CDEF, sit recta FD perpendicularis ad CD. Frangatur autem sive divellatur recta CDEF, per fractionem in puncto D. Necesse ergo erit ut punctum F convertatur versus G et per consequens ducta DH perpendiculari ad DG, iacebit DC in DH. Rursus progrediatur eadem divulsione punctum G ad K, ducta autem DL perpendiculari ad DK iacebit DC in DL. Centro igitur D descriptus arcus circuli secans DC, DH, DL utcunque in punctis C, H & L, declinatio

(c) Figure (la deuxième des trois, f. 256) (d) Figure (la troisième, peu claire)

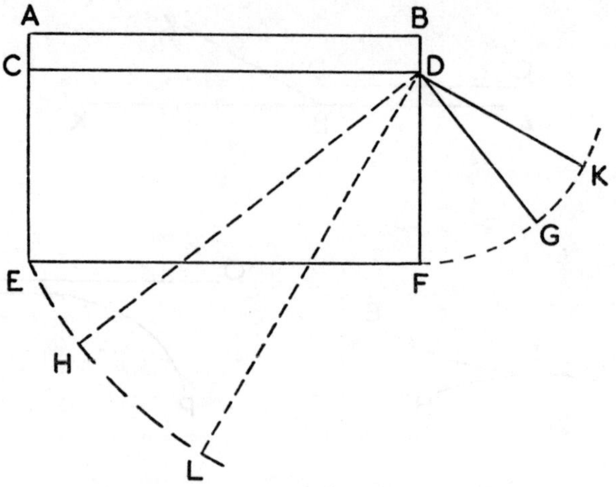

Figure du MS ; en fait les points H et L devraient se trouver sur un arc de cercle de rayon DC, conformément au texte

DH | a DC in puncto H eandem habebit rationem ad declinationem DL in puncto [L] ab eadem DC quam habet arcus CH ad arcum CL et quoniam id accidit ubicunque sumantur puncta C, H & L erit constans & eadem ubique declinationum ratio. Itaque mensurari potest declinatio illa, et quoniam mensura illa, nempe arcus circuli, divisibilis est, etiam declinatio illa divisibilis est & proinde quantitas.

19. Constat praetereà rectam FD tangentem CD in D, conversam supra centrum D, non semper tangere CD ad unum & idem punctum D, mathematicè sumptum, punctum enim D convertitur & ipsum & propterea in circello suo amovetur a contactu cum CD, alio puncto in locum eius perpetuo succedente. Ex quo fit ut declinatio duarum linearum dictarum pertineat ad ipsum punctum contactus.

20. Quod si duae rectae se mutuo secundum totam longitudinem contingant, altera autem ab altera ita divellatur manente altero termino | ut linea quae latitudinem eius determinat, à situ suo non dimoveatur, declinatio quae tali divulsione fit, non poterit una mensura determinari, neque erit declinatio ulla in ipso puncto contactûs, et proinde nihil ibi divisibile neque ulla declinationis quantitas. Sint enim duae lineae se mutuo secundum totam longitudinem tangentes[e], AB, CD, habeatque CD latitudinem aliquam DE, divellatur autem 1º pars CD, nempe fracta in F, ut iaceat pars CF in GF[f], quae intelligatur per similem divulsionem in omni puncto inter FG curvari in curvitudinem circularem, manifestum

(e) tangentes, *M* secantes, *MS* (f) CF in GF, *edd* AF in GF, *MS*

est reliquam FD esse adhuc rectam, neque habere declinationem ullam. Similiter procedatur divellendo HF, ipsamque curvandam HI, ut tota HA formam habeat circumferentiae circularis, iaceatque in HIK. Clarum

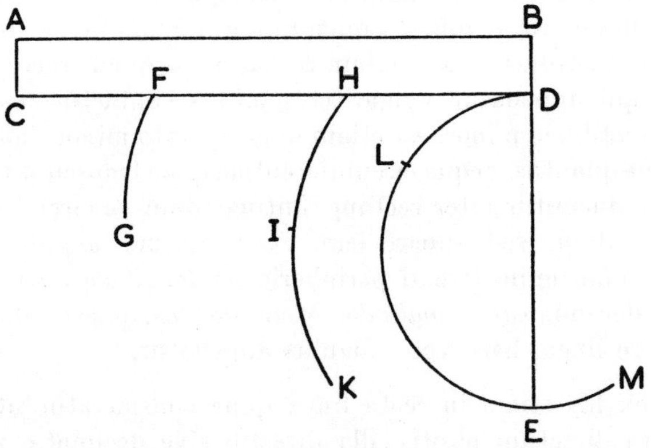

est HD rectam esse, nec habere declinationem ullam. Atque ita quaecunque [pars] ipsius | DC divellatur reliqua erit recta, contigua & parallela ipsi AB sine ulla omnino declinatione. Quod si reliqua illa tota divellatur, nimirum infracta in ipso puncto D, tum necesse est lineam DE converti versus M, itaque non erit angulus ABE rectus, neque ergo AB tangit circulum DLE, ut supponebatur. Quando itaque linea recta ab alia recta sibi secundum totam longitudinem contigua ita distrahitur ut curvetur in circulum, punctum contactus atque ideo tota latitudo DE manet immota, declinatio itaque maior non est quam a principio quando se mutuo contingebant per totam longitudinem. Nulla ergo est declinationis divisibilitas neque quantitas in puncto contactus. Quod autem non sit eadem declinatio DLE, in omni sua parte manifestum est, recessio enim in E, a puncto C, unde recedere incepit [E], maior est quam recessio in L à puncto H, unde recedere coepit L, ita ut nulla certa mensura universae declinationi simul inserviat. |

21. Quoniam iam concursus duarum linearum solet vocari angulus, possintque ita concurrere aliquando ut angulus sit quantitas, aliquando ut non sit quantitas, manifestum est vocem illam, *angulus*, aequivocam esse et in priore tantum sensu ad geometriam pertinet, cuius est considerare quantitatum proportiones,[64] oportuit igitur definiisse angulum eo modo ut *angulum quantum* solummodo contineret, quod non est factum neque ab *Euclide* neque a quoquam alio. Est autem angulus (eo sensu[)] diversionis, sive *declinationis duarum linearum ortae ex alterutrius super*

64. *Cf.* f. 5v.

punctum commune conversione quantitas. Mensura autem anguli est arcus circuli ex eo centro descripti inter utramque lineam interceptus : angulus autem *contingentiae* factus per curvationem, aequivoce tantùm, & vulgari modo, quemadmodum & quaelibet loci coarctatio, angulus appellatur. Cum neque mensurabilis sit, neque divisibilis neque omnino quantitas. Quare & angulus semicirculi qui maior esse demonstratur omni angulo | rectilineo acuto, etiam rectus est aequalis recto rectilineo[65], et reliquus qui appellatur vulgariter angulus contactûs, ostenditurque omni acuto rectilineo minor, est etiam omni quanto minor, hoc est propriè loquendo non-quantus, neque circumferentiae quae transeunt per punctum contactus & ducuntur inter rectam contingentem & circuli peripheriam dividunt angulum, sed superficiem. Nam natura anguli consistit in conversione, cùm enim circuli peripheria sit *longitudo circularis*, duo in circulo consideranda sunt, *longitudo*, & *circularitas*, quarum illa simpliciter longitudo sive linea, haec verò angulus appellatur.

22. Patet ex his etiam in recta linea quae consideratur ut composita ex duabus in directum positis, illa directio sive declinatio per semicir-

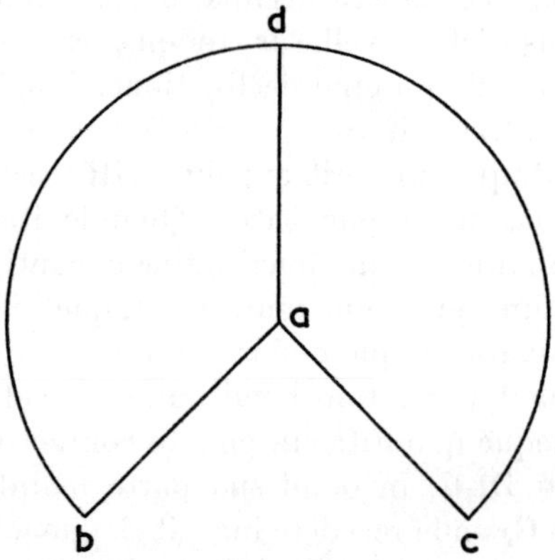

culum[g], habet naturam anguli, & est vere angulus duplus scilicet anguli recti, etiam in figura praesente, qui respondet ex parte adversa angulo BAC, vere angulus est scilicet aequalis duobus | angulis BAD & CAD, et linea post conversionem & reditum in locum unde discessit, vere angulum descripsisse dicitur, scilicet aequalem quatuor rectis[;] quae omnia ita clara sunt ut non sit opus ea ex praecedentibus demonstrare. Atque [cum] haec dicta sint de natura anguli plani, & anguli contin-

(g) Voir la figure du f. 254v

65. *LW* V. 149 (*Lux math.).*

gentiae, restat ut exponam de iisdem sententiam authoris nostri, qui cum vidisset geometrarum discordiam de angulo contingentiae, exprobata prius logicae ignorantiâ, definitionem anguli a se excogitatam proponit, ex qua nullum in geometria incommodum sequuturum promittit, et tamen angulum contactûs contendit minorem non esse omni angulo acuto rectilineo.

23. *Cogitemus modò*, inquit[h], *in quo consistat quantitas realis & vera anguli, et videbimus non esse aliam ipsius quantitatem quam superficiem inter latera interiectam, unde manifestum est eum angulum esse maiorem qui inter lineas paris longitudinis debite acceptas maiorem superficiem contineat. Quo posito,* | *manifestum erit corollarium (*[*III*, *Prop.*] *16 Euclidis)*

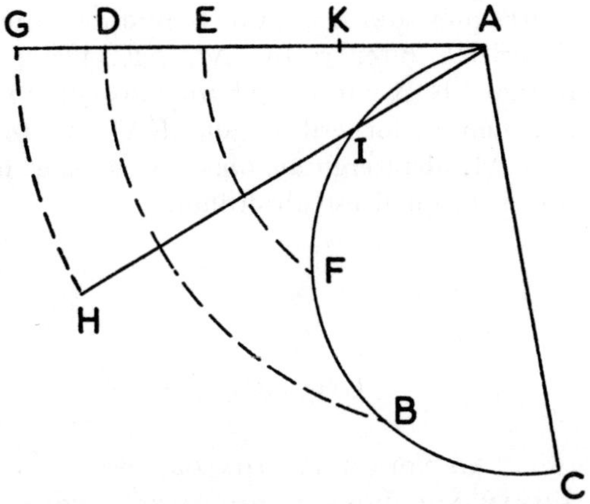

Figure conforme au MS ; mais le texte paraît exiger que G soit prolongé jusqu'à C

inductum falsum esse cum propositio verissima sit. Ex hac autem nostra definitione de se patet nihil in geometria incommodi evenire. Haec ille. Quae ut excutiamus describatur circuli semicircumferentia ABC, quam contingat recta DA. Quoniam ergo veram quantitatem anguli contingentiae superficiem ait eam esse quae intercipitur inter latera. Quaero 1m quaenam sint latera anguli contingentiae qui fit a circulari AFBC et recta GA? nam AG in infinitum produci potest. Si latus ergo infinitum sit, superficies interiecta erit quoque infinita, & quia anguli quantitas ponitur consistere in ea superficie, angulus ille contingentiae erit infinitus, quod est incredibile. Sit ergo finitus, & sumatur punctum in AD ultra D, puta in G, & ducta linea quacunque a G ad semicirculum, puta in | C,

(h) *DM* 237, avec *Et* [corollarium] *illatum* [falsum est], *ex eò quod definitio priùs non sit statuta* après *verissima sit* (260v). Le *DM* ne donne pas la référence à Euclide

ut claudatur & finita reddatur superficies inclusa. Est ergo superficies interiecta inter lineas AG & AFBC, quantitas anguli contactus, sed eadem ratione ductis DB vel EF, erit superficies ABD vel AEF, quantitas eiusdem anguli, ita habebit per hanc definitionem angulus contactus quantitates numero infinitas, quod est absurdum, sed oportet, inquit, latera accipere aequalia. Fiat, supponatur AG aequalis AFBC, & AD aequalis AB, & AF aequalis AE, an non eadem semper remanet difficultas, at latera aequalia, inquit, oportet esse *debite* accepta. Id quod, nisi explicet quid sit illud debite, intelligi non potest. Quòd autem angulus contactus GAF maior esse possit quàm angulus aliquis rectilineus ex eo probatum censet, quod maior possit esse superficies interiecta inter lineas GA & AFBC, quàm superficies interiecta inter GA & AH. Quàm recte id sequitur apparebit si consideramus rectam HA, circulum necessariò secare citra punctum A puta in I. Sumpta igitur | AK aequalis AI, superficies interiecta inter rectas AI, AK, maior erit superficie interiecta inter rectam AK & curvam AI, angulus igitur KAI, rectilineus etiam secundum ipsum maior erit angulo KAI, mixto sed idem est angulus contactus KAI, idem ergo angulus contactus et maior & minor angulo rectilineo eodem, quod est absurdum. |

Caput 24

Ad nodum 12. Dialogi 2di
Lunam non moveri immediate a sole

1. Difficultas investigandi causas physicas motuum lunarium. 2. Schema motuum telluris & lunae & phoenomenōn ab authore suppositorum. 3. 4. Phoenomena ab authore non recte intellecta 5. Quod Luna si gravitaret, nonobstantibus authoris argumentis, caderet in terram. 6. Quod gravitas causa non est quare luna non conficit orbem suum spatio 24 horarum. 7. Quòd surgentes a terra vapores causa non sunt quare orbita lunae deviat ab ecliptica. 8. Rationes, quibus ostendere conatur lunam velociorem & depressiorem esse extra eclipticam quàm in ecliptica, invalidas esse. 9. Motum solis, quo illuminat, & motum eius quo circa axem suum convertitur, utrumque simul vim habere circumferendi aëris in omnibus distantiis aequali velocitate. 10. Solem motu conversionis solo non posse aërem circum se movere sed opus esse etiam motu illuminationis ; moto autem aëre circa solem, necesse esse unâ | moveri tellurem per eclipticam, axemque eius semper sibi parallelum esse. 11. De causa excentricitatis terrae. 12. Motum qui causa est excentricitatis terrae similem[1] motui animalium vitali. 13. Similem quoque esse causam

(i) similem *M* similes *MS*

motus terrae diurni. 14. Motûs terrae & lunae per zodiacum eandem esse causam in sole, ut autem luna moveatur motu menstruo attribuendum est[j] terrae motum influentiae talem, qualem attribuimus soli, sui dilatativum. 15. Si luna motum menstruum a sola haberet terra, non compleret circulum suum, nisi 56 diebus sive mensibus duobus, nec eandem sui partem telluri semper obverteret. 16. Causam motus lunae menstrui partim in terra, partim in sole, esse. 17. Causam quare luna eandem faciem telluri obvertat in sole esse & eandem cum causa phasium. 18. Causam quare luna velocior est in copulis quam in quadris eandem esse cum causa phasium. 19. Causam quare lunae orbita eclipticam secat | compositam esse ex motu annuo in eccliptica et motu diurno in parallelis aequatori. 20. De causa apogaeorum & perigaeorum in luna. 21. Quare influentiae omnes non sint lux.

1. Motuum in luna ab astronomis observatorum tanta est irregularitas, ut de eorum causis cognoscendis naturalibus mihi sanè desperandum videatur. Et primo quidem propter multitudinem corporum quae in ipsam agunt a diversis locis, et distantiis & diversis virium gradibus. Deinde verò propter diversitatem naturae ipsius lunae quâ differt a natura aliorum planetarum, & fortasse etiam una pars eius ab alia. Inde enim efficitur ut ab uno quolibet motore suo aliter[k] afficiatur quàm aliud patiens diversum[l] ab ipsa natura ab eodem afficeretur. Nam essentia sive constitutio uniuscuiusque corporis specifica, id est ea per quam sensibus nostris dissimile apparet caeteris corporibus, in motu quodam | consistit partium eius internarum. Quòd autem multa corpora sunt quae in lunam agunt per se manifestum est, nam & sol & terra insigniter, & caeterae stellae tam fixae quam erraticae nonnihil, & sol quidem motu primum illo quo & terram, & lunam quotannis simul circumfert, deinde etiam motu illo quo omnia rectâ quâdam undequâque eiaculatione illuminat. Terra autem in eandem non modo motu suo diurno aliquid potest, sed etiam influentia quadam tanquam magnetica, & praeterea vaporibus fortasse eousque elevatis. Neque vero spei meae minime detrahit quòd viderim a summis astronomis philosophisque eam rem multum & frustra tentatam esse. Dicit quidem author noster motuum lunarium causas tales se invenisse, quae *ad amussim* (ut loquitur pag. 253) *omnia lunae phoenomenis respondeant. Quomodo causae pateant cur luna eundem vultum nobis offerat, cur | Luna circum tellurem versetur, & unde habeat motum annuum, menstruum, latitudinem, anomaliam, depressionem & elevationem idque facile & naturaliter*[l bis]. Quid autem praestiterit videndum est in sequentibus. Primum autem describendum est schema, sive configuratio lunae cum sole & stellis fixis, secundum doctrinam

(j) attribuendum *M* attribuenda *MS* (k) aliter *M** (l) diversum *edd* diversae *MS* (l *bis*) *& unde habeat* et *idque facile & naturaliter* ne sont pas dans *DM*

Copernici quam ipse sequitur, & phoenomena enumeranda sunt quibus satisfacere praesente nodo conatus est[66].

2. Sit ergo sol in A & circa centrum solis describatur ecliptica sphaerae octavae, ♈ = ♊ & c[m]. Sit autem terra in B circa quam descriptus circulus punctatus CFD repraesentet motum lunae menstruum, alter vero circulus continuus CED iacere intelligatur in plano eclipticae octavae [sphaerae] repraesentetque | eclipticam coeli lunae, cuius semidiameter est BC, vel BD. Circulus igitur punctatus CFD in quo fit motus lunae menstruus intelligitur secare circulum CED. Sit ergo communis eorum

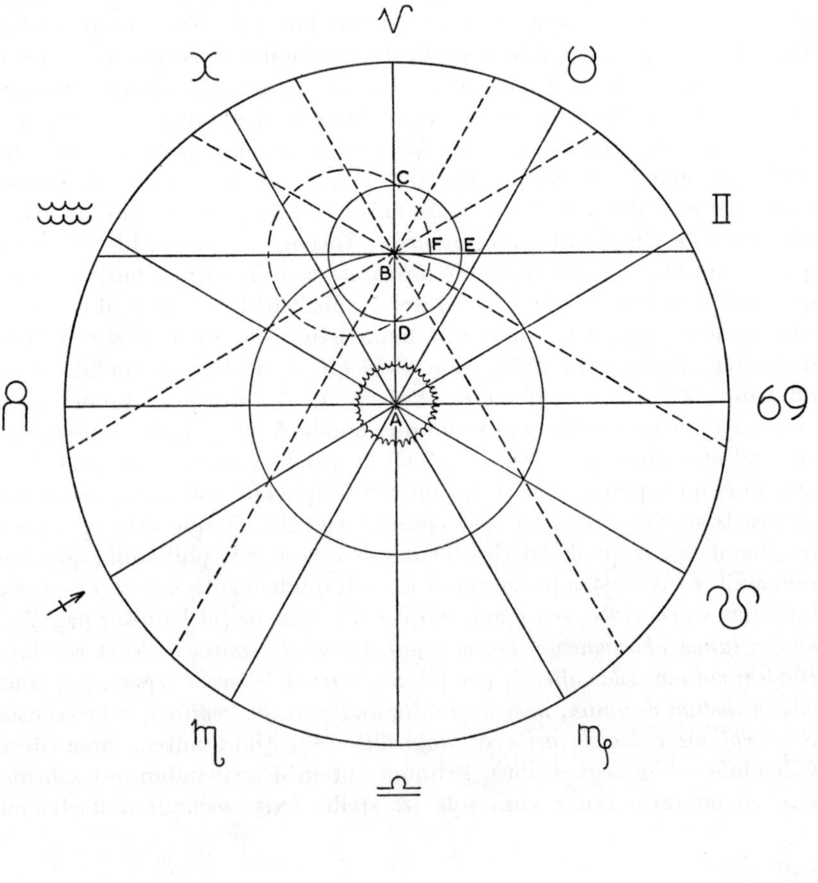

(m) Figure (à la f. 264v)

66. *Cf. OL* I. 352 sq. (*DC* c. 26 § 8).

sectio & CD. Denique circulus radio AB descriptus repraesentet motum terrae annuum. His constitutis | veniamus ad phoenomena ab authore nostro proposita. Primum est, quod luna terram quam cursu annuo comitatur unoquoque mense semel ambiat. Secundum, quòd eo ambitu circulum describat CFD non iacentem in ecliptica sed qui ipsam secet. Tertium, quòd luna in quadraturis velocior sit quam in ecliptica. Quartum, quod luna depressior sit in quadraturis.

3. Antequam ad horum phaenomenῶn causas ab authore allatas accedam, scire vellem unde tertium illud, nimirum *lunam velociorem esse in quadraturis quam in ecliptica*[67], verum esse deprehenderit, & utinam ille invenerit apud astronomos, discessiones orbitae lunaris ab eclipticâ utrinque ad latera appellari quadraturas. Sint enim orbitae lunaris CFD cum ecliptica CED intersectiones in C & D. Puncta illa C & D vocantur ab astronomis *nodi*, et alterum quidem *caput*, | alterum *cauda* Draconis, & puncta F & E, in quibus maxime illi duo circuli a se invicem declinant, *limites* & *ventres* Draconis, non autem *quadraturae. Quadraturae* enim respondent *copulis*. Iam *copulae* duo puncta sunt in orbita lunae in quibus ea secatur a plano transeunte per centra solis & terrae ita ut quoties contingit lunam esse in eo plano, toties necesse sit ut fiat vel plenilunium vel novilunium. Quòd si luna ab eo plano distet per quadrantem circuli, tunc dicitur esse in *quadraturis*, ita ut *quadraturae* sint semper duo puncta distantia a copulis per quadrantem circuli. Observatum autem esse ait Keplerus, a Tychone Brahe, quòd motus lunae in suo circulo, nimirum CFD (qui eccentricus est) propter inaequalitatem motus quam habet ab eccentricitate, celerior semper sit in copulis, hoc est in noviluniis & pleniluniis, quàm in quadraturis. Et huius | rei rationem physicam reddit Keplerus quam legere licet Lib. 4 *Epit. Astr.*[n] pag. 562. Iam author noster potuit quidem legisse lunam celeriorem esse in *copulis* quam in *quadraturis* et intelligens per *quadraturas limites* sive declinationem lunae maximam ab ecliptica, per ignorantiam terminorum incidere in hunc errorem, ut putaret lunam velociorem esse in ecliptica, quàm extra eclipticam ; quod autem contrarium dicat nempe velociorem eam esse in *quadraturis*, id est, ut ille putat, in maxima declinatione, quàm in intersectione eclipticae, nescio quomodo in illum errorum inciderit, nisi forte lapsu memoriae. Itaque postquam pag. 248. his verbis usus esset, *Astronomi* (lunam) *sub ecliptica languere, in quadraturis autem efferri notant & docent*, oportuit astronomos eos vel eorum aliquem citasse nec sibi statim applaudere & dicere, *Non expectabam a te*, *Andabata*, *tantam astronomices* | *peritiam*, quae quidem verba disserenti etiam doctissime superflua, mediocriter nimia, erranti turpia sunt.

(n) *Epit. astr.* edd Epist. astr. *MS.* (L'édition est celle de 1618, la seule)

67. *EW* VII.15 (*Seven probl.* c. 2).

4. Quaero item de phoenomeno 4° nimirum *Lunam in quadraturis depressiorem* (hoc est in perigaeo) *esse* unde illud habuerit. *Testantur* inquit *astronomi.* Qui astronomi? si enim *per quadraturas* idem intelligit quod ante, falsum est, nam si verum esset, eclipsis nunquam accideret, neque solis neque lunae, existente *luna* in *perigaeo*, non enim fit eclipsis nisi cum utrumque luminare est in ecliptica, imo neque existente luna in apogaeo. Nam si perigaeum lunae est in una quadratura apogaeum eius erit in altera, non enim fit eclipsis nisi quando est in ecliptica, sin per quadraturas intelligat id quod intelligunt astronomi, nempe spatium inter novilunia & plenilunia, sequeretur nullam posse fieri eclipsim existente luna vel in perigaeo vel in apogaeo, nulla enim eclipsis fit in[o] quadraturis, | sed omnes in coniunctione vel oppositione luminarium. Praeterea testantur omnes ephemerides apogaeum & perigaeum sive lineam quam vocant apsidem, perpetuo mutari & procedere secundum signorum consequentia & modo cum copulis, modo cum octantibus, modo cum quadraturis esse. Debebat igitur citasse eos astronomos quos sibi testes esse dicit, ne fingere ipse phoenomena sua, & ad causas a se[p] praeparatas conformare arbitrio suo videretur.

5. Venio nunc ad ipsas causas sive hypotheses. Eae duae sunt, *Conversio telluris diurna*, *& lunae gravitas* sive conatus versus centrum terrae. Ut igitur ratio constet quare luna circa terram moveatur, meminisse oportet authorem nodo 8 praesentis dialogi statuisse motu terrae diurno circumferri non modò aërem illum, qui infra montes & in terrae cavitatibus intercipitur, sed etiam totum aërem usque & ultra ipsam lunam, idque spatio 24 horarum. Et hinc iam deduci putat lunam quae aëri ita circumlato, & sibi circumfuso innatat, necessariò unà circumduci, sed spatio menstruo. | Praetereo hîc quòd aër motu diurno toto non possit ita circumferri, quoniam id supra capite 21 satis ostensum esse puto. Hoc quaero quare non circumfertur spatio diurno? respondet tardiorem esse lunam quàm circumfusus aër propter gravitatem, assumit enim inesse lunae propensionem & conatum versus centrum telluris quam vocare solemus gravitatem. Contra hanc hypothesim sui ipsius[q] solis utar obiectionibus quae duae sunt, quarum prima est lunam, si gravitaret, casuram esse in terram, sicut caetera gravia omnia, atque huic obiectioni satis respondisse se putat pag. 251 & 252 hoc modo. *Vides*, inquit[r],

(o) in *M** (p) a se *M* ab ipso *MS* (q) sui ipsius *MS* autoris ipsius *M*

(r) Avec *ad hoc, ut illò loci quò appetitus instigat, vel descendant vel efferantur, necesse est : & sic se moveant figantque pro libitu* après *quantum* ; avec *Si medium quod gravitate scindendum est ad descensum, appendiculis levioribus corpori graviori fixis adaequas, stabis ubicumque; si excesseris, ad tenuiora sublevaberis* pour *&c.* (après *ratio*) ; et avec *Cogita nunc, ex eâ mole quae effluviorum terrestrium est, quanta lunarium debet esse. Certè, pro corporum ratione, tantò diffusiorem quantò magis obnoxiam soli, prae tellure lunam arbitramur* pour *&c* (après *movendum*)

lembos & naves propterea non mergi quia aërem quasi ventre conclusum gestant. Pisces hoc idem a natura feruntur accepisse ut in ventriculum ad hoc ipsum a natura ipsis accommodatum, tantum aëris assumant, & c. quantum avibus in aëre extra corpus est quod pisces intus continent, alis enim compressis cadunt, passis elevantur. Una omnium est ratio & c. cogita modo effluvia lunae ad ipsum lunae corpus quasi depacta firmiter esse (quod non dubitem te credere) ; | *adeo inquam firmiter ut ipsa obnitentes telluris vapores distringere non valeant. Vides statim ipsi lunae cum his vel standum esse vel movendum & c. Vides itaque aptatas lunae alas. Si adhuc trepidas, cogita sublimes montes & depressas valles, his adjice vacuas intrinsecus cavernas quas natura montestris suspectas nobis facit. Solent enim non raro ebullire montes incendiis subterraneis fermentato solo.* Deinde pag. 254 adjicit aliud lunae adminiculum quo se sustinere videatur, nimirum celeritatem motus lunae, docetque exemplo hominum natantium in aqua, aliisque similibus, corpora gravia motu prohiberi ne descendant alioqui descensura. Postremò refert vinum aquae supernatare molliter infusum, similiter & oleum & aquam aquae, ideoque & aërem aëri. Quam puerilis & inepta haec responsio sit singula percurrenti facile apparebit. Primò enim quis non videt falsum esse quod dicit eandem esse rationem qua naves, lembi & pisces in aqua, & qua aves in aëre sustentantur? Ratio enim quare illae | sustentantur in aqua, est quod navis cum incluso aëre tota ut unum corpus sumpta, levior est habente aquâ eandem molem. Idem dicendum est de piscibus & rebus omnibus quae sine motu aquae insident ; at avis, unà cum alis, sive contractis sive expansis, quia gravior est aëris mole sibi aequali, nisi volatu adiuvetur, gravitate sua statim descendet. 2° Non est eadem ratio qua avis suo volatu & luna suo motu circa terram sustentatur in aëre. Nam motus volantium talis est ut alis aërem utrinque premant versus centrum terrae, ex quo fit ut exurgens inter alas aër medium corpus tantundem elevet[68]. At motui lunae circa centrum terrae illud contingere non potest. Tertiò, ubi iubet cogitare effluvia lunae esse firmiter ipsi lunari corpori depacta, idem facit ac si iuberet cogitare effluvia non esse effluvia, nam effluvia ideo sunt, quia fluida, & fluida quia non sunt firmiter depacta. Praeterea si luna | gravitet, magis certe gravitabit quàm sua ipsius effluvia, sicut terra gravior est suis effluviis, nimirum aëre, luna igitur in effluviis propriis gravitabit descendetque ita ut illis tanquam alis amplius non possit uti, sed contingat corpore suo effluvia telluris, imo in ipsa demergatur ita ut effluvia terrae quae ultra lunam sunt, graviora cum sint quam effluvia lunae, illa expellet sicut aqua, quae altior est labiis[s] alicuius vasis in aquam detrusi descendet in vasis concavâ expulso aëre. Itaque omni modo

(s) labiis *edd* labris *MS*

68. *OL* I.424-5 (*DC* c. 30 § 13, 14).

luna si gravitet decidet in terram. Postremò, quanquam verum sit vinum aquae, aërem aëri, vapores vaporibus, et in universum leviora gravioribus innatare, non sequitur tamen quin corpora ex quibus etiam levissimi vapores exhalant possint ipsa in gravioribus vaporibus descendere. Nam alioqui si quis sudans in aquam injiceretur, non demergeretur quia sudores illi (corporis sudantis effluvia) leviores sunt aqua[69], et non minus adhaerent ipsi quam effluvia lunaria adhaerent ipsi lunae, itaque si lunae gravitantis effluvia prohibent ipsam descendere | in aëre, multo magis sudantis hominis effluvia prohiberent hominem ne mergeretur.

6. Altera ipsius contra eandem hypothesim suam obiectio est haec, quòd si terra motu suo diurno circumferat lunam, deberet luna conficere cursum suum in spatio horarum 24. Constat autem lunam ad circulum suum complendum requirere amplius quam vicies & septies tantum temporis. Respondet autem tarditatem eam lunae accidere a gravitate, eo nimirum modo quo corpora densa in fluminibus ipso flumine tardius decurrunt. Quid autem causae subsit quare hoc fiat id minime docet. Neque enim si rem attente consideremus, vera apparebit, verum est si pluma & navis secundo flumine simul deferantur quod pluma navem antevertet, utraque tamen eadem velocitate feretur qua flumen a quo vectatur ; sed quia partes aquae supernae quas solas pluma occupat decliviore ideoque & celeriore cursu labuntur quam partes aquae inferiores atque adeo quam aggregatum ex partibus & inferioribus & superioribus simul sumptis[70] | quas occupat navis magna sui parte in profundum immersa, necesse est ut pluma etiam celerius moveatur quam navis. Differentia tamen non est magna. Sed ut luna, quia gravis supponitur, eam ob rem in effluviis terrae tardius moveatur quam effluvia à quibus vehitur in proportione 27 ad 1 monstri simile est.

7. Ex eadem lunaris gravitatis hypothesi rationem reddit quare luna non fertur sub ecliptica hoc modo, vapores è terra effluentes plures & elevatiores esse ait sub ecliptica quam alias propter solem semper perpendiculariter eminentem, eosdemque cum ad summam elevationem ascenderint, ab aliis perpetuò subsurgentibus extrudi ad eclipticae latera more fluminum quae innatantia sibi, si modò paulo tardiora sint, e medio gurgite ejiciunt ad ripas[71] atque hinc fieri ut luna, ubi ad eclipticam accesserit, non ibi diu moretur sed ad latera extrudatur ubi demissiores sunt vapores terrestres. Quoniam motum lunae effectum esse dixerat motûs diurni telluris debebat, ut mihi quidem videtur, quaestionem potius instituisse, cur luna | non fertur sub aequinoctiali parallelῶs, quàm cur non fertur sub ecliptica. Nam motus diurnus terrae fit in aequinoctiali,

69. *EW* VII.12 (*Seven probl.* c. 1).
70. *Cf.* ff. 178v *ff.*
71. *Cf.* f. 179v.

at omnis pars terrae motu diurno describit vel ipsum aequinoctialem vel aliquem circulum ipsi parallelum. Quare ei reddenda erat ratio quare luna mota non eadem via moveatur quâ id a quo movetur, nempe terra. Ostendendum quoque erat quando luna esset in magna aliqua declinatione ab aequinoctiali, quo motore tunc moveatur, nam a motu diurno moveri

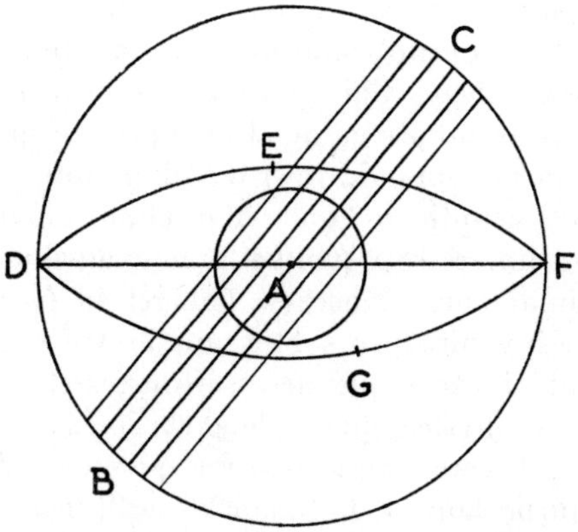

ibi non possit. Exempli gratia, sit terra in A, et sit aequinoctialis BC, feratur autem luna in circulo DEFG cuius declinatio sit arcus FC, vel DB aequalis maximae declinationi eclipticae, nempe gr[adibus] 23 ½, putemus autem lunam esse in D vel F. Manifestum est omnem vim motivam quam habet terra à motu diurno exerceri in parallelis extensis à B ad C. Quomodo | ergo vis illa attinget lunam in D vel F? Plane impossibile est, nisi vel telluris corpus tantae magnitudinis esset ut collocatum inter C & F vel inter B & D in orbita lunae totum illud spatium implere possit, quod est absurdum dictu, vel saltem motus aliquis rectus a terra undequaque sphaericè propagaretur quod ille non supposuit, sed tantum excitari vapores à sole quos rectâ[t] ascendere ait in zona torrida & eiectos conformare se in modum sphaerae. Non est negandum quin motus terrae diurnus possit lunam circumagere, sed non solus, quo autem modo id fieri possit dicam infra, nunc videamus an causa probabilis fit quam affert author cur luna non fertur sub ecliptica. Concedatur elevationem vaporum ibi maximam esse ubi solis radii perpendiculariter terram feriunt, hoc est in eclipticae parte aliqua, quid ergo si luna extiterit in parte eclipticae soli opposita, ut existente sole in F, luna fuerit in D? Non video cur necesse sit extrudi eam ad latera in locum depressiorem, quia si vapores | depressiores sunt in iis locis quae longius a sole distant, tunc luna depressiorem invenire locum non potest quàm is in quo est, distat enim sol longissime ab eo puncto terrae quod ipsi est oppositum.

(t) rectâ *edd* recta *MS*

Praeterea si causa quare luna exit ab ecliptica, ea esset quòd extruderetur (a vaporibus surgentibus) in locum depressiorem, sequeretur inde lunam in ecliptica sive nodis semper esse apogaeam, in limitibus semper perigaeam, id quod ille tanquam phaenomenum verum assumit, nos vero falsum esse supra monuimus articulo 4to ex fide ephemeridum, hoc est ex experientia omnium temporum. Porro si luna ex ecliptica per vim ejiciatur, quaeri potest qua vi iterum ad eclipticam redit, nam eadem virtute qua vapores sub eclipticam lunam ibi existentem ejiciunt eadem advenientem arcere debent. Cui quaestioni occurrens lunam ideo dicit ad eclipticam recurrere propterea quòd in superficie sphaerica brevissima via est per circulum maximum[;] | per circulum autem maximum iri non potest nisi secando eclipticam, quia illa[u] etiam circulus maximus est, quasi lunae necessarium esset a quolibet puncto ad aliud punctum tendere per viam brevissimam aut si necessè haberet id facere, non posset in aëre liquido viam invenire per subtensum breviorem, eâ quae est per arcum circuli ; aut si utrumque necessarium esset, necessitas illa non dependeret a causa physica quam deberet hoc loco author noster ex instituto explicare. Dicere itaque deberet quomodo & unde accidit ut terra motu suo diurno non modo lunam ex ecliptica ejicit sed etiam in alium circulum magnum cogit, ita ut necessarium sit eadem vi vaporum lunam ejici quidem, & tamen rursus recipi in eclipticam[72].

8. Quanquam rationes quas adducit ad salvanda duo postrema phoenomena, nimirum lunam *esse velociorem in quadraturis* (id est, ut ille intelligit in maxima lunae declinatione ab ecliptica) *quam in ipsa ecliptica* et *eandem in iisdem quadraturis depressiorem esse*, eo ipso confutantur quod talia phoenomena nulla sint ; tamen ut ea ita | se habere concedamus, videamus an rationes eius id convincant. Dicit ille motum velocem condensare, quare autem & quomodo id fiat neque ratione neque exemplo ostendit, assumit tantùm, et ex eo quòd sub ecliptica vapores vehementius excitantur a terra, illos vapores densiores esse concludit sub ecliptica quam extra eclipticam. Plurimis autem philosophis nec sine probabili ratione videtur aliter esse, putant enim vapores eodem calore quo excitantur dissipari etiam & rarefieri, ideoque subtiliorem esse aërem intra tropicos quam extra. Esto autem aër ibi, ex sententia authoris, densior praesente & imminente sole, non ideo etiam densior erit ibi aër existente sole in hemisphaerio opposito. Itaque luna quanquam gravitet non magis tamen subsidebit versus terram in quadraturis quando est in eodem cum sole hemisphaerio, quam in ecliptica quando est in hemisphaerio diverso[v]. Neque ergo universaliter verum erit lunam esse depressiorem quando maxime declinat ab ecliptica quam quando minime.

(u) illa *edd* ille *MS* (v) diverso, *Lire* adverso ?

72. *EW* VII.106 (*Dec. phys.* c. 4). *Cf.* f. 281.

A depressione lunae extra eclipticam | argumentum ducit ad velocitatem cuius, inquit[w], *duas causas habes brevitatem depressioris versus centrum circuli, & vehementiam motûs sub ecliptica, quae velociùs movens facit deficientiam esse minorem & videri lunam tardius moveri.* Quae verba profecto non omnino intelligo. Videntur autem contradictoria continere. Nam[x] *deficientiam esse minorem, & videri lunam tardius moveri* mihi quidem sonant contraria. Praeterea motum quem debet supponere diurnum, (hoc est sub parallelis aequatori) vehementiorem esse sub ecliptica absurdum est, nam singula puncta eclipticae velocitatem diurnam habent maiorem vel minorem prout circuli paralleli quibus secantur maiores sunt vel minores. Atque hactenus de doctrina authoris circa theoriam lunae tanquam potero brevissime opinionem meam de eadem re proponam in medium, non quod putem posse a me salvari omnia lunae phoenomena | sed quòd ea quae dicturus sum de motu & operatione corporum coelestium magis cohaerentia sint inter se minusque abhorrentia a motibus quotidianis quam quae hactenus ab aliis dicta sunt & forte etiam magis congrua phoenomenis coelestibus, quanquam nescio an motus ulli ab hominibus excogitari possint, & lunae, terrae, solique attribui, ut causae apparentiarum, quorum ipsos, si scierint aliquando rei veritatem, non puderet.

9. Imprimis igitur ex eo quòd solem omnes undequaque simul oculis sentimus, habemus hoc solem agere undequaque simul. Et quia omnis actio est motus, constat inesse soli motum quendam qui secundum rectas lineas undequaque in sphaeram per medium fluidum continuò propagatur. Et hic quidem motus dicitur illuminatio, et fit per continuam trusionem quâ pars solis extima, promota quantulumcumque facit partem medii sibi proximam tantumdem cedere, & pars illa rursus cedere facit aliam proximam sibi[73], atque hoc modo fit motus illius sive actionis qua sol illuminat in omnes partes propagatio. Rursus | intelligi facile potest, praeter hunc motum, posse solem habere in se motum qui vocatur conversionis, quo circa axem proprium partes eius omnes circumferuntur, & quia hoc intelligi potest, potest etiam supponi quemadmodum supposuerunt Keplerus, Galilaeus, aliique insignes astronomi & philosophi. Ex his duobus motibus quorum alter, id est motus illuminationis, manifestè ipsi inest, alter, nempe motus conversionis, supponitur inesse, ostenditur aërem, sive medium illud liquidum quod à sole undequaque extenditur, circumferri circa solem, idque velocitate in omnibus a sole distantiis aequali, ideoque quo aëris pars aliqua longior est a sole quàm alia pars tantò plus temporis impendit ad complendum circulum suum

(w) *DM* 249 (x) Nam *edd Nam* MS

73. *Cf.* f. 67v.

in ratione, scilicet distantiarum a sole. Motus enim illuminationis qui per se rectus est, habet ab initio eius circularitatem ex solis vertigine, & in ea velocitatem a vertigine solis determinatam, quam nullum aliud agens aut auget aut diminuit ; aër enim non perdit motum illum circularem neque per communicationem ut ventus extinguitur quando conceptus in exigua aliqua parte aëris communicatur in | ampliorem, nam motus ille a sole propagatus simul propagatur undequaque, ita ut communicari in aërem ampliorem non possit. Neque per gravitatem, ut motus extinguitur projectorum per descensum versus centrum, qui est motui projectorum contrarius, vel directè vel aliquâ ex parte. Motus ergo circularis partium medii qui generatur a solis conversione composita cum eiusdem illuminatione procedit ad omnes distantias aequali velocitate, ideoque circuli facti a partibus medii sic moti transeuntur in temporibus proportionalibus ad distantias a sole.

10. Quod si conversio solis consideretur solitariè sine motu illo radiante, aërem in circulum movere non posset, nam in omni motu movens immediatum, & id quod movetur, debet perpetuò esse in eadem linea. Id enim quod movetur ideo locum suum deserit, quia aliud corpus in illum ipsum locum conatur succedere. Si ergo sol moveat partem aliquam aëris, illa pars aëris debet esse in eadem linea circulari perpetuò cum parte solis quam contingit, quod est impossibile. Oportet igitur | ut solis partes externae aërem circumagant, dari λαβήν aliquam qua aërem possit prehendere. Eodem[y] modo etsi solis superficies aspera esset, ita ut moveret aërem sibi contiguum, tamen ille aër non posset rursus movere aërem alterum sibi contiguum defectu λαβῆς. Non ergo sol movet aërem in circulum per solam sui corporis vertiginem sed ope motus illius projectitii quo, ut dixi, aspicitur & illuminat. Posito iam aëris circa solem motu, necesse est terram etiam aëri innatantem una circumferri, & describere certo tempore suum circulum, circulus ille appellatur *ecliptica*, tempus autem lationis, annus, atque hoc modo habemus motum terrae *annuum* in ecliptica. Quòd autem ex tali aëris circa solem latione necesse sit terram ipsi innatantem axem suum tenere semper parallelum ostensum est, cap. 19, ad nodos 6, 7 dialogi praesentis articulo 3o[z].

11. Quare autem motus ille terrae circularis non haberet solem praecisè pro centro sed est eccentricus, id nescio unde fiat. Potest enim id fieri ut dixi supra ad finem Capitis 21, a stellis fixis[74], et | potest etiam fieri a proprietate naturae terrestris hoc modo corpus unumquodque solidum, hoc est durum, & cuius partes dirimi & separari alter ab altera non possunt sine magno motu externo, proprietatem illam habere a motu

(y) prehendere. Eodem *edd* prehendere eodem *MS* (z) ff. 193v *sqq*

74. Hobbes n'a pas dit ceci, mais voir ff. 200 *sqq*.

interno ipsarum partium, id est a motu materiae illo qui constituit corporis formam. Itaque et terra habet motum talem materiae internum per quem est terra. Rursum omne corpus durum, si pars eius aliqua ab alio corpore incurrente impellatur, hanc proprietatem habet ut & se plus vel minus, prout durities sua & vis incurrentis maior vel minor est, restituat, & liberando se ; si aliter non possit, resilit, ut constitutionem suam specificam conservet, non ut agens sensibile quod cognoscit quid sui sit conservativum, sed ut turbo rotatus velociter & impingens contra parietem statim resilit non ex appetitu conservandi motum circularem, sed ex vi illius ipsius motus qui materiam ad figuram certam determinaverat quae cum impactu in parietem consistere non potuit[75]. Itaque et terra eam quoque habet proprietatem, ut si agens | aliquod in ipsam ita agat, ut ea actione motus ille eius internus, per quem est terra, impediatur, statim se recipiat, & quoniam potest esse ut tellus heterogenea cùm sit, habeatque partes naturarum diversarum, calor solis ipsi ex una parte magis adversus sive molestus sit, quàm ex alia, ideoque ex una sui parte proprius ad solem, ex altera remotius, naturâ suâ optimè fruitur. Quod si res ita se habeat, habemus causam eccentricitatis solis[a]. Sin ea causa non sit, forte stellae fixae in causa sunt, nisi quod motus apsidum (sunt enim hodie apogaeum et perigaeum solis sub aliis fixis[b] quàm olim) videatur repugnare. Potest quoque esse ut luna et terra sibi mutuo causae esse possint eccentricitatis. Prior autem causa, nimirum diversitas naturae in terrae partibus, mihi omnium videatur probabilissima, propterea quòd etiam in aliis rebus similes effectûs ex causis similibus oriuntur. Nam, ut omittam proprietates magneticas, quid familiarius est quam converti se homines hiberno tempore ante ignem etiamsi aliud agentes, scilicet partes a foco aversas, quando motûs earum[c] vitales[76] frigore impediuntur, ad ignem admovent, easdem, quando nimiâ morâ plus incaluere quàm patitur | idem motus vitalis rursus amovent. Item si pars aliqua corporis ita laboret ut calorem minus ferre possit, quando ea pars igni obvertenda est, recedunt magis quam si esset sana. Eodem modo videtur accidere terrae quod in aliqua sui plaga calor solaris ipsius naturae congruus minor est, in alia maior, ideoque quando illa plaga soli obvertenda est, cui minor calor congruit, resilit aliquanto a sole, quando altera obvertenda est, accedit aliquanto magis. In hoc autem accessu & recessu consistit terrae eccentricitas.

12. Putabit fortasse aliquis huiusmodi [:] exempla ab animalibus desumpta non congruere nisi etiam terra esset animal. Dico igitur etiam

(a) solis. *Lire* orbitae telluris ? (b) aliis fixis *M* alias fixas *MS* (c) earum *edd* eorum ? *MS*

75. *Cf.* f. 300.
76. *Cf.* f. 349.

lapides & ligna & terrestria quaecunque conversura se esse ante solem, nisi obstaret gravitas, id est nisi obstaret alius motus fortior qui illam conversionem impediret. Cum enim tota terra composita ex lapidibus, lignis, metallis, gleba, & aliis heterogeneis, conversatur ante solem motu diurno, non est dubitandum, si ab eadem terra auferretur undequaque in orbem pars eius aliqua, quin id quod reliquum est, eo motu converteretur, atque eodem modo converteretur si adhuc plus adimeretur donec relinqueretur unicum saxum sive sphaerula | metalli vel ligni in eius centro. Converteretur itaque quodlibet grave ante solem modo liberum esset a gravitate, quemadmodum est tota simul terra, neque vero motus illius quo animalia petunt ea quae sibi congrua sunt, principium primum[77] est voluntas, sive appetitus, nam ille ipse appetitus est motus ille animalium internus, quo restituunt se quando a motu naturae & constitutioni suae contrario opprimuntur, et quo accedunt ad agentia illa quae motum suum eundem corroborant & adjuvant, nam etsi *delectari & dolere* nomina[d] sint solis animalibus attributa, res tamen ipsae etiam in inanimatis insunt, nimirum *motum specificum corroborari, & motum specificum impediri.*

13. Ex huiusmodi igitur motu specifico partium internarum terrae potest intelligi provenire motus eius diurnus, quo partes suas successive ad solis calorem aliquas admovet, alias amovet. Et haec quidem dicta sint de causa motuum quae attribuuntur terrae.

14. Quod attinet ad lunam, videtur sol eodem modo in ipsam agere quo agit in terram, sicut ergo terra | motu annuo, sic etiam luna a sole circumferetur et sic patet causa quare tellurem semper comitatur. Iam vero sicut supponunt solem converti super centrum suum ut circumducat terram simul et lunam circa se, ita quique supponunt a conversione diurna circumferri lunam circa tellurem, id quomodo fieri potest videamus. Ostensum est supra, articulo 10, solem non potuisse aërem circumvertere solâ sui corporis vertigine sine additione motus proiectitii, quo undequaque aërem simul movens propagat motum quendam rectum in omnes partes sphaerae. Eadem autem ratione ostendi potest neque tellurem posse movere aërem usque ad lunam nisi etiam similem aliquem motum haberet etiam ipsa, qui quidem motus ille est quem vocaret fortasse aliquis influentiam, nam influentia vel motus est vel nulla est. Supposito igitur tali motu in terra (qui quomodo differt ab illuminatione dicam postea) videamus quid sequuturum inde est in luna.

15. Primo manifestum est lunam eodem modo motu menstruo ambituram tellurem quo tellus solem, & eadem velocitate quam habet motus

(d) nomina — *(sic) MS*

77. *Cf.* f. 302v.

diurnus, ideoque | si nulla alia sit causa motus eius menstrui, conficiet circulum suum in tempore cuius proportio est ad unum diem eadem quam est distantia inter centrum terrae et lunam ad terrae semidiametrum. Praetera sicut axis terrae fertur semper circa solem parallelῶs, ita axis lunae, si nulla alia causa motûs lunaris esset praeter illum quem habet a terra, ferretur etiam semper parallelῶs atque ita non semper eandem sui plagam terrae obverteret, sed aliam atque aliam. Quaerenda igitur hic duo sunt : primo, quia distantia lunae a terra, si mediam sumas inter distantias apogaeam et perigaeam, secundum astronomos est circiter quinquaginta sex semidiametrorum terrae, singulis diebus luna non absolvit nisi partem quinquagesimam sextam circuli sui, hoc est gradus sex, minutae viginti quatuor, absolvit autem, ut dicunt astronomi, quotidie gradûs tredecim minutas decem et amplius, quaeritur si virtute motus terrae diurni conficit tantum gradus sex minutae viginti quatuor, quâ virtute conficit caeteros gradus sex minutae quadraginta sex. Secundò quaeritur quâ virtute fit ut luna quae per motum terrae diurnum deberet aliam atque aliam sui partem terrae obvertere, obvertat tamen semper eandem, nempe illam maculosam[78]. |

16. Repetitâ ergo figurâ articuli secundi, sit sol in A, terra in B, luna in C, et putemus lunam à motu telluris diurno circumferri per spatium quodcumque quocumque tempore secundum ordinem signorum à ♈, ad ♉[e]. Manifestum autem est quòd sol interea agat in lunam eo modo quo agit in terram, eam scilicet irradiatione sua calefaciendo ; at calefactio illa causa erat terrae motus diurni, quo terra partes suas successive ad solem admoveret. Rationis igitur est censere quod sol eadem irradiatione causa sit lunae accedendi ad solis focum, donec calore eius fruatur quantum naturae suae competit, et rursus recedere.

Supponamus iam lunam, sive quia naturam habere videtur similem naturae terrestri, sive ob quamcumque aliam causam, esse in distantia a sole, suae naturae convenientissima, tunc quando distat a sole tantum quantum tellus, hoc est in quadraturis, sequetur igitur eandem lunam in | noviluniis viciniorem, in pleniluniis remotiorem esse a sole quam naturae suae conveniat sui scilicet tellure ipsam per conversionem diurnam ad situm inconvenientem adigente, quare necesse est ut ea continuo motu a loco depulsa ubi justo fruatur calore, continuo quoque motu locum illum repetat, quare luna quando est in C longiùs à sole quam par est, movebitur virtute calefactiva solis à ♈ ad ♉, et quando est in D movebitur versus ♏[e bis] ; quoniam vero eadem etiam viâ ferebatur a motu telluris diurno, erunt duae causae motrices lunae, nempe motus

(e) à ♈, ad ♉ *edd* à C ad ♉ MS (e *bis*) Vide figuram articuli 2^{i} *M** *en marge* à ♈ ad ♉ - - - versus ♏ *edd* à C ad ♉ - - - versus M *MS*

78. *OL* I.354 *sq.* (*DC* c. 26 § 9). Pour *minutae* lire *minutas* (3 fois) ?

diurnus telluris, & calefactio a sole, at vi motus diurni telluris, supponebatur luna promotam fuisse tantum 6 gradibus & min. 24 debebit caeteros 6 gr. min. 46 radiis solaribus.

17. Ex his quoque ratio reddi potest quare luna faciem telluri obvertit semper eandem ; supponamus enim lunam a sola terra moveri circa terram, eo modo quo terra movetur circa solem, hoc est ita ut teneat axem semper in parallelis, ex quo sicut terrae accidit ut subinde alias aliasque partes soli ostendat, ita etiam lunae accidit respectu terrae. | Iam addamus virtutem radiorum solarium, quia ergo virtus illa dabat conversionem diurnam terrae ad solem, dabit quoque idem sol similem conversionem lunae, quare pars lunae existentis in C quae à sole aversa erat, progrediente lunâ per CED, alia erit successivè donec constituta in D pars quae aversa erat in C, iam in D adversa erit ideoque eadem facies erit versus terram lunae existentis in D quae erat existentis in C. Atque hoc modo quae causa producit phases, eadem facit ut luna terram vultu semper aspiciat eodem, et sol eadem virtute quâ facit in tellure diem, facit in luna mensem synodicum.

18. Ab eadem causa dependet quòd luna in copulis, hoc est in noviluniis & pleniluniis, aliquanto celeriùs moveatur quam in quadraturis ; cùm enim luna in quadraturis eandem habet distantiam à sole quam habet terra, hoc est justam & naturae suae congruentem, in copulis verò maiorem, vel minorem (nam in pleniluniis distantia eius maxima est in novilunio minima) non est mirandum si ab utroque illo situ prout opus est, magis accedat | ad solem, vel ab eo magis resiliat.

19. Quare orbita lunae neque convenit cum ecliptica, in qua dirigitur à motu solis cursu annuo, neque cum aequatore, in quo moveri debebat motu diurno telluris, causam reddere in promptu videtur esse, nam ubi duo concurrunt motores, motum efficiunt mixtum ab utroque & diversum. Consideretur ergo rursus figura articuli 2[di], in qua sit CED ecliptica & CGD aequator, sit autem luna in C, ubi aequator et ecliptica se se mutuo secant. Quoniam ergo sol in ecliptica lunam deferre, tellus supra eclipticam (in signis ab ♈ ad ♎ consequentibus) eandem conatur elevare, curret luna inter utrumque circulum, putà in circulo illo punctato, ita ut apparitura sit cum signis quae habent latitudinem borealem, eodem modo & propter eandem rationem in signis consequentibus a ♎ ad ♈ apparebit in latitudine australi.

20. Quod attinet ad lunae apogaea & perigaea, sunt ea ab astronomis observata duplicia, nam luna potest accedere ad terram & ab eadem recedere propter excentricitatem orbitae, & potest etiam idem facere, | ut loquar secundum veteres, propter epicyclum in quo delata luna, modò propior, modò remotior est a terra, prout in parte hac vel illa

epicycli extiterit. Huius varietatis causa[f] (omissis solidis orbibus veterum) potest esse huiusmodi. Primò sicut diximus terrae orbitam excentricam ideo esse posse, quia pars eius una naturali constitutione propioribus radiis solaribus gauderet, alia remotioribus, ita quoque luna excentrica ideo potest esse quia una pars terrae (nam luna eandem sui partem terrae ostendit) fortius afficit eam, quam alia et propterea quando ea pars terrae, quae fortissime agit ad lunam obvertitur fit apogaeum, quando debilissime perigaeum. 2° quia de terra supponitur quòd una parte propiores, alterâ remotiores optat solares radios, idem praesumi potest de luna. Inde itaque continget quod luna, cuius hemispherium dimidium[g] semper illuminatur quando hemispherium illud terrae[h] quod remotiorem amat solem, illuminatur, erit tunc apogaea, quando alterum perigaea, atque ita erunt duo apogaea & duo perigaea, altera à diversis potentiis activis in partibus diversis terrae, altera à diversis potentiis passivis in diversis partibus lunae. Priora illa habent pro causa efficiente terram, posteriora solem. Posteriora haec sequuntur diversitatem phasium, priora verò spectant ad cursum periodicum, tantum. Cùm verò utraque conjunguntur, fit luna απογειοτατη, vel περιγειοτατη, quibus vocibus | ita ostensus videtur author noster, ut ob hanc rem nodum insequentem instituerit ad fidem astronomorum observatis detrahendam.

21. Quoniam capite nono articulo secundo naturam luminis tam in sole quam in omni alio lucido in eo consistere diximus quòd sol et lucida omnia undique se in sphaeram aliquantulum dilatent in omnem partem simul ; et rursus hoc capite similem etiam telluri actionem attribuimus, ut sicut sol lumine suo una cum vertigine super centrum proprium non modo circumducit terram motu annuo sed etiam facit ut terrae partes versus se successive motu diurno obvertantur, ita terra suâ influentiâ, conjuncta cum motu diurno circumducat lunam. Poterit quis interrogare quare terra non sit per se lucida ut sol, si quidem enim lux (quae solis est influentia) fiat per solum motum expansivum, terra autem influentiam in lunam exerceat per similem expansionem, erit quoque terrae virtus illa expansiva lux. Dicendum igitur [est] influentiam quidem eorum quorum natura per omnes particulas minimas, et ut ita dicam, mathematicè homogenea est, lucem esse eamque fortem aut debilem pro velocitatis gradu | quo se dilatant. In corporibus vero heterogeneis, quale est terra, et quodlibet aliud corpus cuius partes motus specificos habent et proprios sibi ; et pugnantes cum motibus particularum adiacentium, etsi unaquaeque pars, ac proinde totum, motum habeat illum quem diximus expansionis sive dilatationis, [dico] non tamen illum motum esse lucem, sed influentiam a luce differentem, et quia corpora essentialiter inter se differunt per motum internum partium et innumerabiles sunt

(f) causa *edd* causae *MS* (g) dimidium *M* diversum *MS* (h) terrae *M** differentiae corporum specificae, innumerabiles quoque esse differentias influentiarum. Influentia itaque uniuscuiusque partis terrae differet non modo ab influentia homogeneorum quae est lux, sed ab influentia aliarum partium, ut influentia metallorum alia sit quam saxorum et plantarum, et in saxis alia sit magnetis influentia, alia caeterorum lapidum. Denique ut diaphanitas consistit in eo quòd partium in unum corpus coacervatarum nulla sit pugna motuum, ita et lux in eo quod sit influentia corporis in cuius partibus nulla est pugna, ita ut si diaphana omnia haberent illum motum sui dilatativum, lucida essent ; opaca vero si haberent talem motum, non essent lucida[79], agerent tamen ad distantiam, haberentque suas sibi influentias proprias, licet pro diversis suis formis, hoc est diversis motibus internis, diversas. |

Caput 25

Ad nodos 13, 14, 15. Dialogi 2[di]

Astronomiam esse errori subiectam. Falsam esse circularis motus suppositionem. Coeterorum planetarum motus ex declaratis posse aestimari

1. Quare in aëre crasso obiecta maiora apparent quàm in aëre tenui. 2. A duobus moventibus circulariter & uniformiter potest effici motus neque circularis neque uniformis. 3. Causa[i] quare sol apparet rotundus non est vertigo solis super axem proprium.

1. Astronomos obnoxios esse errori & propter eas quas author enumerat causas, nimirum raras observationes, instrumentorum defectum & insufficientem fabricam, atque refractionis | ignorationem minimè quidem negabimus ; sed quod in eo circa refractiones erratum esse dicit quòd putarint astronomi refractionem non fieri circa zenith, nec nisi in superficie vaporum convexâ, ipsum errare contendo. *Errant*, inquit[j], *qui refractiones tantummodo in superficie convexâ vaporum existimant, neque circa zenith fieri* ; *fiunt enim etiam in medio aëre.* Profecto ei qui sententiam novam sententiisque omnium simul astronomorum & physicorum &

(i) Causa *edd* Causam *MS* (j) *DM* 258

79. *Cf.* f. 243.

opticorum contrariam dicit, ratio opinionis suae valde perspicua reddenda est. Hanc ergo reddit[k]. *Memini me in nebulâ maxima Londini aliquando puerum mihi obvium dum longiuscule distaret virum credidisse, et cum Ulissipone degerem, equites in monte adverso ad aërem nocturnum obambulantes angustiori specie quasi gigantaeos conspicatum*[80]. *Audio quoque urinatores in mediis aquis omnia maiora aestimare* ; sed quomodo hinc deducitur conclusio, *ergo refractio* | *sit in mediis vaporibus*, nondum video neque viderunt ulli astronomi physici aut optici qui omnes hactenus refractionem fieri asseruere in superficie sive ingressu in diaphanum

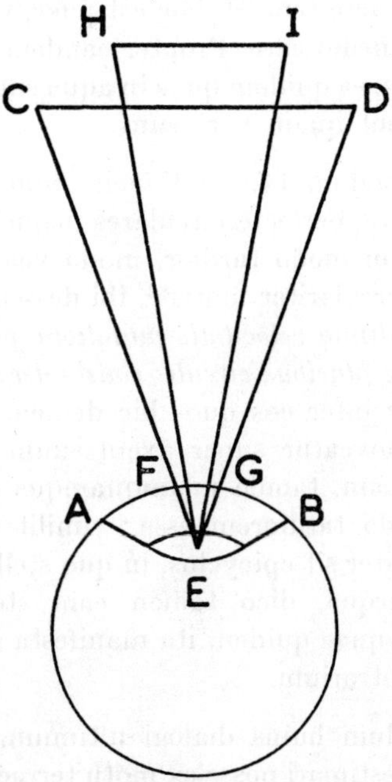

diversae densitatis. Omnes tamen id quod accidit in nebulâ, nimirum puerum videri virum, non minus quàm ipse observaverant, neque enim observatio ingenium requirit singulare.

Imo conclusio illa non sequitur omnino, ostendam enim quomodo etsi nulla sit refractio in aëre medio necessario tamen in aëre crasso visa

(k) *Ib.*, avec *augustiori* pour *angustiori*

80. *Cf.* ff. 88v *599*.

apparere maiora quam in aëre tenui. Sit enim oculus AB, obiectum (sive puer) CD qui videatur in[l] aëre rariore per radios CE & DE, quoniam ergo aër supponitur rarior quam humor oculi aqueus in E, erunt radii CE, DE refracti in superficie oculi ad F et G ; productae ergo EF, EG, non cadent in puncta C & D sed intrâ | ipsa, puta in H & I, videbitur ergo CD sub angulo HEI. Rursus sit aër densior solito, exempli causa sit aër aeque densus atque ipse humor aqueus qui est in oculo, quoniam ergo aequalis est densitas aëris densitati humoris aquei, radii CE, DE, non refringentur, videbitur itaque obiectum sub angulo CED qui angulo HEI maior est et, continuatis rectis CE, DE, item HE, IE ad fundum oculi maior pars fundi occupabitur ab illis quam ab his, maius ergo videbitur obiectum in aëre denso quam in aëre tenui[81], hoc est puer, videbitur vir, etsi nulla statuatur refractio in medio aëre. Propter eandem rationem urinatoribus sub aquam existentibus, ea quidem quae in aqua sunt maiora, ea vero quae in aëre minora apparent quam verè sunt.

2. Quod attinet ad nodum 14, sicut facile cum authore consenserim, motus astrorum non esse perfectè circulares neque uniformes, tamen ubi negat motum ullum qui modo tardior, modo velocior sit, posse effici a pluribus moventibus circulariter motis[82], ibi dessentio, *Rursus*, | inquit[m], *detur motus aliquis continua velocitatis mutatione perturbatus, quisquamne adeo demens est ut hunc pluribus circulis constanter latis imitabilem credat.* Certe ego me profiteor inter eos quos hic dementes vocat. Credo enim, immo scio, si terra moveatur super axem suum circulariter, & simul circulariter per eclipticam, tamen unamquamque eius partem sic latam modò velociorem, modo tardiorem esse ; similiter si in orbe converso uniformiter & circulariter sit epicyclus, in quo stella aliqua feratur etiam circulariter uniformiterque, dico tamen eam stellam modò velociùs, modò tardiùs moveri : quae quidem ita manifesta sunt ut demens haberi debeat qui assuerit contrarium.

3. Denique circa nodum huius dialogi ultimum, nimirum coeterorum rationes planetarum, aestimari posse ex motu terrae circa solem, consentio authori, utque putà[n] solem quâ virtute terram circumagit, eâdem quoque reliquos planetas circumagere. Sicut tamen falsum esse demonstravi terram moveri a vento quem excitat sol, ita quoque falsum esse arbitror coeteros planetas | a suis quosque ventis circumferri. Verum autem esse circumferri eos a solis vertigine coniuncta cum eiusdem virtute calefactiva, eo modo quo circumfertur terra. Minime vero vertiginem solis ex eo

(l) in *M** ? (m) *DM* 260 (n) utque puta *edd* ut qui puto *MS*

81. *Cf.* f. 75v.
82. *Cf.* f. 154.

inferre ausim quòd videatur sol figurâ exactè rotundâ sine capellitio illo quod in fixis apparet, quemadmodum facit author, sed potius ex ipso effectu, non enim nisi suppositâ tali vertigine ulla appareret necessitas quare planetae circa ipsum convertuntur. Argumentum autem authoris, quo conversionem solis circa axem suum inferre conatur, non modo invalidum est sed etiam iis quae prius dixerat contradictorium. Sic enim disputat[o]. *Cùm natura solis ignea sit et ebulliens*[83], *si non in circulum versaretur, flammis emicantibus variegatae cuiusdam figurae appareret, quae nunc motu circulari retro latae corpus allambunt et sphaericam lucis nobis speciem exhibet.* Concesso enim, quod etiam credo verum, solem esse naturae igneae, nulla ratio est quare | flammae illae quas soli attribuit, non undequaque aequaliter emicarent, nam in igne nostro causa quare flammae in pyramides quasdam assurgunt est in materia quae comburitur, quae non ex omni parte simul ignem patitur, id quod soli non contingit ; argumentum ergo a nostro igne ad solem invalidum est, stellae autem fixae ideo ex diversis pyramidibus constare videntur non quòd reverà ea forma sint sed quod, propter exiguitatem anguli sub quo videntur, lux earum penetret ad fundum oculi per plura pupillae puncta, ideoque facit visionem tanquam plurium stellarum quarum id quod est commune omnibus, videtur esse corpus stellae ; quae verò non sunt communia non videntur esse stellae, sed unius stellae capellitium. Invalidum ergo est argumentum à rotunditate lucis solaris ad solius ipsius rotationem. Praeterea cùm affirmasset author versatâ tellure circa axem suum necesse esse ut totus aër unà circumvertatur eodem tempore, eadem ratione versato sole circa axem | suum eodem tempore circumagit flammas suas, ideoque videbuntur illae flammae forma circulari, neque ratio ulla est quare retro actae ab illo solis motu corpus eius, ita ut ille dicit, allamberent, huiusmodi ergo retrocessio flammarum contradictoria est iis quae statuerat supra de motu aëris circa terram. Est ergo argumentum hoc ut dixi non modo invalidum sed etiam contradictorium iis quae antea affirmaverat. Transeamus iam ad dialogum 3[um] & ultimum de mundi causis efficientibus.

(o) *DM* 262

83. *Cf.* ff. 51-52, 106v, 458.

Caput 26

Ad introductionem dialogi tertii

1. Quod in quaestionibus huius dialogi 1ª.2ª.3ª et 4ª disputatur ab authore an verus sit 1us articulus symboli, nimirum Deum esse omnipotentem Creatorem coeli & terrae. 2. Huiusmodi dogmatum demonstrationes aggredi contra philosophiam est. 3. & contra theologiam. 4 & contra religionem. 5. et contra providentiam. 6. & contra iustitiam. 7. Quid faciendum philosopho cum inciderit in quaestionem fidei.

1. In 3º hoc dialogo quaestionum quae disputantur 1ª est, An sit Deus, proposita his verbis, an motus universi causam habeat externam, mundi enim sive motûs mundani causam omnes appellant Deum. 2ª An mundus fuerit creatus, his verbis, an motus extiterit ab aeterno. 3ª Rursus an Deus fuerit ab aeterno. 4ª An Deus sit causa mundi. 5ª An potuerit facere mundum meliorem eo quem fecit, quae omnes quaestiones in unam hanc colligi possunt : | An existat & extiterit Deus omnipotens creator coeli & terrae, prout credendum nobis in symbolo fidei proponitur, an non existat vel non extiterit. Quam demonstrare nobis promittit author in Introductione ad Dialogum 3um praesentem, quaerit enim pag. 267. *Ergo ex his quae dixisti Dei existentiam, & quod mundum condiderit & gubernet, & quo fine elici posse putas?* respondet autem, *non ex his solis fortassis, sed haec adminicula in hac speculatione futura confidam*[84].

2. Profectò non rectè facit author, aut alius quisquam qui huiusmodi promittit demonstrationes. Primò enim αφιλοσόφον est, neque quenquam videris talia profitentem quem caetera eiusdem scripta non arguerint ignorantiae ; sciunt enim philosophi veritatem propositionis cuiuscunque in eo consistere quòd praedicatum significatione suâ contineat significationem subiecti. Ut ideo verum sit *hominem esse animal*, quia vox *animal* | complectitur & contineat in se quicquid significatur vere *homo*. Et propositionem tunc demonstrari quando subiectum eius praedicato, ita ut dictum est[p], contineri ex ipsis vocum explicationibus, sive definitionibus redditur manifestum. Veritas itaque demonstrabilis, veritas est consequentiarum, et in omni demonstratione, vox quae subiectum est

(p) *Harl.*, Chapitres 1 et 2 ; *Cw.*, 8v ; *cf. OL* I.27-29 (*DC* c. 3 §§ 2-3) ; *EW* VII.212 *(Six lessons)* et f. 127v

84. *Cf. OL* II.340 (*De cive* c. 15 § 14).

conclusionis demonstratae sumitur ut nomen, non rei existentis, sed suppositae, habetque conclusio vim non categoricam, sed hypotheticam ; ut si quis demonstraverit proprietatem aliquam trianguli, non necesse est ut triangulum existat, sed tantùm ut verum sit hypotheticè, si triangulum est, tum talem habet proprietatem ; ut autem quis probet aliquid existere sensu opus est, sive experientià ; neque sic demonstratur tamen nam a dicente quod vivit, vel existit Socrates qui veritatem rigide exigerit, iubebit eum adjicere, nisi vidi spectrum, vel phantasma vel nisi somniavi[q] tum vidi Socratem, tum existit Socrates & c.[85] Quae cum ita sint, rectè αφιλοσόφως faciunt | qui profitentur se demonstraturos quod Deus existit, aut quòd ante sex mille annos vel saltem ante aliquod tempus corpus nullum omnino extiterit ; nec si qui putant ex definitione corporis sequi quòd fuerit creatum, aut ex definitione incorporei quòd fuerit ab aeterno (quae tamen sequi oportet si volunt aut corpus esse creatum, aut incorporeum esse aeternum demonstrare) illi satis intelligunt quid sit aut corpus aut incorporeum.

3. Peccant iidem contra theologiam ; theologi enim ita tenent mundum esse creatum ut tamen aeternus esse potuisset, nisi noluisset Deus. Qui verò mundum creatum esse demonstraverit oportet ut ostendat id necessarium esse, hoc est, impossibile aliter esse, atque ideo Deum, etsi voluisset quod mundus ipsi coaeternus foret, non tamen potuisse, id quod putant theologi omnipotentiae contradicere.

4. Iidem peccant contra religionem, cum enim veritati propositionis alicuius assentimur propter demonstrationem, illud non iam *fides* est, sed *scientia naturalis.* | Nam sicut scientia est assensio propter rationes ab eo quod dicitur, sic fides est assensio propter rationes eius[r] qui *dicit* authoritate derivatas[86], ideoque simul atque propositio aliqua demonstratur non est amplius fidei articulus sed theorema philosophiae ; ex quo necessarium est contingere in quaestionibus quas determinat authoritas ecclesiae, quantum philosophiae acquiritur tantundem fidei adimi ; sunt autem articuli fidei, artus religionis, & propterea articulis fidei ad philosophiam transfugientibus necesse est religionem paulatim enervari.

5. Deinde peccant contra providentiam, nemo enim puto eorum est, qui arbitratur salutem suam promereri se posse per scientiam, promissa enim misericordiae divinae non philosophis sed fidelibus, id est iis qui authoritate ecclesiae acquiescunt, facta sunt. Quorsum igitur attinet in articulos fidei ratione naturali velle inquirere? nam ratio si suadet ea quae fidei conformia sunt, gratia fidei perit, si | contraria non modò

(q) somniavi *M* ? somniavit *MS* (r) rationes eius *edd* rationes ab eius *MS*

85. *OL* I.70 (*DC* c. 6 § 11) ; V.271 *(Obj. Med.)*.

86. *OL* II.119 (*De hom.* c. 14 § 3). Mais si le MS est correct, Hobbes attribue ici à la foi ce qu'il attribue dans *De hom*, à l'opinion.

cogeris aliud dicere, aliud sentire, sed etiam authoritati ecclesiae minus obtemperabis quod saluti animae adversatur.

6. Postremò non est censendum articulos fidei problemata esse, sed leges, de quibus statuere aliter quàm proponuntur, privato homini iniustitia est[87]. Quae enim authoritate summae potestatis semel iudicata & determinata sunt, ea privatum hominem rursus in iudicium revocare absurdum est, & rationibus pacis unitatisque ecclesiae directè contrarium. Imò verò magistratibus summo studio enitendum est, ne homines ullum articulum fidei demonstrare profiteantur, ingenio enim unius hominis innumerabilium aliorum Christianorum fides periclitabitur ; etenim qui hactenus iactaverunt se Dei existentiam, Creationem mundi, & animae humanae immortalitatem demonstrasse[s], id tantùm suis rationibus effecerunt ut homines infirmi, prout est ingenium vulgi, ideo ea falsa esse existimarent, quia qui cupiere ea vera esse, demonstrare non tamen potuerunt[88]. |

7. Quid ergo, dicet forte aliquis, non permittetur philosopho inquirere de causâ motus? aut si hoc non est, quid demum est quod philosophiae tanquam opus suum assignabimus? Respondeo 1° ratione naturali concludi neque verum neque falsum quicquam posse, nisi ex supposito, quod nomina & appellationes eo modò accipiantur quatenus à nobis intelliguntur : procedit enim omnis ratiocinatio a constitutis nominum significationibus ; ita ut si vel mutetur significatio, vel res nominata concipi animo non possit, omnis vis syllogistica statim concidat, nec concludi ampliùs possit quam quod non intelligamus quo modo aliter res se habere possit. Conclusio igitur haec, *nescio quomodo verum vel falsum sit*, verè infertur, illa vero, *non est verum vel falsum*, falsò[89]. Deinde dico liberum quidem philosopho esse inquirere in naturam & causas motûs, sed cùm progrediente inquisitione inciderit in propositionem iam à fide Christiana occupatam, et quae prius à se conclusis videtur repugnare, inferre (si ante rectè ratiocinatus fuerit) potest *se non intelligere quâ nominum* | *significatione illa vera sit*, ut exempli causâ dicat se non intelligere, sive supra captum suum esse, quomodo id quod non movetur movet tamen aliud, vel quomodo id quod est, tamen in loco non est, vel id quod corporeum non est, quomodo videat, audiat, intelligat, velit, amet, odat &c. hoc enim et animi modesti est, & recte, ut dixi, ratiocinantis ; sed concludere non potest ideo falsum esse quomodo enim scire potest quis verane an falsa sit propositio quam non intelligit. Si quis igitur

(s) demonstrasse, *M**

87. *Cf.* White : *An apology for Rushworth's Dialogues* (éd. de 1654, p. 30).
88. *Cf.* f. 27v.
89. *Cf.* f. 389v.

modum hunc tenuerit, neque impinget in authoritatem ecclesiae cui cedit, & assentitur, neque minus libere ob eam rem philosophabitur, ut cui permissum est eousque progredi quo recta ducit ratio, neque denique necesse habebit fulciendae fidei, inepta excogitare argumenta et paralogismos, quibus & suam & aliorum fidem labefactet. Atque haec ad introductionem dicta sunt de ratiocinatione ex principiis merè naturalibus circa quaestiones fidei Christianae. Transeo iam ad quaestionem quae proponitur in nodo 2º ; nempe an notus universi sit a principio externo. |

Caput 27

Ad nodum 2um. Dialogi 3i
Motum universi a principio externo esse

1. Quid significent voces ens, corpus, materia, esse, accidens, essentia, forma, subiectum, actus et natura[t]. 2. Quid agens, patiens, agere, pati, causa integra, causa sine qua non, causa efficiens, causa materialis, effectus. Causam finalem, causam formalem nullam esse. 3. Quid potentia, potentia plena, potentia agentis, potentia passiva, quomodo differt potentia à causa. 4. Causam integram, sive potentiam plenam, necessario sequitur effectus. 5. Corpus nullum efficere quicquam posse in seipso, neque a seipso moveri. 6. Quid sit universum et quid externum, & actus externus. Non concipi duo corpora in eodem loco, & quare. 7. Motus non recte definitur actus entis in potentia. 8. Comparatio motus & quietis secundum naturam & tempus & efficaciam. 9. Corpus si movet movetur. 10. Omnem actionem esse motum, neque posse quietem | esse causam ullius effectus. 11. Motus a causa inceptus non indiget causâ continuationis. 12. Distinctio vocis principium motus, & quo sensu sit internum, quo sensu externum. 13. Quaestio de motu universi proponitur ab authore, sed alia, nempe de motu partium eius, disputatur. 14. Ex iis quae hîc affirmantur ab authore & iis quae dixit suprà dialogo 1º nodo 3º destrui fidem de Dei existentia. 15. Refutatur argumentum authoris, ostenditurque sequi ex eo creationem esse impossibilem. 16. Concesso tamen argumentum bonum esse, id quod concluditur differt ab eo quod probandum proponebatur. 17. Refutatio argumenti quo probare vult motum egere causis continuationis, ubi ostenditur motum esse sui continuationem. 18. Eadem ratione qua dicit author veteres collegisse motorem esse aliquem incorporeum, eadem colligere potuerunt motorem illum incorporeum esse mobilem. 19. De actione animae in producendo motu animali. 20. Authoris philosophia de eadem animae actione. 21. Superficies non est aequalis lineis. 22. Argumentum authoris tollens Creationem. |

(t) natura. *M* ut actus et materialis, effectus. *MS*

1. Quoniam in proposita quaestione *principium* pro *causa* ponitur, et saepe aliàs alia vocabula principalia modò in una, modò in alia significatione inveniuntur (id quod fieri minimè oportet, philosophiae enim sermo accuratus est & definitus, contrà error omnis ferè oritur à licentia troporum) ante omnia necessarium esse duxi nomina ea quibus in futura ratiocinatione usurus sum definire & explicare, ut constans sit eorum ubique significatio. Incipiemus autem a nominibus illis generalissimis *ens* et *esse*[90]. Entium autem duo habentur genera, alia enim sunt quorum imaginem aliquam animo comprehendimus ; exempli causâ, imaginari possumus hominem, animal, arborem, lapidem, & denique (quia concepta omnis corporis imago est spatium, corporis autem talis, vel tanti tale vel tantum spatium) quodlibet corpus[91] : alia sunt quorum nullam habemus imaginem in animo, ita ut ea neque omnino sentire neque imaginari homini possibile sit ; Deus enim & angeli tam boni quam mali, neque concipi neque imaginatione nostra comprehendi possunt, est enim Deus optimus | maximus, incomprehensibilis[92], neque ipse, neque angelus habere ullas dimensiones aut potest vel totus vel in parte, ne animo quidem spatio circumscribi. Cùm ergo philosophiae minimè permissum sit de iis rebus aut statuere aut disputare quae captum humanum excedunt, omissâ definitione *entis* quod non est imaginabile, et quod solet appellari substantia incorporea, definiemus *ens imaginabile* tantùm. Est igitur *ens* in hoc sensu id omne quod occupat spatium, sive id quod aestimari potest longitudine, latitudine & profunditate. Ex qua definitione apparet idem esse *ens & corpus* ; nam corporis quoque eadem ab omnibus definitio recipitur ; pro *ente* igitur de quo loquimur dicemus semper *corpus*, nimirum utentes vocabulo Latino. Cùm iam *corpus* sit quod praeditum est dimensionibus[93], sive spatium occupat imaginarium, nihil refert ad corporeitatem an quid tenue sit, an crassum, rarum an densum, sed hoc solum ut occupet spatium, ut spatium, inquam, occupet, non ut corpus sit, ipsum spatium occupatum. Spiritus itaque si entia sint quae concipi possunt, ut aër, aether, spiritus animalis, vel aliud tenuius | corpora sunt, spectra autem quae in speculis vel in somniis repraesentantur, quia ipsa sunt spatia, & merè imaginaria, spiritus (quod vulgò creditur) non sunt[94]. *Corpus* autem & *materia* eiusdem rei nomina sunt, propter diversas tamen rei considerationes, idem enim existens consideratum simpliciter corpus dicitur, consideratum ut susceptibile novae formae, vel novae figurae vocatur *materia*. Quanquam autem apud grammaticos *ens* quidem nomen[95], *esse* autem verbum appelletur ; quomodo tamen fit subiectum

90. *Cf.* Arist. *Meta.*, VII.IV.4 (1029b).
91. *Cf.* ff. 15, 313.
92. *EW* III.352 (*Lev.* II.31). *Cf.* f. 381v.
93. *EW* III.381 (*Lev.* III.34) ; *NLW*, f. 2 ; *Harl.*, Ch. 7.
94. *Cf.* ff. 16v, 314.
95. *EW* IV.20-21 *(Tripos)*.

vel praedicatum propositionis, est verè nomen, ut in hâc propositione, *Esse hominem est esse animal*, utrumque *esse*, tam *esse hominem* quàm *esse animal*, est nomen[96]. Oriuntur autem huiusmodi nomina ex propositionibus per coniunctionem copulae cum praedicato : quando enim verbi gratiâ dicitur *Homo est animal*, qui veritatem huius dicti inquirunt necesse habent investigare non modò cuius rei nomina sunt *homo* & *animal*, sed cuius rei nomen est illud *esse animal*, ut sciant quid significetur per illam coniunctionem cum verbo *est*[97]. Iam quoniam qui | propositionem faciunt affirmantes, verbi gratiâ, lapidem esse opacum, ferrum esse opacum, vitrum esse pellucidum, Socratem esse sedentem vel ambulantem, ideo dicunt corpora ea, nimirum ferrum, vitrum, Socratem *esse opacum*, *esse pellucidum*, *esse sedentem*, vel *esse ambulantem*, ut significent se putare *accidere* aliquid illis corporibus propter quod alia aliis modis, & idem nunc hoc, nunc illo modo concipiant, nimirum *accidere* diversa ferro & vitro, propter quae alterum ut pellucidum concipitur, alterum ut opacum, et Socrati eidem diversa *accidere* quòd nunc sedens, alias ambulans apparuerit ; consequens est ut *esse* nihil aliud sit praeter *accidens corporis*[98], quo modus ipsum concipiendi determinatur & distinguitur. Ideoque *moveri*, *quiescere*, *albescere*, & similia accidentia corporum vocamus, & *inesse* corporibus putamus, quia sunt diversi modi quibus corpora concipimus. *Inesse* autem & *inhaerere* corporibus accidentia non ita intelligendum est sicut intelligimus corpus inesse in corpore ut pars in toto, sed sicut motus est in corpore quod movetur. Idem igitur est *esse* et *accidens* (non intelligo hîc accidens ut fortuitum, | aut ut enumeratur a Porphirio[99] inter voces praedicabiles, sed accidens quod vocant praedicamentale, sive quod contradistinguitur substantiae) suffragante ipso Aristotele, qui idem dicit esse *accidens* et τὸ εἰναὶ, *ens* et τὸ ὂν et idem esse dicere *Socratem esse ambulantem*, & *accidere Socrati ambulare*, *et esse accidens Socratis ambulantem esse*[1]. Notandum autem est nomina accidentium non semper habere in se vocem esse ; quandoque enim includitur in verbo infinitivo, ut quando pro *esse vivens* ponitur *vivere*, quandoque in nomine puro seu abstracto a tempore[u], ut *valere est vita* pro *valere est vivere*[v] : sic esse *album*, & *albedo* synonima sunt, & moveri & motus & multa alia ea formâ. Imo philosophiae magna pars est distinguere nomine proposito utrum illud virtualiter includat nomen

(u) seu abstracto a tempore *M** (v) *valere... vivere* non souligné dans le MS

96. *OL* I.15, 104 (*DC* c. 2 § 6, c. 8 § 23 ; *EW* III.673 (*Lev.* IV.46). Arist. *Meta.* VII.7 (1017b).
97. *OL* V.272 *(Obj. Med). Harl.*, f. 204.
98. *Cf.* ff. 109, 214, 316. *OL* I.52, 92 (*DC* c. 5 § 3, c. 8 § 3) ; II.7 (*De hom.* c. 2 § 1) ; *EW* VII.28 (*Seven probl.* c. 4).
99. Dans son commentaire (IIIe siècle A.D.) sur les *Prédicaments* d'Aristote.
1. *Meta.* III.IV.29 (1001a) ; V.VII.1 (1017a) ; VII.I.1 (1028a). *Cf.* ff. 293v, 319, 377v, 384v. *NLW*, f. 2.

esse, necne ; nam idem est ac distinguere utrum res quae eo nomine significatur sit corpus, an accidens. Qui enim, exempli gratia, cognoscit utrum vox *lumen* contineat in se vocem illam esse, is cognoscit an lumen sit corpus an accidens. Quae questio à philosophis adhuc disputatur. *Esse* autem tunc *essentia* solet dici, quando corpus ab ipso denominatur[2] | ut quando corpus aliquod ideo nominatur *homo* quia est *animal rationale*, illud *eese animal rationale* vocatur *essentia hominis*, sic *esse hominem*, sive *humanitas* est *essentia hominis*; *esse corpus*, sive *corporeitas*, est *essentia corporis* ; et *esse album*, sive *albedo*, *essentia albi*. Eadem autem essentia, quatenus producitur, sive generatus, appellari solet *forma*. Ita ut idem *esse* simpliciter consideratum vocetur *essentia*, considerata autem ut generata, sive introducta in materiam *forma* appellatur. Item id quod corpus simpliciter dicitur, consideratum ut habens in se aliquod *esse*, sive *accidens*, appelletur *subiectum*. Corpus quidem sive materia, creari ex nihilo, & in nihilum reduci per omnipotentiam divinam potest, sed quomodo id fieri potest homo imaginari non potest. Non tamen quia nos quomodo id fieri potest non intelligimus, ideo infertur rectè, id non fieri posse, neque etiam e contra id factum esse possibile est homini demonstrare, sed *accidentia*, *essentias* & *formas*, excepta *corporeitate*, quotidie produci, & perire scimus. Recte ergo distinxit Plato duo genera rerum, quorum alterum, nempe (τὸ ὂν) dicebat esse, sed non fieri, alterum (τὸ εἰναι) non esse | sed fieri, nisi quod a Deo per viam nobis incomprehensibilem etiam τὸ ὂν fieri potest et in Creatione factum sit. Pro *esse* autem dicunt saepissimè, et communi loquendi ratione, *naturam*, sicut quando dicunt naturam esse quorundam corporum esse calida, aliorum esse frigida [w], & pro eodem dicunt in scholis plerumque *actus*, nisi quòd eo nomine utuntur volentes distinguere *esse* a *posse*, sive (quod idem sonat) a potentia. Ego vero pro ente, et esse dicam ubique *corpus* & *actum*.

2. Cum ergo actus omnis, praeter ipsam corporeitatem, concipi possit generari sive produci, & rursus perire, ut quando videmus *esse album* id quod videramus antè *esse nigrum*, et sentimus *esse frigidum* quod ante senseramus *esse calidum* ; concipi autem non possit quomodo talis generatio & corruptio actuum fieri possit, nisi à *corpore aliquo & in corpore aliquo*, solent omnes corpus illud à quo producitur vel destruitur aliquis actus, appellare *agens*, illud verò in quo producitur, *patiens* ; ita ut *agere* sit idem quod *actum producere vel destruere* ; pati verò idem quod *suscipere*, vel *perdere*. Et quoniam corpus quolibet actu praeditum non potest quemlibet actum producere, nec quemlibet suscipere, ut ignis non producit frigus dum habet in | se actum illum, *esse ignem* ; neque

(w) calida,... frigida, *Lire* calidam,... frigidam, ?

2. *EW* VII.221 *(Six lessons)*.

suscipit siccitatem aqua, dum est aqua, necesse est ut sint in unoquoque corpore certi & definiti actus, quibus ad productionem et susceptionem, destructionemque actuum aptum & idoneum sit ; hi itaque actus (quorum quilibet ita est necessariò requisitus ad productionem, vel destructionem alicuius actûs, ut *sine eo* non possit produci) omnes simul dicuntur *causa integra*[x], productus autem actus quatenus productus appellatur *effectus* illius causae. Unusquisque autem actus sigillatim eorum qui concurrunt ad *causam integram*, dicitur, *causa sine qua non*[3], sive *necessarium per hypothesim*. *Causarum* autem *sine qua non*, sive *necessariarum per hypothesin*, cùm sint, ut dixi, aliae in agente, aliae in patiente, ea quae sunt in *agente* omnia[y] simul sumpta dicuntur *causa efficiens*, ea vero quae sunt in *patiente* omnia simul sumpta[z] dici solent *causa materialis*[4]. Est autem tam causa efficiens quàm causa materialis pars tantùm causae integrae, sive *causae* quae producit *effectum*, non enim dicitur propriè causa, nisi quam[a] necessario sequitur *effectus*, sunt | enim correlata, causa &[b] effectus[5], ut ubi effectus non sit, ibi neque quicquam quod extat aut[c] extiterit dicatur causa. *Causam* itaque simpliciter, sive integram, sic definio, *Causa* est actus unus, vel plures, per quem alius actus producitur vel destruitur, *causam efficientem* sic, *Causa efficiens* est *agentis* actus, simul omnes, per quos actus alius producitur vel destruitur, *causam materialem* sic, *Causa materialis* est patientis omnes actus simul, per quos producitur in ipso patiente actus alius. Solent duo alia genera *causarum* nominari, nimirum *causa formalis* & *causa finalis*, quarum posterior quatenus ab homine potest concipi, eadem omnino est cum efficiente, nam ab obiecto delectabili oritur imaginatio fruitionis, ab imaginatione fruitionis oritur imaginatio viae, ab imaginatione viae oritur motus versus obiectum cupitum ; in qua serie productionum obiectum, sive *finis* est agens, quare & actus obiecti qui est finis est *causa efficiens* motus nostri versus *finem*. Prior vero, nempe *causa formalis*, propriè, id est vere loquendo *causa* non est[d]. Exemplum causae formalis talis est. Sit figura aliqua, puta quadrata, sequitur ergo ex eo quòd quadrata est, angulos | eius omnes esse rectos, quare *esse quadratum* causam esse dicunt, quod anguli eius sunt recti ; quoniam vero simul sunt natura ut tempore, *esse quadratum* et *habere angulos rectos*, sit tamen causa prior effectu, vident quadraturam non ulla sua actione efficere rectitudinem illam angulorum. Ideoque non dicunt eam esse *causam efficientem* sed *formalem*, quia non ex actione quadrati sequitur ea rectitudo angulorum, sed ex *forma* ; vere autem loquendo, rectitudo

(x) *Harl.*, Ch. 8. (y) omnia *M* omnes ? *MS* (z) sumpta *M* sumptae ? *MS*
(a) quam *M* quem ? *MS* (b) & *M* est *MS* (c) aut *M** (d) *Harl.*, Ch.9

3. *OL* I.68, 107 (*DC* c. 6 § 10, c. 9 § 3).
4. *OL* I.107 (*DC* c. 9 § 3).
5. *Cf.* Arist. *Meta.* V.II.1 (1013a).

angulorum non ex *forma* sequitur quadrati, sed cognitio nostra propositionis huius, *anguli illi sunt recti*, sequitur ex cognitione propositionis illius, *figura illa est quadrata*, nempe proprietas oritur à forma, sed cognitio proprietatis à cognitione formae per ratiocinationem ; itaque accidit ut ubi dicere deberent cognitio nostra formae est *causa cognitionis proprietatis*, dicunt per errorem ipsa *forma* est *causa* ipsius proprietatis, sed formalis.

3. Actus autem quilibet, vel quotlibet simul sumpti, quibus positis necessariò futurus est actus, alius vocatur respectu actus futuri inde producendi *potentia*[6]. Exempli gratia, si moveri intelligatur manus versus | pilam ex quo motu necessarium sit motum produci in pila, motus manus dicitur *potentia manus* respectu pilae movendae. Sic si rota rotam moveat motus 1ae rotae est *potentia* eius qua potest movere rotam 2am, et quoniam idem motus manus est causa motus in pila, et motus rotae 1ae *causa* motus in rota 2a, eadem omnino res est *potentia agentis* et *causa efficiens*[7], sed vocatur diversis nominibus propter diversas considerationes, nam *causa* dicitur cùm effectus secutus fuerit, nec nisi secutus fuerit dicetur causa, quia ubi effectus nullus est, nulla est causa, sed vocatur potentia, quia concipitur effectus ex eo posse sequi, licet aliquando non sequatur, sic manus propterea quòd movetur dicetur posse movere pilam, id est habere potentiam, etsi eam non moverit ; sed nisi eam moverit, non dicetur *causa* motus eius, quia motus in ea a manu nulla producitur ; et similiter, *capacitas* corporis sive potentia passiva, per quam susceptibilis est actus in ipso producendi, eadem est res cum *causa materiali*, sed diversa sunt nomina propter rationem quam modò dixi. Et sicut omnes actus tam in agente quam in patiente necessariò | requisiti ad effectum producendum dicuntur *causa integra*, ita iidem actus possunt vocari *potentia plena* ; sunt ergo *potentia plena*, & *potentia integra* idem ; *causa efficiens* & *potentia activa* idem ; & *causa materialis* et *potentia passiva* idem.

4. Causa integra semper & necessariò producit *effectum*, modò ille effectus sit omnino possibilis. Cùm enim *effectus* sit possibilis potest produci ; si ergo non producatur, deëst aliquis actus vel in agente vel in patiente necessariò requisitus ad ipsum producendum ; illi autem actus qui sic requiruntur vocantur singuli, *causae sine qua non* ; deëst igitur *aliqua causa sine qua non*, verum causa integra definitur esse, *omnes causae sine qua non simul sumptae*, non est ergo *causa integra*, contra id quod supponebatur. Quare si causa est integra, effectus non potest non sequi. Eadem ratione probari potest ubi *potentia plena* est, effectum non posse non sequi, nam *potentia plena*, ut supra explicatum est, & *causa integra* eadem est res, sed meminisse oportet sermonem

6. *Cf.* ff. 7v, 294, 378v.
7. *OL* I.113-6 (*DC* c. 10). *Harl.*, Ch. 9 et sa f. 205.

hic esse de causa, non aliter quam ut est actus corporis, hoc est entis conceptibilis, nam entis incomprehensibilis | incomprehensibiles quoque sunt actus, potentiae & agendi, efficiendique rationes.

5. Corpus nullum potest producere in seipso actum quemcumque. Si enim fieri potest [ut] producat corpus actum suum, habebat ergo in se omnes actus requisitos, id est *causam integram* illius actus producendi eo instante quo illum actum producebat. Eosdem ergo actus habebat ante productionem effectûs, vel non habebat : si habebat, tunc actus ille producebatur non tunc sed ante, nam ut ostensum est in articulo praecedente, simul ac *causa est integra* statim effectus producitur ; si non habebat eos actus ante, tunc rursus in seipso produxit eos actus omnes eodem instante quo effectum ; si ita est, habebat tunc in se non modò causam integram effectus producendi, sed etiam causas integras omnium illorum actuum, ex quibus ea causa integra conflatur, & sic continuo proceditur, donec corpus dicatur producisse in se omnes actus suos, ideoque ipsam corporeitatem ; ex quo sequitur corpus fecisse se corpus, hoc est creasse se ipsum, quod est neque conceptibile, neque de fide ; restat igitur corpus non posse actum suum producere, quod erat probandum. Huius propositionis consectarium est, aut mundum non | coepisse aut initium habuisse ab incorporeo sive *ente inconceptibili*, nam neque à seipso incipere potuit, ut iam ostensum est, neque ab alio corpore ; quia[e] extra mundum aliud corpus concipi non potest, cùm mundus sit corporum omnium aggregatum. Sequitur & hoc quicquid producitur produci ab alio, ideoque etiam quidquid movetur, moveri ab alio, quod enim movetur vel producitur nec a seipso, id movetur, vel producitur ab alio.

6. Transeo iam ad alia in propositione authoris nomina explicanda. Cum enim dicat motum universi a principio externo esse, videtur non rectè intellexisse vocem hanc, *universum*, neque etiam externum[8]. *Universum* significat aggregatum omnium ; si igitur intelligat universum pro aggregato omnium entium tam comprehensibilium quam incomprehensibilium, absurdum est dicere motum eius esse ab externo, nihil enim est externum aggregato omnium simpliciter entium ; absurdum etiam est dicere quòd universum moveatur, infinitum enim est, neque ergo moveri potest. Accipio igitur *universum* eo sensu, quò[f] de eo à philosophis disputare permissum est, pro aggregato omnium corporum hoc est pro aggregato omnium *entium comprehensibilium.* | *Externum* autem corpori corpus dicitur, unumquodque unicuique praeterquàm quòd pars non sit externa suo toti ; exempli gratiâ, quanquam aqua intra dolium inclusa sit, ipsi tamen dolio, etiam sic inclusa, corpus

(e) quia *M* ? quid *MS* (f) quò M ? quod *MS*

8. ff. 453, 458 v.

externum est ; etsi respectu aggregati ex vase & aqua simul conflati non sit externum. Ideoque in corporibus *externum* definietur id quod alio est loco, ita ut idem sonet *externum*, et aliud sive diversum, cùm enim corpora non aliter mente numerentur quàm loca quae ab ipsis occupantur, impossibile est homini concipere duae corpora in uno loco, aut plura corpora, nisi in totidem locis ; iam corpora quae non sunt in eodem loco, sibi invicem externa esse dicuntur ; actus autem corpori externus dicitur qui est actus corporis externi sive non eiusdem ; ut *albedo* cartae externa est parieti, etsi albo. Quid autem author externum vocat difficile est conjicere, nam extra mundum, cui motorem hoc loco externum tribuit, supra dialogo 1° nodo 3°, ubi volebat ex eo demonstrari non posse esse plures mundos, nihil omnino existere affirmavit, adeo ut *externum* & *nihil* videantur ipsi poni pro eodem. |

7. Incertum etiam est quid author intellegi velit vocabulo *motus*, supra enim in introductione dialogi 2, pag. 130[g] : per motum significari propriè, & verè loquendo, mutationem relationis localis, sive, ut apertius dicam, mutationem sitûs, ut quando cymba arborem in ripa positam praeterlabitur, aeque verâ & eaque propriâ loquendi formâ, dicatur moveri & cymba & arbor[9] vel ut exemplo eius utar, sive terra movetur stante sole, sive sol stante terra, aeque tamen vere dicetur moveri sive sol sive terra, quia utrovis modo situs eodem modo semper variatur. Infra verò nodo 18, pag. 435 definit *motum* esse actum entis in potentia quatenus in potentia. Quod ad priorem definitionem attinet quod visum est dixi supra suo loco[10]. Posterior Aristotelis est obscura tamen & imperfecta ; [habet] accuratam quidem inquisitionem naturae motûs Aristoteles lib. [III] *Physic.* cap. [1][h]. Contemplando motum illum quo moventur lapides ad domum aedificandam, qui quidem lapides nondum domus sunt, sed esse *possunt*, id est sunt domus in potentia ope motûs quem aedificator illis dederit dum comportat, collocatque prout exigit | excogitata ab ipso idea domûs aedificandae ; definitionem autem motus inde non exhibuit sed proprietatem tantùm. Quid enim? Corpus quod quiescit nonne est capax motus, hoc est nonne *potentiam* habet ad motum suscipiendum? Nonne ergo habebit corpus quod quiescit actum aliquem per quem est in potentia ad motum? Si ergo omnis actus eius quod est in potentia, quatenus est in potentia sit motus, ergo actus corporis quiescentis, quia est in *potentia* ad motum suscipiendum, quatenus est in *potentia* ad motum suscipiendum, hoc est actus corporis quod quidem quiescit, sed tamen capax est motûs, quatenus & capax motûs, est *motus*. Est ergo motus actus corporis quiescentis, quod idem est ac si diceret quiescens quatenus moveri

(g) paraphrase du *DM* ; cf. 435 (h) Lib. [III] *Physic.* cap. [I] *edd* Lib. *(lacune)* Physic. cap. *(lacune) MS*

9. ff. 128, 230. Sext. Empir. *Hypotyposes*, I.14 (§ 118).
10. ff. 454 *sq.*, *infra* et non *supra*.

potest movetur. Id omne quod *Aristoteles* ex ratiocinatione eo loco adhibita colligere legitimè potuit, hoc tantùm est, *omnem potentiam activam esse motum*, quod quidem verum est, in corporibus, id est in entibus conceptibilibus, quia corpus quiescens dum quiescit non potest agere, ut dicetur infra, ut ergo de motu & quiete dehinc constanter loquamur tenenda memoriâ est vera utriusque definitio, tradita cap. [V][i], articulo [1] : | *Motus* est unius loci derelictio & alterius acquisitio continua. *Quies* est eiusdem loci ad tempus aliquod occupatio. Ex quibus sequitur id quod movetur non esse per ullum omnino tempus, quantulumcumque illud sit, in uno & eodem loco.

8. Essentia corporis, sive *corporeitas*, in eo consistit (ut supra[11] dictum est) ut praedita sit dimensionibus, sive quod idem est, ut sit in loco ; quod verò est[j] in loco concipi aequali facilitate à nobis *potest* vel *transire* ab eo loco ad alium, vel *manere* in eodem ; itaque aequè sunt de essentia corporis *posse moveri* & *posse quiescere*, hoc est *esse mobile* et *esse quiescibile* ; neque quies magis *privatio* est *motus* quàm motus *privatio quietis* ; neque ratio ulla est ex ipsis corporibus deducenda quare *quies motum*, aut *motus quietem* antecesserit, neque utrum omnia *corpora creata cum motu* an *cum quiete* fuerint, an alia cum motu alia cum quiete, neque an totus mundus (quem credimus finitum esse) consideratus ut unum corpus, à Creatione *semper quieverit*, an *semper ierit*, neque utrum quies magis à corporibus appetatur an motus. Utrum autem nobilior sit quies an motus absurda quaestio est[12], nobilitas enim claritudo hominum est, à genere, à divitiis, à potentia civili, à virtute | &[k] similibus, nisi fortè possit accipi pro eximiâ efficaciae vi, sive potentia agendi, tunc rectè motus nobilior est, omnis enim corporum actio motus est, quiescentia quomodo quidem patiuntur concipi potest, quomodo autem agunt non potest, id quod mox ostendetur. Sed fortè ideo videtur quies motu nobilior esse, quòd motum Deo non attribuimus. Verùm neque puto Deo solere attribui quietem. Scripturae Sacrae attribuunt Deo utrumque, at non eodem sensu quo attribuuntur corporibus, sed modo inconceptibili, nullum enim Deo attribuitur nomen naturae praeterquam *quod est*. Caetera, aut negativè ut infinitus, incomprehensibilis & c. aut honoris causa metaphoricè ut bonus, iustus, sapiens, beatus, & similia. Ne Ethnici quidem, exceptis Epicureis, deos suos honoris causâ Ἡσύχους aut ἀπραγμονας, quietos, sed ἀκάματους, infatigabiles, nominabant.

9. Causam efficientem propter quam corpus aliquod quod quiescebat ante, mox moveri incipit, imaginari aliam nemo potest praeter motum

(i) [V] ... [I] *edd Lacunes, MS* (j) est *M** (k) & *M* est *MS* (*cf.* 295)

11. f. 291v.
12. *Cf.* f. 124.

corporis contigui. Cùm enim motus inceptio sit derelictio loci, concipi non potest quare corpus locum suum relinquat, nisi quia aliud corpus contiguum existens progrediendo ulteriùs, locum illius ingrediatur ; quod si fiat, necessarium [est] | corpori quod ibi priùs erat decedere in locum alium, id est moveri, ita ut omnis origo motus sit a pulsione vicini[13] ; videmus quidem corpus quandoque è loco suo etiam trahi ab alio corpore, quod ad locum tracti minime tendit, sed ab eo fugit ; id vero concipi non potest quomodo fiat nisi prius concipiamus quomodo corpora corporibus cohaerent et connectuntur[14]. Huiusmodi autem cohaesio quiescentis cum moto intelligi non potest sine pulsione ; neque ratio ulla dari potest quare pars tracta sequatur trahentem, nisi & tracta & trahens motum habea[n]t aliquem in partibus suis communem, eundemque curvilineum quo pars tracta circumventa à tergo feriatur, de qua re satis disputatum est supra cap. [ ] articulo [ ][l]. Ponatur ergo in praesentia causas, quare corpus quiescens moveri incipit, duas esse posse, pulsionem & tractionem, utramque a corpore contiguo (alia[m] enim praeter has ne fingi quidem potest)[15] manifestum itaque fit corpus nullum concipi posse corpus aliud movere nisi ipsum priùs moveatur, si enim contiguum à contiguo pellitur, pellitur ab eo quod in locum suum à loco contiguo ingreditur, hoc est ab eo quod movetur ; sin contiguum a contiguo trahatur, tractum ingreditur in locum trahentis ; itaque trahens locum suum relinquit (cogitabile | enim non est duo corpora in eodem loco simul esse) quod vero locum relinquit id movetur, quicquid ergo movet sive pellendo sive trahendo etiam ipsum movetur[16].

10. Ut ostendatur autem quod supra dixi, concipi non posse quomodo aliquid agat nisi per motum, habemus 1° a propositione proximè praecedente, non concipi quomodo aliquid moveat sine motu. Si ergo ostendero non conceptibile esse quomodo unum corpus aliud mutare possit sine motu[17], convincetur totum illud, omnis actio (quae quidem concipi potest) est motus. Considerandum igitur est hominem non posse concipere corporum mutationem nisi per sensus ; quae igitur apparent oculis alio colore, vel figurâ quàm ante apparuerant, ea colore & figurâ mutata esse concipit, alioqui non esse mutata. Eodem modo quae auditui

(l) Dans le MS. Hobbes ne parle jamais de l'attraction en termes de répulsion, mais voir ff. 95v, 211v (m) alia *edd* aliae *MS*

13. *EW* VII.86. (*Dec. phys.* c. 2). *Cf.* f. 45v. White : *Quaestio theologica*, pp. 80-81, établit un rapport entre les idées scolastiques sur les corps « durs » et celles qui touchent l'exercice de la liberté chez les êtres raisonnables.

14. *EW* VII.17 (*Seven probl.* c. 3), 130 (*Dec. phys.* c. 7).

15. *OL* I.110, 339 (*DC* c. 9 § 7, c. 26 § 3). White : *Euclides physicus*, pp. 125-6 (le corps déplacé est comprimé par le corps qui le frappe). *Cf.* ff. 238v, 275v, 300v.

16. *Cf.* f. 94v.

17. *Cf.* 18v *sqq.*

sonant, gustui sapiunt, olfactui olent, tactui sentiuntur dissimiliter ac priùs, ea secundùm qualitates eorum sensibiles mutata, alioqui immutata esse, concipit[18]. Iam manentibus sensibus omnibus in eodem statu quo prius, ita ut unaquaeque eius particula quieverit et in eodem loco sit quo priùs, aut si particulae omnes eius in priore sensione erant motae, sint similiter | motae in 2ª sensione, erunt tam in obiecto agente quàm in sentiente, qui patitur in utraque sensione omnia similia, actio itaque & passio similis erit utrobique ; at ubi actio actioni & passio passioni per omnia similis est, ibi quoque *effectus* sunt similes, id est conceptio obiecti posterior similis erit effectui, id est conceptioni obiecti priori ; non igitur concipietur mutatio obiecti manentibus sensibus in statu suo, nisi obiecti partes, si quiescebant, moveantur, vel si movebantur, aliter moveantur. Non potest igitur concipi corpus aliquod mutari, nisi sit motus novus, vel in obiecto, vel in sentiente, qui motus novus si in sentiente sit, non dicetur mutari obiectum, sed sentiens, quare si mutatum sit obiectum, id non concipitur nisi concepto motu in partibus eius, quicquid ergo concipitur vel movere vel mutare aliud, illud movet vel mutat per motum sui, quod erat probandum[19]. Cùm vero non concipiamus aliud esse *agere* quàm *movere*, vel *mutare* aliud, sequitur omnem actionem nobis conceptibilem esse motum. Ideoque quietem nullius omnino effectus causam esse posse. Imò verò ipsius quietis efficiens est motus[n], nimirum motus resistentis. Quod enim à motu quiescat aliquid, actioni alicuius agentis attribuendum est, est autem actio omnis, ut iam ostensum est, motus. |

11. Quanquam autem impossibile sit concipere quo modo motus sine causâ efficiente oriatur, potest tamen ortus[o] concipi continuari sine causa, sine agente ; sufficit enim ad continuationem ut inceperit moveri[20]. Cùm enim non possit concipi motum minui aut diverti, aut tolli, sine causâ, hoc est sine agente externo, concipietur id quod semel movetur semper moveri eodem tempore, nisi sit agens quod resistentiâ suâ, sive motu contrario motum eius minuat & tandem tollat ; neque credo quemquam esse qui, videns aliquid quiescere, causam requirit quare pergit quiescere, aut non potiùs expectat quietem illam tamdiu continuatam fore, quamdiu abest agens quod ipsum suo loco vel extrudat vel extrahat. Eadem ratio est in motu, neque in continuatione motus putandum est multos esse novos motus ut novis causis indigeant magis, quàm [esse] multas novas quietes in continuatione quietis ; verum est in motu continuato nova semper transiri loca, non tamen inde sequitur

(n) est *M* & *MS* (*cf.* 295, 300) (o) ortus *Lire* actus ?

18. *EW* III.42 (*Lev.* I.6).
19. *OL* I.317 (*DC* c. 25 § 2). *Cf.* f. 338.
20. ff. 212, 212v, 231v.

novos esse motus, nam à novis locis ad novos motus non procedit argumentatio, nisi essent *locus* & *motus* una atque eadem res, quod autem ad continuationem[p] effectus non opus sit continuatione causae, etiam ab experientia confirmatum censeo, cùm in aliis rebus, tum in motu proiectorum quae manû vel machina, à quibus motus principium | acquisiverunt emissa, moveri tamen non desinunt vi primitus impressâ[21], nec nisi aegrè ad quietem ab agentibus externis obviam incurrentibus reducuntur[q].

12. Restat explicandum quid sit in hac quaestione principium motûs, est enim vox aequivoca[22]. Cùm enim principium in omni re partem primam significat, id est eam à qua incipimus numerare[23], principium motus potest sumi pro prima parte motûs corporis in quo est, ut principium motus in proiecto lapide sit illa pars motus qua conficit primum à manu vel machina spatium ; quo sensu principium motus est in ipso motus subiecto, ideo dicetur principium motus internum [;] vis[r] potest sumi pro prima parte causationis, sive prima quasi catenula in serie causarum plurium, quarum altera ab altera dependet[24], in lapide proiecto principium motus est in machinae nervo, si incipimus numerare a causa proxima, vel in eo quod nervum movet, vel rursus in eo quod movet motorem nervi, prout ab altiore vel à magis immediatâ causa incipimus, causas usque ad effectum numerare. Atque hoc sensu principium motus semper est externum, est enim in agente, quod externum esse oportere supra demonstravimus[25].

13. His rebus circa *agens*, *patiens*, *causam*, *effectum*, *potentiam*, *actum*, *motum*, *quietem*, aliaque vocabula quae | necessarium erat ad praesentem quaestionem explicari constitutis, inspiciamus iam disputationem authoris nostri. Observetur autem 1o loco non proponi quaestionem verbis quae authoris sensum explicant, non enim disputat hoc loco à quo principio totus mundus creatus moveatur, id est è loco suo in locum alium ingrediatur, hoc enim ille tenet impossibile, propterea quòd dialogo 1o nodo 3o supponit nullum esse locum extra mundum in quo alius mundus possit constitui, neque ergo in quem constitutus posset ingredi, sed an partes mundi quae moventur, motum suum debeant altera alteri, idque semper, an verò veniatur tandem ad partem quae debet motum suum non alii mundi parti, sed alicui motori externo, id est an mundi partes inceperint

(p) ad continuationem *M* continuatione *MS* (q) reducuntur. *M* reducentur. *MS*
(r) vis *M* ut *MS*

21. *Cf.* f. 235.
22. *Cf.* ff. 38, 118v, 182v, 277. *OL* V.155 *(Princ. et probl.)*.
23. *Cf.* ff. 289v, 291.
24. *OL* I.179 (*DC* c. 15 § 2 *ad finem*).
25. § 11, *ab init.; Cf.* f. 298.

moveri, an motae fuerint ab aeterno, hoc ille voluit proponere, quaestio tamen proposita est de motu non partis alicuius, sed universi[26].

14. Si verum sit mundum esse finitum, quod est credibile, et quod extra mundum nihil sit[27], prout author noster affirmavit Dialogo 1° nodo 3° pag. 28, (ibi enim ideo impossibile esse dicit ut plures sint mundi, quia nihil est extra mundum. *Quod si verum est*, inquit, *quid clarius esse potest quàm positam in nihilo rem locum nullum | habere? Unde duos illos mundos neutrum, si dissiti sunt, locum habere, & quod consequens est, loco disparari nequaquam posse perfectum est*). Si denique verum sit (sicut verissimum esse credo) motorem illum, quo motus in mundo primus effectus fuerit, esse Deum, conficitur ex authoris doctrina non esse Deum. Cum enim verum sit motus universi principium esse extra ipsum universum, & principium motus universi esse Deum, facile colligitur Deum (utpote infinitum) esse etiam extra universum quod est finitum. Iam si his addamus ea quae supra citavimus ex dialogo 1°, nimirum quod extra universum (nempe mundum finitum) est nihil, vide an non inferatur Deum esse nihil. Verum ea quae contra possibilitatem plurium mundorum disputavit, unde necesse ei fuit affirmare nihil esse extra mundum, credo a me satis esse suo loco confutata. Interea observatu dignum est in quàm graves errores incidere necesse est iis philosophis, quos pudet confiteri esse aliquod *ens*, vel *aliquem actum*, quem ipsi *non concipiunt*, aut cuius proprietates ipsi *non possunt demonstrare.* Ego profectò neque Christianos esse puto qui Deum | non colunt nisi quem concipiunt, nec philosophos qui de eo quem non concipiunt, putant se proprietatem ullam posse demonstrare.

15. Demonstratio qua utitur pag. 272 ad probandum motum universi principium habere externum huiusmodi est. *Esto ternarius corporum universi numerus, A, B & C et sit tempus DF, et divisum in E ut moveatur C in tempore DE et in signo E quiescat. Sequi*, inquit, *nisi vel A vel B vel C mutetur extrinsecus semper quieturum esse C.* (At hoc ipsum ridiculum est quieturum C nisi mutetur C. Cum enim ille motum putat esse mutationem, idem dicit ac si concluderet quieturum C nisi moveatur.) Quod autem C immutatis A, B, et C, quieturum sit, sic probat. *Cum enim*, inquit, *positis causis iisdem, necesse sit effectum manere eundem, positum autem sit causas non esse alias corporeas quàm A, B, C. His autem positis, positum etiam est quiescere C. Clarum est nisi aliqua harum mutetur semper quieturum.* Primò negandum puto illud ita universaliter pronuntiatum, *positis causis iisdem necesse est effectum manere eundem*, quamquam enim | verum sit in causis corporeis quae nostrum captum non excedunt, non tamen puto verum esse de 1ª omnium effectuum

26. Sext. Empir. *Contre les physiciens*, II. 169 sq.
27. *Cf.* f. 298.

Dans la figure du MS on a les lettres d, e, f

causa[28], nam omnis varietatis effectuum in mundo causa 1^a est *Deus*, neque tamen ideo dicendus est aut mobilis, aut mutabilis, sed manet semper idem & immutatus. Sed concedatur illud, *manentibus omnibus causis iisdem*, non sequitur tamen immutatis A, B & C quieturum C, nisi A, B & C ponantur pro omnibus simpliciter causis, at non ponebantur pro omnibus simpliciter causis, sed pro omnibus causis corporeis. Facit ergo paralogismum, sumendo in altera propositione *omnes causas*, in altera *omnes causas corporeas*. Si itaque emendetur ratiocinatio in hunc modum : *positis omnibus causis iisdem*, effectus manebit idem ; A, B, C sunt omnes causae, ergo *manentibus iisdem* A, B & C, manebit idem effectus in C ; ratiocinatio legitima erit, sed propter falsitatem maioris propositionis, conclusio non erit necessaria, quia est inter causas (quae omnes sunt A, B, C) una quidem quae manens eadem potest tamen producere motum in C. Dicet fortasse non esse intelligibile, ut causae per omnia eaedem non producant eundem effectum ; quod autem non est intelligibile, impossibile est, sed neque hoc dicendum est | universaliter : intelligibile quidem non est intellectui humano et finito, non autem ideo negandum est intelligibile esse[s] intellectui divino. Praeterea si verum esset, quòd, positis omnibus causis iisdem, effectus maneret idem, sequeretur C non moveri nisi moto A vel B, nec B, nisi moto A vel C, nec A, nisi moto B vel C, atque ita motus ab aeterno, quod est negare Creationem. Atque ita videmus : quoties philosophus id quod verum est, nempe *se non concipere id de quo disputat*, dissimulans usurpat id quod falsum est, nimirum rem ipsam esse impossibilem, toties incidit in aliquod dogma fidei Christianae contrarium.

16. Quod si sic disputasset : *Positis omnibus causis corporeis iisdem*, effectus qui ab illis causis solis dependet manebit idem ; at A, B sunt omnes causae quae possunt movere C ; ergo nisi illae vel aliqua illarum mutatae sint, semper quiescet C, recte fecisset probassetque corpus à corpore nisi moto moveri non posse, sed tamen non probasset id quod proposuerat, nempe *motum universi esse in principio externo* ; quanquam enim singula corpora universi sint externa sibi invicem, non tamen ullum eorum est externum respectu universi.

(s) esse *M* est *MS*

28. *Cf.* Arist. *Phys.* VIII. vi (258.b.10).

17. Demonstrat deinde pag. 274 motum continuari | non posse sine nova causa efficiente hoc modo. *Sunto enim omnia corpora A, B, C. Si C mutandum est, vel à se mutandum est, vel ab uno reliquorum. Non à se : clarum enim est C, stantibus A et B, quomodo sunt, facere quod facit ; facit autem se esse in signo E, neque à B, clarum enim est B stantibus A & C, quomodo sunt, facere*[t] *C esse in E, & eadem est ratio de A et de omnibus simul ; vides itaque, nisi à principio non corporeo incipiatur motus, & quasi singulae motus particulae non omnino ullum futurum.* Ut vis huius argumentationis intelligatur, considerandum corpus esse in loco aliter quando movetur quàm quando quiescit. Quando enim quiescit est in eodem loco per aliquod tempus ; quando movetur non est in loco eodem per ullum omnino tempus ; ideoque non potest dici esse hoc vel illo tempore, in hoc vel illo loco, sed per illum sine ulla omnino mora transiisse. Posito iam C esse in[u] signo E, vel quiescit in eo signo, vel per illud movetur. Si quiescit ibi, & causa quare ibi quiescit sit A vel B, vel utrumque, verum erit, A & B immutatis, quieturum in E, nam principium motus C dependet a motu agentium A & B, sed si C existens in signo E iam ibi moveatur, necesse est, ex eo ipso | quod movetur, ut transeat in alium locum ; non ergo necesse est ut ob eam rem mutentur A & B, aut alterutrum eorum. Rursus, quoniam ponitur A & B causas esse quare C existens ad E movetur, ipsa A & B moventur (nam ponuntur esse corpora) ; si ergo ut continuetur motus C, mutari debent A & B, quae movebantur ; debebant quiescere vel movere per aliam viam, quorum neutrum potest esse causa [ut] C progrediatur. Argumentum eius, quia supponitur C mutandum, probat C non mutari nisi mutatis A vel B ; nihil autem attinet ad motus continuationem, non enim continuatio motus magis mutatio est quam continuatio quietis. Cum igitur corporis C in signo E existentia iam tum non quies sed motus erat idem qui & ante & post, ea mutatio quae supponitur nulla erat, neque igitur indiget C ope A & B, ut motus eius continuetur, omnisque motus existens est sui ipsius continuatio[29]. Si vero aliquando corpus aliquod moveri incipiens à novis causis continuò urgeatur, etiam celeritas eius continuò augebitur. Quod si argumento hoc rectè demonstratum esset motum C non posse continuari cessantibus A et B, quia A, B supponuntur esse corpora, debebat concludere motum non posse continuari nisi a virtute | corporea. Id ergo quod subjungit, *vides itaque nisi a principio non corporeo incipiatur motus, & quasi singulae motus particulae non omnino ullum futurum*, est absurdissimum. Et illa perplexè loquentium vox *quasi*, quare interponitur? Siquidem enim continuatio motus eget novâ causâ, poterat dicere absolutè omnes particulae motûs possibiles egent causis novis,

(t) *sunt, facere* DM *sunt facere* MS (u) in *M**

29. *Phys.* V.ɪɪ (225.b.34) ; VII.ɪ (242.a.18) ; VIII.v (256.a.4 *f*). *Cf.* f. 114v.

vel potiùs continua causarum mutatione. Id quod proxime sequitur tanquam huius corollarium, nimirum *cessante 1º mobili omnia quietura*, cum ipsa demonstratione, cui innititur, unà corruit.

18. Proximo loco ostendit nobis author quomodo Aristoteles ad eandem veritatem agnoscendam perductus fuerit ; nimirum ex duobus principiis inductione cognitis, quorum primum erat *Quicquid movetur, movetur ab alio*, secundum *Quicquid movet, movetur*. Cum ergo viderit corpora quae finitum mundum constituunt finita numero esse, à quolibet uno eorum moto, colligebat motum alterius et ab huius motu motum tertii, donec venerit ad ultimum, quod quia constabat esse motum ex axiomate 2º, quia moverat penultimum, & ab alio moveri ex axiomate 1º, videbat necessarium esse statuere motorem incorporeum. | Verùm ex 2º axiomate addere debebat etiam motorem hunc incorporeum, moveri, et ex 1º etiam ab alio moveri, vel ostendere quomodo incorporea movent, vel mutare axioma illud 2um hoc modo : *Omne corpus quod movet, moveatur*. Inductionem autem illam, quâ dicit pag. 275(v) usos esse philosophos, ad duo illa axiomata colligenda, propter prolixitatem simul & absurditatem missam faciens, accedo ad exemplum quo utitur author ipse ad ostendendum quomodo incorporea, etsi non mota, possunt tamen movere, nimirum exemplum animae in animalibus, de cuius actione pauca sunt hic praemittenda.

19. Sciendum igitur[30] sensionem omnem fieri per actionem objectorum, nempe visionem per motum a lucido vel illuminato corpore per medium continuò a parte in partem propagatum, perque oculum usque ad cerebrum, atque etiam ad ipsum cor ; similiter auditionem, per motum à collisis vel violenter diremptis corporibus excitatum, & à parte ad partem medii continuò propagatum ad cerebrum, & inde ad cor per aures ; olfactionem per motum exhalationis continuatum ad narium cutim internam | quae conflatur ex innumeris exiguis nervis, quibus motus ille continuatur ad cerebrum, & inde ad cor ; gustationem per motum in cuticula linguae inchoatum ; tactionem per motum inceptum vel continuatum ad quamlibet partem cutis totius corporis, & inde per nervos continuatum ut supra[31]. Hi motus repulsi sive retro procreati per reactionem & resistentiam cordis usque ad partes animalis extimas, sunt phantasmata illa externè apparentia quae vocamus, in visione quidem

(v) Paraphrase du *DM*

30. Le passage qui suit, et celui qui commence au f. 338, sont reproduits presque textuellement dans la préface de la *Ballistica*, dans les *Cogitata physico-mathematica* (1644) de Mersenne, et réimprimés dans *OL* V. 309-318. *Cf. OL* V.218, 220 et ff. 66 *sq.*, ci-dessus.

31. *EW* III.1-2 (*Lev.* I.1). *Cf. OL* I.329-30, 396, 407-10, 411-13, (*DC* c. 25 § 10, c. 29 §§ 1, 12, 13, 17, 18) ; *EW* IV.6, 31 (*Hum. Nat.* c. 7 § 1).

lucem, vel colorem, in auditu sonum, in tactione sensum calidi, frigidi, asperi, laevis, & c., in olfactione odorem, in gustatione saporem. Denique omnis sensio est motus in partibus corporis animalis (quae partes, etsi vocentur spiritus animales, et vitales[32], sunt tamen corpora) ab objectis (quae objecta sunt etiam corpora) excitatus ; nulla ergo hactenus necessitas est confugiendi ad motorem incorporeum. Objecto, quod sentiri se faciebat, remoto, non statim cessat motus ab eo in cerebro & corde excitatus (supra enim ostensum est, contra authoris opinionem, causa cessante | non ob[w] eam rem cessare motum ab ea excitatum). Non diutius quidem appelletur *sensio* quàm objectum agat ; manet tamen motus idem sub nomine *imaginationis*, quae paulatim debilior fit, & tandem longo tempore evanescit, nisi a simili motu renovetur. Caeterùm, quod ita debiles sint imaginationes etiam statim post sensionem ut faciei semel visae pene obliviscamur simul atque convertimur, id non provenit a debilitate motus, sed ab actione praesenti aliorum sensibilium quae in vigilantes semper agunt incumbentes, at in dormientibus ubi nulla actio ab externo impedit *imaginationes* quae vocantur somnia, aeque fortes sunt ac ipsae *sensiones.*[33] Imaginatio ergo cum non sit aliud quàm sensio continuata, est (sicuti ipsa sensio) motus in partibus corporis, initium habens ab objectis corporeis ; neque ergo hactenus necesse est motorem adhibere incorporeum. Memoriam autem, imaginationem esse nemo dubitare potest ; a memoria ergo unius rei deduci in memoriam alterius, id est imaginis ad imaginem consequutio, quae vocatur discursus animae, motus quoque earundem partium necessariò est, habetque eundem motorem corporeum, | nempe obiectum sensibile, nam quando plura diversa obiecta sensibilia successive operarentur, necesse eıat[x] motum successivum inde continuatum referre plures & diversas imagines. Siquidem ergo avis ab imaginatione generationis venit in imaginationem ponendi ova, inde in imaginationem nidi aedificandi, paleas & plumas sternendi & loca ubi sunt adeundi, hae omnes imaginationes motus sunt in[y] partibus corporis, scilicet in corde, cerebro & spiritibus corporeis, qui vocantur animales & vitales. Hi ergo motus continuati in nervos movent brachia pedes & membra coetera, ita ut motus animalis progressivus omnis sit motus inceptus ex sensione, & continuatus per imaginationem in nervos & crura, nec necesse sit omnino confugere quoties avis aedificat [nidum] aranea rete, ad motorem immotum. Cum omnia haec concipi possunt provenire ab actione obiectorum quae sunt corpora — id quod author, pag. 277, non modo ipse agnoscit, sed etiam veteres eadem cognovisse asserit. Dicit enim hoc modo : *De animalibus*

(w) ob *M** (x) erat *Sic MS*? (y) in *M**

32. *Harl.*, Ch. 6, f. 200.
33. *OL* I.325-28 (*DC* c. 25 § 9).

quoque non ignorabant à sensibus, hoc est ab obiectorum actione, omnem eorum motionem oriri, quanquam verbis immediatè sequentibus ostendit se non usum esse iis | verbis in ipsorum significatione propria, sed dixisse fortuitò veritatem, quam non intelligebat. Et quod attinet ad hominem anima praeditum rationali & immortali, eo modo is quoque movetur quo animalia coetera ; appetitus enim qui principium est motus animalis internum, & discursus imaginationis a fine ad media, & a mediis ad finem, homini cum belluis communes sunt.

20. Audiamus nunc quomodo incorporea immota tamen movent exemplo animae, pag. 278 : *Mens nostra, spiritus unicus a nobis tractabilis, disponit aedificium, quomodo fundamentum & muros & tectum toti quod machinatur accommodat nec viam*[z] *ingreditur, nisi cum destinavit eam ad certum finem perducere.* Poterat etiam addere : Mens aviculae disponit nidum, quomodo fundum & parietes et figuram toti accommodat, nec viam ingreditur ad plumas & paleas conquirendas, antequam destinavit certum nidum certa forma & figura & certo loco ad pullos educandos aedificare. *Haec & similia anima non valeret facere, nisi ipsa esset simul & semel series longa actionum, sive eam in sese haberet.* Scilicet oportet animam quae meditatur domum, fundamentum, parietes, tecta, viam quà materia comportanda est ipsam esse, | ipsam, inquam, animam esse aedificationem domi, dispositionem lapidum in fundamentum, muros & tectum, viae ingressionem ad materiam comportandam &, denique, materiae comportationem. Imò animam oportet esse ingressionem viae, comportationem materiae, positionem fundamenti, aedificationem murorum & c.[34] omnia simul & semel, ita ut anima sit series actionum talis ut non sit series, sed simul tempore. Ex his sequitur, inquit[a], *ex animi natura esse ut immota, id est secundum unum esse & actum, ad plura se se materiata effundat.* Hoc est talem esse naturam animae ut immota sit mota (nam effundere se est moveri à se ad plura materiata, idque non pluribus sed uno & eodem motu) ; quasi diceret, anima immota movetur uno motu ad plura. Deinde concludit hoc modo : *vides itaque, quoniam animam spiritum esse censemus, hoc in spiritali natura admitti debere*, hoc est de natura spiritali permissum est loqui contradictoria. In natura autem corporea non permittitur. Quare? quia, inquit, *corporum primam legem hanc esse : ne plura simul consistant*[b] *experimur.* Innuit scilicet duas animas eodem loco simul esse posse, at | *in imaginatione nostra necesse*, inquit, *est ut praetervolet unum quo alteri locum cedat*, contradicens, ut mihi videtur, iis quae dixerat ante, nimirum animam esse seriem omnium actionum simul & semel ; videbatur enim mihi voluisse iis verbis signi-

(z) *DM : si quis est tractabilis a nobis spiritus* pour *unicus a nobis tractabilis* et *vide non ingredi* pour *nec viam ingreditur* (a) *DM* 279 (b) *consistant* DM *consistat* MS

34. *Cf.* f. 454.

ficare totam seriem imaginationum simul esse non modo in anima sed esse ipsam animam ; metaphysica haec quomodo irrisisset *Lucianus*, si temporibus illius, sicut physici et ethici, ita & metaphysici extitissent[35]? nec huius tantum, sed metaphysicorum[c] omnium causâ, *Luciane utinam viveres !*

21. Author ex iis quae supra disputavit, posito quod mundi motus in aeternum duraturus sit, sequi putat motorem mundi necessario in aeternum quoque duraturum, quod autem idem motor infinitus necessariò sit, id sequi negat. Argumentum itaque pro motoris infinitate, quod nec firmum esse ait, nec tamen infirmandum, sic proponit, pag. 281[d] : *Spiritus propterea corporibus est motionis princeps, quod plures partes simul intelligat & intendat. Is itaque spiritus, qui motum in aeternum duraturum, hoc est infinitum, operaturus est, eum totum comprehendere debet. Alioqui non ut spiritus, hoc est ex | intellectione & intellectuali propensione acturus est. At is rursus qui simul & semel infinitum cognoscit, cui dubium esse potest quin infinitus sit?*[36] Hanc argumentationem eo nomine rejicit quia non necesse esse putat id quod simul & semel infinitum cognoscit esse infinitum, nam *Non vides*, inquit[e], *unam superficiem quae finitissima sit, infinitis adaequari lineis, corpus minimum totidem superficiebus*[37]*?* assumens scilicet non modo pro vero, sed etiam pro manifesto id quod est falsissimum. Lineae enim quotcunque, dispositae in latitudinem, nullam omnino superficiem adaequant ; cùm enim unaquaeque linea sigillatim sine latitudine sit, etiam omnes simul quotcunque fuerint sine latitudine erunt, quia ex nihilo quotiescunque numerato summa effecta erit nihil. Cum ergo superficies latitudinem habeat aliquam, lineae nullam, quomodo dicetur superficies lineis aequalis ? Idem dicendum de superficiebus comparatis cum solido ; pingi quidem linea sine latitudine aliqua non potest, quare lineis quidem super charta ductis aequari potest, sed non infinitis, utcunque exiles sint, neque sunt eae propriè loquendo lineae, sed figurae planae, linea enim significat meram longitudinem, quae licet nunquam | existat sine latitudine, potest tamen sine latitudine considerari, quemadmodum doctrinae causa consideratur a geometris. Quod autem posito mundi motum duraturum esse in aeternum, sequatur motorem eius esse aeternum concedit quidem sed non probat, puto quia ostensum ante putavit motum egere causâ efficiente, non modò ut incipiat, sed etiam ut continuetur, id quod supra

(c) metaphysicorum omnium *MS* totius plebis philosophorum *M* (d) *DM* en *oratio obliqua*, et avec *plures motûs partes* pour *plures partes* (e) *DM* 282

35. *OL* V.148 *(Lux math.)*.
36. *Cf.* ff. 314v, 362v.
37. *Cf.* f. 248v.

refutavimus[38]. Quod autem subiungit, *Si mundus aeternus foret, motores infinitos futuros*, nescio quo argumento probari possit, neque quo consilio dictum sit? quare enim unus ille motor qui mundum huc usque continuavit, non possit eundem si voluerit perpetuare nondum video.

22. Postrema huius nodi quaestio est, an *Ex immortalitate sequatur aeternitas coelorum*, sive ut apertiusque proponatur[f], an *Supposito quod coeli & sol duraturi sint in aeternum, sequatur eos ab aeterno extitisse*, et tenet sequi ; argumentatio autem eius, pag. 284, huiusmodi est[g] : *Si non extiterint ab aeterno, oportet fuisse initium aliquod loci & temporis, in quo motus eorum inceperit, idque oriundum ex ipsorum coelorum naturâ, sed nulla ratio est à natura coelorum & solis* | *quare motus eorum ab uno loco & tempore initium sumeret quàm ab altero* ; *nullum ergo eis motus initium esse potuit*. In qua ratiocinatione nullum omnino sumit argumentum à supposita coelorum & solis duratione futura ; aeque ergo inde inferri potest coelos & solem fuisse ab aeterno, sive in aeternum duraturi sint, sive interituri. Bene se habet quod argumentatio sit vitiosa, alioqui enim Creationis fidem penitus sustulisset. Consistit autem vitium in consequentia illa : *Si sol & coelum non extiterint ab aeterno, tum oportet fuisse initium aliquod loci & temporis in quo motus eorum inceperit, ex ipsorum coelorum natura ortum*[h]. Poterant enim habere motûs sui initium loco & tempore a Voluntate divina determinatis. |

Caput 28

Ad nodum 3um. Dialogi tertii
Mundum ab aeterno non extitisse

1. Quid sit tempus, quid aeternitas. 2. Definitio temporis confirmata. 3. Argumentum authoris quo probat motum non extitisse ab aeterno, refutatum. 4. De *esse* & nominibus accidentium. 5. *Existere* quid sit, quomodo differt ab *esse*, et quare accepta fuerint pro diversis. 6. Nulla est successio necessitatum existendi. 7. Necessitas quae est in propositionibus non est rerum ipsarum impotentia quâ aliter esse non possunt ipsae res, sed impotentia nostra quâ non possumus concipere consequentias

(f) *DM* 285 (g) *Ib.*, 284 *f.*, paraphrase (h) *DM : ... dicis enim motum ex eorum coelorum natura ortum accipere debere*

38. Aux ff. 302 *sqq.*

quasdam esse falsas. 8. Probavit author esse quidem successionem in infinitum imaginabilem. 9. Argumentum authoris contra aeternitatem[i] mundi aeque militat contra omne quod vocatur aeternum. |

1. Circa nodum hunc duo proponuntur de mundi aeternitate demonstranda, alterum quòd mundus ipse aliquando coeperit, nec fuerit ab aeterno corpus, alterum quod moveri coeperit, id est quòd motus eius non sit ab aeterno. Posterius hoc iisdem argumentis demonstratum dicit, quibus usus est Dialogo 1°, nodo 2° ad probandum mundum esse finitum. Et sanè si argumenta illa contra infinitatem spatii sive magnitudinis valida fuissent, valerent etiam contra infinitatem temporis sive aeternitatem. Sicut igitur ad examinationem eorum necesse tunc fuit explicare quid intelligeretur nomine *spatii*, ita quoque hoc loco quid intelligatur nomine *temporis* exponendum est. Imprimis vero neminem esse puto qui nesciat observari aliquando animo nostro imagines corporum eorum quae olim existentia & oculis obiecta, nunc tamen non existunt ampliùs (in hoc enim consistit imaginatio, sive memoria rerum praeteritarum) | aut qui nesciat imagines illas spatia quaedam esse figurata & colorata, quando quiescentia, quandoque mota, prout ipsa corpora erant tunc cum existerent figurata, colorata, mota aut quieta. Imagines hae quatenus repraesentant corpora dicuntur *imaginariae*, quae compositione & substractione nostra augentur vel minuuntur ad libitum nostrum, nam magnitudo spatii, quod nos imaginari volumus, non determinatur à rebus ipsis sed à nobis[39], ideoque spatium dicatur esse potentiâ infinitum, quia nos ipsi addere possumus alia spatia quot & quanta volumus. Eaedem imagines, quatenus repraesentant corpora certis terminis finita, sunt spatia figurata sive figurae imaginariae[j] ; quatenus repraesentant colorata, colores sunt imaginarii ; denique quatenus repraesentant corpora mota, sive successive per spatium aliquod transeuntia, eaedem imagines sunt motus imaginarii, sive imagines motûs, vel imagines successionis a priori in posterius, licetque corpus ipsum | quod realiter moveri vidimus non amplius moveatur. Nihil tamen impedit quin nos possimus procedere imaginando quousque libuerit[40], atque ita fiet ut imago motûs, sive motus imaginarius determinetur, non motu corporum ipsorum, sed arbitrio nostro, ita ut quemadmodum astronomi invenerunt locum extra mundum visibilem, in quo ponerent sphaeras quas excogitaverant[41], ita poeta quilibet possit invenire successionem, quâ cum accommodare possit quamcumque ipse finxerit narrationem ante initium historiae quam nunc

(i) contra aeternitatem *edd* contra authoris aeternitatem *MS* (j) figurae imaginariae *edd* figurae sunt imaginariae *MS*

39. *Cf.* ff. 15, 291, 338v.
40. *Cf.* f. 308.
41. *Cf.* ff. 17, 100v, 126, 376.

habemus[42]. Atque haec ita mihi manifesta videntur ut qui ea non agnoverit, suas ipsius cogitationes & figmenta animi nunquam putem animadvertisse. Iam imago motûs, sive motus imaginarius, sive successio imaginaria, sive imago successionis (eadem enim est omnium significatio) est illud quod omnes appellamus *tempus*[k], et sicut corpus dicitur magnitudine infinitum, cuius magnitudinem nullâ nostrâ | additione spatiorum imaginariorum possumus adaequare, sic motus, cuius terminum nulla additione successionis imaginariae assequi possumus, tempore infinitum, id est aeternum esse dicimus. Similiter quies aeterna dicitur, cuius terminus nullâ motûs imaginatione potest exaequari.

2. Definitionem illam temporis, nempe *tempus* est motûs *imago mentalis*, ex multis colligi posse puto. 1º enim, si temporis natura in eo consistat ut sit realis aliqua successio, nullum esset omnino tempus, nam successio praeterita realis non ampliùs existit quia praeteriit ; futura nondum existit, quia futura. Praesens autem non est nisi instans, in quo successionem esse est impossibile ; restat igitur ut tempus non sit motus in rebus ipsis extra animum, sed mera imaginatio. Neque obstrepat quis hoc loco dicens meram imaginationem nihil esse, nam motus imaginarii quatenus sunt imaginarii, non habent existentiam illam quam videntur habere, sunt tamen motus reales in imaginante. Est enim motûs imaginatio, idem quod motus in imaginante, sic quoque facies in speculo apparens imaginaria simul est & realis, imaginaria quidem facies, sed realis imaginatio[43], imaginatio enim motus est realis organi quo imaginamur ; sicut enim *apparens* opponitur omni | reali extra animum, ita supponit realitatem internam, nam si nihil esset, nulla esset apparentia. Dico igitur tempus esse *motûs imaginem*[44], atque habere eandem relationem, ad motum realem, quam habet facies in speculo ad faciem veram, et quam habet figura in speculo ad figuram realem ; non omnino differt haec definitio a definitione *Aristotelis*, qui definit tempus esse numerum motûs secundum prius & posterius[45], nam motus, modò per numerum intelligatur numeratio ; est enim numeratio non in rebus numeratis, sed in numerante, & fit per imaginationem numerati numerato additi, ex quo fit ut tempus non sit aliud Aristoteli, quàm motûs imaginatio. Caeterum, si Aristoteles intellexit per « numerum » aliquid in ipsis numeratis, differt haec definitio ab illius definitione non parùm.

(k) *Harl.*, Ch. 6, ses ff. 200, 201v

42. *EW* IV.451-2 *(Gondibert)*. *Cf.* f. 6v.
43. *Cf.* f. 16v.
44. *OL* I.83-4, 100, 125 (*DC* c. 7 § 3, c. 8 § 15, c. 12 § 4) ; V.53 *(Rosetum)* ; *EW* VII.84 (*Dec. phys.* c. 2) 267 *(Six Lessons)*. *NLW* f. 1v.
45. Voir le contexte : *Phys.* IV.xi et xii (219a à 221b). White examine le concept aristotélicien du temps dans les *Peripateticall institutions*, pp. 39-47.

3. Ratio iam quare author negat motum ullum existere potuisse ab aeterno, ea est quòd tempus infinitum esse non potest. *A signo enim*, inquit[1], *in quo sumus aliquam horam infinitis mediis absistere necesse est ; eam, si nostris similis est, determinatam esse quoad existentiam et individualitatem, & inter duas aeque determinatas, unam | priorem, posteriorem alteram esse collocatam. Inter hanc proinde & eam quae nunc (dum loquimur) praeterit invida, quomodo non sit inclusum quod volunt infinitum. Ego prorsum hebesco.* Consequentiae huius magis conspicua verbis paucioribus, vis erit hoc modo : *Si tempus potest esse infinitum, tum aliqua determinata pars eius est infinita*[m], cuius consequentiae falsitate quid potest esse detectius? Aliter tamen loqui non possunt qui infinitum, tamquam positivum aliquid, animo per imaginem repraesentari debere putant. Cum revera voce *infiniti* utamur, non ut rei infinitatem animo exhibeamus, sed ut in ipsa animi facultate confiteamur fines quasi diceremus longiori tempore durasse motum realem ; vel maius esse spatium aliquod reale, quàm quod motu imaginario ; vel spatio imaginario, quantùm volumus aucto, aequari possit. Fuerit autem *tempus* quicquid quis voluerit ; tamen si verum sit ideo motum non fuisse ab aeterno, quia tempus non datur aeternum, quemadmodum ille argumentatur, eadem ratione concludetur neque quicquam quievisse ab aeterno, imo verò, | neque quicquam ab aeterno extitisse ; siquidem enim aliquid duraverit ab aeterno, sive motum, sive quietum, sive (si tertium detur) neque motum neque quietum, necesse est tempus *effluxisse* infinitum, quod ille posse fieri negat. Regula demonstrationum legitimarum universalis est ut theorema probandum inferatur ex definitione vel proprietate aliqua subiecti. Cum ergo motum non esse aeternum non ex definitione probet, neque ex aliqua proprietate motûs, sed ex eo quod tempus non est infinitum, neque ipsum tempus finitum esse probat ex eo quòd natura eius consistat in motu, non motui solummodo, sed omni in universum actui, existentiaeque, etiam ipsi Deo aeternitatem negat. Vide quam penè necessariò omni passu impingunt in fidem Christianam qui res divinas inconceptibilesque speculationibus suis subjiciunt metaphysicis.

4. Antequam ad argumentum eius venero quo probare nititur *Mundum ab aeterno non extitisse*, et in quo multa sunt ab eo dicta circa essentiam & existentiam, quae intelligi haud facile possunt, necessarium duxi eas voces hoc loco, quantum possum | explicare. *Accidentia*, sive *actus* corporum, nomina invenerunt, ut supra monuimus capite praecedente articulo 2°[46], a copulis propositionum. In quibus quidem, quando subiectum

(l) *DM* 285-6, avec *necessum* pour *necesse* (m) *tum... infinita*, non souligné dans le MS

46. *Lire* Articulo 1° (ff. 292 *sqq.*) ? *Cf.* ff. 109, 214 *sqq.*

& praedicatum utraque sunt corporum nomina, copula cum praedicato, fit nomen quo exprimitur illius corporis *esse* sive *actus*. Exempli causa, quando vera est propositio *Homo est animal*, tunc *esse animal* dicitur *esse* sive *actus* hominis. Et profecto huiusmodi nominum impositio necessaria erat ; nisi enim homines ex verbo substantivo et ex aliis verbis, in quibus omnibus vis verbi substantivi latet, temporis consignificatione & virtute copulandi ablatâ, in nomina convertissent, impossibile omnino fuisset conceptuum varietatem, quae a corporum actionibus in sensus hominum oritur, ita explicare ut actiones ab ipsis agentibus distinguerentur ; factum autem hinc est ut, dum *aliquid hoc vel illo modo « esse »* diceremus, etiam vox illa *esse* (quae et essentia quandoque dicitur) accepta sit in numerum nominum, & nacta | sit etiam rem substratam, nempe modum secundum quem corpus facit se concipi, ut *esse album* nomen est modi sive virtutis alicuius in corpore oculi[s] obiecto per quem tali specie potius quam aliâ concipitur. Etsi autem pleraque talia nomina mutentur elegantiae causa in alia, ut pro *esse album* utimur *albedo*, & in scola pro *esse ubique ubiquitas*, et Cicero dixit pro *esse lentulum lentulitatem*[47], habent tamen nomina accidentium, sive actuum omnia significationem verbo infinitivo (cui involvitur semper vox esse) aequipollentem. Quando verò duo nomina actuum coniunguntur in propositione per *copulam*, non est rursus necessarium — sicut ante corporum *actûs* & essentias, ita nunc actuum et essentiarum — novos actûs & essentias nominare, ut sicut ex eo quod *Homo est probus*, falsum est nomen *esse probum* sive *probitas*, ita ex eo quod *probitas est virtus* recipiatur ut nomen *esse virtutem* vel *virtutis*. Hoc tamen falsum est ab iis qui actui actum & essentiam attribuunt & qui, videntes accidentium nominibus adiunctam copulam in propositionibus ut quando | dicitur *Virtus est habitus*, *Albedo est color*, *Accidens est separabile*, propter aliud *est*, quibus nomina copulantur, non dubitant quin virtus sit ens, albedo ens, & denique quodlibet accidens ens, intelligentes per *ens* id quod habet *esse*, atque ita *esse* secundum eos habebit *esse*, et hoc *esse* aliud *esse* in infinitum. Ab hoc errore confundentium *ens* et *esse*, sive (dum loquimur de ente conceptibili) corpus & accidens profectae sunt locutiones illae metaphysicorum ; *actio agit*, *intellectus intelligit*, *voluntas vult*, *accidens est ens* & c. quod idem est ac si dicerent *actio est agens*, *intellectus is qui intelligit*, *voluntas is qui vult*, *accidens est id cuius est accidens*. Atque huiusmodi formulis loquendi in ipso limine impingentes, omnem de rebus altioribus philosophiae sermonem adeo reddiderunt absurdum, & insanum ut prudentiorum plerique ipsum philosophiae nomen abominentur ; sed ad propositum repetens dico *esse* sive *essentiam* (intelligo semper conceptibilem) nihil aliud esse praeter corporis modum (possem apertius dicere actionem), quo varie agens in sentientes nunc uno

47. *Let. fam.* III.vii.5

nunc alio modo apparet, | sive si concipi facit ut modo album, modo nigrum, modo quadratum, modo rotundum & c. quemadmodum supra capite praecedente articulo 1º & 2º expositum est.

5. Existere autem idem significat quod simpliciter *esse* sive *esse ens*. Cum enim in propositione praedicatum, quandoque explicatur, ut in *Homo est animal* quandoque includitur, ut in *Homo est*, in priore non existere dicitur *homo*, sed si existat, existere etiam animal, hoc enim significat illa propositio, *Homo est animal*, quae, quia necessaria, etiam universalis est. In posteriori dicitur existere, hoc enim significat *Homo est* et idem valet ac si quis diceret Corporum quae constituunt universum saltem unum aliquod est *Homo*. Causa autem quare essentia & existentia visae sint differre metaphysicis nostris, ea videtur esse quod non distinxerint essentiarum consequentias ab ipsis essentiis. Quoniam ergo in hac propositione *esse animal* consequitur & in aeternum consequetur *esse hominem* (nam si quid dicimus | esse hominem idem dicimus esse animal), ideo aeternè verum est *hominem esse animal* : hoc sic accipiunt tanquam essentiae essent aeternae. Cum ergo putent hominis vel alius corporis essentiam esse aeternam, existentiam autem non aeternam, necesse est ut *esse* et *existere* habeant cum authore nostro pro diversis rebus, neque alteram ab altera putent dependere.

6. Venio iam ad argumentum quo mundi aeternitatem tollit, pag. 287. 1ª eius propositio est, *Quicquid est, dum est non potest non esse* (hoc est non potest simul esse & non esse)[48] quae quidem vera est, sed locutio illa, *dum est, non potest non esse*, ambigua est ; nam homo etiam dum vivit est in potentia ad mortem, potest enim interire, idemque dici potest de omnibus rebus corruptibilibus. Quare enim ea quae nunc[n] sunt, et existunt, etiam nunc corruptibilia dicuntur nisi quòd possint interire, nec ambigua modò, sed etiam absurda, *potentia* | enim semper refertur ad futurum, et posse dicimur vel agere vel pati, non id quod factum est sed quod futurum est. Verùm sic loqui condonemus metaphysicis. 2ª est[o] *Idem, antequam sit in eo signo, potest non esse in eodem signo*. Obscura & rursus impropria est locutio, voluit enim dicere : *Quicquid nunc est antequam fuit, potuit nunc non esse*. Hanc autem propositionem non absolutè ponit, sed cum hâc limitatione, *saltem quantum ex pura essentia, seu entis cum existentia complexione conficitur*. Obscurum & hoc, sed idem valet ac si dixisset non impedire existentiam entis quin ens nunc existens possit postea non existere, utcunque nunc existentibus, etiam postea,

(n) nunc *M** (o) *DM* 287

48. Voir White : *An exclusion of sceptics*, pp. 6-7, où White étudie le *cogito, ergo sum* de Descartes, dans des termes qui diffèrent d'ailleurs de ceux dont il se sert dans la version latine, *Scire* (1663).

existendi necessitas advenire possit a causis externis. Haec quoque propositio ita limitata vera est. Ex duabus ergo propositionibus, *Quod est non potest simul esse & non esse*, et *Quod nunc est antequam fuit potuit non esse*, tertiam infert[p] : *successive corpori* | *advenit* τὸ *non posse non esse, quantum ex connexione entis cum existentia illud habet.* Hoc est : *Entis existentia non impedit quin* τὸ *non posse non esse* (id est impossibilitas non existendi, sive necessitas existendi) *adveniat corpori successive*[49]. Nihil confert haec conclusio ad probandum mundum esse aeternum ; velim tamen, si possibile sit, eam ita explicare ut intelligi, et proinde sciri possit, an rectè ex praemissis inferatur necne. Itaque pro 1ª propositione ponamus hanc : « Homo, dum est homo, necessariò est homo » ; pro 2ª, hanc : « Homo, antequam esset homo, nimirum cùm esset lutum vel terra rubra, potuit non esse homo » (nam necessitas nulla latebat in existentia illius luti ut fieret homo, sed ab externa causa adveniebat, nempe à Deo). Nulla ergo erat necessitas luto, quando erat lutum, ut fieret homo ; postea verò quàm factus est homo, eidem luto necessitas[50] erat ut esset homo ; quare necessitas successive advenit luto, scilicet prior erat necessitas luto ut esset | lutum, 2ª ut esset homo. Video quidem ex dictis probatum satis esse, fieri successionem quandam necessarii ad necessarium, nam lutum necessariò erat lutum, et postquam ex eo factus est homo, ille homo necessariò erat homo, et postquam homo factus erit cadaver, cadaver illud erit necessariò cadaver, & deinceps quoties fiet rerum mutatio. Caeterùm, duo sunt in conclusione quae in praemissis non inveniuntur : 1um est quòd necessitas haec sit necessitas existendi, non enim si in principio lutum est necessario lutum ; deinde idem lutum necessariò est homo[q], ita ut necessariò lutum esse sit priùs deinde succedat necessariò hominem esse, ideò dicendum est, necessario esse lutum, prius esse, quàm necessariò esse, simpliciter, sive *existere* ; nam eodem instanti quo aliquid est lutum, eodem instanti etiam simpliciter *est*, et existit. Quare argumentum hoc ad mundum applicari non potest ; propositio enim illa 2ª, *Quod est, antequam fuit, potuit non esse*, si applicetur ad mundum stabit, *mundus antequam* | *fuit potuit non esse*, quo modo autem mundo potentiam attribuimus vel existendi vel non existendi? Cùm nihil esset, ex quo fieri potuit? aut quomodo adhiberi potest limitatio

(p) *Ib.*, avec *advenire* (f. 319) pour *advenit.* Les deux propositions ne sont pas soulignées dans le MS (q) Dans *si in principio... est homo* nous suivons Mersenne, qui efface une virgule après le premier *est.* Il refait les phrases suivantes, sans vraiment les améliorer : *non enim si in principio lutum est necessariò lutum, mox autem idem lutum necessariò est homo, ita ut necessariò ille lutum priùs sit quàm necessariò esse hominem, ideò dicendum est necessariò esse lutum priùs esse quàm necessariò esse simpliciter, sive existere*

49. *Cf.* Sext. Empir. *Le pyrrhonisme*, III.54 et les ff. 216v, 293v, 377v, 384v.
50. *EW* V.35, 227, 427 *(Lib. Nec. and Ch.).*

illa *quantum ex entis cum existentia complexione conficitur*, quando nullum extitit ens quod mundus postea esse potuit? Secundum est quòd harum necessitatum successio sit in ipso corpore ; dicit enim in conclusione « quòd τὸ non posse non esse corpori adveniat successive », hoc est ipsi mundo hoc autem neque ex praemissis deduci potest, neque verum est[r]. Necessarium enim est id quod non potest non esse ; iam, ut fatetur author, nulla est necessitas ab ipsa rerum existentia, quare quidlibet non possit non esse, omnis ergo necessitas ab aeterno est. Iam quod homo sit homo, vel mundus mundus, necessarium sit, non est ab existentia hominis aut mundi, neque ab externo ; externum enim sicut efficere non potest ut homo dum est homo non sit homo ; sic neque efficit ut homo sit homo, effecit quidem | ut lutum esset homo, quod non erat necessarium, sed id quod est necessarium, ut homo iam factus erit homo, non effecit. Nullo ergo modo necessitatum talium successio est in ipsis entibus, neque necessitates quae succedunt alterae alteris sunt necessitates existendi, quae susceperat demonstranda.

7. At dicet quis : « Quare necessarium est ut homo sit homo, aut mundus sit mundus, si necessitas illa nihil sit eorum quae sunt in homine aut in mundo? » Dico igitur huiusmodi propositiones : *mundus est mundus*, *mundus est*, *homo est homo*, *homo est* ; *homo est animal*, ubi praedicatum necessario consequitur subiectum, vocari necessarias, & necessitatem consequentiae esse illam, quam falsò attribuunt rebus ipsis ; nam quia non est possibile concipere si mundus est, quin mundus sit, aut si homo est, quin animal sit, neque aliter se habere posse, quin id quod vocamus mundum vocemus mundum, ideò tales propositiones necessarias appellamus, quod enim non possumus concipere aliter se habere id dicimus esse necessarium. | Illud igitur *non posse aliter concipere*, non est rerum incapacitas, sed nostra, ideoque successio illa necessitatum alia non est quàm successio conceptionum seu conclusionum in animo nostro, in quo habemus primum, verbi gratiâ, conceptionem hanc : *Impossibile esse ut lutum non sit lutum* ; deinde, quando ex luto factus est homo, succedit alia conceptio, *Impossibile esse ut id quod factum est homo non sit iam homo*, et sic deinceps. Atque ita successio, de qua ille loquitur, non est ipsarum rerum sed nostrarum cogitationum successio.

8. At ex dictis ab authore praemissis legitimè derivatur : primo, successionem esse necessarii ad nècessarium, idque sine limite, quod verum est & contra illum, nam cùm ea successio non sit in rebus externis, sed in imaginatione conficitur, inde esse successionem imaginariam, quae continuari potest quantum volumus, additione unius successionis ad alteram, hoc est sine ullo fine à rebus determinato, id quod vocatur « infinitum », atque ita tempus intelligi posse perpetuo maius & maius

(r) *Cw*, f. 4v. *Cf.* f. 387 ci-dessous

usque in infinitum ; 2°, | tempus intelligi ante mundum conditum & proinde ante omnem motum realem, siquidem enim mundus *antequam factus est*, potuit (ut ille dicit) non fieri, etiam conceptu extendi potest etiam usque in ante mundum.

9. Datâ conclusione quam putat se probasse, nempe si mundus ab aeterno extiterit, extitisse etiam successionem aliquam ab aeterno, addit eam quam ante posuerat, nempe nullam successionem extitisse ab aeterno, ex quibus conficitur mundum non extitisse ab aeterno, quam probare voluit. Verùm si argumentatio eius recta fuisset non modò mundi aeternitatem, sed aeternitatis possibilitatem sustulisset, non enim à natura mundi aut corporis, sed ab impossibilitate temporis infiniti argumentum sumit, quod propterea contra omne aeternum aeque militat, quod est rursus contra fidem, non modò Christianam, sed omnium gentium[51], tanquam metaphysica veteribus inaudita nihil aliud esset quàm (sub nomine scientiae a nescio quo malo spiritu immissa in mundum) de Deo temerè loquendi licentia. |

Caput 29

Ad nodum 4um. Dialogi 3ii
Dari aliquod ab aeterno existens

1. Quaestionum ex quibus constat nodus catalogus una cum vocum quarumdam quibus proponuntur explicatio. 2. Examinatio argumenti quo infert *dari aliquod ab aeterno existens*. 3. Examinatio rationis qua infert 1um *mutans non esse factum*. 4. Examinatio argumenti quo probat nihil fieri posse a seipso. 5. Examinatio rationis qua concludit in numero infinito existentium, unum aliquod esse independens. 6. *Dari multitudine infinitum* quomodo intelligendum. 7. Examinatio rationis qua probat aeternam esse causam suae existentiae. 8. Examinatio argumenti quo probat *nullum fuisse corpus ab aeterno*. 9. Existentiam & essentiam entis eandem rem esse.

1. In hac disputatione primum locum attribuit probationi propositionis quae Nodo praefigitur, nimirum *dari aliquod ab aeterno existens*, 2° loco probat[s] *illud ab aeterno existens*, *si unicum sit*, *non esse ab alio factum* ;

(s) *DM* 289

51. *OL* I.336-7 (*DC* c. 26 § 1) ; *EW* III.351 (*Lev.* II.31).

3[o t], | *si plura fuerint aeterna sed numero finita, ea non potuisse esse omnia facta, sed unum eorum vel aliqua tantùm* ; 4[o u], *si aeterna fuerint numero infinita* (hoc est *omnem numerum excedentia*) *ea quoque non omnia esse facta* ; 5[o v], *infinitum multitudine esse impossibile* ; 6[o v], *id quod ex se existit habere intrinsecam aliquam existendi radicem, unde ab aeterno existentiam contrahat*, de quo dubitasse dicit veteres ; 7[o w], *nullum corpus ab aeterno fuisse* ; postremo[x], *existentiam enti a se, essentialem esse*[52]. In quibus demonstrandis, quia saepissime occurrunt hae voces[y] : *esse à se*, *esse ab alio*, *pendere à se*, *pendere ab alio*, *factum esse*, et his aequipollentes, eas vitandi aequivocè causâ antequam ulteriùs progrediamur, explicabimus *esse à se*. Idem sonat quod *non habuisse causam propter quam est*, et duplici modo intelligi potest, prout ipsa vox *est* vel *esse* ponitur interdum simpliciter & absolutè, aliquando determinate pro *esse tale* | vel *est tale*. Exempli causa, quando dicimus Homo *est*, ibi ponitur *est* simpliciter, significatque idem quod Homo *est ens* vel *existens*. Quando iam dicitur Homo *est à se*, idem est ac si diceremus nullam unquam fuisse causam efficientem quae hominem ex non-ente, sive non existente, effecerit ut esset *ens* vel ut *existeret*. Ideoque quando aliquid dicitur *esse a se*, dicitur *ab aeterno extitisse* ; nam quomodo non-ens coeperit esse ens sine causa praeexistente intelligi non potest, quòd si proferamus huiusmodi propositionem : *Homo est homo* vel *Homo est animal* (vel aliam quamcunque ubi vox *est* inservit tantummodo connectendis propositionis terminis), deinde autem dicatur *Homo est homo à se*, vel *Homo est animal à se* significatur ex locutione hominem ipsum esse causam efficientem quae seipsum, nondum hominem aut animal, hominem vel animal fecit, vel saltem aliam nullam eius rei efficientem esse, quod est hominem fuisse ab | aeterno, aut saltem materiam ex qua ipse constat, ipsum hominem informasse formâ humanâ. Ut autem uno verbo dicam *esse à se* (quoniam in confesso est nihil posse facere seipsum) idem est quod *aeternum esse*, *esse* autem ab alio, idem est quod debere alii tanquam causae efficienti quod sit id quod est, sive *esse effectum*, sive *esse factum*, et siquidem sermo sit de *esse simpliciter*, sive *esse ens* dicendo hominem, vel aliud esse ab alio, significamus eum simpliciter factum esse absque materia praeexistente, id est creatum esse ; sed si de esse determinato loquimur, dicendo aliquem esse hominem ab alio, significamus eum genitum esse sive mutatum, et extitisse priùs, quanquam nondum sub forma hominis ; *pendere ab alio* dicitur quod cessante causâ non existit ampliùs. Itaque nihil ab alio pendet praeterquam ab eo in quo causa est continuationis eius, quo sensu dicimus, lapidem in sublimi à filo pendere[z], quod in filo causa est cur

(t) *DM* 290 (u) *DM* 292 (v) *DM* 295 (w) *DM* 296. *Cf.* 330v (x) *DM* 301 (y) *DM* 304 (z) pendere *M* ? penderit *(sic)* ? *MS*

52. *Cf.* ff. 334, 359v.

quies lapidis in sublimi praeter naturam suam | continuatur. *Pendere* autem *à se* dicitur cui nulla est extra seipsum causa continuationis suae, quo sensu motus corporis cuiuscunque semel inceptus *pendet à se*, et nisi impediatur ab alio, perpetuò continuabitur[53]. Itaque ut paucis quoque hoc dicam, *pendere à se* est perseverare esse id quod iam est absque causa, ut quâ non opus sit ; *pendere ab alio* est perseverare esse id quod est prout causa perseveraverit vel cessaverit ; *factum* est quod à causa incepit esse, & siquidem incepit esse simpliciter, id est ex non-ente coepit esse ens, illud *factum* idem est quod *creatum*, sin aliquid coeperit, non quidem esse simpliciter, sed verbi gratiâ ex non-homine coepit esse homo, id iam non creatum sed mutatum vel genitum dicitur[54]. Ex dictis vocabulis *esse à se*, et *pendere à se* maximam afferunt sermoni metaphysicorum obscuritatem, sine omni necessitate usurpata, nam nec latina sunt, et pro iis latina | in promptu sunt, cum pro *esse à se*, *esse aeternum*, & pro *pendere à se*, *non pendere* dici possit.

2. Quomodo autem unaquaeque earum propositionum demonstratur deinceps videndum est. *Fuit*, inquit[a], *mutatio quaedam quâ non fuit alia prior* (rectè hoc quidem, sed tamen non est ab eo demonstratum). *Hoc itaque confectum est ab aeterno stetisse aliquid* non sequitur, nam ipsum mutatum ante extitisse necesse est quàm mutationem, quia quoties fit mutatio necesse est aliquid mutari ; non dicemus tamen id quod primum mutatum est, fuisse ab aeterno. Cùm enim id quod 1° mutatum est sit mundus vel mundi pars, sequeretur mundum vel aliquam eius partem fuisse ab aeterno, quod est contra fidem. Certè cùm non minùs impossibile sit concipere motum, vel mutationem inceptam sine materia quàm sine efficiente, illi qui ab eo quod olim factum est | initium motus, vel mutationis, colligunt aeternam esse eius causam efficientem, possent eodem argumento concludere aeternitatem materiae. Quare enim ad movendum aliquid, vel mutandum, magis necesse est supponere causam efficientem ; à qua, quàm materiam in qua producendus sit effectus? Metaphysici[b] itaque dum non fidei & Scripturae Sacrae authoritati, sed scientiae suae deberi volunt quòd existimemus Deum quidem esse aeternum, mundum vero non esse aeternum, efficiunt[c] suis paralogismis Deum mundumque esse coaeternos.

3. Demonstrato iam dari aliquod aeternum, proponitur an illud unicum esse possit, an etiam plura, atque si plura, an numero finita an infinita. Et 1° dicit *aeternum, si unicum sit, factum esse non potuisse*, quae questio

(a) *DM* 289. *Fuit... prior* paraphrasé ; *Hoc... aliquid* cité *verbatim* (b) Metaphysici *M* ? Metaphysicos *MS* (c) efficiunt *M* ? efficit *MS*

53. *Cf.* 231v.
54. *Cf.* Arist. *Meta.* IV.IV.19 (1007a) et *De interp.* X (19b).

eo modo quo proponitur absurda est, nisi forte hoc voluit dicere : « unicum illud quod fecit mutationem 1^{am} non potuisse esse factum ». Et videtur voluisse sic dicere, id enim est quod probare nititur. Sic enim argumentatur, pag. 289 : *Si unicum illud quod* | *nunc existit factum esset ab alio, fuit certe aliud quod nunc extinctum est*, *quare ea extinctio erat prior illâ mutatione quam supposuimus esse* 1^{am}. Praeterea hic quòd extinctio unius possit esse alterius generatio, ita ut altera alteram non antecedat, ut extinctio calidi & generatio frigidi una & eadem sit mutatio, & in eodem instante facta, quaero autem quare supponit 1um illud mutans iam esse extinctum an, quia unicum existere supponebatur, at supponebatur existere non *unicum* simpliciter, sed *unicum* 1um *mutans*, quod non impedit quin simul existat etiam unum vel plura 1^{a} *mutata*, atque ita non extincto illo 1° mutante, mutatio illa quae supponebatur 1^{a} esse, 1^{a} erit[d]. Poterat conclusionem suam demonstrasse (nam vera est) si sic dixisset : « Si 1um mutans factum sit ab alio, tum primi mutantis mutatio antecessit mutationi primi mutati » ; mutatio ergo quae 1^{a} supponebatur erat 2^{a}.

4. Probat deinde[e] si *plura* (sed numero finita) fuerint *aeterna*, *unum eorum vel plura*, *non autem omnia esse facta*. Quoniam autem, ut supra declaratum est, | aeternum & factum inter se opponuntur, atque existens quod non est factum, idem est quod aeternum, propositio eo quo modo ab ipso proponitur haec est[f] : Si *plura* (sed numero finita) *sunt aeterna*, *unum vel plura eorum erunt aeterna*, *non autem omnia*, quae locutio mihi quidem absurda, aliis fortasse videtur esse metaphysica. Id verò quod probare contendit aliud non est quàm nihil fieri posse à seipso, neque mediatè neque immediatè, quod quidem verum est, sed non id quod probandum erat, nimirum non posse esse plura aeterna ; neque verò probatio ipsa legitima est. Causa, inquit[g], est quâ positum aliud est, ex eo quòd ipsa est, seu ex vi ipsius ; si igitur aliquid mutare seipsum posset, a non-ente in ens, non-ens esset causa entis, quare non-ens erit id quo posito aliud est eo quod ipsum non-ens est, scilicet ex eo quòd non-ens est ens, quod est absurdum. Sanè exposita definitione causae, ratiocinatio rectè procedit, sed definitio causae est ipsa conclusio illata, nam cùm causa definitur esse *id ex quo aliud*, et non indefinitè *ex quo aliquid*, excluditur effectio suiipsius, in ipsa definitione, fit ergo petitio | principii. Sin legitimè probare voluisset nihil fieri à seipso, ostendere debebat, quamobrem definitio causae non posset esse haec. Causa est qua posita aliquid est ex eo quod ipsa est. Dicet fortasse neminem esse qui putet consequentiam hanc : « Si aliquid est, tum ipsum est », esse consequentiam effectus ad *causam*, aut entis ad ens, nam ens non sequitur seipsum, sed

(d) 1^{a} erit *Lire* 2^{a} erit ? (e) *DM* 289 (f) *Ib.* (g) *DM* 291, avec *posita* pour *positum*. Les mots cités ne sont pas soulignés dans le MS

intellectionis ad intellectionem, quia bis intelligimus idem sub nomine *aliquid*, & sub nomine *ipsum*. Causam autem omnes vocare quam aliquid sequitur, quod ideo aliud erit quia[h] sequitur, nam praecedere aut sequi seipsum nihil potest. Itaque in ipsa definitione causae ita inerat conclusio, *nihil fieri à seipso*, ut non opus esset assumere ullam aliam propositionem ut fieret syllogismus, ideòque huiusmodi argumentatio mera est petitio principii, utcunque vera sit conclusio : *nihil fieri posse à seipso*. Neque opus erat addere illud « mediatè vel immediate » & laborare ut ostendat, cum in omni effectione *alietate* (ut loquitur metaphysice) opus sit, | maiorem esse *alietatem* in causis mediatis quàm immediatis.

5. Probandum proximo loco proponit[i], & margini inscribit, aeterna etiamsi numero infinita sint, non tamen omnia esse facta, quod idem est ac si dixisset « Aeterna etiamsi numero infinita sint, aliqua tamen eorum esse aeterna. » Id verò quod probat (si tamen probat) hoc est : Si infinita numero entia existant, necesse esse unum extraneum assumi, quod à nullo pendeat, & à quo pendeant coetera omnia. Ad cuius demonstrationem assumit 1° loco, infinitum multitudine esse impossibile, id quod est excludere illud ipsum quod supposuit, ita ut nihil omnino concludi possit, nam etsi vera sit haec propositio, si infinita numero entia existant, tum unum est extraneum à quo coetera pendeant, neque eius contrarium, sed conclusio relinquitur incerta. Deinde ubi dicit, unum assumendum esse extraneum, non est intelligibile quomodo *unum* potest addi numero infinito, aut quicquam esse infinito extraneum ; demonstratio | autem sic procedit, pag. 292 : Cum ab aeterno & ante omnem mutationem existere & efficere consensum sit, clarum est eorum omnes operationes[55] aeternas esse ; hoc autem falsum est, quanquam enim existere aliquid ante omnem mutationem intelligi possit, tamen *efficere* ante omnem mutationem impossibile est, cum effectio, actio, seu operatio omnis sit vel motus vel mutatio vel generatio, vel denique creatio, id est processus ab esse ad non-esse[j], quae omnia ipse complectitur[k] nomine mutationis ; necesse est effectionem ante mutationem esse non potuisse ; sed rationem addit[l], *si defecisset aliqua alicuius operatio, iam aliqua mutatio facta esset*. Fortè si operatio aliqua extitisset & post cessasset, secuta esset aliqua mutatio, quod etiam necessarium non est, sed si extitisset aliquod quiescens sine omni operatione, nulla inde potuit fieri mutatio, cum omnis mutatio fiat ab operante[56]. Ex eo

(h) quia *M* quam *MS* (i) *DM* 290 (j) ab esse ad non-esse, *Lire* (*cf.* f. 354) a non-esse ad esse ? (k) complectitur *M* continet *MS* (l) *DM* 292, avec *si enim* pour *si* et *fuisset* pour *esset*. Les mots *si... esset* non soulignés dans le MS

55. White définit *operatio* dans *Euclides metaphysicus*, p. 40, où il parle des termes *elementum, mixtum, rarefactio, condensatio*, et *divisio*.
56. *Cf.* f. 379v. *EW* III.4 (*Lev.* I.2).

autem quòd operationes aeternorum aeternas esse dixerat, infert hanc aliam conclusionem[m], *omnes itaque simul incoeperunt & | simul continuantur*, id quod contradictionem continet nimium evidentem, nimirum, operationes aeternas incoepisse, quis enim nescit aeternum dici quod nunquam coepit? Addit deinde quamlibet operationem singulorum pendere a superioribus (sive prioribus) operationibus, et inferiores (sive posteriores) omnes ab ea, quae rursus contradictio est, nam operatio quae ab aeterno est, ab alio pendere non potest, sed ex ea infert, omnem numerum operationum pendere ab operatione aliqua extra ipsum numerum, quae [conclusio] tandem vera est, sed non illata ex praemissis. His constitutis, subtilissimam texit argumentationem in hunc modum : « *Vide*, inquit, *quid cogitaverim, sive numerus sit finitus, sive infinitus* »[n], sed quoniam cogitatio eius apud ipsum, pag. 293, obscurissimè exponitur, atque etiam prolixiùs quam necesse est, conabor eum ita hic explicare ut possit planè intelligi, nihil affingens quod post confutare possim, sed eo modo ut suum sensum meis verbis ipse quidem agnoscat. In serie itaque operationum quas aeternas esse posuit, sumatur numerus quantuslibet operationum | quarum 1ª numeretur ea quae mutationem illam, quae supra[57] posita est, pro mutatione omnium 1ª immediatè antecedit. In hoc numero numerum operationum earum quae ab aliis pendent parem debere esse numero earum à quibus pendetur, quia singulae a singulis pendent. Verum quia antè concluserat nullam esse in toto numero operationem quae non dependeret ab alia (seriem enim earum aeternam constituerat), fit ut numerus operationum pendentium, maior sit quàm earum à quibus pendetur. Omnes enim à suprema ad infimam pendent ; at una est, nempe infima, à qua alia non pendet, nisi ergo augendo numerum perveniatur tandem ad operationem aliquam quae ab alia non pendet, numerus pendentium numerum earum a quibus penditur, superabit unitate. Concludit itaque necessum esse ad hoc, ut pendentia aequentur iis à quibus pendent, unum extraneum assumi, à quo pendeatur. Ipsum vero non pendeat. Nescio an operae pretium fuerit huiusmodi rationes aut refutare, aut exscribere, sed ne singularem animi errationem in specimen totius metaphysicae producerem abstinere | non potui. In qua 1[um] animadverto incongruum quod faciat operationes aeternas ante omnem mutationem ; secundum, quod dixerit quantuscunque sumatur numerus operationum, unamquamque earum à priore aliqua pendere, concludat tamen unam esse illi numero addendam, quae à priore non pendet ; tertium, quòd cùm posuerit mutationem 1[am] supra suppositam, pendere ab operatione quae proximè ipsam antecessit, dicat postea ab

(m) *DM* 292, en oratio obliqua. Les mots *omnes*... (328) *continuantur* non soulignés
(n) *DM : igitur* après *vide*. Les mots ne sont pas soulignés dans le *MS*

57. f. 327v.

eadem operatione aliam non pendere ; 4um quod rerum interesse putet, aut rerum Conditorem constituisse ut operationes quae pendent, operationibus à quibus pendent sint aequales. Postremum quod probare volens aliquod esse independens[58], illud allegaverit ex quo sequitur nullum esse independens, nimirum aeternam esse pendentium unius ab altero catenam, & quocunque numero causarum sumpto unamquámque earum, dependere ab aliqua priore ; ex quibus manifestum est quaecunque causa supponatur pro primâ, eam non esse independentem.

6. Neque eum quicquam iuvat sustulisse possibilitatem numeri infiniti, quis enim nescit numerum omnem esse finitum, nam ad hoc ut agnoscatur independens, requiritur non modò ut omnis multitudo sit finita | sed ut non detur multitudine infinitum, ille quidem multitudinem infinitam esse non posse, recte probavit. Coeterum quod probari suo instituto expediebat, et quod probandum in se susceperat, nempe non posse esse multitudine infinitum, id non probavit. Differunt enim non parum inter se multitudo infinita & multitudine infinitum, quod ut melius intelligatur sciendum est res finiri duobus modis, imaginatione & numero sive mensuris. Imaginationè, quando verbi gratiâ agrum finimus ab imaginatione fluvii, vel obiecti alicuius visibilis ipsum terminantis, vel diem finimus memoriâ orientis & occidentis solis, mensurâ verò sive numero, quando agrum numero perticarum vel iugerum, tempus numero spatiorum in horologio solari ab umbra transmissorum terminamus. Itaque, finire, quod & terminare dicimus, non est rei ipsius finitio, sed imaginantis, mensurantis, numerantisque. Cum ergo imaginans, mensurans, numeransque omne imaginando, mensurando, & numerando res finiat, & terminet, necesse est ut quicquid actu concipitur vel mensuratur, vel numeratur, sit finitum actu, & quicquid potest totum concipi, vel mensurari, vel numerari, sit finitum potentiâ, & contra quòd nullâ imaginatione comprehendi, nullo numero mensurarum exhauriri possit, id simpliciter infinitum, hoc est infinibile | sive interminabile dicimus. Manifestum itaque est numerum & mensuram quibus res ipsas finimus, ipsa esse finita. Dari autem numero infinitum id est, quod numero nullo exhauriri & determinari possit, neque passuum neque milliarium, neque parasangarum, neque semidiametrorum terrae aut mundi ; id quod vocatur infinitum magnitudine, & quod nullo numero exhauriri possit horarum, dierum, annorum, saeculorum, aut denique annorum Platonicorum ; quod vocatur infinitum tempore sive aeternum, nihil vetat eorum quae contra infiniti (multitudine) possibilitatem hoc loco adducta sunt, aut alio adduci possunt. Miror autem unde fiat quod homines adeò se torserint in explicatione huius nominis *infiniti*, cum alia nomina idem significantia eosdem nihil moveant. Quando quis dicit aliquid esse

58. *OL* V.266 (*Obj. Med.* 10).

innumerabile, putamus nos vocem illam intelligere, neque ad auditum eius insanimus, et metaphysicamur sicut ad auditum vocis *infinitum* ; eadem tamen ambo significant, nam infinitum magnitudine nihil aliud est quam innumerabile | per numerum finitarum magnitudinum ; & aeternum sive infinitum duratione, idem est quod innumerabile per numerum finitorum temporum[59].

7. Postquam stabiliverit unicum esse aeternum, quaerit[a] habeatne illud radicem aliquam intrinsecam existendi, unde ab aeterno existentiam contrahat, quibus verbis revera quaeritur, an aeternum habeat causam efficientem suae existentiae in seipso unde existere incipiat ; nam contrahere existentiam non dicitur, nisi quod existentiam acquirat ab aliqua causa sive radice : oblitus fortè erat eius quod antea posuit : nihil esse causam suiipsius, requirique in omni effectione *alietatem*, nesciebatque causam omnem priorem esse effectu, ideoque aeterna nullam causam sive radicem habere posse. Demonstratio ipsa tribus propositionibus innititur, quarum 1ª est : Id quod fuit, eo instante quo fuit, necessario fuisse ; 2ª : Id quod in omni instante fuit, necessario semper fuisse ; ex his infertur aeternum necessariò semper extitisse, hoc est aeternum necessario esse aeternum ; 3ª : necessitatem hanc (quam vocat mutatâ appellatione repugnantiam ad non-essendum) non esse ab extrinseco, neque enim aeterno unico | existenti intrinsecum quicquam esse potest, ergo ab extrinseco[b], ex quibus fit in ente aeterno necessitatem esse intrinsecam existendi, hoc est radicem à quo existentiam contrahat. Hic rursus à necessitate : consequentia praedicati ad subiectum in propositione « quod fuit fuit » argumentatur ad consequentiam effectûs ad causam, ac si quis ideo quia *Homo est homo* propositio est aeternae veritatis, inferret ipsum hominem ab aeterno extitisse, neque hoc tantum, sed existere incepisse ab aeterno, idem enim est rem aeternam habere causam existendi, sive existentiam contraxisse, & rem aeternam incoepisse.

8. Ex eo autem quòd ens aeternum radicem habeat intrinsecam, quâ necessario existit, & assumpto ex antecedentibus, quòd omni corpori naturale sit interire posse, concludit nullum corpus fuisse ab aeterno. Ratio superiùs tradita ab authore, pag. 287[c], quare corpori naturale sit interire, dependet ab eo quòd nulla successio aeterna esse | possit, habeat autem corpus ut possit esse successive, ex quo infert *posse esse*, corpori non posse esse aeternum, successionem autem aeternam esse non posse ideo dixit, quia nullum instans ab eo in quo sumus, distat infinito numero

(a) *DM* 296 (b) extrinseco, *edd* intrinseco, *MS* (c) Paraphrase du *DM*

59. *Cf.* f. 9v et Arist. *Meta.* XI.x (1066b) ; *Phys.* III.vi-viii (206.a.9)

horarum, quas rationes suis locis refutavimus[60]. Iam quia corpus aeternum ideo durare non potest, quia non datur successio aeterna, neque quicquam aliud durabit in aeternum propter eandem rationem, quod non est verum, neque dictu pium, neque si detur verum[d] esse corpus nullum mansurum in aeternum. Sequitur inde corpus nullum ab aeterno fuisse. Vult enim necessitatem existendi ab aeterno, procedere à necessitate ea qua dicitur quicquid fuit necessariò fuit. Nulla autem est necessaria propositio qua dicitur quicquid fuit necessario erit, ex quo colligere posset ideo corpus non fuisse ab aeterno, quia in aeternum non durabit. Miror sanè qua ratione primùm per motus persuaserit sibi omne corpus aliquando | esse interiturum, hoc est redigi fidem in nihilum, cum neque quomodo id fiat imaginabile sit, neque ille quicquam unquam annihilatum viderit aut famâ[e] acceperit, neque Scripturae Sacrae, neque Ecclesia, ut opinor, destructionem sive annihilationem mundi credendam proponit[61] ; quid enim an Corpora Sanctorum in Coelo non sunt immortalia? an Coelum annihilandum est? ubi igitur erunt illa Corpora? in loco sane si corpora sunt ; quod fieri non potest secundum authorem nostrum, qui corpus locum in nihilo habere posse non putat.

9. Quod postremo loco aggreditur probare existentiam enti à se essentialem esse, libenter concedo, et quod amplius est, entis omnis sive creati, sive increati existentiam et essentiam esse eandem. Esse & essentia, existere et existentia nomina sunt synonyma eiusdem praecisè significationis. Cùm enim dicimus simpliciter aliquid est, praedicato scilicet in copula *est* subaudito, idem significare volumus ac si diceremus aliquid est ens, | vel aliquid est existens. Nam « ens » simpliciter positum idem sonat quod « existens », quare ens et existens eandem habent essentiam ; essentia autem existentis est existentia, sicut entis essentia, eadem igitur est essentia entis & existentia, sive ens illud sit a se sive ab alio. Oratio autem quâ ille probat enti à se existentiam esse essentialem valde metaphysica est, eam autem logicè vertere otium non est, neque opus, cum concedam conclusionem. |

(d) neque si detur verum *M* detur neque si verum *MS* (e) famâ *M* ? forma *MS*

60. *Cf.* 314v *sqq.*
61. *Cf.* ff. 112, 115, 453v, 458.

Caput 30

Ad nodum 5um. Dialogi 3ii
Ens a se unicum esse & caeterorum causam

1. Summa eorum quae disputantur in hoc nodo. 2. Examinatio argumenti quo probat ens a se unicum esse & caeterorum causam. 3. De sensione. 4. De imaginatione. 5. De memoria & tempore. 6. Quare imaginatio debilior sit sensione. 7. De fictionibus. 8. De discursu imaginativo. 9. De discursu ordinato & inordinato. 10. De reminiscentia synthesi & analysi. 11. De experientia et futuro. 12. De expectatione & prudentia. 13. De signis. 14. De comparatione & notis. 15. Naturam hominis differre a natura brutorum inventione & usu notarum, & nominum. 16. De nomine & universali. 17. De propositione, veritate & falsitate. 18. De syllogismo. 19. Quomodo discursus imaginativus transfertur in discursum sermonis, sive linguae. 20. Quomodo fit ut discursus sermonis erroneus saepe sit, quando discursus | imaginativus erroneus non est. 21. De intellectione. 22. De ratione, ratiocinatione & recta ratione. 23. De delectatione & molestia, appetitu & fuga, amore & odio. 24. De bono & malo, pulchro & turpi. 25. De connexione bonorum & malorum & de bono apparente. 26. De appetitu & fuga alterius, sive deliberatione. 27. De voluntate. 28. Voluntatem & deliberationem non competere soli homini, sed aliis quoque animalibus. 29. De voluntario. 30. De libertate. 31. Authoris sententia de intellectu. 32. Sententiae eius examinatio. 33. Sequi ex sententia authoris hominem eodem modo intelligere quo intelligit Deus, & Creationem non esse transitum à non-esse ad esse, aliaque absurda. 34. Ratio authoris quare author tempus Creationis determinatum esse negat libero Dei arbitrio. 35. Ratio authoris quare Deus tunc potissimum creavit mundum, nimirum quia ante Creationem nullum erat tempus, examinata. 36. Unde difficultas se se explicandi nascatur metaphysicis. |

1. Huius nodi theorema principale non est illud quod inscribitur sed hoc : Deum intelligere, & velle ; quod (ut in omni demonstratione aequum est) ex ipsa vocum intellectus & voluntatis explicatione conatur demonstrare, describit igitur nobis quid sit intellectus humanus, item voluntas humana, nesciens, si rectè ratiocinatus fuerit, necessariò colligendum esse Deum habere intellectum humanum, voluntatem humanam contra suum, puto, ipsius institutum. Demonstrationes eius tunc examinabo, quando de natura facultatum animae ego etiam aliquid praemisero, id quod faciam perbreviter, sed priùs argumentum eius inspiciendum est metaphysicum quo probat *ens à se* unicum esse & caeterorum causam.

2. Ex eo igitur quod in propositionibus praedicata quandoque accidentalia sint (exempli gratiâ, ubi dicitur *Homo est albus*, praedicatio accidentalis est, quia ut homo albus sit non est necessarium) colligit nescio quo pacto accidentia ea quae de rei essentiâ non sunt, esse tantum dispositiones, sive gradus | ordine quodam ad existentiam entis conferentes & eorum, quo quis magis confert, eo magis esse essentiale. Deinde ad *entia* inquit[f], quorum entitas eadem est cum existentia, maxime confert ipsa ratio existentiae ; colligitque existentiam esse talis entis (hoc est entis cuius entitas & existentia eadem est), partem maxime essentialem seu differentiam seu notionem ; atque haec sunt quae in nodo praecedente tanquam apparatum ad demonstrationem apparentem stabiliverat. Ex his colligit nihil essentiale existentiae posse advenire, argumentaturque in hunc modum : Si plura sint *entia à se*, tum *ens à se* erit genus, & de pluribus praedicabitur essentialiter differentibus, sed existentia entis à se nullas habet differentias essentiales, ideoque *ens à se* non est genus, neque ergo praedicatur de pluribus essentialiter differentibus, neque ergo plura sunt *entia à se*, sed unum tantùm &, quod sequitur, coetera entia, omnia ab eo esse. Atque ita demonstratum est quod oportebat, valdè quidem metaphysicè : 1°, quòd accidentia praevias esse dicat ad existentiam dispositiones, id est accidentia inesse nondum existenti ; 2°, quòd existentiam maximè conferre dicat ad ens, cuius essentia &[g] existentia est eadem, id est idem conferre ad seipsum ; | 3°, quòd dicat existentiam esse entis partem, id est quia omnis pars entis est ens, existentiam esse ens, velut si diceret esse, vel existere, est ens, vel existens, aut currere est currens ; 4°, quòd neget existentiae posse supervenire quicquam essentiale, quasi existenti semini non possit supervenire essentia arboris, aut existenti arbori essentia scamni ; 5°, quòd dicat essentiam[h] eandem quidem esse cum existentia in *ente à se*, id est in ente aeterno, non autem in ente ab alio, cum tamen manifestum sit quicquid *est* sive *est ens*, idem quoque existere sive esse existens, & vicissim quicquid existit *esse ens* ; 6°, quod ex eo quòd ens à se non habet differentias essentiales, infert non posse vocem illam praedicari de pluribus numero differentibus. Probandum enim erat non esse plura numero *entia à se*, hoc enim est *esse unicum*. Postremo (nam omitto barbariem metaphysicam) quòd omnis oratio eius consistat vocabulis quae in scholis tantum | usitata debabant prius esse explicata & definita, nec tamen vel ab ipso vel ab alio definita unquam fuerint, quod est contra naturam demonstrationis ; alia praeterea latent in argumentatione illa non pauca vitia, sed sufficit notasse pauca haec, ego in huiusmodi veritatibus probandis procedendum puto hac potiùs et magis Christianâ methodo ; nimirum, non est cur me voluerit Ecclesia fallere, Ecclesia verò sine controversia dogmata haec ab Apostolis

(f) *DM* 306, paraphrase (g) & *M* ? vel *MS* (h) essentiam *M* existentiam *MS*

tradentibus accipere, neque est cur Apostoli voluerint succedentem suis temporibus Ecclesiam fallere ; tenuere autem Apostoli dogmata eadem ab ipso Christo docente ; Christus autem, quicquid docuit, miraculis valdè scientificis confirmavit. Cum igitur dogmata Christi probata & ab Eius temporibus usque ad nostra sine fraude tradita fuerint, necesse est ut sint vera. Quae quidem ratiocinatio, licet non sit accuratissima demonstratione, ut quae fidei partim innitatur, multo tamen ad demonstrationum leges accedit propriùs, quàm ulla hactenus audita argumentatio metaphysicorum.

3. Ingressurus disputationem de Divino Intellectu, pag. 307, rectè interrogat, *Dic, itaque mihi quid est intelligere*[i]*?* | Subiungit autem, non rectè, inquirendum esse *inter ea quae hominibus propria sunt*[k], neque enim ipse arbitratur Divinum Intellectum similem esse intellectui humano ; sed quoniam de intellectu humano inquiri iubet, id jam faciendum est. Incipiendum autem est à sensu, siquidem satis constat & tritum iam est nihil esse in intellectu humano, quod non priùs fuerit in sensu. Sensio autem fit per actionem obiectorum, etiam ipso fatente, in sensoria sive organa sentiendi ; omnem autem actionem & passionem motus esse, ut[l] supra ostensum est[62], nec fere quisquam negat, nisi qui non ex ipsarum rerum contemplatione, sed à propositionum iam temere admissarum vexatione[m], philosophari solet. Sensio itaque motus est in partibus internis sentientis, effectus à motu obiecti in sensorio agentis ; sic visio fit a motu lucidi propagato per medium diaphanum et continuato per oculum (diaphanum quoque ipsum) ad tunicam retinae, sive fundum oculi, & deinceps per nervum opticum in spiritus sive materiam quamcunque in cerebro & per continuationem materiae usque ad spiritus sive materiam quamcumque usque in corde ; similiter fit progressus sive continuatio motus à medio, quod | inter duo corpora collisa exprimitur, vel inter duo corpora subito dirempta admittitur, nam motum illud medium pellit vel rapit sibi contiguum, ex quo pulsio vel arreptio continua propagatur ad aurem, inde per nervos ad cerebrum & tandem ad cor ; et in olfactu medium movetur, usque ad tunicam narium, quae tota fit ex nervis exilibus, atque inde motus continuatur ut ante ad cor. In gustu autem & tactu idem fit, premuntur enim, & sollicitantur priùs nervi deinde nervis mediantibus ad cerebrum, atque inde usque ad cor propagatur motus, motus autem omnis in corde motum vitalem aut iuvat aut impedit, imo motus quilibet cuilibet motui superveniens ipsum aut

(i) DM a : *Dic itaque mihi quid vocas intelligere?* Non souligné dans le *MS*, où l'on a : *Dic, inquens,* pour *Dic itaque* (k) *inter... sunt,* non soulignés (l) ut *edd.* et *MS* (m) vexatione ? *Contraction dans le MS*

62. *Cf.* aussi f. 399. *OL* I.272 (*DC* c. 22 § 3) ; *EW* III.669 (*Lev.* IV.46).

corroborat aut debilitat, sed qualis inde effectus sequatur dicetur post[63]. Intereà meminisse oportet quicquid patitur sive movetur, idem eodem instante reagere sive resistere, ex quo necesse sequi actionem sive motum in omni sensione propagari, & continuari retro versus externa à corde ad cerebrum, atque inde in nervos usque ad corporis superficiem externam. Ex qua reactione oriuntur duo praecipui effectus, | quorum alter est ut phantasma, quod non est aliud quam motus in cerebro, appareat tamen tanquam res aliqua externa, facitque ut res videantur in locis ubi non sunt, ut stellae subter aquam, & vox ubi echo[64], alter est ut corpus sentientis, & partes eius crassiores, mediantibus nervis, huc illuc secundum phantasmata progrediuntur, regrediunturque, qui motus dicitur animalis. Summa denique huius articuli esto sensionem, et phantasma omne esse motum talem quidem qualem diximus.

4. Motus autem eo modo excitati ab obiectis etiam tum manent quando obiectum removetur, aut quovis modo agere desinit ; sicut enim ut fiat motus, opus est agente, hoc est motore externo, ita quoque agente, hoc est motore externo, opus est ut quod movetur quiescat ; quies enim nihil efficit, nihil mutat in alio, motum enim extinguere aut nihil potest, aut solus[n] potest motus contrarius aequalis. Quid autem motum corporum liquidorum, quales sunt spiritus animalis, & ipse sanguis, extinguere potest, praeter gravitatem, eo modo quo motus aëris & aquae | sistitur, difficile conceptu est, quoniam autem neque spiritus in corpore animalis saltem *vegeto* (neque forte sanguis) omnino gravitat, sed cursu quodam circulari ad servitia singulorum membrorum circumcursat, nulla est ratio quare motus (in quo consistunt phantasmata) nisi longo tempore extingueretur[o]. Sicut igitur aqua mota ab iniecto lapillo, non moveri desinit statim atque lapillus in fundo requiescit, ita quoque de motibus spirituum in cerebro factis[p] ab obiectis sentiendum est, videlicet eos non cessare statim atque obiectum amovetur, aut aliter agere desinit[65]. Ex multis autem motibus ita, ut dictum est, generatis, is qui in corde dominatur praesens phantasma est ; quod quidem, dum obiectum ipsum agit, dici solet pro differentia organorum per quae actio fiebat, diversè. Siquidem enim per oculum fiat, dicitur lumen, vel color ; si per aures, sonus ; si per nares, odor ; si per linguam, sapor ; si per corporis superficiem, modo calidum aut frigidum, aut asperum aut leve, & c. et ipsa quidem passio, *sensio* appellatur, remoto autem obiecto agente, idem motus sive

(n) solus *M* totus *MS* (o) longo tempore extingueretur *MS* post tempore extingui debent *M* (p) factis *edd* facto *MS*

63. Au f. 401.
64. *Cf.* 340v. *EW* III.382 (*Lev.* III.34).
65. *Cf.* f. 212 v.

phantasma manens | dici solet *imaginatio*, ita ut imaginatio cum sensione eadem sit res. Nominatur autem sensio tantisper dum incumbit obiectum, illo autem abeunte, nomine sumpto ab imaginibus, in visione, imaginatio[66].

5. Quoniam autem imaginatio motus est, motus autem omnis constat successione, necesse est ut imaginatio quoque constet successione, habeatque in se semper aliquid praesente priùs, atque ob hanc rem est quod eundem motum quem sine consideratione praeteriti vocamus imaginationem, quoties etiam praeteritum considerare volumus, *memoriam* appellamus[67], sicut imaginatio praeteriti absque consideratione ipsius phantasmatis, nempe ipsa successio imaginaria, vocatur *tempus*[68]. Ita ut unus idemque animi motus quatuor iam nomina adeptus sit ob quatuor diversas considerationes.

6. Non est praetereunda hoc loco causa, propter quam imagines & phantasmata omnia inter sentiendum clara sint, posteà verò cùm imaginationes dicantur, scilicet, obiecto abeunte quod illa excitaverat, valdè sunt debilia. Contingit hoc ex eo quòd nova obiecta succedant agantque non modò in organa unius | sed omnium sensuum, faciuntque ut motus non validiores sint eo tempore quàm motûs prius excitati, atque eo modo non vetustate evanescunt, sed comparatione latent. Cuius rei τεκμήριον est quod sensoriis externis omnibus occlusis, aditque ad cerebrum omni praecluso, praeterquam motibus qui à corde procedunt, id quod somno solo fieri potest, omnes imaginationes aeque clarae sunt (scilicet dum somniamus) atque erant in ipsa sensione. Notandum quoque est etiam dormientium phantasmata initium habuisse in sensione, & esse eosdem motus, ideoque *somnium* secundum nomen est imaginationum[69].

7. Quemadmodum in omni liquido variis turbato motibus, ita quoque in spiritibus et cerebro necesse est contingere ut duo vel plures motus commisceantur in unum, hoc est in phantasmatis (qui motus illic sunt) ut duo vel plura phantasmata constituant unum, ut fit quando ex visis monte & auro, somniamus montes aureos, vel ex visis homine & equo imaginamur centaurum[70], & visas vel auditas actiones magnificas heroum, vel aliorum, eas inani gloriâ nobismet ipsis affingere possumus, atque hoc respectu possumus imaginationibus etiam secundum nomen attribuere, videlicet fictiones sive animi figmenta.

66. *EW* III.637 (*Lev.* IV.45).

67. *OL* I.324-5 (*DC* c. 25 § 8). Pour les opinions de White sur la connaissance et la mémoire, le sommeil et les rêves, voir ses *Peripateticall institutions*, pp. 104-109.

68. *Cf.* 314v.

69. *EW* III.286 (*Lev.* II.27), 657 (*Lev.* IV.45) ; IV.10-11 (*Hum. nat* c. 3 § 3). *Cf.* Arist. *De somniis*, 459.b.9.

70. *EW* III.6 (*Lev.* I.2), 649 (*Lev.* IV.45), IV.11. (*Hum. nat.* c. 3 § 4).

8. Quemadmodum etiam in omni liquido, ita etiam in | motibus animi contingere aequum est, ut pars mota partem vicinam ducat, & sicut accidit aquae liberae super planum expansae, quacunque digito unam partem duxeris, eadem[q] aliae quoque sequantur[71], ita unum phantasma ex altero oriatur vicino ; vicina autem sunt phantasmata phantasmatis, quae immediate, altera alteris, subsequuta sunt in ipsa sensione. Atque hinc oritur continua illa imaginationum series, qui *discursus animi* appellari solet, in quo semper cohaerent duo phantasmata quae sibi invicem in sensu aliquando coniuncta erunt[72].

9. Est autem *discursus* hic (sive imaginationum series) quandoque ordinatus, quandoque inordinatus. Inordinatus est veluti fortuitus, ut si quis à *pycsagora*, ad fabam, à faba ad fabulam, à fabula ad Aesopum cogitando vagaretur[73], cuiusmodi est discursus somnantium, delirantiumque ; ordinatus est qui regitur ab aliquo fine seu scopo, quem quis cupit assequi. Ad quem quidem finem tenditur vel à principio quolibet, vel a principio quod suggerit ipsa finis imaginatio. Discursûs ordinati procedentis à principio quolibet sive fortuito, exemplum est in iis, qui cum rem aliquam prae exilitate latentem cupiunt reperire, locum, sumpto ubilibet initio, totum inde successive oculis lustrant. Aliud exemplum est in canibus venaticis qui venantur | perdices, nam sumpto quolibet initio totos campos pervagantur[74]. Huiusmodi quoque discursu utuntur versificatores quaerentes congruis vocabulis metra sua implere[75], quod quidem genus discursus imaginativi nescio an aliquo nomine speciali à caeteris distinguatur necne.

10. Principium discursus tunc sumitur à fine discurrentis quando imaginationem finis sequitur imaginatio viae ad finem, in qua, sumpto ubilibet principio, series imaginationum continuatur per seriem causarum & effectuum, idque vel à causa ad effectum vel ab effectu ad causam & siquidem processus fiat ab imaginatione causae ad imaginationem effectus, & ita deinceps versus finem (qui est semper effectus ultimus), vocatur animi discursus *compositio*, σύνθεσις ; quòd si contra procedatur ab effectu ad causam, & deinceps versus priora, vocatur *resolutio*, ανάλυσις ; utraque autem vocatur reminiscentia[76]. Compositionis exemplum in hominibus est dum aedificationem imaginantur ordine à materia

(q) eaedem *edd* eadem *MS*

71. *OL* I.386 (*DC* c. 28 § 8) *EW* III.12 (*Lev.* I.3).
72. *EW* III.11 *(Lev., ib.)*.
73. *EW* IV.15 (*Hum. nat.* c. 4 § 3).
74. *EW* IV.15-16, 55. (*Ib.* c. 4 § 4 ; c. 10 § 4).
75. *EW* III.14 (*Lev.* I.3).
76. Cf. ff. 295, 308v, 428. *OL* I.61, 254 (*DC* c. 6 § 4, c. 20).

ad formam domus quam introducere sibi proponunt, nam imaginatio procedit à materia ad comportationem, inde ad fundamentum, à fundamento ad muros, à muris ad tectum[77]. In brutis exemplum est discursus similis nidificatio avium. Resolutionis in hominibus exemplum est processus a cogitatione formae domus ad cogitationem loci in quo aedificanda | est, deinde materiae eo loci comportatae[r], deinde ipsius comportationis, deinde loci unde habetur ; in bestiis autem eiusdem discursûs exemplum habemus in iisdem avibus dum cogitatione à pullis per ova, nidum, materiam, ad locum recurrunt in quem signatum eant, neque differunt facultates hae quatenus sunt in hominibus ab iisdem ut sunt in bestiis, nisi gradu & celeritate cogitandi. Eadem haec reminiscentia mediorum ad finem, si quoties finem imaginamur, toties eundem mediorum ordinem percurreret imaginatio procedendo à causa ad effectum, *ars* diceretur & contra procedendo ab effectu ad causam, *scientia* causarum.

11. Sicut autem est rerum ipsarum quas sensimus, ita etiam est unius rei ad aliam sive eventus ad eventum successionis, sive antecedentis & consequentis memoria, quae vocari solet *experimentum*[78] ; et qui multa experimenta, id est multas rerum consequentias, observarit & meminerit, habere dicitur multam rerum experientiam[79]. Rursus qui iam expertus est multas consequentias similes, postea si quando rursus viderit eventum similem eventui praeterito, putabit quoque ei secuturum | esse eventum alium similem eius qui secutus est eventum illum praeteritum ; & contra, si eventum aliquem viderit similem consequenti alicui praeterito, putabit quoque praecessisse antecedentem similem antecedenti praeterito[80]. Exempli causa[81], qui videt nubem densam ideo expectabit pluviam quia viderat prius contigisse saepe aut semper ut nubem pluvia secuta sit[82]. Similiter idem nubem praecessisse putabit cum pluisse videat, quia priùs ita contigisse meminerat. Cuius rei ratio necessaria est, quia futuri imaginatio alia non est quam imaginatio praeteriti[83]. Cuius ordinem cum praesenti supponimus sive fingimus connexum cum praesenti, sumendo similes eventus nimirum praesentem & praeteritum, non tanquam similes sed tanquam eundem numero,

(r) deinde materiae eo loci comportatae, *sic MS*

77. *Cf.* ff. 307-310.
78. *EW* III.6 (*Lev.* I.2), 245 (*Lev.* II.25), 664 (*Lev.* IV.46) ; IV.16 (*Hum. nat.* c. 4 § 10) ; 210 (*De corp. pol.* c. 8 § 13).
79. *OL* II.113 (*De hom.* c. 13 § 4).
80. *EW* III.16 (*Lev.* I.3).
81. Cf. ff. 320 *sqq.* et 387 *sq. Cw*, ff. 2-5v.
82. *Cf.* ff. 393, 393v.
83. *EW* IV.37 (*Hum. nat.* c. 8 § 3), 277 (*Lib. and Nec.*).

atque ita fit ut eventus qui praecedentem revera antecessit, suppositione & fictione nostra sequi videatur, quicquid autem praesenti postponitur, id *futurum* appellatur.

12. Quemadmodum autem experimentorum memoria *experientia* dicitur respectu praeteriti, ita eadem respectu futuri vocatur *expectatio*[84], ideoque experientia multa eadem res est cum prudentia[85], sive futuri providentia, | quae sine experientia nulla est, atque inde est quòd senes iunioribus, si caetera sint paria, semper prudentiores sint, nam plus habent experientiae. Item ingenio celeres, coeteris paribus, prudentiores tardis, quia illi plus observant, unde etiam plus habent experientiae.

13. Iam qui similitudinem consequutionis eventuum observaverunt & meminerunt, illis antecedens consequentis & consequens antecedentis *signum* dicitur[86], signum itaque est antecedens consequentis, & consequens antecedentis illis qui similia antecedenti memineri[n]t semper vel plerumque sequuta esse similia consequente. Exempli gratiâ, nubes signum est pluviae futurae, & pluvia nubis antecedentis iis qui experti sunt plerumque contigisse ut nubem pluvia sit sequuta, atque hoc & modo & futuri & praeteriti solis *signis* fit coniectura[87]. Hinc autem colligitur causas & effectus expertis *signa* mutua esse propter consequentiam unius ad alterum. Atque hactenus quidem facultates hominum, & coeterorum animalium non differunt, sentiunt enim animalia coetera & imaginantur, & fingunt & ab imaginatione unius in imaginationem ducuntur alterius (quod est | discurrere), etiam somniant, ut homines, & homines morbo affecti delirant ut illa, et illa morbo non affecta reminiscuntur atque phantasmata sua componunt & resolvunt ut homines, nimirum sicut homines discurrunt ab aedificio per omnia media ad locum unde sumi possit materia aedificandi, & inde rursus ad aedificum, ita etiam alia animalia discurrunt cogitationibus suis à nidis, & domiciliis suis, ad materiam eorum, & rursus à materia ad domicilia ; habent quoque memoriam praeteriti & providentiam futuri, hoc est experientiam & prudentiam, multa alia animalia praeter hominem. Ex quibus & amant eos à quibus curantur, metuuntque illos, id est expectant ab iis futurum sibi malum a quibus mala antea passi sunt, signisque futura coniectant, aeque ac homines, ne commemorando cognitam multarum bestiarum solertiam astutiam, & praesensionem videatur prudentia hominum postponenda[s] ; nulla itaque praedictarum facultatum

(s) postponenda *M* ? *MS illisible*

84. *EW* III.14-15 (*Lev.* I.3), 60, 110 (*Lev.* I.8, 13) ; IV.449 (*Gondibert*).
85. *Cf.* ff. 432v *sqq.* *EW* III.664 (*Lev.* IV.46).
86. *EW* IV.17, 20 (*Hum. nat.* c. 4 § 9, c. 5 § 1).
87. *OL* I.12 (*DC* c. 2 § 2).

aut intellectus aut ratio dicenda est, has enim oportet soli homini convenire ; videndum ergo deinceps est qua in re ingenium humanum belluinum superare deprehendatur[88].

14. Sciendum igitur est — cum futura praeteritis quandoque | respondeant, quandoque non respondeant, & contra praeterita deprehendantur ; quandoque fuisse talia qualia ea esse ex praesentibus conieceramus, quandoque vero ab iis differre — causam eius rei esse in ipsis animalibus, quae praeterita similia praesentibus iudicant cum non sint, vel enim non omnia quae eventum aliquem antecesserant observant, aut observata non recordantur, aut quae recordantur non recte comparant, ex quo accidit ut praesentibus non succedant similia iis quae putant prius successisse praesentium similibus ; *comparatio* autem est animi discursus consistens ex tribus actibus (hoc est imaginationes tres inter se continuatae) quarum 1us est unius rei, 2dus alterius, 3us differentiae inter utramque imaginatio est. Et comparare quidem inter se ea quae sentimus immediate unum post alterum, difficile non est, quia fere simul apparent ambo comparata, ex quo necesse est apparare quoque differentiam eorum, ideoque etiam bestiae praesentia inter | se comparant, sed praeterita comparare cum praesentibus propter imaginationis obscuritatem, & fluctuationem sine adminiculo artis impossibile est. Neque enim magnitudinis alicuius termini revocari in animum possunt sine permanente & sensibili mensura, neque colores sine sensibili & permanente exemplari, nec cuicunque imagini aut phantasmati praeterito similis excitari potest sine aliqua sensibili & permanente *notâ*. Notam autem voco rem sensu perceptibilem, permanentemque, aut ipsam, aut saltem similem eius arbitratu nostro adhibitam, ut ex perceptione eius phantasmatis[t] cui volumus praeteritorum simile phantasma excitetur. Exempli causâ, *asteriscus* vel *characteres* marginibus librorum ascripti, notae sunt, loci cuius meminisse volumus ; lapides notae sunt terminorum viarum aut agrorum, quia exhibent longitudinem viae, vel agri, terminos priùs descriptos ; sic quoque litterae notae sunt vocum et *nomina* notae rerum quibus imponuntur[89].

15. Iam natura hominum communem animalium naturam | in eo primum excedere deprehenditur quòd notas qualescunque iuvandae memoriae causa potuerit invenire, nondum enim observatum est ullum aliud animal praeter hominem hoc facere. Licet enim credibile sit aves, dum nidos, & bestias, dum latebras suas repetunt, dirigi in via[u] per

(t) eius phantasmatis *edd* eius, phantasmatis *MS Ou lire* eius, phantasmati ?
(u) in via *Sic MS.*

88. *EW* V.186 *(Lib. Nec. and Ch.)*.
89. *EW* III.19 (*Lev.* I.4).

recognitionem rerum sensibilium, quas in ipsa observarunt, possintque eae res sensibiles ideò respectu ipsorum[v] *notae* dici, non tamen videntur bestiae unquam notam aliquam fecisse sibi ex instituto, videmus enim animalia quaedam quod sibi praesenti fame[w] superest saepe abscondere, quod *prudentiae* est, sed locum notare ut repetant, quod *artis* est, nemo unquam vidit[x]. Causa huius rei ea videtur esse quod homines aliqui extiterint curiosi, quibus satis non fuit naturâ frui, nisi etiam in eandem inspicerent, causasque omnium rerum cognoscerent ; quumque hoc fieri non posse viderent sine rerum comparatione — comparationem autem non institui in ipsis rebus, sed in phantasmatis, nec phantasmata comparari, nisi revocari possint — excogitarunt notas, praesertim vero *nomina*, quae in loco | phantasmatum praeteritorum, eorum similia excitarent. Bestias id facere non posse verisimile est, quòd ex constitutione corporis nulla iis voluptas alia sit praeter sensualem, ut phantasmata sua curare, aut à rebus ipsis quarum sunt phantasmata distinguere, aut eorum omnino meminisse possint. 2° natura humana coeterorum animantium omnium naturam antecellit omnibus iis facultatibus quae ab usu nominum dependent ; quae quales sunt deinceps ostendetur.

16. Est autem *nomen* sive appellatio vox humana, quam quis rei alicui quam imaginatur, propter imaginationem aliquam suam de ea re, pro nota adhibet sive imponit, qua similem imaginationem excitare possit. Ex quo sequitur 1° res omnes, quae inter se similitudinem habent quamcumque, habere aliquod unum nomen commune. Exempli causâ, si sint quotcunque res similes inter se quoad colorem, et earum una propter colorem nominatur album, coeterae omnes appellabuntur albae, nomen enim illud *album* impositum est propter talem colorem, qualem habent singulae quae eatenus similes sunt[90]. Est autem nomen commune idem quod universale, res enim nominatae singulares sunt, sed nomen unum, quia universis attribuitur dicitur | ideo universale. 2° sequitur eiusdem rei innumera pene esse nomina. Res enim quaelibet, cum innumeris rebus comparata, erit aliquibus earum similis quoad unam comparationem, aliis quoad alteram, habebit autem nomen commune cum sui similibus in singulis comparationibus ; habebit ergo tot nomina quot modis comparari potest. Sic homo habet nomen *hominis* commune cum coeteris hominibus, nomen *patris* commune cum coeteris generantibus, nomen *corporis* commune cum omnibus quae habent tres dimensiones & c. 3° sequitur quòd ex quolibet nomine imposito (quod & nomen *positivum* dicitur), adiecta particula negativa *non*, fiat nota

(v) ipsorum MS *Lire* ipsarum ? (w) praesenti fame *MS* satietati *M* (x) nemo unquam vidit. *MS* nescio an quis viderit. *M*

90. *EW* III.21 (*Lev.* I.4).

dissimilitudinis, sive diversitatis ; quae vocari solent nomina infinita, ut non-homo, non-animal.

17. Ex duobus nominibus copulatis per verbum fit *propositio*, quâ notamus nomen posterius sive consequens eidem rei competere cui competit nomen prius, sive antecedens. Ut quando dicimus *Homo est animal* idem est ac si diceremus « Id quod vocatur *homo*, vocatur quoque *animal* ». Et siquidem ita illa nomina | constituta sint ut nomen *animal* impositum sit unicuique rei quae vocatur *homo*, tunc illam propositionem *veram* esse dicimus, aliter *falsam* ; veritas autem & falsitas, idem sunt quod vera & falsa propositio.

18. Rursus ex duabus propositionibus coniunctis, quarum est unum nomen commune, idemque medium inter non-communia, fit *syllogismus*[91], ut ex duabus propositionibus *homo est animal*, *animal est corpus* coniunctis fit syllogismus, sive collectio summae ex ambabus[y], nempe *Homo est corpus* ; quo syllogismo notamus nomen 3um, *corpus*, convenire omnibus rebus quibus convenit nomen 1um, *homo*, & ob eam causam quòd nomen 2um, *animal*, iisdem rebus quibus 1um, *homo*, & 3um, *corpus*, iisdem quibus 2um, *animal*. Et siquidem conveniunt et ob eam causam tum dicitur *syllogismus* verus esse, aliter paralogismus.

19. Per huiusmodi nominum inventionem, & per propositionum ex nominibus, syllogismorum ex propositionibus compositionem, tranfertur omnis animi in rerum comparatione | processus[z], qui constabat ex innumeris imaginandi actibus circa res singulares, ad discursum linguae sive orationis, contrahiturque in pauciora sed universalia theoremata compendio sane utilissimo, quoties ab initio comparationes rectè fiunt, & nomina propter tales comparationes rebus accuratè indita sunt, & per totam orationem eodem modo usurpata quo sunt indita. Quando vero idem nomen datur dissimilibus rebus aut modo uno sensu, modo[a] alio in oratione usurpatur, inde non compendium ad veritatem, sed error, atque evagatio nascitur infinita ; errantesque non modo non praecellunt coeteris animalibus, sed tanto deteriore conditione sunt, quanto errare turpius est quàm nescire & falsum dicere quàm tacere[92].

20. Quoniam autem nomina non ipsi primi fecimus, sed a nutricibus, paedagogis, sociis & convictoribus accepimus, eorumque pleraque neque accurate indita, neque sensu constanti & rigido, sed metaphoricè & catachresticè usurpata : atque ex iis conflatum sermonem communem

(y) ambabus, *M* utrique *MS* (z) animi... comparatione processus *Lire* animus... comparationem, processus ? (a) modo *M**

91. *OL* I.76. Arist. *Prior anal.* I.I (24.b.19).
92. *Cf.* f. 409.

adeo ex habitu quodam linguae celeriter proferimus, ut, initio dato, non sit amplius opus cogitatione animi ad orationem perficiendam, neque ulla possit esse ita celeris cogitatio ut verba nostra comitari possit | necesse est accidere ut qui rerum nomina linguae permittant, antequam ea rigidissime perpensa habeant, licet vera aliqua fortuito dicere possint[93]; errant tamen atque si non ipsi, saltem oratio eorum delirat, atque hinc est quod eorum hominum qui nullam scientiam profitentur, oratio quae de rebus & commodis suis à se bene cognitis instituitur, perspicua & clara, metaphysicorum autem sermo perpetuum sit delirium. Tantum interest ratiocinantibus ut nomina certas sibi substratas habea[n]t imaginationes, antequam in orationem admittantur[94].

21. Intelligere autem dicimur sola universalia. Universale autem nihil est praeter nomen, quare intellectio non est ipsarum rerum, sed nominum, et orationis ex nominibus compositae. Nomen autem tum *intelligere* dicimur, cùm ex auditione vel lectione eius revocatur imaginatio, propter quam nomen illud est inditum. « Propositionem » autem dicimur tunc « intelligere », quando ex ea auditâ reducitur in memoriam subiectum eius, sive nomen antecedens contineri in praedicato sive consequente, vel sic : quando meminerimus nomen posterius convenire omni rei cui convenit nomen 1um, atque eodem modo | *intelligere* dicimur longiorem orationem ex propositionibus contextam, quando nominum consequentias continuas ex ipsa nominum constitutione meminerimus, sive quando verborum ordinem ordine imaginationum ob quas imposita sunt comitamur[95]. Rem quidem imaginari & meminisse dicimur, non autem « intelligere », nisi catachresticè. Cum enim loquentem audio de capellis & ovibus non intelligo capellos & oves sed orationem loquentis, et qui dicitur intelligere « librum » non librum imaginatur sed res de quibus in libro tractatur, quod est intelligere verba libri. Manifestum autem est coetera animalia praeter hominem intellectu carere, ex eo quòd carent nominibus & oratione. Quòd si intellectus facultas esset, ut putat author, quae continet in se coelum & terram & singula quae in illis sunt & seriem, praeterea, sive successionem omnium actionum ab initio mundi, non video quo modo non haberent intellectum etiam coetera animalia, equus enim continet in se res omnes eodem modo quo homo, hoc est per phantasmata.

22. Ratio iam nihil aliud est quàm facultas sillogisandi, ratiocinatio enim nihil aliud est quam continua connexio sive collectio propositionum in unam summam, vel — | ut brevius dicam — calculus nominum ; quae nomina, si sint nomina numerorum, acquiritur pars philosophiae quae dicitur arithmetica ; si nomina sint magnitudinum, acquiritur

93. Ce que Hobbes dit ici ne contredit-il pas ce qu'on lit au f. 395 ci-dessous ?
94. *EW* IV.25 (*Hum. nat.* c. 5 § 13).
95. *Cf.* ff. 316 sqq.

geometria ; si aliarum rerum nomina, aliae partes philosophiae. Subaudiendum autem est ratiocinationem esse rectam. Est autem recta ratiocinatio quae, initium sumens ab accurata nominum explicatione, procedit per syllogismum seu connexionem continuam propositionum verarum ; et recta ratio (si qua talis existit) est potentia vel facultas ita faciendi quoties volumus ; quae est ratiocinandi infallibilitas[96]. Quia verò, ut dixi, dubitatur an ullius hominis ratio recta semper esse possit, putantque singuli suam solam rectam esse, iis certè qui sub legibus, et in civitate vivunt, pro recta ratione pacis & utilitatis publicae causà leges civiles pro rectà ratione habendae sunt, atque de intellectu & ratione, ultimo scilicet fine facultatum criticarum tantum est.

23. Iam ut sciamus quid sit *voluntas*, pauca quoque dicendum est de facultatibus motivis. Repeto igitur quod articulo 3° posuit : motum omnem, ab actione obiectorum usque ad cor propagatum, aut iuvare aut impedire motum vitalem[97]. Iam obiecta illa, quorum actione motus vitalis iuvatur, | ea *iucunda*, & delectare, illa vero quorum actione motus vitalis impeditur, *molesta* esse dicuntur, dicuntur autem ambae aliis nominibus propter alias considerationes, quoniam motus ille in quo consistit delectatio, est principium motûs animalis versus obiectum quo afficitur, ideo dicitur *appetitus*[98]. Molestia autem quae consistit in eo motu, qui principium est ab obiecto fugiendi, appellatur *aversio* & *fuga*[99]. Quando autem eaedem, delectatio scilicet & molestia, considerantur ut praesentes sine conatu illo accedendi aut recedendi, vocantur *amor* & *odium*[1]. Rursus, delectatio & molestia, quandoque in sensione consistunt, quandoque in imaginatione ; et quae in imaginatione sunt, consistunt, vel in memoria, vel in fictione ; & quae in memoria sunt, sunt vel recordationes tantum, & reliquiae delectationum, molestiarumque praeteritarum, vel expectationes etiam futurarum, nam expectatio futuri, ut supra dictum est[2], eadem est res cum memoria praeteriti ; quandoque in sensione & imaginatione simul, porro eaedem saepissime altera alteram interrumpit[b], fiuntque alternae, idque reciprocatione adeo celeri, ut non tam[c] alternatio quàm ambarum in mediam quandam[d] conflatio videatur. Ex qua | alternatione oriuntur illae passiones quae vocantur animi perturbationes ut spes, metus, ira, invidia, & aemulatio, poeni-

(b) interrumpit, *M* ? irrumpit, *MS* (c) tam *M** (d) mediam quandam *Lire* medium quaedam ? Mais peut-être faut-il entendre « sensio-cum-imaginatione », ou qualité combinée, après *in*. D'autre part, Hobbes aurait pu écrire *mediam qualitatem*

96. *EW* III.30-31 (*Lev.* I.5).
97. *Cf.* ff. 208v, 276.
98. *Cf.* 410v.
99. *OL* I.331-2 (*DC* c. 25 § 12).
1. *EW* III.40 (*Lev.* I.6) ; IV.31, 33 (*Hum. nat.* c. 7 §§ 1, 2, 6).
2. f. 342v.

tentia, affectus ridentium & flentium, aliaeque innumerae, quarum pleraeque nominibus carent[3].

24. *Bonum* & *malum* dicuntur propriè de obiectis ; id enim quod cuipiam placet, sive eum delectat, sive ab eo appetitur, id ipsi *bonum* dicitur. Contrà, quod molestum est malum ; et in quo sunt signa boni id pulchrum, in quo non sunt, id turpe dici solet. Sunt igitur bonum & malum relativè dicta ad personam[4]. Ideoque cum non omnibus eadem placent aut displicent, neque idem eidem omni tempore non sunt omnibus eadem *bona* & *mala*, neque eadem pulchra & turpia[5] ; dicunt igitur hoc vel illud bonum aut malum esse, sibi vel huic, vel illi vel civitati ; non autem simpliciter, nisi quòd quae placent civitati ut obedire legibus, pro civitate pugnare dicantur *bona*, [sed] indefinitè, quod tamen dictum intelligitur non simpliciter sed κατ' ἐξοχὴν, quatenus civitas ad bonum omnium, quantum fieri potest procurandum à civibus constitutum est.

25. Cùm autem ea quae placent, cum iis quae molesta sunt serie longissima ita connectuntur ut ad catenae finem usque uno intuitu prospicere non possumus, & connexione | tam arcta ut iucunda et molesta, hoc est bona & mala simul, vel sumenda vel relinquenda sunt. Si in ea serie plus boni sit quam mali totum bonum est, ideoque totum *bene* sumitur, male relinquitur ; si contra plus sit mali quàm boni, totum malum est & malè sumitur, benè relinquitur. Sumimus autem & relinquimus prout prospicimus in longitudinem aliquam determinatam, in qua si plus boni sit quam mali coeterum in parte non prospectâ, tantum mali sit ut in toto plus mali sit quam boni, quia necesse est totum sumere, propter connexionem sumimus id quod non est verè bonum, sed bonum apparebat, atque hoc est quod vocant *bonum apparens*, et quandoque malum est displicetque.

26. Hinc oritur quod qui appetit aliquid vel movetur ad opus aliquod faciendum, quod sibi videtur bonum, prospiciens malum cum eo coniunctum quod ante non viderat, repellitur & refugit, rursusque ex viso in eadem serie bono maiore iterum appetit, atque sic alternatim donec prout praeponderant bona vel mala praevisa, facit vel omittit id quod 1um facere cupiverat. Atque hoc dicitur *deliberare*[6]. Est itaque deliberatio nihil | aliud quàm alternus appetitus & fuga. Nomen autem deliberationis ideo videtur huic reciprocationi impositum quòd per eam

3. *OL* I.333-4 (*DC* c. 25 § 13) ; *EW* III.43, 47 (*Lev.* I.6), 283-5 (*Lev.* II.27) ; IV.69. *OL* II.103-6, 107-8, 110. (*De hom.* c.12). *Cf.* ff. 435v-436v, 449v.

4. *EW* III.4 (*Lev.* I.2), 41 (*Lev.* I.6), 146 (*Lev.* I.15), 681 (*Lev.* IV.46) ; (*Hum. nat.* c. 7 § 3) ; V.192 *(Lib. Nec. and Ch.)* ; *OL* II.97 (*De hom.* c. 11 § 5). *OL* II.97. *Cf.* Arist. *Rhet.* I.VII, IX, X ; II.II, X ; *Topica* III.1 (116.a.4).

5. *Cf.* 425v.

6. *EW* V.450-1 *(Lib. Nec. and Ch.)*. *Cf.* f. 411.

libertas eius, qui sic reciprocatur, determinatur sive tollitur, non enim desinunt alternis vicibus succedere sibi invicem, donec appetitus & fuga aut faciendo aut occasionem amittendo non sit amplius liberum aut facere aut omittere. Et sic deliberationis finis est *libertatis depositio.*

27. Manifestum autem est illum qui deliberat non utrumque velle & facere & faciendi occasionem amittere, sed illud velle quod in fine, consideratâ totâ bonorum & malorum serie, ultimo videbitur bonum. Non igitur omnino vult dum deliberat, appetit quidem saepe, sed & toties refugit ; nondum autem *vult* facere, quia enim saepe refugit, posset aeque dici « vult non facere ». Quando igitur vult? et quid est voluntas? Voluntas est ultimus actus deliberantis ; qui quidem ultimus actus, si appetitus sit, est *voluntas faciendi.* Si fuga sit, est voluntas non faciendi. Et sicut non intelligitur voluntas in eo qui adhuc deliberat, sic neque deliberatio in eo qui voluit. Quanquam autem testamenta hominum voluntates eorum dicantur, verè tamen non sunt, donec sint ultimae, id est mortuo testatore, qui quamdiu | vivit, tamdiu intelligitur de haerede instituendo *deliberare.*

28. Constat ex his voluntatem non minus coeteris animantibus competere quam hominibus, appetunt enim & refugiunt alternis vicibus, & tandem faciunt aut omittunt ex appetitu ultimo, hoc est ex *voluntate.* Dicunt autem quidam voluntatem esse appetitum rationalem, propterea quòd putarunt omnem deliberationem esse ratiocinationem, quod non est universaliter verum. Nam ratiocinatio instituitur in universalibus, id est in nominibus, opusque eius est singulares veritates reducere in regulas generales. Deliberari autem potest sine usu sermonis per experientiam rerum praeteritarum, hoc est praesensionem futurarum, neque omnino homini ad benè vel optimè deliberandum intra seipsum semper opus est sermone, sed tunc solùm quando aliquid calculo subjiciendum est. Tunc sermone opus est quando cum aliis deliberandum, aut deliberantibus consulendum ; nam distinguo inter[e] deliberantem & consiliarios eius, non enim deliberant hi, sed deliberanti catenam illam, quam dixi bonorum & malorum, ex eo de quo deliberatur dependentium ostendunt, quâ visâ ille deliberat, ille vult, cui ostenditur. |

29. Voluntarium est nomen quod competit solis actionibus. Actio voluntaria ea est ad cuius causam requiritur agentis voluntas ; voluntas ipsa ergo voluntaria non est, quia non est actio ; neque nisi absurdè & ridiculè potest aliquis dicere, « Volo cras sic velle », vel « Volo cras habere voluntatem faciendi hoc aut illud », si enim dicere possum « Volo velle », quidem, & « Volo velle velle » & sic in infinitum[7].

(e) inter *M* in *MS*

7. *Cf.* f. 368.

30. Liberum circa motus omnes, praeter motum animalem, dicitur id cuius motus non impeditur. Nimirum ea via *liberum* in qua impedimentum non occurrit, ut flumen liberè decurrit ubi ripae non impediunt[8], non autem habet libertatem à parte riparum, verum circa motum animalem liberum est cuius motus impedimentum non habet nisi a propria voluntate[9], & facere quod volumus libertas est (nisi plenior & maior alicui videri possit) si addidero « & velle quod volumus ad tuendam libertatem voluntatis. » Veniamus iam ad ea quae de intellectu & voluntate humana ab authore producuntur quibus facultates eas ascribere Naturae Divinae possit. |

31. Dicit ergo[f] *alia animalia orationes & colloquia non habere, neque respublicas & exercitus neque machinas ad omnem usum instruere, neque scientias docere & discere, haec autem omnia hominibus propria esse*; *cumque attentiùs consideraverit qua potestate homines haec praestent*, [dicit] *videre se collatione unius rei cum alia educere eis aliquid tertium, & sic paulatim procedere in infinitum*; *collationem autem fieri non posse nisi consideranti utrumque collatorum praesto sit.* Concludit inde *plurium rerum notiones, vel similitudines, vel naturas in homine simul consistere*; quod an in aliis animalibus fiat dicit se non satis dispicere ; addit deinde plura corpora simul eodem loco esse non posse[10], neque plures colores, neque calorem & frigus, neque posse duas imagines simul consistere in homine ; contra verò quicquid plura simul intuetur, quomodo unum eorum se habeat ad alterum, eo ipso agnoscere, et unum alteri accommodare. Unde (cum 3um sequatur) porro quis pergere possit[g]. Hoc igitur, plura posse simul praesentia habere, ipsum dicit esse, *intelligere*, aut saltem rei intelligenti ut tali connexum : si ergo probaverit *enti à se*, hoc est Deo, plura ut plura, | id est secundum suas distinctiones & proprietates simul adesse posse, sequetur inde Deum esse intelligentem.

32. In qua oratione quaedam vera sunt, sed pleraque falsa : Verum est coetera animalia non habere orationes & colloquia, neque scientias docere & discere, quod autem respublicas & exercitus iis neget, falsum est ; falsum item est quod dicit eas non instruere machinas, quid enim

(f) *DM* 307-8, avec *vel exercitus conficere* pour *& exercitus*, avec *vel discere* pour *& discere*, et avec *& plura huiusmodi hominibus esse propria cerno; & cùm attentiùs rimor, quâ potestate vel methodo haec praestent homines, video ex* pour *haec omnia... videre se.* Le reste de la citation *(collatione... loco esse non posse)* est paraphrasé ; aucune partie n'est soulignée dans le MS (g) posse pergere perspicuum erit. *MS* quis pergere possit. *M*

8. *Cf.* 371, 409v. *EW* III.196 (*Lev.* II.21).

9. *Ib.*, 116 (*Lev.* I.14). Voir aussi *The questions concerning liberty, necessity and chance* (*EW* V).

10. *OL* I.96 (*DC* c. 8 § 8) ; *EW* VII.85 *(Dec. phys.)*. *Cf.* f. 403v.

sunt telae aranearum nisi machinae ad capiendam praedam? Deinde quòd collatione unius rei cum alia educi dicit 3um falsum est ; cùm producatur solummodo rei 3ae, hoc est differentiae earum vel excessûs cognitio, non enim fit differentia, sed cognoscitur comparando. Verum est non comparari duas res nisi vicinae sint, ut alia post aliam immediatè, vel citò, & antequam imago prioris considerati evanescat, inspiciatur ; at quod infert, « video itaque plurium notiones, vel similitudines, vel naturas in homine simul consistere », non sequitur neque verum est ; debebat enim, ex eo quòd comparari inter se plures res non possint nisi praesto sint, inferre hoc ; *plures res posse simul esse sibi invicem vicinas*, ut imaginatio ab unâ ad | alteram transferri citò possit, nisi per « praesto esse », intelligat necesse esse ut res ipsae, putà turres, montes, coelum & terram, quae comparamus, esse comprehensa & contenta intra hominis cranium ; neque illud ipsum quod infert, plures notiones, vel similitudines vel naturas in homine simul consistere verum est, nam de notionibus quidem[h], si per notiones intelligit nomina, nescio quo pacto nomina[i] earum rerum, quas homo comparat inter se, ipsi homini competunt[j], non enim si homo comparat coelum cum terra, ideo vocabitur homo coelum aut terra ; si per notiones intelligit phantasmata, ipse negabit plura simul esse posse in homine phantasmata, idque proximis pene verbis, ubi dicit in ipso corpore nostro succedere sibi imaginationes & unam cum alia non consistere. Deinde, quod attinet ad *naturas* rerum, non puto eum credere, si quis scamnum cum mensa compararaverit, ideo eum scamni & mensae habere naturas, ut fiat ipse scamnum & mensa, aut ut scamnum & mensa sint inclusa in cerebro aut corpore comparantis ; falsum | itaque est intellectum consistere in eo quòd plures res in homine simul sint, scilicet[k] in discurso nostro à mente in linguam translato ; fefellit eum universalitas nominum pro pluralitate rerum. Quod res à se visas bestiae quoque comparant inter se, atque differentias earum sentiunt, ex quo sequeretur ipsas quoque plura simul praesentia et in se, id est intellectum haberent, id brevitatis causâ omitto[l].

33. Posito consistere intellectum humanum (nam hactenus de humano loquutus est) in eo *quod plura simul in homine sint*, ostendit deinceps *plura simul esse in Deo, nimirum ex eo quod Deus plura simul & immediate produxit*[m], ex quo confici dicit plura secundum suam proprietatem

(h) de notionibus quidem *MS* quod ad notionem attinet *M* (i) nomina earum *MS* notiones sive nomina earum *M* (j) ipsi homini competunt *MS* possint ipsi homini competere *M* (k) scilicet *M** (l) Quod res ... omitto. *MS* nam si res a se visas bestiae quoque comparant inter se atque differentias earum sentiunt ; sequeretur ergo per ipsum ipsas quoque bestias simul praesentia in se habere, hoc est intellectum habere. *M* (m) *DM* 310. Non souligné dans le MS

& distinctionem in Deo esse[11]. Quaero 1um quomodo sequitur « produxit, ergo insunt », quasi magis Deo insint res creatae nunc, quàm ante Creationem? Sed fortè dicet omnia in Deo fuisse etiam ante Creationem, atque ita sequetur mundum & omnia quae in ipso sunt exstitisse ante Creationem, idque secundum proprietates & distinctiones suas, quicquid enim in Deo erat, | id rectè extitit. Atque ita fiet Creationem non esse transitum rerum à *non-esse* ad *esse*, sed productionem à loco ubi latebant in Deo ad locum extra Deum ubi possent conspici. Videtur quoque ex dictis, cum homo, & fortè etiam bestia, plura in se simul habeat, nihil ipsis deesse ad Creationem mundi, nisi quòd mundum visibilem, quem totum in se habent, producere sive educere extra se non possint. Denique si totum argumentum concedatur, efficitur non modò simpliciter Deum intelligere, sed eodem modo quo intelligit homo, hoc est per actionem obiectorum & nominum significationes, atque ita pati Deum ab obiectis, quod nullo modo dicendum est. Dicamus potiùs simpliciter Deum intelligere, hoc est nihil Deum latere. Si vero requiratur ut illud demonstremus, dicamus indemonstrabile quidem esse, quia modus quo intelligit Deus intellectum nostrum superat. Credendum tamen eadem fide qua credimus Eum esse.

34. In residuo huius nodi disputatur de modo respondendi | irrisoribus illis qui interrogant : Quid aeternum Deum pepulerit ut post tot saecula mundum condiderit, infinito priùs tempore desidiosus? Responsionem autem illam quae sola vera est, pia & Christiana[n], nimirum Deum id fecisse ex libero suo arbitrio, ut falsam rejicit, aliam verò metaphysicam & falsam astruit, videlicet[o] non fuisse ulla saecula, aut tempus ullum ante Creationem, neque Deum mensura saeculorum, sed necessitate existendi, mundo antiquiorem esse. Ratio autem quare initium mundi non dependisse existimat à libero Dei arbitrio huiusmodi est : ante mundi Creationem, etsi tempus & successionem extitisse concedatur, nullâ tamen re temporis illius momenta (nondum natâ rerum varietate) distingui aut ut tanquam differentia inter se considerari potuerunt. Itaque à quo momento temporis mundus initium sumeret omnino indifferens erat. Nulla ergo ratio erat quare Deus mundum crearet magis eo tempore quàm alio. Deus ergo, si unum momentum ad mundi Creationem ex libero suo | arbitrio coeteris omnibus per totam aeternitatem momentis praetulisset, cum nulla esset ratio quare unum alteri praeferretur, sine ratione fecisset quod est contra naturam *voluntatis*, quam definit esse motum, vel principium motûs cum ratione, non sine

(n) sola, vera est pia & Christiana *MS* sola vera pia & Christiana est *M* (o) non fuisse... indifferens erat. *DM* 311-2, librement paraphrasé

11. White : *An apology for Rushworth's Dialogues* (éd. 1654), pp. 234-8, (sur la volonté divine et les voies de Dieu envers l'homme).

ratione. Non igitur potuit Deus ex voluntatis suae libertate mundo initium omnino dare. Profectò si Voluntas Divina similis esset humanae, id est si una definitio *voluntatis* utramque complecteretur, non mihi videtur quicquam hoc argumento efficacius esse posse ad tollendam possibilitatem Creationis, voluntas enim humana motus est, ipse autor confitetur, et cum deliberatione (quod ille vocat cum *ratione*), oriturque ab externis obiectis, quorum actione generantur phantasmata illa quae placendo, aut displicendo, voluntatem & aversionem faciunt ; non potest igitur velle homo nisi iam creata extent alia praeter ipsum, quae illum velle faciant ; num igitur dicemus idem de Voluntate Divina? Fuitne motus in Deo ante Creationem, isque generatus à rebus sensibilibus nondum factis? Differentiae rerum sunt causae efficientes voluntatis & electionis nostrae, eamque tempore | antecedunt. An ideo si Deus creaverit mundum ex libera voluntate, dicemus voluntatem Dei habere causam efficientem, et differentias rerum tempore antecedere Divinam Voluntatem quae aeterna est? Rursus, cum homines aliquid facere volunt ideo volunt, quia est bonum, quod autem Deus facit ideo est bonum quia Ille facere voluit ; nil ergo obstat quin causa quare mundus certum & determinatum initium habuerit, potuerit esse libera voluntas Dei, utque voluntas Divina ipsa (utpote aeterna) causam omnino non habuerit ; neque si dicamus voluntatem Dei esse sine causa, atque voluntatem faciendi & rationem propter quam in homine quidem diversa, in Deo autem idem esse, nihil absurdi dicemus, nisi dicere voluntatem Divinam ab humana differre, aut Voluntatis Divinae naturam inconceptibilem esse absurdum dictu sit.

35. Metaphysica autem illa responsio, quâ irrisoribus respondere autor vult, huiusmodi est : *Sciamus*, inquit, *non inanium saeculorum effusâ quantitate, sed existendi necessitate Deum mundo praeextitisse*[p]. Quomodo intelligi | haec possunt? Quid illud « prae », in « praeextitisse »? Nonne priùs et posterius, nimirum Deum priorem, mundum posteriorem esse denotat? Nonne vox illa *prae*, temporis & successionis significativa est? Prius autem esse nihil dicitur alio, nisi ordine aliquo & secundum successionem vel rerum ipsarum, vel cognitionis nostrae ; « necessitas autem existendi » non significat « successionem », saltem Latine. Imò verba illa sua neque significare quicquam, neque apprehendi posse confitetur ipse dum subiungit « *Quibus apprehensionibus* » (hoc est ut opinor « conceptibus ») & *quâ loquendi figurâ linguis nostris hoc accommodandum sit, eousque dimittamus* & c.[q] Verum si concedatur nullum fuisse tempus ante Creationem mundi (hoc est ne Deum Ipsum successionem aliquam cognovisse, quod non puto dicendum esse) quid hoc ad quaestionem pertinet irrisorum, quaerunt enim illi quare Deus, qui tempus

(p) *DM* 315. Non souligné (q) *Ib.* Non souligné

creavit abhinc circiter sex mille annis, non potius creavit Ipsum abhinc decem mille annis, vel sic : quare Deus qui nobis fecit temporis seriem annorum 6000 | non potius fecit seriem maiorem vel minorem? Rursus, si non potuit citiùs creari mundus propter defectum temporis, quaerunt quomodo potuit tunc creari, nam si Deo placuit tunc creare mundum simul cum tempore, potuit etiam a centum mille annis id fecisse. Absurdum igitur est attribuere Divinae Maiestati intellectum & voluntatem tales quae conveniunt hominibus, cum intellectus & voluntas in hominibus quidem sint effectus, in Deo autem rerum coeterarum causae.

36. Sentiens autem sententiam suam inexplicabilem fore, id metaphysicae speculationis difficultati, potiùs quàm ignorantiae suae circa naturam intellectus & voluntatis attribuere maluit. *Itaque tres fere*, inquit[r], *abstractiones metaphysicam difficilem reddunt, ea quae est à loco, quae est à partibus continuis, & quae est à successione, seu tempore. Hanc autem à tempore eam esse quae in difficultate contemplationi afferenda, longe coeteris anteponit.* Ego verò difficultatem maximam rectè philosophandi in eo consistere arbitror | quòd plerorumque philosophantium orationem nulla comitetur rerum cogitatio, sed verba temerè recepta, variè misceant & componant in propositiones, donec tandem aliquid[s] exquisitum significare videantur. Cùm tamen revera nihil significent, ideoque quando easdem cupiunt aliis explicare & demonstrare, tunc nesciunt[t] quâ loquendi figurâ linguis suis accommodandae sunt, atque haec est illa de qua conqueritur difficultas, quam ipse sibi facit, dum mavult[u] dicere abstractiones à loco, à partibus continuis, à tempore, & similia, quàm perspicue dicere considerationem loci, partium & temporis. Iam non est adeò difficile considerare locum sine consideratione corporis, nam quilibet rusticus locum intelligit pro spatio in quo corpus esse possit, sive in ipso aliquod actu sit, sive vacuum sit. Quod si eundem quis iubeat locum abstrahere, putabit eum insanire ; similiter considerare quilibet tempus potest, sive aliquid eo tempore agatur vel moveatur, sive omnia quiescant, ex eo quòd aliquid tunc fieri & | moveri potuit, abstrahere autem tempus quid sit nescit, et de continuo sciunt omnes (etsi finitum sit) semper tamen aliquid ab eo considerari posse ut abscissum & rursus, abscisso aliud abscissum, nec tamen ut possint abscindere, aut revellere & abstrahere, semper partem à parte[12]. Nullâ ergo ratione facit author quod orationis suae, — orationis, inquam, non animi — circa intellectum & voluntatem delirium attribuat difficultati intelligendi quid sit tempus, aut locus, aut partes continui ; quod temeritati loquendi, quam debet scriptoribus metaphysicis, rectius referendum est. |

(r) *DM* 313-4, avec *anteponam* pour *anteponit.* Non souligné (s) aliquid *M** (t) nesciunt *M* maxime *MS* (u) mavult *M* malit *MS*

12. Euclide, Lib. V, Deff. 4, 17. *LW* V.207 *(Princ. et probl.)*. *Cf.* f. 252v.

Caput 31

Ad nodum 6[um]. Dialogi 3[ii]
Mundum qui est, esse creabilium optimum

1. Quaestionis explicatio. 2. Non debere eam disputari. 3. Argumenti authoris examinatio. 4. Differre inter se perfectissimum & optimum. 5. Non videri Deum mundum hunc creandum elegisse ex inspectione idearum omnium mundorum creabilium. 6. Videtur author sentire finem, propter quem Deus hunc potius, quam alium mundum condidit, fuisse ut homines demonstrarent eius proprietates. 7. Rationem authoris quare res finitae non possunt infinitis numero modis variari, invalidam esse. 8 [et 9]. Unde secundum authoris sententiam orta sit rebus nondum creatis possibilitas.

1. « Creabile » dicitur, non quod iam creatum est, sed quod nondum creatum ; creari tamen potest denotatque | potentiam aliquam & in aliquo subiecto etiam, ante quàm ulla omnino materia mundi esset, existentem[13]. Creabilitas ergo in mundo ipso nulla est, neque post neque ante Creationem ; non post, quia creatum creari non potest ; neque ante, quia non-entis nulla est potentia. Restat igitur ut creabilitas nihil aliud sit quàm quae in Deo erat ab aeterno potentia creandi. Quaestio igitur hoc modo disputata alia non est quàm utrum Deus potuerit mundo, qui est, creasse meliorem ; tenetque author non potuisse. Atque hoc iam temerarium est, de Deo pronunciare quòd aliquid praeter optimum[v] facere non potuerit ; sed quid significat vox illa « optimum »? Bonum quidem omnes appellant id quod placet ei cui placet, nimirum bonum sibi quod sibi placet, bonum civitati quod placet civitati ; & cum Deus valdè bona esse diceret ea omnia quae creaverat, censendum est omnia ideo bona ab Ipso dicta esse quod Ipsi Deo placerent, sive quòd facta essent ex sententia Eius, & prout Ipse fieri ea voluit, non autem quòd hominibus, qui de iis disputaturi erant placere deberent, bona enim omnia erant ante | hominem factum ; sicut autem bonum est quod placet, ita quoque optimum est quod maximè placet. Quaestio itaque eadem est ac si quaereretur *utrum Deus potuerit mundum creasse, qui Ipsi esset maxime omnium quos creare poterat placiturus.*

2. Circa quam quaestionem quidem ignorantiam meam libenter fateor ; cum enim *placere* & *appeti* non aliter concipere possim, quàm ut motum

(v) optimum *edd* peccatum *(sic) MS*

13. *Cf.* 113v.

quendam in partibus corporis sensitivi, non audeo voces illas in ea significatione quae ab hominibus intelligi possit, Deo incorporeo attribuere ; sufficit Deum mundum hunc creasse, alium non creasse ; ex quo intelligitur non alium mundum Deo placuisse magis : si quis autem ulteriùs philosophatur, ultra suumipsius captum philosophatur, id quod est temerarium.

3. Argumentum autem authoris quo probare nititur Deum non potuisse mundum creasse meliorem, huiusmodi est, pag. 315, 316 : *Certum est Deum à virtute non deviare vel ratione, cum ipsamet virtutis & | rationis essentia essentialiter existat. Clarum autem est rationem, sicut inter bona & mala eligit bona, sic inter plura bona magis bonum eligere, si sibi permittatur. Sicut itaque ratio non recta foret, quae in agibilibus quid optimum actu non designaret, sic actio non potest esse secundum rationem quae non in id consentit, quod esse agendum vel optimum actu ratio dictaverit. Certe ex alio principio quàm ex ratione procedere actionem quae mundum non perfectissimum creaverit, necessum est*[w]. Quae singula breviter & ordine quo posita sunt consideremus quàm docte dicantur. Virtutem habitum vocamus illum, quo agimus ea quae sunt conformia legibus ; certum ergo vult esse Deum agere secundum leges quibus subjicitur ; vel si virtus, ut quidam volunt, consistit in mediocritate quâdam passionum sive perturbationum animi, certum dicet esse Deum agere secundum mediocritatem aliquam in passionibus suis. Ratio autem est discursus animi, sive successio imaginationum, quare secundum authorem Deus non | intuitivè, ut plerique dicunt, id est uno intuitu, omnia cognoscit, sed ratiocinando sicut homines solent ; sed quare non deviat Deus à virtute & ratione? Quia, inquit, Deus est essentialiter virtutis & rationis essentia. Deus ergo, ut videtur illi, est mediocritas inter duo extrema, vel saltem habitus obediendi legibus, nam certum est virtutis essentiam esse vel mediocritatem illam, vel habitum obediendi legibus ; similiter, quia ratio est discursus, Deus quem ille esse dicit ipsam rationem esset discursus. Quod rationem eligere, ait, bona prae malis verum est — sed non sola ratio, nam etiam bestiae id faciunt, quibus ratio tamen negatur — concludit tandem aut Deum mundum creasse perfectissimum omnium quos potuerat, aut actionem Eius ab alio principio procedere, quàm à ratione, flagitium quidem affirmare quicquam à Deo factum esse contra rationem aut absque ratione recta ; coeterùm rectè, puto, dicemus principium Actionum Divinarum esse Divinam Voluntatem, non enim ut in hominibus, ita in Deo, voluntas sequitur rationem, nec quia homines ideo volunt aliquid, quia ratio dictat esse bonum, propterea Deus etiam ideo aliquid vult quia bonum est ; dicendum enim est ordine contrario,

(w) *Certum ... necessum* est. Non souligné dans le MS. Entre *Permittatur* et *Sicut itaque* Hobbes omet une phrase : *Idem enim est magis bonum et magis agendum, si ex omnibus ad actionem spectantibus consideratio desumatur*

ideo | actionem bonam esse quia eam voluit. Voluntatis enim humanae principium datur, nempe iudicium rationis, vel sensuum ; voluntatis autem aeternae & immutabilis, qualis est voluntas Divina, principium esse non potest.

4. Neque praetereundum est quòd mutat vocabulum *optimum*, in *perfectissimum*, nam nisi mundus esset perfectissimus, non perfecisset Deus id quod facere instituerat ; cum enim facta omnia gradatim fiant, in quocunque gradu substiteris, eoùsque « factum » dicitur, sed non tamen perfectum, quia nondum factum est secundum ideam & voluntatem facientis ; « perfectum » autem tum dicitur opus quodcunque, cum factum est secundum authoris sententiam, & secundum formam eius animo praeconceptam, ideòque « imperfecta » animalia dicimus ea, quibus deest aliquid in corpore vel facultatibus eius, quae in coeteris eiusdem speciei animalibus rarissime desiderantur ; propterea quòd putatur vulgò natura unumquodque animal eousque membris & facultatibus | instruere voluisset quousque pleraque instruere solita est ; mundum itaque perfectissimum esse nemo negare potest, nisi qui simul negare vult, factum esse prout Deus Ipsum fieri voluit. An verò maiorem aut pluribus astris splendentem aut animalibus prudentioribus & melioribus, aut sapientioribus, aut magis piis, & qui ipsi Deo magis placerent, habitatum, hoc est, mundum meliorem facere potuerit, id (nisi ideo mundus optimus censeri debeat, quia hunc potius quam alium fecit) dubitari potest, vel potius negari debet[x] [14].

5. Quod autem ex inspectione idearum quae in Deo esse ait (nam *entia haec Divinarum Idearum partus*[y] vocat) mundorum omnium qui fieri poterant, elegisse Deum arbitretur hunc quem fecit, tanquam omnium optimum, id mihi videtur tollere Omnipotentiam Divinam, siquidem enim mundorum in Deo ideae numero finitae essent, numerus mundorum creabilium finitus quoque erat, ex quo sequitur non potuisse Deum alium mundum facere extra numerum illum finitum ; hoc autem potentiae limitatae est, quòd si numerus idearum infinitus esset, & aliae aliis meliores, sequetur non dici « optimum », neque ergo mundum qui est, esse creabilium | optimum ; quemadmodum enim in quantitate, ubi est infinitum, ibi nullum est maximum, ita in gradibus boni & mali numero infinitis nullum est optimum.

6. Sed utrum Deus ex infinitarum idearum inspectione mundum meliorem eligere potuit, considerandum ait esse ex fine, non ex numero creabilium, nam ut sint numero infinita (si tamen omnia in unum

(x) vel potius negari debet. *M** C'est le seul cas où Mersenne intervienne pour atténuer la hardiesse de la pensée de Hobbes (y) *DM* 319. Non souligné

14. *OL* V.265-6 *(Obj. Med.)*.

compuleris corpus) non adaequant Deum : ubi obiter notandum non videre illum impossibile esse ut numero infinita in unum corpus compellantur. Quod si quis dicat illa in unum compulsa magis Deum exprimere, quàm mundus qui est, ut exprimat[z], *replicabit*, inquit[a], *aliquis, quo fine? Propterne*[b] *homines in hac vita mortali degentes? At his, quem spectamus, est ex maxima parte super, cum neque minimam Operum Divinorum particulam demonstratione complecti valeamus, propter separatos, itaque spiritus*[c]*? Sed his ipsa Dei facies omnes expressiones superans promittitur* ; *nullo ergo fine melior erit mundus aliquis.* Optimus igitur est mundus, quem spectamus, | omnium quos Deus creare poterat respectu finis, concedatur ; finis autem quaerendus est propter quem mundum hunc creavit. Finis verò is erat, ut homines de ipso facerent demonstrationes, siquidem enim ideo nullus finis est, propter quem melior mundus fieret, quia mundus qui nunc est, continet Opera Divina quae demonstrare in hac vita non possumus, & in vita futura non indigebimus, manifestum est mundum creatum esse eo fine ut nos ipsius & partium eius proprietates demonstraremus — atque utinam eo contenti! — non etiam proprietates Ipsius Dei demonstrare aggrederemur. Quod si eo fine creatus est mundus, ut nos de eo demonstremus, libenter, scirem, an non esset melior mundus qui esset magis demonstrabilis ; sed pergamus ad alia.

7. Quò minùs ea quae hic disputavit demonstrata sint, unum tantùm officere dicit, quòd non comprehendat quot modis elementa in mundum componi possint. Sic enim dicit, pag. 321 : *Quod autem quae arguebam* | *in coniecturas referas, & ego tecum facio* ; *non enim omnes modos quibus elementa in mundum componi possint comprehendisse me crediderim. Esse tamen finitos hos modos non temere assero, cum hoc in universum verum deprehendatur, latas differentias nequaquam sine fine consistere cùm per contradictionem sibi invicem opponantur*, quibus verbis mutat quaestionem, nam principio quaerebatur an mundus qui est esset creabilium optimus, nunc verò an elementa in mundum meliùs componi potuerint, quae alia quaestio est, nam prior quaestio erat de creatione elementorum, an scilicet meliora creari poterunt, necne ; et nisi potentiam Dei limitemus (si voluisset Deus) potuisse, eaque numero infinita ; nunc verò quaeritur de variatione compositionis elementorum quae sunt iam facta, modi autem quibus res numero finitae variari possunt, numero finiti sunt[15]. Sed modos illos finitos esse non probat ratio ab authore allata, nimirum distinctio illa nominum in categoria, quâ omnia dividuntur in | substantiam & non-substantiam, & substantia in corpoream & non-corpoream, & corporea in animatam & non-animatam, & c., donec homo dividatur

(z) ut exprimat, *M** (a) *DM* 318, avec *Quo fine hoc agis?* pour *aliquis quo fine*
(b) Propterne *M, DM* Propterea *MS* (c) spiritus. *DM, MS*

15. *EW* VII.465 (Lettre à Oldenburg, 26 nov. 1672) ; *OL* V.3 *(Ros. geom.)*.

in Petrum & non-Petrum, possent enim huiusmodi categoriae consistere cum infinitate mundi, & cum infinita rerum varietate[16], possentque esse substantiae numero infinitae, & non-substantiae numero infinitae, & homines numero infiniti, & non-Petri infiniti ; nec tamen ut categoriae earum, aut usus, in scientiis ullatenus mutaretur.

8. Postremo loco proponit in margine, creaturas etiam possibilitatem à Deo habere? Rectè quis enim de hoc dubitat? Coeterùm de modo quaeri potest ; non enim Deus dedit creaturae ut possit existere, deinde ut existeret, quia sic potentiam dedisset creaturae nondum existenti, hoc est *enti*, nondum *enti*, quod est absurdum, & contradictio nimis apparens ; sed possibilitas illa quà possibile erat ut aliquid crearetur, erat possibilitas creantis videlicet Potentia Divina. Itaque de Deo quidem dicetur proprie, « potuit creare », habebat enim potentiam ; sed de creatura antequam est ens, | cùm mere nihil est, dicere « potuit creari », catachrestica loquutio est. At sententiam suam explicat, confirmatque, pag. 321, 322[d], in hunc sensum : 1° *ex eo quod Deus intelligat omnia, simul Deo cum suis proprietatibus & distinctionibus praesto esse* colligit (sic enim apud authorem exponitur vox illa « intelligere », nimirum « successiva », non « successivè », sed simul & plura non pluribus, sed uno actu praesentia habere) atque hoc *competere Deo* dicit, *ex ipsa existentiae existentis natura, ut late tradunt metaphysici*, quare infert in Deo idem esse « intelligere » et « esse ». Ex quo sequitur omnia esse simul in essentia Dei, colligitque *ut possibilia in artificum intellectu sunt ideae operum, ita quoque possibilia pendere ab Intellectu Divino* ; supponit deinde Deum diligere seipsum, concluditque sic : Cùm Deum sese diligere necessum sit, *eorumdem* (videlicet possibilium) *rationes etiam à Voluntate Divina possibilitatem sortiri*[17], additque[e] *facilioris intelligentiae causa, sicut maculae ex marmore ab opifice*[f] *excisae figuram habent talem quam vult opifex, non a manu ipsius opificis, sed quia eam in ipso | marmore praehabebant, ita hominem, equum, leonem, ovem, tales esse, quia in illa existentia existente tales sunt, & ante ipsam possibilitatem fuerant.*

9[g]. Quae ratiocinatio peccat 1° eo quòd eâdem probari possit creaturas possibilitatem habere ab homine ; siquidem enim sufficit ad possibilitatem

(d) *DM* 321-2, paraphrase. *intelligat, omnia* DM intelligat omnia *MS*. Sur les cinq passages qui suivent et que nous avons imprimés en italique, seul le deuxième est souligné dans le MS (e) *facilioris... in ipso marmore* (f. 364) librement paraphrasé du *DM* ; *praehabebant... fuerant* cité verbatim, mais le *DM* a *dicito* après *tales esse* (f. 364) et *fuerunt* pour le *fuerant* du MS (f) opifice *DM* opificae *(sic) MS* (g) *Sic MS* (mais la table f. 358 ne comporte que 8 articles)

16. *Cf.* ff. 49, 357 v.
17. Dans l'*Euclides metaphysicus*, pp. 174-5, White prouve que personne ne peut s'aimer, sauf Dieu.

rei ut quis intelligat et seipsum diligat, etiam homo qui intelligit habetque, secundum ipsum authorem nostrum, ut plura simul ipsi praesto sint, & praeterea seipsum & valdè quidem diligit, rebus quas intelligit conferet possibilitatem. Deinde in eo quòd dicat necesse esse ut Deus Seipsum diligat, neque enim Scriptura Sacra, neque, opinor, Ecclesia id credendum proponit ; neque ea quae hominibus vitio verti solent, in quorum numero est philautia, attribuere Deo fas est ; neque etiam, si se diligat, honorificum est dicere quod id faciat *ex necessitate*, necessitas enim impotentia est. Potest quidem fieri ut nos coacti argumentis *necessario* putemus Deum se diligere, sed argumenta huiusmodi philosophia quidem non exhibet. Quid | enim est « diligere », nisi *bene velle?* Aut quomodo « bene velle » potest quis, nisi ei cui bene non est, aut bene non esse potest, quorum neutrum Deo competit[18]? Praeterea quod *intelligentiae clarioris causâ* dicat, *hominem*, *equum*, *leonem & c. tales esse*, *quia in illa existentia existente tales fuerunt etiam ante ipsam possibilitatem*[h], delirum est. An non quicquid potuit Deus creare, id potuit ab aeterno? An non igitur homo, equus & c. possibiles fuere ab aeterno? Si igitur homo, equus & c. tales erant ante ipsam possibilitatem, fuerunt tales ante aeternitatem. Quid autem est « ante aeternitatem » praeter vocabulum delirans, id est metaphysicum? Rursus, si *homo, equus & c. fuerunt ante ipsam possibilitatem*[i], tum erunt[j] tales quando tales esse non poterant. Quis non sic videt manifestissimam contradictionem? Obscuritatem sermonis, ubi dicit hominem & c. *esse in existentia existente*, quia metaphysicorum propria & frequens est[k], atque etiam (ut videantur aliquid dicere cum nihil dicant) necessaria, visum est praeterire. |

Caput 32

Ad nodum 7. Dialogi 3[i]

Quomodo Deus propter Suam bonitatem mundum condiderit

1. « Finis » non idem significat loquentibus de homine & de Deo. 2. Deum condidisse mundum propter finem, non cognoscitur per philosophiam. 3. Exemplum sumptum ab hominibus, quo author utitur ad explicandum quomodo Deus creare potuit mundum propter bonitatem

(h) *intelligentiae... possibilitatem* non souligné dans le MS, mais cité verbatim d'après *DM*. Pourtant au f. 363v Hobbes avait mis *facilioris intelligentiae* pour *intelligentiae clarioris* (i) Non souligné (j) erant *MS, mais peut-être* erunt (k) est, *M**

18. White étudie la question des « personnes aimables » dans ses *Institutiones ethicae* (1660), pp. 225-230.

Suam, Deo applicari non potest. 4. Argumentum quo conatur probare Deum mundum condidisse propter Suam bonitatem non valere. 5. Obiectionem in contrarium, quam tollere praetendit, non sustulit.

1. Quaeritur hic quo fine Deus mundum condidit ; atque homines quidem quicquid agunt, cupidine agunt iucundi alicuius obtinendi, & nomine *finis* intelligunt semper id cuius imaginatione moventur, vel conantur | ad ipsum obtinendum, simul autem atque cupitum adepti fuerint, finis qui erat non est iis amplius finis, sed progrediuntur ad alia ; nemo enim dum vivit caret appetitu ; appetitus autem non est nisi finis, sive *boni sibi*, quod conatu suo obtinere se posse putant ; verùm huiusmodi finem in condendo universo siquis Deo attribuerit, manifeste attribuit Ei appetitum & indigentiam, & non fuisse ab aeterno beatissimum. Quòd si « finem » aliud significare velit in Deo quàm in animalibus, nempe aliquid analogicum & supra humanum captum[19], disputatio haec non pertinet ad philosophiam, neque ad naturalem aliquam theologiam, sed ad religionem, de qua non rationibus humanis, sed ex Scriptura Sacra & decretis Ecclesiae disputandum erat.

2. Philosophia enim causam omnem effectu[1] priorem esse statuit, ideoque finem, quae causa est volendi, priorem esse volitione. Cum igitur volitio Dei, sive voluntas condendi mundum ab aeterno fuerit, si mundum | propter finem condidit, erat finis ille prior aeterno, quod est impossibile. Deinde si verum sit quod author praecedente nodo conatus est probare, Deum mundum qui est non potuisse non condere, non potest dici Illum condidisse propter finem ; quae enim ex natura emanant necessitate fiunt, non consilio, neque enim sol lucet propter propositum sibi finem, neque homo si cadat ex alta aliqua turre, diceretur eligere ut cadat per lineam perpendicularem. Habemus quidem è factis Scripturae Deum omnia facere propter gloriam Suam ; non autem esse Deo attribuendum gloriam eiusdem naturae cum ea quâ gloriantur homines aut putandum quòd laudari & honorari à creaturis Creatori appetendum sit, illud enim non Illi sed nobis bonum est. Denique, Deus condidit mundum quia voluit, Voluntatis autem Divinae causa esse non potest. Non ergo propriè & philosophicè loquendo creavit Deus mundum propter finem.|

3. Contendit autem probare author philosophicè Deum condidisse mundum propter suam bonitatem. Si dixisset « ex bonitate » ut bonitas divina mundi non finis, sed « efficiens » diceretur, consensissem, bonitas enim Dei, est bona Eius voluntas, voluntas autem Dei non potest censeri actionum divinarum finis, sed efficiens ; verùm intelligit ille per dictionem

(1) L'usage de l'ablatif avec *prior* se retrouve aux ff. 229, 372v, et 407.

19. *Cf.* ff. 369, 369v.

hanc *propter bonitatem* causam finalem, & quomodo hoc intelligi possit, illud ipsum est quod toto hoc agitur nodo. Et 1° exemplum adducit à misericordia humana. *Nonne vides*, inquit, *etiam*[m] *nos misereri pauperis, a quo neque utilitatem neque honorem expectare possumus, non de alia causa quàm quia conforme est naturae rationali? Cogita itaque tecum hominem sollicitum ut animam suam iis actibus exerceat qui secundum naturam sunt, & non vides ex eo solo, quod ipse quaerat animam secundum rationem constitutam habere sequi ut multam beneficentiam proximis exhibeat? Hoc Deo iuxta applico* &c. | Quibus verbis intelligi vult hominem hominis misereri propter causam finalem (nam ob eam rem adhibentur ut probetur bonitatem Dei causam finalem esse propter quam creavit universum) ; ipsa autem verba in contrarium sunt. Siquidem enim qui pauperi volens benefacit, neque propter utilitatem, neque propter honorem, neque propter iucundum aliquod nullius omnino boni causâ id facit, omnia enim bona tribus illis generibus continentur, neque igitur propter ullum finem. Deinde parum videt quo animo homines miserentur pauperum, qui putat ideo eos id facere quia cupiunt facere conformiter naturae rationali, faciunt enim hoc aliqui ex compassione, id est ad minuendum dolorem quem concipiunt ex imaginatione similis infortunii in personis propriis, ea enim est natura misericordiae, ut sit dolor ex imaginatione doloris alieni ; alii faciunt ad evitandam importunitatem rogantium (hi ergo faciunt utrique ut fugiant molestiam), hoc est propter iucundum ; alii, rursus, faciunt gloriae causa, scilicet ut misericordes vel liberales videantur, id est honoris causâ ; alii | denique faciunt ut Misericordiam Divinam sibimet ipsis promereantur, optimo illi quidem fine, sed tamen utili. Quòd autem id faciat quis ut animam suam exerceat secundum rationem, alium finem spectat ulteriorem, nempe vel utilissimum illum ut à Deo mercedem recipiat, vel honorificum ut laudetur[n] ab hominibus ; vivere enim secundum rectam rationem non est ipsum quod quaeritur bonum ultimum, sed medium & propter aliud, quod piis quidem est fruitio regni coelestis ; aliis vero praesentis saeculi brevis & inanis gloria. Iam si haec, ut iubet, Deo applicanda sunt, sequetur mundum ab Eo creatum esse, vel ut molestiâ se liberaret, vel ut honorem aut aliquod aliud iucundum, quo indigebat, consequeretur ; quod dicere in significatione vocum propria & philosophica, prout institutum est authoris in praesenti opere, est temerarium.

4. Argumentum ad probandum *Deum creasse mundum propter Suam bonitatem*, pag. 324°, sic componit : *Deus diligit Se ex necessitate, sequitur inde velle eum* | *se habere voluntatem ea agendi quae Deo digna sunt, inter quae cum primum sit mundum condere, habebit voluntatem condendi*

(m) Le *DM* a *enim* pour *etiam* (n) recipiat... laudetur *edd* recipiant... laudentur *MS* (o) *DM*, 324, omet *inde* et *eum se* sic *M**

mundum, non propter bonitatem mundi conditi, sed propter bonitatem quae est in voluntate condendi mundi. Iam Deum ex necessitate Se diligere, à philosophia non doceri suprà ostendimus, sed hoc loco concedatur ; id verò quod inde sequitur absurde dicitur, nimirum Deum velle habere voluntatem ea agendi quae Ipso digna sunt. Quid enim est[20] « velle habere voluntatem », nisi *velle velle*, sive « habere voluntatem habendi voluntatem »? Verùm ita accipiatur, ac si ex eo quod « Deus Se diligit », sequeretur Eum velle digna Se agere. Quicunque ergo se diligit, necessariò vult ea agere quae seipso sunt digna, quare & homines (nam nemo est qui se non diligit) omnes se digna faciunt, quod est falsum. Postremò, quòd dicit mundum condere imprimis esse Deo dignum, quaero utrum & hoc ad philosophum pertinet, ut cognoscat & sententiam ferat de iis quae Deo sunt digna vel indigna? si enim ad philosophum non | pertinet, non debuit ille in hac operâ, & tanquam philosophus pronuntiare, *mundum esse Deo dignum.*

5. Objicit deinde suae ipsius sententiae, quod cùm creatio mundi nihil boni Deo conferat, voluntas autem ideo secundum rectam rationem sit, quia et bonum vult sibi, nihil impedit quin Dei voluntas potuerit esse secundum rectam rationem ; etsi[p] mundum non creavisset, ad quam obiectionem tollendam distinguit *bonum* in duo genera, *utile & honestum*, quis non expectaret hoc loco dicturum eum Deum condidisse mundum, quia id facere Ipsi aut utile erat aut honestum aut utrumque? Quorsum enim alioqui spectabat ita distinguerem : — ille verò cum honestum bonum per se, utile verò non per se, sed propter honestum, bonum esse dixisset, mutato nomine *honesti* in nomen *perfecti*, perfectionem esse ait quod vocamus bonitatem. Quod cur facit nescio. Iam verò non duo, sed tria ponit genera bonorum : utile, honestum, perfectum. Expectandum itaque nunc erat | ut diceret Deum creasse mundum eo consilio ut aliquam inde vel utilitatem, vel honorem, vel perfectionem acquireret, sed nihil horum dicit. Quid ergo *Quod imperfecto*, inquit[q], *est causa perfectionis merito bonum illi, hoc est utile, appellamus? Quoniam vero ex perfectione sequitur aliquid, verbi gratia, facere simile sibi, hoc etiam dicitur bonum, tanquam boni effectus. Quandoquidem itaque Deus undique perfectus est, non est quaerendum in Illo bonum priori modo, quod enim est, non indiget causa ut fiat, sed hoc posteriori modo potest reperiri respectu Ipsius : quod appellationem boni analogice subire potest, sed non tale ut alliciat voluntatem, hoc enim bono per se tantùm competit, sed tale[r] ut per aliud voluntas ad illud alliciatur. Et sic ex dilectione voluntatis conformis suae naturae derivatur Deus ad condendum terrarum orbem.* Profectò si quis

(p) etsi *edd* & si *MS* (q) *DM* 325, avec *Quod ergo imperfecto,* pour *Quod imperfecto* (r) ut tale *MS* sed tale *DM*

20. *Cf.* f. 351v.

datâ | operâ cavere vellet, orationi suae ne sensus aliquis subesse videretur, non puto reperiri orationem posse hac absurdiorem[s], aut irridentis metaphysicis accommodatiorem. Nec enim intelligo quid vult per « bonum » priori modo, & posteriori modo ; nec quid sit subire nomen analogicè ; nec[t] quid sit bonum quod non allicit voluntatem, & tamen voluntas alliciatur ad illum per aliud ; nec quid sit dilectio voluntatis conformis suae naturae ; nec quid significat Deus derivatur ; nec quomodo terrarum orbis accipi possit pro coelo et terra & mundo universo ; neque ergo an obiectioni à seipso excitatae satisfecerit, an non satisfecerit dicere non habeo. |

Caput 33

Ad nodum 8. Dialogi 3[i]
Deum liberùm[u] mundum condidisse

1. Definitio liberi vulgo usurpata. 2. Definitio liberi vera. 3. De coactione. 4. Libertas in animalibus est mutatio sive alternatio appetitus, & tamen recte dicitur libertas. 5. Deus libere agit. 6. Divinam libertatem non consideratione plurium creabilium. 7. Obictioni philosophorum de mundi aeternitate non esse responsum et quomodo responderi oportet.

1. Nescio quis primus *liberum* definierit illud esse quod positis omnibus ad agendum requisitis potest agere & non agere. Sed quisquis fuerit, libertatem omnem sustulit, nihil enim est quod, quando omnia ad agendum requisita praesto sunt, non statim agit, nam in agentibus quae voluntatem nullam habent manifestum est quod agens omne agit totâ | potentiâ quam habet, sicut ignis calefacit & grave descendit quantum potest. Voluntaria vero, si non idem faciunt, ideo non faciunt quia non volunt. Deest ergo voluntas unum, nempe eorum quae ad actionem requirebantur, quando[v] verò & voluntas accesserit, tunc non possunt non agere, quod enim quis & potest & vult, abstinere se non potest quin faciat. Sunt sanè multa quae homo, aut aliud quodlibet agens voluntarium vellet

(s) aliquis ... absurdiorem. Plusieurs mots ont été barrés (par *M* ?) : *subesset* après *aliquis, tamen* après *subesse, hac abs* après *orationem, non puto reperturum* après *absurdiorem* (t) Nec *M* Sed *MS*

(u) liberùm *M* ? liberum *MS* (v) Les signes diacritiques de ce f. semblent être de Mersenne

facere, nec potest & quae potest facere, nec vult ; quando vero utrumque convenit : & posse & velle, hoc est omnia requisita, actio sequitur necessariò. Causa verò quare ex iis rebus quibus agendis vires non desunt, alias facimus, alias non facimus & easdem nunc facimus, alio tempore non facimus, ita ut casu quodam regi videamur, ea est quòd alias res velle possumus, alias velle non possumus, & easdem nunc velle possumus, alio tempore velle non possumus ; actiones enim solae voluntariae sunt, | passiones autem & facultates, quales sunt sentire, intelligere, amare, timere, velle, nolle, voluntariae non sunt.

2. *Liberum* propriè dicitur in animalibus, quod cùm habeat coeteram potestatem agendi omnem, voluntatem tamen nondum habet. In rebus autem inanimatis liberum est & dicitur quod non impeditur quominus faciat quicquid ex natura eius facere potest, sic aqua libere decurrit quae ripis, neque obstaculo alio externo fluere prohibetur[21]. Neque tamen nesciunt qui sic loquuntur, decurrere aquam vi gravitatis suae, id est per necessitatem naturalem. Confitentur ergo libertatem non opponi necessitati internae, sed impedimento externo : sic etiam ii qui hominibus libertatem agendi tribuunt, non ignorant quaedam esse quae homines non possunt velle, qualia sunt quae videntur pessima sibi, & quaedam, quae non possunt nolle, qualia sunt quae videntur optima sibi facta esse. Non tamen ideo negant eos liberè & per | electionem agere ; nam & electionis (sicut aliarum rerum omnium) causa aliquis existit, eaque necessaria, neque qui necessario eligit, ob id minus eligit, nisi etiam dicamus lapidem non cadere quia necessario cadit.

3. Causae autem necessariae illae quare aliquis aliud prae alio eligit duae sunt, quarum altera dicitur coactio, altera illecebra dici potest, vel altera metus, altera amor. Coactio est ad agendum quando causa agendi est expectatio mali maioris à non agendo quam boni ab agendo. Coactio ad non-agendum, quando causa non-agendi est expectatio mali maioris ab actione quàm ab omissione. Sic is qui res suas e navi in mare projicit cogi dicitur ab expectatione demergendae navis, ni faciat, et is qui alienam vitam cupiens tollere non tollit, cogi dicitur expectatione crucis si faciat[22] ; quae coactiones nihil aliud sunt praeter causas eligendi, quae | ideo necessariae sunt, quia malum expectatum ex una parte praeponderat bono expectato ex alterâ parte ; unde determinatur voluntas, quae prius, nimirum dum pensitabantur utrimque effectus erat libera, sive nutabat modo huc, modo illuc, more bilancis in quam injicitur modo hinc modo illinc novus scrupus[23]. Illecebra ad agendum est, quando causa agendi est expectatio boni maioris ab agendo, quam

21. *Cf.* f. 351v.
22. *EW* III.197 (*Lev.* II.21).
23. *Cf.* ff. 409v, 411. *EW* V.194, 326 *(Lib. Nec. and Ch.)*.

mali a non agendo ; et illecebra ad non-agendum, quando causa non agendi est expectatio maioris boni ab omissione quam ab actione ; sic qui praemio inducuntur ad proditionem vel alia crimina, illecti faciunt, atque hic determinatur voluntas ab amore praemii, quae, dum pensitabantur commoda et incommoda actionis, libera erat, id est nutabat. Neque vero differentia magna est utrum quis cogatur metu an allicietur spe ad actionem aliquam, differunt enim sicut pulsio et tractio, quae aequali necessitate | effectus suos producunt, nisi quod homines nihil inter bona experiuntur quod praeponderare possit summo malorum nempe morti praesentaneae.

4. Libertas igitur animalium nihil est quam mutatio sive alternatio appetitus cum aversione, cuius rei ratio est, quod appetitus et fuga voluntasque animalium omnium habeant causas suas. Illa tamen alternatio libertas rectè dicitur, quia impedimentum non per externa operatur sed per interna, videlicet per intellectum et imaginationem eligendorum. Quod si voluntas non haberet causam, libertas esset.

5. Cum ergo Voluntas Divina et singulae Dei volitiones ab aeterno sint, sequitur nullam fuisse unquam causam quare Deus hoc vel illud voluerit, causa enim prior debet esse effectu[w], aeterno autem prius non datur. Nihil est igitur quod Voluntati Divinae necessitatem imponere unquam potuerit, multò | minus quod eum[x] potuit cogere aut inescare. Liberrime igitur agit Deus, sive libertas necessitati opponatur, sive impedimento, at libertas illa Dei[24] non est proprie loquendo electio, quae est determinatio rerum ante indeterminatarum (hoc enim de Eterna Voluntate dici non potest) sed cum aeterna Dei voluntate rerum consensio.

6. Divinam libertatem in condendo hoc mundo in eo ponit author quòd consideraverat infinitos mundos quos condere potuit, et ex iis elegit hunc qui est ; quippe quod elegit faciendum id liberè fecit, neque tollitur libertas ab eo, quòd non potuit hunc non eligere, nempe optimum. Et verum quidem est causam, etsi necessariam, electionis non tollere electionem, coeterum non potest dici Deum elegisse creandum hunc mundum ex consideratione plurium infinitorum creabilium, nam si Deus prius considerasset quid faceret antequam facere eligeret, | non posset dici elegisse ab aeterno, quod tamen et dicendum & credendum est omnibus, qui agnoscunt Deum esse aeternum.

(w) debet esse effectu, *edd* debet esse debet effectu, *MS* (x) eum *Lire* eam ?

24. Dans sa *Quaestio theologica* (1652) l'opinion de White ne s'est guère modifiée sur ce point. Il examine la nature de la Volonté divine aux pp. 73-119. D'autre part, dans son *Euclides metaphysicus*, il s'attache à prouver (p. 175) que, puisque personne ne peut s'aimer sauf Dieu (cf. f. 363v) Dieu fit les créatures de la façon qui convenait le mieux à celles-ci, et non à Lui.

7. Ex eo quod author non modo mundi, sed mundi qui est, creationem necessariam esse dicit, duae[y] difficultates oriri possunt, quarum 1ª est mundum debere esse creatori coaeternum, altera Deum potuisse velle facere mundum alium, hoc est potuisse habere aliam voluntatem ab ea quam ab aeterno habuit, hoc est voluntatem Dei potuisse esse mutabilem, has ergo difficultates tollere aggreditur, primam quidem praesente, secundam in sequente nodo[25]. Difficultas autem primum in eo consistit, quòd cum mundo, antequam conderetur, nulla causa esset quare conderetur extra divinam potestatem, ideoque omnia requisita ad creationem ab aeterno extiterint, videtur necessariò sequi mundum etiam ab aeterno debere extitisse. Ad hanc ergo sic respondet | *Habuit*, inquit[z], *philosophos is error ut crederent mundum adaequatum esse divinae potestatis partum non ex multis electum optimum, sed qui possit fieri unicum, ut natum potius quam factum ex eorum sermone crederes coaeternum quoque & connaturalem Deo ; quae vides quam immane à nostris dictatis recedant et ipsa re & appellationibus, cum ipsi libertatem, electionem, temporalitatem mundi inrideant, nos eorum inscitiam finitum cum infinito comparantium.* Quibus quidem verbis recitatur fortè opinio philosophorum, sed non confutatur, monstrandum enim erat eam opinionem non modò falsam esse, sed etiam malè illatam ex illa necessitate quam author defendit mundi creandi, id quod non est factum, sed neque rectè recitatur eorum opinio. Non enim quisquam eorum ita insanus fuit ut mundum & c. *natum* putaret & *aeternum*, *natum* enim & *aeternum* | pugnant inter se, & Aristoteles qui negat aeternitatem mundi, negat quoque nativitatem eius, quicquid enim genitum est id corruptibile quoque esse dicit[26], mundum autem corruptibilem esse negat. Atque si quidem verum esset actionem & effectionem Dei procedere sicut actiones & affectiones rerum creatarum, quas nos concipere possumus, [dico] planè necessarium esse mundum esse aeternum, nam actiones & effectiones conceptibiles non sunt, nisi sub ratione motus, supponuntque[a] duo corpora diversa, quorum unum est agens sive movens, sive efficiens, alterum patiens sive motum, et effectum suscipiens, id quod ante mundi creationem concipi non potest. Quid igitur respondebitur philosophis illis? Respondebitur non ex philosophia, sed ex doctrina fidei Christianae Deum esse incomprehensibilem & modum eius agendi esse incomprehensibilem, nec requirere aut motum[b] [? aut effectum- - -]

(y) duae *edd* duas *MS* (z) *DM* 329, avec *aeternum* pour *coaeternum,* avec *immane quantum* pour *quam immane,* et avec *irrideant* pour *inrideant* (a) supponuntque *lire* supponunturque ? (b) Un ou plusieurs folios manquent-ils ici ? F. 374v se termine sur les mots *aut motum* et la phrase reste incomplète, et les ff. 375r et 375v sont blancs. Pour le reste f. 374v donne un sens satisfaisant

25. i.e. Nodum 9ᵐ (Ch. 34 ; ff. 376 *sqq.*).

26. *Phys.* II.4 (196.a.24-25), VIII.I (250.b.11). Ce passage de Hobbes semble contredire celui du f. 47.

Caput 34

Ad nodum 9i. Dialogi 3i
Deum non esse mutabilem ex eo quod alium mundum condere potuit

1. Authoris sententiae duae contradictoriae. 2. Quid sit actus. 3. Quid sit potentia. 4. Quid sit mutabilitas. 5. Illatio mutabilitatis ex potentia plura faciendi. 6. Responsionis examinatio. 7. Verum esse universaliter frustrà esse potentiam quae nunquam reducetur in actum. 8. Solutio authoris ad obiectionem de modo quo voluntas Dei possit determinari. 9. Solutionis illius examinatio.

1. Nodo 3o Dialogi 1mi conatus est probare author plures mundos fieri non potuisse, sumpto argumento a defectu loci ubi collocarentur facti[27]. Rursus nodo huius 3i Dialogi 6o affirmat Deum mundum hunc qui est creasse non ut unicum qui creari potuit, sed ut innumerabilium quos creare potuit optimum creandum elegisse. Itaque duobus nodis duas sententias tuetur contradictorias pugnantesque inter se, nimirum plures | mundos et fieri potuisse & non potuisse, aut quod idem est, Deum potuisse facere, quod fieri prorsus erat impossibile. Et certè necesse est in huiusmodi incongrua incidere eos qui vocabulis utuntur sine ulla rerum significatarum conceptione, solâ loquendi consuetudine. Siquidem enim animo comprehendisset res illas quae nominibus *potentiae*, *actus*, *actionis*, *effectionis*, aliisque ad has quaestiones pertinentibus, significantur, impossibile esset ut harum sententiarum contrarietas ipsum[c] latuisset. Antequam ergo ulterius progrediamur, ne in idem vitium incidamus voces quae ad praesentem nodum examinandum cognitu necessariae sunt, nimirum *potentiam*, *actum* & *mutationem*, definiemus.

2. Imprimis autem dicemus quid sit *actus*[28]. Sciendum igitur est nominum duo esse genera summa, *positivum* & *negativum*. Positivum est, quod impositum est ad revocandam cogitationem, sive phantasma alicuius | rei certae & determinatae, ut nomen *homo* usurpatur ad excitandam cogitationem rei certae, nempe animalis cuiusdam, quod

(c) ipsum *Sc.* auctorem, cf. f. 354

27. *Cf.* ff. 17, 100v, 313v.
28. *Cf.* f. 385.

figurâ & motibus distinguitur ab aliis rebus omnibus quibus non est figura & motus similis. Negativum est quo utimur ad excitandam certam, sed quamlibet cogitationem praeter aliam quae a positivo suo excitatur[29] ; ideoque fit ex positivo, additione particulae negativae, *non*, ut *non-homo*, quae vox quidlibet significat, ut lapidem vel arborem, vel quidlibet praeter hominem, ideoque indeterminatam habens significationem vocari solet *nomen indefinitum*[d]. Rursus nominibus positivis duo rerum genera denotantur, nimirum *ens* & *esse* : sub ente continentur ea quae existunt, vel extiterunt, vel extitura sunt. Sub *esse* continentur modi quibus[e] entia concipiuntur, quae vocari solent accidentia. Sub ente itaque numerantur corpora, ut coelum, terra, astrum, aër, aqua, terra[f], lapis, metallum, animal, | mobile, quietum, tenue, crassum, album, nigrum & similia, quae materia rerum sunt, & aliquid per se. Sub *esse* verò ordinantur naturae entium sive entitates, sive essentiae, sive ea quae entibus accidere, vel inesse dicimus, qualia sunt *esse corpus*[g], sive *corporeitas*, essentia corporis ; esse coelum sive natura coelestis, esse aërem, aquam, terram sive natura aërea[h], aquea, terrea, (quas dicerent fortasse quidem[i] coelëitas, aëreitas, aqueitas, terreitas) esse lapidem sive natura lapidea, esse metallum, sive natura metallica, esse animal, sive animalitas, esse mobile, sive mobilitas, esse quietum, sive quiescere, sive quies, esse tenue, esse crassum, esse album, esse nigrum, sive tenuitas, crassities, albedo, nigredo & c. Atque haec rerum divisio eadem est quae attribuitur Aristoteli versiculis illis[30] *Summus Aristoteles trutinando cacumina rerum In duo divisit quicquid in orbe fuit*[31] ille enim τὸ ὂν dixtinxit à τὸ εἶναι neque enim aliter fieri potuit, cùm alterum de altero dici non possit, siquidem | enim diceret quis corpus est corporeitas vel ens est esse vel album est albedo vel currens est currere absurde loqueretur, neque omnino intelligi quicquam tali oratione posset. Illud igitur quod vocamus esse, sive entis naturam, proprietatem, essentiam, vel accidens, illud ipsum est quod vocatur *actus*, idemque est dicere quod color est esse, vel accidens, vel natura, vel natura colorati, et quod color est actus colorati, nisi quòd non semper utamur voce actus, sed tunc solumodo cùm loquimur de praesenti ut (exempli causâ) cùm dicimus de praesenti,

(d) *indefinitum.* edd *infinitum.* MS (e) quibus (*ou* quîs) *edd* quo *MS.* (*Cf.* f. 194) (f) terra,... terra,... *sic MS* (g) *esse corpus*, non souligné dans le MS (h) natura, aërea, *edd* naturae, aëreae, *MS* (i) quidem *Lire* quidam ?

29. *OL* I.16 (*DC* c. 2 § 7) ; *EW* III.26-27 (*Lev.* I.3).

30. Nous n'en avons pas trouvé la source. Le texte les donne en prose. L'original, probablement en hexamètres, est parodié par Hobbes dans les vers élégiaques de son *Historia ecclesiastica* (éd. 1688), ll. 69-70 (*LW* V.351) :

Scis ut Aristotelis trutinata cacumina rerum
In duo divisit, stultitiam atque dolum.

31. *Cf.* 293, 293v, 384v.

Socrates est ambulans, ambulare, vel esse ambulantem, dicetur Socratis actus ; quando verò dicimus de futuro, Socrates ambulabit, vel potest ambulare, ibi non ambulare, sive esse ambulantem, sed posse ambulare dicetur *Socratis actus*. Actus itaque est idem quod esse ; & effertur per vocem *esse*, ut esse currens, vel per verbum infinitum ut *currere*, vel per nomen abstractum, ut *cursio* vel *cursus*[j], atque haec sufficere videntur ad explicandum | quid sit actus.

3. Quando verò effertur vox *esse* de futuro, ut cum dicimus Socrates potest ambulare sive est potens ambulare, actus ille, esse potentem ambulare, vocatur *potentia* ; quod si dicamus de futuro, sic Socrates ambulabit, sive erit ambulans, licet idem sit ac si dicamus potest ambulare, non tamquam[k] vocamus actum illum *potentiam*, quia etsi futurum sit, nescimus tamen an sit futurum necne. Potentia autem & posse idem significant, adhibenturque in oratione aequaliter, nisi quòd orationis, aut euphonia, aut perspicuitas modò unam vocem, modò aliam anteferat. Ut autem quid potentia sit exemplo aliquo clarum fiat ; supponamus duo corpora contigua esse, quorum utrumque quiescat, dum ergo ambo quiescunt, alterum ab altero non movebitur, neque unum eorum alterum movebit, unde ergo fit quod dicamus | alterum eorum posse movere, sive habere potentiam alterum movendi, alterum verò posse moveri, sive potentiam habere ad motum suscipiendum? Manifestum est ideo 1um corpus posse movere 2um, quia ipsum 1um moveri potest, si enim 1um promoveatur versus 2um cui iam contiguum erat, necessario movebitur 2um. Potentia ergo quam habebat 1um movendi 2um alia non erat quam motus ipsius primi ; sicut ergo motus 1^i^ est potentia 1^i^ ad motum in 2° imprimendum, ita in omni aliâ effectione potentia producendi actum quemlibet nondum productum, est *actus* aliquis *iam productus* in agente. Similiter *potentia* quam corpus 2um habet ad motum vel alium quemcumque actum recipiendum a[l] 1° est actus aliquis in ipso ante productus, quo actus post producendi fit capax. Ex quibus potentiae definitio huiusmodi elici potest. Potentia est actus quo alius actus nondum productus producetur post. Ita ut posse esse non sit aliud quàm *post esse*, sive actus futurus. Explicato quid sit potentia, non est opus explicare quid sit impotentia | aut impossibile aut necessarium, cùm necessarium vocetur quod aliter esse sit impossibile.

4. Mutatio quid sit dictum est non semel, ex quo intelligitur quid sit mutabilitas sive *posse mutari*, & hoc ipso nodo satis bene definitur mutabilitas his verbis (pag. 337). *Mutabilitas est possibilitas actus in eo*

(j) *cursio... cursus*, edd cursio... cursus, *MS* (k) tamquam *edd* tamq. *M* autem *MS* (l) a *M**

quod dicitur mutabile[m], ita ut mutabile nihil sit nisi cui[n] supervenire actus alius potest quem ante non habebat ; quam authoris definitionem ut veram, brevem & perspicuam agnosco & laudo.

5. His constitutis, redeamus ad scopum eius in praesente nodo qui est ut ostendit, posito quòd Deus alios mundos condidisse potuerit, non tamen inde sequi Deum esse mutabilem, obiectio enim formari posse videtur hoc modo. Si Deus alium mundum creare potuit praeter hunc qui est, tum potuit velle alium mundum creare praeter hunc qui est (si enim non potuit velle creare, creatio autem sit voluntaria) sequitur non potuisse creare, sed si Deus potuit velle creare alium mundum, potuit habere aliam voluntatem | praeter eam quam ab aeterno habuit, potuit ergo habere in se alium actum (voluntas enim actus est) sed posse habere alium actum est mutabilitas per definitionem mutabilitatis etiam ab ipso traditam, si ergo Deus alium mundum creare potuit, sequetur eum esse mutabilem.

6. Pro responsione 1º loco negat ideo mutabilem posse dici Deum, quia plura potest quamdiu ea plura sunt in potentia tantùm. Verum quidem est non dici mutatum quemquam, ideo quia diversa facere potest dum modo non faciat ; sed aliud est *mutatum esse*, aliud *mutabilem esse*. Sicut enim qui diversa facit actu ab iis quae facere instituerat, mutatus actu est, ita qui potest facere diversa ab iis quae facere sibi proposuerat, is mutari potest ; sufficit autem ut quis mutabilis sit, si mutari possit, etiàmsi nondum mutetur. Et in obiectione manifestè ex eo quòd Deus potuit facere alium mundum, evincitur potuisse Eum habere aliam voluntatem, hoc est alium actum, in quo consistit (ut ipse confitetur) natura mutabilitatis. Haec ergo responsionis pars | difficultatem obiectionis nihil minuit. 2º loco potentiam Dei talem esse dicit pag. 336 *ut unico actu saturetur*, quod explicare se putat cum addit, *sicut vides totum genus electivorum se habere, cùm enim ex pluribus unum eligere nata sunt, necesse est iis et plura posse, et uno saturari*[o]. Per haec verba *potentia Dei unico actu saturetur*, quae metaphoram habent, nescio quid aliud significari potest praeter hoc, quòd unicus actus à Deo productus totum sit quod ab eo produci poterat, nam nisi *saturetur* idem significetur quod *expletur* vel *adaequatur*[p], hoc est tantum est in actu quantum erat in potentia, certe nihil omnino significat sin hoc voluit, tantum esse actu per unici huius mundi creationem, quantum erat potentiae in Deo ante mundum creatum, palam contradicit sibi ipsi, qui ante statuerat fuisse in Deo tantum potentiae ut alios mundos potuerit creare innumerabiles. Praeterea non est verum quod subiungit de electivis, qui enim potuit ex pluribus

(m) Le *DM* a *mutabili* pour *eo quod dicitur mutabile*. La citation n'est pas soulignée dans le MS (n) cui *M* ? cum ? *MS* (o) *ut unico... saturari* : souligné par *M* dans le *MS* ? (p) *expletur... adequatur*, edd expletur... adequatur, *MS*

eligere unum aliquod faciendum, non statim atque illud unum fecerit, potentiam amisit, ita ut postea alia facere non possit ; qui enim plura facere potest, non ideo uno tempore | omnia facere necessè habet ; homines ex iis quae facere possunt eligunt aliud nunc, aliud alio tempore faciendum. Quare ergo negabimus Deo qui potuit plures mundos creare, potentiam alium mundum nunc, vel quando vult creare? saltem ab illis, supposito quod unum factum sit, reliqua fieri neque possunt neque debent, abstinendum erat ; Deus enim cum sit etiam nunc post creatum mundum omnipotens, potest non modò multa ex iis, sed omnia quae potuit ante mundum creatum etiam nunc facere ; neque de iis quae debet facere fas est hominibus praeiudicare ; objectio ergo manet hactenus insoluta.

7. Quoniam autem potentiam Deo talem attribuit ut possit quidem plura facere, sed unicum fieri potuerit (quae est contradictio) respondendum putavit iis qui vetus illud axioma obiecturi erant, *frustra est potentia quae non reducitur in actum*[32], quo significatur nullum omnino esse potentiam, nisi respectu actus qui per eam producetur, ideoque si Deus habuit potentiam plures mundos creandi, necesse erat etiam plures mundos aliquando creandos esse. Respondet[q] ergo *Verum esse illud axioma in iis potentiis quae veram rationem potentiae habent & propter actus suos sunt, quantumvis in electivis fallit, si enim electio optima semper fiat propter quam potentia maxime facta est & non propter alias nisi per | defectum ipsius, et qua potentia optime exercetur, sequiores actus numquam erunt. Neque propterea incassum est potentia. Deus autem potentia per analogiam quam aequivocationem ex consilio appellant nominatur, neque ad actum ullum extra se dicitur.* In qua responsione quaedam non modò rectè dicta sunt, sed etiam obiectionem penitus tollunt, alia minus rectè permiscentur. Verum est enim quòd Deus non dicitur esse in potentia ad ullum actum extra se nisi per analogiam sive aequivocationem ex consilio, & quod potentia Dei non habeat veram rationem potentiae, id est quando vocem illam Deo attribuimus, nihil neque intelligimus neque concipimus, propterea quod sicut Deus ipse, sic omnia quae in Dei natura sunt, inconceptibilia sunt, attribuimus tamen Deo vocem illam aequivocè, utpote apud nos honorificam, non quod consilium nobis sit de Deo philosophari sed Deum honorare, ideoque locutio talis rectè dicitur aequivocatio ex consilio, nimirum ex consilio Deum honorandi (nam, in philosophia, si quis ex consilio aequivocatione uteretur talis consilii nulla ratio reddi posset, nisi fortè ut videretur scire quod nescit). Obiectio autem tollitur dicendo verum quidem esse potentiam eligendi

(q) *DM* 337-8. Souligné par *M* ou par une main plus tardive, mais non par le copiste. DM edd *qua potentia* MS *quia potentia*.

32. *Cf.* ff. 12, 382.

ex pluribus unum argumentum esse mutabilitatis, ubi vox potentia attribuitur proprie & rei ipsius causâ, quando verò attribuitur honoris causâ, ut Deo eo consilio ut de ipso (in quo nullus actus conceptibilis est, praeterquam ipsum esse simpliciter & qui nomen proprium non habet aliud | quam *est quod est*) loquamur honorificè, non sequitur ex potentia sic attributa, quòd Deo sit mutabilis, neque quod sit immutabilis. Rursus non rectè dictum imprimis illud est *potentiam maxime factam esse propter electionem optimam*, potentia enim quae attribuitur Deo est aeterna. Quod autem aeternum est factum non est, neque rectè negatur axioma illud, *frustra est potentia quae non reducitur in actum*, pertinere ad electiva, nam si quis qui elegerit ex duobus unum potuit elegisse eodem tempore illud aliud quod post habuit, potuit idem removisse impedimenta propter quae illud post habitum *non*[r] *elegit*, ea verò impedimenta removere non potuit, quod ergo elegit necessariò elegit, id est non potuit non eligere, quare axioma illud, *frustra est illa potentia quae nunquam reducetur in actum*[s], etiam in electivis verum est.

8. Objicit porrò sibi, non videri Dei voluntatem ad unicum hunc mundum determinabilem esse, nisi simul intelligatur Deus esse imperfectus, respondens itaque explicat modum quo voluntas divina ad unum determinatur. *Possumus*, inquit[t], pag. 340, *sicut coeterorum unum non cogitato alio, sic illud aliquid volentem apprehendere non expresso alio quod simul velit. Apprehendimus itaque Deum sese volentem, nondum intellecto quod alia velit propter se.* | *Hic nondum determinatum accipimus, non de ipso hoc affirmantes, sed de ipso in nostra apprehensione. Ulteriùs respicientes videmus hanc volitionem ex ipsius ratione indifferentem ad plures mundos sed ex adiectis aliis quae in Deo videmus necessarium esse ut non alio obiecto quàm hoc quem habitamus mundo determinabilis sit et quoniam ex nostrae naturae contemplatione hunc ad Deum gradum molimur necessarium nobis esse hunc apprehendendi & discurrendi modum atque adeo verum, hoc est talem qualis nobis convenit ; et hanc solutionem puto undique evidentem, quaeque etiam pertinacissimo cuique os occludere abunde sufficiat, modo eam intelligat.*

9. Profecto non videtur mihi haec solutio undique evidens, etsi operam diligenter dedi ut eam intelligerem, quantum autem intelligere possum, verborum eius sententia talis est. *Deum quidem plura simul velle, nos verò volitiones eius cogitare sive considerare successive, et 1º quidem considerare nos Deum velle seipsum, nondum considerantes quod simul voluerit alia propter se, atque hinc esse quod dicimus Dei voluntatem nondum determinatam esse, non quod sit in se indeterminata sed quod nos qui successive aliud post aliud cogitamus, determinationem illam nondum consideravimus.*

(r) *non* edd non *MS* (s) *frustra... actum,* edd frustra... actum, *MS reducetur* sic
(t) *BM* a *de ipso in se hoc* pour (f. 382v) *de ipso hoc* et *DM* a *cuilibet os* pour *cuique os*

Porrò videntes Dei volitionem ex ipsius ratione | indifferentem esse ad plures mundos, videre quoque ex consideratione aliorum actuum, in Deo volitionem eius non habere aliud obiectum praeter unici huius mundi qui est, creationem ; et haec omnia ideo vere dici propterea quod nos nullo alio modo concipere voluntatem Dei possumus nisi ut conformem nostrae neque aliter de ea discurrere quàm de voluntate humana, nam verus est discursus qui talis est qualis nobis convenit. Cuius quidem prolixae solutionis summa est attribuere nos eadem divinae Voluntati quae nostrae, quanquam nihil inter eas conveniat[33] ; et quanquam de Deo ea dicamus quae ipsi non conveniunt, vera tamen esse quae dicimus, quia conformia sunt naturae nostrae, & aliter discurrere non possumus. In qua solutione falsum 1° est, vera esse quaecunque de aliis dicimus conformia iis quae concipimus in nobismetipsis, sic enim possemus voluntatem intellectum & omnes animi nostri facultates verò attribuere etiam rebus inanimatis ; quicquid enim objici in contrarium posset solveretur dicendo, quòd naturae nostrae ita de voluntate, intellectu & c. apprehendere, & discurrere convenit. Veritas autem non in eo consistit ut oratio conveniat | iis quae sentimus, sed ut conveniat naturae rerum ipsarum de quibus loquimur, ut quae aliud non sit praeter appellationum plurium eiusdem rei coniunctionem, secundum ipsarum constitutam significationem. 2° falsum est quod dicit necessarium esse talem *apprehendendi & discurrendi modum*[u]. Quanquam enim velle intelligere, scire, videre, audire, facere & similia, Deo attribuuntur, non necesse est eas voces tunc intelligi aliter quàm ut signa cultûs & pii affectûs sic loquentium, non enim concipere possumus quomodo vult, intelligit & c. Multo minus necesse est de iis discurrere philosophicè, quis enim cogit? 3° falsum est quod dicit[v] *volitionem* creandi mundi *indifferentem* esse *ad plures mundos*[w], etiam loquendo tanquam de voluntate nostra, nulla enim est volitio quae non sit volitio unius rei certae & determinatae. Postremò ea verba *apprehendimus itaque Deum sese volentem, nondum intellecto quod alia velit propter se*, et falsa sunt & quae videntur proficisci ab eo qui penitus nesciat quid sit voluntas : voluntas enim & appetitus omnis, futuri est, quod enim volumus nondum est, si igitur voluit Deus sese esse, tunc cum sic voluit non existebat, quo nihil ne a metaphysicis quidem dici potest absurdius. |

(u) Non souligné (v) dicit *M* ? dicat *MS* (w) *volitionem... indifferentiam... ad pluros mundos*, non souligné

33 *Cf. OL* II.342 (*De Cive* c. 15 § 14) ; *EW* II.214 (*Gov. and Soc.* c. 15 § 14) III.352 (*Lev.* II.31).

Caput 35

Ad nodos 10 & 11um. Dialogi 3ii
Fundamentum fati Stoicorum, et Deum nullius mali esse causam

1. Quid sit agens & patiens. 2. Causa integra et effectus quid. 3. Causa sine qua non, sive necessarium per hypothesim quid sit, et quid causa efficiens & causa materialis. 4. Potentia et causa idem; potentia activa & causa efficiens idem ; potentia passiva et causa materialis idem, potentia plena & causa integra idem. 5. Causam integram sive potentiam plenam effectus vel actus producendus non potest sequi in eodem instante. 6. Quid sit necessarium & quid fatum. 7. Omnes eventus praeteritos necessarios fuisse antequam evenirent ex vi antecedentium. 8. Futura omnia necessario evenient ex vi antecedentium. 9. Necessitas veritatis in propositionibus eadem est quae eventuum in causis. 10. Propositiones verae & necessariae tunc solum dicendae sunt verae & necessariae antequam eas ita esse scimus, neque quicquam nisi temere de futuro affirmari potest. 11. | Contradictoriarum propositionum de futuro altera vera est sed nescimus utra, disiunctiva autem semper vera est. 12. Quale fuit fundamentum fati Stoicorum sciri non potest. 13. Non recte responsum esse Stoicorum argumento. 14. Argumentum, quo author probare conatur propositiones de futuro contingente non esse neque veras neque falsas invalidum esse. 15. Distinctio authoris ad reconsiliandam rerum necessitatem cum contingentia propositionum improbata. 16. Deum non esse mali causam, quo sensu dicendum.

1. Ad quaestionem *de fato* sive de necessitate rerum recte intelligendam definienda sunt vocabula et explicanda, circa quae versatur quaestio, nimirum *agens*, *patiens*, *causa*, *effectus*, *necessarium*, *contingens*. Cum dùo sint [genera] rerum, quorum alterum ab Aristotele τὸ ὂν, hoc est *ens*, alterum τὸ εἱνὰι, hoc est *esse*, a priore illo, nempe ab ente, transitus ad *non-ens* concipi non potest ; ideoque entia absolute interire virtute naturali sive ordinaria impossibile esse putant omnes | philosophi, caeterùm ab ente tali ad non tale transitus naturalis est, ut ab albo in non-album, à calido in non-calidum, ab homine in non-hominem, quae quidem entium non interitûs, sed mutationes sunt ; id quod in talibus mutationibus absolute perit, est accidens, sive qualitas aliqua, vel τὸ εἱνὰι, aliquod determinatum ut *albedo* sive *esse album*, *calor* sive *esse calidum*, *humanitas* sive *esse hominem*. Et quod dicimus de corruptione, idem de generatione dici potest, nimirum *ens* simpliciter non fieri ex *non ente* naturaliter sive secundum Dei operationem ordinariam, sed mutari solummodo, ex qua mutatione ex *ente* non-tali fit *ens tale*, ut ex non albo, album, ex non homine, homo. Itaque producantur &

pereant absolutè non ipsa entia sed ipsorum actus, formae et accidentia, quibus ab aliis entibus distinguebantur[x]. Quoniam autem non est imaginabile ut ens mutetur, id est ut actus aliquis in ipso generetur, aut destruatur | sine aliquo agente, idcirco pro eodem dicimus *agere*, et *aliquem actum producere, vel destruere in subiecto aliquo ente.* Est ergo *agens*, *ens illud quod producit vel destruit actum aliquem* ; *patiens*, *ens illud in quo producitur vel destruitur actus aliquis*[34].

2. *Potentia* autem ea qua agens in patiente actum producit vel destruit, est actus aliquis specialis, non enim sufficit ad productionem vel destructionem actus alicuius, ut *agens* sit vel patiens sit vel utrumque sit, id est existat, sed oportet agens & patiens esse talia ; non enim *ens* aliquod comburit, quia *est*, vel *existit*, sed quia tale existit, nempe calidum ; similiter patientis potentia qua actum recipere potest, est actus vel qualitas certa, non illud *esse simpliciter* sive *existere*, ut exempli causa diversi sint actûs in cera & luto, quibus ab eodem igne altera colliquatur, altera durescit. Requiruntur ergo ad quemlibet actum producendum sive destruendum certa accidentia, vel actûs vel formae, sive naturae, tum in agente tum in | patiente. Atque hi omnes actûs tam agentis quàm patientis concurrentes sunt, id quod vocatur *causa integra*[y] actus producti. Est ergo causa integra (ut eam iam definiam) *omnes simul actus, tam in agente, vel agentibus, quàm in patiente, ad productionem alicuius novi actus necessario requisiti.* Actus autem ab iis productus[z] *effectus* appellatur.

3. Horum actuum unusquisque per se vocari solet *causa sine qua non* ; cum enim necessario requiratur talis actus ad producendum effectum, manifestum est effectum non posse produci sine illo, quare recte vocatur *causa sine qua non*, et est pars causae integrae ; eadem vocatur non verius, sed doctius, *necessarium per hypothesim*, quia supponimus effectum sine ipsa impossibilem. Exempli causa, si aegrotus sine medicina convalescere non potest, medicina erit illi necessaria ex hypothesi, sive suppositione quòd convalescere vellet. *Ex necessariis autem per hypothesim*, sive *causis sine quibus non*, aliae in *agente* sunt, aliae in *patiente* ; | quae in agente sunt vocantur *causa efficiens* ; quae vero in patiente, *causa naturalis* ; quae vero in omnibus agentibus, et in patiente sunt, simul sumptae, constituunt, ut dixi modo, *causae integrae.*

4. Itaque *causa* & *potentia* eadem res sunt, cum enim potentia, quia ens omne effectum producit, sit actus aliquis sine quo effectum producere

(x) *Harl.*, f. 204 (y) *causa integra* edd causa integra *MS* (z) productus *edd productus* MS

34. *OL* I.106-7 (*DC* c. 9 § 1) ; V.217 (*Tr. opt.* 1644). Voir les définitions et commentaires de Hobbes sur l'agent et le patient dans *A short tract* (cf. notes aux ff. 66, 109, ci-dessus).

non potest, erit potentia agentis, quae vocatur etiam potentia activa, idem quod causae sine quibus non, sive actus per hypothesim necessarii in agente, id est idem quod causa efficiens, et potentia patientis, seu potentia passiva[35] idem quod actus per hypothesim necessarii in patiente, hoc est idem quod causa materialis, & potentia plena ex activa simul & passiva consistens, idem quod *causa integra*.

5. His ita explicatis, manifestum est 1° *causam integram non posse non producere effectum suum*, nam si effectum non producat, tunc abest aliquid | eorum quae ad productionem eius necessario requiruntur, quare causa non est integra, ut supponitur[36] ; 2°, quo instante concurrentibus omnibus tam in agentibus quam in patiente necessariis ad effectum producendum causa fit integra, eodem instante produci effectum. Nam si non tunc producitur, non tunc aderant omnia necessaria per hypothesim, neque ergo erat *causa illa integra*, ut supponebatur. Et quia causa integra nihil aliud est praeter potentiam plenam ex potentia activa omnium agentium, & potentia passiva patientis conflatam, sequitur quoque quotiescunque potentia ad actum aliquem plena est, actus non potest non produci, ideoque potentiam plenam fieri, et actum incipere in uno et eodem instante.

6. Necessarium illud dicitur quod non potest non esse, et necessariò evenisse quod non potuit non evenire, et necessariò eventum, quod non potest non evenire, et propositio necessariò esse vera, quando non potest esse falsa. Quare autem aliquid non possit | aliter esse, quare non possit non evenire, & quare propositio aliqua non possit esse falsa, dependet ex antecedentibus, nimirum a causis ; ita ut *necessitas*, sive, ut Stoici appellabant, *fatum* nihil aliud sit quam consequentia succedentis ad praecedentia.

7. His intellictis, facile ostenditur 1° omnem eventum praeteritum fuisse necessarium non modò ex vi propositionis huius : quicquid est, necessario est, sed ex vi causae antecedentis. Quicquid enim factum est, aut habuit causam integram collectam ex omnibus causis sine quibus non, sive ex omnibus per hypothesim necessariis, vel non habuit talem causam. Si non habuit, tunc deerat aliqua causa, sine qua fieri non potuit, ex quo sequitur factum non esse, contra id quod supponitur, supponitur enim factum esse. Quòd si quod factum est, habuit causam integram, tunc non potuit non fieri, ut ostensum modò est articulo 5°. Quod autem & factum est, & non potuit non fieri, id necessariò | factum est ex definitione *necessarii* traditâ articulo praecedente, & ab omnibus receptâ. Huius theorematis veritatem etiam author noster hoc ipso nodo confirmat

35. *OL* I.108 (*DC* c. 9 § 4).
36. Ces données (ff. 387-393) se trouvent aussi dans *Cw*, ff. 2-7v.

his verbis, pag. 359 : *Non itaque fatum horremus, si per fatum seriem causarum à Deo directam & fortiter & suaviter à fine ad finem ab Ipso praestitutum pertingentem intelligere velimus*[37]. Et rursus, pag. 361 : *Quoniam homines, ad omnes causas respicere neque possint neque soleant, necessarii effectus & causae absolute negantur esse. Non tamen sic, vel*[a] *addito τῷ respectu omnium causarum, vel causae 1ae, non possint effecta necessaria appellari.*

8. Quoniam autem facta praeterita necessitatem habent à causis antecedentibus, futura quoque eodem modo necessaria erunt, nam praeterita olim futura erant, et tamen erant necessaria, et necessitas eorum eodem argumento comprobatur, quo necessitas praeteritorum ; quod enim futurum est, ideo futurum est, quia habebit aliquando causam integram. Actus autem illi qui | collecti facient causam integram, ideo futuri sunt singuli quia & ipsi suas singuli causas habent integras, atque ita continuò actus subsequentes dependent necessariò ab antecedentibus usque ad actus praesentes. Nunc igitur extant actus illi, qui producent aliquando effectum illum quem ponimus esse futurum.

9. Necessitatem autem eventuum ex causis, sequitur necessitas propositionum, qua talis eventus futurus esse pronuntiatur ; qua enim necessitate fiet id quod est futurum, eadem necessitate vera est propositio haec, « fiet id quod est futurum » ; et quâ necessitate contigit olim ut Caesar Pompeium vinceret, eadem necessitate vera est propositio : « *Caesar Pompeium vicit.* »

10. Sciendum praeterea est non omnem propositionem quae vera est, ideo statim pro vera affirmandam esse, sed eas tantùm, quas veras esse scimus, nec [eam] quae necessaria est, statim dicendam esse | necessariam, antequam sciamus an necessaria sit necne. Fertur coniectum esse in carcerem Romanum quendam, quòd Paulum Aemilium proelio in Macedonia Persem vicisse ipso die quo pugnatum est, praedicaverat[38]. Quare, nisi quod pro vero dixerat quod verum esse nesciit, neque per ipsum stetit quin in damnum Reipublicae, mentitus fuerit? Etiam sortilegi, sive contingat post, sive non contingat quod praedicatur, tanquam mendaces puniri debent, quia ne mentirentur ipsi quidem non caverunt, sed rerum futurarum author, ipsis insciis. Itaque qui rectè loquuntur nihil in eventibus praeteritis « necessarium » appellant, nisi quod sciunt iam evenisse, neque in futuris, cuius necessitatem, hoc est

(a) *sic, vel* MS *sic, ut* DM

37. Sur le destin et la nécessité voir White : *Quaestio theologica*, p. 19 ; sur ses opinions touchant la nécessité simple et la nécessité conditionnelle, voir ff. 413, 413v.

38. Ici Hobbes réunit deux épisodes de Plutarque, distincts mais consécutifs. *Cf.* T. Live, 45.1, et Sénèque, *Quaest. nat.*, I.1.

consequentiam & connexionem cum praesentibus, iam perspectam habent ; neque ullam propositionem, aut necessariam aut veram esse dicunt cuius praedicatum non sit subiecto consequens ex ipsa vocabulorum | constitutâ aut receptâ significatione ; nulla ergo propositio de futuro, quanquam postea vera, et necessaria esse appareat, iam nunc pro vera, aut falsa, aut necessaria, aut non necessaria, pronuntianda est : si verò videamus postèa eventum sequi, tunc dicere licebit, non modò quòd vera & necessaria est, sed etiam quòd vera & necessaria erat ; nemo enim futuri certus est, nam neque solem cras oriturum scimus, nisi ex suppositione, nimirum si moveri more solito perseveret. Necessarias igitur et veras eas propositiones solas vocamus, quarum praedicata iam scimus continere in se subiecta, ut Homo est animal, necessarium esse dicimus quia iam scimus nomen *animal* continere nomen *homo*[39], & veram esse de futuro per suppositionem tantùm, tanquam si quis dicat « si quid erit cras quod homo dicitur, idem erit quoque animal ». Quando autem propositio vocatur *contingens*[40], « contingens » ibi significat idem quod « ignorata », idemque est dicere, « Talis propositio | est contingens », ac si quis diceret, « Utrum vera sit, an falsa, nescio. » Dicere autem de propositione quòd neque vera est, neque falsa propter ignorantiam an vera sit necne, contra rationem est & contra definitionem « propositionis », quae nisi per hoc, quòd semper aut vera est aut falsa, ab alia oratione distingui non potest.

11. Propositiones contradictoriae sunt, quarum subiectum idem est, praedicatum verò in altera nomen positivum est, in altera, eiusdem positivi negativum, nomina enim positivum cum suo negativo constituunt contradictionem, ut *futurum* & *non futurum* nomina sunt contradictoria ; propositiones autem contradictoriae sunt, *tale aliquid futurum est*, *idem non futurum est*, *Socrates morietur cras*, *Socrates non morietur cras*, & harum similes. Quae quidem ita se habent ut semper | altera sit vera, altera falsa. Quòd si ambo praedicata componantur in unum per particulam disiunctivam, ut « vel », tunc propositionem quae praedicatum habet, scimus eam esse veram & necessariam ut hanc, *Socrates cras morietur*, vel *cras non morietur*, scimus esse veram & necessariam ex ipsa vocum significatione, ideoque tales propositiones, licet de futuro sunt, tamen iam nunc dicimus & scimus esse & veras & necessarias. Veniamus iam ad authorem[41].

12. Et 1° ubi fundamentum fati Stoicorum in eo ponit, quòd duae propositiones affirmativa & negativa de futuro sint contradictoriae,

39. *OL* I.31 (*DC* c. 3 § 7).

40. *Cf.* f. 289. Sur la possibilité, voir Arist. *Phys.* II.iv (196.b.10) ; *De interp.*, IX (18a).

41. *DM* 356-7. Sur les idées d'Aristote concernant l'affirmation et la négation voir *De interp.*, XIV (23a).

ideoque altera earum necessariò vera sit, et ab hoc incipientes fundamento, fatum, sive necessitatem rerum argumentati sint, nescio quomodo illud scire potest, non enim si aliqui sic disputarunt, ideo illud pro fundamento opinionis | quo Sectae author nitebatur, habendum est. Mihi potiùs videntur in eam sententiam venisse ex contemplatione definitionum *causae*, *effectus*, & *necessarii*, sed quibus principiis & mediis usus sit ille qui primus Stoicorum hanc opinionem apud discipulos suos demonstravit, neque ego, neque ille scire potest, sed argumentum eorum mihi quidem satis videtur validum.

13. Proponi autem hoc modo potest : Sint duae propositiones de futuro contradictoriae, verbi gratiâ *Pluet cras* & *non pluet cras*. Si ergo pluet, necesse est ut iam prior vera sit, et posterior falsa ; si verò non pluet cras, necesse ut posterior vera sit, & prior falsa. Sed vera est & necessaria quòd *cras* vel pluet, vel non pluet, quare altera earum necessariò vera est, altera falsa. Respondet author 1° quòd neutra earum vera est, neutra falsa, id quod est contra definitionem « propositionis ». Est enim propositio | oratio indicans verum vel falsum, nisi dicat *Cras pluet* & *cras non pluet*, non esse propositiones. Ratio quare negat eas esse aut veras & falsas, huiusmodi est : *Videor*, inquit[b], *mihi videre quod futura in seipsis perspicere (homines) non possunt, sicut praesentia sensu, praeterita memoria comprehendunt. Hic primum impinge mox etiam medicum de morte, vel vita aegri ut pronuntiet* : *« video pulsum », & urinam inspicere, nautam nubes & sydera & ventos, ut de tempestate praedicat, & similia in omni praevisione inspici. Unde certum mihi fit eos non loqui de futuritione, nisi prout in causis sunt. Tandem hoc video innatum esse humano generi, ut nihil effutiat absque eo quod dicti rationem talem, qualem, quantumvis ridiculam habeat, aut habere sibi videatur, unde si experientia consulenda est, certe mihi eâ ingrediendum est, quâ Peripatetici & Thomistae semitam praeparaverunt, ut credam non esse determinate veras quae sunt de futuro | contingenti propositiones* & c.[42] Quibus verbis hoc solùm dicitur quòd quia homines de talium propositionum veritate & falsitate certi esse non possunt, neque solent pronuntiare pro veris vel falsis, quae nondum an vera an falsa sint sciunt ; ideo tales propositiones neque veras esse, neque falsas, quasi ad veritatem propositionis pertineret ut sciatur. Eadem ratione is qui geometriam nondum attigit, theoremata Euclidis & Archimedis, neque vera esse neque falsa esse diceret, quia ipse utrum vera an falsa sint nondum videt,

(b) *DM* 355-6, avec *(BM) possunt. Sicut* pour *possunt, sicut*, avec *impingo* pour *impinge*, avec *pronunciet* pour *pronuntiet*, avec *mihi sit* pour *mihi fit*, avec *rationem qualem qualem* pour *rationem talem, qualem*, avec *quae stultorum magistra est* après *consulenda est*, et avec *me* pour *mihi*

42. *Cf.* White : *An exclusion of sceptics*, p. 11 et ci-dessus, ff. 129v *sqq.* (sur le rapport des choses).

sed dicit eas non esse *determinate* veras aut falsas, quae vox hoc loco nescio quid significat ; suspicor tamen id eum intelligi velle, ut non sint cognitae, ita ut propositio dicatur *determinatè* vera, quam veram esse scimus, sed an etiam determinatè falsa sit, quam nescimus esse falsam, id an dicet nescio. Deinde quoniam negare non potuit quin | contradictoriarum altera sit vera, altera falsa, respondet[c], *aliud esse contradictoriarum nominibus has propositiones appellare, aliud naturam contradictionis eis tribuere.* Quod quidem ego non satis intelligo, neque enim capio quomodo aliquis naturam contradictionis propositionibus attribuere possit, nisi appellando eas contradictorias ; quas si falsò sic nominat, falsò quoque attribuit eis contradictoriarum naturam ; si verè, verè ; ostendere ergo debet quòd non sunt contradictoriae. Itaque subiungit[d] : *Nam & hae propositiones : aliquis homo est, aliquis homo non est ; et hae, homo currit, homo sedet, & non sedet, vel non currit, & similes, voce tenus contradictoriae dici possunt, vim contradictoriarum habere non possunt.* Quis non videt propositiones quas adducit in exemplum, ne voce quidem « tenus » contradictorias esse, cùm *aliquis homo* in una propositione diversus sit ab *aliquo homine* in | altera, et *hominem* in una propositione unum intelligi, in altera alium? Sed in propositionibus de quibus nunc quaestio est, quales sunt *Socrates cras morietur*, *Socrates cras non morietur*, manifesta est contradictio, non modo voce « tenus », sed etiam in rei veritate ; nullo igitur modo argumentum Stoicorum quod fati eorum fundamentum putat esse, ab eo suffossum est.

14. Sequitur argumentum authoris, quo tales propositiones neque determinatè veras, neque determinatè falsas esse probat. *Effectus*, inquit[e], *contingentes suntne in causis suis determinate necne? Verbi causâ pluvia in nube tam certòne est, ut non possit à vento praeter optatum irruente dispelli nubes, vitari pluvia?* et respondet, quod non est. *Absolute ergo*, inquit, *effectus in tali causa existentia est indeterminata, et propositio de eo prolata non potest esse determinatè ei vel conformis vel difformis.* Ponit hic nubem pro causa sufficiente ad pluviam efficiendam, | quod ad rem praesentem nihil facit[43], non enim putabant Stoici necesse esse ut quotiescunque & ubicunque nubes esset, ibi sequeretur pluvia. Effectus omnes ita esse arbitrabantur in causâ quidem integrâ ex omnibus requisitis collectâ ut necessariò evenirent, non autem in causae particula, multa enim ut nubes in pluviam dissolvatur, praeter ipsam nubem, requiruntur. Quae tamen si omnia concurrunt, necessario dissolvitur ; quomodo autem propositio prolata de effectu nondum determinato possit esse neque conformis, neque (ut ille loquitur) difformis, ostendit

(c) *DM* 356 (d) *DM* 357 (e) *Ib.*

43. *Cf.* f. 342v. *EW* V.420-3 *(Lib. Nec. and Ch.)*.

similitudine. Ait enim[f] *quod sicut paries albus neque similis est neque dissimilis parieti qui neque albus est neque non albus, ita propositio quae in mente est, potest abstrahere & esse indifferens, quemadmodum & causa quae effectum praecontinet, indifferens est dum aequaliter se habet ad quemlibet effectum ex pluribus qui in ea latent.* Quo autem sensu « abstrahere » aut quomodo « indifferens » dici potest propositio, ego profecto intelligere non possum ; video tamen eum | id agere, ut si propositio non proferatur, sed tanquam suspensa in mente maneat, effectus illi propositioni conformis eveniat, tunc demum propositionem eam esse veram. Imo, *si eveniat*, inquit, *effectum pro tempore esse conformem vera erat*[g]. Quid hoc est aliud quam dicere cognitum esse post eventum propositionem illam veram fuisse etiam ante eventum, quae tamen neque veram neque falsam tunc fuisse paulo ante asseverat, sed indifferentem? Ita accidit ut dum non clarè videret indifferentiam illam esse ignorantiam nostram, coactus tamen sit idipsum, sed perplexe confiteri. Concedit itaque proximis pene verbis[h] eum *qui omnes causas quae impedire effectum possunt viderit, posse certo pronuntiare futurasne sit effectus necne*, ex quo sequitur eundem, si pronuntiaret effectum illum eventurum, verè dicturum esse, ideoque propositionem de futuro contingente veram esse, contra ea quae prius sustinebat.

15. Consentaneam deinde opinioni Stoicorum sententiam dicit : *Non itaque fatum*, inquit[i], *horremus, si per « fatum » seriem causarum* & c. nam et Stoici fatum sic | intelligebant, sed eidem sententiae statim contradicit, nam interroganti[j], *Fateris itaque Dei consilium per causarum seriem necessitatem causis et effectis fortuitis imponere?* respondet *Neutiquam, timeas ut videtur fortunae numen violare.* Nam ut mihi videtur aut providentia non est, aut fortuna (praeter ignorantiam nostram) nihil est ; ut utramque tamen conciliet, ita distinguit, ut omnia futura revera necessaria, & nihil fortuitum in rerum natura esse dicat ; vere tamen eventus futuros, fortuitos appellari. *Dividenda*, inquit[k], *est quaestio, & quid ad rem spectet & naturam, quid vero ad voces ex hominum usu derivatum, se ponenda sunt. Hoc enim extra litem positum est : homines*

(f) *DM* 358, avec *& eodem modo causa efficitur* pour *& causa quae* et avec *praecontinet* pour *praecontinet, indifferens.* Les mots *indifferens... effectum* non soulignés (g) *DM* 358. *vera erat.* non souligné (h) *Ib.*, mais en oratio recta et avec *pronunciare* pour *pronuntiare* (i) *DM* 359, avec *a Deo directam & fortiter & suaviter à fine ad finem ab ipso praestitutum pertingentem intelligere velimus* pour *&c.* (j) *Ib.*, mais ce n'est pas une citation du *DM*, bien que les mots soient soulignés dans le MS (k) *DM* 359-360 qui, pour *notionibus &c.*, a *notionibus quas de rebus habent, non autem ipsis rebus; seu quod aliter dici solet, rebus prout in intellectu sunt, non autem prout in se sunt. Sed neque cuiquam in mentem venire potest, hominem, quoties de futuro quicquam narrat, ad omnes causas etiam proximas rei advertere posse: tum quia actio in infinitis, id est, valde multis consistit, tum quia fortuita ea dicimus quae praevideri non possunt.* Pour *pronunciat.* MS, *pronuntiat.* DM

voces suis accommodare notionibus & c. Respicit itaque homo ad causam per se, ex qua sequitur effectus quando sequitur, & ad pauca aliqua praetereà ; et ex his pronuntiat. Per haec autem non est definitus praefixe actionis exitus sed incerte. Necessum proinde est ut effectus homini contingens & videatur & dicatur, necessitasque ab eo removenda. Habemus his verbis futura ideo dicenda esse fortuita, quia homines non | observant necessitatis causas. Addit deinde[l], *Si vero omnes causae consideratae forent, è diverso contingeret omnem effectum necessitatem sapere de contingentia, nullum superfore sermonem.* Hic omnia necessariò evenire manifeste affirmat. Quomodo haec conciliari cum illis possint non video, nisi forte velit sibi & philosophis, qui connexionem causarum continuam agnoscunt, ita loquendum esse ac si futura essent necessaria, aliis vero tanquam eadem futura essent contingentia ; & propterea quod homines non possunt aliter loqui quàm pro captu suo, ideo utrosque verum dicere. Quod pace authoris nego esse reconciliationem, quanquam enim significatio nominum dependeat à consuetudine hominum, non tamen veritas propositionum, hoc est connexio nominum secundum receptam semel significationem, dependet ab iisdem, sed a ratione. Falsum igitur est quod dicit paulo post[m], nempe quia *vocum proprietas ab usu vulgi dependet, ideo vere effectus & earum causae contingentes dicuntur.* Neque enim si à « vulgo » habeo quòd intelligam quid sit fortuitum, | et quid futurum, propterea à vulgi sermonibus iudicandum mihi duco, utrum vera an falsa sit propositio haec : *futura sunt fortuita.* Itaque videtur mihi author in eadem mecum sententia esse, licet dum eam nondum bene digestam explicare voluit, multis sese contradictionibus implicaverit, verbisque insolitis ut *futuritione*, et obscuris ut *determinatè vera & indeterminatè vera propositio in mente potest abstrahere*, & similibus, et sibi ipsi & aliis caliginem offuderit.

16. Quoniam autem ex hac opinione eius inferri posse videbatur Deum esse causam mali, proximo nodo ostendere conatur, stante necessitate omnium actionum à Deo, per seriem causarum secundarum derivata, Ipsum tamen mali causam non esse[44]. Argumentum eius in eam rem sumitur ab eo quòd malum sive peccatum est non ens, & proinde non est effectus, quare, etsi Deus omnium effectuum causa sit, non tamen dici potest causa mali, quod non est effectus sed defectus. Argumentum satis apud scriptores celebratum, sed quo neque hominem esse mali causam aequè probari possit. Ego | verò, dum considero Dei naturam esse inconceptibilem, propositiones autem esse orationes quasdam, quibus conceptus nostros de naturis rerum pronuntiamus, in eam opinionem

(l) *DM* 359, avec *super fore* (m) *DM* 361, où l'on a : *Quoad voces autem proprietas ab eorum usu pendeat; vere effectus & earum causae contingentes dicantur*

44. *EW* III.198 (*Lev.* II.21). *Cf.* 402v.

propendeo, nullam propositionem veram esse posse circa naturam Dei praeter hanc unam : Deus est ; neque ullam appellationem naturae Dei convenire praeter unicum nomen, *ens*[45]. Coetera omnia tribui non ad veritatem philosophicam explicandam, sed ad affectus nostros, quibus Deum magnificare, laudare & honorare volumus declarandos. Itaque verba illa, Ille Deus videt, intelligit, vult, agit, efficit, aliaeque similes, quibus nihil intelligimus praeter motum, non exprimunt Naturam Divinam, sed pietatem nostram, qui Illi attribuere cupimus nomina quae apud nos maximè sunt honorifica[46], ideoque non sunt illae propositiones, sed oblationes, cum enim illa nomina, at si attribuerentur Deo ut à nobis intellecta, | dicerentur blasphemiae, & peccata, contra mandatum Dei, quo[n] prohibemur sumere Nomen Eius in vanum, potius quam verae propositiones. Cùm igitur non sint disputabiles, neque propositiones, neque notiones naturae eius, sed pars cultus nostri, & signa animi honorantis, illae quae honorificae sunt, rectè de Deo pronuntiantur ; contrariae verò, impiè, quare de Deo, quod omnium actionum Author sit, piè & Christiane dici potest, quia honorificum est ; dicere autem quod peccati author sit, impium est & blasphemum ; neque verò contradictio hîc ulla est cum, ut dixi, non sunt illa verba propositiones philosophantium sed actiones honorantium ; contradictio autem in solis invenitur propositionibus. |

Caput 36

Ad nodum 12m. Dialogi 3ii

Iudicia astrologica esse vana

1. Aliud est futura praeëxistere in astris, ut in causis, aliud ex astris praesciri posse. 2. Quid sit influentia. 3. Ad omnem effectum omnes omnium astrorum influentias concurrere. 4. Summa causarum quae sunt in astris, summa est causarum quae sunt in universo. 5. Futura omnia dependere a praesente vi astrorum. 6. Aspectuum varietas effectum variat. 7. Quaedam minus recte contra astrologiam allegata. 8. Tempestates coeli non posse praesciri. 9. Praedictiones de moribus & fortunis hominum nullum habent fundamentum. 10. Opus Quadripartitum Ptolemaeo indignum.

(n) quo *M* ? quae *MS*

45. *Cf.* Hobbes : *An answer to... Dr Bramhall* (*EW* IV.312). White lui-même (*Euclides metaphysicus*, p. 174) prétend que Dieu est *ens*.
46. *Cf.* f. 300.

1. Circa astrologorum iudicia duo quaerenda sunt : | 1um, an futura, utcunque videantur fortuita, ita tamen dependeant à vi astrorum praesente, ut non possint non produci : astra autem vocamus hoc loco corpora illa magna, quae unà cum interfluo illo liquido diaphano, quem vocamus aetherem, vel aërem, constituunt mundum[47] ; quo sensu etiam globum telluris astri nomine comprehendimus[48] ; 2um, an ex iis quae de naturis & motu astrorum didicerint homines, varii illi eventus, quos fortuitos vocamus, praesciri possint & praedici ; alia enim causa est & necessitas, quâ res futurae producentur, alia quâ nos futuras eas esse coniectamur, possuntque causae earum rerum futurarum in astris esse, etsi non sint inde nobis conspicuae.

2. Ad quaesitum 1um, an fortuita dependeant ab astris, | pertinet ut aliquid dicatur de modo quo procedere possit operatio ad res longinquas ; omnis quidem actio, ut dictum saepe est, est motus, nimirum motus localis, quies enim nihil mutat, id est nihil efficit. Quando verò ex motu effectum aliquem produci oculis videmus, ibi operationem & motum, eandem rem esse facilè omnes consentimus ; sed quando effectum vident, motum autem non vident, ibi motum esse negant plerique, et operationem, quâ effectus producti sunt, secundum differentias quas homines in seipsis sentiunt diversè appellant, modò calorem[o], modo frigus, modo humorem, modo siccitatem, modo lumen ; et quando haerent, sympathiam aut antipathiam, aut occultam qualitatem, aut denique influentiam, sed nunquam motum[49] ; quasi qualitates naturae, et potentiae corporum eodem modo infunderentur | in corpora, quo aqua, aut alia res fluida infunditur, vel influit in vasculum. Sciendum igitur est motum à corpore ad corpus propagari in quantacunque distantia per continuam proximi et contigui corporis protrusionem[50], ita ut producendo effectui non sit opus corpus aliquod, sive partem astri aliquam euclare[51] ad terram ; sufficit enim ut pars astri obversa terrae conetur, vel quantulumcunque promoveatur, nam illo progressu proxima pars aëris sive aetheris protrudetur, & ab illa parte pars alia ipsi proxima, atque ita continuâ protrusione propagabitur motus ad quodlibet corpus super terram. Non tamen motus ille erit sensu perceptibilis, atque hoc modo astrum calefacere, refrigerare, siccare, humidum reddere, illuminare dicitur, atque hoc modo trahitur, si quid[p] trahitur, ut ferrum à magnete, | gravia à tellure, atque talis motus est quem in astris vulgò vocant influentiam. Estque influentia

(o) calorem, *M* ? colorem, *MS* (p) trahitur, si quid *Lire* trahitur siquid ?

47. *OL* I.347-8 (*DC* c. 26 § 5).
48. *EW* VII.169 (*Dec. phys.* c. 10).
49. *EW* III.679-680 (*Lev.* IV.46). *Cf. Due sistemi*, pp. 403-4.
50. *LW* V.217 *(Princ. et probl.)* ; *cf.* f. 223v. « Causa motus nulla potest in corpore nisi contiguo & moto » — *Harl.*, Ch. 8, f. 204v.
51. euclarè. Adverbe de circonstance pour « favorablement » ? *Peut-être* evolare.

(ut vocem illam definiam) nihil aliud praeter illum motum in astrorum partibus sensu non perceptibilem, quo propagatur motus ad distantiam, continuâ medii protrusione.

3. Quoniam autem astrorum influentia sive motus eo quo dictum est modo, pertingit à stellis fixis usque ad terram, eadem ratione pertingit quoque ab astro uno ad aliud, & quia terra quoque, sicut quodvis aliud astrum, suam habet vim, sive influentiam, quâ operari potest in corpora à se distantia, efficitur omnia in omnia simul agere, hoc est ad quemlibet effectum producendum concurrere omnium astrorum influentias.

4. Et quoniam medium inter astra spatium aut inservit ad influentias astrorum aliorum ad alia propagandas, aut, si quae sunt in illo aethere, sive liquido medio corpuscula, suâ naturâ talia ut operentur ad | distans, ea nihil aliud sunt quam astrorum particulae, ut vapores & exhalationes, necesse est quicquid efficitur in quocunque corpore, id totum adscribi virtuti astrorum. Ex quo sequitur collectionem omnium causarum quae sunt in astris esse collectionem omnium causarum quae sunt in universo.

5. Cum igitur author noster in 10º nodo huius dialogi, pag. 359 & 361, admittat necessitatem omnium eventuum derivatam [esse] à collectione omnium simul causarum, manifestum est ex illius quoque sententia omnes eventus futuros necessarios esse ex collectione omnium simul causarum quae sunt in astris. Quare *futura omnia utcunque videantur fortuita, dependent tamen necessario a virtute astrorum praesente, quod erat quaesitum 1*[um q].

6. Manifestum quoque est duo astra quaecunque alium effectum habere, quando sunt diametraliter | opposita, alium quando coniuncta, alium quando in alio aspectu sunt, oppositi enim motus se mutuò debilitant, & retardant, coniuncti se invicem augent, & corroborant, coeterique aspectus augent & minuunt vim eorum magis vel minus, prout magis ex oppositione vel coniunctione participant.

7. Non rectè itaque dicit, pag. 371 : *Conditiones quoque causandi quam vanae, quod in oppositione quadrata, vel sextili, vel coniunctione fiunt*[r], *quod ascendentes vel descendentes, quod adustae sint à radiis solaribus vel non.* Nam pro varietate, ut modo dixi, aspectuum stellae suas mutuò vel impediunt, vel adiuvant influentias. Neque rectè dicitur eâdem paginâ, paulò superiùs, *nihilne Iupiter per quatuor suas invisas tot saeculis lunulas patietur? Nihilne Saturnus à duabus? Nihil omnium coeterorum circa solem iter | quod circa tellurem existimabatur in effectus immutabit?* Dubium enim non est & planetas illos secundarios, etiam antequam hominibus in conspectum venerint, egisse in Iovem & Iovem in illos,

(q) *DM* 359, 361, mais ce n'est pas une citation (r) *fiunt*, MS *sunt*, DM licet quid egerint nos nesciamus ; mutationes enim in stellis, nisi ingentes, & quales nunquam hactenus contigêre, nobis propter distantiam imperceptibiles sunt. Ita quoque Saturnus à duobus comitibus, sive stellis sive ipsius Saturni partibus, procul dubio patitur aliquid, quare autem non sit idem quoad effectus influentiarum sive sol & planetae moveantur circa terram, sive terra et planetae circa solem, nulla ratio assignari potest ; utrumvis enim fiat virtus stellarum eadem est, et aspectus idem, quae duae res effectum mutare solae possunt. Neque rectè dictum est, pag. 372, *Esto infans moriturus sit, per ruinam tecti, per quem motum in sanguinem matris, vel corpus infantile potest effici ut tectum collabatur?* non enim dicunt | astrologi, puto, eventum talem accidere ex influentia illa sola, quae est in corpus infantis, aut ex influentia in tectum sola, neque ex una aut paucis, sed ex multis influentiis, quae simul collectae efficiunt non modò ut tectum tali tempore corruat, sed etiam ut infans eodem tempore tectum subeat, quod nihil aliud est quàm effectum illum propter omnium causarum confluxum fieri necessarium, id quod ipse quoque verum esse confitetur. Porrò id quoque sine ratione est quod dicit, pag. 373 : *Effectus plerumque sunt tales ut determinatam causarum collectionem et ordinem requirant. Clarum autem est causam per se talis effectûs non posse esse corpus aliquod mortuum, sed ex necessitate referendum esse in corpus aliquod vel causam*[s] *intelligentem.* Imprimis enim ubi dicit *effectus plerumque esse tales ut requirant causarum collectionem*, videtur non constare satis sibimet ipsi, qui supra[52] non plerosque, sed omnes effectus causarum collectionem requirere affirmaverat. | Deinde, ubi « causa per se » determinati & ordinati effectus negat esse posse corpus mortuum, ponit « causam per se » pro « agente aliquo uno, cui effectus praecipuè attribuitur », & « corpus mortuum » pro « corpore inanimato ». Negatque corpus inanimatum posse esse causam effectus ordinati & determinati, hoc est actionum voluntariarum causam nullam esse, quae non habeat vim intelligendi. Et de causa quidem omnium 1ª, Deo Omnipotente, facilè concedimus, sed cum Deus efficiat omnes actiones naturales per causas secundas, nempe corpora ex quibus constituitur universum, non minùs voluntarias, quàm eas quae voluntariae non sunt, oportet omnes aequè actiones praeexistere in causis 2dis, ideoque ipsos animalium appetitus omnes, hoc est hominum volitiones, habere quoque causas suas conflatas ex omnium requisitorum ad volitionem collectione, id est necessariò | provenire à causis secundis, sive animatae sint illae causae, sive non animatae. Non ergo necessarium est ad actiones voluntarias, sive ordinatas consilio quodam ad finem determinatum, ut omnia agentia sint animata, multò minus intelligentia. Multae

(s) *DM* a *animatum vel causam* pour *aliquod vel causam*

52. P. ex. f. 304.

animalium species ex putredine oriuntur, quorum tamen actiones determinatae[t] & consilio ad certum finem ordinatae sunt, non tamen ideò aut sol generans, aut materia putris ideò censenda est habere intellectum. Postremò quod interrogat[u] *Tandem cùm astra communiter luceant in coetera animalia, cur nullos effectus in ea habent?* videtur in ea sententia esse astra non agere aliter quàm illuminatione, quod non est concedendum. Videmus magnetem in ferrum agere, & alia in se mutuò effectus producere ad distans, nec tamen ut sint lucida, quare | ergo negabimus stellis omnem aliam influentiam praeter lumen? sed qualiscunque sit astrorum influentia, dicet aliquis : Communis & aequalis tamen est omnibus animalibus, ideoque habere debet in omnia eosdem effectus. Cui facilè respondetur diversitatem effectuum procedere 1° quòd duo corpora non possunt in situ eodem esse ad unum quodcunque astrum, atque ita fit ex diversitate aspectus diversitas effectus ; deinde vero succedentes effectus variantur rursus ex accepta iam diversa aliorum[v] ab aliis natura. Haec ergo ab authore contra astrologiam adducta argumenta, si firmum est quod ipse posuit de rerum necessitate ex causarum collectione, infirma sunt.

8. Ad 2um quaesitum[w], *An ex iis quae ex naturis et influentiis astrorum sciunt homines, eventus fortuiti aut voluntarii, praesciri possunt,* | considerandum est quod diximus supra, articulo 3°, nimirum ad omnem effectum producendum concurrere omnes omnium astrorum influentias, quas, quia propter multitudinem innumerabilem, & propter motuum insensibilitatem concipere impossibile est, certum est effectum ex illis sequiturum praesciri non posse[53]. Eorum verò quae non dependent ab influentia, sed à conversione astrorum, coniecturis & signis praedici aliqua possunt, ut planetarum loci, et eclipses ex observatione periodorum praeteritarum, quae quidem praedictiones non astrologorum sunt, sed astronomorum. Possent fortassè quaedam praesentiri de mutatione aëris, si quis haberet commentarios exactos, in quibus à mille annis ad diem hodiernum relatum esset quales fuerint in singulis locis terrae singulis diebus tempestates, nempe an | nubilum an serenum fuerit coelum ; ubi, quando tonuit, pluit, grandinavit & c ; & ad singulos dies quo loco fuerit unusquisque planetarum, et quo aspectu & inter se & ad locum, de cuius temperie quaeritur, fortasse, inquam, possent praesentiri tempestates ; si quidem enim constanter aut plerumque observaretur in simili positione astrorum & loci similes fuisse tempestates, eo certè signo coniectura de simili in futurum eventu esset probabilis, sed quoniam tales commentarii nec

(t) determinatae *Lire* determinate ? (u) *DM* 373 (v) aliorum *edd* aliarum *MS* (w) Bien que souligné dans le *MS*, ce n'est pas une citation du *DM*. Les mots du *quaesitum* 1m (ff. 398v-399) ne sont ni soulignés, ni cités

53. *EW* V. 267-8 *(Lib. Nec. and Ch.)* ; *LW* II.127 (*De hom.* c. 14 § 12).

sunt, nec erunt, necesse est ut tales praedictiones sint vanae, cuius rei rationem author noster paucis verbis sufficientissimam reddidit[x] : *Coniectura ex paucis procedit, effectus ex multis.*

9. Quibus autem rationibus aut experimentis sciri potest quid 12[ma] pars coeli quae oritur promittat | vitam, succedens divitias & c. aut in quo signo quis planeta viribus augeatur, aut quis planeta per annum, aut per diem dominetur aut quae signa prolifica sunt, quae sterilia, aut planetarum praeter solem quis calidus, quis frigidus, aut quis mas, quis foemina, quis beneficus, quis maleficus sit? Ineptiunt autem manifestissime qui virtutes attribuunt signis primi mobilis diversas à virtutibus signorum sphaerae octavae, cum in 1[o] mobili nulla omnino sint signa, sed propter praecessionem aequinoctiorum[y] numerantur signorum gradus in 1[o] mobili ab intersectione Aequatoris & Ecclipticae, cum in sphaera octava numerentur eadem à 1[a] stella Arietis, ita ut non sint signa diversa, sed diversa numeratio, quae ad effectum producendum | contribuere nihil potest.

10. Multa in hanc rem ab authore rectè dicta sunt, et valde quidem miror, imo nolo credere Ptolemaeum authorem fuisse libri illius, qui dicitur Quadripartitum[54] ; authorem quidem Aegyptium aliquem fuisse puto, ex eorum numero qui per omnes gentes vagantur, mendicantesque de vita, moribus, fortunis, exituque hominum, etiam nunc acceptâ stipe respondent interrogati. |

Caput 37

Ad nodos 13[m], 14[m] et 15[m]. Dialogi 3[ii]
Terram in usus hominum esse conditam. Homines libero arbitrio gaudere. Et libertatem non repugnare providentiae

1. Non cognosci rationibus purè è natura depromptis, terram in usus hominum fuisse conditam. 2. Examen argumenti quo id probat. 3. De natura liberi. 4. De deliberatione, voluntate & libertate deliberantium. 5. Possibile dici duplici sensu, absolutè & conditionaliter. 6. Inde oriri duplicem significationem libertatis & de libero arbitrio diversas sententias. 7. Videri authorem utramque affirmare. 8. Descriptio deliberationis ab authore allata examinatur. 9. Animam non

(x) *DM* 380 (y) praecessionem aequinoctiorum *edd.* processionem aequinoctiorum *MS*

54. *EW* VII.75 (*Dec. phys.* c. 1).

moveri neque à seipsa neque omnino. 10. Examen rationis quare libertas non repugnat providentiae. 11. Obiectio facta ab authore contra libertatem, & solutio eius examinata. 12 & 13. Libertatem positam in eo quod | voluntatis nulla sit causa, non magis repugnare causae 1ae quam si posita sit in eo quod anima moveat seipsam. 14. Origo sententiae eorum qui liberum arbitrium in eo collocant quod nulla omnino causa sit voluntatis.

1. Appellatione *finis* propter quem aliquid facimus vel omittimus nihil aliud ab hominibus concipi potest praeter causam quae efficit ut aliquid velimus, vel nolimus. Itaque philosophi, quorum est appellationibus semper uti ut rem aliquam conceptam appellationi substratam sive respondentem habeant, eam vocem eo sensu semper usurpant ut intelligatur significare causam volendi aut nolendi. Eodem igitur sensu hic quoque accipi ab authore debet, qui omnia his dialogis proposita professus est in fronte libri sui, *rationibus pure e natura depromptis conclusisse*[55]. Cùm ergo terram eo fine conditam esse dicat ut usus inserviret hominum, sequitur volitionem Dei | habere causam, & quia causa prior est effectu[z], fuisse aliquid prius Volitione Divinâ, id est prius aeterno, quod est incommodum ; sin dicat causam & effectum in Deo non significare idem quod in creaturis, debebat explicando facere ut imaginemur causam quae non sit effectu prior, aut agnoscere hanc propositionem non ex natura rerum cognitam, sed è Scriptura Sacra creditam esse.

2. Argumentum autem quo ipsam demonstrare se putat, derivatur ab eo quòd homines terrâ, iisque quae in terrâ sunt, actu utantur, habeantque res omnes virtutem illam, quâ nobis utiles sunt, à voluntate Dei ; quòd si quae sint in terris quae nobis usui non sint, id accidere inertia & peccato nostro ; quòd denique homo in ea omnia dominetur, solusque propter rationem & cognitionem dignus sit qui finis rationem habeat. Coetera autem animalia in instrumentorum | numero habenda sint, ut quae neque bonum neque malum sentiunt, neque habeant arbitrii libertatem. Primò, quis non videt invalidum esse argumentum, quòd « homo terrâ utitur, ergo usus hominum solus finis est, propter quem terra est condita »? Eadem ratione posset quis dicere : « Leones, ursi, lupi & alia animalia ferocia vescuntur carne humanâ, occidunt homines, equos, boves & c. ergo Deus homines, equos, boves & c. creavit eo fine ut a leonibus, ursis, lupis & c. devorarentur »? praetereâ, si ideo animalia in usus solius hominis creata sint, quia à voluntate Dei natura est illis data nobis nutriendis, delectandisque idonea, sequeretur hominem factum esse propter leones, ursos & c ; nam & hoc quoque à voluntate Dei procedit quòd illis nutriendis homo idoneus sit. Similiter | argumentum a dominio

(z) effectu Voir f. 365v, note l.

55. *Cf.* ff. 61v, 80, 408, 449, 452v.

sumptum, quod homo habet super coetera animalia, transferri potest ad probandum quòd Deus terrarum orbem, vel magnam eius partem eo fine condiderit, ut imperio subjiceretur Caesaris ; nam imperio eius actu quondam subiectus est. Praeterea quòd homo, leonibus, ursis & c., non, ut author putat, imperat, sed contra eos bellum gerit, atque aequo iure homo ursum & ursus hominem occidit. Illud vero praetereundum non est quòd dicat hominem dignum esse qui in Consilio Divino rationem finis habeat. Id enim neque rationibus purè è natura depromptis probavit, neque probare conatus est, neque probari potest. Quicquid dignum est aliquâ re, habet priùs dignitatem, deinde rem quâ est dignum[a] ; si igitur dignus esset homo, ut is finis esset propter quem Deus mundum crearet, habebat dignitatem illam antequam Deus ipsum pro fine creandi mundi | decrevisset, id est antequam dignitatem ullam haberet. Interrogari etiam potest : si homo fuerit finis creandae terrae, quis erat finis creandi hominis? Si dicatur (sicut dici debet) finem eius creandi fuisse ut Deum honoraret ex contemplatione operum Eius, hoc est ex contemplatione mundi, sequeretur priùs fuisse in intentione Dei mundum condere, quàm hominem, si modò propriè principium, media & finis, aut priùs & posteriùs in Deo idem essent ac in nobis : sed in quo consistit haec dignitas hominis? In ratione (inquit) & cognitione & libertate arbitrii. Quare non potiùs in virtutibus & fide Christiana? nam quod attinet ad facultates cognitivas, exceptà facultate ratiocinandi, homo plerumque bestiis inferior est. Ratiocinatione | autem sicut coeteris animalibus praestamus, quoties rectè ratiocinamur, ita illa nobis anteferenda sunt, quoties facimus paralogismos. Error enim ignorantià peior est[56]. Deinde, etsi coetera animalia hominis maxima ex parte instrumenta sunt, id non ab alia causa est quàm à qua homo etiam hominis instrumentum est, victus scilicet victoris, non enim ideo serviunt quia bonum & malum non sentiunt ; hoc enim si de bono & malo naturali sermo est, non est verum ; sin de bono & malo morali, idem valet ac si dixisset bestias non posse peccare, quòd non credo idoneam esse causam quare in servitutem damnarentur. Postremò, dignitatem hanc hominis constitutam ait in libertate arbitrii, quasi non esset in omnibus animalibus eadem libertas arbitrii quae in homine. Coeterùm de libertate arbitrii plura dicenda sunt occasione nodi sequentis, | in quo contendit eam libertatem soli convenire homini.

3. Ad quaestionem de libero arbitrio sciendum est primum libertatem consistere in motu, ut author dicit, pag. 399[b] [57] ; est enim liberum id cuius motus non impeditur, & libertas, absentia impedimentorum motus,

(a) dignum ; *edd* dignus ; *MS* (b) *DM* : Exercitium libertatis esse motum

56. *Cf.* f. 347.
57. *Cf.* White : *Quaestio theologica*, pp. 19, 73-81 (sur la liberté en général).

et liberum eousque, et eâ viâ dicitur quousque, et quâ viâ motus eius non impeditur, ut aqua libertatem habet decurrendi inter ripas, non autem trans ripas[58]. Quod ergo motum aliquem tollit, vel impedit, tantum tollit vel impedit libertatis. Sic in bilance si in una parte liberè descendit pondus, iniecto in alteram lancem pondere aliquo, minus libere vel non omnino descendit, prout pondus iniectum gravius est vel levius[59]. Sciendum est praeterea quidquid movetur, vel est mobile, corpus | esse, sive substantiam praeditam tribus dimensionibus, id quod omnes philosophi tenent cum Aristotele[60], & facilè probari potest. Cùm enim motus sit transitus à loco ad locum, necesse est ut id quod movetur possit esse modò in uno, modò in alio loco, hoc est, possit esse in loco, hoc est implere spatium consistens ex tribus dimensionibus. Sciendum tertio loco est quicquid movet, moveri (excepto Deo, 1° motore), movens enim pellit quod est conantis prorsum[c], vel trahit id quod est conantis retrorsum, quorum conatuum uterque est motus. Sciendum est quartò, nihil posse movere seipsum, id quod author non modo concedit, sed etiam probavit nodo 1° huius dialogi, idemque alicubi à me supra ostensum est[d] [61]. Postremò sciendum omnem motum versus aliquam partem determinatum esse, non enim est motus nisi ad locum aliquem certum & determinatum, & qui[e] per lineam determinatam procedat. | Haec, inquam, ad quaestionem de libertate arbitrii necessaria cognitu sunt de natura liberi ; sunt & alia praecognoscenda de natura *arbitrii*, sive voluntatis.

4. Sciendum igitur est voluntatem esse appetitum ; quod nemo, quòd sciam, negaturus est. Deinde sciendum est appetitum esse primum conatum, id est motum invisibilem nervorum, vel spirituum in animalibus versus obiectum quod sentiunt, vel imaginantur, motus enim nisi substantiarum corporearum nullus est[62] ; et similiter aversionem animi, esse primum conatum, sive motum in partes, ab obiecto quod sentiunt, vel imaginantur, aversas ; aversio solet dici quoque *fuga*[63]. Tertiò sciendum est causam tam appetitus quàm fugae esse imaginationem boni vel mali ab obiecto sequuturi. Quartò sciendum quod, prout ab experientia & memoria | eventuum bonorum & malorum ab obiecto simili, imaginatio modò boni, modò mali expectatione alterna variatur, ita conatum ad obiectum, id est appetitum, & conatum in partes contrarias, id est fugam, alternis vicibus oriri. Atque haec alternatio deliberatio dicitur,

(c) prorsum, *M* pressum, *MS* (d) idemque... ostensum est. *Le copiste ajoute ces mots, avec un signe d'omission* (e) qui *edd* quae *MS*

58. *Cf.* f. 351v.
59. *Cf.* ff. 372, 411.
60. E.g. *Meta.* V.vi.19 (1016.b.)
61. Principalement aux ff. 45v, 211v, 300v, 399v *sqq. Cf.* f. 417.
62. *Cf.* f. 416v.
63. *LW* II.94-97 (*De hom.* c. 11 §§ 1-4). Arist. *Rhét.* I.x.

in qua (sicut in bilance, modò una lanx, modo altera deprimitur, prout nova pondera hinc & illinc injiciuntur)[64] conatus modò ad faciendum, modò ad non faciendum convertitur, donec tandem actio de qua deliberatur perficitur, aut ita omittitur, ut fieri postea non possit. Quintò sciendum est in hac serie appetitionum et aversionum, appetitum ultimum, qui actioni de qua deliberatur immediatus est, vocari volitionem vel voluntatem faciendi, aversionem autem ultimam, quae immediata est omissioni, vocari volitionem sive voluntatem omittendi. Et propterea | « voluntatem », quando ponitur pro « actu volendi », sic definiendam esse : *Voluntas est ultimus actus deliberantis*, sive ille actus appetitus sit, sive fuga[65]. Qui vero definiunt voluntatem esse appetitum rationalem, hoc est qui sequitur post ratiocinationem, id faciunt quia putant omnem deliberationem esse ratiocinationem, quod non est verum. Futura enim, de quibus solis deliberari potest, non concluduntur sillogisando, sed ex intuitu praeteritorum in memoria similium. Bestiae igitur deliberant, & reciproca boni & mali in simili occasione memoriâ, modò ad faciendum, modò ad abstinendum inducuntur, donec vel faciant vel abeant à loco ubi faciendum erat. Sextò sciendum est non posse simul existere appetitum, et fugam eiusdem rei, non enim simul imaginamur bonum & malum, sunt enim illae imaginationes | duae, duae autem imaginationes simul esse non possunt. Quod etiam confitetur author nodo 5° dialogi praesentis, pag. 308. Septimò[f], quod inde sequitur, sciendum est nullum horum actuum in deliberante esse mixtum ex appetitu & fuga, sed simplicem & merum appetitum, vel simplicem & meram fugam ; & unumquemque eorum praeter ultimum, vocari inclinationem vel propensionem, nunquam verò voluntatem. Octavò sciendum est quòd, durante deliberatione, actione, de qua deliberatur, nondum perpetratâ, neque occasione penitùs amissa, deliberans liberum dicitur, non quòd simpliciter & possit facere, & possit non facere, sed quòd possit facere cum conditione, nimirum hac : *Si vult*[67]. Libertas igitur deliberantis in eo consistit, ut et facere potest si vult, & non facere, si non facere vult. Liberum autem arbitrium & libertas deliberantis idem est, quando | verò aut actio fit, aut agendi occasio irrevocabiliter abjicitur, tunc necessitas manifesta est, ideoque libertas ulteriùs nulla est ; diciturque homo vel aliud animal elegisse, & deliberasse, seu libertatem deposuisse. Nonò sciendum est in actionibus

(f) Septimò *edd.* 7° *MS*

64. *Cf.* ff. 372, 409v.
65. *EW* III.48-49 (*Lev.* I.6). *Cf. OL* I.333 (*DC* c. 25 § 13) ; *EW* IV.68 (*Hum. nat.* c. 12 § 2) ; V.292 *sq. (Lib. Nec. and Ch.)*.
66. *Cf.* ff. 348v *sqq.*
67. *Cf.* White dans *An apology for Rushworth's Dialogues* : « To not act, 'tis enough to have *no* reason [to act] ; but, *to act*, we ought to have a positive cause » (for this) « is but the law of nature » (p. 117). Il demande ensuite en quoi consiste la liberté (pp. 120-1).

quae pendent à voluntate, qui velle non potest, eum agere non posse, neque deliberationi subiectum esse an aliquid volendum, sed an agendum sit, quia actionum futurarum voluntariarum causa in nobis ipsis inest, sed ipsius voluntatis causa extra nos est, in iis obiectis quae efficiunt boni & mali imaginationem.

5. Quoniam autem libertatem in eo plerique ponunt ut quis possit facere & possit non facere, id est ut simul & utramque habeat potestatem, licet non possit & simul facere & non facere, distinguendum est de usu vocum, *possibile* & *impossibile*[68], quae | interdum de eventibus futuris usurpantur, interdum de propositionibus, id est affirmationibus, vel negationibus, prout verae sunt aut falsae. « Impossibile » de eventibus dicitur simpliciter, propter necessitatem quae derivatur ex rerum natura & causis, quomodo diximus cap. 35, ubi disputabatur de fato Stoicorum, quaeque ex sententia authoris, si consideretur collectio causarum omnium simul, facit ut eventus omnes sint necessarii, cum impossibile sit ut aliquid fiat nisi ex causa sufficiente, cui nulla deëst causarum quae appellantur *sine qua non*, aut rursus ut aliqua illarum causarum fiat nisi ex aliis causis integris, & sic ascendendo ad tempus praesens, in quo necesse sit ut causae omnium causarum sequentium contineantur, unde ut eventus[g] sic impossibilis simpliciter impossibilis sit, & eventus possibilis necessario aliquando futurus sit. Impossibilitas autem, quae de propositionibus | dicitur, conditionata est, scilicet sub conditione et hypotheticè, si tale sit vel non sit, id quod duobus exemplis fiet manifestum ; primum, impossibile dicitur ut homo non sit animal, vel ut homo sit lapis, quo significatur impossibile esse ut non sit animal, si modò sit homo, vel ut sit lapis. Si modò sit homo, id est quamdiu est homo, tamdiu non potest esse lapis, quae est impossibilitas sub conditione, nemo enim dubitat, quin qui homo nunc est, possit mox esse terra ; et quae terra nunc est, possit postea esse lapis. Neque est huiusmodi « impossibile » propriè loquendo impossibile, quia de praesenti est, potentia autem & impotentia de futuris tantum propriè intelliguntur, sed vox « impossibile » ponitur in eiusmodi orationibus pro « falso », sive pro « absurdo », quorum causae in praeteritis continentur. | Alterum exemplum in futuris est, ut Socrates potest esse dives, quâ oratione nihil aliud significatur nisi quod in nominibus, « Socrates » & « dives », nihil contineatur propter quod impossibile reddatur, ideoque possibile esse Socratem divitem fieri, si modò aliquis fuerit qui illum ditabit, quae[h] est possibilitas sub conditione.

(g) contineantur, unde ut eventus *edd.* contineantur. Unde ev entus *MS* (h) quae *Lire* quod ?

68. *OL* I. 115 (*DC* c. 10 § 4) *Cf.* ff. 363-364v, 419v.

6. A duplici acceptione vocum, « potentiae », « possibilis » & « impossibilis », duplex oritur significatio vocabuli libertatis : alii enim libertatem non intelligunt nisi ut potentiam in utramque partem, id est faciendi & non faciendi absolutam, nullâ conditione limitatam ; alii pro « potentia conditionali », sed cuius conditio non perspicitur. Qui libertatem accipiunt in priori sensu, negant liberum arbitrium posse consistere, si ulla sit causa efficiens volitionis necessaria. Qui verò posse si volunt, hoc est potentiam conditionalem, libertatem vocant, illi libero arbitrio factum esse agnoscunt quicquid volentes facimus. Atque hinc fit ut dissensio, et controversia sit, affirmantibus his, negantibus | illis humani arbitrii libertatem.

7. Est et 3ª opinio quorundam dicentium hominibus liberum quidem esse arbitrium ad malum, ita ut possint absolutè vel facere malum propositum, vel non facere, sed non ad bonum[69], propterea quod homines ad electionem boni ita se habeant tanquam mortui, mortui autem arbitrium, hoc est voluntatem omnino nullam habent, quae sententia contra rationem est, nam si liberi sunt ad eligendum malum, non necessariò malum eligunt ; possunt ergo eligere bonum ; sunt ergo liberi ad utrumque. Sed opinio haec paucorum est, et talis ut[i] opinionibus eorum coeteris fortasse expediat. Dicerem authorem nostrum quartam tenere opinionem, nimirum homines liberum arbitrium non habere, ex eo derivatam, quòd putet hominem non solum simul posse facere & posse non facere, sed etiam simul posse facere & non posse facere, ut videbimus | in sequentibus, nisi putarem eam non tam sententiam eius, quàm inter duas sententias aestuationem[j] esse.

8. Probat ergo liberum esse hominibus arbitrium, iisque solis, pag. 390, hoc modo : *In homine inesse*, ait, *vim discurrendi*, *et de uno in aliud*, *et ex aliquibus cognitis ad alia certitudinem vel determinationem certe suam derivandi. Et quoniam ex hac operatione scientiarum*, *librorum & omnium fere quae ab hominibus ultra reliquorum animalium industriam perfici cernimus*, *pendet effectio* ; *hanc in coeteris animalibus non reperiri*, *non rusticè arguimus*, ubi 1um notandum est, omnibus animalibus inesse vim discurrendi, et ex una cogitatione in aliam procedendi, quod autem bestiae à cognitione unius rei cognitionem aliarum non derivent, id ei libenter concedo, hoc enim fit ope vocabulorum, sine quibus propositio non est, | neque sine propositione syllogismus, aut argumentatio, neque sine argumentatione cognitio ex cognitione oriri potest. Concedo itaque non inesse bestiis scientiam, neque quicquam eorum quae ex scientia dependent. Concedo quoque ex scientia dependere effectionem librorum,

(i) talis ut *M* quae *MS* (j) *aestuationem* donnant un sens satisfaisant, l'émendation *aestimationem* n'est pas indispensable.

69. Cette question est étudiée dans la *Quaestio theologica*, pp. 79-81.

& multorum aliorum operum quibus homo coetera animalia antecedit. Et ex his, si vult, inferam etiam non esse alii animali praeter hominem liberum arbitrium in deliberatione, ubi proponitur an liber scribendus ab ipso sit necne, aut an aliquod aliud faciendum sit necne eorum quae facere solus potest homo. Deinde pergens, *Neque*, inquit[k], *minus clarum est hominem plerumque in agibilibus, priusquam ad determinatam affectus quasi collocationem & quietem producatur, pluribus implicari quae dubium hinc inde animum pervellunt modo in unam, modo in aliam partem distrahendo, donec* | *aliquod unum tanti momenti applicetur ut potens sit perfectum in alterum latus propensionem declinare. Unde firmiter conclusum manet indeterminationem quandam prius in mente esse, postea determinationem. Et indeterminationem quidem tamdiu esse, dum à multis pene aequaliter trahitur ratio. Determinationem vero cum ad unum prae coeteris appellitur.* Hoc loco explicat ille quomodo fit deliberatio ; ego vero idem explicui supra, articulo 4°, ubi ostensum est deliberationem esse appetituum & aversionum, hoc est conatuum, hoc est motuum alternationem. Articulo autem 3° ostensum est motum omnem esse determinatum versus locum aliquem certum & per viam certam ; item motum non esse nisi corporum ; animus itaque « pervelli » propriè loquendo non potest, neque, si movetur, indeterminatè moveri sed determinatè moveri, modò versus obiectum, modò | determinatè moveri in partes ab obiecto aversas. Non ergo dicitur ratio trahi, quis enim concipere potest quomodo facultas ratiocinandi, aut ulla alia facultas possit moveri? Tota haec deliberationis descriptio est metaphysica, neque reduci ad propriam loquendi formam potest, nisi motus ille organis corporeis solis attribuatur, atque hoc modo deliberatio per omnia similis erit alternae iniectioni ponderum in bilancem. Et quia appetitus & fuga reperiuntur etiam in coeteris animalibus, similes erunt deliberationes hominum deliberationibus aliorum animalium. Itaque arbitria horum quoque aut libera, aut non libera erunt, prout libera vel non libera sunt arbitria hominum. Quod si ita sit, non video ullam rationem quare credam quod superiore nodo author affirmat, hominem eo nomine dignum esse cuius causa Deus mundum conderet, quòd libero praeditus sit arbitrio, | dignitas enim illa, ipsi cum bestiis communis est.

9. Huiusmodi autem motum ipsius animae esse dicit, et in ipsâ & à principiis in ipsâ priùs implantatis, hoc est ab ipsâ ; et mox motum hunc animae à seipsa proficisci. Et rursus, negari non posse, quin anima dicenda sit movere & determinare seipsam : atque hoc ipsum quod anima potestatem habeat movendi seipsam, vocari[l] arbitrium sui, et libertatem, et hominem qui haec habet, liberum. Primo, contra Aristotelem[70] &

(k) *DM* 390 avec *perdu catur* et *perfectam* (l) vocari *edd* vocare *MS*

70. *Phys.* V.I (225.a.25).

philosophos omnes, attribuit motum rei incorporeae, nam negant omnes animam esse corpus, & contra rationem ; quod movetur enim transit à loco in locum, quod autem in loco est, loci dimensionibus accommodatur, et proinde corpus est. 2° dicit animam à se moveri, qui ante in multis locis probare conatus est nihil posse seipsum movere[71]. Tertiò dicit quod motus animae procedit à principiis priùs | implantatis. Si iam quaerat aliquis à quo erant illa principia implantata, si dicit ab alio, principium motûs animae ab externo est ; non ergo incipit moveri à seipsa ; si à se, abrumpitur manifestò series illa causarum quam ante statuerat, & pro fato sane accepta exposuerat.

10. Contendit autem probare motum animae & posse esse à se, et posse etiam habere principium externum in serie causarum ab aeterno, hoc est seriem causarum non abrumpi, sed satis bene consistere cum eo quod anima moveat seipsam ; nodum ergo hunc 15um sic inscribit libertatem non repugnare providentiae. Et verum quidem est, quòd si « libertas » sumatur pro potentia conditionali, ita[m] ut posse si volo, sit libertas, series causarum quae efficit ut velim, non repugnat quin faciam quando volo, quod si libertas collocetur in potentia movendi seipsum, repugnat. Summa | probationis in eo consistit quòd Deus per providentiam Suam, id est seriem causarum 2darum, efficit ut homo, sive animus determinet seipsum. *Fateor*, inquit[n], *ab alio determinari, sed ad quid? Certe ad determinandum sese. Et, sive ipse sese, sive aliud ipsum determinet, nihil interest, nisi quod ipsum sibi duorum munere fungitur. Et non obstat quin hae causae permittant homini ; imo causent et efficiant ut ex pluribus eligat, et libertas in eo consistit ut natura nostra vim duorum habeat : moventis & moti. Et ipsa determinatio (ab extrinseco) ad ultimas circumstantias non ab alio fit in homine sed à semetipso, sed causae tales positae sunt, quae faciunt ipsum determinare se ad ultimas circumstantias adeo ut, iis positis, necesse sit ei has eligere et non alias, certe, alioqui non causae forent | neque effecta.* Nonne est hoc actiones hominum voluntarias necessarias simul & non necessarias facere? — necessarias, quia necesse est ut ad ultimas circumstantias determinentur à causis voluntatis extrinsecis ; non necessarias, quia anima à seipsa eas determinat. Nonne quidlibet potest hoc modo dici moveri & determinari à se? Exempli causa, de lapide sursum à manu proiecto, nonne potest dici quod movetur à se, et motus eius in perpendiculo determinatur à se, quanquam à manu necessariò ita cogatur ut non possit aliter moveri, aut aliter determinari? Erunt itaque actiones hominum secundum hanc rationem, non alio modo liberae quàm motus gravium proiectorum.

(m) ita *M** ? (n) *DM* 392. Les mots *et sive ipse... moventis & moti* sont paraphrasés par Hobbes, qui ajoute *ab extrinseco*. *BM* change le dernier mot de la citation (418v) : *effectat* pour *effecta*

71. *Cf.* f. 410.

11. Deinde obiectionem contra seipsum adducit huiusmodi[o] : *Homo non potest agere id quod non potest | agi, sed aliud quàm quod agit non potest agi* ; *ergo homo non potest illud agere.* Subsumptum sic confirmo : Eo ipso quòd praedefinitum sit, sive in 1ª causa, sive in serie 2darum, quòd unum singulare agetur, praefinitum[p] est quòd alia non agentur, sed quod praefinitum est[p] non fore, impossibile est ut sit ; impossibile itaque est ut aliud agatur, vel per consequens ut homo aliud agat. Non potest itaque non agere quod acturus est. Quae quidem argumentatio mihi quidem legitima videtur. Videamus ergo quomodo respondeat. *Nonne legisti*, inquit, *multa futura esse quae non erunt?* quod, etsi legerim, falsum est ; nam idem est dicere « multa futura esse quae non erunt » & « multa futura esse quae non sunt futura », quae aperta est contradictio. Quod autem addit, *multa posse fieri quae non fient*, | id ipsum est de quo est controversia ; si enim verum sit quod author ponit : *omnes effectus necessarios esse, si consideretur collectio omnium simul causarum*, planè sequitur nunquam possibile fuisse ut illi effectus non essent futuri[q], ideoque quae nunquam fient, numquam fieri potuisse. Neque iuvat omnino distinctio possibilis in possibilitatem ex essentia rei, et possibilitatem, sicut usurpatur à logicis ; quae tamen malè ab illo explicatur, nam possibilitas quae ex eo dicitur esse, quòd nihil est in ipsa re impedimenti, non tollit impossibilitatem quae oritur ex impedimentis extra rem ; quamvis enim, ut ipsius exemplo utar, securis dicatur posse secare, quia nihil est in securi quod impedit ne secet, non obstat quin sint in rerum natura causae quae faciunt ut sit impossibile ut unquam securis in manum sumatur, vel aliud aliquid, ex quo per consequens impossibile sit ut secet. |

12. Post libertatem arbitrii talem stabilitam ut homo non possit non eligere id quod eligit, ad sententiam progreditur, pag. 397, eorum qui liberum arbitrium in eo collocant ut homo *ex mero motu voluntatis in alteram resideat partem praecise quia vult*[r] ; quam sententiam meritò oppugnat, tum propter alia quae ipse enumerat incommoda, tum propter hoc quod principio repugnat huic « nihil esse sine causa » ; *quod qui negat facit*, inquit, *primae causae iniuriam, propterea quod ponitur haec determinatio voluntatis tam absoluta ut neque à Deo pendeat.* Et rectè quidem talem arbitrii libertatem eo nomine reprehendere videtur, sed infertur inde, non rectè, eum facere quòd voluntatem à seipsa moveri & determinari dicat, | quod cum eodem incommodo coniunctum est, quicquid enim motus sui initium sibi dat, id motus sui causa 1ª est. Movere autem seipsum nihil dici potest nisi quod sibi dat motus sui initium.

(o) *DM* 395, avec *illud* pour *id*,. La citation n'est pas soulignée. (p) praefinitum *(bis) Lire* praedefinitum ? (q) numquam... futuri, *M* eos effectus non esse futuros [sed ?] semper ante fuisse [,?] impossibile, *MS* (r) *ex mero... vult* ; non souligné

13. *Sed voluntas*, inquit, *movet se non immediate, sed mediate* ; verbi causa, *voluntas movet passionem circa cor, passio immittit spiritus in cerebrum, spiritus commovent species, species pulsant aestimativam, ea rursus motum refundit in voluntatem.* Ut omittam delirium attribuendi motum passionibus, facultatibus, & speciebus, id est rerum spectris, & meris imaginibus, quaero quomodo motus hic à voluntate ad voluntatem connectatur cum causis externis? | Manifestum est non connecti, ideóque motus ille quo voluntas agebat in passiones, aut initium habuit ab externo, atque ita voluntas non movet seipsam, unde libertas voluntatis tollitur ; aut initium non habuit ab externo, atque ita abrumpitur series causarum cum iniuria primae causae, quod ille paulo ante reprehendit.

14. Porrò sententiae eorum, qui libertatem in mero motu voluntatis collocant, originem huiusmodi esse ait : *Quod homines cum viderint uno verbo enuntiari quod non nisi longa motûs successione factum est* ut verbo « aedificavit » enuntiari totum opus aedificandi, venerunt inde in opinionem eam ut nullus esset in | deliberatione motus, sed in ultimo instanti tota deliberationis notitia & ratio contineretur, ideoque voluntas in ultimo instanti in plena sua indifferentia consisteret, vel ad faciendum, vel ad non faciendum. Non equidem credo illam opinionem à tali causa esse ortam, nam pauci eorum qui liberum arbitrium sustinent adeò sunt metaphysici, ut putent nullam esse in aedificando successionem, ob eam causam quòd dictum sit *aedificavit* ; credo potius homines actiones suas ex mero motu voluntatis partim ideo fieri arbitrari, quia causam voluntatis non facile vident, partim verò quia praevident id quod olim Oedipus in excusationem facti sui dixit apud *Colonaeos*[s] : τά γ' ἔργα μου πεπονθότ' ἐστὶ μᾶλλον ἢ δεδρακότα, si voluntas causam haberet externam obtendi posse omnibus omnium maleficiis. Ex altera parte, qui sententiam contrariam defendunt, ideo faciunt quia abrumpi catenam causarum coelestem et aeternam non modo Divinae Maiestati iniuriam, sed etiam contra rationem naturalem esse, arbitrantur. |

(s) Sophocle : *O.C.*, 266-7. Prose dans le MS

Caput 38

Ad nodum 16. Dialogi 3i
Cur res humanae videantur casu geri

1. Vera causa quare res humanae videantur casu geri. 2. Querelae quòd bonis male sit, malis bene, explicatio, & ad eam responsio. 3. Institutum authoris, in hoc nodo, ostendere bonos plus voluptatis habere in hac vita, quàm malos. 4. Quis sit vir bonus. 5. Faelicitatem consistere in appetitione futurorum. 6. Quid sit faelicitas mundana. 7. In quo consistit gaudium, sive delectatio animi, et confirmatio definitionis faelicitatis. 8. Faelicitatem non consistere in fruitione divitiarum, honorum & voluptatum externarum, neque iis valdè delectari homines, nisi ut argumentis propriae prudentiae. 9. Prudentia quid, & quid astutia. 10. Pars quanti est quanta ; una substantia, quatenus substantia, non est aliâ melior. 11. Argumentum quo probat hominem non potuisse fieri meliorem examinatur. 12. Argumentum quo probat homini non potuisse dari melius cerebrum, 13. Neque maiorem prudentiam. 14. Prudentiam non consistere in reductione | passionum ad medium ; artifices peritos nunquam fuisse sine honore. 15. Rationes adhibitae ad probandum quòd boni malis minus dolent, examinatae. 16. Rationes quibus probat voluptates bonorum & diuturniores & intensiores esse voluptatibus malorum, examinatae. 17. Argumentum quo probat bonos potentiam civilem habere maiorem quàm malos, examinatum. 18. Argumentum quo probat bonos malis magis honorari examinatum. 19. Argumentum quo probat bonos malis plures habere amicos. 20. Argumentum quo probat bonos percipere voluptatem maiorem ex cibis, & amoribus quam malos.

1. Vera & unica causa quare res humanas casu geri homines arbitrantur, videtur esse haec, quod ignorant earum causas integras & necessarias ; si enim qui causarum omnium συντῦχίαν, sive concursum ad effectum aliquem futurum producendum praesciret, nunquam | illum effectum fortuito, sed ex necessitate, eventurum affirmaret ; quod enim aliquis futurum certò scit ex certitudine scientiae, certè, id est non fortuito, eventurum pronuntiaret, id quod & author noster videtur sentire ad finem pag. 358 his verbis : *Ergo qui omnes causas quae impedire possunt viderit, poterit certo pronuntiare futurusne sit effectus necne.* Et pluribus in locis eiusdem nodi (ubi disputat de fato Stoicorum) eventum omnem respectu omnium simul causarum necessarium esse asserit. Cùm itaque eventus omnes propter causas suas necessarii sint, sequitur ut non alia de causa fortuiti videantur, quàm quòd eorum causas omnes non percipimus.

2. Conquerentium quòd bonis malè, malis bene esset, pars gubernationem nullam esse, sed casum dixerunt ; pars quomodo recta | esse possit dubitarunt, unusquisque enim supponit seipsum esse bonum ; ideoque si malum patiatur, id vel ab eo proficisci putat quòd sine providentia omnia temerè contingant, vel (si providentiâ res gerantur) ab eo quòd non gerantur secundum rationem ; ratione autem administrari mundum tunc arbitratur, quando omnia mundana commodissime ordinantur ad voluptatem hominum proborum, id est ad suam ; neque ita accipiendum est bonis malè, malis benè esse, tanquam esset universaliter aut plerumque verum. Contrarium enim verum est, melius etiam in hac vita bonis esse, quam malis, nullamque esse artem praeveniendi[t] ad divitias vel honores, vel si quid aliud in hac vita his iucundius sit, potiorem probitate. Quin autem querela universalis sit, negari non potest, sed causa eius ea est quòd improbitatem suam nemo confitetur, virtutes autem eorum | quorum bonis invidet, prae invidia improbitatem nominat. Et eadem de causa gubernationem mundi, quâ gubernationem reipublicae mutatam vellent, nimirum invidiâ eorum, qui prudentia & virtute sibi praeferuntur ; neque opus est ad huiusmodi querelae apparentem iustitiam, ut in faece populi plures inveniantur probi quàm in aequali multitudine divitum & potentium ; sufficit ut uni malo benè sit, vel uni bono malè : neque enim propterea David, quando dixit *Psal.* 72, v. 2, *Mei autem pene moti sunt pedes, pene effusi sunt gressus mei, quia zelavi super iniquos, pacem peccatorum videns*[72], putandus est censuisse omnes iniquos tranquillè vixisse, neque Iob expostulasse cum Deo quòd omnes, aut plerique boni, sed quòd ipse affligeretur sed sive omnes, sive multi, sive aliqui boni affligantur, non inde tollitur aut providentia Dei, aut iustitia[73]. Nam | quod ad providentiam attinet, nihil obstat quin aequali necessitate causarum, possit Deus ditare & ad honores mundanos elevare sive bonos, sive malos, sive utrosque promiscuè[u], prout Ipse voluerit. Quod autem attinet ad iustitiam, si spectetur naturaliter, sive promissis quae habentur in Scripturis Sacris, Deus non tenetur creaturis Suis magis quam figulo suum fictile[74] ; sin promissa spectentur, sufficit ut ea in saeculo futuro (ubi unusquisque meritum suum obtinebit) adimpleantur.

3. Cùm supposuisset author mundum creatum fuisse propter homines, maxime autem propter bonos, videbat hypothesi suae consequens esse ut idem mundus non modò administrari a Conditore eius deberet[v], prout hominibus esset commodissimum, sed etiam ut boni inde plus

(t) praeveniendi *M* ? proveniendi *MS* (u) promiscuè *edd* prosmicuè *(sic) MS*
(v) deberet, *M* debebat, *MS*

72. *EW* VII.352 *(Six lessons)*.
73. *EW* V.144-5. *Cf. EW* II.208 (*Gov. and Soc.* c. 15 § 6) ; *LW* II.335 (*De cive* c. 15 § 6).
74. Esaïe XXIX.16, XLV.9 ; Jérémie XVIII.6.

commodi haberent quàm mali, id est plus haberent | faelicitatis mundanae boni, quàm mali homines, quod quia videri poterat non esse verum, propterea quod (ut ipse ex sapientissimo scriptorum allegat) *neque artificum est gratia*, *neque fortium bellum*, *neque sapientium panis*[75], id est artifices meliores non semper sunt in maiore honore, neque fortiores semper eliguntur ad ducendos exercitus, neque sapientiores semper sunt locupletiores. Cùm tamen, si secundum rationem finis, qui est ut optimis optimè sit, optimi viri in unaquaque arte maximam inde utilitatem reportare debuerint, atque inde concludi poterat mundum non administrari providentiâ et ratione, sed casu, instituit author hoc nodo demonstrare primum, quòd mundus ad usus hominum aptior fieri non potuit ; secundum, quòd boni plus habent faelicitatis mundanae, quàm non boni.

4. Antequam ratiocinationem eius examinemus, in qua | vocabula *bonus*, *prudens*, *sapiens*, *citus*, *peritus*, et alia, tamquam idem significarent, promiscue ponuntur, « *foelicitasque mundana* in divitiis, honoribus & voluptatibus corporis collocetur », pauca praemittenda sunt ut sciamus quis vir bonus, quis prudens, & quis foelix appellandus sit, & quid sit in quo consistat foelicitas illa quae hanc vitam solam respicit ; deinde ad argumenta authoris progrediemur ; sciendum igitur est quòd sicut unusquisque id bonum appellat quod sibi iucundum est, ita & « bonum virum » simpliciter appellat, quem ipse probat, ita ut qui ab uno bonus, ab alio malus dicatur ; & qui nunc bonus, alio tempore malus ab eodem appelletur ; sunt etiam quos civitas bonos & malos appellat[76]. In hac ergo dissensione privatorum circa quaestionem, an aliquis sit bonus vel malus, illi boni censendi sunt, vel mali, quos civitas ita nominat ; | nam privati omnes suffragium suum civitati submiserunt. Quod cùm ita sit, vir bonus est qui consulta patrum, qui leges, iuraque servat, id est qui legibus civilibus quantam potest obedientiam praestat. Requirit fortassè aliquis obedientiam legibus naturalibus, quibus continentur aequitas, humilitas omnesque virtutes morales, & meritò quidem[77] ; sed continetur tota lex naturalis in civili, nam civitas non modò imperat fieri quae scripta sunt, sicut sunt scripta, sed etiam quae non scripta sunt, sicut dictata erunt à ratione naturali[78], nimirum *ne facias quod tibi fieri non vis* ; *facias autem quae tibi fieri vis*[79] ; nomine autem *boni* continetur et *probitas* & *pietas* ut partes eius, quarum prior refertur ad mores, posterior ad fidem. Prudentia, quia consistit in praevisione viae ad foelicitatem,

75. Ecclésiaste IX.11 (en partie).

76. *LW* V.406. *(Hist. eccles.)*.

77. *EW* IV.42 (*Hum. nat.* c. 9 § 2) ; III.146 (*Lev.* I.15). Dans ses *Institutiones ethicae* (1660) White délibère sur « Law, and justice : natural, international, and canon », sujets étudiés aussi dans ses *Grounds of obedience and government* (1655).

78. *EW* III.253 (*Lev.* II.26). *Cf.* f. 438v.

79. *EW* III.258, 494 (*Lev.* II.26 ; III.42).

directissimè quid sit sciri non potest, nisi sciatur priùs quid sit foelicitas, — foelicitas, inquam, huius vitae, nullo habito respectu ad saeculum futurum, quo sensu | accipitur hoc loco ab authore.

5. Principiò, manifestum est foelicitatem uniuscuiusque consistere in eo quod ipsi bonum est ; bonum autem cuiquam nihil est quod ipsi non sit appetibile ; nulla ergo foelicitas ei est cui nihil appetibile est : et quia appeti nihil potest quod non appetitur sub ratione futuri, necesse est ut foelicitas collocetur in appetitione boni futuri. Quaeri autem potest an praesentia non placeant dum iis fruimur. Placent certè, adeòque videbitur fortasse consistere foelicitas potiùs in praesentium fruitione, quàm in futurorum appetitione ; considerare igitur oportet, delectationem quae à praesentibus excitatur brevem esse, tamdiu enim frui praesentibus dicimur, quamdiu ea sentimus, id est quamdiu obiectum iucundum agit in sensoria nostra eâ actione quâ delectat, quod tempus in omni genere voluptatis brevissimum est ; voluptates autem illae dici solent sensuales, in quibus actio obiecti, quae 1° | iucunda erat, propter moram, & propter sentientis mutationem, fit statim molesta, id quod evidentissimum est in voluptatibus obscaenis, nimirum corporis repletionibus exonerationibusque[80] ; apparet quoque idem in coeteris sensuum delectationibus, nam idem spectaculum, vel idem tonus musicus saepe repetitus oculis & auribus non delectationem, sed odium affert, ita ut manifestum sit ut quaecunque sensibus grata sunt, id est praesentia bona omnia, quatenus praesentia, non solâ ipsorum virtute sed indigentiâ nostrâ, vel saltem novitate suâ grata esse ; praeterea si consideremus praesens non esse tempus, sed instans, confitebimur voluptatem quae in sensione est, si perseverat, non esse ampliùs in sensione, sed in memoria. Quae autem in memoria sunt, non placent ut praeterita, nisi quatenus praeterita signa sunt similium voluptatum expectandarum in futuro ; futurum autem non existit, nisi imaginatione nostrâ, qui praeterita ad praesens ita supponimus connexa | ut ipsum sequantur ; quae autem sequuntur praesens, ea futura appellamus. Atque ita fit ut fruitio ipsa nihil aliud sit quam in eo ipso obiecto, quo fruimur, orta à partium eius contemplatione appetitio ulterior ; itaque manet verum rationem boni, ideòque foelicitatis, consistere in appetitione. Considerandum igitur est deinceps qualium bonorum appetitio dicenda sit foelicitas ; loquimur autem de foelicitate mundana.

6. Imprimis ad foelicitatem necessarium est ut bona quae appetimus sint parabilia, id est quae acquiri posse existimamus per facultates & potentiam, quam iam habemus. Nam acquisitio foelicitatis fit per electionem mediorum quae ad eam ducunt ; de eligendis autem deliberatur ; deliberatio autem non est nisi de iis quae in potestate & arbitrio

80. *EW* III.40 (*Lev.* I.6). Cf. *Institutiones ethicae*, 82-96.

sunt deliberantium, quare appetitio eorum ad quae perveniendi via nulla apparet, foelicitas non est, sed cruciatus. Secundò [w], appetitio parabilium si quae | acquiruntur, continuo amittuntur, & denuò rursus appetuntur, et eodem modo procedatur semper, non est foelicitas. Nam si esset, felix esset (ut facile dixit veterum, nescio quis) qui perpetuò alternis vicibus pruriret & scaberet[81]. Consistit ergo foelicitas in progressu appetitûs à bono acquisito ad aliud bonum acquirendum. Tertiò, foelicitas nulla est in bonorum appetitione, aut acquisitione, si metus maior vel aequalis perdendi, appetitum & spem acquirendi perpetuò comitetur. Iucunditas enim quae est in spe, compensatur ab anxietate quae est in metu. Oportet itaque ad foelicitatem, coniunctam esse cum spe acquirendi spem conservandi ; & per consequens foelicitatem consistere in progressu tali acquirendi, ut nova acquisita conducere videantur ad tuenda vetera. Et quoniam non modò acquirere, sed parta tueri potentiae sunt, erit foelicitas progressus appetitûs & spei à potentia minore ad maiorem perpetuus[82]. | Quartò, si progressus non sit talis facilis, & sine iis difficultatibus quae animum dejicere solent, dicetur potiùs cum molestia & metu processisse, quàm cum spe, et vita sic acta molesta magis quàm iucunda existimabitur ; oportet igitur progressum esse facilem & tranquillum. Est ergo *foelicitas, iucunditas percepta ex continuato & placido progressu appetitionis à potentia ad potentiam ulteriorem.* Atque illa tranquillitas animi de qua loquuntur philosophi morales, non est quies sive inertia, sive privatio appetitûs, sed motus placidus à bono acquisito ad bonum acquirendum.

7. Id quod confirmari etiam potest à consideratione passionis illius, quam vocamus gaudium, sive delectationem animi, seiunctam ab illa carnis & organum titillatione, in qua consistunt voluptates sensuales. Quicquid enim animo molestum est, ideo molestum est, quia facit ut minùs magnificè sentiamus de propria potentia. Et quoniam potentia refertur | ad futurum, decidere de existimatione potentiae illius, quibus bona nobis omnia acquirenda sunt, idem est quod decidere de spe. Dolet ergo jactura divitiarum, & amicorum, quia sentimus nos potentiâ & praesidiis privari, quibus in spem procedendi erigebamur ; dolet contumelia non solùm quia contemptum nobis parit apud alios (nam etiam reprehensiones secretae dolent), sed quia monemur imbecillitatis propriae [x], dolet praelatio eorum qui videbantur nobis aequales, nam & hoc facit ut dubitemus de potentia quam de nobis ipsis conceperamus. Potentia

(w) Secundò, *edd* 2° *MS* (x) monemur imbecillitatis propriae ; *Lire* movemur imbecillitate propria ; ? (*Ou* movemur memoria *(etc.)* imbecillitatis nostrae ?)

81. Probablement Platon : *Gorgias* 494, *Philèbe* 46, *Phèdre* 60. *Cf.* Bacon, *Advancement*, II.xxi, 4.

82. *EW* III.85 (*Lev.* I.11).

enim, nisi per comparationem, nulla est, propterea quòd si potentia omnium aequalis esset, non esset potentia, cum potentiae eorum quorum unus in alterum agit, se mutuo destruant. Item diversitas opinionum dissentientibus ; mutuò dolent[y], tanquam objicientium sibi mutuò errores & inscitiam, id est imbecillitatem. Etiam aliorum mala nobis molesta sunt, si nobis similia contingere imaginemur, | vel fingamus, aliter non, quia dolor animi consistit in imaginatione infirmitatis, non alienae, sed nostrae. Et si quidem omnis dolor animi in recordatione, vel fictione propriae impotentiae collocatus sit, necesse est ut omnis animi iucunditas consistat in recordatione, vel saltem fictâ imaginatione propriae potentiae, sive excellentiae. Est itaque gaudium, sive delectatio animi nihil aliud quàm triumphus quidam animi, seu interna gloria, vel gloriatio eius de potentia & excellentia propria respectu alterius qui cum se comparat. Iam si gloria talis oriatur ex aestimatione potentiae per facta priora, faciunt spem, propterea quòd is qui fecit, videtur habere potestatem rursus faciendi. Ideòque tali suiipsius aestimatione erigitur industria, & plerumque cum successu, propter potentiae aestimationem veram et iustam ; unus autem successus causa est alterius, propter novam potentiam omni successu comparatam ; atque hoc modò continuati successus unà cum causis sperandi si | perseverant, foelicitas dicitur. Quòd si quis potentiam suam aestimet ex fictione propria (potest enim quilibet attribuere sibi per fictionem phantasticam actiones quaslibet fictas à poetis) spes nulla futuri successus inde oritur, sed delectatio praesens & inanis, propter quam vocatur quoque inanis gloria, neque ad foelicitatem ullatenus conducit[83]. Vel si quis potentiam suam aestimat non ex factorum conscientia, sed ex testimoniis adulatorum, ea quoque inanis gloria est ; excitat tamen ad res gerendas, sed infoeliciter, quia potentia incoeptis non respondet. Si igitur foelicitas consistat in gaudio, sive animi delectatione, eàque non brevi, necesse est ut consistat in conscientia continui progressus à bono acquisito ad bonum ulteriùs acquirendum, prout eam definivimus.

8. Idem uberiùs confirmabitur per examinationem foelicitatis, prout accipitur ab authore, nimirum vitam (ut ipse loquitur)[z] *quae potentia praepolleat, honoribus emineat,* | *amicitiis floreat, divitiis fulciatur, voluptatum omni genere semper vernet, & virescat.* Ubi notandum est 1º honores, amicitias & divitias partes esse potentiae, potentiam enim honores & divitiae sequuntur, amicitiae autem raró sequuntur, sed invidia potiùs & inamicitiae ; odio enim sunt homines maximè qui maximè

(y) diversitas opinionum dissentientibus ; mutuò dolent *edd* diversitas opinionum dissentientibus mutuo dolent *MS.* (*Ou lire* diversitates... dolent ?) (z) *DM* 412. *amicitiis... virescat,* non souligné

83. *EW* IV.40-42 (*Hum. nat.* c. 9 § 1).

potentes sunt, quia maximè metuuntur. Verum concedatur potentiam esse alicui omnibus his partibus absolutam, non tamen in ea acquiescit, neque eà delectatur nisi ut vià ad aliquid ulterius. Reges enim, quorum est in hac vita potentia maxima, si ad alia regna occupanda spes & occasio concedatur, ea quoque appetunt, ut Alexander ; si spes non detur, convertunt se ad artes, nimirum ad rem gerendam, ut Augustus, vel ad musicam, ut Nero, vel gladiatoriam, ut Commodus, vel ad voluptates sensuales, ut Heliogabalus, Nero & alii plurimi[84] ; neque enim is cui multum est, placet sibi magis in eo quod iam habet, quàm is cui modicum est ; et siquidem foelicitas consisteret in iucunditate | possidendi, non autem sperandi, nemo foelix dicendus esset cum unusquisque quae habet spernat prae iis ad quae aspirat. Manifestum itaque est potentiam non placere, nisi ad delectationes nondum acquisitas acquirendas, atque delectationem, quàm praesentem à potentia habent, consistere in imaginatione, id est spe, et expectatione boni nondum acquisiti. Quòd autem foelicitas consistat in eo ut vita cum voluptate, id est iucunditate maxima traducatur, id negandum non est ; sed quaestio manet in quo iucunditas illa collocanda sit. Nam ut homo *omni genere voluptatum semper vernet, & florescat*[a], cùm voluptates tam diversae sint inter se, impossibile est, non enim semper repleri & semper exonerari potest. Forte hoc vult foelicitatem esse, voluptates mutare, modò oculis, modò auribus[b], modò gulae, modò obscenis indulgere ; quis autem nescit quod attinet ad voluptatem sensuum horum omnium satietatem esse, nec placere ampliùs quàm ut à necessitate naturae requiruntur? Quòd lascivia etiam placeat ultra | hoc, non corporis delectatio, sed animi gloria est, consistitque in eo quod arbitrantur se aliis placuisse, id est militasse non sine gloria[85]. Absque hoc, voluptas libidinosorum hominum nihil magni habet[86]. Deinde quomodo potest fruitio earum rerum ulla pro foelicitate haberi, quae brutis animalibus communes sunt nobiscum? Relinquitur ergo foelicitatem consistere non in fruitione sensibili, sed in iucunda imaginatione progrediendi à fruitione unius boni ad fruitionem alterius. Quod tamen ita intelligendum est, ut huiusmodi progressio non placeat ut progressus, sed ut argumentum propriae virtutis, & excellentiae, quae progrediendi causa est, veluti fortitudinis vel ingenii, praesertim verò ingenii, nam qui ad divitias, vel potentiam civilem, vel honorem nati sunt, non magis delectantur iis, quàm delectantur eò quod sunt homines, vel quòd habent brachia & pedes ; qui verè, eadem acquisiverunt, placent sibi in ipsis, ut testimoniis ingenii, maxime vero rerum agendarum

(a) Non souligné (b) auribus, *M* omnibus *MS*

84. *EW* IV.33 (*Hum. nat.* c. 7 § 6).
85. Horace : *Carm.* III.xxvi.1.
86. *EW* IV.34, 55 (*Hum. nat.* c. 7 § 8, c. 10 § 3).

scientia, | et peritia. Ambitiosi enim, si ad munera publica non adhibeantur, eo nomine dolent quòd praetereuntur tanquam non satis prudentes, tamen sibimet ipsis videri vellent prudentiores illis qui adhibentur. Et pauperes divitiis & honoribus, eorum qui honorati & divites nati sunt, minimè offenduntur, sed eorum qui ex suo ordine divites vel honorabiles facti sunt[87], propterea quòd acquisita in argumentum ingenii trahi possunt, tanquam in illis excellentioris quàm in his qui eadem acquirere non potuere. Denique omne (ut dixi) animi gaudium consistit in opinione uniuscuiusque de aliqua virtute sua, praesertim verò prudentià maiore, quàm in iis qui de eadem virtute cum ipsis certare videntur, aut certaturi esse.

9. Quoniam igitur prudentia consistit in praevisione viae ad foelicitetem[88], foelicitas autem non in meta sed in ipsa viâ, necesse est ut prudentia sit via à potentia ad potentiam et impedimentorum quae in illis sunt praevisio ; ex quibus praevisis illam viam ingredi possit, in qua & potentiae maiores, | et minora impedimenta praevidentur. Praevisio autem futuri consistit in memoriâ sive experientiâ consequentiarum praeteritarum, quarum similes de futuro expectantur, ita ut prudentissimi sint qui maximam habent experientiam, & expertissimi sint, qui plures fecerint in praeterito observationes circa bonorum & malorum consequentias. Qui igitur experientiâ suâ utitur ad bona acquirenda proceditque per viam nullâ lege prohibitam, is prudens ; qui verò per vias etiam illicitas procedit, astutus ; uterque peritus dici potest.

10. Ut veniamus iam ad authorem, 1° loco probare nititur, neque hominem fieri potuisse meliorem quàm factus est, neque terram usibus hominum commodiorem, et quod ad hominem attinet, sic procedit[c] : *Homo cum corpore & anima constet, tanquam partibus componentibus, credisne aliquam harum potuisse fieri meliorem, substantialiter dico, & non secundum accidens?* ad quae verba quaero 1um an sit aliquod quod habeat dimensiones ut longitudinem, latitudinem vel profunditatem, cuius tamen pars componens non habeat | neque longitudinem neque latitudinem neque profunditatem, id est an sit quantum, cuius pars non sit quanta. Si nihil sit tale, sicut omnes philosophi tenent, habeatque homo quantitatem, quomodo non erit anima quanta, si ea sit hominis pars componens, an dicetur quantum componi ex quanto et non quanto? aut dicetur anima habere quantitatem? 1um philosophi, 2^{dum} omnes

(c) *DM* 403, avec *cum corpore constet & anima*

87. Les *Institutiones ethicae* parlent de l'honneur, de la renommée, et de la gloire (pp. 204-9) ; des biens, des richesses, et du pouvoir (pp. 201-8) ; des plaisirs, des voluptés et de l'amour (pp. 240-7).

88. *EW* IV.17-18. (*Hum. nat.* c. 4 § 10). *Cf.* f. 342v.

negant. Non ergo videtur anima esse hominis pars componens. 2do desidero explicationem clariorem distinctionis vocabuli : *melior* (est enim nimis metaphysica) in[d] *meliorem substantialiter* &[e] *meliorem secundum accidens.* Cum enim natura boni consistat in potentia quam habet id quod bonum appellatur ad excitandum appetitum, & illa potentia non sit essentialis corpori simpliciter, sed corpori tali potentiâ praedito[89], videtur substantiarum alias dici bonas, alias malas, proinde ut potentiam in se habent tali modo agendi, ut appetantur, ideoque bonae & malae sunt propter accidens aliquod. Neque enim conceptibile | est ut substantia quatenus substantia, hoc est materia 1a quae aequè omnium accidentium capax est, possit esse una aliâ melior ; sed pergamus.

11. *Si anima*, inquit[f], *melior foret, non eadem foret, neque nos homines essemus, sed aliud aliquod animalium genus nostro loco suppositum. Si autem eidem animae alterius speciei corpus indueretur, uti illo non posset magis quam ars tibiis canendi, testudine vel citharâ, quid ita? quia diversitas*, inquit, *formae, speciei varietatem inducit. Et quod ars ad organum, hoc anima ad corpus* quasi aliquid non possit melius esse & tamen manere idem, an, si Paulus ex scelerato & impio deveniat vir probus et pius Apostolus, Paulus non est Paulus sed alius aliquis vir[90]? Eodem modo & anima eadem existens potest esse modò ad virtutem, modò ad vitia propensior, hoc est modò melior, modò peior, non enim, ut una anima melior sit alterâ, necesse est ut sint substantiae dissimiles, sed ut dissimiles producant actiones. | Quòd autem ex formae diversitate varietur species, id est apparentia et aspectus materiae[91], id manifestè arguit formam consistere, non in substantia sed in aggregato accidentium, quibus res informata agit in nos, excitatque suam speciem, sive imaginem, sive ideam in sentiente ; iam necesse non est ut anima si melior esset, faceret corpus humanum apparere formâ equinâ, vel formâ animalis alterius loco nostro suppositi ; praeterea quòd dicit animam esse ad corpus, sicut ars ad organum, aut falsum est, aut sicut ars, ita quoque anima accidens, dicenda est.

12. Deinde pergens, *His*, inquit[g], *ita accommodatis, quid de cerebro putas non ipsum esse immediatum animae motorem, & quod hinc fit, potissimum animae organum* ; *cottidianis enim monemur eventis, nihil non sine phantasmatum excitatione intelligere neque novi neque praecogniti* ; *haec autem cerebri quosdam incolas esse pari constantia scitum est*, in qua

(d) in *edd in* MS (e) & *edd & MS* (f) *DM* 403, Les mots *quid ita* ? non soulignés dans le MS, et dans DM *inducit* après *suppositum* (g) *DM* 403, avec *organum? Assentior. Cottidianis* pour *organum ; cottidianis*

89. *EW* III.4 (*Lev.* I.2).
90. Sur la forme et l'espèce *cf. An exclusion of sceptics*, pp. 7-8.
91. L'espèce et le genre sont brièvement examinés dans *Harl.*, f. 205.

ratiocinatione vide quot sunt incommoda : primum, quia cerebrum est animae | motor, erit anima mobilis ; habebit ergo anima dimensiones loci, id est, erit anima corpus ; 2dum, ubi ex eo quòd cerebrum animam movet, infert cerebrum esse animae organum, cùm contrario modo inferri possit animam esse organum cerebri ; sicut enim quia manus securim movet, securis est organum manûs, ita quia cerebrum animam movet, anima deberet esse organum cerebri[92] ; 3um quòd phantasmata, hoc est rerum externarum in animo imagines, cerebri dicat esse incolas. Profecto cerebrum oportet esse immensae magnitudinis ut tot incolas, quorum aliqui toto aspectabili mundo non minores sunt, possit in se continere.

13. Iam ex eo quòd melior anima homini attribui non potuit, collegit non potuisse dari melius cerebrum, quod animae inserviat[h], iam colligit eadem ratione neque melius cor, quod inserviat cerebro, nec pulmones aut jecur meliores qui inservient cordi, neque meliora membra, neque melius nutrimentum membris, neque meliorem tellurem, | aquam, aërem, quae nutriendis membris conducunt, neque meliores plantas aut animalia, neque meliora corpora sensibilia, quae per sensus impellunt cogitationem, et propensionem humanam, quare neque ex iis ortas disciplinas meliores aut alias esse potuisse quàm sunt. Et quoniam[i] *prudentia humana vel ex corporis humani temperie, vel ex disciplina ortum habet* ; etiam prudentiam eam, *quae est ab ipsa natura haberi, neque ut sapientiores homines existerent, nisi naturâ mutatâ, contingere potuisse.* Ut omittam quòd ipsa ratiocinatio nulla sit, conclusio eo tendere videtur, ut imprudentia singulorum hominum non procedat neque à prava consuetudine, neque à prava temperie aut erroneâ disciplinâ suâ individuâ, sed à totius naturae conspiratione, ita ut si Deus quemquam voluisset prudentiorem esse quàm est, non modò ipsum mutare, sed etiam naturam totam aliam condere debuisset, quod neque probatum, neque probabile est. |

14. Posito imprudentiam esse à natura eo modò quo dictum est, id quod inde infertur, nimirum non esse à casu, quòd non honorantur, neque ditescunt homines pro merito virtutum, facilè admittendum est, accidit enim plerumque infoelicitas illa unicuique propter imprudentiam propriam ; ea verò si ab ordinatione naturae derivetur, necessaria est, et casum tollit. Sed quae sequuntur circa modum quo ab imprudentia nostra derivatur ut homines pro meritis non aestimentur, non videntur ex omni[j] parte esse vera, ideoque consideranda sunt. Ratiocinationis

(h) iam colligit... (435) quam sunt. *DM* 404, paraphrase (i) DM. 405, avec *quae est ut sit* pour *quae est* et *mutata natura* pour *natura mutata*. Non souligné (j) omni *M* animi *MS*

92. *Cf.* f. 419v.

autem eius vis in his consistit, nimirum omnes homines obnoxios esse passionibus, nec sine iis vivere posse ; imprudentiam à passionibus oriri ; prudentiam ergo in moderatione passionum, id est in reductione earum ad medium ; pluribus autem viis à medio aberrari posse, quàm ad medium accedi ; ideoque ex dispositione naturali esse ut plures imprudentes sint quàm prudentes, & stultorum plena esse omnia. | Prudentiam autem esse scientiarum & artium omnium dominam & gubernationem. Ex quibus sequitur artificem, dum per imprudentiam artem propriam contemnit, alia aestimans potiora, vel pecuniam, potestatem, voluptatem adoret, et à quibus sibi supplicari debeat, iis sese pecuniae et coeterarum causa submittat, causam esse quare non pro merito artis aestimatur, et quòd alius arte quidem inferior, prudentia maior, ei praeferatur ; ex quibus sequitur secundum naturam hominis esse ut artificum non sit gratia, sed opportunitas & causae per accidens obtineant. In quo discursu pleraque admittenda sunt ; illud verò quòd prudentia consistat in medio passionum contrariarum, negandum puto ; nam prudentiae esset appetitui cuicumque (qui ad finem quaesitum eo citiùs perducit, quò magis violentus est) laxare habenas, eas verò qui impedituri sunt, quantum potest inhibere — si modo passiones nostrae sicut actiones essent voluntariae[92bis] ; sed quia non sunt, prudentes dicentur illi in quibus illi appetitus | vel illae passiones excitantur quibus ad progressum à bono ad bonum per omnem vitam placidissimum maximè opus est, neque enim ira mediocris, neque spes mediocris victoriae inter proeliandum, neque mediocris metus aut mediocris pudor flagitiorum, sed quales res postulat. Si in beneficiis collocandis tenacitas & appetitus dandi aequales essent, medium illud stupiditas esset, neque enim daret neque teneret ; similiter si ira & metus aequalitate suâ ad aequilibrium reducerentur, nulla esset neque ira neque metus, & sic de coeteris, moderatio enim passionum fit contrariis motibus, qui se invicem destruunt. Illud quoque, quòd dicat artifices non aestimari pro meritis artis, non est concedendum, & plus habere videtur indignationis satyricae ea suppositio quàm veritatis exploratae. Aristoteles, Plato, Democrates, Epicurus honorati erant, etiam dum viverent ; Homerus quoque honoratus, etsi non ditatus ; Archimedes summus artifex in honore summo erat, non modo apud regem | suum sed etiam apud hostem : denique in omni genere artis, mechanici, geometrae, philosophi, poetae omnes, qui egregii in suis artibus extitere, existimationem congruam consequuti sunt. Quòd ego & alii sine honore sumus causa est quia aut artifices non sumus, aut non egregii aut, si sumus, non constat. Expectandum autem non est ut honores illi civiles, quibus adhaerent negotia publica, in philosophos conferantur. Iniurium enim esset humano generi, publicis curis à studiis retrahere

92 *bis*. Voir *Peripateticall institutions*, pp. 109-112.

ingenia illa quae non ad unius tantùm civitatis, sed ad totius generis humani beneficium, aut ornamentum exercentur.

15. Deinde quoniam obiecerat sibi foelicitatem improborum, tanquam argumentum, quo concludi posse videbatur mundum ad eorum potiùs, quàm ad bonorum usum conditum fuisse, ostendere in sequentibus conatur maiorem esse, etiam in hoc mundo (sine omni respectu ad beatitudinem futuram in regno coelesti) foelicitatem bonorum, quàm malorum, | 1° quia minus dolent, 2do quia bonorum delectatio est & diuturnior & intensior voluptatibus malorum, 3° quia boni etiam voluptatum illarum, quibus capiuntur mali, magis participant quàm mali. Quod attinet ad 1um, nimirum bonos, quàm malos, minus dolere : dolorem accidere dicit ex appetitione eorum quae aut acquiri, aut conservari non possunt, vel saltem difficulter (cuius generis sunt quae rara sunt, et de quibus plures certant & quae usu corrumpuntur), haec verò ea esse quae appetuntur non à bonis, sed ab iis qui passionibus subiecti sunt, id est à malis ; boni ergo minus dolent, quàm mali. Argumentatio haec supponit, ut videtur, bonum virum non esse eum qui appetit aut alimentum, aut aliud quicquam iucundum quod fruitione perit, neque eum[k] qui divitias aut dignitatem appetit, quia de his plures certant ; neque eum qui scientiam appetit quia difficulter acquiritur ; neque denique qui omnino appetit, nam appetitus passio est, et siquidem moderata sit, moderata est[l] ab alia aliqua[m] passione | contraria. Ita semper fit ut qui appetunt, dediti sunt passionibus, ideoque mali. Praeterea qui rara, qui difficilia acquisitu, qui ea de quibus certatur appetunt, non magis dediti sunt passionibus quàm qui vulgaria, parabilia & ab aliis neglecta appetunt, si modò hi ea quae appetunt, aequè vehementer appetunt, ac illi. Si igitur vir bonus vehementer appetit facere quae iubent leges ; si vehementer appetat miseris succurrere, & similia ; si vehementer irascitur iis quos viderit Deo maledicere, & similia, aeque dediti sunt passionibus ac illi qui vehementer appetunt divitias ; mali ergo sunt secundum hanc doctrinam qui vehementer appetunt facere quae iubent leges, & c, quod est absurdum. Non ergo boni à malis passionum vehementiâ distinguendi sunt, sed passionum obiectis, ut malus sit qui illicita, bonus qui non nisi licita appetit, sive vehementer, sive non vehementer.

(k) eum *edd* enim *MS* (l) est *M** (m) aliqua M* *Avec l'intention de placer ce mot avant* alia, *non après?*

16. 2[dum], nimirum bonorum voluptates diuturniores esse quàm | malorum, comparando eas inter se sic probat[n] : *Extensionem*, inquit, *si conferas, vide quo victoria inclinat. Voluptates studiosorum sunt, benefacere quibus potes, consulere patriae et civibus, protegere inopes contra iniurias fortiorum, consolari maestos, afflictos relevare, consilium, manumque praestare indigentibus, & similia.* Non autem adiungit quaenam sint voluptates malorum. Puto subaudiri divitias conquirere, ad honores, id est ad munera reipublicae obeunda adhiberi, habere in promptu ea quibus sensus omnes possint delectari. Quod si verum sit, oportet eos qui boni esse volunt, priùs deditâ operâ, esse malos, quoniam enim ante parandae divitiae sunt iis qui benefacere aliis volunt, neque parari possunt divitiae nisi et valde appetantur et sedulò conquirantur, voluptas prior, quae hominis mali est, antecedet voluptatem benefaciendi, quae boni est[93]. Similiter quia lex naturae prohibet ad consilium accedere, nisi sis vocatus, mali hominis est consulere, id est concilium dare patriae, & civibus, | nisi ad illud munus à patria et civibus evocetur. Id quod hodiernis patriae nostrae bellis intestinis comprobatur, quorum nulla alia origo erat quàm quòd improbi quidam homines, qui ad consilium non vocarentur, rati sapientiam suam minus aeque aestimari, consuluerunt civibus arma inferre Regi[94] ; antequam ergo consulere civibus possit vir bonus, necesse est ut admittatur in consilium, hoc est ut dignitatem acquirat ; quod sine appetitu & industria fieri non potest. Si ergo mali viri sit appetere honores, boni vero patriae consulere, oportet fieri malum qui vult esse bonus. Eodem modo protegere inopes, afflictos relevare, et similia, supponunt divitias, & potentiam praeparatam, hoc est ea quae non appetuntur nisi à malis. Porrò, non video quare improbi non possint etiam placere sibi benefaciendo, protegendo, consulendo, sublevando & c. Certè Salustus Caium Caesarem cum Marco Catone comparans, etsi hunc meliorem censeret virum, illi tamen attribuit quae author hoc loco bono viro convenire dicit, Catoni | verò diversa, sic enim ait : *Caesar dando, sublevando, ignoscendo, Cato nihil largiundo, gloriam adeptus est*[95]. Deinde quoque maiores, id est intensiores, voluptates bonorum quàm malorum,

(n) *DM* 416, avec *Extensionem modo* pour *Extensionem* et *inclinet* pour *inclinat*. Dans le contexte, assez peu clair, de White, le sens de *Extensionem si conferas, vide quo victoria inclinat* paraît être le suivant : les deux choses propres à renforcer et ennoblir un désir sont sa durée *(perpetuitas)* qu'on pourrait appeler aussi *extensio*, et son intensité *(intensio)* ; lorsque les deux sont associés le pouvoir du désir est le plus grand ; mais *extensio* est la marque du désir vertueux, les désirs des hommes vertueux ont donc les effets les plus grands

93. *Cf. EW* II.14-28 (*Gov. and Soc.* c. 2) ; *LW* II.168-208. (*De cive* c. 2 à 4).
94. *EW* III.156, 314 (*Lev.* II.17, 29). Peut-être Hobbes se souvient-il ici des idées de Thucydide (III.37), qu'il a traduit quelques années auparavant.
95. *Catil.*, LIV.3 (extrait). L'allusion ne figure pas dans *DM*.

sic probat[o] : *Maiora sunt bona quibus homines seipsos afficiunt, contemplari naturalem & moralem maxime partem, sive ea principia ex quibus vita ratione & intelligentiâ constanter & sine alterius ducis indigentiâ regatur, seu quod canit noster philosophus tenere :*

Edita doctrinâ sapientium templa serenâ
Despicere, unde queas alios passimque tueri
Errare, atque viam palantes quaerere vitae[96].

Haec confer cum actionibus imprudentium sequaciumque corporeae iucunditatis in eo quod est continue & sine impedimento possit agi. Quis enim alteri haec invidet? quis praeripere festinat? Non negaverim quin magna sit & diuturna voluptas ea quam Lucretius citato loco describit, nimirum *sapientium à templo serenâ doctrinâ edito despicere* aliorum errationes, vitam iucundam frustra quaerentium, eoque maiorem quòd qui in tantâ verae scientiae sublimitate collocatur, observare possit non modò errationes idiotarum | modicas (nam qui gressu tardo & dubitabundi errant, minus errant iis qui à via excurrunt) sed etiam eorum qui, existimantes se despicere à non minus altis templis errationes aliorum, ipsi errant maximè[97] ; sed animadvertendum est quaestionem hoc loco mutari, & comparationem non amplius institui de voluptate bonorum & malorum, sed philosophorum & non philosophorum, nisi fortè putet eandem rem esse virum bonum, & virum philosophum, quod non arbitror concedendum esse ; negabit hoc quisquis putat virum bonum esse qui consulta patrum, qui leges iuraque servat. Quid enim, an nemo poterit leges servare, nisi sit philosophus? Negabunt hoc principes, negabunt idiotae, negabunt sibi invicem ipsi pugnantes inter se[p] philosophi ; negant denique philosophorum multorum mores conviciis sese mutuò lacerantium, facientiumque ea omnia quae facit vulgus, eoque turpiùs, quòd se vulgo praeferunt. Observo praeterea voluptatem hanc philosophorum non magis accidere verè quam erroneè philosophantibus ; sive enim quis veritatem scierit, sive putaverit | tantùm se scire, iucunditas eadem est, atque aequè sibi, placet adeo ut voluptas haec non magis bonorum sit, quàm malorum, neque philosophorum, quàm insanientium. Denique quòd delectationem hanc ideo commendatam putet, quòd nemo illam alteri invideat, nemo praeripere festinat, parum videtur facere[q] ad foelicitatis commendationem, nam de foelicitate aliena invidiae testimonium amplissimum est. Foelicitas autem sine testimonio imperfecta est, quorsum enim spectat quòd philosophi tot libros scribant nisi ut

(o) *DM* 416, avec *Maiora vero sunt* pour *Maiora sunt*, avec *semetipsos* pour *homines seipsos*, avec *philosophus noster* pour *noster philosophus*, et avec *posse agi* pour *possit agi* (p) se *M** (q) *Cf.* p. 429, ll. 6-7.

96. Lucrèce, II.8.
97. *Cf.* f. 24v.

scientiae suae testes haberent quàm possint plurimos? Sed transeo ad residuum huius nodi, in quo ostendere conatur bonos quam malos plus possidere etiam bonorum externorum, nimirum potentiae, honoris, amicitiarum et voluptatis corporeae.

17. Pro potentia sic arguit[r] : *Conferimus potentiam in eos à quibus expectamus iustitiam & pacem, sed iustitiam | et pacem non expectamus ab improbis, sed à probis, ergo non conferimus potentiam in improbos sed in probos.* In qua ratiocinatione falsum est, iustitiam & pacem non expectari ab improbis, si modo eos improbos esse nesciamus. Sin de improbis loquatur quos tales esse scimus, & tamen in eos conferamus potentiam, prior propositio falsa est, non enim in eos conferimus potentiam, à quibus expectamus iustitiam. Praeterea in universum verum non est quòd conferimus potentiam in eos à quibus expectamus iustitiam, victi enim victoribus conservandae vitae causâ potestatem in nos concedimus, sive probis sive improbis[98].

18. Pro honore sic disputat[s] : *Honoramus alios propter virtutem & scientiam ; sed improbi non habent virtutem & scientiam ; ergo non | improbi, sed probi, in honore sunt.* Idem paralogismus : Honoramus enim propter opinionem virtutis & scientiae, quam opinionem etiam de improbis habere possumus, nescientes eos esse improbos ; sed et prior propositio falsa est : honoramus enim, non propter opinionem virtutis et scientiae tantùm, sed etiam propter opinionem aliarum potentiarum, quales sunt potentia civilis, et divitiae, & generis nobilitas.

19. Pro amicitiis sic[t] : *Amicos facimus propter consilium, auxilium, consolationem, consensionem in multis, dissensionem in paucis, sed ab improbis expectari haec non possunt ; ergo non improbi, sed probi amicos habent.* Posterior propositio manifestè falsa est, quid enim Achitophel, an probus | erat? an expers consilii? Et coniurati, licet improbi, nonne sibi mutuò auxiliantur, consolantur & consentiunt?

20. Postremò, ut ostendat etiam voluptatem illam quae à cibis & amoribus percipitur maiorem esse in bonis quàm in malis, tali utitur argumento[u] : *Si voluptatem*, inquit, *ex cibis, venere vel quovis alio sensu captares, non praevia quadam aviditate seu fame te praepares ut corpus optime constitutum habeas?* et paulo post : *Si quis prudens & catus ratione & tota animi sui vi ad hoc conniteretur, alius impetu & ferociâ quadam*

(r) *Conferimus...* (441) *probos. DM* 419, paraphrase. Non souligné (s) *Honoramus...* (441v) *honore sunt. DM* 419, paraphrase. Non souligné (t) *Ib.* paraphrase. Non souligné (u) *DM* 420-1. Après *conniteretur* M, suivant *DM,* insère : *ut voluptatem, ut* (DM : *vel) potentiam securam, perpetuam, foelicem sibi faceret.* Voir f. 442v, note w

98. *Cf. EW* III.126 (*Lev.* I.6).

repentinâ subsultim idem peteret, utrum putes eadem coeteroqui facultate et iisdem instrumentis munitum desideria sibi potiori eventu coronaturum. Nimis claret eum qui methodo & ratione uteretur, alioqui nullam | *vim in ratione poneremus.* Deinde subiungit[v] : *Iterum eum qui rationem sic applicaret, credisne passionibus deditum fore vel non? Clarum est passionibus obnoxium esse non posse,* quae verba contracta[w] eam habent vim ac si sic ratiocinatus fuisset : qui aviditate se praeparat ad voluptatem, eam, de qua loquitur, foetidam, maiorem inde voluptatem percipit quàm qui non se praeparat? Idem verò prudens & catus existit, utiturque ratione & methodo ; qui verò utitur ratione & methodo, is passionibus deditus non est ; qui denique passionibus deditus non est, is vir bonus est ; ergo vir bonus magis delectatur cibis et coeteris quàm improbus. Primò, nego artem sive methodum illam praeparandi corpus ad voluptates tales esse partem ullam rationis illius, qua | homines distinguuntur à brutis animalibus, sed esse nequitiam ortam ex recordatione libidinum praecedentium. 2do, contradicit sibi ipsi dum affirmat eos qui ita se praeparant non esse deditos passionibus, nam qui arte utitur ut avidior sit, magis obnoxius est passionibus quàm qui subjicitur aviditati tantùm naturali. Postremò, qui ad eiusmodi praeparationes prudens & catus est, is vir bonus non est, sed ingeniose malus. |

Caput 39

Ad nodum 17m. Dialogi 3i

Cur plerique hominum à beatitudine excidant

1. Causae impedientes foelicitatem. 2. Contingentias non esse causam deviandi à foelicitate. 3. Non est melius non esse quam aeternum cruciari. 4. Examinatur argumentum in contrarium sumptum ex natura boni. 5. Examinatur argumentum sumptum ab aestimatione miserorum. 6. Examinatur responsio ad locum Sacrae Scripturae. 7. Qualem philosophiam theologiae subjiciendam, qualem non esse subjiciendam putet author. 8. Examinantur rationes quare putet veram philosophiam non esse subjiciendam theologiae.

1. Si per « beatitudinem » intelligatur, quemadmodum in proxime superiore nodo, « beatitudo mundana », consistatque ea, ut author voluit, in divitiis, honoribus | et voluptate corporea, multae statim apparent

(v) *DM* 421 (w) Les mots *quae verba contracta* rappellent que Hobbes a omis la phrase citée dans la note u au f. 442. Alors, pourquoi Mersenne la rétablit-il ? Mais peut-être Hobbes veut-il dire que White aurait pu s'étendre davantage

causae quare plerique ad foelicitatem non attingant, et in diversis causae diversae, quarum pleraeque ab arbitrio non dependent, nam ut aliqui ad divitias & dignitates nascuntur (illi nimirum, qui à divitibus & nobilibus genere orti sunt), ex quo accidit ut neque consilio neque industriâ indigeant ut sint beati ; ita alii nati sunt ex pauperibus et genere obscuro, adeo ut iis maximâ parte vitae laborandum sit ut bona acquirant ; quod autem vitae superest, incommodis oppressi senectutis, acquisitis uti non possint. Praetereà, qui divitiis etiam ab ineunte aetate abundant, dum voluptatibus & libidini indulgent, quandoque sanitatem corporis amittunt, quandoque satietatem contrahunt, quorum utroque modo omnis voluptas corporea interit. Porrò, ipsae divitiae aliquando ab imprudentia, hoc est à non | praevisis molestis, quae cum iucundis proxime adhaerent, amittuntur. Postremò, & si quis prudentissimus fuerit in eligendis bonis, est tamen catena bonorum et malorum quae ab unaquaque electione dependet, adeò longa, ut omnia mala quae in ipsa sunt praevideri non possint, atque ita impraevisa mala, quae author vocat contingentia, quandoque viam ad foelicitatem obstruunt. Atque hae sunt causae quare homines non assequuntur vel non conservant foelicitatem illam, quam consistere dicit in divitiis, honoribus et voluptate corporea. Quod si foelicitas statuatur in progressione aequabili ab acquisitione unius boni ad acquisitionem alterius, praeter inopinata mala haec ferè foelicitatem impediunt. 1um si quis ingrediatur viam unde non est exitus, ut qui prosecutus illicita, incidit in poenas, vel saltem operâ perditâ regreditur, quod est poenitere. 2do, | si quis cupiat quidem, sed iners sit, inde[x] enim nascitur directio animi & invidia in alios. 3o, si quis per inanem gloriam cursum sistat ut contempletur ea quae iam sunt acquisita, quod quidem gaudium breve est, desinitque in stupiditatem brutalem ut, exempli causa, gaudium Nabuchodonosoris, cum gratularetur sibimet ipsi magnitudinem potentiae propriae, breve erat[99] ; animum enim bestiae tantum habebat, postea verò exutus est etiam humano corpore ; quaecunque demum in stadio causa esse potest ne cursor bene currat, eadem potest esse ne quis in hac vita sit foelix. Coeterùm si consideretur vera foelicitas, ea nempe quae in futuro saeculo fidelibus praeparata est, unica inimicorum[y] causa est defectus fidei. Cum enim tribus classibus homines universi distinguantur, quarum[z] 1a & summa est eorum qui quid optimum | factu est ipsi sciunt, 2a eorum qui ipsi nescientes regendos se permittunt sapientioribus, 3a eorum qui neque ipsi sciunt, neque aliis credent. In 1a classe sunt qui viam ad foelicitatem sciunt, nimirum illi quibus Spiritus sanctus per revelationem supernaturalem viam monstravit, quales fuere Apostoli, & qualis nunc

(x) inde *M* ? unde *MS* (y) unica inimicorum *edd* unica iam amicorum *MS*
(z) quarum *edd* quorum *MS*

99. Daniel IV.

sola est & erit perpetuò Ecclesia in unam personam coalescens. In 2da classe sunt qui, nullam habentes revelationem supernaturalem sibi ipsis factam, permittunt se regendos illi qui habet[a], id est Ecclesiae. In 3a classe sunt qui neque quae sit via ad vitam futuram ipsi sciunt, neque Ecclesiae credunt, neque faciunt ea quae Ecclesia ad foelicitatem obtinendam necessaria esse docet ; summa itaque eorum quae faciunt ut homines excidant foelicitate illâ aeternâ, est defectus credendi Ecclesiae, hoc est simpliciter defectus fidei Christianae. |

2. Causae autem quas assignat author aliae sunt, quas tamen omnes in unum cogere videtur initio praesentis nodi. *Suppono*, inquit[b], *nationem hominum infimam cognoscentium creaturarum sedem occupare. Quid enim deterius post hoc expectari potest ut tot sint instrumenta ad finem ad quem natum est et tam difficiles motus?* Creaturarum quidem, quas vocamus rationales, infima est sine controversia gens humana, sed non infima cognoscentium, nam sensio, imaginatio, memoria bestiis nobiscum communes cognitiones sunt, quanquam non ratiocinationes, id est syllogismi ; sed causam hanc in tres partes dividit, quas appellat tres gradus contingentiae laborantes, quibus fit ut homines ad finem suum in paucissimis attingant[c]. Quod ex eo (ait)[d], *Video necessario contingere quod tres sunt in homine gradus, omnes contingentia laborantes, quorum singuli priores | praerequirunt ad finem quem petimus obtinendum etc.* Obiter notandum est ex illis verbis, *Video necessario contingere*, « contingentiam » non hic sumi ut « oppositam necessitati ». Gradum primum contingentiae ponit in fabrica corpori necessariâ ad vegetationem, 2dum in disciplina morum, 3m collocat in adhaesione ad ea quae docentur de saeculo futuro nobis incognito. Fabrica corporis humani maiori constat artificio quàm aliorum corporum, ideoque eam vult contingentiae magis obnoxiam esse. Disciplina morum non est perfecta, unde alteram contingentiam nasci dicit, ut « quis recte erudiatur ?» Postremò, dediscenda sunt et aversanda ea omnia quibus in hac vita insuevimus, et incognitis inhaerendum ut simus beati in futuro saeculo. Hinc 3am contingentiam ponit ut « quis ibi beatus sit ?» Atque horum graduum unusquisque praerequerit, inquit[e], gradum priorem, hoc est, opus est ad | disciplinam morum, ut omnia rectè contingant quae dependent à fabricâ corporis, & ut quis dediscat ea quibus insueverat, adhaeratque ad incognita de saeculo futuro, hoc est ut quis credat Ecclesiae, hoc est ut quis fide Christiana imbutus sit, opus est ut omnia ei rectè contingant circa disciplinas morum. Quod ad primum attinet, non necesse videtur ut ad disciplinam morum omnia rectè contingant à fabricâ corporis ; ad

(a) illi qui habet, *M* ? illis qui habent, *MS* (b) *DM* 424, avec *instrumenti* pour *instrumenta* (c) attingant. *edd* attingat. *MS* (d) DM 424, avec *praerequirant* pour *praerequirunt* (e) *Atque*... (447v) *disciplinam morum.* N'est pas une citation du *DM*

geometriam quidem & physicam et rhetoricam & similes scientias requiritur forte corporis certa constitutio, ut[f] quis ad eas aptus sit[g], natus sit ; coeterùm ad disciplinam morum sufficit ut quis voluntatem habeat legibus obediendi Ecclesiae & civitatis, hoc est Ecclesiae simpliciter, quia obedire legibus civilibus, continetur in legibus Ecclesiae. Iam non video quare quisquam, quamcunque constitutionem habeat corporis, non possit habere voluntatem obediendi legibus Ecclesiae ; disciplina autem morum non | requirit aliam scientiam, praeterquam legum promulgatarum, quae habetur ex edictis publicis, non enim qui argutissimè disputat de virtutibus, is statim optimè moribus institutus est, sed is qui diligentissime inquirit quaenam sunt civitatis & Ecclesiae iusta ut ea observet. Coeterùm secundum illud, nimirum ut opus sit disciplina morum ut quis dediscat ea quae didicit credatque incognita, nullo modo verum est ; nam, retinendo disciplinam illam obedientiae, non adjiciendo, fit ut quis Ecclesiae obediat, hoc est ut incognitis de futuro saeculo fide inhaereat & insuescat. Non ergo admittendum videtur foelicitatem futuram aut contingenter amitti, aut contingenter acquiri, sed acquiri per hoc quod quis viam praevideat ipse, vel praevidentibus credat ; amitti vero per hoc quod quis neque viam ipse sciat, neque credat scientibus[1].

3. Delabitur hinc in quaestionem an melius sit | omnino non esse quàm in aeternum, amissâ foelicitate, cruciari : et meâ quidem sententiâ optandum potiùs esse non esse, quàm sic esse. Cum enim natura boni in eo consistat quod placet, sive in eo quod desiderabile est, malum verò in eo quod molestum sive aversandum est, nullo modo dici potest quòd aliquid peius aut aversandum magis sit quàm malum maximum, et ex quo nunquam emergi potest. Et siquidem *non esse* peius esset quàm cruciari in aeternum, oporteret *non esse* magis molestum esse quàm cruciatus, ut manifestum est nullam esse *non enti* molestiam, neque ergo malum est. Quòd autem malimus pro tempore certo finito & brevi cruciari quàm perire vel mori ; id non fit ex molestia quae concipitur in morte, vel in eo quòd desinimus esse, sed vel à spe recipiendi cum ipsa vita vitae iucunditates, vel à metu doloris inter moriendum. |

4. Author verò noster sententiam tuetur contrariam, idque duobus argumentis, altero ex natura rei, altero ex iudicio ipsorum qui mala perpetiuntur ; ex natura rei argumentatur hoc modo[h] : *Age itaque si naturam consulamus, quid facit aliud alio melius in natura? seu in qua ratione melioratio consideranda est? Melioratio in ratione entis est, et melius in ratione entis est quod plus de ente habet.* Ex quo sequitur quia plus de ente habet qui aeternum cruciatur, quàm qui omnino non est,

(f) ut *M* vel *MS* (g) sit *barré dans MS* (h) *DM* 430

1. *Cf.* ff. 439v, 440.

melius esse cruciari aeternum quam omnino non esse. In qua ratiocinatione probari oportebat quòd unum ens plus de ente habeat quam aliud ; negant enim philosophi magis & minus in substantiis inveniri. Potest quidem una alia maior vel minor esse, sed non magis vel minus ens. Non est ergo haec conclusio rationibus, ut promisit in fronte libri, *purè è natura depromptis*[i] confirmata, neque vero religio credendum proponit unum ens plus de ente habere | quàm aliud. Nullo modo ergo ea propositio admittenda est. 2do, verum non est quòd bonum & malum dicuntur magis vel minus bonum et malum, prout sunt magis vel minus entia, sed quatenus magis vel minus placent. Minus autem placet dolor immensus, & aeternus, quam non-esse, quantum hactenus apparet, nisi id aliter se rem habere ex iudicio, et experientia eorum qui tales cruciatus patiuntur comprobaverit.

5. Id vero iam aggreditur. *Tormenta*, inquit[j], *quae natura nos erudit in miseris inveniri, affectus ipsorummet sunt. Invidia, de qua poeta ait, Siculos non invenisse tyrannos tormentum maius*[2]. *Dolorem omnes sciunt quàm grave sit malum, eum dico quam tristitiam dicimus. Desiderium praeterea Narcissi fabula, et experimenta plurima quantum habeat mali testantur. Metu mortuos non rarum est meminisse. Sed hoc volo à te discere ; Num unquam audiveris de invido qui non ipsam invidiam ornaverit? Desiderium & zelotypiam | celebrant poetae quasi nullus citra ea sit amantium fructus, & c.*[k] *Haec si vera sint, vide num hi miseri sine his poenis esse velint.* Si verum sit, cruciatus summi & aeterni qui improbis in futuro saeculo manent, alii non sint quàm invidia, desiderium, tristitia, metus & similes animi affectus, negari non potest quin plurimi sint qui ea pati malent quàm *non-esse*, coniuncta enim sunt cum illis bona praeponderantia, nimirum cum invidia, expectatio iucunda mali, quod possit accidere ei cui invidet ; cum desiderio, spes iucunda cupito potiendi ; cum tristitia, spes mutationis in melius ; cum metu, spes effugiendi, & servandi se ad meliora. Id quod ab ipso necessariò concedendum est, qui miseros tales miseriam suam amare & velle affirmaverit[l], nemo enim aut amat aut vult quicquam nisi ratione boni sibi ; est enim *bonum sibi* voluntatis proprium & adaequatum obiectum. Si igitur quis in eo statu cuperet *non esse*, is certe mallet *non esse* quam *bene esse* ; non est ergo argumentum | validum quod sumitur ab eo quod tales miseri malent sic esse, quam *non esse.* Interrogandi potius sunt qui non modo animo,

(i) *purè... depromptis.* Non souligné. *Cf.* ff. 406v, 452v (j) DM 430 avec *rarum esse* pour *rarum est*, mais *BM* restaure *est* (k) *fructus*, M, DM *pactus*, MS. Pour *&c. DM* a *tenebras moestos* (sic) *& omnia quae malum augent quaerere cottidie experimur : Malum fugiunt meticulosi, sed ipsum timorem adamant. Cf.* les *Institutiones ethicae*, pp. 286-304 (l) affirmaverit, *M**

2. Horace : *Ep.* I.II.58. Prose, *DM, MS* ; vers, *BM.*

sed corpore cruciantur, idque maximis et aeternis cruciatibus sine spe solatii, si illi quoque dixerint malle se ita esse quam *non esse*, tum credi potest melius esse aeternum cruciari, aliter non. Est autem de eiusmodi malis instituta quaestio, nam, ut ipse paulo supra dicit[m], *Tormenta etiam futuri saeculi agnoscit philosophia, neque si his quae praesens vita patitur ea compares, nostra haec prae iis ludicra, flores & rosas, & delicias esse ipsa philosophia iurare dubitaverit.* Et credo quidem philosophos posse id vere iurare, non autem ut cognitum per philosophiam, sed ut creditum Scripturis Sacris, & authoritati Ecclesiae.

6. Ad obiectionem quae huic doctrinae obstare videtur ex loco Scripturae, ubi Servator Noster melius fuisse Iudae proditori ut non fuisset natus[3], respondet ea verba significare melius fuisse ei ut abortivus fuisset, et de utero translato | ad tumulum, non autem ut non omnino esset, *siquidem abortivorum animae supersunt, sicut coeterorum hominum.* Quasi cavisset Servator Noster dicere melius fuisse Iudae ut non genitus esset (nam animae eorum qui nunquam geniti sunt nullae sunt) ; sed utrum talis intentio fuisset Servatoris non disputo.

7. Postremò, quia ex huiusmodi dogmatibus, nimirum[n] *ea quae homines libero arbitrio faciunt, dependere à causis ab aeterno catenatis*, et *homines plerosque naturae lege imprudentes esse*, et *per imprudentiam esse quòd mali sunt*, & proinde miseros, querimoniae occasionem nasci videbat circa mundi gubernationem, ex quo sequi necesse erat philosophiam illam non bene institutam esse, ut puta theologiae repugnantem, delabitur in quaestionem[o] *An theologia philosophis praescribere sententias debeat*[4]. Distinguit autem philosophos in eos *qui vere philosophantur*, id est *eos qui certâ viâ et fixo demonstrationis tramite incedunt*[p], | et eos[q] *qui philosophiam prae se ferunt sed verè tantummodo logicam, hoc est in utrumque disserendi facultatem in materia philosophica exercent. Horum mens, quoniam ex sese dubia est, recte theologiae numime gubernatur et ad unum flectitur ; vera philosophia inflexilis est.* In qua distinctione membra non sunt satis distincta inter se. Nam « incedere viâ certâ & fixo demonstrationis tramite », id solius logicae est ; disserere autem in utramque partem posse, id a rhetoricae disciplina oritur[5]. Multi sunt qui demonstrare se

(m) *DM* 429 (n) *ea quae... mali sunt* souligné, bien que n'étant pas une citation du *DM* (o) *DM* 433 (p) Ni l'une ni l'autre de ces dernières phrases ne se trouve dans le *DM*, quoique soulignées dans le MS (q) *DM* 433-4, avec *ferunt ; verè* pour *ferunt sed verè*

3. Matthieu XXVI.24 ; Marc XIV.21.
4. *Cf. LW* II.128 (*De hom.* c. 14 § 13). White a composé pour la *Demonstratio immortalitatis animae* de Digby un *Appendix theologica de origine mundi* (32 pp.) qui ne se trouve pas dans la version anglaise (1644). Il a pour thème : *quantum philosophia theologiae subserviat. Cf.* f. 49.
5. *Cf.* f. 7.

putant, cum tamen nihil minus faciunt, imo ipso demonstrationis obtentu ostendunt se nescire quid sit demonstratio ; sunt enim qui praetendunt demonstrationes physicas, theologicas, geometricas & metaphysicas, nemo autem demonstrationem logicam, cum tamen alia praeter logicam demonstratio nulla sit. Est enim demonstratio (in quacunque materia reperiatur) | nihil aliud praeter processum à definitionibus, sive explicationibus nominum, ad conclusionem probandam per veros syllogismos. Quod utrum praestiterit author noster, ipse secum cogitet, qui philosophiam suam tanquam demonstratam, inflexilem, neque theologiae subiectam esse vellet ; eorum verò qui logicâ utuntur, theologiâ regendam esse postulet. Certè ego, etsi omnia quae dixerim viderentur mihi demonstrata esse, tamen quia multa videntur quae[r] non sunt, omnia mea[s] religionis antistitibus subiecta esse volo.

8. Restat argumentum quo probat philosophiam veram non esse theologiae subditam his verbis : *Neque*, inquit[t], *est philosophiae suprema & optima pars aliud quàm via & praestructio itineris ad theologicas veritates. Quomodo verò eam philosophiae magistram optes, nescio, cum philosophica neque scire neque docere profiteatur.* Cuius probationis parte 1ª uti possum ad contrarium probandum hoc modo : si quidem enim dogmata philosophiae sunt ut via & iter ad dogmata theologica, oportet ut veritates theologicae priùs | intelligantur & teneantur, quàm de via, hoc est de dogmatis philosophicis, statuatur ; via enim sic sciri non potest nisi comparatione cum fine ad quem tendimus. Regitur ergo philosophia, quae via est, à theologia, quae est finis. Ad partem posteriorem dico aut verum non esse theologiam non docere philosophica, aut haec quae ab authore dicuntur, *rationibus pure è natura depromptis* conclusa, non esse philosophica ; statuere enim *an mundus sit infinitus, an unicus, an ab aeterno, an in aeternum*[6] ; item, *an anima humana immortalis, an arbitrium liberum sit, an sint substantiae incorporeae sine quantitate, necne* ; item, *quae appellationes Deo sunt attribuendae*, et *an potuit mundum condere meliorem* ; item, *de beatitudine & infoelicitate futuri saeculi* ; quae omnia in his dialogis discutiuntur ut philosophica, statuere profitentur theologi. Praetereà, quod tentasse se dicit in quinque elementis metaphysicis, et ad Deum & angelos penetravisse, id totum theologiae ex professo munus est, aut ergo haec philosophica non sunt, aut philosophia etiam vera theologiae subjicienda est. Quando autem theologiam dico, Ecclesiae rectores dico, quorum est omnia dogmata ordinare, quae dogmata fidei stabilita aut confirmare, aut labefactare posse videbuntur. |

(r) quae *M** (s) mea *Lire* meae ? (t) *DM* 433

6. *EW* VII.23 ; *cf.* f. 10. Aucune de ces phrases, quoique soulignées, ne se trouve dans le *DM*.

Caput 40

Ad nodos 18m et 19m. Dialogi 3ii

1. Status quaestionis, an mundus sit finiendus. 2. Explicatio definitionis motûs apud Aristotelem. 3. Explicatio eiusdem ab authore. 4. Aequivocatio in voce « terminus ». 5. Partes aliquae argumenti sumpti à natura motûs examinatae. 6. Totius argumenti fabrica exposita. 7. Argumentum à natura infiniti invalidum. 8. Argumentum à natura rerum invalidum. 9. « Mundi » definitio secundum authorem.

1. In hoc nodo 18o videtur mihi aliud disputandum proponi, aliud disputari. Cum enim per « mundum » intelligatur aggregatum omnium corporum creatorum aut saltem omnium quae conprehenduntur intra ambitam coeli empyrei[7], mundus « finiri » sive « non ampliùs esse » tunc solum dicetur quando ea omnia corpora, ex quibus constat, reducta fuerint in nihilum ; non enim si terra in cineres, si sol & astra in atomos dispergantur, aut facies | mundi quae nunc est alia fiat, id perire vocatur[8], nam ea omnia faciunt aggregatum corporum, quod mundi nomine semper intelligetur. Et quanquam non dubitandum sit quin Deus, qui omnia ex nihilo fecit, possit rursus eadem omnia in nihilum redigere[9], non tamen censebitur id posse secundum doctrinam traditam ab authore in nodo 3o dialogi primi, nam contendit ibi vacuum intra corpus includi non posse, propterea quòd latera ambientis corporis ad ipsum excludendum coirent. Itaque si ea perirent quae existunt undequaque hinc usque ad coelum empyreum, necesse foret ut totus orbis concavus illius coeli coiret in unum punctum, nimirum suiipsius centrum. Utrumque autem id sit, disputat hoc loco, non an mundus ipse, sed an motus eius finiendus sit. Et finiendum esse affirmat, argumentis sumptis à natura motus, à natura infiniti & à natura rerum.

2. Motûs ergo definitionem ex Aristotele assumit hanc[u] : *Motus | est actus entis in potentia, prout in potentia.* In qua definitione, ut sensus Aristotelis[10] rectè intelligatur, considerandum est exemplum quo ad

(u) *DM* 435, mais non souligné dans le MS

7. *EW* III.381 (*Lev.* III.34). *Cf.* ff. 297v-298.
8. *Cf.* Lucrèce V. 91 *sqq.*
9. *Cf.* ff. 17v, 112, 115, 334, 458.
10. *Phys.* III (201.b.5) ; VII (251.a.8) ; VIII (255.a.24-255.b.5) ; *Meta.* V.xii.1 (1019a).

eam explicandam ipse utitur, quod est huiusmodi : Imaginemur lapides ad certum locum, in quo domus inaedificanda est, comportari, & in parte aliqua domus quae aedificatur applicari & collocari ; est igitur illa comportatio & applicatio motus lapidis, videlicet ipse ille motus quo lapis cum coeteris lapidibus coit in forma domus. Et quoniam lapides omnes, dum comportabantur, non erant iam domus, sed tamen domus futuri erant, ideo dicebantur iam tum esse domum in potentia, sive habere in se potentiam ut fiant domus. Observavit ergo Aristoteles potentiam illam lapidum consistere in eo ut domus fiant, si quilibet eorum admoveretur ad locum certum, & certo quodam ordine collocaretur ; et per consequens potentiam illam nihil aliud esse praeter motum actualem ipsius lapidis pronuntiavit, non | tantùm de motu lapidum comportatorum sed in universum, omnem motum esse actum corporis eius quod est in potentia quatenus in potentia. Quod quidem pronuntiatum non tam definitio videtur esse quam proprietas ; significant enim ea verba tantumdem ac si dixisset, Esse quidem, sive existere corpus aliquod intelligi potest etsi immotum, sed ut corpus sine motu aliquid possit agere aut pati, id est ut corpus potentiam aliquam habeat, id concipi non potest. Nam impossibile est imaginari ut quicquam agat aut patiatur sine motu, cum actio & passio reverâ motus sunt, aut totius corporis agentis & patientis, aut aliquarum partium eius. Atque haec proprietas à verâ motus definitione per plurium syllogismorum continuationem deduci potest. Ipsa autem definitio clara & perspicua haec est : motus est unius loci derelictio, & alterius acquisitio continua[v].

3. Definitionem autem Aristotelicam, ut meliùs praesenti proposito | congruat interpretans author, à sensu Aristotelis decedit tantum quantum recedere est possibile, ait enim[w] motum esse *actum entis in potentia prout in potentia, seu, quod idem est, rei quae ad perfectionem tendit viam, seu progressionem ad eam, dum neque adhuc illam habet, & tamen versus illam agitur à bono genio* ; non enim Aristoteli videbatur eum qui praecipitatur in barathrum, tendere in perfectionem aut versus eam progredi, ea tamen praecipitatio manifestissimè motus est ; rursus, qui occidunt & furantur, ii omnes moventur ; si ergo eo modo motum intellexit Aristoteles, necesse est ut idem Aristoteles homicidas latronesque ad homicidia & latrocinia à bono genio adigi existimaverit, quod non est credendum.

4. Admissâ eâ explicatione, rectè quidem deduci inde potest genium illum bonum, à quo movetur mundus, habuisse finem, sive scopum propter quem ipsum movet, | sive intentionem aut consilium in movendo ; deduci autem non potest motum mundo inditum esse cum intentione ut aliquando cessaret, & determinaretur motus ille inditus, id est cum intentione termini, prout « terminus » sumitur pro « extremo », sicut

(v) *NLW*, f. 3 (c'est la définition épicurienne) (w) *DM* 435, mais non souligné

sumitur in hac quaestione ; dum ergo ex eo quòd mundo motus inditus sit propter finem, colligit mundum moveri propter terminum, fit paralogismus ex aequivoco, cum « finis », prout sumitur pro « scopo & intentione », aliud significet quàm quando accipitur pro « extremo » sive « termino motûs *ad quem* »[x] [11].

5. Dato quoque hoc, quòd motus sit propter terminum, adiungit terminum ipso motu meliorem esse, neque motum bonum esse neque desiderabilem, nisi respectu termini, et motus illos in quibus *terminus ad quem* non sit melior, sed vel aequalis vel deterior *termino à quo*, non posse desiderari, neque propter se intendi. Et haec quidem | vera sunt si *terminus ad quem*, in motu, idem sit qui « finis », sive scopus & intentio motoris, propter quem motum illum rebus indidit ; sed concesso motum omnem à Deo rebus inditum esse propter aliquem ipsius motûs terminum, connectit hoc : sublato humano genere, nullum fore terminum motûs coeterarum rerum, sic enim ut[y] *Propone modò tibi si humana natura ex nostro orbe deforet, coeterorum animalium et plantarum, et mixtorum successivae generationes et corruptiones, num aliud praeter continuum quendam motum sine termino forent?* Nonne hoc est contradicere sibi ipsi qui aliquando probare in se suscepit motum omnem aliquando cessaturum? quomodo enim, sublato homine, motus rerum coeterarum sine termino erant, si tandem cessaturus sit motus omnis? Nisi fortè « terminus motûs » pro « scopo motoris » reponatur, non tamen crediderim motus animalium aut inanimatorum sine scopo esse. Sed concedatur etiam hoc ; quid sequitur, hoc sequitur | non posse saecula perpetuari. Videamus iam totam connexionem.

6. Motus est actus entis in potentia prout in potentia, id est progressio ad perfectionem eius qui agitur à bono genio ; est ergo de natura motus ut sit eius aliquis finis sive intentio ; non est ergo motus bonus, nisi ratione finis ; finis autem est terminus ; non est ergo motus bonus neque desiderabilis, neque intendi potest, nisi respectu termini ; sublato homine, motus coeterarum rerum est sine termino ; non potest ergo, sublato homine, motus intendi, seu desiderari. Quod autem intendi non potest, si fiat, malum & inordinatum est. Entia verò nolunt malè gubernari ; ergo motus, sublato homine, fieri non potest ; ergo ultra durationem humanae generationis, id est ultra Diem Resurrectionis, saecula (id est rerum motus) continuari non possunt, quod erat demonstrandum. Tale igitur est argumentum eius sumptum à natura motus, quo non tantùm quòd, | sed etiam quando, mundus finiendus sit explicatur.

(x) Non souligné (y) *DM* 437

11. *EW* IV.32 (*Hum. nat.* c. 7 § 4).

7. Augumentum 2dum, sumptum à natura infiniti, huiusmodi est : Si mundus in aeternum duraturus sit, necesse est ut infinitae tandem (numero) animae futurae sint. Fiet ergo tandem ut aliquis videat inter sese et Adamum animas conclusas numero infinitas, quod quidem manifestissimè falsum est, quia nulla multitudo, aut numerus, est aut unquam erit infinitus. In qua ratiocinatione falsa est illa (à qua pendet tota argumenti firmitudo) consequentia, nimirum si mundus in aeternum duraturus sit, animae tandem numero erunt infinitae. Etsi enim generarentur quotidie mille myriades myriadum animarum, neque unquam cessaret ea generatio, non inde fiet ut unquam numerus generatarum sit infinitus, sed generandarum, quae ideo infinitae numero dicentur, non | quod earum numerus unquam infinitus fiet, sed quia numerari nunquam poterunt.

8. Argumentum à natura rerum tale est[z] : *Orbem nostrum à sole pendere qui non videt caecus est. Solem, non nisi ingentem ignem esse, supra exposuimus, ignem vero continuum esse flumen e corpore quo alitur vastato nutritum & sparsum. Necessum itaque est corpus hoc semper minus & siccius evadere, neque tantae ruinae in infinitum sufficere. Cùm itaque naturae vires non ultra sufficiendo alimento erunt, necesse est ut cum sole pereat hic etiam noster orbis.* Orbem terrarum (quod ad motum annuum & diurnum) à sole pendere multi & nobiles philosophi arbitrati sunt ; coeteri tamen qui id non putant, non sunt ideo dicendi caeci, nondum enim id à quoquam demonstratum est. Quòd vicissitudines temporum, proventus frugum, & multa | alia à sole dependeant, extra dubium est, sed ut terra sit corpus[12], utque existat, neque reducatur ad nihilum, illud certè non à sole pendet, sed ab Authore Omnium Rerum, aequè ac ipse sol. Deinde solem esse ignem, verum fortasse est, sed ut sit massa ignita, hoc est pabulum ignis, quale est lignum ardens, ita ut opus habeat aliunde nutriri[13], id non arbitror necessario credendum, neque causa est quare quisquam putet solem defectu alimenti minorem futurum [esse], nisi qui iam vident minorem eundem factum quam erat, aut diminutum esse alimentum quo reficitur. Praetereà, si verum sit quod dicit, orbem terrarum à sole pendere, orbis terrae non dicetur solem nutrire ; sic enim non terra à sole, sed contra, sol à terra penderet ; quod si terra soli nihil impertit nutrimenti, nulla necessitas est ut, extincto sole, unà intereat orbis terrarum. Nulla igitur hactenus apparet ratio quare mundus interiturus, aut motus in universum cessaturus videatur, etsi verum sit quod generatio hominum et multi alii motus particulares cessaturi sint. |

(z) *DM* 443-4

12. *EW* III.672 (*Lev.* IV.46).
13. *Cf.* ff. 52, 106v, 284v.

9. Ultimo loco omnium ponitur definitio mundi. Quod qua ratione factum sit non satis intelligo, nam supponi videtur huc usque quid sit mundus ignorari, ita ut quidquid in istis dialogis de mundo disputatum sit videatur temerè, et de re nondum intellectâ disputatum esse, ubi contrà omnis demonstratio debeat à deffinitionibus incipere[14]. Definitio, tandem allata, colligitur potius quam legitur in hanc sententiam[a] : *Mundus est instrumentum factum propter homines*, in cuius partibus non per se lucidis sed illuminatis sedes sunt diversarum specierum hominum ; tot scilicet corpora illuminata quot possibiles sunt hominum species singula[e], tantae molis quantum requirit numerus hominum propagandorum, | et determinatae durationis. Cui definitioni tanquam consectarium adhaeret, corpora illa quae per se lucent, ut sol, coeteris illuminatis ignobiliora esse, utpote magis instrumentalia. Quae leviora sunt quam ut contrà disputari mereantur, neque utrum vera sint sciri poterit antequam gens humana, quae sedem in tellure sortita est, cum coeteris speciebus hominum, lunae planetarumque coeterorum incolis, viam aliquam invenerit colloquendi. |

(a) *DM* 445 : *Mundum... esse institutum ad determinatum finem factum*

14. *OL* I.316 (*DC* c. 25 § 1). Sur la procédure et les termes utilisés dans les démonstrations logiques voir White : *Peripateticall institutions*, pp. 21-26 et 191-5.

APPENDICES

Appendice I

Un poème de Hobbes sur le mouvement de la Terre
(Toronto University Library)

L'attention d'un des auteurs de cette édition a été attirée sur ce manuscrit (dont le contenu est examiné au ch. III de notre Introduction) par un catalogue de la firme Dawsons de Pall Mall, Londres, qui a eu l'obligeance de le lui laisser consulter avant qu'il fût vendu, puis de le mettre en rapport avec son acquéreur, le conservateur de la Bibliothèque de l'Université de Toronto.

Ce manuscrit est aujourd'hui détaché du volume dont il faisait partie. Mais on observe encore sur les feuilles des perforations et des plis résultant du travail du relieur. Selon le catalogue de Dawsons il était relié avec des ouvrages d'astronomie du XVIe siècle en un volume portant l'*ex-libris* du « Right Honourable John Earl of Exeter, Baron Cecil of Burghley », qui figurait également sur trois des traités qui composaient le recueil, ainsi que la signature « W. Bathonis ». Nous n'avons pu ni identifier cette personne, ni examiner le recueil.

Le manuscrit se compose de cinq feuilles, soit vingt pages rédigées dont chacune mesure 14,6 cm sur 18,4 cm. Il a été conçu comme un tout destiné à être conservé par le comte de Devonshire, son dédicataire, ou à circuler parmi les amis de Hobbes. Le copiste utilisa des feuilles d'environ 29 cm sur 18 cm, dans le sens de la plus grande dimension, de manière à rédiger deux pages au recto et deux autres au verso. Il dut répartir soigneusement son texte, et rédiger ses pages de manière que les feuilles puissent constituer un cahier ; ainsi les pages 10 et 11, qui occupent la place centrale, sont d'un seul tenant de même que les pages 8 et 13 et ainsi de suite jusqu'à la feuille extérieure qui contient les pages 1 et 2, 19 et 20.

L'écriture est semblable mais non identique à celle de l'un des copistes du MS 6566A de Paris. L'initiale « H », de la main du copiste, figure à la fin du manuscrit. Il se peut que deux mots du v. 179 soient de la main de Hobbes, mais c'est trop peu pour aboutir à une conclusion certaine. Le filigrane, Heawood 1653 (fleurs de lys sur un écusson couronné avec en bas les initiales H.G.), ressemble fort à ceux de certaines pages du MS de Paris. Ceci tendrait plutôt à confirmer que la copie fut effectuée durant l'exil de Hobbes en France. Le *terminus ad quem* de la composition est l'année 1679, où meurent le dédicataire, et Hobbes lui-même. Heawood compare le filigrane avec un autre spécimen, qu'il date de 1676. Et sans doute des filigranes semblables étaient-ils encore en usage à cette date, et même plus tardivement. Mais la comparaison du contenu avec des passages correspondants du MS parisien et du *De corpore* indique que la composition est vraisemblablement postérieure à celle du manuscrit de Paris, mais antérieure à la version définitive du *De corpore* (voir plus haut, pp. 76-77).

[p. 1]

De Motibus
Solis, Aetheris&Telluris.
Praecipuè autem
Numeri Dierum
In hemisphaerio Boreo, quàm in Australi
Majoris,
Causa conjecturalis.
Ad illustrissimum&Excellentissimum Virum
Gulielmum Devoniae Comitem
Gentis Cavendisiae tertium
Dominum meum colendissimum.

Antiquâ dudum Tellus statione relictâ
Mutavit cum Sole locum,&Lunâ comitante
Altiùs in coelum ascendit, volitansque per auras
Aethereas, novus extemplo conscripta Planeta est ;
Circuitusque suos peragens, solennia nobis
[p. 2] Tempora dispensat. Nam motu in se redeunte,
(Bis sex, Zodiaci dum permeat ordine Signa)
Describit (bis sex exactis Mensibus) Annum ;
Metiturque Dies proprio super axe rotata.
  Auctus interea in medio Sol fulget Olympo ;
Et circumpositis errantibus undique Stellis
Imperat, atque illas sua debita munia obire
Cogit, congenitos motus quos ipse habet in se
Distribuendo illis, quibus illae circumaguntur.
At dum circuitus satagunt explere Planetae,
Et variè variis miscentur motibus, Aulam
Aethere circumfuso illis praebente peramplam,
Et Sole in medio illorum existente Chorago,
Perpetuam exercent, nullo titubante, choream.
  Divae autem aeternâ Naturae lege statutum est,
Nil posse externo concire in corpore motum,
Quod motu caret. At quo Sol Motore movetur,
[p. 3] Sive Sophos veteres percontor, sive recentes,
Nil mihi respondent quo mens satiata quiescat.
  Forsitan hac olim de causâ,cùm reputarent
Persae, nil aliud sese potuisse movere,

Les références sont aux numéros des vers du poème.

3. Signe diacritique sur « Altiùs » de la main de Hobbes ou du copiste.

6. Cf. v. 55.

13. Cf. v. 80.

20. Cf. ci-dessus, ff. 211v, 300v, 302, 306, 399v.

Praeter Numen,&ignorarent machina quaenam
Solem ageret circum, Solem pro Numine habebant.
Nec prorsus tamen insani, aut rationis egentes
Censeri debent qui Solem sic coluerunt.
Quis nam qui pulchrum corpus, formamque decoram,
Et molem videt ingentem, summumque nitorem,
Aeternamque altam non noto fomite flammam,
Et Radios, ictu qui oculi pernicibus alis
Trans spatium omne volant, usque ad confinia Mundi [,]
Indeque progenitum Motum, Lucem atque Calorem,
Quis dico haec reputans,& sanâ mente revolvens
Commoditates innumeras quibus is beat Orbem,
[p. 4] Non Solem attonitus miretur, Quo sine nulla
Res animata foret, producere Semina Stirpes [?]
Cessarent, cessanteque Motu cuncta perirent,
Informique Chao mersa & confusa jacerent.
  At Nos, qui Solem docti sumus esse creatum,
Non veneramur eum, non illi ponimus aras.
Quippe Deum solum, quem credimus illius esse
Factorem & Dominum, colimus, Dominique ministrum
(Per quem vivere dat mortalibus, atque valere)
Eximium, quanto licitum est, dignamur honore.
  Nec minùs almae Telluri, sua debita laus est
(Derivata licet, solique accepta relata)
Quae Solem Patrem gremio excipiens tepefacto,
Omnigenas proles Mater faecunda refundit,
Atque illis alimenta ministrat provida Nutrix,
Nec non perpetuos subit indefessa labores,
[p. 5] Ut consueta suis dispenset tempora alumnis.
Non jam torpidum, iners, non segne& inutile pondus
Audit, sed reliquis nunc annumerata Planetis
Fungitur officiis claris, motuque perenni
(Automati ingentis Mundi tanquam una rotarum)
Torquetur, sinuataque Lunae cornua torquet.
  At dum circuitum magnum qui terminat Annum
Explet, Zodiaci percurrens Signa, trecentos
Sexaginta & quinque Dies, in se revoluta,
Et totidem nobis largitur tempora Somni.
Hunc autem numerum Aequator non dividit aequè,
Nam dum dimidium obvertit Tellus hyemale
Soli, circuitus tantùm facit illa diurnos
Centum septuaginta octoque ; at dum boreale
[p. 6] Irradiat Sol dimidium, dum Veris amaeni,
Et calidae Aestatis labuntur tempora, Tellus
Centum octoginta septemque revolvitur in se
Axe super proprio vicibus. Numero ergo Dierum
Aestivum stadium superat Brumale noveno.
Cuius qui reddunt rationem disparitatis,

39-40. Cf. ci-dessus, ff. 457v-458.
50. Cf. vv. 159-161.
57. Cf. ci-dessus, f. 459, et le v. 4.
65. Cf. vv. 128, 289.

Si nunc illorum jurare in verba recusem,
Dent mihi quam veniam vellem donare vicissim.
Fasque novam mihi sit retionem exponere, Mens quam
Mi dictat, litemque omnem sub Judice linquam.
  Quid moveat Solem licet ignoremus, & ergo
Congenitos dixi quos motus ipse habet in se,
Esse tamen motum motus testantur abunde
Quos ille impertit ; sic namque ascendere Terrae
Humorem in plantas, & sic Marium Lacuumque
Lymphas in Nubes sublimes surgere cogit [.]
[p. 7] Praeterea, ex maculis quas dudum in corpore Solis
Exhibuit nobis tubus opticus aspiciendas,
Illum circumagi in sese vertigine jugi,
Temporibusque suos certis absolvere gyros
Constat. Cum verò Vacuum Natura recuset,
Sitque inter Solem atque errantes undique Stellas
Aethere continuo medium spatium omne repletum,
Mobilis atque Aether motum Solem undique tangat,
Aethera contiguum moto cum Sole necesse est
Circumagi, atque Aether tangens hunc Aethera, motum
Concipit similem, similemque huic proximus Aether.
Unde propagatus procedet adusque Planetas,
Motus hic aethereus, secum rapietque Planetas,
Inter eosque globum Telluris in Aethere nantem.
At dum continuo motu Aether Aethera pellit
A Sole usque ad Terram, primus & ultimus Aether
[p. 8] Uno & eodem momento pelluntur, & omnis
Solaris Radius nihil est nisi linea recta
Corpore in aethereo sic pulso sumpta, & in uno
Temporis instanti ducta est ea Linea, ut ante,
Ictu oculi dixi Radium pernicibus alis
Trans spatium omne volare usque ad confinia Mundi.
Sic cum quis Gladii capulum protrudit, eodem
Momento mucro protruditur, & ferit hostem.
  Solis at haec proprio super axe rotatio sola
Non satis est dandis Telluri motibus illis
Binis, Annuus atque Diurnus qui vocitantur.
Nam si ex effectu liceat causam indigitare,
Indigitare tamen nisi causam sufficientem
Non licet. Ergo si Tellus sit duplice motu
Praedita (et Astronomi nunc omnes pene, fatentur)
Motorem illius pariter donarier aequum est
[p. 9] Duplice motu. Igitur Soli est alter tribuendus
(Praeter motum quo proprio super axe rotatur)
Motus, quo circumlatus sit totus in orbem.
Adde quod hic motus conducibilis magis est, qui
Auras summoveat fluidas a corpore Solis.

75. Horace, *Ep.* I.i. 16 (qui a inspiré la devise de la Société Royale de Londres : « Nullius in verba »).

93. Cf. v. 199. Lire, ou comprendre, « aether » pour « aethera » ?

113. « adaequatus ». Cf. ci-dessus, f. 16.

119. *OL* I, 351, 357 *sqq.* (*DC*, c. 26 §§ 7, 10).

Sic Cribro circumlato, purgare Colonus
Dum triticum satagit, paleas, & quod leve cunque est
Excutit, adque oras Cribri circum undique pellit.
Jamque globi nostri restant pauca adjicienda,
Praecipuèque superficies eius variata
Materiâ durâ & mollî, terrestri & aquosâ ;
Ut ratio emergat cur Sol partem borealem
Dum mage directis radiis, & viribus auctis
Verberat, efficiat numerum superare Dierum
Australis partis numerum, dum viribus aequis,
Et radiis aequè directis verberat illam.
[p. 10] Quod verò faciem Tellus non servat ubique
Consimilem, in Mundo depicto cernere cuique
Fas est, idque domi tuto, ni incredulus ipse
Ipsos malit adire locos, testisque sibi esse.
Hoc, illove modo quisquis lustraverit Orbem,
Inque superficie illius reputarit utrinque ab
Aequatore polos versùs, proportio quaenam
Sit liquidi Maris ad Terram siccam, inveniet quod
Arida pars versùs boream, collata liquenti,
Majorem quàm austrum versùs servat rationem.
Dein Duri & Mollis perpendat proprietates.
Summè Durum est id, cuius pars nulla movetur,
Ni totum simul aeque & eodem tramite pergat.
Contrà, cum cedit pars pulsa, atque undique partes
Ad latera & retro reliquae conantur, id omne
Molle est. At nos nunc ea corpora Dura vocamus
[p. 11] Quae magis ad summè Durum referuntur ; & illa
Mollia, quae mage conveniunt cum simplice Molli.
Sic Terram & Montes & Rupes dicimus esse
Respectu Maris atque Undarum, corpora Dura,
Quae firmè invicem adhaerent, & pars pulsa recedens,
Fert secum partes reliquas utcunque remotas.
Atque e converso, Maria omnia & humida quaeque
Mollia sunt, & eorum pars cum pellitur una,
Caetera pars resilit, partis pulsaeque retardat
Motum ab Agente impressum.
Jam componamus quod dictum est hactenus. Aether
A gyrato Sole, globum Telluris adusque,
Gyros derivat similes, queis volvitur ille.
Quippe Dies super axe suo revolutus ; & Annos
Zodiaci circumlatus sub Signa, reducit.
Interea alternis vicibus majusque minusque
[p. 12] Intervallum inter Solem & Terram reperitur,
Nempe magis Tellus sub Cancro a Sole remota est,
Atque minùs quando versatur sub Capricorno.
Cuius phoenomeni causam supponimus esse,
Quod Solis Radii faciem Terrae mage Duram
Et siccam sub Cancro, & contra sub Capricorno
Illius feriant faciem mage Mollem & aquosam.

139-142. *EW* VII, 102 (*Dec. phys.* c. 4).
158-9. Cf. vv. 191-2.

Nam dum materiam terrestrem duram & opacam
(Quâ plus quàm australis, regio borealis abundat)
Ictu percellunt directo spicula Solis,
Nec facilè penetrant, trudunt, totumque cohaerens
Corpus Telluris truså cum parte recedit.
At cum cedit & it, dabitur quis finis eundi ?
Finis erit quando Radiorum vim superare,
Vel propensio Terrae, aut altera causa valebit.
At praeterquam Aether nil Terrae motibus obstat
[p. 13] Verum est, in fluido namque innatat Aethere Tellus.
Sed Radii quantò longinquiùs egrediuntur,
Tantò rarescunt magis, & mage divaricantur,
Majusque in spatium extenduntur, quàm globus ipse
Terrae implere valet, magna ut sic pars Radiorum
Ante impactorum, praeterlabatur, & unà
Vis reliquorum postferientum diminuatur
In tantum, ut tandem nequeant protrudere Terram
Oppositum contra Aethera, & hinc aequatio fiat
Virium. At interea Tellus procedit in Orbe
Magno Aequatorem versus. Subsiste parumper.
Me tenet implicitum hic nodus, quem solve priusquam
Pergis. Si ut dicis vires distantia Solis
Imminuat, cur non eadem distantia vires
Aetheris imminuet, sic ut super axe rotetur
Tellus lentiùs, atque Dies faciat mage longos ?
[p. 14] Opportunè interpellasti me, fateorque,
Circumlatum Solis corpus, circumeuntem
Aethera, quo longinquiùs est a Sole remotus,
Aetheris a tergo semper linqui propioris.
Calculus ergo ut Motûs rectè fiat, oportet
Moti & Motoris rationes consociare ;
Et contemplanda est non Aetheris actio sola,
Sed Telluris passio, ut apta, aut ut sit inepta
Suscipiendis motibus. Huc igitur revocanda est
Illius facies variata, & particulatim
Quod plus quàm australis regio, borealis abundet
Materiâ durâ & scabrâ, passimque refertâ
Vallibus occultis hinc, indeque Montibus altis,
Commodiorem qui praebebunt Aetheris auris
Ansam, quam facies australis glabra & aquosa,
Ut sic compensatio detur debilitatis
[p. 15] Viribus aethereis. Rota sic a flumine versa,
Si dentata, aut sit tabulis extantibus apta,
Promptius excipit motum, & velocius ibit,
Quàm si curvatura expers foret asperitatis.
Ante autem quam progrediar, superaddere visum est
Conjecturam uno exemplo tantummodo nixam,

179. altera causa (vis adversa *barré*).
180. MS : obstat. *(point).*
182. Cf. v. 239.
191-6. C'est le comte de Devonshire qui parle ?
201 et suiv. Ces vers (qui ne commencent pas un nouveau paragraphe dans le MS) paraissent continuer la réponse qui vient d'être donnée à la question posée plus haut.

Quod versus Solem Tellus reliquique Planetae
Propendent, illumque nisi impediantur, adibunt.
Namque globo in nostro, ut terrestris particula omnis
Illius ad centrum semper contendere, notum est ;
Sic veri simile est in nostro corpora Mundo
Centrum habitura, ad quod semper conentur, & esse
Hoc Mundi ipsius centrum dubitare nequimus.
  Elongatio Terrae a Sole ut maxima fiat,
Utque queat sisti jam dixi, & qua ratione
Tempora conservent sese invariata Dierum.
[p. 16] Mobilis interea Tellus borealia linquit
Astra, & ad Aequatorem tendit, & inter eundum
Paulatim obvertit Soli magis & magis amplos
Aequoreos tractus, qui quò plùs pergit ad austrum
Latiùs extendunt sese, & latissima tandem
Sub Capricorno expanduntur Neptunia regna.
Utque iter australe hoc Tellus terit, ipsa gradatim
Accedit propiùs Soli, & numerus Radiorum
Accessu hoc crescit faciem illius ferientum.
  Nugaris jam planè & apertè. Nam modò dixti
Quod Radii, numerus dum decrescebat eorum,
Pellebant Terram ; numero at nunc multiplicato
Cedere dicis eos Terrae, atque accedere Soli
Tellurem propiùs. Contradictoria sunt haec.
  Dixi, nec mihi me contradixisse putabis,
Cum dictis bene connectes quae dicere pergam.
[p. 17] Namque licet Sol [,] Telluris vicinior Orbi
Cum sit, majorem illi infigat vim Radiorum ;
Cum tamen Oceanum illorum pars maxima magnum
Percellant, cuius transparens corpus & udum,
Et molle est, faciem facilè illius penetrabunt,
Ni reflectantur nimis obliquè feriendo ;
Et Medium intrantes jam densius, inde refracti,
Et mutato tramite progredientur ad imum
Urinatores Pelagi fundum usque profundi ;
Quem tandem ferient obliquis invalidisque
Ictibus, ut nequeant descensum sistere Terrae,
Donec perveniat notam ad metam Capricorni ;
Unde morâ nullâ interjectâ, iter ad boreale
Terra redit ; quantòque magis discedit ab austro,
Tantò subtendit Soli magis & magis amplas
Siccas & duras partes ; quas dum penetrare
[p. 18] Conantur Radii, trudunt, & cedere cogunt,
Atque unà totum Telluris corpus adhaerens.
  Ante autem quàm nos udo valedicimus austro
Effectum notum, leviter non praetereundum
Addamus. Radiis dum Sol diverberat amplam
Oceani faciem, ex illâ cogit resilire
Particulas, mole exiguas, numero infinitas,

223. MS : vero simile est.
226-8. L'allusion est aux vv. 6-9, 61 *sqq.*, 164 *sqq.*
248. « percellant ». Lire « percellat » ?

Quae volitantes huc atque illuc ordine nullo,
Aetheris in spatiis concurrunt, constituuntque
Moles majores, & tandem conglomeratae,
Ictum intercipiunt Radiorum, illosque retundunt.
Hinc densae Nubes, Tempestatesque frequentes
Tractibus his, plusquàm in borealibus exoriuntur.
Ecce autem, littus video, portumque propinquum.
Res tantùm una manet, quam paucis expediemus.
Nos uno ex centro si designare velimus
[p. 19] Orbes complures, majores atque minores,
Nequaquam poterimus eos radio uno & eodem
Ducere ; nam radio majore necesse erit orbem
Majorem semper duci, atque minore minorem.
Major eritque orbis majoris pars quotacunque,
Quàm pars consimilis desumpta ex orbe minore.
Si duo praeterea Cursores viribus aequis
Ambitu inequali, exteriore atque interiore
Currant, exterior non absolvetur eodem
Tempore quo interior, tempus majusque requiret.
Denique, Zodiaci cum sub borealibus astris
Circuitum Tellus majorem permeet, & sub
Signa austrina minorem (ut dictum est) pro ratione
Intervallorum Solem & Terram inter, easdem
Tempora transituum leges servare putandum est,
Et mensura Dies cum sit communis utrinque,
[p. 20] Hinc inde ut numerus majorque minorque Dierum
Sit, quibus haud aequa haec percurrat itinera Tellus.
Hoc est, qui numerus boreali in parte Dierum
Fit, factum in parte australi numerum superabit.
Nuper, dum fessos oculos, lassataque membra
Mulcebat Somnus, quatiebat Mens vigil alas
Et per inane volans, Lunarem ascendit ad orbem.
Hinc circumspectans, Solis, Telluris & Aethrae
Contemplabatur motûs. In motibus istis
Visa sibi est causam, nec ineptam, se reperisse
Cur mora longa magis, numerus majorque Dierum
Terram sub Cancro teneat, quàm sub Capricorno.
Lubrica res Mens est, & me si falsa fefellit
Sopitum, ignoscat Lector vigilantior, oro.

H.

283-6. Cf. ci-dessus, ff. 36v, 195v.

Appendice II

Notes en anglais sur une rédaction ancienne de quelques chapitres du De Corpore (National Library of Wales, MS 5297)

Ce manuscrit est examiné au chapitre III, 3 b, de notre Introduction. Mario M. Rossi en a donné dans *Alle fonti del deismo et del materialismo moderno* (voir notre Bibliographie) une édition qui reproduit la disposition et la graphie aussi fidèlement que peut le faire la typographie. Elle comporte très peu d'erreurs, mais ne propose aucune émendation. Par contre elle signale toutes les ratures, corrections et surcharges ; par exemple : m[u] ((u)) tual = mutual. Nous nous sommes dispensés de le faire à nouveau et nous proposons un texte dont l'orthographe est modernisée, et la ponctuation discrètement révisée selon les besoins du sens et la clarté du discours. Dans le cas où des mots ont été ajoutés au-dessus d'autres mots dont ils donnent un équivalent, nous les avons reproduits à la suite entre parenthèses ; par exemple : the same man (idem homo).

On a ramené à l'usage moderne la vieille terminaison verbale en -eth, de même que « hath », « doth », « showed ». L'auteur du MS n'est d'ailleurs pas consistant dans leur emploi (« findeth/needs », 449) ; « moves/doth retain », 453). Noter également « discretely « (449), « estimed/estimated » (456) ; «inequals/unequals» (458), et son usage de « considerable » (449).

Dans la marge les folios de l'original sont signalés entre parenthèses droites, les chapitres et articles correspondants du *De Corpore* entre parenthèses rondes. Les autres *marginalia* sont celles de l'original.

° *De principiis cognitionis*
° *De principiis actionis*

Of *knowledge* and the *power cognitive* in general

The mind of man is a mirror capable of receiving the representation and image of all the world.

The Ancients fabled not absurdly in making Memory the mother of the Muses, for *memory is the world* though not really yet so as in a looking-glass in which judgment busies itself in examining all the parts of nature and in registering by letters.

1° their *order*.
2° their *causes*.
3° their *parts*.
4° their *proprieties*.
5° their *uses*.
6° their *differences* and *resemblances*.

Wherein the fancy when any work of art is to be done or performed finds her materials prepared at hand for use and needs no more than a swift motion over them that what she wants and is there to be had may not be long missing or unseen, so that where she seems to fly from one India to the other, from Heaven to Earth into the obscurest places, into the future, into herself, and all this in a moment: the voyage is not great, herself being all she seeks and her celerity consists not so much in swift motion as in 1° *copious imagery*, 2° *discretely ordered* and *perfectly registered in the memory*.

There are two kinds of knowledge

The original and sum of knowledge stands thus: there is nothing that truly exists in the world but single individual bodies producing single and individual acts or effects from law, rule or form and in order or succession. Wherein are considerable: 1° *the particular effects and impressions or images which they work or make upon our senses, and the order wherein they follow one another*, and their conceptions; 2° *the liberty and power and the limits or laws of their working. There is not liberty for causes to operate in a loose and straggling way, nor is there any effect but has his warrant and rule from a superior cause.*

1° Original knowledge or prudence [ex]perience of fact

2° Derivative knowledge science (VII.1) [evi]dence of truth

The exordium and beginning of the learning and knowledge of nature may be conceived thus from privation. If we conceive the world annihilated except one man to whom there would remain ideas or images of all the things he had seen, or perceived by his other senses (that is) a memory and imagination of the *magnitudes, motions, sounds, colours* etc. and likewise of their *order* and *parts*: all which though in truth they would be only ideas and phantasms internally happening and falling to the imaginant himself, nevertheless they would appear as if they were external and *not depending upon the power or virtue of the mind*. And therefore upon these he would 1° *impose names*, 2° *he would substract and compound*, 3° *and divide and multiply*, 4° *he would consider*, 5° *he would compute. And in truth upon a diligent advertence of what we do when we reason or of the act of ratiocination (things standing or being) we compute nothing else but our phantasms or ideas*: for if we compute the magnitude and motion of Heavens or Earth we neither ascend etc.

These may be considered under a double name. 1º as internal accidents of the mind, as they are considered when we speak of the faculties of the mind. 2º as species of external things i.e. as *not existing but appearing to exist (existere sive extra stare)* as now they are to be considered, i.e. *the conformity of the images or notions with the things whereof they are images:* i.e. *considered as 1º existences or motions in the mind: 2º as representations of figures like* etc.

If we remember or have a phantasm of any thing which did exist before the supposed sublation of external things and would not consider what kind of thing it was but merely that it existed or was without the mind we have that we call space: imaginary and mere phantasm. So as:

spatium (VII.2) CAP. 1º *Space is a phantasm of a thing existing (quatenus existing) i.e. no other accident thereof considered besides that it appeared without or out of the imaginans.*

As a body leaves in the mind a phantasm of his magnitude so a body moved leaves | *a phantasm of motion, i.e. an idea of the body transient*[1] *now by this then by that space in a continued succession.* So as time is: *Tempus* is an idea of motion quatenus we do imagine in motion, a *prius* et *posterius* or *succession*. Aristotle's definition is the same: Tempus est numerus motus secundum prius et posterius, for that numeration is the act of the mind.

motus [f. 1v]

tempus (VII.3)

To know by what moments time passes we adhibit some motion, of the sun, a clock, an hour-glass or a line made upon which we imagine something to be carried or to go; by no other way does time appear.

They that call days or months or years motions of the Sun or Moon (since as to motion to have passed is the same as to perish, and to be about to be or to be after is the same as not to be yet) they say that they would not[2] i.e. no time to be at all or to have been, or about to be after. For of whatever it may be said it was or it will be, either once it might have been said or after it may be said, it is. Where therefore is a *day*, *month* or *year* unless these be the names or computations made in our mind?

pars (VII.4) CAP. 2. *A space is called a part of a space and time of time when that and other more is comprehended or contained in this.* Whence it follows, *nothing can rightly be called a part but compared with another in which it is contained.*

dividere (VII,5) To divide or part or make parts of space or time is no other thing than *in ipso aliud atque aliud considerare*: if you divide space or time you make as many diverse conceptions as parts and one more, for the first conception will be of 1º itself divided, 2º then of part of it, 3º then of other part and so perpetually as long as you go on to divide.

1. *edd.* transient *NLW* transeunt (?) *DC*, c. VII § 3 (*OL*, I p. 83) : ideam corporis transeuntis.

2. *DC*, ibid. p. 84 dicunt id, quod non volunt ; *EW* I, p. 94 they say that which they do not mean.

By division I understand not divulsion or distraction of a space or time from other space or time (for one hemisphere or hour cannot be pulled from another) but diverse consideration: to be a division of the mind not hand.

num (VII.6) A space or time when considered among other spaces or times is said to be *unum*, i.e. *unum ex illis.* Unless a space or time could be added to or taken from another it were enough to say space or time *simply* and superfluous to say one space or time if another could not be understood. *Unum non dicitur nisi ut comparetur*[3] *ad aliud.*

The common definition, *unum est quod est indivisum,* is obnoxious to absurd consequence : that *divisum* would be plura i.e. *divisa.*

merus (VII. 7) Numerus is *unum* et *unum*; or unum, unum et unum, and so forward. I.e. *unum* et *unum* est numerus binarius. Unum, unum et unum, numerus ternarus, etc. Which is all one, as to say: numerus est unitates.

componere (VII. 8) To compound a space of spaces or time of times is to consider first one then another, then all together as one. As 1° to reckon the

otum (VII. 9) head, 2° the arms, 3° the feet etc. then for all together to put in the account, man. That which is put for all whereof it consists is called *totum*, and the singulars when from the division of the whole they are again severally considered are the parts thereof; therefore *the whole and all the parts taken together are absolutely the same.* As in dividing there needs no divulsion of parts so in composition for the making of a whole there is no necessity that the parts be so admoved to one another as to make a mutual contingence. All men considered together make human kind though dispersed in times and places, and 12 hours of several days are compounded into one duodenary number.

Nothing is rightly called *totum* but which is understood to be composed of parts and may be divided into parts.

Nothing has a part before it be divided: and when divided so many parts as times it is divided.

A part of a part is a part of the whole. Pars quaternarii est pars octonarii, etc.

ntigua (VII. 10) Two spaces are *contiguous* betwixt which there is no space.

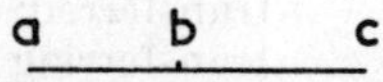

immediata Two times are *immediate* betwixt which there intercedes no time.

Two spaces or times of which some part is common to both, are

CAP. 3° *continued.*

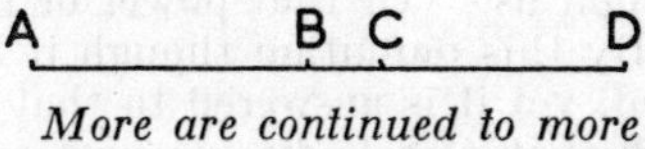

AC: BD, whereof the part common is BC.

[f. 2] *More are continued to more whereof the two next are continued.* |

media pars *Media pars,* which is intercepted betwixt two other parts.

xtrema pars *Extrema pars,* which is not put betwixt two other parts.

principium (VII. 11) *Principium,* is that of the extremes which is first numbered.

Finis is that which is last numbered.

Mediae omnes simul sumptae via est.

3. *edd.* comparetur *NLW* comparatio.

Principium et finis do depend upon the order of our numeration.

Termini et extremae partes, are the same. Termini numeri, are *unitates.* That whence we begin is principium, that we end is finis.

numerus infinitus Numerus infinitus dicitur qui quis sit dictum non sit; nam si dictus sit binarius, ternarius, millenarius, etc. semper finitus est.

(VII. 12) *potentia finitum* Potentia finitum, i.e. terminabile spatium vel tempus quando numerus spatiorum vel temporum finitorum (puta passuum vel horarum) assignari potest, quo major numerus eorundem in eo spatio vel tempore esse non potest.

potentia infinitum Potentia infinitum est in quo major numerus dictorum passuum vel horarum dari potest quam quilibet numerus qui sit datus. Nota, etsi in eo spatio vel tempore quod potentia infinitum est numerari possunt plures passus vel horae quocunque numero qui assignari potest, numerum tamen illum semper finitum fore. *Omnis enim numerus finitus.*

Infinitum nec totum nec unum dici posse.

(VIII. 1) Now let us suppose some one of those things existing whereof we supposed the privation.

Of necessity that thing recreated or reput or reexistent must not only occupy or possess some part of that space or be coincident or coextended with it, but must also be something not depending upon our imagination.

This very thing which 1° for his *extension* we name *corpus,* 2° for his independence upon our imagination or cogitation we call *subsistens per se* and (because it subsists extra nos) *existens,* 3° for that it is supposed under an imaginary space (as only intellegible to be there by reason and not sense) we name *suppositum* and *subjectum.*

Corpus quid. Corpus is whatsoever not depending upon our cogitation, is coincident or coextended with any part of space.

Cap. 4. (VIII. 2) If we suppose a body occupying some space or coextended with it, that coextension is not the body itself coextended. Or if we imagine the same body transferred that transferring is not the body itself transferred; or if we conceive that body non transferred, that not transferring is not the body itself quiescent.

Accidens quid. An accident is not a part of natural things.

Cap. 5. It is the manner (modus) of conceiving a body or according to which a body is conceived. Or it is the faculty of a body by which it imprints the conception thereof upon us. Or that power or faculty by which a body is conceived. By this definition though it be not answered to that which is inquired, yet it is answered to that which is to be inquired; i.e. whence it is that of a body one part appears here and another there? it is answered for the or by reason of the extension; or whence it is that the whole body is seen now here now there? it is answered by reason of the motion; lastly whence it is that the same space is seen to be possessed some time? it is answered because there is no motion. For if we ask concerning the name of a body, *corpus,* i.e. the concrete name, quid sit? the answer is by the definition because the signification of the word is only sought; but if of the abstract name the question be asked, quid sit? as if you inquire *quid sit durum*? the answer is: *durum est cujus pars non cedit nisi cedente toto.* But if you ask *durities* quid sit? the cause must be shown why *pars non cedit nisi cedente toto.* See in the division of names: concrete and abstract.[4]

(VIII. 3) When we say *accidentia in corpore inesse*, it must not be understood as if something were contained in the body: for example, as if redness were in blood as blood is in a bloody cloth[5] i.e. ut pars in toto, for so an accident were also a body; but as *magnitude, rest, motion* etc. in that which is *magnum, quiescens, motum*, so every other accident is in his subject.

Aristotle's definition (Accidens inest in subjecto non tanquam pars sic tamen ut sine subjecti interitu abesse potest) is right save that some accidents may not be from the body without the destruction thereof, for a body cannot be conceived without *extension* and *figure*. Other accidents which are not common to all bodies but proper to [f. 2v] some as *rest, motion, colour, hardness* etc. do continually perish, | others succeeding, so as the body never perishes.

Whereas it seems to some that all accidents are not in their bodies or subjects after the same manner as *extension, motion, rest* or *figure*, for example heat, colour, odour, virtue, vice and the like are said *inesse* et *inhaerere*, it were not amiss for the present to suspend the judgment until by ratiocination it shall be found whether even these very accidents be not likewise certain motions either of the mind of the imaginant or of the bodies themselves that are perceived. For to explore this is a great part of natural philosophy.

Extensio sive magnitudo corporis quid. (VIII. 4) The *extension* of a body is the same with the *magnitude* or that which some call real space.

Cap. 6. This magnitude does not depend upon our cogitation, as imaginary space does; for this *imaginary space* is the effect of that *magnitude* and that *magnitude* is cause of this. This is an accident of the mind and that of a body existing out of the mind.

Locus (VIII. 5) Space (which I always understand imaginary) which is coincident with the magnitude of any body is called the *place* of that body, and then the body is said to be *placed.*

Place differs from the magnitude of things placed

1° in that the same body retains always the same magnitude both whilst it *moves* and *rests*, but whilst it moves it does not retain the same place;

2° in that place is the phantasm or idea of any body *so great* and so *figured*, but the magnitude of every body is a peculiar *accident* thereof; for of the same body at diverse times there may be diverse *places*, but more or diverse magnitudes there cannot be;

3° in that place is nothing, out of the mind: *magnitude* nothing in the mind;

4. *NLW* renvoie à des définitions qui trouveront place dans le *DC*, c. III § 3, mais qui ne figurent pas dans la partie de *NLW* qui est conservée.

5. Avant cloth, « ga » a été barré ; le rédacteur avait sans doute commencé à écrire « garment ». Cf. *DC*, c. VIII § 3 (*OL*, p. 92) : « sicut sanguis in cruentata veste ».

4° in that place is a *feigned (ficta)* or fancied extension, magnitude a *true (vera)* one.

A body placed is not *extension* but the thing extended, i.e. *extensum*.

A place is immovable: that which is moved is understood to be transferred from one place to another. If a place should be moved, a place would be transferred from a place to a place, so as of necessity there would be a place of a place and so in infinitum. Hence it is said a *place* is nothing else but a phantasm or idea settled in the mind, of any body of such *magnitude* and such a *figure*; and this a space or place generally considered.

The nature of place does not consist in the superficies of the ambient but in the solid space. For the whole thing placed, with the whole place, and part with the part, is coextended, but the body placed being a solid it is not intelligible that it should be coextended with the superficies.

The whole body cannot be moved unless all the parts together be moved, and the interior parts cannot be moved unless they leave their place; but the interior part of the body cannot leave the superficies of the exterior that is contiguous to it, whence it follows if place be the superficies of the ambient, the parts of that which is moved i.e. that which is moved is not moved.

(VIII. 6) *Plenum quid.* *Plenum is spatium (sive locus) quod a corpore occupatur.*

Vacuum quid. Vacuum quod non occupatur.

(VIII. 8) A body (corpus) and the magnitude and place thereof are divided by one and the same act of the mind, i.e. by division of the space.

Hence it is manifest that, 1° neither two bodies can be together in the same place, nor 2° one body in two places at once

1° not two bodies in one place because the whole body that occupies the whole space being divided into two, the space likewise must be divided, and therefore there will be two places[6];

2° not one body in two places: because the space that is occupied by the body i.e. the place thereof being divided into two, the body itself is likewise divided for as was said the place and the body which is in it are divided together, therefore they are two bodies.

corpora { *continua* / *contigua* } (VIII. 9) [f. 3] Corpora duo contigua inter se et continua dicuntur eadem ratione qua duo spatia i.e. *contigua sunt inter quae nullum est spatium*: per spatium | intelligimus (ut supra) ideam seu phantasma corporis, ita ut nec corpus nec magnitudo inter ea nec sit nec esse possit i.e. spatium corpus recipiendi capax[7] non intercedat.

Continua inter se sint quorum est pars communis, et plura quorum quaelibet duo proxima sunt continua.

Motus quid. (VIII. 10) CAP. 7. *Motus is a continued reliction of one place and an acquisition of another.*

The place relinquished is the terminus a quo, and the place acquired the terminus ad quem. I say continued because a body how little soever cannot at once (or together) go so from the first place that a part thereof shall not be in a part common to both places. For

6. *edd.* there will be two places *NLW* there two places.

7. *edd.* capax *NLW* peu visible *Rossi* corpore.

example a body in the place AB. CD. cannot come to the place BD. EF. but first it must be in GH. IK. whereof the part GH. BD. is common to both places AB. CD. and GH. IK. and the part BD. IK. common to both places GH. IK. and BD. EF.

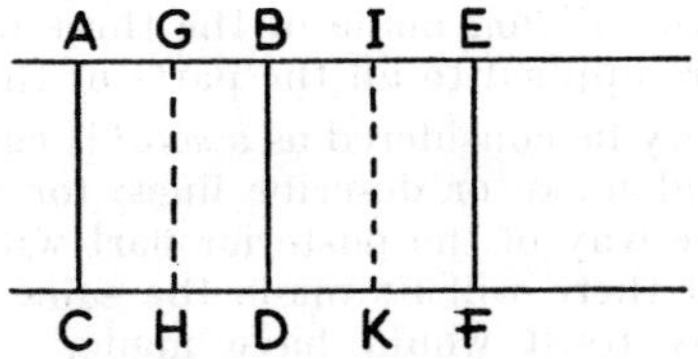

Nothing can be conceived to be moved but in time, for time by definition, is the phantasm or conception of motion. Therefore to conceive anything to be moved not in time is to conceive a thing moved without conceivin any motion, which is impossible.

Quies quid. (VIII. 11) *Quiescere dicitur quod per aliquod tempus in eodem est loco.*

That is said to have been moved which whether it now rest or move, was before in another place than now it is. Whence follows:

1° quicquid movetur motum esse for that which is moved if it be in the same place[8] as before, it rests i.e. it is not moved by the definition of *quies*: if it be in another place, it has been moved by the definition of *motion*;

2° quicquid movetur motum iri adhuc, for that which is moved leaves the place where it is, therefore gets another, ergo movebitur adhuc;

3° quod movetur non est in uno loco per ullum tempus quantumvis exiguum, for by the definition of *quies* that which is in one place for any time doth rest.

That which is moved is neither moved in the place where it is nor in the place where it is not but from the place where it is to the place where it is not.

When it is said quicquid movetur non modo motum esse sed etiam motum fore, it is to be collected that motion is not to be conceived without the conception of *past* and *future*.

linea longitudo. Cap. 8° (VIII. 12) 1° if of a body which is moved (though there be always some magnitude yet none be considered or brought into argument) the (*via* or) way by which this body passes is called a line or one simple dimension: the *space* which it passes is called *longitude* and the body itself a *point*: in the same sense as the Earth is called a point and the annual way thereof the ecliptic line;

superficies et latitudo 2° if the body moved be now considered as long but so supposed to move as all the parts thereof make lines the via or way of every part is the *latitude* of that body, the space that is made is called

8. *edd.* if it be in the same place *NLW* if it be place *DC*, c. VIII § 11 (*OL* I, p. 98) : si in eodem sit loco.

the *superficies*, consisting of the double dimension, the *latitude* and *longitude* whereof the one whole is applied to all the parts of the other;

solidum et profunditas 3° if a body be considered as now having a superficies and be understood so to move as all the parts make or describe lines the way of every part is the *crassities* or *profundity* thereof, the space that is made is called *solidum* made of the three dimensions whereof every two whole are applied to all the parts of the third.

If yet a body be considered as a *solid* it cannot be that all the parts thereof should make or describe lines: for what way soever it shall be moved the way of the posterior part will fall into the way of the anterior, and there will be made the same solid which the anterior superficies by itself would have made. And therefore no other dimension of a body as a body can be besides those three though after we shall say that velocity (which is motion by longitude applied to all the parts of the solid) make the magnitude of the motion consisting of four dimensions: *sicut et bonitas auri in singulis partibus computata facit pretium ejus.*

Equale CAP. 9. (VIII. 13) Bodies are said to be equal betwixt themselves which can possess the same place. A body may possess the same space which another body possesses, though it be not of the same figure, so as by flexion or transposition of parts it may be conceived to be reduced into the same figure.

majus *A body is greater than another when a part of that is equal to this whole.*

minus [f. 3v] *A body is less than another when that whole is equal to a part of this.* |

(VIII. 14) Of one and the same body there is always one and the same magnitude because the body and his magnitude and place cannot be comprehended in our minds but as coincidents.

velocitas (VIII. 15) Motion, quatenus by it a certain longitude may be transmitted in a certain time, is called *velocity*. Though velox for the most part be in relation *ad tardius*, as *magnum respectu parvi* : yet as magnitude with philosophers is taken absolutely for extension so is *velox* absolutely for *motion according to longitude*.

Equale, majus, minus in temporibus quid. (VIII. 16) We say that several motions are absolved in equal times when every one of them does begin and end together with some other or if it had begun with it had likewise ended with it.

For time which is a phantasm of motion cannot be estimated but by exposed motion : as it is in dials[9] by motion of the sun, or index where if two or more motions do begin and end together with that motion they will be estimed to have been done in equal times.

Equale, majus, minus in motu, quid. (VIII. 18) *Motion* is not said to be greater, less or equal, by reason or for the longitude only which is made in a certain time, but for the velocity applied to every particle of the magnitude, for when a body is moved there is likewise moved every particle or part thereof. For example suppose *half*; whence the motions of the halves being equally swift betwixt themselves and to the motion of the whole, the motion of the whole will be equal to two motions whereof either is equally swift with it; therefore it is one thing for two motions to be *equal* betwixt themselves and another to be equally swift. It is plain

9. « dials » remplace « clocks », qui a été barré.

that in two horses in a chariot the motion of both horses together is equally swift to the motion of either, but the motion of both is greater than that of one i.e. double to it.

Two motions (therefore) are simply equal when the velocity of the one computed according to all his magnitude is equal to the velocity of the other computed likewise according to all his magnitude.

One motion is greater than another when the velocity of the one so computed (as is said) is greater than the others so likewise computed, *less when less.* The magnitude of motion thus computed is the same thing we call *vis* or force.

(VIII. 19) *Quod quiescit nisi ab externo moveatur semper quiescet.*

Quod movetur nisi ab externo impediatur semper movebitur.

(VIII. 20) Generari et perire possunt accidentia omnia praeter corpus.

Corpora et accidentia sub quibus varie apparent ita differunt ut corpora sint *res non genitae*, accidentia vero *genita non res.*

(VIII. 21) Accidentia non migrant e subjecto, nec moventur.

Essentia quid. Materia. Forma. CAP. 10 (VIII. 23) That accident for which we impose a certain name upon any body: or that accident which does denominate his subject is called the *essence* thereof. Rationalitas hominis, albedo albi, extensio corporis, dicitur *essentia.* The same *essence* quatenus generata is called *forma.* A body in respect of the accidents is called *subjectum*: in respect of the form, *materia.*

The production or destruction of any accident is the cause that the subject is said to be changed, but only of the form that it is said to be generated or corrupted (destroyed).

In every generation and mutation the name of the matter remains. As a table is made of wood is called wooden and wood and a statue of brass, brazen and brass.

Materia prima quid (VIII. 24) The common matter of all things which the philosophers call materia prima is not a distinct body from all other bodies nor one of them but a name only, signifying a body to be considered without considering any form or any accident except only *magnitude* or *extension* and aptitude to receive *form and accidents.* So as materia prima is corpus universale i.e. a body considered universally whereof it cannot be said that there is no form or no accident, but in which it may be said no form or accident besides quantity and aptitude to receive form or accident is considered i.e. brought into argument or account. | [f. 4]

Of the accidents by which we distinguish
a body from a body

[D]ifferre unum ab alio, quid. (XI. 1) CAP. 11 First should be shown what the *ipsum distingui et non distingui* i.e. quid sit *idem* et *diversum.*

Two bodies are said to be different or to differ betwixt themselves when something may be said of the one which cannot be said of the other at the same time.

First it is manifest that two bodies are not the same thing since the two are in two places at the same time. But that which is the same thing is in the same place at the same time. And therefore all bodies

Differe quid (XI. 2) 1° *numero quid.* do differ betwixt themselves *numero* i.e. ut *unum* et *alterum*. So as idem et *numero differentia* sunt *nomina contradictorie opposita.*

2° *magnitudine.* Two bodies differ in magnitude whereof the one is greater than the other as cubitale, bicubitale : bilibre, trilibre, etc. His opponuntur *aequalia.*

3° *qualitate.* Those that differ more than in magnitude are called dissimilia: those that do not differ more than only in *magnitude* are called *similia.*

Dissimilia 1° *specie* 2° *genere* of the dissimilia 1° some differ *specie* when the difference is perceived by the same sense, as *white, black*, etc.; 2° some differ *genere*, when the difference is not perceived by the same sense, white, hot, etc.

Relatio quid. (XI. 3) The *similitude* or *dissimilitude* or the equality or inequality of any body with another is called the *relation* thereof: and the bodies themselves called *relata inter se,* sive *correlata.* The first the *antecedent*, the second the *consequent.*

Ratio et proportio quid. The relation of the *antecedent* to the *consequent* according to the *magnitude* i.e.: 1° *equality*; 2° *excesse*; 3° *defect* thereof is called the *ratio* et proportio of the *antecedent* to the *consequent*: so as the *ratio is nothing but the equality or inequality of the antecedent compared to the consequent according to magnitude.* For example the *ratio* or *proportio* ternarii numeri ad binarium is no other but that the ternarius doth superare binarium unitate. And the ratio binarii[9 bis] ad quinarium is nothing but that the binarius doth deficere a quinario, ternario. And therefore in the *proportion* of inequals the *relatio* or *ratio* of the *less* to the *greater* is called *defectus* and of the greater to the less *excessus.*

Proportionalia quid i. e. rationum ratio ; in quo consistat magnitudinum ratio inter se. (XI. 4)

Inaequalium { 1° alia sunt magis / 2° alia sunt minus / 3° alia sunt aeque } inaequalia.

And therefore there is not only to be considered a relation or proportion of magnitudes, but a relation or proportion likewise of *relations* and *proportions (non solum magnitudinum sed etiam rationum ratio datur).* For example when two *unequals* have relation to two other *unequals*, as when the inequality betwixt 2 and 3 is compared with the inequality that is betwixt 4 and 5 in which comparison there are always four magnitudes (or if there be only three, the middle, which amounts to the same, is twice reckoned): as when the relation or proportion of the first to the 2d is equal to the relation of the 3d to the 4th those four as [are ?] said to be *proportional,* or to be as the first is to the 2d, so the 3rd to the 4th; otherwise they are not said to be proportional.

(XI. 5) The ratio or relation or proportion of the antecedent to the consequent, consists in the difference betwixt them, i.e. in that part of the *greater* wherein the *less* is exceded by that greater, or in the residue or remainder of the greater the less being taken from it or out of it, but that not simply but as compared with either of the *relata*

9 *bis. edd.* binarii *NLW* binarium

or *relatives* (*alterutro* relatorum): as the ratio or proportion of 2 to 5 is 3 by which 5 exceeds 2, not *simply* but as it is compared with 2
[f. 4v] and 5. For though | there be the *same difference* betwixt 2 and 5 as there is betwixt 9 and 12, that is to say, the same 3, or idem *ternarius numerus,* yet there is not the same inequality, and therefore not the same relation or proportion betwixt 2 and 5 as there is betwixt 9 and 12. For 5 contains 2 twice and a half, but 12 contains no more but 9 and a third part of 9.

Compare 3 to 2 and to 5. When you compare it to 2 you find it exceed 2 by a unity, i.e. it contains 2 and half 2. When you compare it to 5 it is exceeded by 5, by two unities, i.e. it is comprehended by 5, together with two unities or two 3d parts of 3, or it is contained by 5, and with it as much more as two 3d parts of it. On the other side, compare 3 (being the difference betwixt 9 and 12) with the two relatives 9 and 12. You find it contained in both three times in the one (9), and four times in the other (12).

For then when we say as there is the same difference betwixt 2 and 5 as betwixt 9 and 12, i.e. 3 but not the same inequality, it is meant the addition of unities to the one is no more than to the other, as 3 added to 2 makes 5, and 3 to 9 makes 12. But the relation or proportion (or comparison) which may be considered between them (such as is that of the whole to the parts et e contra) is not the same, for 5 and 2 considered not by how many unities the one exceeds or is exceeded by the other, but what proportion of parts it has, 5 does not comprehend 2 just as 12 does 9. Take it the other way, as 2 is to 6, 3 is to 9, though the difference betwixt 2 and 6, being 4, is not the same with the difference twixt 3 and 9, being 6, yet the equality of proportion is the same; 2 is the 3d part of 6, and so 3 of 9.

Relatio non est novum accidens, sed aliquod eorum quae inerant ante relationem sive comparationem factam (XI. 6)

Relation is not any diverse accident from the other accidents of the *relative* but is one of them i.e. that according to which the comparison is made. For example, the *similitude* of *one white* with another or the *dissimilitude* with *black,* is the same accident with the *whiteness* thereof; and *equality* or *inequality* is the same accident with the magnitude of the thing compared under diverse names. For that is called album or tantum uncompared with another, the same compared is called *simile,* or *dissimile, equale* or *inequale*; whence follows that the causes or accidents that are in the relatives are the causes likewise, of the similitude, equality, dissimilitude and inequality. That is to say he that makes two bodies unequal, makes the inequality of them; and he that makes the *rule* and the *action,* if the action be congruous to the rule is cause of the congruity, and of the incongruity if incongruous.

Thus much of the comparison of one body with another

Principium individuationis (XI. 7)

The same thing may be compared with itself at several times, whence arises the controversy de *principio individuationis,* whether an old man be the same he was when he was young

1° some place *individuity* in the identity or unity of the matter;

2° others in the *form*;

3° others in the unity or identity of the aggregate of all accidents together.

But we are to consider by what name and according to which (of those whereof it is compaginate) the thing propounded is considered when we inquire of the *identity* or unity thereof. When we inquire concerning Socrates, it imports much to see whether he be the same man (idem homo), or the same body (idem corpus) or etc.

Quantitas quid. CAP. 12 (XI. 1) Of dimension: what and how manyfold we have said, i.e. there are 3 dimensions:

1° a *line* or *longitude*, 2° a *superficies*, 3° a *solid*. Every of these if the bounds and terms be known is called *quantity*.

Quantity (defined) is *dimensio determinata*, vel *dimensio* cujus termini

sunt aut { 1° *loco* / 2° *comparatione aliqua* } cogniti.

(XII. 2) Quantity is determined two ways

1° according to *sense* which is done by a sensible object: as when a line[10]

10. « as when a » termine le f. 4v, « line » est la réclame. On peut continuer approximativement la phrase en se référant à *DC* c. XII § 3 (*EW* I, p. 139) : « ... as when a line, a superficies, or solid, of a foot or cubit, marked out in some matter, is objected to the eyes ; which way of determining is called exposition », etc.

Appendice III

Notes pour la « Logica » et la « Philosophia prima » du De corpore. Manuscrit autographe de Thomas Hobbes.
(Chatsworth, collection du Duc de Devonshire)

Texte intégral accompagné des principales variantes du manuscrit de Cavendish. (Harleian MS 6083.)

Le manuscrit de Chatsworth est étudié plus haut, Chapitre III, 3 a, de notre Introduction. Bien que dans ce manuscrit certains mots importants, certaines définitions ressortent avec clarté, il est dans son ensemble d'une lecture difficile, à cause de l'écriture hâtive et de l'usage abondant des abréviations. Pour les 6 premiers chapitres nous avons consulté avec profit la transcription de C. von Brockdorff (voir notre Bibliographie) et pour l'ensemble la comparaison avec le *De corpore* et les notes de Cavendish nous a souvent aidés à reconstituer le texte. Les mots que nous ne sommes pas sûrs d'avoir correctement identifiés, ou que nous n'avons pu lire sont signalés comme suit : <tamen> ; <?>.

Du manuscrit de Cavendish dont les 5 derniers chapitres ont été publiés dans *Thalès* (voir notre Bibliographie) et dont les rapports avec *Cw* sont examinés plus haut (Chapitre III, 3 c, de l'Introduction), nous reproduisons ici les variantes les plus importantes, et les passages sans équivalent dans *Cw*. Le texte de *Harl.* est donné en italiques. Les indications destinées à faciliter la comparaison sont mises entre parenthèses droites. Il en va de même pour les têtes de chapitre et les numéros des articles, chaque fois qu'il est nécessaire de les ajouter dans *Cw* ou dans *Harl.*

Pour des raisons dont fait état notre Introduction, nous avons révisé la numérotation des chapitres de *Harl.* telle qu'elle était donnée dans l'étude de ce manuscrit dans *Thalès*. Les 12 premiers chapitres de *Harl.* tels que nous les comptons ici correspondent à ceux de *Cw* et du *De corpore*. L'ordre des articles est également le même que dans l'ouvrage imprimé (sauf pour le ch. 6). Lêur numéro n'est pratiquement jamais indiqué dans *Cw* (seule exception, les trois premiers du ch. 15) ; il est signalé régulièrement dans *Harl.* à partir du ch. 7.

A partir du 13e chapitre et jusqu'à la fin du 17e[1], il n'y a plus dans *Harl.* de correspondance précise avec le *De corpore* pour la numérotation des chapitres et des articles. D'autre part, bien qu'ils ne correspondent pas en tous points, les deux manuscrits recouvrent en grande partie la même matière. Et lorsqu'ils correspondent, l'ordre des exposés est le même, et souvent les textes coïncident. Et comme c'est seulement dans *Harl.* que les articles sont numérotés, c'est cette numération dans *Harl.* que nous prenons comme référence, pour les derniers chapitres de *Cw.*

Le manuscrit de Chatsworth se compose de 32 feuilles de petit format (15,5×9,8 cm) dont les trois dernières sont blanches. Les autres sont remplies recto et verso (à l'exception de f. 9r) et numérotées de 1 à 29.

Les notes de Cavendish se composent principalement de 6 feuilles pliées en deux de manière à former 24 pages, numérotées par Cavendish de 1 à 24. Elles représentent une rédaction continue, et dans l'ordre, des notes sur les 17 chapitres, bien qu'elles soient séparées en deux groupes dans le recueil composite qu'est le MS 6083 (ff. 198r à 201v et 204r à 211v). Seule le c. 13 est incomplet. Il ne comporte en effet (p. 13 = f. 206r) que les articles 1 et 3. Mais on trouve les compléments dans d'autres feuilles du même format, mais non paginées. L'article 2 se trouve au f. 194r avec le numéro du chapitre et la mention : « in 13 page the 1 and 3 ; in this page the 2 ». Au verso on lit : « cap. 13 » et « in this page the 4 ». Les notes continuent au f. 195r/v où l'on peut lire : « 5th omitted. in this leafe 6, 7, 8 and part of the 9th », puis aux ff. 202r/v et 203r où Cavendish écrit en bas de page « on these 3 sides parte of the 9th and the rest of the 13th cap : except the 11th article » et « finis 13 cap. ».

Les ff. 71r-74v et 196r-197v, dont il est question dans notre examen de *Harl.* au chapitre III de notre Introduction, n'apportent pas d'éléments appréciables pour une édition de *Cw* avec les variantes les plus importantes de *Harl.*

Dans notre édition les références aux folios de *Harl.* sont indiquées entre parenthèses droites, généralement à la fin des chapitres. Les numéros des folios de *Cw* sont indiquées en haut de page. Chaque nouveau recto ou verso est aussi indiqué dans le texte, soit par un trait vertical, soit par un numéro lorsque la fin d'une page correspond dans le manuscrit à la fin d'un paragraphe.

Sont également entre parenthèses droites les numéros des articles des chapitres correspondants dans *DC* et, à partir du chapitre 13, des articles correspondants dans *Harl.*

1. On prendra garde au fait que dans *Thalès* ces chapitres sont comptés de 12 à 16.

f. 1 Logica. Cap. 1. Ex T.H.

[De philosophia]

[2] Philosophia est corporum proprietatum ex conceptis eorum generationibus, et rursus generationum, quae esse possunt, ex cognitis proprietatibus, per rectam ratiocinationem acquisita cognitio.

Per ratiocinationem intelligo computationem : computare est plurium rerum simul additarum summam colligere, vel unâ re ab alia detracta, cognoscere residuum. Ratiocinari igitur idem est quod addere et subtrahere ; nam multiplicatio idem est quod aequalium additio ; divisio, quod aequalium subtractio, quoties fieri potest. Recidit itaque ratiocinatio omnis ad duas animi operationes additionem et ademptionem.

[3] Animo sine verbis, sic ratiocinari solemus. Si quis e longinquo aliquid obscurè videat (etsi nulla sint imposita vocabula) habet tamen eius rei ideam eandem, propter quam postea dicit eam rem esse corpus. Dein, postquam propius accesserit, videritque eandam rem certo quodammodo nunc uno, nunc alio loco esse, habebit ejusdem ideam novam, propter quam postea talem rem animatam vocat. Postremo cum stans in proximo figuram ejus videat, vocem audiat, aliasque res quae signa sunt animi rationalis perspiciat, habet ideam tertiam (etiamsi nomen ejus nullum adhuc fuerit), eandem scilicet propter quam dicimus aliquid esse rationale. Quando autem totam rem ut unam plenè jam et distinctè visam concipit, illa idea composita ex praecedentibus ; atque hoc modo componit animus ideas praedictas, eodem ordine quo in oratione componuntur haec nomina singula, corpus, animatum, rationale, in unum nomen corpus-animatum-rationale, sive hominem.

Similiter ex conceptibus quadrilateri, aequilateri, rectanguli, componitur conceptus quadrati ; potest enim / animus concipere quadrilaterum sine conceptu aequilateri, et aequilaterum sine conceptu rectanguli, et concepta haec singula potest conjungere in conceptum unum, sive ideam quadrati.

Rursus, si quis hominem astantem videat, concipit totam ejus ideam ; si vero recedentem sequatur oculis tantum, amittet ideam earum rerum quae signa erant rationis, attamen idea animati oculis inhaerebit ; itaque ex tota idea hominis (i.e. corporis animati rationalis), subducitur idea rationalis, residua est corporis animati. Dein paulò post in distantia majore amittetur idea animati, residebit tantum idea corporis ; tandemque cum prae distantia amplius conspici non potest, tota idea ab oculis evanescit. Atque his exemplis patet, qualis res sit interna animi sine vocibus ratiocinatio.

Non solum numerus numero, sed magnitudo magnitudini, corpus corpori, motus motui, tempus tempori, gradus qualitatis gradui, actio actioni, conceptus conceptui, proportio proportioni, oratio orationi, nomen nomini (in quibus omne philosophiae genus continetur) adjici adimique potest.

Rem quamcunque addimus vel adimimus, i.e. in rationes referimus, eam dicimus[a] considerare : λογίζεσθαι, sicut ipsum computare, sive ratiocinari, συλλογίζεσθαι, nominant Graeci.

[4] Corporis proprietatem appello facultatem seu potentiam ejus qua ipsum ab aliis certis corporibus distinguimus, id est inaequale vel dissimile esse concipimus.

[9] Philosophiae partes principales 2 (pro duobus corporum generibus summis) naturalis et civilis ; haec 2a, Ethica et Politica. 1a de corporibus naturalibus. 2a de ingenio et moribus hominis. 3a de officiis civium.

[Harl. 2 (f. 198r) : définition seulement ; 3. 4. 9. manquent.]

f. 2

Cap. 2
[De vocabulis]

[1] Ob fluxas cogitationum nostrarum conditiones, necessario requiruntur ad philosophiae acquisitionem monimenta quaedam sensibilia, quibus cogitationes elapsae iterum reduci possint et ordine suo coram phantasiâ sint. Notas vocant, scilicet res sensibiles arbitrio nostro adhibitae, ut illarum sensu, cognitiones in animum revocari possint, similes iis cogitationibus, quarum gratiâ adhibitae sunt.

[2] Rursus ad philosophiae traditionem[b] necessarium est ut sint signa aliqua quibus quae ab aliis excogitata sunt, aliis patefieri possint. Signa autem vocari solent antecedentia consequentium et consequentia antecedentium, quoties plerumque ea simili modo praecedere et consequi experti sumus.

Signorum alia naturalia (ut nubes densa sequuturae pluviae) ; alia arbitraria, scilicet quae nostra voluntate adhibentur ; ut hedera suspensa vini vaenalis, et voces humanae certo modo connexae, ad significandas animi cogitationes et motus.

Notae ergo et signi differentia est, quod illa nostri, hoc aliorum gratia institutum sit : illa, ut recordari, hoc ut demonstrare aliis possimus.

[3] Voces humanae, sic connexae, oratio ; partes vero singulae nomina appellantur. Quae tam notarum, quam signorum vicem supplent. Sed notarum prius quam signorum officio funguntur. Nam homini, si unicus quidem in mondo esset, inservirent ad memoriam ; non autem ad demonstrationem, nisi esset alius. Item nomina, per se, notae sunt, sed non significant aliquid esse in animo proferentis, nisi in oratione. Nomen igitur primario adhibetur, ut sit nota, memoriae causâ ; accidit autem ut inserviat quoque significandis demonstrandisque iis rebus quas memoria tenemus. /

[4] Nomen est vox humana, arbitratu hominis adhibita, ut sit nota, qua cognitioni praeteritae cognitio similis in animo excitari possit, quaeque in oratione disposita, et ad alios prolata, signum iis sit qualis cognitio in ipso proferente praecessit vel non praecessit.

[5] Sunt ergo nomina signa conceptuum, non rerum.

[6] Nomen omne ad nominatum aliquid refertur ; illud autem, sive res vera sit, sive ficta, res vocetur.

[7] Nomen est vel positivum (seu affirmativum) propter aequalitatem, similitudinem, vel identitatem ; vel negativum (seu privativum et infinitum)

(a) dicimus *Cw* dicimur (b) acquisitionem *barré et remplacé par* traditionem

propter diversitatem, dissimilitudinem, vel inaequalitatem rei cogitatae impositam. Homo, positivum. Non homo, negativum. Negativis revocamus in animum et significamus, quid non cogitavimus.

[8] Nomen positivum et negativum sunt contradictoria, ita ut ejusdem rei nomina ambo esse non possint. Item alterum quidem cujuslibet rei nomen est. Ut omne quod est, vel homo est, vel non homo ; album, vel non album, etc.

[9] Nomen est, commune, quod pluribus rebus ; proprium, quod rei singulari, attribuitur. Commune, cum sit plurium rerum singillatim, non collectivè sumptarum nomen, universale dicitur.

Est igitur nomen hoc universale, non rei alicujus in rerum natura existentis neque ideae, sive phantasmatis alicujus in animo formati ; sed alicujus vocis, sive nominis nomen. Sic cum animal dicatur universale, non res aliqua voce universalis significata, sed ipsum nomen animalis est universale.

Nominum communium aliud genus dicitur, aliud species — ut equus, leo, definitio.

[*10*] *Nomina secundae intentionis sunt nomina nominum et orationum.*

[11] Omne, aliquid etc. non sunt nomina, sed nominum partes.

[*11*] *Nomen certae significationis est, cum is qui audit, concipit animo rem quam loquens conceptum vellet. Incertae significationis, cum is qui audit, nescit de qua re is qui loquitur sese intelligi velit.*

Universale est nomen uniuscuiusque ex illis pluribus, quibus commune est nomen. Particulare est nomen alicujus ex illis pluribus, quibus commune est nomen. Omnis homo, quem audiens concipit. Aliquis homo, quem loquens concipit. Nominum partes, omnis vel aliquis.

[*12.*] *Univoca sunt quae in eadem serie ratiocinationis idem semper significant. Æquivoca quae nunc uno nunc alio modo intelligenda sunt.*

[*13.*] *Absoluta quae non ad significandam comparationem imponuntur. Relativa quae ad significandam comparationem imponuntur.*

[*14.*] *Simplex nomen, quod in unoquoque genere communissimum sive universalissimum est. Compositum nomen, quod per adjunctum aliud nomen fit minus universale, significatque plures conceptus extitisse in animo, propter quos nomina illa posteriora addita sunt.*

[Harl. (f. 198r) 1. 2. 3. 6. manquent. 10. 12. 13. 14. en plus.]

f. 3 [Cap. 3]

[De propositione]

[1] Propositio oratio est affirmantis vel negantis, estque nota veritatis vel falsitatis.

[*1*] *Orationes aliae affectus hominum significant, ut interrogationes, promissiones, comminationes, jussiones, optiones, lamentationes, precationes, etc. Aliae omnino absurdae. Aliae affirmativae vel negativae videlicet propositiones.*

[2.] Estque oratio constans ex duobus nominibus copulatis, qua significat is qui loquitur, concipere se, nomen posterius ejusdem rei nomen esse, cujus est nomen prius, sive nomen prius a posteriore contineri : « Homo est animal », « Homo est non-lapis ». Nomen prius subjectum, antecedens, vel contentum ; posterius praedicatum, consequens, vel continens solet dici.

[3] In omni propositione 3 consideranda : duo nomina, i.e. subjectum et praedicatum ; et copulatio. Nomina in animo excitant cogitationem unius et ejusdem rei. Copulatio autem cogitationem inducit causae propter quam ea nomina illi rei imponuntur, ut cum dicimus « corpus est mobile », quanquam rem ipsam cogitant utroque nomine designatam, non tamen ibi acquiescit animus, sed quaerit ulterius, quid sit illud « esse corpus », vel « esse mobile », id est, quae sint in ea re diversitates ab aliis rebus, quare illa sic vocetur, aliae non vocentur ; quaerentes itaque, quid sit « esse aliquid », ut « esse mobile », « esse calidum », etc., quaerunt in rebus nominum suorum causas.

Hinc distinctio nominum in concreta et abstracta. Concretum est, quod rei alicujus quae existere supponitur, nomen est. Ideo suppositum, ὑποκείμενον dicitur. Ut corpus, mobile, motum, figuratum, calidum, aequale, Appius etc. Abstractum est, quod in re supposita existentem nominis concreti causam denotat — ut « esse corpus », « esse mobile », « esse calidum », « esse aequale », « esse Appium », etc., / vel nomina his aequivalentia, quae communiter abstracta vocantur, corporeitas, mobilitas, calor, aequalitas, Appietas, etc.

Nomina abstracta causam nominis concreti denotant, non ipsam rem. Exempli gratia, cum visibile aliquid videmus vel concipimus, non ut in uno puncto, sed ut habens partes a partibus distinctas, i.e. ut extensum per spatium aliquod, rem ita conceptam voluimus appellari corpus ; causa ejus nominis est, « esse eam rem extensam », sive extensio, sive corporeitas. Sic videntes aliquid modo hinc, modo inde apparere, vocamus illud motum vel translatum ; causa nominis ejus est, « eam rem moveri » seu motus ejus.

Causae autem nominum eaedem sunt quae nostrorum conceptuum, nimirum potentia aliqua vel actio, vel affectio rei conceptae, vel ut aliqui loquuntur, modi ejus, plerumque vocantur accidentia.

[5] Propositio universalis est, cujus subjectum affectum est signo nominis universalis : « Omnis homo est animal ».

Particularis, cujus subjectum affectum est signo nominis particularis : « Quidam homo est doctus ».

Indefinita, cujus subjectum est nomen commune, sine signo : « Homo est animal ».

Singularis, cujus subjectum est nomen singulare : « Socrates est philosophus », « Hic homo est niger ».

f. 4

[6] Propositio affirmativa est, cujus praedicatum est nomen positivum : « Homo est animal ». Negativa, cujus praedicatum est nomen negativum : « Homo est non-lapis ».

[7] Propositio vera ; cujus praedicatum continet in se subjectum ; sive cujus praedicatum nomen est uniuscujusque rei, cujus nomen est subjectum : « Homo est animal », nam quicquid vocatur homo, vocatur animal ; « Quidam homo est aegrotus », cum sit cujusdam hominis nomen « aegrotus ». Quae vera non est, sive cujus praedicatum non continet subjectum, ea falsa appellatur, ut « Homo est saxum ».

Verum, et veritas, non in re, sed in propositione consistit.

[8] Unde patet : veritati et falsitati locum non esse nisi in iis animantibus, qui oratione utuntur. Et sicut orationi ritè intellectae debent homines, quicquid recte ratiocinantur : sic eidem male intellectae debent errores suas.

Hinc etiam patet : veritates primas ortas esse ab arbitrio eorum, qui nomina rebus primi imposuerunt, vel ab aliis posita acceperunt. Nam verum est « hominem esse animal » ; ideo, quia eidem rei duo illa nomina imponi placuit.

[9] Propositio prima est, cujus praedicatum subjecti per plura nomina explicatio[c] est, ut « Homo est corpus animatum rationale », idem enim quod comprehenditur in nomine « homo », fusius dicitur nominibus conjunctis « corpus », « animatum », « rationale ». Dicitur autem prima, quia prima est in ratiocinatione ; nam nisi nomine rei, de qua quaeritur, prius intellecto, nihil probari potest. Primae autem sunt nihil aliud praeter definitiones, vel definitionis partes : et hae solae principia demonstrationis sunt, scilicet veritates arbitrio loquentium audientiumque factae, et propterea indemonstrabiles.

[f. 4v]

Axiomata, sive communes quas vocant notiones, non sunt principia, sed conclusiones ; non [principia][d], etsi probatione non egeant, propter evidentiam, probari tamen possunt.

Petitiones autem, principia sunt artis, sive constructionis ; non scientiae aut demonstrationis.

[10] Propositio est vel necessaria, id est necessariò vera ; vel vera, sed non necessariò, quae etiam contingens dicitur.

Necessaria est, quando nulla res concipi potest sive fingi ullo tempore, cujus nomen sit subjectum, quin ejusdem nomen sit etiam praedicatum, ut « Homo est animal ». Cuicumque rei et quandocumque supponimus convenire rei alicui nomen « homo », eidem conveniet nomen « animal ».

Contingens, quae modo vera, modo falsa est ; ut « Omnis corvus est niger » ; hodie contingere potest ut sit vera, alio tempore ut sit falsa.

In omni propositione necessaria praedicatum vel aequivalet subjecto, ut « Homo est animal rationale » ; vel pars aequivalentis est, ut « Homo est animal ». Componitur enim nomen hoc, « animal rationale », sive « homo », ex duobus, « animal » et « rationale ». At in contingente hoc non fit. Nam si vera esset, « Omnis homo est mendax » ; quoniam tamen vox « mendax » non est pars nominis compositi, cui aequivalet nomen « homo », non dicetur necessaria, sed contingens, etiamsi semper ita contingeret. Necessariae ergo sunt, quae sempiternae sunt veritatis.

Hinc patet veritatem non rebus, sed orationi inesse. Nam etsi nec homo sit, nec animal, vera tamen est propositio : « Si est homo, est animal. »

[11] Propositio categorica, quae absolute dicitur. Hypothetica, quae non absolute sed cum conditione.

f. 5

In propositionibus necessariis, si categorica vera, etiam hypothetica vera. Si vera : « Omnis homo est animal », vera est : « Si quid homo est, etiam animal est. » Non sic in contingentibus. Nam etsi vera sit : « Omnis corvus est niger », falsa tamen haec : « Si quid corvus est, id nigrum est ».

Hypothetica vera est, cuius consequentia vera. Itaque quoties hypothetica vera est, categorica ei respondens non modo vera, sed necessaria est ; tutius ergo est per hypotheticas propositiones quam categoricas ratiocinari.

[*12*] *Propositio reducenda ad categoricam expressa copula.*

(c) explicatio *Cw* explicationem (d) omis dans *Cw*

[*13*] *Æquipollentes quae ad unam et eandem puram categoricam reduci possunt; categoricae necessariae suis hypotheticis* [*aequipollentes*][e].

[*14*] *Duae universales quarum unius termini sunt alterius terminis contradictorii, et positi ordine converso. Vel hae,* « *Nullus homo est arbor, nulla arbor est homo* »; *nam si verum sit,* « *arbor* » *non esse nomen ullius hominis, nulli rei conveniet utrumque nomen* « *homo et arbor* », *est ergo vera* « *nulla arbor est homo* ». *Item propositioni cujus uterque terminus est negativus, ut* « *Omne non animal est non homo* », *aequipollet* « *Solum animal est homo* ».

[*15*] *Item duae negativae, sive particula negationis ponatur ante vel post copulam* [*aequipollent*][f].

[*16*] *Postremo particulares omnes conversis terminis aequipollent.*

[*17*] *Propositiones subalternae, contrariae, contradictoriae, subcontrariae.*

[*18*] *Propositio ex propositionibus sequi dicitur, quando si verae esse supponantur, illam non esse veram supponi non potest.*

[*19*] *Verum ex falsis aliquando, falsum ex veris nunquam.*

[20] Quoniam ex veris non sequuntur nisi vera, intellectio praemissarum est causa intellectionis conclusionis ex iis illatae ; sed praemissae non sunt causae conclusionis. Non enim oratio est causa orationis ; sed cognitio est causa cognitionis.

[*20*] *Intellectio verarum propositionum est causa intellectionis alterius verae ex illis derivatae.*

[Harl. (198r-198v) 12. 13. 14. 15. 16. 17. 18. 19. en plus.]

Cap. 4m

[De syllogismo]

[1 et 6] Oratio constans tribus propositionibus, ex quarum duabus sequitur tertia, vocatur syllogismus. Qui nihil est aliud praeter collectionem summae, quae fit ex duabus propositionibus (per terminum communem, quae medium vocant) inter se conjunctis ; ideoque syllogismus est additio trium nominum, sicut propositio, duorum. /

[*2*] *Tres termini in praemissis nam B.A./C.D. nihil ex his necessario sequitur. Terminus nullus in conclusione qui non fuerit in praemissis, nam B.A./C.B. ei conclusio C.D. non sequitur ex praemissis, ergo tres tantum termini in syllogismo.*

[*4*] *Medius terminus determinatus ad unam eandemque rem singularem. In omni syllogismo, propositionem quae habet medium terminum pro subjecto, debere esse aut universalem, aut singularem. Si medius terminus sit singularis, inutilis est ad philosophiam.* [*5*] *Si medius terminus sit particularis vel indefinitus, nihil sequitur. Nam indeterminata propositio additio duorum nominum, syllogismus trium.*

[*7*] « *Homo* », « *non lapis* », « *non silex* ». « *Nullus homo est lapis. Quicquid non est lapis non est silex. Ergo nullus homo est silex* ». *Vel* « *Omnis homo est non lapis. Omnis non lapis est non silex. Ergo omnis homo est non silex* ». *Negativa propositio non differat ab affirmativa nisi quod in hac nomen positivum, in illa nomen negativum.*

(e) omis dans *Harl* (f) omis dans *Harl*

[8] Syllogismo directo cogitatio in animo respondens est hujusmodi. Primo concipitur phantasma rei nominatae cum accidente sive affectu ejus, propter quem appellatur eo nomine, quod est in minore propositione subjectum. Deinde animo occurrit eadem res cum accidente sive affectu, propter quem eo nomine appellatur, quod est in eadem propositione praedicatum. Tertio redit cogitatio rursus ad rem nominatam cum affectu, propter quem eo nomine appellatur, quod est in praedicato propositionis majoris. Postremo, cum meminerit eos affectus esse omnes unius et ejusdem rei, concludit tria illa nomina ejusdem quoque rei esse nomina, hoc est, conclusionem esse veram. Exempli causa, quando fit syllogismus : « Homo est animal, animal est corpus, ergo homo est corpus », occurrit animo imago hominis loquentis vel disserentis, meminitque id quod sic apparet vocari hominem. Deinde occurrit eadem imago ejusdem hominis sese moventis, meminitque id quod sic apparet vocari animal. Tertio recurrit eadem imago hominis locum aliquem sive spatium occupantis, meminitque id quod sic apparet vocari corpus. Postremo cum meminerit rem illam, quae et extendebatur secundum locum, et loco movebatur et oratione utebatur, unam et eandem fuisse, concludit nomina illa tria « homo », « animal », « corpus », ejusdem rei esse nomina, et proinde « homo est corpus » esse veram propositionem.

Unde patet : conceptum sive cogitationem quae respondens syllogismo in animo existit, nullam esse in iis animalibus quibus deest usus nominum, cum inter syllogizandum oporteat non modo de re cogitare, sed etiam alternis vicibus de diversis rei nominibus, quae propter diversas de re cognitiones adhibentur.

[*Cw.* et *Harl.* donnent tous deux le texte complet du *DC*. *Cw* présente de légères variantes par rapport à *Harl.* et *DC* : « Unde patet » pour « Manifestum hinc est », « adhibentur » pour « adhibita sunt ».]

[*9*] *« Homo est animal, est non lapis », figura directa.*

Per conversionem majoris. « Lapis est non animal. Homo est animal ». Figura 2 vel figura indirecta prima.

« Homo non est arbor, non est pyrus ». Figura directa.

« Homo non est arbor, pyrus est arbor ». Per conversionem majoris, ut ante. Figura 2 vel figura indirecta prima ut etiam ante.

Si major terminus sit affirmativus, conversio est obscura.

[*10*] *« Homo est animal, est corpus ». Figura directa per conversionem minoris. « Quoddam animal est homo. Omnis animal est corpus. Ergo quidam homo est corpus ». Figura 3 vel figura indirecta secunda.*

[*11*] *« Omnis homo est animal. Omne animal est non lapis. Ergo omnis homo est non lapis ». Figura directa. Per conversionem utriusque praemissae. « Omne non animal est non homo. Omnis lapis est non animal. Ergo omnis lapis est non homo ».*

Figurae si earum numerus solius medii termini situs varietate definiatur, tres tantum sunt. A.B.C./A.C.B./B.A.C.

m	m	m
1	2	3

Si vero secundum situm terminorum simpliciter, quatuor erunt, nam prima rursus in duas distinguetur, nimirum in directum et inversum.

B.C.	*C.B.*	*C.B.*	*B.C.*
A.B.	*B.A.*	*A.B.*	*B.A.*
1	4	2	3

[*13*] *Varii modi uniuscujusque figurae ut propositiones necessariae categoricae et hypotheticae aequipollentes, ita syllogismi categorici et hypothetici aequipollentes.*

Non tam praeceptis ad legitimam ratiocinationem quam praxi opus est; citiusque multo veram logicam discent qui mathematicorum demonstrationibus quam qui logicorum syllogizandi praeceptis legendis tempus conterunt.

[Harl. (ff. 198v-199r), 2. 4. 5. 7. 9. 10. 11. 13. en plus.]

f. 6 Cap. 5

[De erratione, falsitate et captionibus]

[1] Errare contingit non modo affirmando et negando, sed etiam sentiendo, et in tacita cogitatione.

Sensu et cogitatione erratur, quando ex praesente imaginatione aliud imaginamur ; vel quando praeterita, quae non praecessere vel futura quae sequutura non sunt, tamen tanquam praeterita vel futura fingimus. Ut quando ex viso solis in flumine simulachro, rem aliquam, cujus illud simulachrum est, eo loci esse imaginamur ; vel quando ex conspectis gladiis pugnam fuisse, vel fore ex eo quod plerumque ita fieri consuevit ; vel ex promissis, promittentis animum ; vel denique ex quocumque signo rem significatam frustra fingimus. Hujus modi errores omnibus rebus sensu praeditis communes sunt. Non tamen a sensibus aut rebus quas sentimus ; sed a nobis ipsis, ea quae non sunt fingentibus, et quae simulachra tantum sunt, plus quam simulachra esse praesumentibus, fallimur.

Erroribus qui contingunt ex signis naturalibus occurretur, si ad hujus modi conjecturalia comparemus nos tanquam ignorantes ; deinde per ratiocinationem. Proveniunt enim a defectu ratiocinationis.

[2] Errores qui contingunt inter ratiocinandum, vel in falsitate alicujus praemissae, vel in illatione consistunt ; scilicet in materia vel forma syllogismi.

Quoniam omnis propositio vera est in qua copulantur duo nomina ejusdem rei, falsa in qua [copulantur][g] nomina diversarum rerum ; quot modis contingit nomina copulata non esse ejusdem rei, totidem modis falsa fit propositio.

Rerum nominatarum quatuor genera sunt. <Quae sunt> corpora ; corporum affectus, sive accidentia ; / phantasmata, sive corporum atque illis accidentium repraesentationes considerationesque in animo ; et nomina ipsa. Itaque in omni vera propositione necesse est nomina copulata ambo esse, vel corporum, vel accidentium, vel phantasmatum, vel ambo nominum. Aliter conjuncta, falsam propositionem efficient. Potest etiam contingere, ut nomen copuletur cum oratione. Septem ergo modis copulata nomina non cohaerent.

1° Si nomen corporis	copuletur cum	nomine accidentis
2° Si nomen corporis		nomine phantasmatis
3° Si nomen corporis		nomine nominis
4° Si nomen accidentis		nomine phantasmatis
5° Si nomen accidentis		nomine nominis
6° Si nomen phantasmatis		nomine nominis
7° Si nomen		oratione

(g) omis dans *Cw*

Hujusmodi errores contingunt solum iis <artibus> apud quas nomina sunt in usu.

[3] 1° modo peccant propositiones in quibus nomina abstracta copulantur cum concretis ; nam concretum est subjectum, seu corpus, abstractum accidens. Ut « Essentia est ens ». « Intellectus agit ». « Visus videt ».

[4] 2° modo hae : « Umbra movetur ». « Lumen est corpus ». « Color est objectum visus ». « Locus est res extensa ». Cum enim umbra, lux, color, spatium etc. somniantibus non minus adsunt quam vigilantibus, non sunt res externae, sed animi imaginantis phantasmata.

[5] 3° modo hae : « Genus est ens ». « Universale est ens ». « Genus » enim et « universale » nominum, non rerum nomina sunt. Item « numerus est infinitus » falsa est. Nam nullus numerus est infinitus, sed nomen tantum sive vox « numerus », cui cum in animo / nullus certus numerus substernitur, nomen appellatur indefinitum. Non tamen numerus aliquis infinitus.

[6] 4° modo peccant hae : « Objectum ejus magnitudinis vel figurae est, quae spectantibus apparet ». « Color, lumen, sonus, est in objecto ». Nam idem objectum modo magnum, modo parvum, modo quadratum, modo rotundum apparet cum tamen in se unius sit figurae et magnitudinis. Quae igitur apparent sunt phantasmata : hic ergo junguntur nomina accidentium cum nominibus phantasmatum.

[7] 5° modo peccant : « Definitio est rei essentia ». « Albedo est genus ». « Definitio » enim est oratio conceptus nostros de rei « essentia » significans. Sic « albedo » ipsa non est « genus », sed vox « albedo » est genus et universale.

[8] 6° modo peccant : « Idea est universalis », tanquam esset in animo imago quaedam hominis, quae nullius unius hominis esset, sed hominis simpliciter, quod est impossibile. Nam idea omnis et una est, et unius rei. Decipiuntur autem quod nomen rei pro idea ejus ponunt.

[9] 7° modo peccant : « Entium aliud per se, aliud per accidens ». Nam quia haec : « Socrates est homo », propositio necessaria est. Et haec : « Socrates est musicus », contingens ; ideo faciunt entia alia per se sive necessaria, alia contingentia sive per accidens. Sed « necessarium », « contingens », « per se », « per accidens » nomina sunt non rerum, sed propositionum. Qui dicunt « ens esse per se », copulant cum nomine rei nomen propositionis. Eundem errorem errant qui ideas alias in intellectu, alias in phantasia ponunt. Quasi alia esset idea sive imago hominis quae orta a sensu in memoria retinetur, alia quae in intellectu est, quando intelligimus « hominem esse animal ». Id quod imposuit est quod nomini unam, propositioni aliam respondere ideam putaverint, quod falsum est.

[7v]

Nam propositio significat ordinem tantum eorum, quae in eadem idea hominis observantur, unum post aliud. Ut ad rationem hanc « homo est animal », unicam habemus ideam, etsi in ea idea prius id consideretur propter quod vocatur « homo », posterius vero id propter quod vocatur « animal ».

[10] Quando vero nomina corporum cum nominibus corporum, nomina accidentium cum nominibus accidentium, etc. copulantur, non statim cognoscitur an propositio vera sit ; sed oportet prius cognoscere utriusque nominis definitionem, et rursus nominum quae in definitione illa ponuntur definitiones, donec continuata resolutione perveniatur ad nomen simplicissimum ; id est in eo genere rerum summum, sive universalissimum ; quod si neque tunc veritas aut falsitas apparet, philosophiae res est et ratiocinatione a definitionibus incipiente, investiganda. *Omnis enim propositio*

universaliter vera, aut definitio est, aut pars definitionis, aut ex definitione demonstranda.

[11] Syllogismi vitium quod in forma latere potest, reperietur semper aut in implicatione copulae cum altero terminorum, vel in aliqua vocum aequivocatione. Utroque modo quatuor fient termini.

Implicatio copulae cum utrovis termino, reductis propositionibus ad puram et nudam praedicationem detegitur. Ut :

Manus tangit calamum		Manus est tangens calamum
Calamus tangit chartam	reducitur	Calamus est tangens chartam
Ergo manus tangit chartam		Manus est tangens chartam

4 termini : manus, tangens calamum, calamus, et tangens chartam.

[*12*] *In aequivocis fallacia non tamen in iis quae per se manifesta sunt, neque in metaphoris.*

13 Haec propositio : « quicquid habet partes numero infinitas est infinitum », falsa est. Nam habere partes infinitas nihil aliud est quam habere partes quotcumque quis voluerit. / Necesse autem non est, ut linea, etsi possim ipsam dividere et subdividere quoties voluero, propter eam causam dicatur infinita ; nam quotcumque partes fecero, semper earum numerus finitus erit. Sed quia qui dicit partes, simpliciter, non adjiciendo quot, non ipse numerum praefinit, sed audienti determinandum relinquit, ideo dici solet lineam posse dividi in infinitum, quod nullo alio sensu verum esse potest.

[Harl. (199r-199v] 12. en plus, 13. manque.]

Cap. 6

[De methodo]

Philosophari volenti, et addiscere incipiendum vel a generatione rei, vel ab aliqua ejus proprietate. Oportet igitur eum, qui scire aliquid velit per ratiocinationem, ut sensu prius cognitam habeat rei ejus generationem, cujus quaerit proprietatem : vel proprietatem aliquam, cujus quaerit generationem. Initium ergo philosophiae est a sensibus.

Discere vel invenire philosopho naturale. Incipiendum a sensu generationis vel proprietate rei. Ut si visa generatione quadrati, nesciret proprietatem diametri et lateris incommensurabilitatis. Vel si sensu cognita proprietate duritiei nesciret tamen ejus generationem. Ergo initium philosophiae a sensu.

Deinde considerandum, proprietates corporum esse eorum affectus seu accidentia quibus alia aliis similia, dissimilia ; aequalia, inaequalia, inter se dicuntur. Unde cognita unius rei, vel paucarum, generatione, non ob eam rem cognoscuntur omnes earum rerum proprietates. Nam cognitio proprietatis quae consistit in comparatione cum pluribus, non derivatur nisi ex cognitis plurium generationibus.

Sciendum ergo primo quid sit generatio, et quia ea consistit in corporum aliorum in alia actione ; actio autem motus sit, computanda est omnis motuum varietas, tum quoad velocitates, tum quoad vias, et sic ad phaenomena naturae accedens, eorum causas sive generationes, per aliquod motum computatum, quantum possibile est, expediet.

Docentis officium est, cogitata sua ita ordine explicare, ut similem ratiocinationis seriem in animo discentis excitet. /

[Des trois paragraphes qui précèdent, les deux premiers sont résumés dans Harl. (199v), où l'on trouve ensuite des notes fragmentaires :]

Mobile. Motus. Spatium. Tempus. <Methodo docendi philosophia naturalis finita.>

Phantasmata priora ipsis rebus.

Accidentia communia ut spatium, etc.

Definitiones. De corporibus et accidentibus simpliciter.

De corporibus particularibus et eorum proprietatibus.

<Methodus docendi et discendi civilem philosophiam eandem est [*ac naturalem*]*>.*

Demonstratio est syllogismorum legitimorum a definitione incipientium, continua series. Ejus officium est scientiam in animo audientis, i.e. veritatis evidentiam regenerare. Conclusio evidens esse non potest nisi praemissae sint evidentes ; neque hae evidentes, nisi ex aliis eventibus inferantur, aut sint ipsae veritates primae, sive principia demonstrationis : requiritur ergo ad evidentiam conclusionis, ut tandem deveniatur ad praemissas quae sint primae : solae autem definitiones, aut earum partes, sunt primae. Omnis ergo demonstratio a duabus definitionibus vel definitionis partibus incipienda.

[Résumé dans Harl.]

Methodus definiendi consistit in collectione eorum quae nomini communia sunt ; <quo> fit, ea quae communia non sunt, rejicienda. Si nihil sit in nomine quod ceteris nominatis sit commune ; nomen tale definiri non potest ; ideoque nec in <demonstratione> usurpandum.

Circulus sive petitio principii est vitium in syllogizando. Estque nihil aliud quam propositione conclusioni aequipollenti pro principio uti, et ex ea inferre conclusionem : cum aeque possit ipsa ex conclusione inferri.

Vitium 1. non incipere a definitione. Methodus definiendi consistit in collectione eorum quae nomini communia sunt. conting: plurisque nominibus ut nihil sit in nomine quod omnibus nominatis sit commune. ergo definire neque <?>

Vitium 2. non ad superiora <?> referre.

Vitium 3. petitio principii id est propositione aequipollenti conclusioni pro principio uti.

Tractatus de corpore et accidente, simpliciter, praecedere deberet tractationi proprietatum diversorum corporum. Tractatus autem iste dicitur philosophia prima, ubi agitur de corpore, spatio, tempore, toto, parte, finito, infinito, actione, passione, causa, potentia, actu, possibili, impossibili, simili, dissimili, aequali, inaequali, eodem, diverso, etc. Quae cum omni corpori accidant, ideoque communia sint, proprietates dici non debent ; in omni de corpore quolibet ratiocinatione occurrere necesse est.

[f. 9r blanc, f. 9v :]

Philosophia prima

Cap. 7. De loco, tempore, uno, numero, finito, infinito.
8. De corpore et accidente.
9. De causa et effectu.
10. De potentia et actu.
11. De eodem et diverso.

12. De expositione quantitatis.
13. De proportione.
14. De recto et curvo.
15. De angulo, parallelismo et asymptosiâ.
16. De figura et similitudine figurarum.[g bis]
17. De potentia mobilium in describendis spatiis.
18. De figuris rectilineis.

f. 10 Philosophia prima. Ex T. H.

Cap. 7

[De loco et tempore]

[*1*] *Phantasmata, accidentia sunt imaginantis, rerum extra (etsi ibi non sint tamen) apparentium. Ex. cap. 6.*

Rebus destructis ; his phantasmatibus [homo ab universo interitu exceptus][h] *nomina imponeret etc. Immo vero ne stantibus quidem rebus aliud computamus quam phantasmata nostra. Possunt autem considerari duplici nomine nimirum ut accidentia animi interna. Quemadmodum considerantur quando agitur de facultatibus animi, vel ut species rerum apparentes, quo modo nunc consideranda sunt.*

[2] Spatium est phantasma rei existentis simpliciter, quatenus existentis.

[Harl. ajoute :] *nullo alio ejus rei accidente considerato, praeterquam quod apparet extra imaginantem.*

[3] Tempus est phantasma motus, quatenus in motu imaginamur prius et posterius, sive successionem. Vel tempus est phantasma motus numerati.

[4] Spatium spatii et temporis tempus pars vocatur, quando illud in hoc, et praeterea aliud continetur.

[Harl. ajoute :] *Ex quo colligitur partem non recte quicquam apellari, nisi comparatum cum alio in quo ipsum continetur.*

[5] Partiri spatium, vel tempus, est in ipso aliud atque aliud considerare. Itaque qui spatium aut tempus dividit, tot diversos habet conceptus quot partes facit, et adhuc unum amplius, scilicet ipsius dividendi.

[Harl. ajoute :] *Nam primus conceptus erit ipsius dividendi ; deinde partis ejus, et deinde partis, etc.*

[6] Spatium vel tempus, quando consideratur inter spatia vel tempora alia, unum dicitur, videlicet unum ex illis. <Aliter dicitur> simpliciter spatium, vel tempus.

[7] Numerus est unum, et unum, etc.

[Harl. ajoute :] *et sic deinceps, nimirum unum et unum binarius, etc.*

[8] Componere spatium ex spatiis, vel tempus ex temporibus est primo unum post aliud ; deinde omnia simul ut unum considerare.

Quod autem pro omnibus ex quibus constat sic ponitur vocatur totum ; et singula quando ex totius divisione rursus seorsim considerantur partes ejus. Itaque totum et omnes partes simul sumpta idem sunt. Hinc patet :

[9] 1. Totum nihil recte appellari quod non intelligatur ex partibus componi, et in partes posse dividi.

(g *bis*) On ne trouve pas trace dans le MS des ch. 16 et 18 mentionnés dans cette liste. Voir notre Introduction, p. 78.

(h) d'après *DC*, c. VII, art. 1

2. Nihil habere partem antequam dividatur. Et cum divisum sit, tot solum ejus partes esse, quoties sit divisum. /

[10] Duo spatia inter se contigua dicuntur, inter quae aliud spatium nullum est. Duo tempora inter quae nullum intercedit tempus, immediata dicuntur. Ut AB. BC.

Continua inter se spatia et tempora duo dicuntur quorum est aliqua pars communis. Ut AC. BD. quorum pars communis BC.

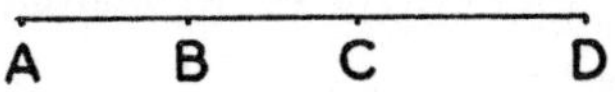

Plura autem pluribus continua sunt, quorum duo quaelibet proxima sunt continua.

[11] Partium ea quae inter duas alias intercipitur media, quae non extrema appellatur. Extremarum, quae prior numeratur principium, quae posterior finis ; mediae omnes simul sumptae via est. Partes extremae et termini idem sunt.

Hinc constat. Principium et finem a nostrae numerationis ordine dependere. Et spatium vel tempus finire, seu terminare idem esse, quod imaginari principium ejus et finem. Et unumquodque finitum vel infinitum esse prout nos illius terminos undequaque imaginati sumus. Numeri autem termini unitates sunt. Illa scilicet unde numerare incipimus principium ; illa vero in qua desinimus finis. Numerus infinitus dicitur, qui quis sit, non sit dictus. Omnis enim numerus dictus, finitus est.

[Harl. ajoute :] *Nam si dictus sit binarius, etc. semper finitus est. Sed cum nihil sit dictum praeterquam « numerus est infinitus » intelligendum est idem dictum esse ac si diceretur nomen « non numerus » esse nomen indefinitum.*

[12] Potentià finitum, i.e. terminabile, dicitur spatium vel tempus, quando numerus spatiorum vel temporum finitorum (putà passuum vel horarum) assignari potest, quo major in eo spatio vel tempore esse non potest. Potentià infinitum in quo major numerus (passuum vel horarum) dari potest quam quilibet numerus qui sit datus.

f. 11

Notandum etsi in eo spatio vel tempore quod potentià infinitum est numerari possunt plures passus vel horae quocumque numero qui assignari potest : numerum tamen illum semper finitum fore (omnis enim numerus finitus est).

De spatio et tempore interminabile dici non potest, quod sit totum aut unum. Non totum, quia ex nullis partibus componi potest ; partes enim quotcumque cum finitae sunt, etiam simul sumptae faciunt totum finitum. Non unum, quia unum non dicitur nisi comparatum ad aliud ; duo autem infinita spatia (vel tempora) esse intelligi non potest.

Cum quaeritur an mundus sit finitus an infinitus, nihil in animo est sub voce mundus : quicquid enim imaginamur eo ipso finitum est. Hoc solum quaeritur an quantum nos spatium spatio addere possumus, tantum Deus corpus corpori actu adjunxerit.

[13] Itaque quod dici solet spatium et tempus dividi posse in infinitum, non ita accipiendum, ac si fieret aliqua infinita, sive aeterna divisio. Sed hunc habet sensum. Quicquid dividitur, dividitur in partes rursus divisibiles : vel non datur minimum divisibile ; vel ut geometrae, quavis quantitate data, posse sumi minorem. Quod sic demonstratur.

Divisum sit datum spatium vel tempus quodlibet (quod putatur esse minimum divisibile) in duas partes aequales A et B. Dico utramvis partem, puta A, posse dividi. Supponatur enim partem A contiguam esse, hinc parti B, illinc alteri spatio ipsi B aequale. Totum ergo hoc spatium (quod dato majus est) divisibile est. Eo igitur in duo aequalia diviso, etiam A quod in medio est, in duo aequalia dividetur. Erat ergo A divisibile.

[Harl (ff. 200r-200v) 1. en plus]

[f. 11v] [Cap. 8]

[De corpore et accidente.]

[1] Corpus est quicquid non dependens a cogitatione nostra cum spatii parte aliqua coincidit vel coextenditur.

1 Intellecto quid sit spatium imaginarium in quo nihil esse externum supponamus, sed meram eorum quae olim existentia imaginem sui in animo reliquerant privationem; si supponamus aliquid rursus reponi; necesse est ut repositum illud non modo occupet aliquam dicti spatii partem, sive cum ea coincidat et coextendatur, sed etiam esse aliquid quod ab imaginatione nostra non dependet. Hoc autem ipsum est quod propter extensionem appellari solet corpus; propter independentiam autem a nostra cogitatione subsistens. Et propterea quod extra nos subsistit existens. Denique quia sub spatio imaginario substerni[i] *et supponi videtur, ut non sensibus sed ratione tantum aliquid ibi esse intelligatur suppositum et subjectum. Itaque definitio corporis hujusmodi est: corpus est quicquid non dependens a nostra cogitatione cum spatii parte aliqua coincidit vel coextenditur.*

[2] Accidens est modus concipiendi corporis.

2 Quid sit accidens non tam facile definitione quam exemplis explicari potest. Cogitemus igitur corpus, spatium aliquod occupare, sive cum eo coextendi; coextensio illa non est ipsum corpus coextensum. Similiter cogitemus corpus idem transferri, illa translatio non est ipsum corpus translatum. Quid ergo sunt? Sunt corporis accidentia[j]*. Sed hoc ipsum quaerimus quid sit accidens? in quo quidem quod*[k] *intelligimus quaerimus, quod quaerendum erat non quaerimus. Quis enim est, qui, dicentem aliquid extendi vel moveri, non semper et eodem modo intelligit? Volunt tamen plerique dici sibi accidens esse aliquid, scilicet partem aliquam rerum naturalium, cum re vera pars earum non sit. His ut satisfaciat optimè quantum fieri potest, respondent illi qui accidens definiunt esse modum corporis, juxta quem concipitur. Quod est idem ac si dicerent accidens esse facultatem corporis, qua sui conceptum nobis imprimit. Qua definitione etsi non respondetur ad id quod quaeritur, respondetur tamen ad id quod quaerendum erat. Nimirum unde accidit quod corporis una pars hinc altera illinc apparet? Sic enim recte respondebitur propter extensionem, etc. Nam si de nomine corporis, id est de nomine concreto interrogatur, quid est? per definitionem respondendum est. Quaeritur enim vocis significatio tantum; verum si de nomine abstracto quaeratur quid est? quaeritur causa quare aliquid hoc vel illo modo apparet? Ut si quaeratur quid sit durum, respondebitur durum est cujus pars non cedit nisi cedente toto; at si quaeratur durities quid sit? ostendenda est causa, quare nisi cedente toto, pars non cedit. Definimus igitur accidens esse concipiendi corporis modum.*

(i) *Harl* subalterni *DC* substerni (j) accidentia *Harl* accidens (k) quod *Harl* quid

3 Accidens in corpore esse dicitur, non ut si aliquid in corpore contentum esset, sed exempli gratia ut magnitudo est in eo quod magnum est; quod quo modo intelligendum est unusquisque intelligit. Ita etiam omne aliud accidens inesse subjecto suo intelligi debet. Corpus sine extensione aut sine figura omnino concipi non potest. Motus, quies, color, durities etc. succedentibus aliis continuo intereunt, ut tamen corpus intereat nunquam. Extensio, motus, quies, figura insunt corporibus. Color etc. in animo.

[4] Extensio corporis idem est quod magnitudo ejus sive spatium reale, quod non dependet ab imaginatione nostra, sicut spatium imaginarium ; hoc enim illius effectus est, magnitudo causa ; hoc animi, illa corporis accidens est.

[Harl. : même texte]

[5] Spatium (imaginarium) quod cum corporis cujuscumque magnitudine coincidit, illius corporis locus vocatur.

Differt locus a magnitudine locati. Nam corpus idem, eandem semper magnitudinem retinet, non semper eundem locum. Ejusdem locati possunt esse plures loci, non plures magnitudines ; locus est accidens animi, magnitudo corporis. Locus immobilis est, magnitudo cum corpore, cuius est magnitudo, movetur. Est itaque locus corporis tantae magnitudinis et talis figurae animo insidens phantasma sive memoria.

5 Spatium (imaginarium) quod cum corporis cujuscumque magnitudine coïncidit, illius corporis vocatur locus. Tunc autem corpus ipsum locatum dicitur.

Locus a magnitudine locati differt, primum in eo quod corpus idem eandem magnitudinem semper retineat, et dum quiescit et dum movetur, sed dum movetur eundem locum non retinet. Secundo in eo quod locus corporis uniuscumque tanti et sic figurati phantasma est. Magnitudo autem cujusque corporis est accidens ejus peculiare. Nam unius locati, plures esse diversis temporibus loci possunt; plures magnitudines esse non possunt. Tertio in eo quod locus nihil est extra animum, magnitudo nihil intra. Denique locus est extensio ficta, magnitudo extensio vera; corpus locatum non est extensio sed extensum. Locus est immobilis.

Loci ergo definitio est: locus est corporis cujuscumque spatium imaginarium, quod cum ipsa corporis magnitudine coincidit.

[6] Spatium (sive locus) quod a corpore occupatur, plenum, quod non occupatur, vacuum appellatur.

[Harl. : même texte]

[7] Quod est alicubi, est in aliquo loco proprie dicto.

7 *Hic, illic, in agro, etc. Hic etc. nihil significant nisi res digito aliave re simul indicetur*[1]. *Non definitur locus a respondente sed a quaerente invenitur. Monstrationum autem quae per solas voces fiunt, ut quando dicitur in agro etc. quae quidem propius semper ad locum proprium, quaerentem paulatim dirigunt, locum non determinant sed ad spatium arctius restringunt.*

[8] Corpus, et magnitudo, et locus ejus, uno et eodem animi actu dividuntur. Nam dividere corpus extensum, et extensionem ejus, et ideam extensionis (nempe locum), idem est quod dividere quodlibet eorum, cum sint coincidentia ; nec nisi animo, id est per divisionem spatii fieri possit.

[Harl. ajoute :] *Ex quo manifestum est, neque duo simul corpora in eodem loco, neque unum corpus in duobus simul locis esse posse. Non duo corpora in*

(1) indicetur *Harl* indiciretur

eodem loco, quoniam cum corpus quod totum spatium occupat dividitur in duo etiam spatium ipsum dividitur in duo, sunt ergo dua loca. Non unum corpus in duobus locis, quia quod spatio quod a corpore occupatur, id est loco ejus in duo diviso, etiam ipsum locatum in duo dividitur (nam ut diximus locus et corpus quod in eo est una dividuntur) duo ergo sunt corpora.

f. 12

[9] Corpora inter se contigua et continua dicuntur eodem modo quo spatia.

[Harl. : même texte]

[10] Motus est continua unius loci relictio et alterius acquisitio. Locus qui relinquitur, terminus a quo ; qui acquiritur, ad quem, dici solet.

Moveri aliquid, nisi in tempore, concipi non potest : est enim tempus phantasma sive conceptus motus.

[Harl. précise :] *Motus fit in tempore, nam tempus est phantasma motus ; ergo concipere motum sine tempore esset concipere motum sine motu.*

[11] Quiescere dicitur, quod per aliquod tempus, in eodem loco est.

Motum esse vel fuisse dicitur, quod sive nunc quiescat, sive moveatur, fuit prius in loco alio, quam nunc est. Unde constat.

1. Quicquid movetur, motum esse.
2. Quod movetur, motum iri adhuc.
3. Quod movetur, non esse in uno loco per ullum tempus.

Movetur mobile, nec in loco ubi est, nec in loco ubi non est ; sed a loco ubi est, ad locum ubi non est.

Ex eo quod quicquid movetur, non modo motum esse, sed motum fore demonstravimus ; sequitur motum non concipi sine conceptu praeteriti et futuri.

[Harl., à partir de la proposition « 1. » :] *Primo quicquid movetur, motum esse. Nam quod movetur si in eodem sit loco quo prius quiescit, id est non movetur, per definitionem quietis ; si in alio loco est, motum est per definitionem moti. Secundo, quod movetur, motum iri adhuc. Nam quod movetur locum ubi est relinquit, itaque alium acquiret, ergo movebitur adhuc. Tertio quod movetur, non esse in uno loco, per ullum tempus quantumvis exiguum.*

Motum non concipi sine conceptu tum praeteriti tum futuri.

[12] Si corporis quod movetur magnitudo (etsi semper aliqua sit) nulla consideretur, via per quam transit, linea dicitur, spatium quod transit longitudo ; ipsumque corpus, punctum.

Si corpus consideretur ut longum, atque ita moveri ut singulae ejus partes singulas lineas conficere intelligantur, via uniuscuiusque partis ejus corporis latitudo, spatium quod conficitur superficies vocatur, constans ex dimensione duplici, longitudine et latitudine, quarum altera tota ad singulas alterius partes applicatur.

f. 12v

Si corpus consideretur ut habens superficiem, et ita moveri ut singulae ejus partes singulas conficiant lineas, uniuscuiusque partis via corporis illius, crassities seu profunditas dicitur, spatium quod conficitur, solidum ; ex tribus dimensionibus conflatum, quarum quaelibet duae totae applicantur ad singulas partes tertiae.

Alia corporis dimensio, ut corpus, nulla esse potest ; etsi velocitas, quae est motus, per longitudinem, applicatus ad solidi omnes partes, faciat motus magnitudinem ex quatuor dimensionibus constantem, sicut auri bonitas in singulis partibus computata facit pretium auri.

[Harl. : même contenu, abrégé]

[13] Corpora inter se aequalia dicuntur, quae eundem locum occupare possunt.

Majus est corpus corpore quando pars illius huic toti aequalis est. Minus, quando illud totum hujus parti aequale est.

[Harl. ajoute :] *Eadem ratione magnitudo, etc.* [magnitudini aequalis, vel major vel minor][m] *dicitur; videlicet quando corpora quorum illae sunt magnitudines, majora, aequalia vel minora sunt.*

[14] Unius et ejusdem corporis, una et eadem semper est magnitudo.

[Harl. ajoute :] *Nam corpus, magnitudo et locus animo comprehendi non possunt nisi ut coincidentia. Ergo, si corpus quiescere intelligatur, sitque magnitudo ejus modo major, modo minor, locus idem, modo major, modo minor erit seipso ; quod est impossibile.*

[15] Motus, quatenus eo, longitudo certa, tempore certo, transmitti potest, velocitas appellatur. Nam etsi velox saepe dicatur cum relatione ad tardius sive minus velox, sicut magnum respectu minoris, tamen ut magnitudo absolute sumitur pro extensione, sic velocitas pro motu secundum longitudinem.

[Harl. : même contenu, abrégé]

16 Motus plures temporibus aequalibus absolvi dicimus, quando unusquisque eorum cum motu aliquo alio simul incipit et simul desinit, vel si simul incepisset simul etiam desiisset. Tempus enim quod est phantasma motus non nisi per motum expositum aestimatur. Ex quo etiam quid sit majore tempore sive diutius, et minore tempore sive minus diu moveri facile intelligitur. Diuturniorem esse qui si una incepisset posterior desiisset, vel si una desiisset prior incepisset.[m bis]

[17] Motus aeque veloces dicuntur quibus transeuntur longitudines aequales aequalibus temporibus. Velocitas major est, qua longitudo major aequali tempore, vel longitudo aequalis minore tempore conficitur.

Velocitas, qua aequalibus temporis partibus aequales transeuntur longitudines, uniformis dicitur. Et motuum non uniformium illi qui aequalibus temporis partibus accelerantur / vel retardantur aequalibus semper incrementis vel decrementis, uniformiter accelerati vel retardati dicuntur.

[Harl. : texte analogue]

[18] Motus major, minor, vel aequalis non dicitur propter solam longitudinem quae certo tempore conficitur, id est propter solam velocitatem, sed propter velocitatem applicatam ad unamquamque magnitudinis particulam. Nam quando corpus aliquod movetur, movetur quoque quotalibet pars ejus, puta dimidium. Unde motibus dimidiorum existentibus aeque velocibus inter se et motui totius ; motus tamen totius est aequalis duobus motibus, quorum uterque est aeque ac ipse velox. Itaque aliud est motus duos aequales inter se esse, aliud aeque veloces, ut per exemplum in bigis, ubi motus amborum simul equorum utriusvis motui aeque velox est, major autem amborum quam unius motus est ; scilicet ille hujus duplus.

Aequales motus simpliciter esse dicimus, cum unius velocitas per omnem ejus magnitudinem computata, aequalis est alterius velocitati per omnem item magnitudinem ejus computatae.

Major motus dicitur, quando velocitas illius (sicut dicitur computata)

(m) d'après *DC*, c. VIII, art. 13 (m *bis*) *Harl.* incipisset (3 fois) hujus velocitate (similiter computata) major est. Minor quando minor. Motus magnitudo, sic computata, vis appellatur.

[Harl., même texte. Mais pour « Motus magnitudo... appellatur » :] *Praeterea motus magnitudo eo quem jam diximus modo computata, id ipsum est quod appellamus vulgo vim.*

[f. 13v]

[19] Quod quiescit, semper quiescere intelligitur, nisi sit aliud corpus praeter ipsum, quo supposito, quiescere amplius non possit. Similiter quod movetur, semper moveri intelligitur, nisi aliud sit extra ipsum, propter quod quiescit.

19 Quod quiescit nisi moveatur ab externo semper quiescit, et quod movetur nisi ab externo impediatur semper movebitur.

[20] Quando generari vel corrumpi (animal vel arborem puta) aliquod corpus sic dictum dicimus ; etsi corpora sint, non tamen ex corpore fit non corpus, aut ex non corpore corpus ; sed ex animale non animal. Id est accidentia ea propter quae corpus hoc animal vocatum, generari vel corrumpi, inde nomina illa amplius iis non competere. Non autem generari vel corrumpi magnitudinem, propter quam vocamus illud corpus.

Accidentia omnia praeter magnitudinem generari et interire possunt. Corpora non generantur et intereunt, sed sola accidentia, quae non sunt res.

20 Generari et perire accidentia, corpus non item.

[21] Accidens non propriè movetur, sed ad motum subjecti.

21 Accidentia non migrare e subjecto

22 neque moveri.

[23] Accidens propter quod nomen ei certum imponimus, essentia dicitur ; quatenus generata, forma.

Corpus, respectu cujuslibet accidentis sui, subjectum dicitur, non solius formae, materia.

Productio vel interitus cujuslibet accidentis facit ut subjectum ejus mutari dicatur, solius formae ; ut generari vel interire.

In omni generatione, et mutatione, nomen materiae semper manet. Mensa ex ligno, non <solum> lignea, sed lignum : statua ex aere ; non solum aenea, sed aes.

[Harl. texte analogue]

[24] Materia prima est corpus consideratum sine omni forma et accidente (excepta sola magnitudine seu extensione) et aptitudine ad quamlibet formam, quodlibet accidens recipiendum. Hoc est corpus generaliter sumptum. Non est igitur res aliqua, sed corpus universaliter consideratum.

24 Materia communis omnium rerum dicitur materia prima. Non est aliquod corpus distinctum a reliquis corporibus nec unum ex illis ; sed merum nomen non tamen frustra usurpatum. Significat enim corpus considerari sine consideratione cujuscumque formae vel accidentis, excepta extensione, et aptitudine ad recipienda formam et accidentia : ita ut si quoties opus est uti hac voce corpus generaliter sumptum, utamur hac, materia prima, recte fecerimus.

f. 14

[25] Totum est majus sua parte.

Majus est (per definitionem supra) cujus pars est aequalis alteri toti. Ponetur totum A, pars ejus B. Quoniam totum B est aequale sibi ipsi, et pars totius A est ipsum B : erit pars ipsius A aequalis toti B. Quare per definitionem A majus est quam B.

[Harl. justifie la nécessité d'une démonstration :] *Totum esse majus sua parte hic demonstrabimus, ut sciat lector ea axiomata non esse principia; atque ob eam rem caveat ne pro principio admittat quod non sit aeque clarum.*

Harl. (ff. 206v, 201r-201v, 204r) : en plus 3. 16. 22.

[Cap. 9][n]

[De causa et effectu]

[1] Corpus agere dicitur in illud corpus in quo aut generat accidens aliquod aut destruit. Et pati ab eo, in quo accidens generatur vel destruitur.

Accidens quod in patiente generatur effectus vocatur.

1 Corpus agere in illud corpus dicitur in quo aut generat aliquod accidens aut destruit. Et pati ab eo quo in ipso accidens aliquod generatur vel destruitur. Ut corpus quod propellendo aliud corpus efficit in eo motum, agens vocatur; id vero in quo pulso generatur motus, patiens.

Accidens quod generatur in patiente appellatur effectus.

2 Quando agens et patiens contigua inter se sunt, actio et passio immediatae dicuntur, alioqui mediatae. Corpus autem quod inter agens et patiens medium interjacet, utrique contiguum, et agens et patiens est. Agens respectu sequentis in quod agit; patiens respectu antecedentis a quo patitur. Si plura corpora ita ordinentur, ut proxima quaeque duo sint contigua, media omnia inter primum et postremum sunt et agentia et patientia; primum solummodo agit; postremum solummodo patitur.

[3] Causa effectuum omnium consistit in certis agentium et patientis accidentibus, quae cum adsint omnia, effectus producitur, si aliquod desit non producitur. Accidens sive agentis, sive patientis, sine quo effectus non potest produci dicitur causa sine qua non. Et necessarium per hypothesin, et requisitum ad effectum.

Causa autem simpliciter, sive causa integra est aggregatum omnium accidentium tam agentium, quam patientis, quibus omnibus suppositis, intelligi non potest quin effectus una sit productus ; et supposito quod unum eorum desit, intelligi non potest, quin effectus non sit productus.

[Dans Harl., en plus, au début :] *Agens autem in patiente effectum suum certum producere intelligitur, pro certo modo seu certo accidente vel certis accidentibus quibus et ipsum et patiens praedita sunt. Id est non quod corpora, sed quod talia, vel taliter mota. Causa itaque effectuum omnium* [etc.]

[4] Accidentium ad effectum requisitorum, quae in agente, vel agentibus sunt aggregatum, producto effectu, causa efficiens ejus vocatur ; eorum quae in patiente aggregatum, causa materialis.

[En plus, dans Harl. :] *Sunt autem causae efficiens et materialis causae partiales, sive partes causae illius, quam proxime supra appellavimus integram.*

[5] Causa integra (cujus partes sunt efficiens et materialis) ad producendum effectum semper sufficit. Unde quo instante causa fit integra, eodem effectus

(n) dans *Cw* rien ne signale qu'il s'agit d'un nouveau chapitre

producitur. Et quicumque effectus producitur, a causa necessaria producitur. Non enim potest non sequi ex causa integra. Idem de futuris.

[f. 14v]

Unde etiam semper quaecumque producta vel erunt vel fuerunt, necessitatem in rebus antecedentibus habuisse.

[Harl. : même contenu, abrégé]

6 Generationem effectuum continuam esse. In actionis et passionis progressione prima pars sive principium ejus non potest considerari nisi ut actio sive causa. Similiter pars ultima tantum ut effectus consideratur. Atque hinc est quod in actione principium et causa pro eodem habeantur.

[7] Causa motus nulla esse potest in corpore, nisi contiguo et moto. Imo ; eadem via et velocitate semper procedit, nisi ab alio contiguo et moto corpore impediatur. Et proinde neque quiescentia, neque interposito vacuo, illa corpora motum in alio generare, extinguere aut minuere possunt.

7 Causa motus nulla esse potest in corpore, nisi contiguo et moto. Motus adversus pugnat cum motu, non quies.

[8] Sicut a causis dependent effectus ; sic a diversitate causarum diversitas effectuum. Ubi ergo eaedem causae, iidem semper effectus erunt.

8 Agentia et patientia eadem diversis temporibus, sed similiter disposita, similes effectus producunt.

[9] Hoc posito, sequitur mutationem aliud non esse, praeter partium corporis mutati motum.

Primo enim mutari nihil dicimus nisi quod sensibus nostris aliter apparet. Secundo illi effectus sunt ambo effectus producti in sentiente. Itaque si diversi sunt, necesse est, ut vel agentis pars aliqua ante quiescens, jam moveatur, et sic mutatio consistit in eo motu ; vel ante mota nunc quiescat, quod fieri nisi per motum non potest ; vel denique aliquid horum contingit patienti vel parti ejus. Et sic omni modo mutatio consistit in motu partium corporis ejus quod sentitur, vel sentientis, vel utriusque. Itaque mutatio omnis motus est partium agentis vel patientis. Hinc sequitur.

Quietem nullius rei causam esse ; neque omnino per eam quicquam agi, ut quae neque motus neque mutationis ullius causa sit.

9 Mutationem omnem esse motum. Ergo quietem nullius rei causam esse.

[10] Accidentia respectu accidentium quae antecedunt sive tempore priora sunt, si ab illis non dependent, ut a causis, contingentia appellantur.

f. 15

Respectu, inquam, eorum ex quibus non generantur. Nam respectu causarum suarum, omnia aeque necessario eveniunt. Si enim non necesse evenirent, causas non haberent, quod de rebus generatis intelligi non potest.

[Harl. : texte analogue. Le c. 9 est au f. 204r, 204v. En plus : 2 et 6.]

[Cap. 10]

[De potentia et actu]

[1] Causa et effectus, item potentia et actus, idem sunt re, sed propter diversas considerationes, nomine diversae. Quando enim in agente omnia insunt accidentia ad effectum in patiente producendum quae in agente necesse requiruntur, tum dicimus agens illud producere effectum illum posse, si ad

patiens applicetur. Sed eadem accidentia causam efficientem constituere super demonstravimus. Eadem igitur accidentia causam efficientem, et potentiam agentis constituunt. Potentia itaque agentis et causa efficiens idem sunt re, differunt consideratione. Causa dicitur respectu effectus jam producti ; potentia <verum> ejusdem effectus producendi. Causa preteritum, potentia futurum respicit. Potentia agentis activa dici solet.

Similiter quoties patienti omnia insunt accidentia, quae ex parte ejus requiruntur ut effectus ab agente in ipso producatur, dicimus in patiente illo effectum illud produci posse, si modo ad agens idoneum applicatur. Sed eadem accidentia constituunt causam materialem. Idem igitur est potentia patientis (quae et passiva dicitur) et causa materialis ; consideratio tamen diversa ; in causa praeteritum, in potentia futurum respicitur. Itaque potentia tum agentis tum patientis simul sumpta, quam potentiam integram vel plenam appellare licet, idem est quod causa integra. Denique sicut accidens quod productum est, respectu potentiae dicitur actus.

[2] Sicut eodem instante quo causa est integra, eodem fit effectus : sic quando potentia est plena, fit actus.

[Harl. ajoute] *Et ut effectus a causa sufficiente et necessaria ita actus a sufficiente potentia, et a qua non potuit non produci.*

f. 15v

[3] Sicut efficiens et materialis per seipsas, sunt partes tantum causae integrae, nec nisi conjunctae effectus producitur ; sic potentia activa et passiva partes tantum sunt potentiae plenae, nec poterit ex iis actus educi, nisi conjunctis. Nullus ergo actus dici potest possibilis <cum potentia solum activae, aut passivae.>

[4] Actus impossibilis est, ad quem producendum nulla unquam erit potentia plena. Actus qui impossibilis non est, possibilis est. Ideoque actus omnis possibilis, aliquando producetur ; alias impossibilis.

[5] Actus quem impossibile est non esse, necessarius est. Itaque quicumque actus futurus est, necessario futurus est. Nam ut futurus non sit, impossibile est, quia omnis actus possibilis aliquando producetur. Imo, non minus necessaria propositio est « futurum est futurum » quam « homo est homo ».

Quaecumque contingunt, contingunt ex causis necessariis quae vocantur contingentia respectu aliorum eventuum a quibus non dependent. Ut pluvia quae erit cras, necessario (id est a necessariis causis) producetur. Contingere autem fortuitu eam pluviam putamus et dicimus, quoniam causas ejus, quae nunc sunt, nondum videmus. Nam fortuitum sive contingens vulgo vocant, cujus causam necessariam non perspiciunt.

Propositio itaque omnis de futuro contingente, vel non contingente (cras pluet, vel cras sol orietur) necessario vera est, vel necessario falsa, <licet> utrum vera an falsa sit nondum sciamus[o].

[Harl. : texte analogue, mais sans les exemples. Après « Nam... perspiciunt » :]

Quemadmodum de praeteritis loqui solent, cum dicant possibile esse ut non sit factum, si factum esse nesciunt.

[6] Ex ante dictis <potest> etiam omnem potentiam activam consistere in motu ; neque esse potentiam accidens ab omni actu diversum, sed actum aliquem, nempe motum, qui ideo potentia dicitur, quia actus alius ab eo post producetur. Ut si corpus primum pellet secundum, et hoc tertium :

(o) sciamus *DC* scimus

motus secundi, respectu primi est secundi corporis actus, respectu tertii est ejusdem secundi corporis potentia activa.

[7] Causa formalis, seu essentia, est efficiens, non rei, sed cognitionis : cognitio enim essentiae est causa cognitionis rei.

f. 16

Causa finalis locum non habet nisi in iis quae habent sensum et voluntatem. Quam efficientem quoque esse loco suo ostendemus.
[Même nombre d'art. dans Harl. (fol. 204v-205r)]

Cap. 11um

[De eodem et diverso]

[1] Dictum est de corpore simpliciter, et de accidentibus communibus, scilicet magnitudine, motu, quiete, actione, passione, potentia, possibili, etc. nunc de accidentibus quibus corpus unum ab alio differt, sed prius sciendum quid sit differre vel distingui, id est idem et diversum, nam hoc omnibus corporibus commune est, esse inter se eadem vel diversa.

Differre inter se duo corpora dicuntur, cum de uno dici potest aliquid, quod de altero eodem tempore non potest dici.

[2] 1o autem, duo corpora non sunt idem, sunt enim in diversis locis eodem tempore ; idem autem non possunt esse. Omnia ergo corpora differunt inter se numero, scilicet ut unum et alterum, etc. ut idem et numero differentia, sint nomina contradictorie opposita.

2o Magnitudine differunt, quorum alterum altero majus ; his opponuntur aequalia.

3o Quae plus quam magnitudine differunt, dissimilia ; quae plus quam magnitudine non differunt, similia dicuntur.

4o Dissimilium alia specie, alia genere differunt. Specie, si differentia eorum eodem sensu percipiatur, ut album et nigrum. Genere, si differentia non percipiatur nisi sensibus diversis, ut album et calidum.

[3] Corporis cum alio similitudo, vel dissimilitudo, aequalitas, vel inaequalitas, dicitur ejus relatio, et ipsa corpora relata, sive correlata, quorum primum antecedens, secundum consequens. /

Relatio antecedentis ad consequens, secundum magnitudinem, scilicet aequalitas, excessus, vel defectus ejus, ratio antecedentis ad consequens dicitur ; ut ratio nihil aliud sit, quam aequalitas vel inaequalitas antecedentis comparati ad consequens secundum magnitudinem. Ratio minoris ad majus, defectus ; majoris ad minus, excessus vocatur, ut 2 ad 5, vel 3 ad 2.

[à la place de la dernière phrase, dans Harl.] *Ratio ut 3.2 : est 3 > 2 unitate sive 1. Et ratio 2.5 est 2 < 5 ternario vel 3. Ergo in ratione inaequalium ratio minoris ad majus defectus, ratio majoris ad minus dicitur excessus.*

[4] Inaequalium, alia magis, alia minus, alia aeque inaequalia sunt. Itaque non modo magnitudinum, sed rationum ratio datur ; nempe cum duo inaequalia ad alia duo inaequalia relationem habeant.

Si ratio primi ad secundum sit aequalis rationi tertii ad quartum, dicuntur illa quatuor esse proportionalia, vel esse ut primum ad secundum, ita tertium ad quartum, alioqui proportionalia non dicuntur.

4 Cum duo inaequalia ad duo alia inaequalia relationem habeant, est ratio rationum ut quando inaequalitas inter 2 et 3 comparatur cum inaequalitate inter 4 et 5 ; vel media bis numeratur : sunt 4 termini.

[5] Consistit autem ratio antecedentis ad consequens in differentia, hoc est, in ea parte majoris qua minus ab eo superatur, sive in majoris, dempto minore, residuo, non simpliciter, sed ut comparato cum alterutro relatorum. Ut ratio 2 ad 5 est 3 quo 5 superat 2, non simpliciter, sed quatenus cum 2 vel 5 comparatus. Nam inter 2 et 5 ; item inter 9 et 12 eadem est differentia, scilicet 3, non tamen eadem inaequalitas, ideoque non eadem ratio.

[6] Relatio non est accidens diversum ab aliis relati accidentibus, sed unum ex illis, nempe illud secundum quod fit comparatio. Similitudo albi cum alio albo, vel dissimilitudo cum nigro, est idem accidens quod albedo ejus etc. Et aequalitas vel inaequalitas idem accidens quod rei comparatae magnitudo sub diversis nominibus : nam quod album vel tantum vocatur, quando non comparatur cum alio, dicitur simile vel dissimile, aequale vel inaequale, cum comparatur. Unde sequitur.

Causas accidentium in relatis, causas esse relationum, nempe qui duo corpora inaequalia facit, facit et inaequalitatem. Et qui facit regulam et actionem, facit congruitatem vel incongruitatem <?> istius regulae.

f. 17

[7] Comparari potest idem cum seipso, alio atque alio tempore : hinc lis apud philosophos de principio individuationis. An scilicet ab unitate materiae, an formae, an aggregati utriusque et accidentium. Juxta sententiam primam, non esset idem qui peccat et qui plectitur, ob fluxum materiae. Juxta secundam, duo corpora simul existentia essent unum et idem numero. Nam si navis Thesei, post exemptas tabulas veteres, et novas inditas esset eadem qua prius ; si quis ex veteribus tabulis eodem quo prius modo compositis, navim iterum fabricasset, esset haec eadem procul dubio cum prima Thesei navi. Si ergo et posterior eadem esset ; sequeretur ut supra duas naves easdem numero. Juxta tertiam sententiam nihil omnino esset idem, quod prius ob continuam accidentium mutationem. Principium ergo individuationis nec semper a materia sola, nec semper a sola forma aestimatur.

Considerandum ergo est quo nomine dicatur res quaeque quando de identitate ejus quaeritur, multum enim interest quaerere de Socrate, an sit idem homo, et an sit idem corpus. Idem enim corpus, infans et senex, propter diversam magnitudinem esse non potest, cum unius corporis una tamen semper magnitudo sit. Idem tamen homo esse potest.

Quoties itaque nomen sub quo quaeritur an aliquid idem sit quod erat, impositum est propter materiam solam, si eadem sit materia, idem est individuum ; sic eadem aqua est, quae nunc in mari, post in nube : idem corpus, sive compactum, sive disjectum, sive congelatum, sive liquefactum. Si propter formam, talem quae sit principium motus, nomen inditum sit : manente eo principio, idem erit individuum. Sic idem erit homo, cujus actiones et cogitationes omnes ab uno et eodem principio (scilicet eo quod fuit in generatione) derivantur. Et idem flumen quod fluit ex eodem fonte, sive eadem aqua, sive alia, sive aliud quam aqua inde fluat. Et una civitas cujus acta ab una et eadem institutione continuo derivantur. /

Denique si nomen inditum sit propter accidens aliquod, quoniam materia abeunte et accedente, accidentia pereunt et nova generantur, nec sunt eadem numero ; identitas rei pendebit a materia. Ut navis, qua significatur materia sic figurata, eadem erit, si tota materia eadem sit ; sin nulla pars eadem, penitus diversa, si pars maneat, pars abierit, erit navis partim eadem, partim diversa.

Explicata sunt ferè omnia quae in mataphysicis et 8 libris Aristotelis περι φύσεως ἀκροάσεως tractantur videlicet : de privatione, materia, forma, tempora, infinito, motu, causa, effectu, potentia, actu, eodem et diverso. Et pertinent haec ad primam philosophiam. <sed> non haec solum, sed alia.

[Même nombre d'art. dans Harl. (ff 205r-205v) mais le paragraphe de transition ci-dessus n'y figure pas.]

Cap. 12um

[De expositione quantitatis][p]

[1] Dictum est dimensiones esse tres : lineam, superficiem, solidum. Harum unaquaeque si sit determinata id est si fines seu termini ejus cogniti sunt, quantitas appellatur. Hanc enim intelligunt ea voce, qua apte respondetur ad quaestionem. Quantum est ? Cum enim quaeritur quantum est iter, non respondetur indefinite longitudo ; nec quaerenti quantus est ager, responditur indefinite superficies sed determinate, tot passuum, vel jugorum, vel aliquo tali modo quo possit rei quaesitae magnitudo sub certis terminis animo comprehendi.

Est igitur quantitas, dimensio determinata : vel dimensio cujus termini sunt aut loco, aut comparatione aliqua cogniti.

[2] Determinatur quantitas duobus modis. Altero ad sensum, per objectum sensibile, ut quando linea, superficies vel solidum pedale in materia aliqua signatum oculis objicitur, qui determinandi modus expositionis, et quantitas sic cognita exposita dicitur. Altero ad memoriam, quod fit per comparationem cum exposita. Et primo modo quaerenti quanta res est respondetur quantitatem expositam vides. Secundo modo non satisfit nisi per comparationem cum exposita. Nam et quaerenti quanta est viae longitudo : indicatur tot millia passuum. Scilicet comparando viam / cum uno passu[q], vel alia mensura expositione determinata et cognita ; vel ita se habere ut quantitatem ejus ad aliam cognitam expositione, ut diameter quadrati ad latus ; vel alio aliquo simili modo.

Oportet autem expositam esse vel permanentem ut quae in materia consistente designatur, vel revocabilem ad sensum, alioqui comparatio cum ea institui non potest.

Cum autem magnitudinis cum magnitudine comparatio idem sit quod vocatur ratio, constat quantitatem secundo modo determinatam nihil aliud esse quam dimensionis non expositae ad expositam ratio, id est aequalitatem vel inaequalitatem ejus cum exposita comparatae.

[3] Exponuntur lineae, superficies, solida, primo per motum eo modo quo supra ea generari diximus, sed ut talis motus vestigia maneant. Ut quando signantur in materia, ut linea super chartam, vel incisa in materia consistente.

Secundo per appositionem, ut quando linea lineae, id est longitudo longitudini, latitudo latitudini, crassities crassitiei adjungitur, quod est lineam per puncta, superficiem per lineas, solidum per superficies describere : nisi quod per puncta, hoc loco, lineae valde breves ; per superficies solida tenuia intelligenda sint.

Tertio per sectiones, secando superficiem expositam fit linea, secando solidum, fit superficies.

(p) titre d'après la liste de *Cw*, f. 9v (q) uno passu *Cw* uno passuum

[4] Exponitur tempus, quando non solum exponitur linea quaelibet, sed etiam mobile quod super eam moveatur uniformiter, vel ita moveri supponatur. Cum tempus sit imago motus, quatenus in eo consideratur prius et posterius, id est successio, non sufficit ad expositionem temporis ut linea describatur, nisi sit etiam in animo imaginatio alicujus mobilis per illam lineam transeuntis, idque motu uniformi, ut tempus possit dividi et componi quoties opus est. Cum itaque dicunt philosophi : esto illa linea tempus, / ita intelligendi sunt ac si dicerent, conceptio motus uniformis per illam lineam, esto tempus. Nam horologiorum circumferentiae solae, quanquam lineae sunt, tamen ad notanda tempora, nisi motus etiam umbrae vel indicis sit vel supponatur, ineptae sunt.

[5] Exponitur numerus per expositionem punctorum, vel etiam nominum numeralium, unum, duo, etc. Puncta illa non debent sibi esse contigua, sed notis sic distincta ut discerni possint. Inde rursus dicatur quantitas discreta, cum quantitas omnis, quae motu designatur, continua dicatur.

[6] Ad expositionem velocitatis (quae est motus quo certum spatium, certo tempore percurritur) requiritur tum ut tempus exponatur, tum etiam ut illud spatium quod a mobili, cujus velocitatem determinare volumus, conscribendum, expositum sit, et in eo, mobile moveri intelligatur. Duae itaque lineae exponendae sunt : altera super quam intelligatur fieri motus uniformis, ut tempus certum sit ; altera super quam velocitas aestimetur.

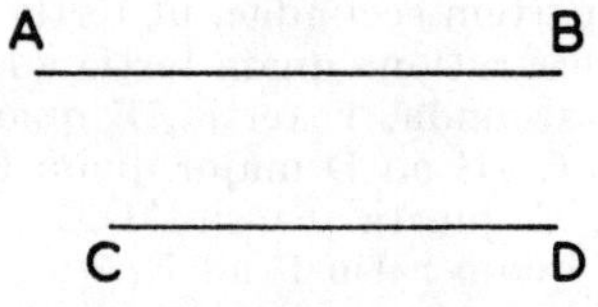

Ut si velocitatem velimus exponere mobilis A ; ducemus duas lineas, AB, CD ; et mobile in C quoque statuemus ; tum dicemus velocitatem mobilis A tantam esse, ut percurrat lineam AB eodem tempore, quo mobile C percurrat lineam CD, motu uniformi.

[7] Pondus exponitur per quodcumque corpus grave, cujuscumque materiae, modo sit ejusdem semper gravitatis.

[8] Ratio magnitudinum exponitur, quando ipsae magnitudines exponuntur. Nam una exponitur differentia : quae in inaequalibus quantitas est, in aequalibus quantitas non est. Differentia enim inter eas nulla.

[9] Ratio duorum temporum, vel velocitatum uniformium exponitur, cum duae lineae exponuntur, per quas duo mobilia intelliguntur uniformiter transire. Itaque eaedem illae lineae duae exhibent rationem et suam, et temporum, et velocitatum, prout considerantur pro magnitudinibus, temporibus, vel velocitatibus exponi.

f. 19

Sint enim duae lineae expositae A et B. Exposita ergo est, ipsarum ratio. Deinde si considerentur ductae aequali et uniformi velocitate, quoniam tempora majora, aequalia aut minora sunt, prout eadem spatia majori, aequali, vel minori tempore transeuntur, exhibebunt lineae A et B. aequalitatem vel inaequalitatem, id est rationem temporum. Denique si eaedem considerentur ductae eodem tempore, quoniam velocitates majores, aequales, vel minores sunt prout eodem tempore, majores, aequales, aut minores lineas percurrunt, exhibebunt illae aequalitatem, vel inaequalitatem, id est rationem velocitatum suarum.

[Même nombre d'articles dans Harl. (f. 205v).]

Cap. 13

[De proportione][r]

[1] Rationes aequales sunt quarum utraque iisdem quantitatibus expositis, eodem ordine sumptis, exhibentur. Ut si per duas magnitudines A, B, exponantur tam ratio C ad D, quam E ad F, erit ratio C ad D aequalis E ad F, vel C.D :: E.F proportionales. Quatuor proportiones ordine expositae vocabimus analogismum[1]. Est per propositionem 11, *Elementa* 5.

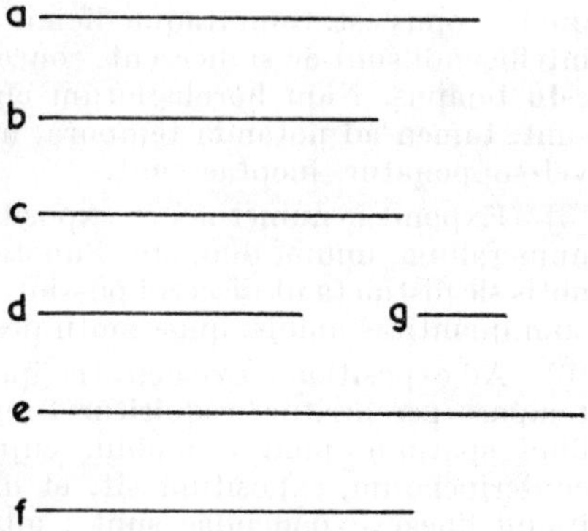

Quando pars primae magnitudinis ad secundam est ut tertia ad quartam, tum tota prima ad secundam in majore ratione dicitur quam tertia ad quartam.

Quando prima est ad partem secundae, ut tertia ad quartam, tum prima est ad secundam, in minore ratione quam tertia ad quartam.

Si C+G sit prima, D secunda, E tertia, F quarta, et sint C.D. :: E.F. proportionales, erit ratio C+G ad D major quam E ad F. Sin D sit prima, C+G secunda, F tertia, E quarta. Et sint D.C :: F.E proportionales, erit ratio D ad C+G minor, quam ratio F ad E.

[Harl. c. 13, art. 1 (f. 206r) texte équivalent. L'art. 2 (f. 194) est subdivisé en quatre parties dont la 4e seule correspond à *Cw*.]

2 1° *Cum duae magnitudines A et B eandem habeant rationem ad C, poterunt ambae rationes illae exponi duabus iisdem quantitatibus, quarum si una sit C necesse est ut duae alterae A et B sint una sive in unam coincidentes, id est (per definitionem aequalium) aequales.*

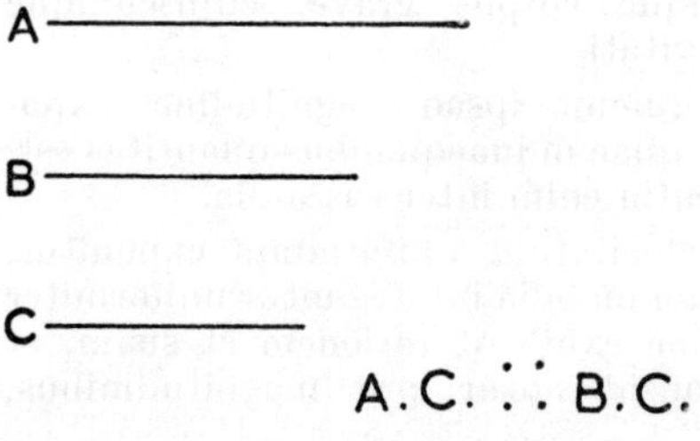

Contra si supponantur A et B esse aequales utravis quantitas A ambas exhibebit altera autem exhibet C. Itaqua ratio tum A ad C, quum B ad C exhibetur duabus A.C. Sunt ergo eaedem rationes A ad C et B ad C.

2° *B>C et B - E = C. Sint ergo B - E. A :: C.A. Quia B - E est pars primae B, erit ratio B.A>C.A. Rursus quia A.B - E :: A.C. Et B - E est pars B, erit ratio A.B <ratione A.C. Sive (quod idem est) ratio A.C> :: A.B.*

(r) titre d'après la liste de *Cw*, f. 9v. Ici cesse tout parallèle rigoureux de *Cw* avec *DC*. Les numéros d'articles correspondant à ceux de *Harl.* sont ajoutés pour faciliter la comparaison entre *Cw* et *Harl.* Voir p. 462.

1. Cf. *DC*, c. 13 art. 4. *OL* I, p. 130.

3° Si A.B :: C.D et A>B erit C>D. Si A<B erit C<D. Sit A - E = B. Jam si tertia C sit = D, erunt A - E.B :: C.D. Non sunt ergo A.B :: C.D ut supponebatur, sed A.B> :: C.D. Rursus sit C<D, erit A - E. B>C.D. Ergo ratio A.B>C.D. Non sunt ergo A.B :: C.D ut supponebatur. Quare C neque est = D neque <D, ergo> D.

Eodem modo si B.A :: D.C. Nisi D<C non esse B.A :: D.C. Erunt enim B.A - E :: D.C. Ideoque B.A<D.C. Ergo D nec = nec>C.[2].

[*4°*] Quanto ratio primae ad secundam major est ratione aequalitatis, tanto ratio secundae ad primam minor ratione aequalitatis. Ut ratio AC ad

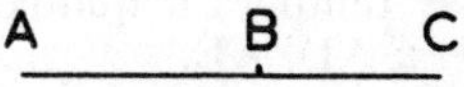

AB major est ratione AB ad AB differentia BC. Et ratio AB ad AC minor ratione AB ad AB, eadem differentia BC comparata utrobique cum eadem AB. |

4° Quanto ratio primae ad secundam major est ratione aequalitatis, tanto ratio secundae ad primam minor est ratione aequalitatis, et contra, quanto ratio primae ad secundam minor est ratione aequalitatis, tanto ratio secundae ad primam maior est ratione aequalitatis. Sint enim duae quantitates AC.AB, quarum AC sit major; est ergo ratio AC ad AB excessus ipsius AC supra AB, nempe quantitas BC comparata cum alterutra AB; et quia AC major est quam AB, erit ratio AC ad rationem AB major ratione AB ad AB quanta est BC. Rursus quia AB minor est quam AC, erit ratio AB ad AC minor ratione AB ad AB, quanta est eadem BC; utrobique autem comparatur BC cum eadem AB. quare ratio AC ad AB, tanto major est ratione AB ad AB, id est ratione aequalitatis, quanto ratio AB ad AC minor est eadem ratione aequalitatis AB ad AB. Et haec contra tanto minor ratione aequalitatis, quanto illa est major. quod erat probandum.

[3] Si sint 4 magnitudines, in quibus utraque antecedens eodem tempore exposita intelligatur cum sua consequente, antecedens autem cum antecedente, et consequens cum consequente, eadem velocitate, vel contra, illae eadem velocitate, hae eodem tempore, erunt proportionales.

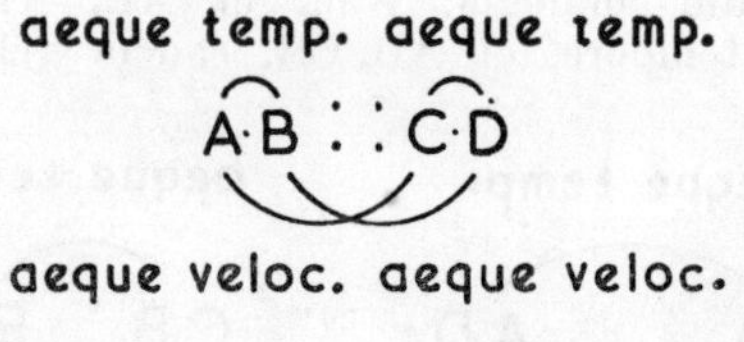

Sint 4 magnitudines A. B. C. D. quarum A. B. sint expositae eodem tempore, et C. D. eodem tempore, et A. C. eadem velocitate et B. D. eadem velocitate, dico A.B. :: C.D esse proportionales.

Quoniam enim A et B expositae sunt eodem tempore, exhibebunt et suam et velocitatum suarum rationem. Rursus quoniam C.D expositae sunt eodem tempore exhibebunt hae et suam et velocitatum suarum

2. *Ibid.*, c. 13 art. 11. *OL* I, p. 139.

rationem. Quare (cum velocitates per A et C sunt aequales, item per B et D aequales) eaedem A.B exhibebunt et rationem suam, et rationem C ad D. Sunt ergo rationes A ad B, et C ad D, eaedem.

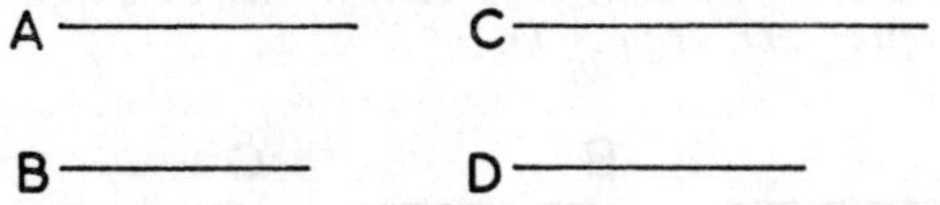

Aliter sic.

Sint 4 magnitudines AB. AC. AD. AE. ita expositae, ut intelligantur duo mobilia simul discedere ad A, alterum per lineam AB, alterum per AD, utrumque celeritate uniformi, quo tempore autem alterum est in C, alterum sit in E. Et quando illud est in B hoc sit in D. Scilicet ut AB. AC. velocitates sint aequales, item AD. AE. Sed AC. AE tempora aequalia, item AB. AD. Dico AB. AC :: AD. AE.

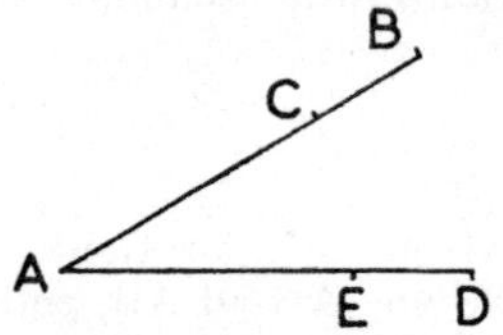

Cum enim AB. AC eadem descriptae sunt celeritate, erit AB ad AC, ut tempus per AB ad tempus per AC. Propter similem rationem erit AD ad AE ut tempus per AD ad tempus per AE. Hoc est ut tempus per AB ad tempus per AC. Sunt ergo tam AB ad AC quam AD ad AE, ut tempus per AB ad tempus per AC. Hoc est ut AB ad AC, ergo AB. AC :: AD. AE.

Ex hac propositione intelligitur analogiae generatio, nimirum quomodo in inaequalitate magnitudinum fiat tamen inaequalitatis, sive rationis aequalitas. Crescunt enim differentiae / una cum ipsis magnitudinibus, ut sint in incrementis magnitudinum aequalibus, aequalia incrementa differentiae. Itaque rationum aequalitas oritur ab aequalitate temporum quibus inaequali curritur velocitate, vel ab aequalitate velocitatum quibus curritur inaequalibus temporibus, dum ipsarum inaequalitas oritur ex inaequalitate temporum ubi aequales sunt velocitates, vel ab inaequalitate velocitatum ubi tempora sunt aequalia.

Corollarium. Si sint 4 magnitudines proportionales, erit ut prima ad tertiam sic differentia primae et secundae ad differentiam tertiae et quartae. Nam considerata figura proximè praecedente, scribamus AB. AC. :: AD. AE. Igitur exponamus primam AB, tertiam AD ; differentiam primae et secundae, CB, differentiam tertiae et quartae, ED, et unicuique earum cum differentiis, suum tempus, et suam velocitatem ascribamus. Statim inde apparebit earum analogia. Nam et AB. AD. eodem tempore, et CB. ED. eodem tempore, et AB. CB. eadem velocitate, et AD. ED.

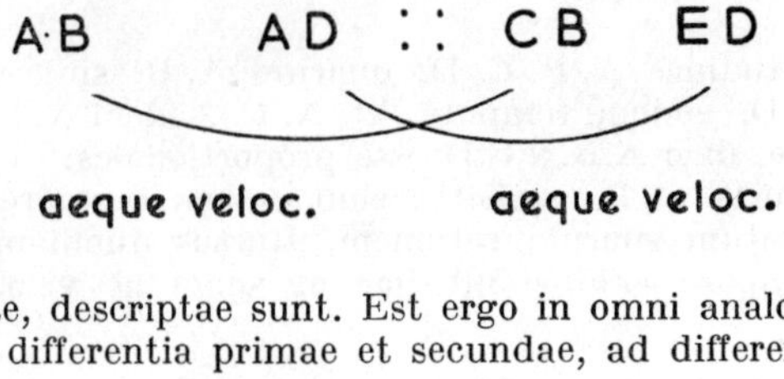

eadem velocitate, descriptae sunt. Est ergo in omni analogismo ut prima ad tertiam, ita differentia primae et secundae, ad differentiam tertiae et quartae.

[Le premier et le sixième des paragraphes qui précèdent, dans *Cw*, se retrouvent identiques dans *Harl.*, art. 3 (f. 206r). Le reste, dans *Harl.* est très abrégé. Mais le f. 194v se compose de notes sur un art. 4. Elles sont présentées sous la forme d'une série de proportions et de tableaux (comparables à ceux qui sont reproduits plus haut, art. 3, dans le texte de *Cw*) où sont mis en évidence les rapports des temps et des vitesses. On retrouve f. 203v une matière analogue, mais sans référence à un article ou chapitre. La transcription et l'interprétation de ces deux pages posent de tels problèmes que nous avons préféré ne pas les reproduire[3].]

[6][4] Rationem consistere in differentia duarum magnitudinum, non simpliciter sumptarum sed comparatarum cum alterutra magnitudinum differentium supra demonstratum, videlicet rationem 4 ad 7 esse 3, non simpliciter, sed trium ex 4, vel 3 ex 7. Aliter, eadem esset ratio 4 ad 7 et 30 ad 33. Ex hac definitione ostenditur quid sit rationes proportionales in unam componere, unam ab alia demere, et rationem multiplicare et dividere.

Notandum 1°, rationem magnitudinis ad aliam 2 nominibus appellari, puta cum majore vel minore comparatur.

[f. 20v]

Si cum majore comparatur, dicitur defectus, sive ratio minoritatis, si cum minore, dicitur excessus, et ratio majoritatis. Alius autem modus est componendi rationes eiusdem nominis, alius diversorum nominum.

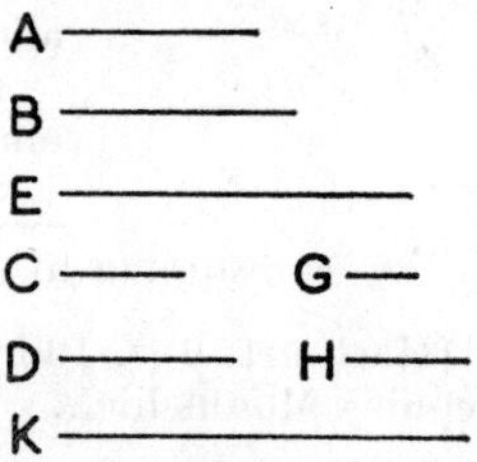

Sint 1° componendae duae rationes eiusdem nominis, A ad B. ratio addenda rationi C ad D. et sit A minor quam B ; et C minor quam D. Intelligatur alia magnitudo E, ad quam eandem rationem habeat B quam habet C ad D. Sunt ergo ratio A ad B, et B ad E, eaedem rationes quae A ad B et C ad D. Sed manifestum est differentiam inter A et E esse summam differentiarum inter A et B, et inter B et E. Est autem differentia inter A et B, ratio A ad B, differentia inter B et E, ratio B ad E, quia utraque comparatur cum B, una ex magnitudinibus utriusque rationis. Est igitur ratio A ad E summa utriusque rationis A ad B, et B ad E.

Eodem modo si ratio B ad A sit addenda rationi D ad C <ubi> antecedens utraque major est sua consequente, intelligatur alia quaepiam magnitudo E quae sit ad A in eadem ratione in qua est D ad C ; eruntque B ad A et A ad E eadem ratione quae B ad A et D ad C. et differentia inter E et A, erit summa differentiarum inter B et A, et D et C, etc.

Quod si rursus velimus componere rationem A ad E cum alia ratione eiusdem nominis, puta G ad H ; eâdem methodo utemur, statuendo aliam magnitudinem K, ad quam E, eandem habeat rationem quae G ad H. Eritque ratio A ad K, summa rationum A ad E, et G ad H sive trium ; A ad B, C ad D, et G ad H.

Ad compositionem rationum diversorum nominum <videndum> est quod supra demonstratur[s]. Datis 2 magnitudinibus inaequalibus, quanto

(s) quod supra demonstratur *Harl* per art. 2 propos. 4

3. Pour l'ensemble de l'art. 3, cf. *DC*, c. 13 art. 6, mais sans parallèle précis.

4. Cf. *Exam. math.*, *OL* IV, 70, 81-2, 131 sqq., 159 ; *De princ. et rat.*, *Ibid.*, pp. 413-18 ; *Princ. et Probl.*, *OL* V, pp. 162-3.

ratio majori(s) ad minorem superat rationem aequalitatis ; tanto rationem aequalitatis superare rationem minoris ad majorem.

f. 21

Item, rationem aequalitatis non esse quantitatem, inde sequitur rationem minoris ad majorem multo minus esse quantitatem ; et rem ita se habere in rationibus excessuum et defectuum, sicut in numeris veris, et fictis seu minoribus quam 0. Sicut (enim) in his numeris (si ita loqui liceat) 4.0.0-4, tantum superatur 0 a vero numero 4, quatenus ipsum superat 0-4. ita in rationibus excessuum et defectuum, ratio aequalitatis quae est tamquam 0 tanto superatur a ratione 4 ad 0-4 quanto eadem ratio aequalitatis superat rationem 0-4 ad 4. Itaque in rationibus diversorum nominum componendis idem faciendum est quod in additione promiscua numerorum verorum et minorum quam nihil. Ut si addenda sint 24 et 0-13. detrahendus est minor e majore et summa subscribenda, cum nomine majoris termini[t] verus numerus 11. At si -24 et 13 sint addendi, summa erit -11. sive 0-11 numerus fictus, minor quam nihil[5].

+24	—24
—13	+13
+11	—11

Notandum addere defectum est tollere magnitudinem, sicut dare paupertatem, est tollere divitiam, et addere deficienti, tollere defectum[6].

Modus hic componendi rationes clarior fit exemplo eorum qui rem suorum familiarum computant in nominibus sui et alieni aeris promiscue positis.

sui	20
alieni	10
sui	30
alieni	32
sui	8
summa fit sui	16

sui	45
alieni	100
sui	25
summa fit alieni	30

[Harl. art. 6 (f. 195r) substantiellement le même que Cw. Manque la fin depuis « Modus hic... ».]

[f. 21v]

[7] Sint igitur componendae rationes A ad B, C ad D, et E ad F. Sintque A minor quam B ; at C major quam D ; et rursus E minor quam F.

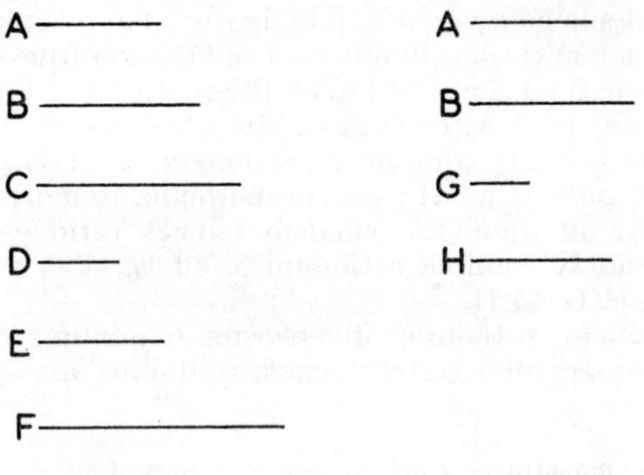

(t) termini *Cw* terminum

5. *Exam. math.*, *OL* IV, pp. 73-4.
6. *Ibid.*, p. 106.

Exponantur rursus A, B fiatque ut C ad D, ita B ad G. Sunt igitur eaedem rationes A ad B et B ad G, quae A ad B et C ad D. Est autem differentia inter A et G aequalis differentiae inter A et B demptâ differentia quae est inter B et G. Itaque summa defectûs quo deficit A a B, et excessûs quo B superat G, est excessus quo A superat G, quare summa rationum A ad B et B ad G, id est summa rationum A ad B, et C ad D, est ratio A ad G.

Rursus, si fiat ut E ad F, ita G ad H, eaedem erunt rationes A ad G, G ad H, quae A ad G et E ad F. Est autem differentia inter A et H aequalis differentiae inter A et G, dempta differentia inter G et H. Itaque summa differentiarum inter A et G, et inter G et H, est differentia inter A et H. Quare summa rationum A ad G, G ad H, id est A ad B, C ad D, G ad H est ratio A ad H. Composita est ergo rationum A ad B, C ad D, E ad F.

[8] Manifestum hinc est rationem 1^{ae} ad ultimam aequalem esse omnibus simul rationibus 1^{ae} ad 2^{am}, 2^{ae} ad 3^{am} etc. Nam si ad A addatur id quo deficit a B, fit B à quâ, si tollatur id quo B superat G, fiet G. Postremo si addatur ipsi G id quo superatur ab H, fiet H. Itaque differentia A ab H fiet ab additione et detractione continua proportione excessuum et defectuum, id quod est compositio rationum nominum diversorum.

Idem videtur in numeris qualibuscunque et quotcunque, ut 4.6.3.7.8. Differentia inter 4 et 8 (1^{m} scilicet et ultimum) aequalis est numero qui fit detractis differentiis omnibus unius nominis, ex differentiis alterius nominis. Nam differentia inter 1^{m} et 2^{m} est 2 ; inter 3^{m} et 4^{m}, 4 ; inter 4^{m} et 5^{m}, 1. Suntque omnes differentia minoris ad majorem, et faciunt 7. differentia 2^{i} et 3^{i} est 3, qua detracta ex 7, fit residuum 4, quae est differentia primi et ultimi.

f. 22

[9] Sicut in compositione rationum, ita in subtractione earum, ambae rationes debent habere communem terminum. Si ergo a ratione A ad B detrahenda sit ratio C ad D, ponenda est alia quantitas E, ita ut sit B ad E, ut D ad C. Si igitur exponantur ordine A.E.B, composita erit ratio A ad B, ex ratione A ad E, et E ad B. Si igitur a ratione A ad B auferatur ratio E, ad B, hoc est C ad D, relinquetur ratio A ad E, et facta est detractio proposita.

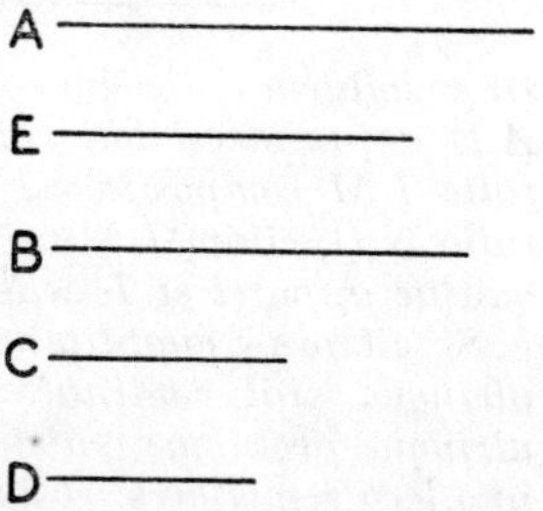

Multiplicatur ratio per numerum quando additur ratio ipsi aequalis toties, quoties unitas est, in numero proposito. Ut si ratio A ad B detur multiplicanda per binarium, ponenda est 3^{a} quantitas C ; ut B ad C habeat eandem rationem quam A ad B et sic duplicetur. Si multiplicanda per ternarium, duae quantitates ponendae, C.D, sicut B ad C, et C ad D ut A ad B, quae est triplicata ratio etc.

Divisio rationum per numerum fit interponendo quantitates medias ; ita ut 1^{a} sit ad 2^{m} ut 2^{a} ad 3^{m} et ut 3^{a} ad 4^{m} etc. Et si unica interponatur media, ratio dividitur bifariam, si duae, trifariam ; etc. Itaque si quis imperatam partem a ratione A ad B auferre velit (puta 3^{iam}) interponet inter A et B duas alias, C, D ; ut sint 4 quantitates A.C.D.B. continuo proportionales. Eritque ratio A ad C, vel C ad D, vel D ad B, tertia pars rationis A ad B[7].

7. *Ibid.*, p. 191. *DC*, c. 13 art. 16, *OL* I, p. 146.

Notandum in ratione continua, sicut in omni ratione composita, magnitudinum crescentium, duplicatam sive compositam, utcunque ratione, minorem esse ratione simpla ; et triplicatam duplicata etc.

[f. 22v]

Ut in ratione continua 1.2.4, cum ultimum 4 majus sit quam medium 2 major erit ratio 1 ad 2 quam ejusdem 1 ad 4, nec mirum, cum manifestum sit majorem defectum minorem esse quantitatem. ut exempli gratia 0-2 maius est quam 0-3. Ratio autem rationis non modo duplicata et subduplicata ; triplicata et subtriplicata sed etiam dupla et tripla, subdupla et subtripla etc. dici possit. Nam non modo duae magnitudines unius magnitudinis, sed etiam duae rationes unius rationis, sunt duplicatae[8].

[*Harl.* 7. 8. 9. (ff. 195r-195v et 202r), texte analogue à *Cw.*]

10. Si sint duos ordines quantitatum numero aequales, rationes autem primi ordinis rationibus secundi ordinis singulae singulis sint eaedem, utcunque disponantur ; erit prima quantitas primi ordinis ad ultimam ejusdem primi ordinis, ut prima secundi ordinis ad ultimam secundi ordinis. Expositis enim rationibus A.B.C.D et totidem alliis E.F.G.H ordinate ut in primo schemate, ut eaedem rationes sibi invicem e regione respondeant (quae ratio vocatur a geometris ordinata) vel ut I.K.L.M et N.O.P.Q in secundo schemate ubi rationes e regione inter se non respondeant (quae ratio vocari solet perturbata) dico A.D :: E.H et similiter I.M :: N.Q. Cum enim ratio A ad D composita

I	8	N	4	A	4	E	8
K	4	O	6	B	6	F	12
L	6	P	3	C	3	G	6
M	8	Q	9	D	9	H	18
2 schema				1 schema			

sit ex totidem et iisdem rationibus ex quibus composita est ratio E.H, tota ratio A.D aequalis est toti rationi E.H, sunt ergo proportionales. Similiter quia ratio I.M composita est ex totidem rationibus iisdem, ex quot composita est ratio N.Q, etiam I.M :: N.Q sunt proportionales, quod erat probandum. Hinc quoque apparet si I > M etiam N > Q. Sin < . <, si = . =[9].

Si sit ordo quantitatum numero imparium et a media earum reliquae utrinque sint continuè proportionales; ratio duarum quae sunt mediae utrinque proximae, subdupla est rationis duarum quae utrinque a media sunt uno loco remotiores, et subtripla earum quae sunt ab eadem media adhuc uno loco remotiores, et sic deinceps. sint enim ordo A.B.C.D.E.F.G quarum media sit D, et sint D.E.F.G $\div\!\!\div$ *item D.C.B.A* $\div\!\!\div$ *dico rationem E.C subduplam esse rationis F.B, et subtriplam rationis G.A. Est enim ratio E.C composita ex ratione E.D semel, et D.C semel. At ratio F.B composita est ex ratione F.D et D.B. hoc est ex ratione E.D bis, et ex ratione D.C bis. Est ergo ratio E.C subdupla semissis rationis F.B. Eodem modo ostendetur rationem G.A. compositam esse ex ratione E. ter. Est ergo ratio E.C subtriplica rationis G.A, quod erat probandum*[10].

Ratio duarum quantitatum composita cum ratione earum quantitatum inversa, est ratio aequalitatis. Sit enim ratio duarum quantitatum A et B,

8. *De princ. et rat.*, *OL* IV, p. 424.
9. *DC*, c. 13 art. 13, coroll. 3, *OL* I, p. 142.
10. *Ibid.*, c. 13 art. 17, p. 146.

ejus inversa erit B.A. Si igitur ponantur ordine A.B. A, ratio quae componitur ex rationibus A.B et B.A erit ratio A.A, id est aequalitatis. Vel si ratio 3.4 sit componenda cum ratione 8.6. Si fiat ut 8.6 ita 4 ad aliud, erit illud aliud 3, nam 8.6 supponitur esse ratio4.3[11].

12 Si sint 4 magnitudines continuè proportionales, erit differentia extremae ad summam omnium excepta maxima, ut differentia minimarum ad minimam. Sint enim AE. AD. AC. AB ∴ quarum maxima sit AE, minima AB. Dico esse ut BE differentiam extremarum ad AD+AC+AB, ita BC differentia

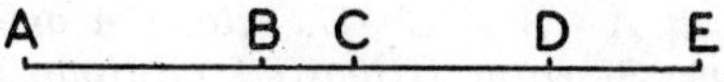

minimarum ad AB minimam. Quoniam enim AE AD. AC ÷ id est AE. AD :: AD.AC, erit (per corollarium articuli quarti) DE differentia primae et secundae ad DC, differentiam tertiae et quartae, ut AE prima ad AD tertiam, et propter eandem causam erit DC.BC ut AD. AC. Sunt ergo DE.CD.BC ÷ in eadem ratione in qua sunt ∴ AE.AD.AC.AB. Quoniam ergo proportionales sunt DE. CD :: AD. AC, erunt componendo proportionales, DE+CD. CD :: AD+AC. AC. et quoniam CD. BC :: AC. AB erunt per ordinatam rationem DE+CD. BC :: AD+AC. AB. / Et rursus componendo erunt DE+CD+BC. BC :: AD+AC+AB. AB, et denique permutando erunt DE+CD+BC. AD+AC+AB :: BC. AB. quod demonstrandum.

Si sint quatuor proportionalia, interponaturque inter primum et secundum, medium proportionale et aliud inter tertium et quartum, erit medium ad medium, ut primum ad tertium, vel ut secundum ad quartum. Sint enim A.B :: C.D, inter primum et secundum interponatur E. inter tertium[u] *et quartum interponatur F. dico A.C :: E. F. Quoniam enim A.E.B ÷ ratio A.E subdupla est rationis A.B, sive rationis C.D. Et quia C.F.D ÷ erit ratio C.F subdupla erit eiusdem rationis C.D, sive A.B. Sunt ergo A.B :: C.F. quare permutando A.C :: E.F, quod erat probandum*[12].

Si sint A.B.C ÷ erit A+C+2 B.B+C.C ÷. Quoniam enim A.B :: B.C erit componendo A+B.B :: B+C.C, et permutando A+B.B+C :: B.C, et rursus componendo A+B+B+C.B :: B+C.C. Quod erat probandum[13].

13 Si arithmetica proportio A.B.C.D, erit A+D = C+B. Sit E differentia inter A et B. Ergo erit E quoque differentia inter C et D. Ergo B = A+E, et C = D—E. Quare B+C = A+E et D—E. Simul hoc est A+D. Quod erat probandum.

Secundo si A.B.C arithmetica proportio, erit 2 B = A+C. Erit enim B = A+E, et B = C—E. Itaque B bis sumpta = A+E et C—E.

Tertio si sint quotcunque magnitudines arithmeticae proportionis A.B.C. D.E.F, quaelibet duae aequidistantes ab extremis simul sumptae aequales erunt quibuslibet aliis duabus simul sumptis aeque item distantibus ab extremis. Sumatur enim B.E. secundae ab extremis et aliae duae C.D, tertiae ab extremis. Dico B+E = C+D. Quoniam enim A.B.C.D.E.F in arithmetica proportione, etiam B.C.D.E in arithmetica proportione, quare erit B+E = C+D. Quod erat probandum.

Quarto si sint quotcunque magnitudines in continua ratione arithmetica, summa omnium semissis est summae extremarum toties sumptarum quot sunt proportionales. Sint enim contraria *proportione arithmetica A.B.C.D. Dico*

(u) tertium *Harl* secundum

11. *Ibid.*, c. 13 art. 15, p. 144.
12. *Ibid.*, c. 13 art. 23, p. 149.
13. *Ibid.*, c. 13 art. 19, p. 147.

$A+B+C+D$ semissem esse $A+D$ quater sumptae, quot nempe sunt magnitudines propositae. Sit enim inter B et C media arithmetica E, erit ergo eadem E media quaeque arithmeticè inter A et D. Est ergo $A+D = 2\,E$, item $B+C = 2\,E$. Est ergo $A+B+C+D$ id est omnes simul $= 4\,E$. Et eadem E bis sumpta $= A+D$; quare quater sumpta $= 2\,A+D$, id est semissi $A+D$ quater sumpta. Sunt ergo $A+B+C+D$ simul semissis $A+D$ quater sumptae; quod erat probandum.

14 Si sint quatuor magnitudines utcunque inaequales, binae autem binis aequales, erit maxima et minima in eadem combinatione. Sint enim magnitudines A.B.C.D.; et sit $A+B = C+D$. Sitque A omnium maxima, dico B esse omnium minimam. Si enim B non sit minima, sit utravis reliquarum minima D. Quoniam ergo $A>C$ et B supponitur vel$>$vel $= D$. Erit $A+B> C+D$, quod non posset esse quia supponitur $A+B = C+D$.

Sint $A>B>C>D$, dico $A+D.B+C.A-B.C-D$ esse arithmeticam proportionem. Est enim differentia primarum $A+D.-B-C$. Et differentia posteriorum $A-B-C+D$. Quae duae differentiae sont aequales, sunt ergo $A+D.\ B+C.\ A-B.\ C-D$ arithmeticae proportionales.

Si sint $A+B = C+D$ erunt A.C.B.D arithmeticae proportionales. Si enim differentia inter A et C eadem sit quae inter D et B sint arithmeticae proportionales. Si vero non sit eadem differentia sumatur alia magnitudo E, ut sit eadem differentia inter A et C quae inter E et B. Sunt ergo A.C.E.B. arithmeticae proportionales, quare erit $A+B = E+C$. Quod fieri non potest cum suppositum sit $A+B = C+D$. Sunt ergo A.C.D.B arithmeticae proportionales quod erat ostendendum. Aliter sic; quoniam $A+B = C+D$, erit $A+B-C = D$, et $A-C = D-B$. Est autem $A-C$ differentia inter A et C. Et $D-B$ differentia inter D et B; sunt autem aequales, ergo A.C.D.B arithmeticae proportionales.

15 Si sint A.B :: C.D, erit $A+D>B+C$. Sit A maxima; major ergo erit quam C, ergo $B>D$. Erit itaque D omnium minima. Sit autem mediarum utravis $B>C$. Sunt enim ut proxime ostensum est $A+D.B+C.\ A-B.\ C-D$ arithmeticae proportionales. Sed $A-B.C-D$ :: (per corollarium 1 articuli 4ti) ut A.B. Quia ergo $A>B$ etiam $A-B>C-D$. Ergo etiam $A+D>B+C$. Quod erat probandum.

Si inter duas magnitudines interponatur una vel plures mediae proportionales, ut sint omnes in geometrica ratione continua, et totidem in ratione arithmetica; erit mediorum in ratione geometrica maxima, minor[v] quam media maxima in ratione arithmetica; et proxima minor[v] proxima et sic deinceps. Sint enim inter AE et AB interpositae mediae in ratione arithmetica AD, AC, in ratione geometrica AF, AG. Dico $AD>AF$, et $AC>AG$. Sunt enim $ED = DC$ propter rationem arithmeticam. Sed quoniam AE.AF.AG.AB $\div$ erunt ipsorum differentiae EF.FG.BG $\div$ in ratione AE.AF. Quoniam ergo $AE>AF$ et $AF>AG$, et $AG>AB$, erit $EF>FG$, et $FG>GB$. Ergo $BG<\frac{1}{3}BE$. Ergo $BG<BC$. Et proinde $AG<AC$, et per eandem rationem $BF<\frac{2}{3}BE$. Itaque $BF<BD$, et proinde $AF<AD$. Ergo $AD>AF$, et $AC>AG$. Quod erat probandum[14].

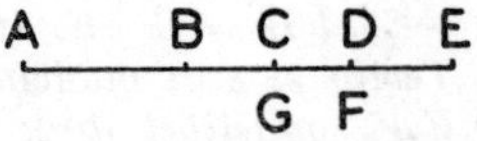

[Harl. 10. 12. 13. 14. 15. (ff. 202r à 203r) sans équivalent dans Cw.]

(v) minor *Harl* major. Cf. *DC*, c. 13 art. 26

14. *Ibid.*, c. 13 art. 26, p. 150.

Cap. 14

[De recto et curvo)[w]

[1] Definitionis malae duo criteria. 1. quod posteriores priorum sententiae non acquieverint, sed alius aliam, arbitrio suo excogitatam tradiderit. 2. sterilitas in quod ex eo nullum derivetur theorema. Explicatio est definitio lineae rectae apud geometras antiquos[15].

[2] Differentia lineae rectae et curvae in hoc manifesta quod curvae eiusdem longitudinis, ab uno puncto ad aliud, quot quis voluerit, duci possunt ; recta vero unica. Itaque media reliquarum omnium. Ut a puncto A ad B utrimque possint duci lineae ACB, ADB in charta aequales, et innumeratae aliae per aërem iisdem aequales, scilicet AEB, AFB et aliae his aequales. Sed si media inter has omnes ducatur AGB ; quomodo ulla alia inter puncta A et B ipsi aequalis duci possit, non potest intelligi[16]. Igitur

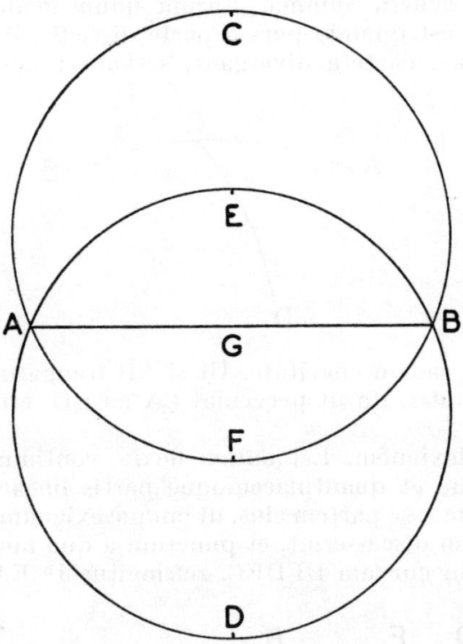

Recta linea, quae sita est intra omnes alias quae ex omni parte duci possunt inter se aequales, ab eodem ad idem punctum. Alia omnis, curva appellatur. Et respectu partis quae mediae obvertitur, cava, respectu partis aversae convexa dicitur.

Recta curvari dicitur, sive in curvam mutari quando puncta ejus extrema salva quantitate totius lineae / propius ad se invicem adducuntur. Curva extendi, et rectior fieri dicitur quando extrema ejus puncta, salva item quantitate, diducuntur[17].

[Harl. même texte à partir de « Recta linea... ». Pas d'art. 2.]

[3] Linea uniformis est, cujus pars quaelibet cum alia parte sibi aequali coincidere possit immutata[18].

[Harl. ajoute] *Item duae lineae inter se conformes sunt quae totae immutatae sibi invicem coincidere possunt. Itaque rectae omnes inter se aequales conformes sunt. Sicut et quaelibet duae aequales et aequaliter curvae*[18].

(w) titre de *Cw*, f. 9v

15. *Exam. math.*, *OL* IV, pp. 37, 87.
16. *Ibid.*, pp. 61-3 ; *De princ. et rat.*, *OL* IV, p. 394.
17. *DC*, c. 14 art. 1. *OL* I, p. 153.
18. *Ibid.*, c. 14 art. 3, p. 156.

[4] Planum seu superficies plana est, quae a linea recta describitur, ita mota, ut singula ejus puncta describant lineas rectas[19].

[5] Superficies non plane, gibba vocatur, quae respectu partis, quae mediae planae obvertitur (sicut lineae curvae respectu mediae) concava ; respectu partis ab ea aversae convexa dici solet[20].

5. Caeterae superficies omnes non planae. Gibbae sunt. / Superficierum autem omnium habentium eosdem terminos, medio loco posita est ea quae plana est ; propterea quod rectae ex cuius ducta fit superficies plana media est curvarum ex quibus fiunt superficies gibbae. Gibba autem respectu partis quae mediae planae obvertitur concava, respectu partis ab eadem aversae, convexa dici solet. Et quemadmodum lineas conformes appellamus quae totae totis immutatae coincidere possunt, ita quoque superficiem superficiei conformem dicimus, quando tota toti immutatae coincidere posse intelligitur[20].

[6] Curvarum linearum duo sunt genera summa. Earum unum genus est quod fit per fractionem. Fractio est quando pars a parte discedit, ita ut in uno termino cohaereant ambae, caetera divergant, servata tamen

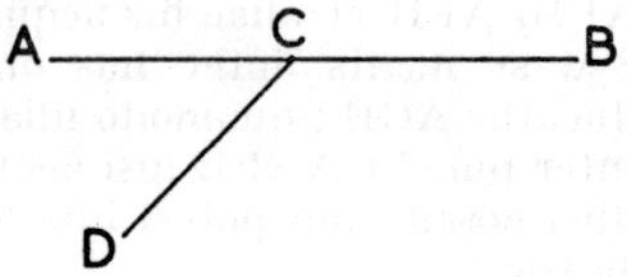

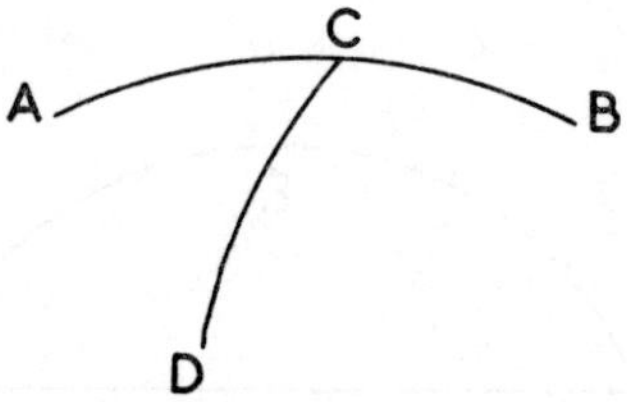

rectitudine (si rectae sint) si curvae, eadem curvitate. Ut si AB frangatur in puncto C, caeteris partibus immutatis, ita ut perveniat CA ad CD. erit tota DCB curva per fractionem.

Alterum genus est quod fit per flexionem. Est autem flexio, continua fractio, hoc est, fractio uniuscuiusque et quantulaecumque partis lineae. Ex quo intelligitur in linea flexa nullam esse partem eius, utcunque exiguam, quin et puncta habeat quae a loco suo discesserint, et punctum a quo non discesserint. Ut si flectenda sit AB in curvam BFDEC, refringitur 1° EA

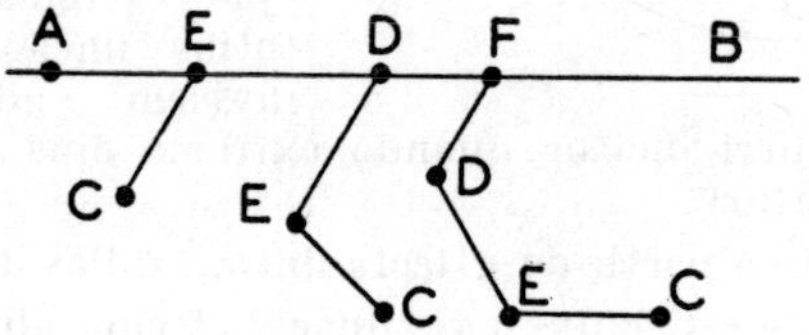

ad EC, et rursus DEA in DEC et FDEA in FDEC. Et similiter / in omni puncto inter B et A possibili. Quo facto, BFDEC nullam habebit partem ne minimam [quidem], quae sit recta ; et recta AB continget flexam BFDEC in unico puncto B.

Sequitur hinc punctum contingentiae B, non modo non considerari sine quantitate, sed neque quantitatem omnino esse. Si enim quantitas esset, cum sit in recta AB, esset linea recta ; et cum eadem sit in continuè curva BFDEC, esset continuè curva. Quod impossibile.

[Harl. art. 6, même texte. Le c. 14 est au f. 206r-206v.]

19. *Ibid.*, c. 14 art. 2, p. 155.
20. *Ibid.*, c. 14 art. 2 et 3.

Cap. 15

[De angulo, parallelismo et asymptosia][x]

1.[y] Circulus est superficies in plano designata per motum lineae cuiuslibet quae circa unum punctum immotum circumfertur in eodemque plano, donec in locum inde digressa est redierit.

Linea, quae a quolibet lineae sic motae, puncto describitur, circuli perimeter ; et pars eius quaelibet, linea circularis, et circumferentia, et arcus circuli appellatur.

Punctum lineae, quod in descriptione immotum supponitur, centrum circuli ; et recta quaelibet per centrum transiens diameter circuli appellatur[21].

Si immota diametro semicirculus moveri intelligatur, donec et ipse in locum unde digressus est, redierit, spatium designatum solidum est, quod vocant sphaeram ; et superficies eius gibba, superficies sphaerae, et pars eius quaelibet, superficies sphaerica.

2. Ad cognitionem naturae anguli ; cognoscendum est quae linea cui contingens sive contigua appelletur ; non enim omnes lineae quae se mutuò tangunt contingentes dicuntur, sed quae ita tangunt, ut non se mutuò secent, sed tantum lambant sive radant. Itaque,

Contingens tam superficiei quam lineae est, quae aliam superficiem vel lineam, non secans, vel tota toti, vel pars parti contigua est. Contiguae autem sunt[z] inter quae spatium nullum intercedit.

Quando punctum puncto, lineae et superficiei contiguum esse dicimus, punctorum illorum magnitudinem, etsi ea non supputetur, / aliquam tamen esse necessario intelligendum est. Nam si 2 puncta indivisibilia se mutuo tangere supponamus, fiet tertium punctum, viz : punctum contactûs ; et rursus inter punctum contactûs et utrumque punctum contingens, orientur alia duo ; etc.[a]. Itaque inter 2 lineas vel superficies contiguas, nullum est commune punctum : cum si esset, illae lineae vel superficies, non ibi contiguae, sed coincidentes, id est una et eadem essent[22].

3. His intellectis, intelligantur in quolibet plano duae lineae se mutuo contingentes, sive illae conformes sint, ut se mutuo secundum omnia sua puncta contingant, sive non conformes, sed ad unum tantum punctum contiguae sint. Intelligaturque altera earum circulum describere, altera manere immota. Linea circularis quae a quolibet lineae circumactae puncto designatur, quatenus rationem aliquam ad totam circulationem, vel partem eius, initio sumpto ubi motus initium fuit, determinat, angulus in superficie

(x) titre de *Cw*, f. 9v (y) Les n^os^ des art. 1, 2, et 3 sont (par exception) indiqués dans *Cw* aussi bien que dans *Harl.* La première phrase de *Harl*, art. 1 : « Ad naturam anguli investigandam cognoscenda imprimis est natura lineae circularis, et superficiei sphaericae » n'est pas dans *Cw*. (z) Contiguae autem sunt *Harl* contiguum autem quid sit supra cap. 7 explicatum est. (a) *Cw*, etc. *Harl* et rursus inter haec tria alia et sic erunt puncta infinita

21. *Ibid.*, c. 14 art. 4, p. 157.
22. *Ibid.*, c. 14 art. 6, p. 159 ; cf. *Exam. math.*, *OL* IV, pp. 162-72 ; *Princ. et probl.*, *OL* V, pp. 172-5.

est[23]. Ut[b] exponatur circulus BCDE centro A descriptus, ita ut AB recta contigua supponatur alii rectae BA, discedens autem AB à BA sibi contigua, supponatur pervenisse motu circulari ad AC. Arcus ille BC est angulus interceptus inter rectas BA et AC, in plano quod ab AB describitur. Rursus supponatur AB contigua curvae AF, et motu circulari pervenire pòst ad AC vel ad AE. Arcus utervis, BC, vel BE interceptus inter AC et AF, vel inter AE et AF, angulus est quem faciunt AF, AE ; vel AF.AC. Et quanto arcus major vel minor intercipitur, tanto angulus major vel minor est.

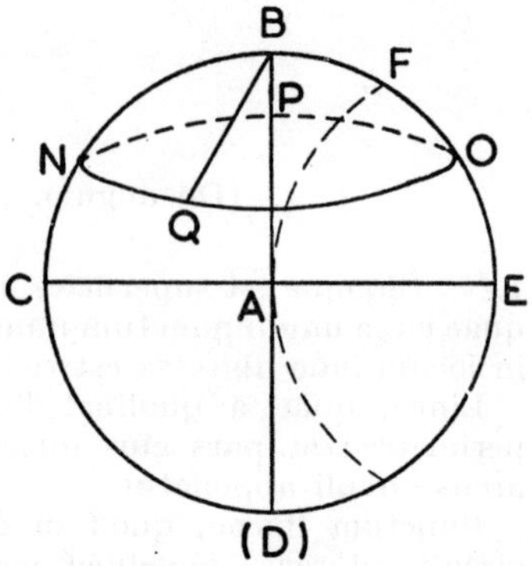

Praeterea sit circulus IHKL, cuius perimeter designata sit a puncto H in recta HM puncto M existente extra planum circuli, et immoto (in quo casu punctum M non centrum sed vertex appellari solet) punctum autem H intelligatur pervenire ad I, erit arcus HI, angulus quem / faciunt rectae MH, MI in superficie convexa quam describit suo motu MH.

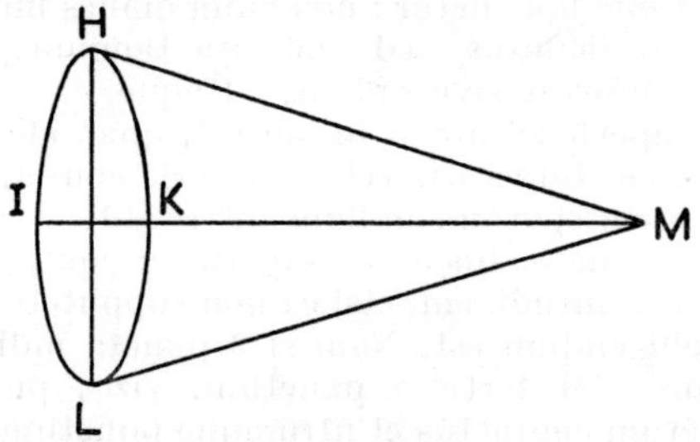

Postremo intelligatur sphaera, cuius centrum A, et in eius superficie linea circularis BN, cuius punctum N intelligatur moveri per perimetrum circuli NQOP, immoto puncto B. quando punctum pervenerit ad Q erit arcus NQ angulus quem faciunt BN, BQ, in superficie sphaerae, quique angulus sphaericus vocatur, punctum autem B non vocatur circuli NQOP centrum, nec vertex, sed polus.

[4] Similariter si 2 superficies contiguae fuerint, et alterutra earum intelligatur ita moveri, ut immotâ rectâ lineâ, quae ab una parte determinatur, altera ita moveatur, ut singula eius puncta singulos describant circulos, arcus quilibet ita descriptus est inclinatio illarum superficierum. Nam eadem res in planis, inclinatio ; in lineis, angulus nominatur[24].

Angulus autem solidus est superficies sphaerica undique circumclusa terminis superficierum <veris> , quarum termini alteri conveniunt in centro eiusdem sphaerae. Ex quo sequitur anguli solidi aliam mensuram non esse, quam quae est superficiei sphaericae. Nam quanto major vel minor est superficies sphaerica una quam alia, tanto major vel minor est angulus solidus quem ea superficies, quam quem alia subtendit.

(b) *Cw* Ut *Harl* Huius definitionis explicandae gratia,

23. *DC*, c. 14 art. 7, *OL* I, p. 150.
24. *Ibid.*, c. 14 art. 17, p. 171.

[Texte identique dans Harl. pour les art. 1. 2. 3., et pour 4. sauf pour les deux dernières phrases, à la place desquelles on a : « Ex quo sequitur anguli solidi mensuram esse superficiem sphaericam ».]

[5] Angulorum qui fiunt a lineis in eodem plano, plani ; et si ambae lineae rectae sint, rectilinei, si ambae curvae, curvilinei ; si altera recta, altera curva, mixti appellantur[25]. Eorum qui in superficie sphaerica, sphaerici ; qui in alia superficie, ab ipsa superficie denominantur, ut in superficie conica, conici.

[Harl., même texte]

[6] Est autem ubique ratio angulorum ad invicem in superficie qualibet, eadem quae arcuum per motum circularem radii descriptorum, a quibus ipsi anguli determinantur, sunt eodem arcui illi, ipsi anguli quorum natura non in magnitudine arcuum, sed in ratione eorum ad totam revolutionem, seu perimetrum, consistit.

f. 25

[7] Angulus quem determinat quarta pars perimetri descriptae ex centro, rectus ; major illo, obtusus ; minor, acutus ; uterque obliquus dicitur.

Idem est, si descripta sit ex polo sphaerae in superficie ejusdem.

Sunt ergo anguli omnes recti inter se aequales ; nam quarta pars perimetri, semper aequalis quartae parti perimetri ejusdem. Item semiperimeter aequalis est 2 rectis.

Cum duae lineae angulum inter se rectum contineant, altera alteri perpendicularis dicitur.

[Harl. 6., 7., très résumé.]

[8] Duae lineae se mutuo contingentes, angulum non constituunt ; sive ambae rectae, sive ambae curvae, sive altera recta, altera curva sit. Angulum dico, eo sensu, ut sit quantitas. Unde angulus, quem vocant contingentiae, quantitas non est. Unde angulus, quem vocant semicirculi, factus a diametro, et arcu circulari, aequalis est angulo recto rectilineo.

8. Ex definitione anguli qui fit in superficie supra tradita[c], hoc quoque colligi potest. Duas lineas se mutuo contingentes, sive ambae rectae, sive ambae curvae, sive altera recta, altera curva sit, angulum non constituere. Sit enim

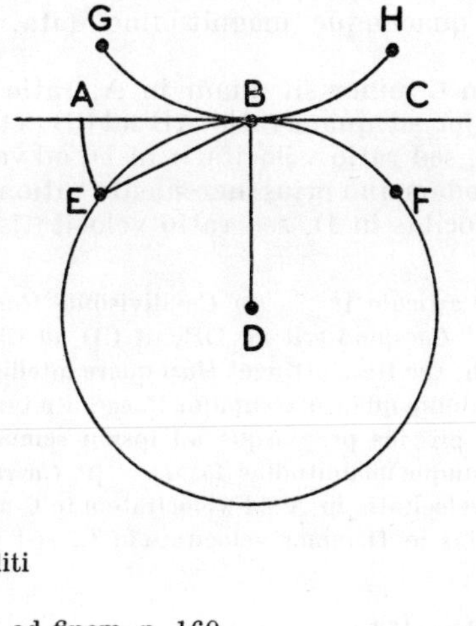

(c) tradita *Harl* traditi

25. *Ibid.*, c. 14 art. 7, ad finem, p. 160.

recta quaelibet AC quae contingat verbi gratia circularem EF in puncto B, sit autem centrum circularis lineae BEF, punctum D, intelligaturque recta AB, manente puncto B, moveri in BE, faciens arcum circuli AE. Ex definitione itaque supra tradita, articulo 3° erit arcus AE quantitas anguli quem efficiunt duae lineae, BE recta, et BE circularis, at per eandem definitionem idem arcus AE, est quantitas anguli quem efficiunt duae rectae BA et BE; itaque angulus rectilineus quem faciunt BA, BE aequalis est angulo mixto quem faciunt recta BE et curva BE; quare angulus quem faciunt BA recta et BE curva, non est quantitas. Eadem ratione angulus quem faciunt duae curvae BE et GB quantitas non est. Neque ergo angulus, in eo sensu quo angulus pro quantitate sumitur. Hinc quoque manifestum est angulum quem vocant semicirculi, factum a diametro et arcu circuli, aequalem esse angulo recto rectilineo.

[13] Lineae parallelae sunt, inter quas omnes lineae interceptae conformes inter se, facientesque cum ipsis angulos aequales, aequales sunt[26].

[15] Ex eo quod supra[d] ostensum est, non dari minimum divisibile[e], intelligi potest motum fieri posse ab uno lineae finitae, etiam quantulaecunque, termino, versus alterum, perpetuum et sempiternum, ita tamen, ut id quod movetur ad alterum illum terminum numquam perveniat.

Sit enim linea AB quaecumque, intelligaturque mobile aliquod moveri ab A versus B, quacunque velocitate putà ut unius horae spatio perveniat ad C. Si iam intelligatur motus ille tardior fieri in ea ratione ad velocitatem priorem, quam habet tota AB, ad reliquam CB, transibit mobile hora proxima spatium aliquod CD ; quod est ad CB, in ratione AC ad AB (sunt enim spatia temporibus aequalibus facta, ut velocitates) vel si velocitas minuatur in majori ratione quam / AB ad CB, minor[f] erit ratio AB ad CB, quam CB ad DB. Rursus si velocitas in D minuatur in ratione CB ad DB, fiet tertiâ horâ spatium DE, quod erit ad DB, ut CD ad CB[g]. Eodem modo si velocitas semper minuatur, tantum, vel magis, quam minuitur spatium transeundum, invenitur mobile in fine omnis temporis assignabilis, citra punctum B. Ita mobile propius spatio accedet ad terminum B, ut tandem ab eo minus distet quacunque magnitudine data, nec tamen unquam attinget[h].

Quod si velocitas in C minor sit quam in A, ratio tamen ejus in C ad velocitatem in A, major sit quam ratio AB ad CB ; et rursus velocitas in D, minor velocitate in C, sed ratio velocitatis in D, ad velocitatem in C[i], major sit quam CB ad DB, eodem quo prius incremento rationis ; et rursus velocitas in E minor quam velocitas in D, sed ratio velocitatis in E ad velocitatem

(d) suprà *Harl*, cap. 7° articulo 1° (e) *Cw* divisibile *Harl* indivisibile (f) *Cw* minor *Harl* major (g) *Cw* quod erit ad DB, ut CD ad CB *Harl* et erit ut CB ad DB ita DB ad DE (h) *Cw* Ita... attinget *Harl* quare intelligi potest moveri aliquid semper a termino ad terminum quantulaecumque lineae, ita tamen nunquam perveniat, etsi (ut manifestum est) propius propiusque ad ipsum semper accedat, ita ut tamen ab ea minus distet quaecunque magnitudine data. (i) *Cw* ratio tamen... velocitatem in C *Harl* ratio autem velocitatis in A ad velocitatem in C major sit, quam ratio AB ad CB, et rursus velocitas in D minor velocitate in C. sed ratio velocitatis in C ad velocitatem in D

26. *Ibid.*, c. 14 art. 12, p. 163.

in D[j], major quam ratio DB ad EB ; et sic in omnibus successivè punctis quoties id fieri possit, perveniet tandem mobile ad punctum B. Nam ratione velocitatis ad spatium aequalibus incrementis semper auctâ, erit tandem ratio velocitatis sequentis ad praecedentem ut AB ad AB id est ratio aequalitatis ; et mox ratio majoritatis ; id si supponamus fieri in F, cùm velocitate praecedente factum sit hora unâ spatium EF, fiet hora proximâ ipsi aequale vel maius spatium FB, pervenietur itaque tandem ad B.

[16] Ab hac speculatione, dependet cognitio illarum linearum quas appellant geometrae asymptotas, quarum talis natura est, ut semper ad se invicem magis magisque accedant, ita ut datâ quavis exiguâ magnitudine[k] tandem minus eâ inter se distent, nunquam tamen se mutuo tangant[l] [27].

Habent autem omnes hanc proprietatem, ut spatium quo tempore posteriore una ab aliam accedit, minorem habeat rationem, vel non majorem, ad spatium quò accessum est tempore proximè praecedente (modo tempora sint aequalia) quam spatium quod restat à priore accessu, ad spatium totum. Exempli gratia sit linea recta AB, et alia curva CD, quae ipsi sit asymptotos. Tempus autem dividatur in linea rectâ AB, in partes quotvis aequales, AE, EF, FG ; accessus autem curvae CD ad rectam AB in tempore 1° AE, sit MH, in tempore / secundo EF accessus sit NI. Minor, dico, vel non major erit ratio NI ad MH ; quam EH ad EM. Et rursus si in tempore

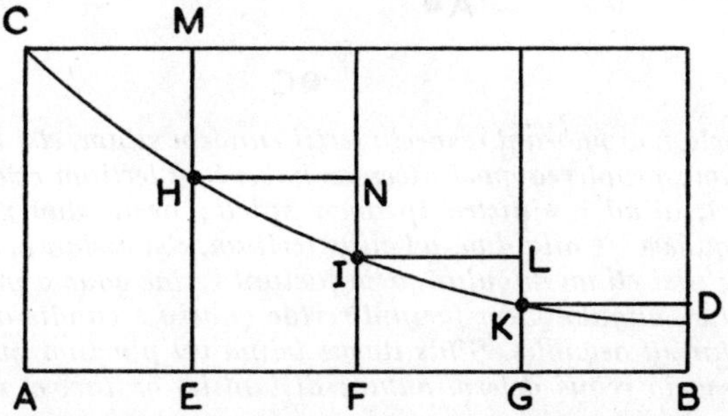

tertio FG, accessus sit LK ; minor, vel non major, erit ratio LK ad NI, quam FI ad FN, etc. Nam eo modo semper accedetur ad AB, sed nunquam pervenietur. Quod si major sit ratio NI ad MH, quam EH ad EM ; et rursus eodem incremento, major ratio LK ad NI, quam FI ad FN, etc. ; tum CD aliquando concurreret cum recta AB[m].

[17] Superficies parallelae sunt, inter quas interceptae quaelibet duae rectae lineae parallelae inter se aequales sunt. Contingentes vero sunt lineae, quando altera alteram ita tangit, ut non secet. Et superficies asymptotae, quae fiunt a revolutionibus duarum linearum asymptotωn super eundem axem[28].

Omnis itaque varietas quae potest esse in positione duarum linearum vel superficierum sunt quatuor. Dispositio ad angulum, parallelismus,

(j) *Cw* sed ratio... in D *Harl* sed ratio velocitatis in D ad velocitatem in E (k) *Cw* magnitudine *Harl* quantitate (l) *Harl ajoute* earum autem descriptiones ad hunc locum non pertinent (m) *Harl ajoute* ut ostensum est articulo praecedente, neque essent recta AB, et curva CD asymptotae.

27. *Ibid.*, c. 14 art 19, pp. 171-2.
28. *Exam. math.*, *OL* IV, p. 65.

contactus, vel ad contingentem parallelismus, et asymptosia ; alia enim excogitari nulla potest[29].

[Harl. art. 13, 15, 16, 17 (ff. 207v à 208v) : même texte à l'exception des variantes dont les plus importantes sont signalées en notes.]

Cap. 16

[De figura et similitudine figurarum]

[Ce chapitre se trouve seulement dans Harl. (ff. 208v-209r). Il paraît correspondre au c. 16 de la liste qui figure dans Cw, f 9v. Il n'y a pas d'art. 5]

1. Distantia inter duo puncta vel duas superficies est linea quae inter ipsa intercipitur brevissima.

2. Situs est unius loci ad alium locum relatio. Exempli causa situs puncti A est relatio eius loci ad locum alium, puta ad locum puncti B ; vel C. Item situs puncti B est relatio loci eius ad locum alium, puta locum puncti A. vel C.

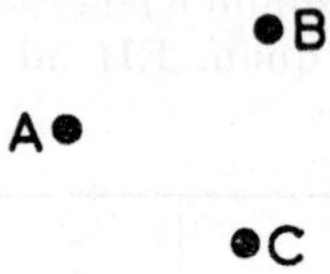

Ita ut duo puncta non habeant respectu tertii eundem situm, etsi habent eandem ab eo distantiam ; propterea quod diversas habent ad tertium relationes ; unum enim ad dextrâ, aliud a sinistra ipsum respicit ; neque duo puncta eandem situm habent quae[m bis] *alia duo, ad aliud tertium, etsi distantia sit eadem et ad easdem partes ; nisi etiam angulus quem faciunt rectae quae a primis ad suum tertium ducuntur, angulo quem faciunt rectae quae a secundis ad suum etiam tertium ducuntur sit aequalis. Situs itaque trium vel plurium punctorum inter se tribus necessario rebus determinatur ; distantiis, ordine, et angulis*[30].

3. Si sint plura puncta et ab uno eorum ad reliqua omnia ductae sint ordine lineae rectae, item totidem alia puncta, a quorum uno ad reliqua omnia ductae item sint lineae rectae eodem ordine, sinque tam distantiae punctorum primi ordinis tam anguli facti, distantiis angulisque in secundo ordine singuli singulis aequales, erit situs primorum punctorum inter se idem qui situs posteriorum punctorum inter se. Si enim singula puncta singulis aptentur, etiam anguli angulis coincident, ita ut sit idem numero ex ambobus agregatum. Quod si distantiae non sint aequales, sed proportionales, sintque anguli utrobique aequales, uterque ordo non eundem, sed similem habere situm, et puncta illa similiter posita esse dicentur. Cum enim ordo idem sit, et anguli singuli singulis aequales, distantiae autem proportionales ; et ergo distantiarum inaequalitates aequales, differunt illi duo ordines sola magnitudine. Ideoque per simillium [*sic*] *definitionem cap. 11º traditam erunt similes.*

4. Figura est dimensio punctorum singulorum externo spatio contiguorum situ, derterminata. Puncta autem externo spatio contigua in linea quidem et superficie omnia sunt ; in solido vero omnia puncta suarum superficierum.

(m *bis*) *ad... eandem... quae* sic Harl

29. *DC*, c. 14 art. 19, premier alinéa.
30. *Ibid.*, c. 14 art. 20, p. 172.

6. Figurae inter se duae quaelibet (similes sunt) sive illae lineae sunt, sive superficies, sive solidae; quarum omnium puncta unius quae sunt externo spatio contigua, atque omnia puncta alterius, puncta, inquam externo spatio contigua, similiter posita sunt.

7. Plana similia sunt, quorum lineae quibus terminantur singulae singulis eodem ordine sumptis similes sunt. Et solida solidis quorum superficies quibus terminantur eodem ordine sumptis, singulae singulis sunt similes[31].

Cap. 17

[De potentia mobilium in describendis spatiis]

[1] Concurrunt ad magnitudinem spatii generandam, motus et tempus. In motu duorum mobilium aequali, ratio spatiorum factorum eadem est quae temporum. Si tempora aequalia eadem quae motuum.

[Au lieu de ce qui précède, on a dans Harl.]

1. Mobile quodlibet certo sive determinato motu, in tempore, item determinato, spatium determinatum describere sive designare potest. Potentia itaque mobilis ad describendum spatium, tanta est, quantum est spatium quod motu eius dato tempore describitur, sive idem est potentia mobilis et id quod mobile potest. Concurrunt igitur ad potentiam, sive ad magnitudinem spatii describendi, motus, et tempus, quorum utriusque augmento et diminutione, augetur et diminuitur magnitudo spatii descripti. Ita ut in motu duorum mobilium aequali, ratio spatiorum factorum sit eadem quae ratio temporum, et ubi tempus duorum motuum est aequale, ibi ratio spatiorum eadem sit quae motuum.

Tempus uno tantum modo augetur vel minuitur ; nempe ut ipsi nunc addatur, nunc detrahatur tempus.

Motus augetur (et diminuitur) duobus modis. Uno, si magnitudini mobilis, magnitudo ; altero si velocitati ejus velocitas addatur (vel auferatur). / Rursus augetur (diminuiturque) velocitas 2 modis. 1º per accelerationem (et cessationem) 2º per majorem vel minorem libertatem ; et hoc rursus 2 modis, altero si mobile ad distantiam certam ab aliquo puncto (centro vel vertice) determinatur ; altero (quod in iis solum mobilibus locum habet, quorum consideratur magnitudo) si magnitudo obliquè moveatur. Quo fit ut via ejus latitudinem habeat magnitudine mobilis minorem.

[Même texte dans Harl. qui ajoute :] *atque ita quasi in arctum compellatur. Qua autem ratione his reb: magnitudines descriptae mai: vel min:* <?> *hic jam disp: est.*

[2] Si duae aequales quantitates in duas alias inaequales ductae, <secundum eosdem angulos>, faciunt duas quantitates, habebunt factae eandem inter se rationem, quam habebunt duae quantitates inaequales.

2 *ab = cd / dg> bf / bf.dg :: af.cg.*

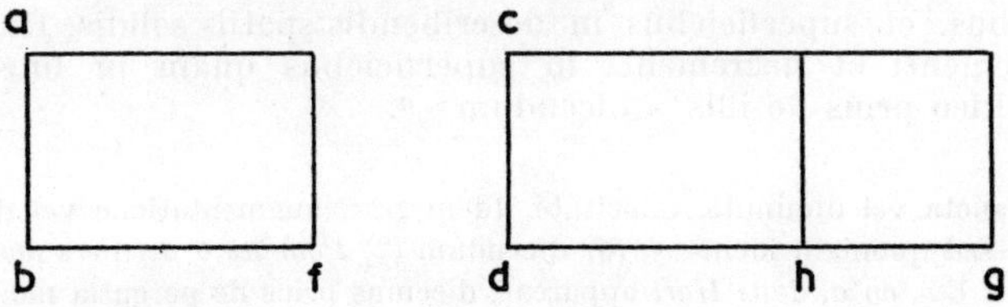

31. *Ibid.*, c. 14 art. 21, p. 173.

[3] Si quantitates 2 efficiantur utraque ex multiplicatione mutua plurium efficientium ; habebunt effectae rationem compositam ex rationibus efficientium ad efficientes. Ut efficientes A, B, C, producant G, et efficientes D, E, F, producant H. Ratio G ad H componitur ex rationibus A ad D ; B ad E ; et C ad F.

3 *abc = g / def = h / erit g.h comp: ex a.d / b.e / et c.f.*

[4] Punctorum uniformiter motorum in describendis lineis potentiae, id est ipsae lineae descriptae, habent rationem compositam ex ratione velocitatis ad velocitatem, et temporis ad tempus. Cum enim causa diversarum longitudinum in lineis descriptis, in velocitate et tempore, neque in ulla alia re consistat ; erunt lineae effectae in ratione efficientium ad efficientes ; viz. velocitatis ad velocitatem et temporis ad tempus.

Hinc sequitur : duas quaslibet lineas quarum velocitates et tempora sunt reciproce proportionalia, esse inter se aequales.

f. 27

[Harl. art. 4, première phrase seulement]

[5] Quoddam punctum in longitudine describenda, determinatur ad distantiam certam, in hoc casu ratio longitudinis descriptae ad longitudinem descriptam erit composita ex rationibus temporis ad tempus, et distantiae ad distantiam.

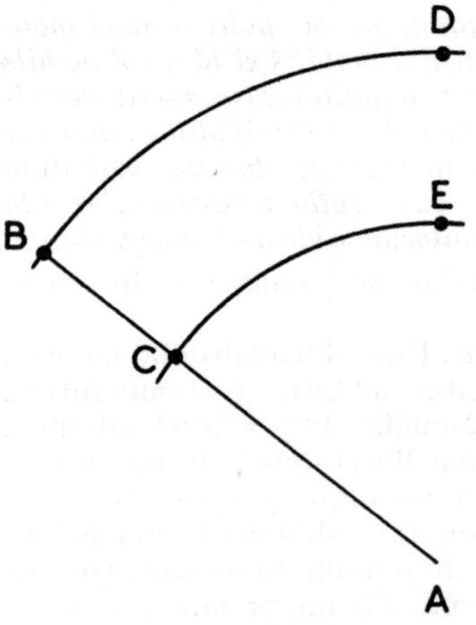

Sit punctum A centrum (vel vertex) quaelibet alia puncta B, C, in eadem recta AB, quae a centro A discedere non possunt, nisi in distantiis datis AB, AC. Fiat igitur a puncto B linea BD ; a puncto C, linea CE, per applicationem distantiae AB in omni puncto temporis, in quo B movetur ; et distantiae AC in omni temporis puncto, in quo C movetur, hoc est, fiat utraque linea BD, CE, per multiplicationem impedimenti utrobique in tempus. Sed quantitates omnes quae fiunt ex mutua multiplicatione causarum, sunt in ratione composita ex rationibus causarum ad causas. Ergo etc.

5 Praeterea puncti in longitudine describenda augmentatur vel diminuitur potentia augmentatione vel diminutione libertatis ad certam distantiam. Si distantiae sumantur in eadem recta AB, et AC, erit BD ad CE composita ex rationibus temporis BD ad tempus CE, et rationibus distantiae AB ad distantiam AC.

[6] Porro, potentia puncti in longitudine describenda augetur et diminuitur, aucta vel diminuta velocitate. Idem[n] accidit lineis in describendis superficiebus, et superficiebus in describendis spatiis solidis. Ratio autem talis incrementi et decrementi in superficiebus quam in lineis clarius apparet. Ideo prius de illis <dicendum>[o].

(n) *Cw* aucta vel diminuta velocitate. Idem *Harl* augmentatione vel diminutione velocitatis, sed quoniam idem (o) dicendum (?) *Pour les 6 derniers mots du paragraphe, dans Cw, on a, dans Harl* appareat, dicemus prius de potentia magnitudinum decrescentium et crescentium quam de potentia accelerantium vel cessantium punctorum.

Si magnitudo continue decrescens, donec penitus evanescat, motu suo magnitudinem non ejusdem generis, efficiat, sitque rationis temporis totius motus ad tempus residuum, ad rationem magnitudinis integrae ad magnitudinem residuae, ratio aliqua ubique certa et una : erit spatium sic descriptum (magnitudine scilicet decrescente) ad spatium reliquum ejus quod fecisset magnitudo integra eodem tempore et velocitate mota ut ratio temporis totius ad tempus residuum, ad rationem magnitudinis integrae, ad magnitudinem residuam.

[f. 27v]

Item, spatium idem, factum magnitudine decrescente, erit ad spatium quod fecisset magnitudo integra, ut ratio temporis totius ad tempus residuum, ad rationes ambas simul, videlicet rationem temporis totius ad tempus residuum, et magnitudinis[p] integrae ad magnitudinem residuam.

Sit magnitudo quaelibet, AB, quae mota uniformiter tempore AC decrescat continue in omni temporis parte possibili ; ita ut quo tempore A est in D, id est, quando residuum temporis est CD, residua magnitudo sit DE, et quando residuum temporis est CF, residua magnitudo sit FG ;

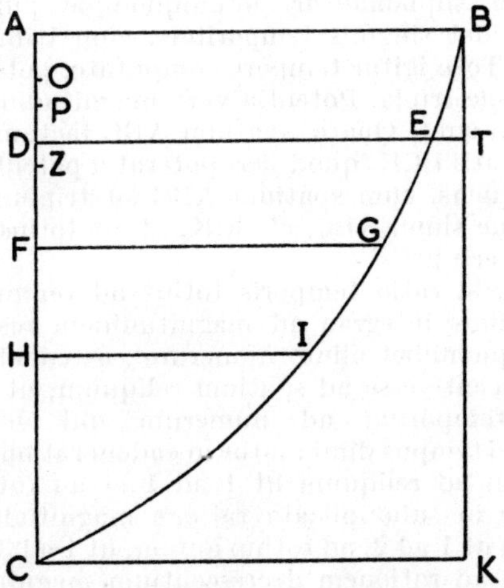

quando residuum temporis est CH, residua magnitudo sit HI. Et quando omne tempus consumptum est in C, omnis evanescat magnitudo mota. Sit autem ratio CA ad CD comparata ad rationem AB ad DE, quaecumque data, puta triplicata. Similiter ratio CA ad CF, et CA ad CH, triplicata rationis AB ad FG ; et AB ad HI. Et sic fiat semper, per omnia puncta temporis AC. Dico spatium ABC, factum a magnitudine AB decrescente, esse ad spatium BCK reliquum ejus quod fecisset AB integra, ut 3 ad 1. Idem autem spatium ABC ad totum spatium AK esse ut 3 ad 3+1 id est ut 3 ad 4.

[Harl. ajoute :] *Sit ratio temporis totius ad tempus reliquum ut 9 ad 1, ratio magnitudinis totius ad magnitudinem reliquam ut 3 ad 1, ergo ratio rationum ut 9.3 vel 3 ad 1. ABC. ACK :: 9.3. ABC. AK 9.12 vel 3.4.*

[Le paragraphe qui suit n'est pas dans Harl.]

Quoniam enim in omni puncto temporis AC constituitur ratio quaedam quae sit rationis alterius triplicata, necessario supponitur in omni temporis

(p) *Cw* et magnitudinis *Harl* et rationem magnitudinis

puncto constitutas esse 4 lineas continuè proportionales, quarum singularum unus terminus est A ; et perinde cum alteri termini sint in dicto puncto, erunt illae 4 suppositae proportionales, tum earum differentiae inter se aequales. Sit igitur punctum temporis AD, cui, explicandi causa, tribuimus magnitudinem quantâ opus est ; consideretur tamen tantulae magnitudinis, ut divisa duobus mediis proportionalibus, CO, CP ; differentia quaelibet AO, OP vel PD, consideretur ut minima (id quod fieri licet, cum mediae in singulis punctis considerari supponentur) ad has / autem proportionales CA, CO, CP, CD, adjiciamus quintam CZ. His constitutis ; quoniam ratio CA ad AD, triplicata est rationis AB ad DE ; erit quoque ZA ad ZD in triplicata ratione AB ad DE (sunt enim differentiae continuè proportionalium in eadem ratione continua cum ipsis proportionalibus) sed cum AO, OP, PD, DZ sint aequationes quibuslibet inaequalibus, id est semper aequales, erit ratio ZA ad ZD ut 4 ad 1. Erit ergo tempus AD, ad magnitudinem ET, eo tempore sublatam, ut 4 tempora ad unam magnitudinem. Itaque quatuor temporibus una puncto fiet jactura magnitudinis. Eodem modo caeteris singulis temporibus quaternis, ostendi potest singulo puncto amitti magnitudines, sive quod idem est, si singula puncta magnitudinis AB quadrifariam divisa supponantur, unumquodque punctum, quartâ sui parte amissâ, procedet singulis temporibus, cum tribus reliquis partibus spatium efficiendo. Toto igitur tempore computato, potentia quae remanet, erit potentiae amissae tripla. Potentia vero magnitudinis, et spatium quod efficere potest, idem sunt. Quare, spatium ABC factum a potentia conservata, triplum est spatii BCK, quod fieri poterat a potentia amissa (quod est 1^{m}). Et per consequens, cum spatium ABC sit triplum reliqui BCK, erit idem ABC, utriusque simul ABC, et BCK, id est totius AK sesquitertium, sive ut 3 ad 4, quod erit 2^{m}.

Eadem methodo, si ratio temporis totius ad tempus residuum sit ad rationem magnitudinis integrae ad magnitudinem residuam, ut quilibet alius numerus ad quemlibet alium numerum ; ostendetur spatium factum magnitudine decrescente esse ad spatium reliquum, ut numerus qui denominat rationem temporum ad numerum qui denominat rationem magnitudinum. Ut si tempus diminuatur in eadem ratione cum magnitudine, erit spatium factum ad reliquum ut 1 ad 1 et ad totum ut 1 ad 2. / Si tempus diminuatur in subduplicata ratione magnitudinum, erit spatium factum ad reliquum ut 1 ad 2, ad totum autem, ut 1 ad 3. Si ratio decrescentium temporum sit ad rationem decrescentium magnitudinum ut 4 ad 3, erit factum ad reliquum ut 4 ad 3, ad totum autem, ut 4 ad 7, &c. secundum formulam sequentis tabellae.

Numeri denominantes rationem magnitudinum decrescentium	Numeri denominantes rationem temporum decrescentium	Spatia reliqua	Spatia facta a magnitudine decrescente	Spatia integra
1	1	1	1	2
1	2	1	2	3
1	3	1	3	4
1	1/2	1	1/2	1 1/2
1	1/3	1	1/3	1 1/3
3	2	3	2	5

Numeri denominantes rationem temporum crescentium	Numeri denominantes rationem magnitudinum crescentium	Spatia reliqua	Spatia facta a magnitudine crescente	Spatia integra

f. 29

[7] In hac tabella si ratio temporum decrescentium duplicata sit rationis magnitudinum decrescentium; in 2° ordine est 2, in 1° 1. Si tripla; in 2° ordine 3 in 1° 1, etc. Si vero ratio temporum crescentium sit duplicata[q] rationis magnitudinum crescentium, erit rursus in 2° ordine 2, in 1° 1. Sed tunc ordo primus denominat rationem temporum ; secundus, rationem magnitudinum, propter causam mox explicandam. Itaque si spatium aliquod factum sit a magnitudine decrescente vel crescente, ita ut ratio totius temporis ad residuum temporis sit ubique ad rationem integrae magnitudinis ad residuam magnitudinem, puta ut 2 ad 3 ; erit spatium illud ad spatium totum ut 2 ad 5 : et idem spatium ad spatium reliquum ut 2 ad 3.

[Ce paragraphe est plus développé dans Harl.]

7. Tabellae huius, sensus hic est, in primo ordine ponuntur numeri qui denominant rationem magnitudinum decrescentium, vel temporum crescentium. In secundo ponuntur numeri qui denominant rationem temporum decrescentium vel magnitudinum crescentium, ita ut si ratio temporum decrescentium duplicata sit rationis magnitudinum decrescentium, in secundo ordine sit 2, in primo 1. Si tripla in secundo ordine 3. in primo 1, et sic de coeteris. Si vero ratio temporum crescentium sit duplicata rationis magnitudinum crescentium erit rursus in secundo ordine 2. in primo 1. Sed tunc ordo primus denominabit rationem temporum, secundus vero rationem magnitudinum, propter causam quam mox explicabimus. In tertio ordine sunt numeri spatiorum eorum quae reliqua sunt et fieri poterant a magnitudine deperdita. In quarto numeri spatiorum factorum sive a crescente sive a decrescente magnitudine. Denique in ultimo ordine sunt numeri spatiorum totorum. Itaque si dicatur spatium aliquod factum esse a magnitudine decrescente vel crescente ita ut ratio totius temporis ad residuum tempus sit ubique ad rationem integrae magnitudinis ad residuam magnitudinem. Sit verbi gratia ut 2 ad 3. pronunciabimus spatium illud esse ad spatium totum ut 2 numerus quarti ordinis ad 5 numerum quinti ordinis, atque idem spatium esse ad spatium reliquum ut numerus 2 ad numerum 3 in ordine tertio et sic de coeteris.

Quod autem iidem numeri rationes exhibeant spatiorum factorum etiam a magnitudine a nihilo gradatim crescente patet. Nam spatium ABC factum a magnitudine ita decrescente in nihilum, ut ratio CA ad CD triplicata sit rationis AB ad DE, idem est cum eo, quod fit magnitudine ita de nihilo crescente. Ut ratio magnitudinis DE ad magnitudinem AB, triplicata sit rationis temporis CA ad CD. Cum enim ratio CA ad CD. ratio AB ad DE:: numerus 3. numerus 1. sint proportionales ; etiam invertendo, ratio AB ad DE, ratio CA ad CD:: 1.3 erunt proportionales. Idem ergo est spatium ABC, sive factum sit temporibus et magnitudinibus decrescentibus, in ratione quacunque sive temporibus et magnitudinibus crescentibus ratione illa inversa. Item totum spatium AK idem semper est sive pars eius ABC fiat crescente sive decrescente magnitudine ; quare et reliquum spatium idem quoque erit. Numeri ergo rationum indices in tabella manebunt iidem, sed propter inversam rationem temporum et magnitudinum, quando computantur tempora et magnitudines crescentes, primus ordo erit index temporum ; quando computantur tempora et magnitudines decrescentes, primus ordo erit magnitudinum. /

(q) *Cw* sit duplicata, sit duplicata *Harl* sit duplicata

[Même texte dans Harl.]

[8] Quod de spatiis factis crescente vel decrescente magnitudine dictum est, id quoque applicatur longitudinibus factis crescente vel decrescente velocitate. Cum enim spatia facta eodem tempore sint inter se ut velocitates, id est, ut summae velocitatum (nihil enim interest velocitas uniformis sit necne, nam duo mobilia eodem tempore spatium idem facientia, etsi alterum uniformiter, alterum inaequaliter, moveatur, aequalem habent celeritatis summam). Quoniam igitur magnitudo ABC (in diagrammate superiori)[r] quae summa est linearum rectarum crescentium representabit summam velocitatum eadem ratione crescentium ac crescunt illae rectae, si ratio velocitatis acquisitae ad velocitatem acquisitam eadem sit quae temporis ad tempus ; erit summa velocitatum acquisitarum ad summam velocitatum maximarum, ut 1 ad 2. Si ratio illa huius sit dupla, erit summa velocitatum acquisitarum ad summam velocitatum maximarum ut 2 ad 3. etc.

Et proinde longitudo descripta a mobili quod a quiete incipiens acceleratur eadem ratione qua crescunt tempora, erit ad longitudinem descriptam eodem tempore a velocitate ultimum acquisitâ ut 1 ad 2. Longitudo vero descripta a mobili accelerato in duplicata ratione crescentium temporum erit ad longitudinem descriptam a velocitate ultimum acquisitâ ut 2 ad 3. etc. Eademque tabella indicabit proportionem inter longitudines descriptas velocitate crescente, et longitudines descriptas velocitate acquisitâ, quae indicat proportionem inter spatia facta magnitudine crescente, et magnitudine acquisitâ.

[Ici se termine le texte de Cw. Les pages qui suivent (ff. 30r à 32v) sont blanches. On trouve dans Harl. la suite de l'art. 8 et les art. 9 et 10.]

Praeterea ostendit tabella eadem quam[s] *rationem habeat summa velocitatum in qualibet ratione crescentium uno tempore ad summam velocitatum crescentium eadem ratione alio tempore, sive quam rationem habeat spatium factum*

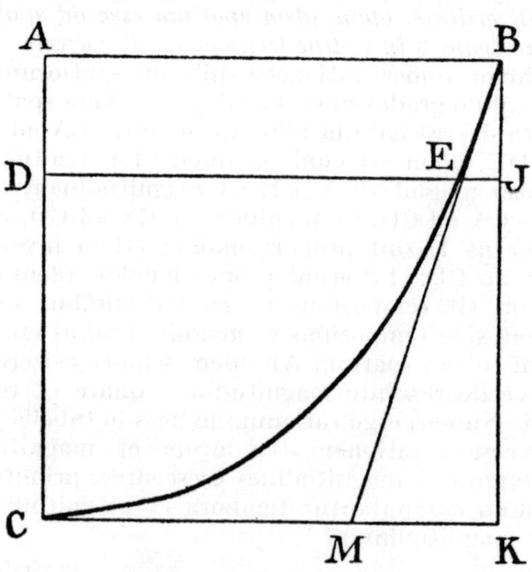

Selon les données du texte EM devrait être parallèle à BK

(r) *Harl* Quoniam igitur in figura praecedente magnitudo ABC
(s) *edd.* quam *Harl* qua

*a crescente magnitudine in qualibet ratione uno tempore ad spatium factum ab eadem magnitudine eadem ratione crescente alio tempore, sive quam rationem habeat longitudo descripta uno tempore ad longitudinem alio tempore descriptam. Est enim ratio ejus quod fit uno tempore ad id quod fit alio tempore ad rationem temporis ad tempus, ut numerus ultimi ordinis ad numerum primi ordinis. Fiat enim tempore CD crescente magnitudine spatium CDE, tempore autem CA spatium factum sit CAB, sitque ratio magnitudinis acquisitae DE, ad magnitudinem acquisitam AB, triplicata rationis temporis CD ad tempus CA. Dico spatium CDE esse ad spatium CAB, in ratione quadruplicata temporis CD ad tempus CA. Ducatur enim recta EM parallela BK, quoniam ergo AB motu uniformi, tempore CA facit spatium AK. Et DE motu uniformi facit spatium DM ; erit spatium DM ad spatium AK per articulum 3*m*: in ratione composita ex ratione CD temporis ad CA tempus, et ratione DE magnitudinis ad AB magnitudinem. Sed ratio DE ad AB subtriplicata est rationis CD ad CA, ratio ergo composita ex ratione CD ad CA. et DE ad AB, est subquadruplicata rationis CD ad DA. Est ergo ratio spatii DM ad spatium AK ad rationem CD ad CA ut 1 ad 4. Sed ut DM ad AK, ita CDE ad CAB, cum utraque horum sit utriusque illorum tres quartae. Quare ratio CDE ad CAB, est ad rationem CD ad CA. ut 1 ad 4. et ratio CAB ad CDE ad rationem CA ad CD ut 4 ad 1. Sive ut numerus quinti ordinis ad numerum primi ordinis. Sed CDE ad CAB ; ita quoque summa velocitatum mobilis tempore CD, ad summam velocitatis mobilis tempore CA, quare etiam ratio longitudinis descriptae crescente velocitate tempore CD ad longitudinem descriptam velocitate similiter crescente tempore CA, est quadruplicata rationis CA ad CD. sive ut 4, numerus quinti ordinis, ad 1 numerum primi ordinis. Quod erat demonstrandum.*

9. Porro potentia magnitudinum augetur et diminuitur a maiore vel minore obliquitate motus. Nam mobile in maiore obliquitate minus, in minore magis libere movetur. Sit enim magnitudo AD, moveaturque versus BC ita ut lineae

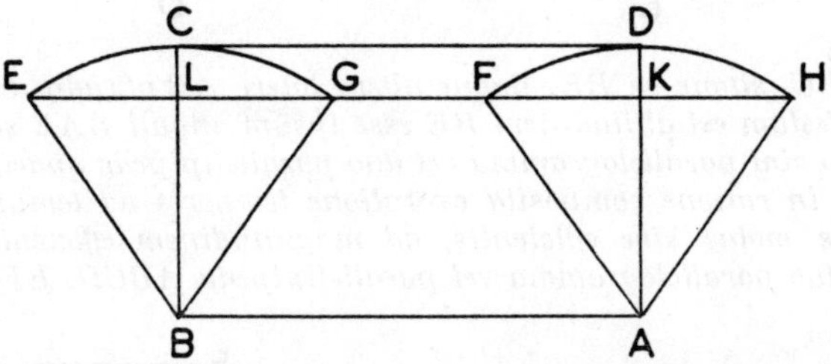

AB, DC quas describunt puncta A. B sint ad ipsum AD perpendiculares, id est nulla sit obliquitas, non potest AD, tempore et velocitate iisdem, maius spatium describere, sed in omni alio situ minus faciet quam est spatium ABCD. Ducto enim arcu circuli centro A, intervallo AD, qui sit FDH, et alio simili centro B, intervallo BC, qui sit ECG, erunt BE BG, AF AH aequales. Si iam AH intelligatur moveri, tempore et velocitate iisdem quibus motum est AD, faciet spatium minus, nempe spatium AHGB, vel si AF eadem obliquitate qua AH tempori et velocitate iisdem quae prius moveri intelligatur, faciet spatium AFEB, minus quoque spatio ADCB ; maxima ergo potentia ea est qua motus fit eiusmodi ut lineae a singulis punctis descriptae faciant cum magnitudine motus angulos rectos. Maxima autem potentia maximae potentiae aequalis est, sive lineae factae rectae sint sive curvae, et sive linea efficiens recta

sit sive curva, cum omnia puncta sunt aequalia et proinde tempore et velocitate iisdem idem possint.

10. Linea autem oblique mota, tantum potest tempore et velocitate iisdem, quantum potest ducta inter lineas a terminis eius descriptas perpendicularis. Nam spatium EFBA factum a AF oblique mota, aequale est spatio AKBL facto a perpendiculari AK eodem tempore et velocitate. Nam si intelligatur ipsum triangulum AKF moveri donec veniat in locum BLE, manifestum erit spatia, AKF, BLE esse aequalia, illis ergo utrisque si addatur commune ALB, erit totum AKLB aequale toti AFEB; perpendicularis autem illa inter duas parallelas rectas ducta vocari solet spatii descripti altitudo et spatium ipsum parallelogrammum. Quod si duo plana parallela sint spatium solidum descriptum parallelipipedum dicitur; perpendicularis autem a plano ad planum ducta eius spatii altitudo. In omni autem parallelogrammo, altitudo eadem est cum sinu recto eius anguli qui a lateribus comprehenditur, sumpto in circulo cuius radius sive semidiameter est latus in quod altitudo non cadit. Sit enim parallelogrammum ABCD, cuius altitudo sumatur inter

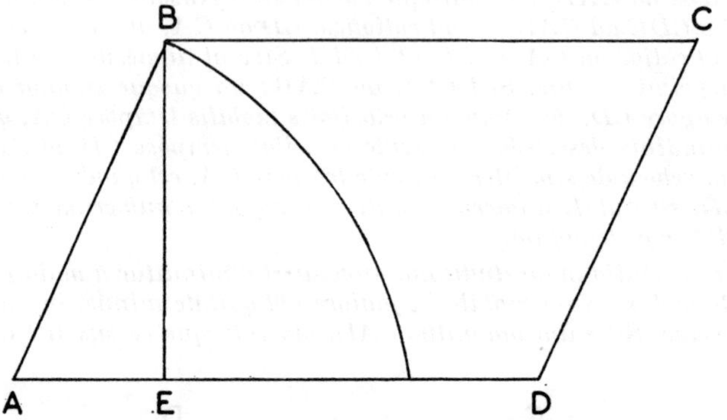

latera AD, BC, sitque ea BE, itaque altero latere AB ut radio describatur circulus, manifestum est altitudinem BE esse ipsum anguli BAE sinum rectum. Itaque si duo sint parallelogramma vel duo parallelipipeda quaecumque, erunt illa inter se in ratione composita ex ratione temporis ad tempus, et ratione magnitudinis motae sive efficientis, ad magnitudinem efficientem. Exempli causa, sint duo parallelogramma vel parallelipipeda ABCD, EFGH, quorum

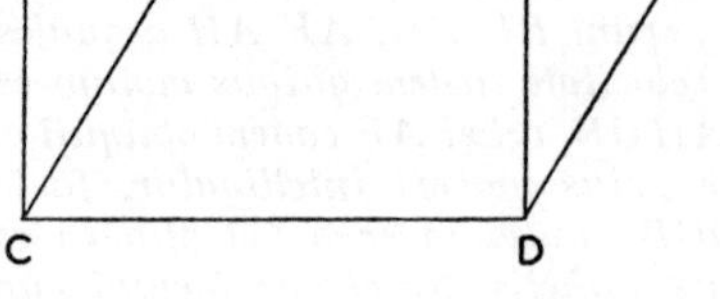

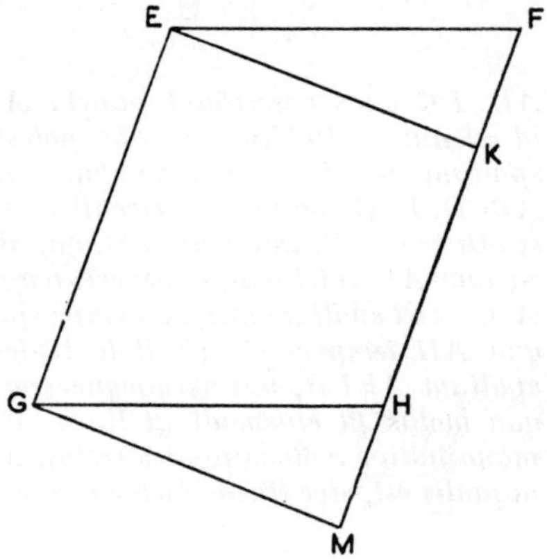

altitudo illius sit DI, huius EK. Erunt autem tempora motus ut latera AB, GF. Erit ABCD ad EFGH, in ratione composita ex rationibus AB ad GE et DI ad EK. Ducatur enim CL perpendicularis ad AB, productam, et GM perpendicularis ad EH[t] *productam. Erunt igitur ABCD, et ILCD, aequalia; item EFGH, EKGM aequalia, dum ergo ABCD factum sit ex multiplicatione LI temporis in DI altitudinem, et EKGM ex multiplicatione EG temporis in EK altitudinem utrumque secundum angulos aequales, nempe rectos. Erit per articulum 3 ratio ILCD ad EKGM composita ex rationibus CD ad EG et DI ad EK, hoc est ex rationibus AB ad EG et DI ad EK; quare ratio ABCD, ad EFGH, cum haec illis sunt aequalia, composita quoque erit ex iisdem rationibus.*

[Le c. 17, dans Harl., occupe les ff. 209r à 211v. Il se termine par la mention : *Cap. 17 finis totius.*]

(t) *edd* EH *Harl* FH

SOMMAIRE DU MANUSCRIT DE PARIS*

Première Partie

*** Les nombres en marge renvoient aux folios du MS, les chiffres romains et arabes aux chapitres et articles. Ces références sont indiquées en haut de page dans notre édition.**

3. Mutari non dicuntur corpora propter novum esse relativum, sed propter novum esse absolutum. 4. Quid sit relatio, relata, et fundamentum relationis. Idem accidens absolutum & relativum esse idem numero accidens. 5. Novum nomen rebus acquiri quandoque sine ipsarum mutatione. 6. Argumentum authoris solutum. 7. Quae de interpretatione Scripturae hac occasione author attulit perplexa sunt et dubia.

XV : Ad nodum secundum Dialogi Secundi : Ventum sub zona torrida a sole excitari. 134

1. Ventus perpetuus ab oriente in occidentem sub zona torrida, unde oritur ex sententia Galilaei. 2. Idem ventus unde oritur ex sententia authoris. 3. Author putans refutare sententiam Galilaei refutat aliam supposititiam. 4. Quare instantis procellae signum a motu maris antevertat ventum. Causam non esse eam quam dicit author, nimirum aquas vento moveri celeriùs.

XVI : Ad nodum tertium Dialogi Secundi : Mare a littoribus ad littora moveri. 140v

1. Quae experimenta necessario requiruntur ad investigationem causae fluxus et refluxus maris, et quaenam ea sunt quae habemus. 2. Descriptio verticalium circulorum per quos transit luna eo progressu qui fluxui et refluxui maris continuò temporibus responderit, et eorumdem nomina prout hodie appellantur a nautis, quoad fieri potest, Latine reddita. 3. Expositio et refutatio sententiae authoris circa causam aestuum simpliciter. 4. Expositio et refutatio sententiae eius circa causam accessus et recessus aquae sexhorarii. 5. Verisimile esse refundi aquas ab ora Americana. 6. Refutatio sententiae eius circa causam incrementorum fluxuum tempore aequinoctiorum. 7. Refutatio sententiae eius circa causam incrementorum fluxuum in noviluniis et pleniluniis. 8. Refutatio sententiae eius circa causam quare tempora diei antevertunt tempora aestuum.

XVII : Ad nodum quartum Dialogi Secundi : Aestum maris non esse ex motu telluris. 153

1. Sententia Galilaei de causa reciprocationis fluctuum in mari. 2. Ostenditur quomodo pars quaelibet telluris movetur inaequaliter. 3. Ostenditur quare inaequalitas illa maior est in noviluniis et pleniluniis quam aliis temporibus. 4. Ostenditur quare inaequalitas ea rursus maior est tempore aequinoctiorum quàm caeteris temporibus. 5. Sententiam Galilaei non esse satis demonstratam. 6, 7, 8, 9, 10, 11, 12, 13, 14, 15, 16. Totidem argumenta authoris contra Galilaeum refutata.

7. Argumentum authoris a nubibus, et cometâ ad probandum aëris conversionem invalidum esse. 8. Cessante motore non necesse est ut cesset motus.

XXI : Ad nodum 9 Dialogi Secundi : Corpus loco moveri per se 214
vel per accidens.

1. Aëris totius cum tellure conversio, contraria est doctrinae authoris de motu terrae. 2. Quod repetit de natura loci contrarium est iis quae de loco dixerat in nodo tertio Dialogi Primi. 3. Locum non esse superficiem ipsius corporis extimam. 4. Distinctio motus in motum proprium et motum per accidens ab authore posita. 5. Absurditates inde necessariò consequentes. 6. Motus terrae diurnus quâ ratione sit dicendus motus verus et realis secundum authorem, et rationis eius absurditas. 7. Ut extremitates sphaerae moveantur unà cum media, et velociùs, non sufficit distantia a centro. 8. Motum partium prope centrum sphaerae, vel rotae, non esse causam efficientem motus partium in circumferentiâ. 9. Causa efficiens tam immediata quàm mediata motus recti in corporibus duris. 10. Causa efficiens tam immediata quam mediata motus conversionis in corporibus duris. 11. Tellus totum aërem usque ad lunam non circumfert, sed eam partem tantùm quae includitur intra telluris inaequalitates. 12. Comparatio ab authore instituta doctrinae suae de motu cum doctrina Galilaei examinata. 13. Reprehensio iniusta experimentorum quorundam a Galilaeo adductorum examinata. 14. Velocitatem corporis moti determinari à motore suo non à resistente solo. 15. Narrationem authoris de Turca cadente a summitate turris falsam esse.

XXII : Ad nodum 10 Dialogi Secundi : Motum circularem ex vi 232v
sua non ejicere insidentia.

1. Experimenta duo quibus videri potest motus circularis ejicere insistentia. 2. Id vero ab iis experimentis colligi non posse. 3. Neque quae excutiuntur à sic motis ferri per tangentem. 4. Demonstratum esse à Galilaeo quòd, etsi excussio gravium fieret per tangentem, non tamen necesse esse ut excutiantur gravia terrae insistentia. 5. Experimenta alia quibus manifestum fit motum circularem vi sua excutere insistentia. 6. Neque tamen tali motu telluris necesse esse ut montes disjiciantur.

XXIII : Ad nodum 11 Dialogi Secundi : Angulum contingentiae non 242
esse minorem omni recto.

1. Quare conclusiones geometriae certiores sunt quam physicae et morales. 2. Controversia de natura anguli contactus orta ex defectu definitionis anguli. 3. Argumentum quo Clavius contendit fieri angulum quantum in puncto contactûs. 4. Argumenta Pele-

qui causa est excentricitatis terrae similem motui animalium vitali. 13. Similem quoque esse causam motus terrae diurni. 14. Motûs terrae et lunae per zodiacum eandem esse causam in sole, ut autem luna moveatur motu menstruo attribuendum est terrae motum influentiae talem, qualem attribuimus soli, sui dilatativum. 15. Si luna motum menstruum a sola haberet terra, non compleret circulum suum nisi 56 diebus sive mensibus duobus, nec eandem sui partem telluri semper obverteret. 16. Causam motus lunae menstrui partim in terra, partim in sole esse. 17. Causam quare luna eandem faciem telluri obvertat in sole esse et eandem cum causa phasium. 18. Causam quare luna velocior est in copulis quam in quadris eandem esse cum causa phasium. 19. Causam quare lunae orbita eclipticam secat compositam esse ex motu annuo in ecliptica et motu diurno in parallelis aequatori. 20. De causa apogaeorum et perigaeorum in luna. 21. Quare influentiae omnes non sint lux.

XXV : Ad nodos 13, 14, 15 Dialogi Secundi : Astronomiam esse errori subiectam. Falsam esse circularis motus suppositionem. Coeterorum planetarum motus ex declaratis posse aestimari. 282

1. Quare in aëre crasso obiecta maiora apparent quam in aëre tenui. 2. A duobus moventibus circulariter et uniformiter potest effici motus neque circularis neque uniformis. 3. Causa quare sol apparet rotundus non est vertigo solis super axem proprium.

Troisième Partie

XXVI : Ad introductionem Dialogi Tertii. 286

1. Quod in quaestionibus huius Dialogi prima, secunda, tertia et quarta disputatur ab authore : an verus sit primus articulus Symboli, nimirum Deum esse omnipotentem Creatorem coeli et terrae. 2. Huiusmodi dogmatum demonstrationes aggredi contra philosophiam est. 3. Et contra theologiam. 4. Et contra religionem. 5. Et contra providentiam. 6. Et contra iustitiam. 7. Quid faciendum philosopho cum inciderit in quaestionem fidei.

XXVII : Ad nodum secundum Dialogi Tertii : Motum universi a principio externo esse. 290

1. Quid significent voces ens, corpus, materia, esse, accidens, essentia, forma, subiectum, actus et natura. 2. Quid agens, patiens, agere, pati, causa integra, causa sine qua non, causa efficiens, causa materialis, effectus ; causam finalem, causam formalem

1. Quid sit agens et patiens. 2. Causa integra et effectus, quid. 3. Causa sine qua non, sive necessarium per hypothesim, quid sit, et quid causa efficiens et causa materialis. 4. Potentia et causa idem ; potentia activa et causa efficiens idem ; potentia passiva et causa materialis idem, potentia plena et causa integra idem. 5. Causam integram sive potentiam plenam effectus vel actus producendus non potest sequi in eodem instante. 6. Quid sit necessarium et quid fatum. 7. Omnes eventus praeteritos necessarios fuisse antequam evenirent ex vi antecedentium. 8. Futura omnia necessario evenient ex vi antecedentium. 9. Necessitas veritatis in propositionibus eadem est quae eventuum in causis. 10. Propositiones verae et necessariae tunc solum dicendae sunt verae et necessariae antequam eas ita esse scimus, neque quicquam nisi temere de futuro affirmari potest. 11. Contradictoriarum propositionum de futuro altera vera est sed nescimus utra, disjunctiva autem semper vera est. 12. Quale fuit fundamentum fati Stoicorum sciri non potest. 13. Non recte responsum esse Stoicorum argumento. 14. Argumentum quo author probare conatur propositiones de futuro contingente non esse neque veras neque falsas invalidum esse. 15. Distinctio authoris ad reconciliandam rerum necessitatem cum contingentia propositionum improbata. 16. Deum non esse mali causam, quo sensu dicendum.

1. Aliud est futura praeëxistere in astris, ut in causis, aliud ex astris praesciri posse. 2. Quid sit influentia. 3. Ad omnem effectum omnes omnium astrorum influentias concurrere. 4. Summa causarum quae sunt in astris, summa est causarum quae sunt in universo. 5. Futura omnia dependere a praesente vi astrorum. 6. Aspectuum varietas effectum variat. 7. Quaedam minus recte contra astrologiam allegata. 8. Tempestates coeli non posse praesciri. 9. Praedictiones de moribus et fortunis hominum nullum habent fundamentum. 10. Opus Quadripartitum Ptolemaeo indignum.

1. Non cognosci rationibus purè e natura depromptis, terram in usus hominum fuisse conditam. 2. Examen argumenti quo id probat. 3. De natura liberi. 4. De deliberatione, voluntate et libertate deliberantium. 5. Possibile dici duplici sensu, absolute et conditionaliter. 6. Inde oriri duplicem significationem liber-

INDEX RERUM NOMINUMQUE MAJORUM*

* Cet Index, préparé par les éditeurs, ne figure pas dans le MS 6566 A. *Il renvoie aux folios de l'original* dont l'ordre est indiqué, dans cette édition, par une numération en haut de page, et par des barres de séparation dans le texte.

TABLE DES MATIÈRES

IMPRIMERIE A. BONTEMPS
LIMOGES (FRANCE)
Dépôt légal : 2e trimestre 1973